AF863356

Weidner/Sellenschlo
Vorratsschädlinge und Hausungeziefer

Vorratsschädlinge und Hausungeziefer

Bestimmungstabellen für Mitteleuropa

begründet von
Herbert Weidner

6. Auflage überarbeitet von
Udo Sellenschlo

Spektrum Akademischer Verlag Heidelberg · Berlin

Autoren:

Dr. Udo Sellenschlo (Bearbeiter)
Hygiene Institut Hamburg

Prof. Dr. Herbert Weidner (Begründer)
ehem. Abteilungsleiter am Zoologischen Institut und
Zoologischen Museum der Universität Hamburg

Dr. Gisela Rack (Mitarbeiterin)
ehem. Hauptkustodin am Zoologischen Institut und
Zoologischen Museum der Universität Hamburg

Bibliografische Information Der Deutschen Bibliothek
Die Deutsche Bibliothek verzeichnet diese Publikation in der Deutschen Nationalbibliografie; detaillierte bibliografische Daten sind im Internet über <http://dnb.ddb.de> abrufbar.

1.–5. Aufl. (1937–1993) von Herbert Weidner unter dem Titel „Bestimmungstabellen der Vorratsschädlinge und des Hausungeziefers" erschienen beim Gustav Fischer Verlag · Stuttgart · Jena

ISBN 3-8274-1439-3

© 2003 Spektum Akademischer Verlag Heidelberg · Berlin

Alle Rechte, insbesondere die der Übersetzung in fremde Sprachen, sind vorbehalten. Kein Teil des Buches darf ohne schriftliche Genehmigung des Verlags fotokopiert oder in irgendeiner Form reproduziert oder in eine von Maschinen verwendbare Sprache übertragen oder übersetzt werden.

Es konnten nicht sämtliche Rechteinhaber von Abbildungen ermittelt werden. Sollte dem Verlag gegenüber der Nachweis der Rechtsinhaberschaft geführt werden, wird das branchenübliche Honorar nachträglich gezahlt.

Lektorat: Ulrich G. Moltmann
Produktion: Detlef Mädje
Titelfoto: Heiko Bellmann
Zum Titelfoto: Küchenschabe *(Blatta orientalis)*
Umschlaggestaltung: Kurt Bitsch, Birkenau
Gesamtherstellung: Laupp & Göbel, Nehren/Tübingen

Printed in Germany

Vorwort zur 6. Auflage

Wie in den vorherigen Auflagen leben die Weidner'schen Bestimmungstabellen von einer ständigen Überarbeitung, denn in den Zeiträumen zwischen den einzelnen Neuauflagen sind neue Tiere bei uns eingeschleppt worden. Einige Arten haben es sogar geschafft sich dauerhaft festzusetzen und sich zu vermehren. Ursache der Einschleppungen sind der weltweite Handel und bisweilen auch der Tourismus. Professor Weidner hat diese Bestimmungstabellen 1937 ins Leben gerufen. Durch seinen engen Kontakt zu den Schädlingsbekämpfern ist er immer an neue Arten herangekommen. Bis zur 5. Auflage (1993) hat er alle Überarbeitungen selbst geschrieben. Inszwischen ist Professor Weidner über 90 Jahre alt und hat mir, einem seiner letzten Schüler, sein Werk zur Überarbeitung gegeben. Aufgrund der vielen Neuausbildungen zum geprüften Schädlingsbekämpfer sind die Weidner'schen Bestimmungstabellen wieder verstärkt gefragt, sie sind zur «Bibel» eines jeden Schädlingsbekämpfers geworden. Bei der Abfassung dieser Auflage habe ich viele Anregungen bekommen, wofür ich mich an dieser Stelle bedanken möchte, so unter anderem bei den Mitarbeitern der Entomologischen Abteilung im Zoologischen Institut und Zoologischen Museum der Universität Hamburg, zu denen ein enger Kontakt besteht. Ganz besonderer Dank natürlich Herrn Professor Weidner für sein Vertrauen, dass er mir die Überarbeitung seines Werkes überlassen hat. Schließlich noch Dank an den Spektrum Akademischer Verlag für seine Bereitschaft das Weidner'sche Werk am Leben zu erhalten.

U. Sellenschlo — Hamburg, Januar 2003

Inhalt

Einleitung

Anleitung zur Einrichtung einer Schädlingssammlung . . . 1
I Die Präparation der Insekten und anderer Gliederfüßer . . . 1
II Die Untersuchung der Insekten und anderer Gliederfüßer . . . 6
III Aufbewahrung der Schädlingssammlung . . . 6
Auswahl aus der Literatur . . . 8
Vor Gebrauch der Bestimmungstabellen zu lesen . . . 9

Bestimmungstabellen der Vorratsschädlinge und des Hausungeziefers

I Säugetiere, Mammalia . . . 11
II Vögel, Aves . . . 16
III Schnecken, Gastropoda . . . 18
IV Gliederfüßer, Arthropoda . . . 19
1 Asseln, Isopoda . . . 20
2 Tausendfüßer, Myriapoda . . . 21
3 Insekten, Hexapoda . . . 25
4 Springschwänze, Collembola . . . 33
5 Wohnungsfischchen, Zygentoma . . . 38
6 Ohrwürmer, Dermaptera . . . 40
7 Heuschrecken und Grillen, Saltatoria . . . 41
8 Schaben, Blattariae . . . 42
9 Termiten, Isoptera . . . 47
10 Holz-, Staub- und Bücherläuse, Psocoptera . . . 49
11 Lauskerfe, Phthiraptera . . . 52
12 Kieferläuse, Haarlinge, Federlinge, Mallophaga . . . 53
13 Stechläuse, echte Läuse, Anoplura . . . 60
14 An Zimmerpflanzen saugende Insekten nach den Schadbildern . . . 63
15 Pflanzensauger, Homoptera, Sternorrhyncha . . . 68
16 Wanzen, Heteroptera . . . 79
17 Hautflügler, Hymenoptera . . . 82
18 Holzwespen, Siricidae . . . 83
19 Parasitische Wespen, Terebrantes . . . 85
20 Stechimmen, Aculeata . . . 91
21 Ameisenwespchen, Bethylidae . . . 92
22 Ameisen, Formicoidea . . . 94
23 Faltenwespen, Vespidae . . . 100
24 Bienen, Apidae . . . 103
25 Käfer, Coleoptera . . . 104
26 Laufkäfer, Carabidae . . . 112

27 Buntkäfer, Cleridae 113
28 Werftkäfer, Lymexylonidae 114
29 Speckkäfer, Dermestidae 115
30 Flachkäfer, Ostomidae 121
31 Glanzkäfer, Rhizophagidae und Nitidulidae 122
32 Plattkäfer, Silvanidae und Cucujidae 124
33 Schimmelkäfer, Cryptophagidae 129
34 Moderkäfer, Latridiidae und Merophysiidae 131
35 Splintholzkäfer, Lyctidae 135
36 Bohrkäfer, Bostrichidae 136
37 Nagekäfer, Anobiidae 138
38 Diebkäfer, Ptinidae 140
39 Engdeckenkäfer, Oedemeridae 145
40 Düsterkäfer, Serropalpidae 146
41 Schwarzkäfer, Tenebrionidae 146
42 Blatthornkäfer, Scarabaeidae 150
43 Bockkäfer, Cerambycidae 151
44 Samenkäfer, Bruchidae (= Lariidae) 155
45 Rüsselkäfer, Curculionidae 161
46 Borkenkäfer, Scolytidae 166
47 Übersicht über die wichtigsten Insektenschäden an Bau- und Werkholz nach den Fraßbildern 167
48 Bestimmungstabellen für die Käferlarven 177
49 Buntkäfer, Cleridae 181
50 Speckkäfer, Dermestidae 182
51 Glanzkäfer, Nitidulidae 188
52 Plattkäfer, Silvanidae und Cucujidae 189
53 Schimmelkäfer, Cryptophagidae und ähnlich lebende Arten aus anderen Familien 191
54 Moderkäfer, Latridiidae 192
55 Im Holz lebende Nagekäfer, Anobiidae 193
56 Diebkäfer und nicht im Holz lebende Nagekäfer, Ptinidae und Anobiidae . 194
57 Schwarzkäfer, Tenebrionidae 195
58 Bockkäfer, Cerambycidae 198
59 Schmetterlinge, Lepidoptera 200
60 Bestimmungsschlüssel für die Schmetterlingsraupen 212
61 Zweiflügler, Diptera 221
62 Mücken, Nematocera 222
63 Fliegen, Brachycera 228
64 Lausfliegen, Pupipara 237
65 Fliegen- und Mückenlarven 238
66 Flöhe, Siphonaptera (= Aphaniptera) 244
67 Flohlarven 249

V Spinnentiere, Chelicerata (Arachnida) 249
68 Bücherskorpione, Pseudoscorpiones 249
69 Weberknechte, Opiliones 250
70 Echte Spinnen, Araneae 250
71 Acari, Milben 251
72 Parasitisch lebende Milben 252
73 Durch Massenauftreten in Wohnungen und Vorräten lästige oder schädliche Milben, die keine Blutsauger sind, und ihre Feinde 261

Anhang

Sachregister der charakteristischen Aufenthaltsorte der Schädlinge und der von ihnen befallenen Objekte und Lebewesen sowie der verursachten Schäden 281
Verzeichnis der wissenschaftlichen Namen für die Schädlinge und ihre Feinde 293
Verzeichnis der deutschen Tiernamen 307
Verzeichnis der wichtigsten englischen und französischen Vulgärnamen (common names) 314

Einleitung

Anleitung zur Einrichtung einer Schädlingssammlung

Um die verschiedenen schädlichen Insekten kennenzulernen und richtig bestimmen zu können, ist eine Schädlingssammlung, die die erwachsenen Insekten, ihre Entwicklungsstadien, aber auch die anderen schädlichen Gliederfüßer (z. B. Milben) und ihre typischen Spuren enthält, unbedingt notwendig. Einen großen Gewinn wird jeder haben, der sich selbst eine solche Sammlung anlegt.

Viele wertvolle Ratschläge allgemeiner Art, die auch sinngemäß auf die Hausinsekten angewendet werden können, gibt T. R. ABRAHAM in «Fang und Präparation wirbelloser Tiere» (132 S., 40 Abb., G. Fischer Verlag, Stuttgart, New York, 1991).

I Die Präparation der Insekten und anderer Gliederfüßer

Nach den anzuwendenden Präparationsmethoden zerfallen die Sammlungsobjekte in vier Gruppen:

1. erwachsene Insekten mit einem harten, formbeständigen Panzer,
2. weichhäutige Entwicklungsstadien der Insekten und andere Gliederfüßer,
3. kleine Insekten und andere Gliederfüßer, die nur mit Hilfe eines Mikroskopes genau untersucht werden können,
4. Spuren der Schädlinge.

1 Die Präparation der erwachsenen Insekten mit einem harten, formbeständigen Panzer

In diese Gruppe gehören: Schaben, Ohrwürmer, Heuschrecken, Grillen, Wanzen, Käfer, Schmetterlinge, Fliegen u. dgl. mehr.

Abtöten. Zur Präparation kann man natürlich die bei der Bekämpfung getöteten Insekten verwenden. Allerdings sind diese vielfach verschmutzt, besonders wenn die Abtötung durch pulverförmige Mittel erfolgte. Man muss sie dann mit einem weichen Marderhaarpinsel gründlich abbürsten und reinigen, wobei allerdings leicht zarte Glieder abgebrochen werden können. Besser ist es, man tötet die für die Sammlung bestimmten Insekten für sich ab. Als Tötungsmittel eignet sich am besten Ethylacetat (Essigsäureethylester, früher gewöhnlich Essigäther genannt). In ein weithalsiges Glas (Einmachglas, Honigglas oder dgl.) oder in eine weithalsige, nicht allzu tiefe Flasche legt man einen mit etwas Ethylacetat beträufelten Watte- oder Löschpapierbausch, gibt die zu tötenden Insekten hinzu und bedeckt das Glas sofort mit einem luftdicht schließenden Deckel oder verschließt die Flasche mit einem Korken. Gefäße aus Kunststoff eignen sich dafür nicht, da durch Äther der Kunststoff häufig oberflächlich aufgelöst wird, und dadurch die Insekten so stark verschmiert werden, dass sie zum Bestimmen und für die Sammlung unbrauchbar sind. Nachdem die Tiere einige Stunden in dem Glase den giftigen Dämpfen ausgesetzt waren, sind sie tot und können herausgenommen werden.

Anstelle von Ethylacetat können im Notfall auch Benzin, Salmiakgeist, Schwefelkohlenstoff oder ein anderes gasförmiges Schädlingsbekämpfungsmittel genommen werden, doch ist davon abzuraten, weil durch solche Mittel die Insekten oft spröde werden und infolgedessen bei der Präparation leicht zerbrechen oder die gewünschte Form nicht einnehmen. Auch muss man darauf achten, dass die Insekten, besonders aber Schmetterlinge, mit dem angefeuchteten Wattebausch nicht in unmittelbare Berührung kommen, da sich sonst ihre Haare und Flügel verkleben und sie dadurch unansehnlich werden. Durch Anstecken des getränkten Wattebausches mit einer Nadel an die Unterseite des die Flasche verschließenden Korkens kann man dieses verhindern.

Nadeln. Die voll entwickelten Insekten sind am bequemsten für eine Sammlung herzurichten, da ihre Haut ein harter, formbeständiger Panzer ist. Sie werden am besten unmittelbar nach der Tötung, wenn alle ihre Glieder noch leicht beweglich sind, mit besonderen Insektennadeln (4 cm langen Stecknadeln von verschiedener Stärke 00, 0, 1–6) genadelt, die von allen entomologischen Firmen und Lehrmittelhandlungen in Hundertpackungen bezogen werden können. Sind die Insekten schon längere Zeit tot und bereits unbeweglich geworden, so müssen sie erst aufgeweicht werden, bevor sie genadelt werden können. Zum Aufweichen legt man sie unter die Weichglocke, eine gut schließende Dose (Butterdose, Käseglocke), deren Boden mit feuchtem Sand oder angefeuchteter Watte ausgelegt ist. Darüber breitet man einen Bogen Filtrierpapier, auf den man die aufzuweichenden Insekten auf Papier, in Streichholzschachteln u. dgl. legt, so dass sie mit der Feuchtigkeit des Bodens nicht in direkte Berührung kommen. Dann schließt man die Dose. Durch die feuchte Luft, die sich in ihr bildet, werden die Insekten aufgeweicht. Nach 24 Stunden können sie genadelt werden wie frisch getötete Tiere. Die Nadel steckt man vom Rücken des Tieres aus zu etwa zwei Drittel ihrer Länge senkrecht durch den Insektenkörper. Die Käfer nadelt man durch den vorderen Teil des rechten Vorderflügels, die übrigen Insekten durch die Brust, die Schmetterlinge genau in der Mitte und alle übrigen durch die rechte Hälfte. Je kleiner die Insekten sind, um so feinere Nadeln muss man nehmen. Insekten von der Größe unter einem Zentimeter nadelt man nicht mehr mit Insektennadeln, sondern mit Minutienstiften oder Silberdraht, was allerdings große Übung erfordert. Einfacher ist es, wenn man sie, wie immer Käfer und Wanzen, auf viereckige oder dreieckige Kartonstücke, die unter dem Namen «Aufklebeblättchen» ebenfalls in den obengenannten Geschäften zu haben sind, mit einem Tröpfchen Syndetikon aufklebt. Man darf dazu keinen anderen Leim verwenden, weil nur Syndetikon mit Wasser oder Essigsäure leicht wieder gelöst werden kann, was zur Untersuchung der Unterseite der Tiere oft notwendig ist. Dieses Ablösen kann vermieden werden, wenn man mehrere Exemplare hat. Dann klebt man zweckmäßig einige mit der Bauchseite nach oben auf. Hat man nur ein einziges Tier zur Verfügung, so klebt man dieses am besten so auf, dass man eine Seitenansicht von ihm erhält. Die Kartonstückchen mit den aufgeklebten Tieren werden dann auf die Insektennadeln gesteckt, und zwar zweckmäßig immer nur ein Tier auf eine Nadel.

Richten und Spannen. Um der Sammlung ein besseres Aussehen zu geben, empfiehlt es sich, solange die Tiere noch weich sind, sie nach der Nadelung auf einem Spannklötzchen (Platten aus Schaumpolystyrol, in die man leicht eine Nadel stecken kann und die auch zum Auslegen der Sammlungskästen gebraucht werden – siehe S. 6 –, werden aufeinandergelegt und in weißes Schreibpapier eingeklebt) zu stecken und die Beine und Fühler etwas zu richten. Bei den für die Sammlung bestimmten Insekten werden die Füße der Vorderbeine nach vorne, die der Mittel- und Hinterbeine nach hinten und die Fühler seitlich an den Körper angelegt. In der gewünschten Lage werden sie durch zweimal rechtwinklig gebogene Insektennadeln festgehalten. Nach 8 Tagen kann man sie von den Klötzchen nehmen. Ihre Glieder behalten jetzt die ihnen gegebene Lage. Insekten, die für Schauzwecke bestimmt sind, gibt man eine möglichst naturgetreue Haltung auf dieselbe Weise. Schmetterlinge werden ungespannt in natürlicher Haltung der Flügel durch die Brust genadelt oder, wenn sie sehr klein sind, auch auf der Bauchseite aufgeklebt. Schöner sehen sie aus, wenn sie gespannt werden, was allerdings

besonders bei den kleinen als Schädlinge vorkommenden Motten sehr schwer ist und große Übung erfordert. Am besten lässt man sich einmal von einem Schmetterlingssammler den Arbeitsgang zeigen. Zum Spannen werden die aufgeweichten Tiere auf ein Spannbrett gebracht, mit Hilfe einer Präpariernadel (einer langen in einem Holzgriff steckenden Nadel, die sehr spitz geschliffen sein muss) die Flügel ausgebreitet, so dass der Hinterrand der Vorderflügel senkrecht zur Körperachse steht, und dann mit darübergelegten durchsichtigen Papierstreifen (Spannstreifen) festgesteckt. Nach einigen Wochen kann man die Tiere abspannen. Weiter darauf einzugehen, würde hier zu weit führen. Wer seine Tiere gut spannen möchte, lese in den Schmetterlingsbüchern nach.
Hat man die Tiere fertig präpariert, so vergesse man niemals, sofort unter jedes Tier Zettel mit Angabe des Fangdatums, des Fundortes, der Schädlichkeit und der Tagebuchnummer zu stecken. Später kommt noch dazu ein Zettel mit dem Namen des Tieres.

2 Die Präparation der weichhäutigen Entwicklungsstadien der Insekten und anderer Gliederfüßer

In diese Gruppe gehören: alle Käferlarven, Fliegenmaden, Schmetterlingsraupen, Puppen, Eier usw., dann auch Spinnen, Tausendfüßer, Asseln.
Sie werden am besten in Brennspiritus oder 70–80 %igem Alkohol aufbewahrt. Damit sie nicht faulen und dadurch schwarz und unansehnlich werden, wirft man größere Larven und Puppen lebend in kochendes Wasser und lässt sie darin 5 Minuten. Erst dann führt man sie in Alkohol über. Die Larven und Puppen einer Art kommen in eine kleine Glastube, die mit einem gut schließenden Korken verschlossen wird und von Zeit zu Zeit mit Alkohol bzw. Brennspiritus nachgefüllt werden muss. Die Tuben werden stehend, nach Gruppen geordnet (z. B. Käfer, Fliegen usw.) in kleinen Kästen aufbewahrt. Besser vor Austrocknung kann man die Objekte schützen, wenn man die anstelle des Korkens mit einem Wattepfropf gut verschlossenen Tuben in große, dicht verschließbare, mit Alkohol oder Brennspiritus gefüllte Gläser stellt. Am besten eignen sich dazu Standgläser mit eingeschliffenem Stopfen. Jetzt gibt es auch Tuben und weithalsige Flaschen aus Kunststoff mit einem dichten Verschluss, die sich für diese Zwecke sehr gut eignen. In jede Tube kommt ein Zettel, auf dem mit alkoholfester Tusche der Name des Schädlings, Fundort, Fangdatum und Tagebuchnummer verzeichnet sind. Diese Zettel dürfen, um ein Auswischen der Schrift zu vermeiden, erst einen Tag nach dem Schreiben in die mit Alkohol gefüllten Tuben gesteckt werden. Man kann dazu auch die Schreibmaschine mit einem alkoholfesten Band benutzen.

3 Die Präparation kleiner Insekten und Gliederfüßer, die nur mit Hilfe eines Mikroskopes genauer untersucht werden können

(Herstellung mikroskopischer Präparate)

In diese Gruppe gehören: Flöhe, Läuse, Staubläuse, Springschwänze und Milben.
Diese Tiere können zur Abtötung ohne vorheriges Aufkochen einfach in 70–80 %igen Alkohol geworfen werden und darin bis zur eingehenden Untersuchung mit dem Mikroskop verbleiben. Unter dem Mikroskop kann man nur durchsichtige Objekte untersuchen. Daher würde man an den Tieren im Alkohol keine Einzelheiten erkennen, wenn man sie so unter das Mikroskop legen würde. Man muss sie daher erst aufhellen und zu mikroskopischen Präparaten verarbeiten. Zur raschen mikroskopischen Untersuchung bringt man die in Alkohol aufbewahrten Tiere in einen Tropfen Glyzerin auf einem Objektträger (eine Glasplatte von 26 × 76 mm, die in einschlägigen optischen oder medizinischen Geschäften zu kaufen ist)

und bedeckt sie vorsichtig mit einem Deckgläschen (ein nur 0,15 mm dickes Glasplättchen von 10 × 10 mm, das wie die Objektträger gekauft werden kann). Zum Entweichen etwa gebildeter Luftblasen kann man das Präparat mit einem brennenden Streichholz von unten her erwärmen. Es darf aber dabei nicht zum Kochen kommen. Will man diese Präparate längere Zeit aufbewahren, so muss man einen «Lackring» um das Deckglas ziehen. Dieser haftet aber nur dann wirklich fest, wenn weder auf dem Objektträger noch auf dem Deckglas dort Glyzerin haftet, wo der Lack sitzen soll, da das Glyzerin ihn auflöst. Der Tropfen Glyzerin unter dem Deckglas darf also nicht unter diesem vorquellen, auch muss jeder Druck auf das Deckglas vermieden werden. Zur Herstellung eines solchen Lackringes wird am besten ein rasch trocknender Nagellack verwendet, als Ersatz geht aber auch dünnflüssiger Kanadabalsam oder flüssig gemachtes Wachs oder Paraffin. Damit der Lackring möglichst dicht wird, muss der Lack oder sein Ersatz wiederholt aufgetragen werden, wenn die vorausgegangene Schicht gut angetrocknet ist. Den Lack trägt man mit dem Pinsel, Kanadabalsam mit einem Glasstab und Wachs oder Paraffin mit einem dreieckig gebogenen, in der offenen Flamme erwärmten Draht auf. Solche Glyzerinpräparate müssen in Mappen vor Staub geschützt liegend aufbewahrt werden.

Will man bessere und haltbarere Dauerpräparate herstellen, so schließt man die kleinen Insekten, Läuse, Flöhe, Mücken usw. in Kanadabalsam oder Cedax ein. Um die Einzelheiten an diesen Tieren gut sehen zu können, muss man die Gewebe aus dem Hautpanzer herauslösen. Dies geschieht, indem man die in 70 %igem Alkohol getöteten Tiere über schwächeren Alkohol und Wasser in eine 10 %ige Lösung von Ätzkali (Kalilauge) überführt, in der sie bei gewöhnlicher Zimmertemperatur 1–3 Tage liegen bleiben. Rascher kommt man zum Ziel durch Kochen der Objekte in 10 %iger Kalilauge. Da diese stark spritzt, muss man einen kleinen Holzstab, der aus ihr herausragt, mitkochen. (Reagenzglas von sich weghalten! Kalilauge beim Kochen nicht in die Augen spritzen lassen!) Dann wäscht man sie unter ständigem Wechsel von Wasser oder in verdünnter Essigsäure gründlich aus und bringt sie dann über 60-, 80- und 95 %igem Alkohol in absoluten Alkohol. In jeder Alkoholstufe bleiben sie einen Tag. Vom absoluten Alkohol kommen sie in Nelkenöl, Xylol oder Methylbenzoat, worin sie beliebig lang, mindestens aber einen Tag bleiben können. Zuletzt werden sie in Kanadabalsam eingeschlossen. Dazu bringt man einen Tropfen Kanadabalsam auf einen gut gesäuberten Objektträger, legt das Insekt, das man bei Verwendung von Nelkenöl am besten vorher gründlich mit Xylol abgespült hat, hinein und dann vorsichtig unter Vermeidung von Luftblasenbildung ein sauber geputztes Deckglas darauf. Man fasst das Deckglas an seinen Kanten mit Daumen und Zeigefinger der linken Hand und setzt es mit einer Kante links vom Kanadabalsamtropfen auf den Objektträger. Mit der gegenliegenden Kante legen wir es auf eine schief zum Objektträger mit der rechten Hand gehaltene Präpariernadel. Nun können wir es mit der linken Hand loslassen und ergreifen mit dieser ebenfalls eine Präpariernadel, stellen diese an die dem Objektträger bereits aufliegende Kante des Deckglases als Widerlager und schieben es etwas weiter zum Kanadabalsamtropfen hin. Dann lassen wir das Deckglas durch Hervorziehen der rechten Nadel langsam auf das Objekt und den Balsam herabsinken. Zu beachten ist, dass man nicht zu viel Balsam nimmt, so dass er unter dem Deckglas hervorquillt oder gar dieses auf ihm schwimmt. Füllt er den Raum unter dem Deckglas nicht ganz aus, so muss man später Balsam nachfüllen, indem man einen Tropfen davon an den Rand des Deckglases bringt, wo der Luftraum liegt. Im Balsam eingeschlossene kleine Luftblasen gehen beim Trocknen der Präparate gewöhnlich von selbst heraus. Je nach der Dicke des Objektes ist der Kanadabalsam nach einigen Wochen oder Monaten hart geworden, so dass die Präparate jetzt auch stehend aufbewahrt werden können. Die Anbringung eines Lackringes ist nicht erforderlich.

Milben, Staubläuse und Springschwänze können in Balsam nicht eingebettet werden, weil sein Lichtbrechungsindex feinere, zur Bestimmung der Tiere oft wichtige Merkmale verschwinden lässt. Sie werden in Polyvinyllactophenol oder zweckmäßiger in dem sogenannten Berlese-Gemisch eingebettet. Dieses stellt man sich selbst her: 20 Gewichtsteile Glyzerin

werden mit 50 Teilen destilliertem Wasser zusammengegossen und darin 200 Gewichtsteile Chloralhydrat gelöst. Dazu werden 30 Gewichtsteile Gummiarabikum in ausgesucht glasklaren Stücken hinzugefügt. Dieses löst sich recht langsam. Schwaches Erwärmen im Wasserbad und ständiges Rühren mit einem Glasstab ist daher empfehlenswert. Die dicke Flüssigkeit wird schließlich durch Filtrierpapier filtriert. Bevor die Tiere in diese Lösung eingeschlossen werden, werden sie in 70 %igem Alkohol abgetötet, kommen dann in 75 %ige Milchsäure auf einem Objektträger, mit einem Deckglas zugedeckt und werden kurze Zeit (etwa 10 Minuten) auf einer Wärmeplatte bei etwa 60 °C oder vorsichtig über einer kleinen Spiritusflamme erwärmt, bis sich die Gliedmaßen ausgestreckt haben. Durch den Deckglasdruck wird dabei auch ein großer Teil des Körperinhalts ausgepresst. Vor Einbettung in das Berlese-Gemisch muss aus den Objekten die Milchsäure wieder entfernt werden, da sich sonst im Präparat später sehr störende Milchsäurekristalle bilden. Dazu kommen zarte Objekte ½ bis 2 und große, dicke 15 bis 20 Minuten bei Zimmertemperatur in ein Gemisch von 135 ccm gesättigter wässeriger Lösung Chloralhydrat und 150 ccm Phenol liquidum. Die Übertragung der Objekte daraus in einen Tropfen Berlese-Gemisch auf dem Objektträger erfolgt mit einer Edelstahl- oder Goldnadel. Dabei ist darauf zu achten, dass sie bis auf den Grund des Tropfens gedrückt werden, weil sie sonst beim Deckglasauflegen unkontrolliert umherschwimmen und an den Deckglasrand oder auch darüber hinaus kommen können. Bei Dauerpräparaten empfiehlt es sich, unter das Deckglas kleine Glassplitter als Stützen zu legen, die aber nur halb bis dreiviertel so dick wie das Objekt sein dürfen. Nach Aufenthalt von wenigstens 1 Tag im Thermostaten bei 40 bis 45 °C sind die Präparate für die Untersuchung geeignet. Bei Dauerpräparaten ist das Anbringen eines Lackrings nötig. Dieses kann erst nach guter Trocknung (mehreren Tagen im Thermostaten oder mehreren Wochen bei Zimmertemperatur) erfolgen. Man verwendet dazu am besten einen rasch trocknenden Nagellack, der mit dem Pinsel aufgetragen wird und vollkommen dicht schließen muss. «Eukitt» hat sich gut bewährt.
Alle Dauerpräparate sind wie die genadelten Insekten mit Etiketten zu versehen, die Namen, Fundort, Fangort, Fangdatum, Art der Schädlichkeit und die Tagebuchnummer enthalten.

4 Die Präparation der Spurensammlung

Das Präparieren der Fraßstücke und anderer Spuren richtet sich ganz nach deren Beschaffenheit. Meist handelt es sich bei den Vorrats- und Materialschädlingen um trockene Stoffe, die einfach so, wie sie sind, aufgehoben werden können. Wichtig ist dabei nur, dass natürlich vorher alle in ihnen noch vorhandenen Schädlinge abgetötet werden. Dazu bringt man die Objekte in ein luftdicht verschließbares Gefäß oder eine Entwesungskiste und begast sie am einfachsten mit Schwefelkohlenstoff (Vorsicht, sehr explosibel, daher nicht rauchen und kein offenes Feuer oder Licht bei der Arbeit verwenden!), den man in eine flache Schale gießt, die man möglichst oben in dem Gefäß aufstellt. Es genügt etwa 1 ccm Schwefelkohlenstoff für die Begasung von 10 l Rauminhalt bei einer Einwirkungszeit von 12–24 Stunden. Anstelle von Schwefelkohlenstoff kann man natürlich auch Tetrachlorkohlenstoff, Trichloräthylen und andere gasförmige Schädlingsbekämpfungsmittel verwenden. Nach der Begasung müssen die Fraßstücke je nach ihrer Beschaffenheit in gut schließenden Kästen oder weithalsigen Gläsern (Pulverflaschen) aufbewahrt werden. Sehr schön ist es auch, wenn man Klarsichtfolienkästen bzw. -tüten nimmt und darin die Fraßstücke zu den präparierten Insekten in dieselben Kästen steckt. Von zerfressenem Holz und dgl. geben oft Quer- und Längsschnitte recht lehrreiche Bilder, noch dazu, wenn man einen Teil der Fraßgänge mit einer Stahlbürste von dem sie erfüllenden Kot und Fraßmehl reinigt. Sehr kleine Objekte, z. B. eine einzige zerfressene Erbse, können aufgeklebt und genadelt werden. Auch bei der Spurensammlung ist auf eine sofortige ausführliche Beschriftung der Objekte zu achten.

II Die Untersuchung der Insekten und anderer Gliederfüßer

Um die Schädlinge anhand von Bestimmungstabellen oder Beschreibungen bestimmen zu können, muss man sie sich genau ansehen. Alle Einzelheiten ihres Körperbaues muss man betrachten können. Da die Vorratsschädlinge alle sehr klein sind, ist eine gute, wenigstens zehnfach vergrößernde Lupe unentbehrlich. Noch besser aber ist ein Stereomikroskop, das eine weit stärkere Vergrößerung erlaubt. Unter ihm können alle genadelten und aufgeklebten Insekten untersucht werden. Für die kleinsten aber, die wir zu mikroskopischen Präparaten verarbeitet haben, reicht es auch nicht aus. Dazu ist ein Mikroskop nötig. Dieses hat den Nachteil, dass man die Tiere nicht plastisch darunter sehen kann, sondern nur in einer Ebene gelegene Körperteile; will man genau sehen, was über oder unter dieser Ebene liegt, dann muss man mit der feinen Schraube die Einstellung des Mikroskopes ändern. Außerdem erhält man auch ein umgekehrtes Bild des Objektes, weshalb man den Objektträger immer so unter das Mikroskop legen muss, dass das zu betrachtende Insekt auf dem Kopf steht. Die wichtigsten Bestandteile des Mikroskopes sind die Linsen, das Okular und die Objektive, von denen am Revolver gewöhnlich drei oder zwei drehbar angebracht sind, so dass man die Vergrößerung rasch ändern kann. Durch eine grobe und eine feine (Mikrometer-)Schraube wird die Scharfeinstellung des Bildes erzielt. Von besonderer Wichtigkeit ist auch die Beleuchtung des Objektes. Diese erfolgt durch den Spiegel und den Beleuchtungsapparat. Um die richtige Beleuchtung zu erhalten, muss man, bevor man ein Objekt betrachtet, das Mikroskop richtig aufstellen. Man öffnet dazu die Blende am Beleuchtungsapparat vollständig und stellt den Spiegel dann so lang in Richtung auf das Fenster, bis man im Mikroskop ein einheitlich klares Feld erhält, wenn man durch das Okular hineinsieht. Jetzt erst legt man den Objektträger unter das Objektiv auf den Objekttisch. Moderne Mikroskope haben gewöhnlich eine elektrische Birne als Lichtquelle eingebaut, die eine gleichmäßige Ausleuchtung des Blickfeldes ermöglicht. Mit der schwächsten Vergrößerung sucht man das zu untersuchende Tier, bringt es genau in die Mitte des Blickfeldes und legt es durch die Objektklammern fest. Durch Drehen des Revolvers kann man, wenn es nötig ist, eine stärkere Vergrößerung einschalten. Durch Drehen an den Schrauben stellt man das Bild darauf wieder scharf ein. Durch Schließen der Blende kann man oft Feinheiten in der Struktur, feine Haare usw. besser hervortreten lassen. Für höhere Ansprüche gibt es neben dem hier beschriebenen einfachen monokularen Mikroskop auch binokulare Anfertigungen.

Eine ausführliche Übersicht über die für die Bestimmung kleiner Hausschädlinge empfehlenswerten optischen Geräte und ihre sachgerechte Anwendung gibt U. Sellenschlo 1991 (Ungeziefer zweifelsfrei bestimmen. Optische Geräte helfen dem Schädlingsbekämpfer. – Der prakt. Schädlingsbekämpfer, **43** (11): 228, 230–232, 234–235).

III Aufbewahrung der Schädlingssammlung

Solange die Tiere noch nicht bestimmt sind und die Sammlung noch klein ist, bewahrt man sie am einfachsten in gut schließenden Kästen aus kräftiger Pappe oder Holz, z. B. in Zigarrenkisten (50er Packung) auf, die man mit Schaumstoffpolystyrol-Platten, die in den einschlägigen Insektenhandlungen zu beziehen sind, auslegt und dann mit weißem Papier ausklebt. Hat man bereits eine größere Sammlung und will diese auch für Schauzwecke benützen, dann empfiehlt es sich, diese in Insektenkästen unterzubringen, eventuell in einem besonderen Sammlungsschrank, der eine Reihe solcher Kästen enthält. Spezialfirmen stellen solche Insektenschränke und -kästen her. Die Insektenkästen sind mit Kunststoff- oder Mollplatten ausgelegt und meistens weiß oder gelblich ausgeklebt. Ihr Deckel ist mit einer Glasscheibe versehen und ermöglicht durch eine Nut, in die ein Falz des Kastens passt, einen staubdichten Verschluss. Nur solche Kästen (mit «Nut» und «Feder») sind wirklich brauchbar. Kästen, die nicht dicht schließen, sind eine ständige Quelle von Unannehmlichkeiten, da

die in ihnen aufbewahrten Objekte leicht verstauben oder durch Schädlinge (Kleidermotten, Kabinettkäfer, Diebkäfer usw.) zerstört werden können. In der Sammlung steckt man die etikettierten Insekten in senkrechten, durch schmale Papierstreifen abgegrenzten Reihen untereinander. Vor jede neue Gattung und vor jede Art steckt man ein Etikett mit dem Gattungs- bzw. Artnamen. In der Reihenfolge der Aufstellung folgt man einem Bestimmungsbuch oder einem umfangreicheren Lehrbuch. Durch einen kleinen Zettel verweist man auf eventuell in der Alkoholsammlung aufbewahrte Larven, die zu der Art gehören. Die abgrenzenden Papierstreifen und die Etiketten steckt man mit besonderen kurzen Etikettenstreifen fest. Gattungs- und Artetiketten sind zweckmäßig gleich groß, aber verschiedenfarbig, erstere sind gelblich getönt, letztere einfach weiß. Außerdem verwendet man noch größere Familienetiketten.
Die wissenschaftlichen Namen der Tiere sind lateinisch. Der erste Name, der immer mit großem Anfangsbuchstaben geschrieben wird, ist der Gattungsname, der zweite, mit kleinem Anfangsbuchstaben geschrieben (nur in älteren Büchern wird er auch groß geschrieben, wenn er sich von einem Personennamen ableitet) ist der Artname. Verwandte Arten werden zu einer Gattung zusammengefasst, verwandte Gattungen zu einer Familie. Die Familiennamen enden alle auf -idae. Hinter dem Artnamen steht der Name des Forschers, der die Art zuerst beschrieben hat. Durch ein Komma getrennt folgt das Jahr, in dem die Beschreibung publiziert wurde. Autor und Jahreszahl werden in Klammern gesetzt, wenn die Art ursprünglich mit einem anderen Gattungsnamen veröffentlicht wurde. Während früher die Autorennamen in der Regel abgekürzt wurden, z. B. L. = LINNAEUS (Linné), F. = FABRICIUS, werden sie jetzt ausgeschrieben.
Für die Fraßspuren usw. müssen oft, wenn sie sehr groß sind, besondere Kästen verwendet werden. Wenn man zu ihnen auch noch die Schädlinge gibt, diese in natürlicher Stellung präpariert und für alles die Beschriftung direkt auf dem Boden des Kastens in Druckschrift anbringt, kann man sehr interessante und auch für das Auge schöne Schaukästen herstellen. Die mikroskopischen Präparate werden am besten in gut schließenden Pappmappen liegend aufbewahrt, die in den einschlägigen Geschäften zu kaufen sind.
Zur Regel mache man sich, dass man nur gut etikettierte und sicher richtig bestimmte Tiere in seine Sammlung einreiht. Ist man sich selbst nicht sicher, ob man die Tiere richtig bestimmt hat, so lasse man sich seine Bestimmung durch einen Spezialisten oder ein zoologisches Museum nachprüfen, nur dann hat man ein Material, auf dem man weiter aufbauen kann.

Adressen von Geschäften, bei denen man alle entomologischen Bedarfsartikel kaufen kann, findet man in der zweimal im Monat erscheinenden «Insektenbörse», dem Anzeigenteil der «Entomologischen Zeitschrift» (Alfred Kernen Verlag, Postfach 10 32 44, D-4300 Essen 1).

Auswahl aus der Literatur

Über allgemeine Probleme und Biologie der Haus-, Vorrats- und Materialschädlinge sowie zur Bestimmung tropischer Vorratsschädlinge

Weiterführende Bestimmungsliteratur wird bei den einzelnen Schädlingsgruppen angegeben

Carvalho, E. Luna de (1979): Guia prático para a identificaçao de algunos insectos de armazéns e produtos armacenados. – Junta Invest. cient. Ultramar Centro de Estudos de Defesa Fitossan., Lisboa.

Dobie, F., Haines, C. P., Hodges, R. J., Prevett, P. F. (1984): Insects and Arachnids of tropical stored products – their biology and identification. (A training manual). Storage Dept. Trop. Develop. Res. Inst. Slough, Berks. 273 S.

Eichler, WD. (1980): Grundzüge der veterinärmedizinischen Entomologie. Ausgewählte Beispiele wichtiger Parasitengruppen. Fischer, Jena. 184 S.

Engelbrecht, H. (1989): Schädlinge und ihre Bekämpfung. – FEB Fachbuchverlag Leipzig. 254 S.

Heinze, K. (Hrsg.) (1983): Leitfaden der Schädlingsbekämpfung, Bd. 4: Vorrats- und Materialschädlinge (Vorratsschutz. Wissensch. Verlagsgesell. Stuttgart. 348 S.

Keilbach, R. (1966): Die tierischen Schädlinge Mitteleuropas mit kurzen Hinweisen auf ihre Bekämpfung. Fischer Jena. 784 S.

Kemper, H. (1950): Die Haus- und Gesundheitsschädlinge und ihre Bekämpfung. Ein Lehr- und Nachschlagebuch für Schädlingsbekämpfer. Duncker & Humblot Berlin. 2. Aufl., 344 S.

Klausnitzer, B. (1987): Ökologie der Großstadtfauna. Fischer Jena. 225 S.

Klausnitzer, B. (1988): Verstädterung von Tieren. Neue Brehm-Bücherei, Ziemsen Wittenberg-Lutherstadt. 315 S.

Mehlhorn, H., Piekarski, G. (1989): Grundriß der Parasitenkunde. Fischer Stuttgart. 3. Aufl., 407 S.

Mourier, H., Winding, O. (1979): Tierische Schädlinge und andere ungebetene Tiere in Haus und Lager. Bestimmen, an ihren Spuren erkennen, bekämpfen und schützen. BLV-Bestimmungsbuch 26. München, Bern, Wien, 224 S.

Stein, W. (1986): Vorratsschädlinge und Hausungeziefer. Biologie, Ökologie, Gegenmaßnahmen. Ulmer Stuttgart. 287 S.

Steinbrink, H. (1989): Gesundheitsschädlinge. Einführung in Biologie und Bekämpfung. Fischer Stuttgart.

Vater, G., Vater, A., Sorge, O. (1991–1992): Schädlingsbekämpfung in Ostdeutschland, Teil 1–4. – Prakt. Schädlingsbekämpfer, **43** (12): 256–272; **44** (6): 128–137, (7/8): 152–161, (10): 238–246. Lehrte.

Weyer, F., Zumpt, F. (1966): Grundriß der medizinischen Entomologie. Barth Leipzig. 4. Aufl. 173 S.

Vor Gebrauch der Bestimmungstabellen zu lesen

1. Eine Anleitung zum Gebrauch der Tabellen erscheint fast überflüssig. Die Zahl am Ende einer Zeile verweist auf einen neuen Vergleichspunkt. Es sind die Merkmale am Tier genau aufzusuchen, wobei man in den meisten Fällen mit einer guten Lupe auskommt. Bei den ganz kleinen Tieren, wie Staubläusen, Springschwänzen, Milben u. dgl., ist zur genauen Bestimmung die Benutzung eines Mikroskopes unerlässlich. Die Einordnung der Schädlinge in die großen Tiergruppen wird von den meisten Benutzern des Buches ohne Tabellen erfolgen können, so dass die Tabellen auf S. 19 und für viele auch die auf S. 28 ff. überflüssig sein werden. Da es aber einige schwierige Formen gibt und das Buch auch für Laien benutzbar sein soll, konnte doch nicht auf sie verzichtet werden. Ist man unsicher mit der Zuteilung eines Tieres zu einer bestimmten Gruppe, so beginne man mit seiner Bestimmung lieber immer ganz vorn, als dass man herumrät. Ein Bestimmungsfehler am Anfang kann oft großen Zeitverlust mit sich bringen.

2. Werden Längenmaße der Tiere als Unterscheidungsmerkmale gegeben, so messe man nach Möglichkeit mehrere Tiere. Die angegebenen Längenunterschiede sind fast in allen Fällen so groß, dass keine Überschneidungen vorkommen können. Sollten trotzdem einmal Tiere vorhanden sein, die den beiden einander gegenüberstehenden Gruppen zugeteilt werden können, so sind beide Tabellen zu verfolgen. Eine von ihnen wird sicher bald ausscheiden.

3. Die deutschen Namen wurden immer genannt, wenn welche vorhanden sind. Wo keine angegeben sind, gibt es auch keine. Von der Bildung noch nicht in das Schrifttum eingegangener Verdeutschungen wissenschaftlicher Namen wurde Abstand genommen. Als wissenschaftliche Namen wurden nach Möglichkeit die nach den Nomenklaturgesetzen gültigen Namen gebraucht, häufige im älteren Schrifttum verwendete Synonyme wurden in Klammern beigegeben. In der deutschen und wissenschaftlichen Nomenklatur wurde der Zusammenstellung von G. Schmidt «Die deutschen Namen wichtiger Arthropoden» Mitt. Biol. Bundesanst. Land- u. Forstwirtsch. Berlin-Dahlem Heft 137 (1970) und Nachtrag in Heft 193 (1980) gefolgt.

4. Tiere, die man nach der vorliegenden Tabelle nicht einordnen kann, sind keine bedeutenden Schädlinge oder Lästlinge im Haus, oder sie wurden als solche wenigstens noch nicht in Mitteleuropa festgestellt. Sollten sie in der Tat sehr schädlich oder lästig sein, so schicke man sie an einen Spezialisten, da es sich um einen neuen oder eingeschleppten Schädling handeln könnte, durch dessen rechtzeitiges Erkennen unter Umständen große wirtschaftliche Werte erhalten werden können.

5. Da bei der Angabe von Gutachten über Schädlingsauftreten im internationalen Handel sowie im Werbeschrifttum oft nur die Vulgärnamen verwendet werden, ist deren Kenntnis in den Handelssprachen nötig. Sie sind in der Regel nicht in den üblichen Wörterbüchern enthalten. Daher wurden im Register 4 dieses Buches die ausländischen Vulgärnamen der Schädlinge in alphabetischer Reihenfolge zusammengestellt und dazu die entsprechenden wissenschaftlichen Namen. Sucht man dagegen den fremdsprachlichen Vulgärnamen für einen bekannten Schädling, so findet man im Register 2 hinter dem wissenschaftlichen Namen nach den Seitenzahlen in eckigen Klammern Ziffern, die den Nummern der fremdsprachlichen Vulgärnamen entsprechen.

Bestimmungstabellen der Vorratsschädlinge und des Hausungeziefers

Die als Vorratsschädlinge und Hausungeziefer auftretenden Tiere gehören vier Gruppen an:
I. den Säugetieren (Ratten und Mäuse)
II. den Vögeln (verwilderte Haustauben)
III. den Schnecken
IV. den Gliederfüßern

I Säugetiere, Mammalia

sind ausgezeichnet durch den Besitz eines aus Knochen bestehenden Skelettes, an dem die Muskeln ansetzen. Diese werden überzogen von einer mehr oder minder vollständig behaarten Haut. Die Säugetiere bringen lebende Junge zur Welt, die eine Zeitlang von der Mutter gesäugt werden. Nach der Bundesartenschutzverordnung mit der Änderung vom 24. 7. 1989 sind alle in der nachfolgenden Tabelle aufgeführten Arten mit Ausnahme von Wanderratte, Hausmaus und Rötelmaus geschützt; auch die Hausratte ist geschützt, die wohl auch nur noch selten eine gewisse Rolle als Schädling spielt. In begründeten Fällen kann die nach Landesrecht zuständige Stelle (in der Regel die obere Naturschutzbehörde) Ausnahmen von den Bekämpfungsverboten zulassen.
Die Ratten und Mäuse gehören zu den **Nagetieren**. Sie besitzen im Ober- und Unterkiefer je zwei als Nagezähne ausgebildete Schneidezähne. Diese sind kräftig, meißelartig und tief in den Kiefer eingepflanzt. Sie wachsen ständig im gleichen Maße fort, wie sie beim Nagen abgenutzt werden. Dabei erhalten sie scharfschneidende Kanten, weil ihre vordere Seite, die aus einer härteren Schicht, dem Schmelz, besteht, besser der Abnutzung widerstehen kann, als ihre weichere hintere Seite. Zwischen den Schneidezähnen und den breiten, stumpfen Backenzähnen befindet sich eine weite Lücke (Abb. 1 B), weil ihnen die Eckzähne (Canini) und bei den echten Mäusen (Muridae) auch die Vorbackenzähne (Prämolaren) fehlen. Die Spitzmäuse

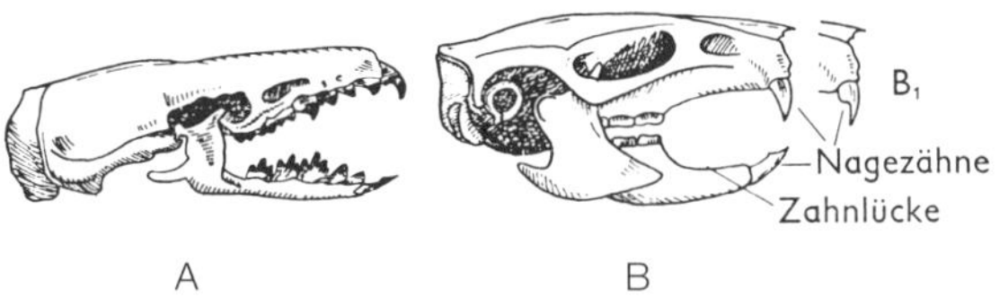

Abb. 1: Schädel A einer Spitzmaus, B eines Nagetiers, oberer Nagezahn wie bei *Sylvaemus*, B_1 wie bei *Mus*.

dagegen, die zu den **Insektenfressern** gehören, haben in ihrem Gebiss weder im Ober- noch im Unterkiefer eine weite Zahnlücke (Abb. 1A). Die Zahnformeln, in denen die Zahl der Zähne der einen Oberkieferhälfte über und die der Zähne der Unterkieferhälfte unter dem Bruchstrich in der Reihenfolge I (Incisivi, Schneidezähne), C (Caninus, Eckzahn), P (Praemolares, Vorbackenzähne) und M (Molares, Backenzähne) angegeben werden, sind für die Spitzmäusegattung *Crocidura* 3113/1113, für die echten Mäuse aber 1003/1003: Außerdem sind bei den Spitzmäusen alle Zähne nadelspitz oder haben mehrspitzige Höcker.

Bestimmungsschlüssel der in Häusern auftretenden Säugetiere

Größenangaben: Körperlänge = Kopf + Rumpf ohne Schwanzlänge

1. Säugetiere, die mit Hilfe ihrer Flughaut, die zwischen den Seiten des Rumpfes, den stark verlängerten Knochen der Vorderbeine und den Hinterbeinen bis zu den Fußwurzeln ausgespannt ist, durch Fliegen oder Flattern ähnlich wie ein Vogel jede beliebige Höhenänderung vornehmen können. In der Ruhe wird die Flughaut zusammengelegt. An den Hinterfüßen können sich die Tiere zur Ruhe aufhängen, mit den nicht in die Flughaut einbezogenen Daumen der Vorderbeine können sie etwas kriechen. . . . . **Fledermäuse**, Chiroptera

Sie haben an geschützten Orten in und an Gebäuden (auf Türmen und Dachböden, in Mauerspalten und hinter Fensterläden, in Kellern und Stollen, in Ruinen, kleinen und großen Wohnhäusern, selbst an modernen Hochhäusern) ihre Tagesverstecke, Schlafplätze oder Winterquartiere, an denen sich bis zu mehreren Hundert ansammeln können. Die mitteleuropäischen Arten sind Insektenfresser und sehr nützlich. Den Menschen greifen sie nicht an, auch fressen sie weder Speck noch andere Vorräte, wie ihnen nachgesagt wird. Die meisten der etwa 22 mitteleuropäischen Arten können in Gebäuden vorkommen. Sie sind schwierig zu bestimmen. Eine Tabelle dafür findet sich in Brohmer, P.: Fauna von Deutschland. 13. Auflage (Quelle & Meyer, Heidelberg 1982), S. 518–522. Sie stehen alle unter Naturschutz. Dieses ist bei Schädlingsbekämpfungs- und Holzschutzarbeiten zu beachten! Sie können Ursprungsstelle für Wanzenplagen durch Fledermauswanzen (s. S. 81) werden.

– Säugetiere ohne Flughaut 2

2. Am Schädel befindet sich zwischen den Schneidezähnen und den Backenzähnen sowohl im Oberkiefer als auch im Unterkiefer eine weite Lücke (Abb. 1 B). Die Schneidezähne sind Nagezähne . . . . **Nagetiere**, Rodentia 7

Ausführliche Bestimmungstabelle in E. Mohr: Die freilebenden Nagetiere Deutschlands. 3. Auflage (G. Fischer, Jena 1954).

– Am Schädel befindet sich zwischen den Schneidezähnen und den Backenzähnen sowohl im Ober- als auch im Unterkiefer keine weite Zahnlücke (Abb. 1 A). 3

3. Körperlänge unter 10 cm, mäuseähnlich, aber der Schädel ist abgesehen vom anderen Bau des Gebisses lang gestreckter und schmäler bei Ansicht von oben. Der Jochbogen ist nicht ausgebildet. Die Nase ist rüsselartig verlängert, der Pelz samtweich . . . . **Spitzmäuse**, Soricidae (Insectivora)

Zur Überwinterung in die Häuser kommen von ihnen nur die drei in Europa heimischen **Weißzahn-** oder **Wimperspitzmäuse**, die an ihren weißen Zahnspitzen (die bei allen anderen Arten rotbraun sind) und an den von ihrem kurz anliegend behaarten Schwanz abstehenden langen Wimperhaaren zu erkennen sind. Sie sind nützliche Tiere, die hauptsächlich von Insekten, Würmern, Schnecken und anderen kleinen Tieren leben, in seltenen Fällen allerdings auch einmal an Käse, Milch, Fleisch, Speck und Öl naschen. Sie stehen unter Naturschutz. Am häufigsten ist die **Hausspitzmaus** *Crocidura russula* (Hermann, 1780) mit 65–90 mm Körper- und 30–45 mm Schwanzlänge, die im südöstlichen Deutschland (besonders Bayern) von der meistens etwas kleineren **Gartenspitzmaus** *C. suaveolens* (Pallas, 1811) mit 55–80 mm Körper- und 27–43 mm Schwanzlänge ersetzt wird, aber im Norden bis westlich der Elbe in das Gebiet von *C. russula* vordringt. Beide Arten, deren in der Jugend schwärzlichgraue, später braungraue Färbung der Oberseite ohne scharfe Abgrenzung in die heller graue Unterseite übergeht, sind nur vom Spezialisten sicher zu unterscheiden und wurden daher früher als eine Art angesehen. Leichter lässt sich die **Feldspitzmaus** *C. leucodon* (Hermann, 1780) von ihnen trennen, da ihr Schwanz mit 30–40 mm kürzer als die halbe Körperlänge (65–90 mm) ist und sich ihre schiefergraue bis dunkelbraune Oberseite scharf gegen die gelblichweiße bis weißlichgraue Unterseite absetzt.

– Körperlänge über 10 cm 4

4. Die Haare auf dem Rücken, der Stirn und an den Flanken sind zu fein längsgefurchten, bis auf eine kleine Partie in der Mitte und die Spitze, die braun sind, gelblich gefärbten Stacheln umgebildet, die zwischen dem weichen Wollunterhaar emporstarren und bei drohender Gefahr, wenn sich das Tier zu einer Kugel zusammenrollt, nach allen Seiten gerichtet eine wirkungsvolle Verteidigungswaffe darstellen. Körper 20–30 cm, Schwanz 2–4,5 cm . . . . **Igel,** *Erinaceus europaeus* LINNAEUS, 1758 *(Insectivora)*

Die Nominatform, der **Westigel**, hat eine hellgraue bis dunkelbraune Unterseite, jenseits einer Zone vom Unterlauf der Oder über Berlin und die Sudeten zum Fichtelgebirge kommt der **Ostigel** vor, bei dem wenigstens ein Brustfleck oder die ganze Unterseite weiß sind. Einige Autoren bezeichnen ihn als Unterart *roumannicus* BARRET-HAMILTON, 1900 von *E. europaeus*, andere als eine eigene Art, obwohl in der Grenzzone Mischlinge vorkommenn. In der Lebensweise unterscheiden sie sich nicht. Ursprünglich ein Waldbewohner, folgen die Igel immer mehr den Menschen in die offene Kulturlandschaft und in die Siedlungen und gewöhnen sich auch rasch an die Fütterung. Aus Grünflächen auch im Stadtinnern und aus Hausgärten gelangen sie auf der Suche nach Winterquartier gelegentlich in Hauskeller oder Lichtschächte, die aber zur Überwinterung ungeeignet sind, weshalb sie sterben müssen, wenn ihnen nicht zum Herausfinden geholfen wird. Ihr längerer Aufenthalt in Häusern kann zu Plagen beim Menschen durch Igelflöhe (S. 248) führen. Die Igel stehen als wichtige Schädlingsvertilger und eine einzigartige altertümliche Tiergruppe unter Naturschutz. Um eingedrungene Tiere richtig zu behandeln, lasse man sich von einer Naturschutzstelle beraten.

– Haare nicht in Stacheln umgewandelt 5

5. Färbung dunkel braungrau, Rücken etwas dunkler, mit schwarzer, weiß umrandeter Maske im Gesicht, Schwanz hell und dunkel geringelt . . . . **Nordamerikanischer Waschbär,** *Procyon lotor* (LINNAEUS, 1758) (Carnivora, Procyonidae)

ursprünglich aus Nordamerika für Pelztierfarmen eingeführt. Entwichene und freigesetzte Tiere haben sich regional stark vermehrt. Inzwischen gilt er als Kulturfolger, in einigen Städten (z. B. Kassel) ist er bereits zur Plage geworden. Leerstehende Gebäude, aber auch Höhlen benutzt er als Quartier, hier hält er auch seinen Winterschlaf. Er ist ein Allesfresser, er vertilgt Obst, Beeren und andere Früchte, aber auch Jungmäuse, Käfer, Schnecken, er wird als Nesträuber gefürchtet, durchsucht in Städten die Mülltonnen nach Fressbarem.

– Färbung anders 6

6. Unterseite dunkelbraun bis schwärzlich, Oberseite gelbbraun; Körper 32–45 cm, Schwanz 12,5–19 cm . . . . **Iltis,** *Mustela (Putorius) putorius* LINNAEUS, 1758 (Carnivora, Mustelidae)

verbreitet in Gefahr durch Entleeren seiner Analdrüse einen äußerst unangenehmen Geruch. Er kommt im Winter gern in die Gehöfte und wohnt dann in Scheunen und auf Heuböden. Er ist durch Vertilgen von Ratten und Mäusen sehr nützlich, darf aber nicht in einen Geflügelstall kommen, wo er alle Insassen umbringt.

– Unterseite mit einem weißen, hinten gegabelten Kehlfleck, Oberseite dunkler, graubraun: Körper 40–50 cm, Schwanz 21–27 cm . . . . **Stein-** oder **Hausmarder,** *Martes foina* (ERXLEBEN, 1777) (Carnivora, Mustelidae)

Kulturfolger, der sich gern in der Nähe des Menschen ansiedelt, in Ställen, Scheunen, Magazinen, leerstehenden und verfallenden Gebäuden. Starke Vermehrung in Städten, Schäden sind entstanden durch Zerstörung von Dachisolierungen und durch Zerbeißen von Elektrokabeln an Fahrzeugen. Er ist als Geflügelmörder und Obstdieb gefürchtet, vertilgt aber auch viele Mäuse, Ratten und Sperlinge.

7. Schwanz buschig oder dicht behaart 8
– Schwanz nur spärlich behaart 10

8. Körper 20–24 cm, Schwanz fast körperlang (16–20 cm), buschig zweizeilig behaart; Vorderfüße mit 4 Zehen. Rotbraun; tiefdunkelbraune bis schwarzbraune Tiere finden sich gelegentlich darunter, ganz schwarze sind sehr selten, auch Gelbfärbung wurde beobachtet. . . . . **Eichhörnchen,** *Sciurus vulgaris* LINNAEUS, 1758 (Sciuridae)

Typischer Baumbewohner, überall in Wäldern, Parks und Friedhöfen, auch in Hausgärten. Wo es vom Menschen gefüttert wird, werden manche Tiere sehr zahm und nehmen das dargebotene Futter aus der Hand. Sie durchstöbern Müllbehälter und Papierkörbe nach Futter. Im Zuge der Verstädterung zeigen sie sogar die Tendenz, auch auf Dachböden und in Mauerspalten ihre Kobel zu errichten, wozu auch Wollfäden, Textilien und Plastikfolien verwendet werden können.

– Körper zwischen 11 und 19 cm, Schwanz zwischen 9–16 cm; Vorderfüße mit 5 Zehen . . . . **Bilche,** Gliridae 9

Abb. 2: A Siebenschläfer, B Gartenschläfer.

9. Schwanz in ganzer Länge buschig behaart; Oberseite blaugrau, leicht berußt, Unterseite weiß. Körper 12–19 cm, Schwanz 11–16 cm (Abb. 2 A) . . . . **Siebenschläfer**, *Glis glis* (LINNAEUS, 1766)

kann im Herbst aus Wäldern, Parks oder Obstgärten in Häuser und Vorratskammern eindringen, wo er nachts auf den Dachböden herumtobt und auch oft seinen Winterschlaf hält. Nicht sehr häufig. Steht unter Naturschutz.

– Schwanz nur am Ende länger behaart; Oberseite rötlich graubraun, Unterseite weiß, mit einem schwarzen Ring um das Auge, Endhälfte des Schwanzes oben schwarz, unten und Endpinsel weiß (Abb. 2 B) . . . . **Gartenschläfer**, *Eliomys quercinus* (LINNAEUS, 1766)

kann im Herbst aus Wäldern, Parks oder Obstgärten in Häuser und Vorratskammern eindringen, wo er nachts auf den Dachböden herumtobt und auch oft seinen Winterschlaf hält. Seltener als die vorige Art. Steht unter Naturschutz.

10. Rumpflänge der erwachsenen Tiere über 12 cm 11

– Rumpflänge der erwachsenen Tiere weniger als 12 cm 12

Die jungen Ratten unterscheiden sich von gleichgroßen Mäusen durch ihre größeren und plumperen Füße und ihren längeren Schwanz

11. Schwanz kürzer als der Körper, 170–180 Ringe, Ohren kurz, reichen, an die Kopfseiten gedrückt, nicht bis ans Auge. Rücken bräunlichgrau, Bauch weiß (Abb. 3 B) . . . . **Wanderratte**, *Rattus norvegicus* (BERKENHOUT, 1769)

liebt Feuchtigkeit und Nässe, schwimmt und taucht gut; auf Küstenfahrzeugen und Schuten, in Kellern und Sielen, in Gräben, Ställen, an Teichen, aber kaum jemals auf Dachböden, selten auf Seeschiffen. Sie dringt besonders aus schadhaften Sielen in die Häuser ein.

– Schwanz länger als der Körper, 250–260 Ringe. Ohren ungefähr halb so lang wie der Kopf, reichen an die Kopfseiten angedrückt, bis ans Auge. Färbung variiert von einfarbig schwarz bis braunrückig mit weißem Bauch (Abb. 3 A) . . . . **Hausratte**, *Rattus rattus* (LINNAEUS, 1758)

zieht mehr die Trockenheit vor; auf Bodenräumen und Speichern, kaum jemals in den unteren Stockwerken. Die typische Ratte auf Überseeschiffen. Den einzelnen Farbvarianten, die nach neueren Feststellungen in einem Wurf nebeneinander vorkommen können, gab man früher besondere Namen. Die häufigsten davon sind: *R. r. ater* (FITZINGER, 1867) (tiefschwarz), *R. intermedius* (NINNI, 1882) (blaugrau), *R. r. alexandrinus* (GEOFFROY, 1803) (Rücken und Seiten braun, Bauch weiß = **Dachratte**).

12. Schwanz nicht so lang wie der halbe Körper, sehr dünn behaart, so dass er fast nackt erscheint. Ohren sehr kurz, reichen an die Kopfseiten angedrückt, nicht bis an die Augen. Oberseite rostrot, Bauchseite grauweiß . . . . **Rötelmaus**, *Clethrionomys glareolus* (SCHREBER, 1780)

in Wiesen, Gräben, Knicks unter aufgeschichteten Holzhaufen, dringt im Winter regelmäßig in waldnahe Häuser ein.

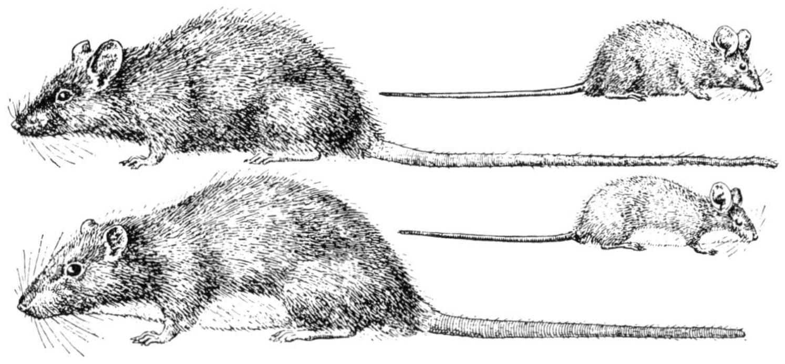

Abb. 3: A Hausratte, B Wanderratte, C Hausmaus, D Gelbhalsmaus (aus DIEHL-WEIDNER).

– Schwanz länger oder nur wenig kürzer als der Körper. Ohren auffallend groß. (Abb. 3 C und D) 13

13. Hinterseite der oberen Schneidezähne mit rechtwinkligem Einschnitt (Abb. 1 B_1) . . 14

– Hinterseite der oberen Schneidezähne ohne rechtwinkligen Einschnitt (Abb. 1 B) . . 15

14. Schwanz meist länger als der Körper, Anzahl der Schwanzringel 156–158, Rücken schwarz, selten wirklich mausgrau, geht allmählich in die graue Bauchseite über (Abb. 3 C) . . . . **Hausmaus,** *Mus musculus domesticus* RUTTY, 1772

in Häusern im westlichen Mitteleuropa, stellenweise bis über den 13. Längengrad nach Osten vordringend.

– Schwanz meistens etwas kürzer als der Körper, Anzahl der Schwanzringel 143–176, Rücken wildfarben, Bauch weißlich bis weiß, von der Seitenfärbung scharf abgesetzt . . . . **Ährenmaus,** *Mus musculus musculus* LINNAEUS, 1758

im Sommer in Gärten und Feldern, im Winter mehr in Gebäuden, auch Kühlhäusern. In Dänemark und dem östlichen Mitteleuropa bis zur Elbe und zum Ostrand der Alpen. Ähnlich ist der etwas kleinere südosteuropäische *Mus musculus spicilegus* PETENYI, 1882, der, besonders im Südwestenn seines Verbreitungsgebietes, noch mehr im Freien lebt.

15. Bauch blendend weiß (bei jüngeren Tieren gelbweiß) mit einer mehr oder weniger vollständigen gelben Querbinde auf der Kehle, aber ohne einen medianen gelben Längsstrich auf dem Bauch. Oberseite rost- bis kastanienbraun. Schwanz etwas länger als der Körper. 180–230 Schwanzringel (Abb. 3 D) . . . . **Gelbhalsmaus,** *Sylvaemus (= Apodemus) flavicollis* (MELCHIOR, 1834)

meist nur in Wäldern und am Waldrand, hauptsächlich in Laubholzbeständen. Lebt unter dem Wurzelwerk in Löchern anderer Tiere. Hält keinen Winterschlaf, zieht im Winter in die Häuser, klettert außen an den Mauern am Spalier hoch. Im östlichen und mittleren Europa kommt gelegentlich auch die **Brandmaus,** *Sylvaemus (= Apodemus) agrarius* (PALLAS, 1771), in die Gebäude. Sie ist oberseits rostbraun bis grau, mit scharf begrenztem, etwa 2 mm breitem schwarzen Rückenstreif; unterseits weißlichgrau. Sie hat kleinere Ohren.

– Bauch grauweiß, meistens mit einem medianen gelben Längsstrich auf dem Bauch, der an der Kehle beginnt, ganz kurz bleibt oder bis zum After durchgeht. Oberseite braungrau mit einer dunklen Rückenzone. Schwanz etwas kürzer als der Körper, 120–170 Schwanzringel . . . . **Waldmaus,** *Sylvaemus (= Apodemus) sylvaticus* (LINNAEUS, 1758)

auf den Feldern und in Gärten, in selbstgegrabenen Höhlen; hält keinen richtigen Winterschlaf, wandert in Häuser ein, die in der Nähe der Felder liegen.

II Vögel, Aves

Die in den Siedlungen vorkommenden Vögel sind die ausgesprochenen Lieblinge der meisten Menschen und werden daher von ihnen gefüttert und gehegt. Die meisten Arten bewohnen die Grünflächen und Baumbestände. Nur etwa 7 Arten finden in der Stadt ihr Optimalbiotop und drei weitere sind in ihrem Brutvorkommen weitgehend an Siedlungsstrukturen gebunden (KLAUSNITZER 1988). Zur ersten Gruppe gehören Mauersegler, verwilderte Haustauben, Haussperling, Hausrotschwanz, Dohle, Wanderfalke und Türkentaube, zur zweiten Gruppe Schleiereule, Mehl- und Rauchschwalbe. Als Schädlinge können nur die verwilderten Haustauben und die Haussperlinge angesprochen werden, wobei allerdings über die Lösung der von ihnen hervorgerufenen Probleme oft immer noch nicht zwischen Tierschützern, Hygienikern und Schädlingsbekämpfern ganz übereinstimmende Ansichten bestehen. Da beide Vogelarten allgemein bekannt sind, braucht für sie keine Bestimmungstabelle gegeben zu werden, eine solche für alle in einer Siedlung vorkommenden Arten, von denen manche in Ausnahmefällen auch in Baustrukturen nisten können, würde den Rahmen dieses Buches weit überschreiten. Nur auf die Unterschiede der Nester von Mauersegler, Mehl- und Rauchschwalben muss hingewiesen werden, weil sie auch nach Wegzug der Vögel Ausgangsstellen für Insektenplagen des Menschen werden können.
Die **Straßentauben** unserer Städte, die in diesem Jahrhundert an Zahl immer mehr zugenommen haben, sind aus verwilderten Haustauben (*Columba livia domestica* GMELIN) entstanden, die selbst schon vor etwa 7000 Jahren in Ägypten aus Felsentauben (*Columba livia livia* LINNAEUS 1758), domestiziert worden waren. Die Häuserschluchten unserer Städte bieten ihnen wohl wie die ursprünglichen Klippen der Felsenküste ideale Nistplätze, die durch die Domestikation erworbenen Eigenschaften der ununterbrochenen Fortpflanzungsmöglichkeiten bei milder Herbst- und Winterwitterung, der Nahrungsanpassung vom Körnerfresser zum Allesfresser, die große Standorttreue (Aktionsradius nur 500 bis 750 m) und ein Überangebot an Nahrung durch Fütterung in der Stadt ermöglichen ihnen eine Massenvermehrung, machen sie aber andererseits auch anfälliger für den Befall durch Krankheitserreger und Parasiten. Sie werden so zu Überträgern für human- und tierpathogene Viren, Bakterien, Pilze, Protozoen und Würmer und ihre Nester zu Ausgangsstellen für Invasionen von Taubenwanzen (*Cimex columbarius* JENYNS), Roten Vogelmilben (*Dermanyssus gallinae* DE GEER) und Taubenzecken (*Argas reflexus* FABRICIUS) in benachbarte Wohnungen, um dort an den Menschen Blut zu saugen, außerdem auch für zahlreiche andere schädliche Hausinsekten. Außerdem werden die Tauben durch ihren Kot (2,5 kg im Jahr pro Tier), der korrosionsfördernd bei Metallen und zerstörend auf die Bausubstanz wirkt sowie auf Gehwegen bei Regenwetter zur Gefährdung besonders gehbehinderter Menschen beitragen kann, durch Gritfressen, wodurch Dachziegel gelockert und Schornsteinfugen vertieft werden, und in der Nähe von Getreidelagern durch Fressen von Körnern, Zerstören von Abdichtungsplanen und Verschmutzen des Lagergutes schädlich.

Die Literatur über die Problematik der Stadttauben ist sehr umfangreich. Eine Übersicht darüber findet sich in D. HAAG: Literaturarchiv Stadttauben. Tierschutzverein Basel 1988.

Der **Haussperling** (*Passer domesticus* LINNAEUS, 1758), schon im Altertum als Getreideschädling gefürchtet, hat sich dem Menschen so eng angeschlossen, dass er fast nur bei seinen Ansiedlungen brütet, meistens in Mauerlöchern hauptsächlich im Dachbereich, in Lüftungsschlitzen von Hochhäusern, den Buchstaben von Leuchtreklamen und hinter Fensterverblendungen, wohin er Stroh- und Grashalme zu einem unordentlichen Nest mit Federpolsterung zusammenträgt, seltener in einem freistehenden unförmigen Kugelnest auf Bäumen oder im Hausbewuchs. Er schadet vor allem durch Fressen von reifen und unreifen Getreidekörnern (etwa 2,5 kg pro Tier im Jahr), die er sich auf den Feldern, auch von den Halmen, und von Getreidelägern sowie Futterplätzen besonders in Geflügelzuchten holt, außerdem auch durch Zerbeißen von Knospen und Früchten der Obstbäume. Dagegen ist sein Nutzen durch Ver-

tilgen von Insekten (z. B. Verfüttern von Frostspannerraupen an seine Brut) nur gering. Da die Populationen in letzter Zeit sehr stark zurückgegangen sind, ist er unter Naturschutz gestellt worden. – Weniger schädlich und nützlicher durch Vertilgen von Unkrautsamen und schädlichen Insekten ist der **Feldsperling** (*Passer montanus* Linnaeus 1758), der auch in weiterer Entfernung von den Siedlungen nistet. Unterschiede zwischen beiden Arten:
P. domesticus: Männchen und Weibchen verschieden gefärbt;
♂ Oberkopf aschgrau, Wangen grauweißlich, Kehle schwarz, ♀ Oberkopf schmutzig mattbraun, Kehle nicht schwarz, die ganze Kopfzeichnung nicht so bunt. Bei beiden Flügeln mit einer weißen Binde. Körperlänge 15 cm.
P. montanus: Männchen und Weibchen gleich gefärbt: Oberkopf kupferrötlich, Wangen weiß mit schwarzem Fleck, Kehle schwarz. Flügel mit zwei weißen Binden. Körperlänge 14 cm.

Unterschiede von Mauerseglern und Schwalben und ihrer Nester

Obwohl sie zu zwei verschiedenen Ordnungen gehören, haben sie manche Gemeinsamkeiten: Sie sind ausdauernde gute Flieger, die vorwiegend an Gebäuden nisten und durch einen Gabelschwanz gekennzeichnet sind.

1. Gabelschwanz kurz 2

– Gabelschwanz mit langen, beim ♀ etwas kürzeren Schwanzspießen. Er wird beim Sitzen in Richtung der Körperachse gehalten. Die ganze Oberseite metallisch blauschwarz glänzend, die Unterseite weiß mit einem braunen Kehlfleck und schwarzem Brustband. Füße nicht befiedert. Körperlänge 19 cm, Flügellänge 12–13 cm.
Nest eine oben offene Viertelkugel aus Erdklümpchen mit Strohhalmen durchsetzt, deren Enden zum Teil weit hervorragen, innen mit Hälmchen und Federn gepolstert, vorwiegend im Innern von Ställen und anderen Gebäuden, zu denen die Vögel ständig einen offenen Zugang haben, dicht unter den Deckenbalken auf einer Unterlage . . . .
. . . . . . **Rauchschwalbe**, *Hirundo rustica* Linnaeus, 1758 (Hirundinidae, Oscines)

2. Die Oberseite dunkelstahlblau, der Bürzel aber weiß, die ganze Unterseite weiß, die Füße befiedert. Im Sitzen zeigt der Schwanz im Winkel zur Körperachse abgebogen nach unten. Körperlänge 13 cm, Flügellänge 10,7–11,6 cm.
Nester meistens kolonieweise aus Erde gemauert, oben bis auf ein rundes oder ovales Flugloch an der Seite geschlossen unter Dachrändern außen an den Gebäuden, häufig auch in Neubaugebieten, auch auf Balkonen . . . .
. . . . . . **Mehlschwalbe**, *Delichon urbica* (Linnaeus, 1758) (Hirundinidae, Oscines)

– Ober- und Unterseite einheitlich rauchschwarz bis auf einen kleinen weißlichen Kinnfleck. Flügel groß, sichelförmig mit kurzem Oberarm aber sehr großem Handskelett. Füße klein, mit 4 nach vorn gerichteten und mit scharfen Krallen versehenen Zehen, die nicht befiedert sind, während der Lauf befiedert ist. Klammerfüße nicht geeignet zur Fortbewegung auf dem Erdboden. Größer als die Schwalben, Körperlänge 16–17 cm, Flügellänge 16,7–18,2 cm.
Nest besteht aus einer flachen muldenförmigen Schicht von Halmen, Federn, Wolle und ähnlichen Materialien, die im Flug erhascht werden können, überzogen mit einem klebrigen, bald erhärtenden Speichel in Mauerlöchern und unter Dachsparren, aber auch in hohlen Bäumen und Vogelnistkästen. Auch in Großstädten häufig . . . .
. . . . **Mauersegler**, *Apus apus* Linnaeus, 1758 (Apodidae, Apodiformes)

III Schnecken, Gastropoda

Die in Kellern oder feuchten Kellerwohnungen vorkommenden Schnecken sind mit einer Ausnahme Nacktschnecken, d. h. Schnecken ohne Gehäuse, und gehören zu den **Egelschnecken** oder Limacidae.

Über Biologie und Bekämpfung siehe D. GODAN: Schadschnecken und ihre Bekämpfung. Stuttgart (E. Ulmer) 1979.

1\. Schnecken mit einem Schneckenhaus können gelegentlich in Kellern aus dem Freien hineinkriechen oder mit Gemüse, Brennholz u. dgl. verschleppt werden. In Kellern lebt nur die zu den Zonitidae gehörende **Keller-Glanzschnecke**, *Oxychilus cellarius* (O. F. MÜLLER, 1821), die allerdings auch im Freien und in Höhlen vorkommt. Ihr Gehäuse ist flach, mit einem offenen, trichterförmigen Nabel, grünlich hornfarben, unten weißlich, 10–11 mm breit und 5–5,5 mm hoch (Abb. 4 A). Der Körper der Schnecke ist grau.

– Schnecken ohne Schneckenhaus (Nacktschnecken) 2

2\. Körperlänge 8–20 cm 3

– Körperlänge nur 3–6 cm 6

3\. Körper gedrungen, Atemloch vor Mantelschild-Mitte, Rücken ohne Kiel, Haut stark gerunzelt, Sohle grau gleichmäßig gefärbt oder mit unscharf abgegrenztem hellen Mittelstreifen, Tiere ziehen sich bei Berührung halbkugelig zusammen; Jungtiere anders gefärbt als Erwachsene, relativ träge . . . . **Wegschnecken**, Arionidae 4

– Körper schlank, Atemloch hinter Mantelschild-Mitte, Rücken mit Kiel, Sohle mit 3 deutlichen Bändern, lebhafte Tiere mit oder ohne Zeichnung . . . . **Egelschnecken**, *Limacidae* 5

4\. Länge 12–15 cm, Färbung variabel (ziegelrot, orange, braun oder völlig schwarz), ohne Zeichnung, Mantelschild grob gekörnelt, Kopf dunkel, Fühler schwarz, Fußsaum meist rot mit parallelen schwarzen Querstrichen, Sohle hellgrau bis gelblich, Körperschleim zäh, orange (bei roten Tieren) oder farblos (bei braunen oder schwarzen Tieren), Sohlenschleim farblos . . . . **Große Wegschnecke**, *Arion rufus* (LINNAEUS, 1758)

etwas kleiner (10–13 cm), meist einfarbig schwarz, sehr ähnlich der vorigen Art, Unterscheidung nur durch anatomische Untersuchung möglich . . . . **Schwarze Wegschnecke**, *Arion ater* (LINNAEUS, 1758)

– Länge 7–10 cm, Färbung variabel (dunkelgrau, rotgelb, braun oder matt grünlichgrau, Kopf und Fühler dunkel, Sohle bleich oder dunkel, Mantelschild mit lyra-ähnlich verlaufenden Bändern, das rechte Band das Atemloch völlig umrandend, Jungtiere mit dunklem Seitenstreifen, er fehlt bei den Adulten . . . . **Spanische Wegschnecke**, *Arion lusitanicus* MABILLE, 1868

Eine Zuordnung im System der Gastropoden lässt noch Zweifel offen, eingeschleppte wärmeliebende Art aus Spanien und Portugal, hat sich regional aufgrund der milden Winter stark vermehrt, hat im Gegensatz zu den heimischen Nacktschnecken kaum natürliche Feinde.

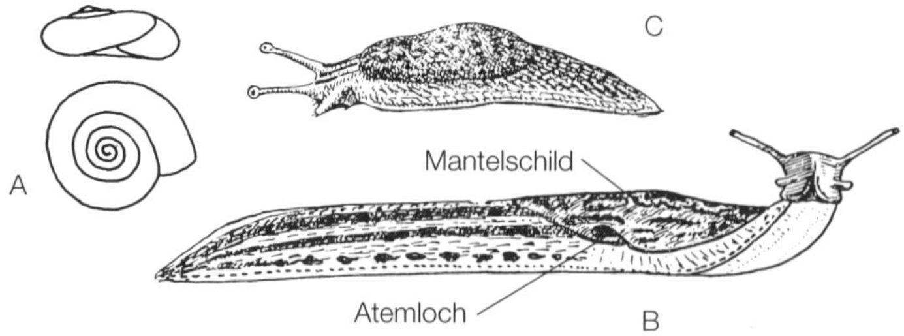

Abb. 4: Kellerschnecken. A Gehäuse von *Oxychilus celarius*, B *Limax maximus*, C *Deroceras agreste*.

5. Körperfarbe weißlichgrau, auf der Oberseite mit 2 oder 3 unterbrochenen dunklen Längsbinden, Mantelschild dunkelfleckig oder marmoriert, Fußsaum mit einer Reihe kleiner schwarzer Runzeln, Sohle einfarbig hell, bei Jungtieren grau, bei Erwachsenen hellgrau bis gelblich. Körperlänge 10–20 cm. Schleim farblos (Abb. 4 B) . . . . **Große Egelschnecke**, *Limax maximus* (LINNAEUS, 1758)

im Freien, aber auch gelegentlich in Gewächshäusern und in Kellern, wo er an Obst, Kürbis, Kohl, Möhren, Kohlrüben, Kartoffeln usw. frisst. Lebensdauer etwa 2½ Jahre. Das Weibchen legt 680 bis 830 Eier in 13 bis 370 Gelegen ab. Aus den im Sommer gelegten Eiern schlüpfen die Jungen nach 3 Wochen aus, die im Winter gelegten überwintern. Entwicklungsdauer bis zur Geschlechtsreife 1½ bis 1¾ Jahre.

– Körperfarbe grüngelb, gelblich bis orange oder rötlich mit dunklerer schwacher Netzzeichnung, Mantelschild grau mit helleren Flecken, Kopf und Fühler dunkelgraublau, Sohle hell, an den Seitenfeldern gelb. Körperlänge 8–10 cm. Schleim gelblich . . . . **Kellerschnecke**, *Limax flavus* (LINNAEUS, 1758)

bei uns nur in Kellern, unter Umständen auch in oberen Stockwerken (Küche, Badezimmer). Frisst mit Vorliebe an Kartoffeln, aber auch an Rüben aller Art, Gurken, Kürbis, Obst, Gemüse, Pilze und Blumenzwiebeln, nur selten an grünen Pflanzenteilen. Die Weibchen legen 250 bis 350 Eier in 12 bis 50 Gelegen, aus denen nach 3 bis 4 Wochen die Jungen schlüpfen, die in 3 bis 11 Monaten erwachsen sind. Lebensdauer etwa 2½ Jahre. Kann sich auch ausschließlich von Mehl (mit einem Wassergehalt von höchstens 20 %) ernähren und daher in Mehllägern und Mühlen schädlich werden.

6. Körper weißlich bis dunkelgrau oder rötlich braun mit schwarzer Strichzeichnung. Mantelschild mit dunkleren Punkten und Flecken. Sohle hellgrau. Körperlänge 4–6 cm. Schleim kalkweiß . . . . **Genetzte Ackerschnecke**, *Deroceras reticulatum* (O. F. MÜLLER, 1774)

im Freien, in Gärten und Treibhäusern, frisst grüne Blätter, so an Gemüse, Kohl und Salat und wird damit gelegentlich in die Keller eingeschleppt.

– Körper einfarbig gelblichweiß bis hellbraun. Meistens etwas kleiner (Abb. 4 C). Schleim weniger milchig . . . . . . **Graue Ackerschnecke**, *Deroceras agreste* (LINNAEUS, 1758)

Lebensweise wie bei der vorigen Art.

IV Gliederfüßer, Arthropoda

umfassen die meisten als Hausungeziefer auftretenden Tiere. Sie besitzen einen harten Hautpanzer, der in einzelne Körperringe gegliedert ist, von denen alle oder einige paarige seitliche, gegliederte Anhänge (Gliedmaßen, Beine) besitzen. Nur einige Insektenlarven haben keine Beine. Sie sind wurmförmig und haben höchstens 14 Körperringe. Der Körper der Würmer dagegen ist entweder gar nicht gegliedert, z. B. beim Essigälchen, oder hat sehr viele gleichartige Ringe, z. B. beim Regenwurm.

Nach der Anzahl der Beinpaare kann man die als Hausungeziefer auftretenden Gliederfüßer in folgende Gruppen einteilen:

1. Gliederfüßer ohne Beine (Abb. 111, 112 A, 169 D und e, 170 A, 172–175, 181) . . . . **Insektenlarven** (siehe Tabelle 3, 18)
2. Gliederfüßer mit 3 Beinpaaren . . . . **Insekten, Insektenlarven und Milbenlarven** (siehe Tabelle 3 und 71)
3. Gliederfüßer mit 4 Beinpaaren . . . .
   A. mit 4 Laufbeinpaaren und 1 Paar große Scheren (wie ein Krebs). Tiere kleiner als 1 cm (Abb. 182) . . . . **Bücherskorpione** (siehe Tabelle 68)
   – mit 4 Laufbeinpaaren, aber ohne solche Scheren
   a) kleiner als 1 mm (Abb. 183) . . . . **Milben** (siehe Tabelle 71)
   – größer als 1 mm . . . . b

b) Kopf, Brust und Hinterleib vollständig miteinander verwachsen (Abb. 182, 183) . c
– Kopf und Brust miteinander verwachsen, davon der Hinterleib deutlich abgesetzt (Abb. 182) . . . . **echte Spinnen** (siehe Tabelle 70)
c) Hinterleib auf der Bauchseite deutlich gegliedert (Abb. 182) . . . . **Weberknechte** (siehe Tabelle 69)
– Hinterleib auf der Bauchseite nicht gegliedert (Abb. 176) . . . . **Milben bzw. Zecken** (siehe Tabelle 71)
4. Gliederfüßer mit 7 Beinpaaren (Abb. 5) . . . . **Asseln** (siehe Tabelle 1)
5. Gliederfüßer mit 8 Beinpaaren (Abb. 142) . . **Schmetterlingsraupen** (siehe Tabelle 60)
6. Gliederfüßer mit mehr als 8 Beinpaaren (Abb. 6, 7) . . **Tausendfüßer** (siehe Tabelle 2)

1 Asseln, Isopoda

Landasseln (Oniscoidea) können in Wohnungen und Vorratskellern eingeschleppt werden oder aktiv einwandern und durch Fraß an lagernden Kartoffeln, Gemüse, Feldfrüchten und Obst schädlich oder ekelerregend werden. Sie können in Wohnungen aller Stockwerke über die Hauswände, besonders bei Bewuchs mit Kletterpflanzen gelangen. Da sie eine große Luftfeuchtigkeit brauchen, können sie durch Austrocknung der Räume wieder beseitigt werden.

Die Landasseln sind an das Landleben angepasste Krebstiere, die noch zum Teil den für ihre Atmung nötigen Sauerstoff dem ihren Körper benetzenden Wasser mit Hilfe von Kiemen und zum Teil der Luft mit besonders bei *Porcellio* gut ent-

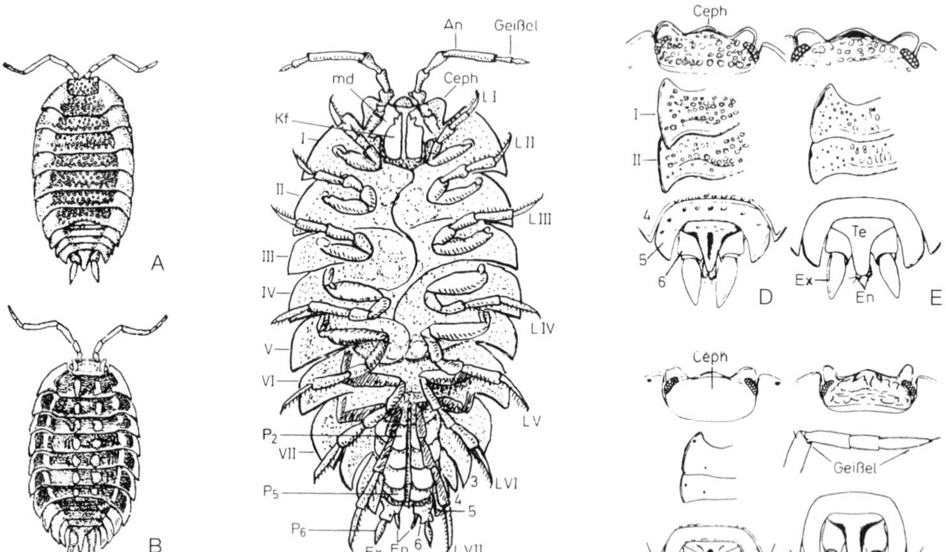

Abb. 5: Landasseln. A, C, D *Porcellio scaber*, B, G *Oniscus asellus*, E *P. dilatatus*, F *P. laevis*. A, B Ansicht vom Rücken, C von der Bauchseite, in D bis G oben Cephalothorax. D–F Mitte linke Seite der ersten beiden Peraeomeren und D–G unten die 3 letzten Körpersegmente mit Telson vom Rücken gesehen. (A und B aus MARTINI, C nach KAESTNER vereinfacht, D–G aus VERHOEFF). *I–VII* = Peraeomeren, *3–6* = Segmente des Pleon (Hinterleibs), *An* = Antenne (Fühler) des 2. Fühlerpaares, *Ceph* = Cephalothorax, *En* = Endopodit und *Ex* = Exopodit des letzten Gliedmaßenpaares (Uropodium), *Kf* = Kieferfuß, *LI–LVII* = Peraeopoden, *md* = Mandibel, P_2, P_5, P_6 = Pleopoden.

wickelten Tracheenlungen entnehmen. Ihr Körper (Abb. 5 C) besteht aus einem durch Verschmelzung von Kopf und 1. Brustring entstandenen Cephalothorax (Ceph), 7 weiteren Brustringen *(Peraeomeren)* (I–VII) mit je einem Paar einästiger Laufbeine *(Peraeopoden)* (LI–LVII) und einem aus 6 Körperringen zusammengesetzten, sehr kurzen Hinterleib *(Pleon)* (3–6). Mit der Rückenplatte seines 6. Ringes ist das lang gestreckte, dreieckige Telson (Abb. 5 E, Te) verschmolzen. Am Cephalothorax befinden sich die beiden zusammengesetzten Augen, die aus Oberkiefern *(Mandibeln)* (md), Mittel- und Unterkiefern *(Maxillen)* und Kieferfüßen (Kf) des 1. Brustringes *(Maxillipeden)* gebildeten Mundwerkzeuge und 2 Paar Fühler, wovon allerdings das 1. zu kaum sichtbaren Resten reduziert ist. Das 2. (An) ist einästig, 5gliedrig und mit einer 2- oder 3gliedrigen Geißel versehen. Die Extremitäten der ersten 5 Hinterleibsringe *(Pleopoden)* (P_2–P_6) bestehen aus je einem Paar blattförmig verbreiterter Äste, wovon der der Kiemenatmung dienende Innenast *(Endopodit)* überdeckt wird. Die Innenäste des 1. und 2. Pleopodenpaares beteiligen sich beim Männchen an der Bildung des Begattungsorgans *(Gonopoden)*. Die Extremitäten des 6. Hinterleibsringes *(Uropoden)* sind stilettförmig ausgebildet und ragen in der Ruhe über den Hinterrand des Hinterleibs hervor. Die Eier werden in einen Brutbeutel *(Marsupium)* abgelegt, der beim Weibchen bei einer Häutung nach der Begattung von Anhängen der Hüften des 1. bis 5. Laufbeinpaares *(Oostegite)* gebildet wird. Aus den Eiern schlüpfen die *Manca*stadien, die den erwachsenen Asseln weitgehend gleichen. Allerdings fehlt ihnen noch das 7. Laufbeinpaar. Sie verlassen die Brutbeutel und werden durch Ausbildung des fehlenden Beinpaares nach der 3. Häutung zu *Immatures*stadien, die nach weiteren 10 bis 13 Häutungen geschlechtsreif werden.

1. Fühlergeißel mit 3 sehr dünnen Gliedern, Haut glatt, schwach glänzend hellbraun mit 2 Reihen gelber Flecken auf dem Rücken (Abb. 5 B und G). Körperlänge 15–18 mm . . . . **Mauerassel**, *Oniscus asellus* (LINNAEUS, 1758)

   tritt oft zusammen mit der Kellerassel auf, dann aber meist zahlreicher als diese, ist aber nicht so häufig, da sie höhere Ansprüche an Temperatur und Feuchtigkeit stellt.

– Fühlergeißel mit 2 Gliedern (Abb. 5 C), Haut gekörnelt 2

2. Hinterecken des 1. Peraeomer fast rechtwinklig, Cephalothorax auf seiner Oberfläche und Seiten des 1. Peraeomer ohne Höcker (Abb. 5 F). Jederseits der Rückenmitte mit dicht stehenden feinen hellen Flecken auf dunklem Grund. Auf dem Telson meistens mit 2 weißen Flecken. Körperlänge 11–18 mm . . . . . . *Porcellio laevis* (LATREILLE, 1804)

   in Kellern selten, in Gewächshäusern häufiger, aus dem Mediterrangebiet eingeschleppt, wärmebedürftig.

– Hinterecken des 1. Peraeomer spitzwinklig, Cephalothorax auf seiner Oberfläche und Seiten des 1. Peraeomer mit Höckern (Abb. 5 D, E) 3

3. Telson abgestumpft (Abb. 5 E), Hautpanzer mit rötlichem oder violettem Schimmer. Körperlänge 12–13 (–18) mm . . . . **Porcellio dilatatus** BRANDT, 1833

   in Kellern selten, in Gewächshäusern häufiger, aus dem Mittelmeergebiet verschleppt, wärmebedürftig.

– Telson zugespitzt, auf seiner Oberfläche häufig mit einer deutlichen Längsrinne (Abb. 5 D). Körper schwarz bis schiefergrau, bisweilen auf dem Rücken mit regelmäßig angeordneten hellen Muskelansatzstellen oder unregelmäßig rötlich oder ockergelb marmoriert *(f. marmoratus)*, sehr vereinzelt ganz weiß oder weiß und schwarz gescheckt. Die schwarzen und marmorierten Phänotypen kommen in der Regel miteinander vor, allerdings in sehr verschiedenem Verhältnis. Reine Populationen einer Phänotype sind lokal möglich, aber sehr selten (Abb. 5 A und C). Körperlänge 11–16 mm . . . . **Kellerassel**, *Porcellio scaber* LATREILLE, 1804

  in Häusern und Kellern häufigste Art, ziemlich winterhart.

2 Tausendfüßer, Myriapoda

werden durch Holz, Kartoffeln oder Gemüse bisweilen in Keller oder Wohnungen eingeschleppt, manche wandern auch selbst – gelegentlich massenhaft – in die Häuser ein. Größere Bedeutung kommt ihnen kaum zu. Wegen ihres hohen Feuchtigkeitsbedürfnisses gehen die meisten Arten bald ein, nur *Scutigera coleoptrata* lebt in Südeuropa in den Häusern und jagt Fliegen.

In der folgenden Tabelle können nur die Unterscheidungsmerkmale der in Frage kommenden Gruppen gegeben werden. Wegen der Artbestimmung sei auf die Spezialliteratur verwiesen, weil auch andere als die hier genannten Arten unter Umständen in die Häuser gelangen können. VERHOEFF, K., 1937: Myriopoda. In BROHMER, EHRMANN, ULMER: Die Tierwelt Mitteleuropas, Bd. 2 und Ergänzungsteil dazu von O. SCHUBART 1964.

1. Langgestreckte Tiere mit 15 bis 173 (stets ungerade Zahl!) Beinpaaren, von denen das erste zu zangenförmigen Kieferfüßen umgestaltet ist, die nicht zum Laufen, sondern zum Beutefang als sehr kräftiges 4. Paar Mundwerkzeuge dienen. Jeder Rumpfring mit nur einem Paar Laufbeinen. Querschnitt der Rumpfringe viereckig (Abb. 6). Räuberische, einzeln lebende Tiere . . . . **Hundertfüßer**, Chilopoda 2
– Langgestreckte bis gedrungene Tiere mit 13 bis über 100 Beinpaaren, von denen vom 5. Rumpfring (d. i. vom 4. beintragenden Rumpfring) an je 2 Paare an einem Rumpfring sitzen, an den Rumpfringen 2 bis 4 aber nur 1 Paar. Der 1. Rumpfring, dessen Rückenplatte den Halsschild (Collum) darstellt, und bei den Chilognathen gewöhnlich einige Ringe zwischen dem letzten beintragenden Ring und dem aus einer unteren und zwei seitlichen Afterklappen bestehendem Telson sind beinlos. Die Zahl der Beine vervollständigt sich erst im Laufe der Entwicklung aus dem Ei in dieser hinteren Zone. Nur 2 Paar Mundwerkzeuge sind vorhanden. Die Tiere sind Bodenbewohner, die sich von verrottetem Laub und Holz ernähren, bei Trockenheit fressen sie auch saftige Pflanzenteile, Keimlinge, Obst, Gemüse usw. an, aber wohl mehr um ihren Wasserbedarf zu decken als um sich von ihnen zu ernähren (Abb. 7) . . . . **Doppelfüßer**, Diplopoda 4

2. Auffallend lang gestreckte, schmale bandförmige Tiere mit 37 bis 79 Beinpaaren, die Zahl der beintragenden gleichförmig entwickelten Segmente ist sehr verschieden und meistens auch innerhalb der Art nicht streng festgelegt (Abb. 6 B). Sie besitzen keine Augen und bewegen sich nur langsam laufend oder grabend vorwärts . . . . **Erdläufer**, Geophilidae

Geophilus carpophagus Leach, 1815 (durch schmutzig gelb- bis graugrüne Färbung von den anderen rein gelbbraunen Arten unterschieden, hat 47–61 Beinpaare und ist etwas über 30 mm lang) kommt in Norwegen, Dänemark und im nördlichen Mitteleuropa fast ausschließlich in feuchten Häusern (besonders strohgedeckten auf dem Land) vor, wo er im Herbst und Frühjahr durch Massenauftreten zwischen Kleidern und Betten, an Brot und Fleisch lästig werden kann. Seine Ernährung ist noch nicht geklärt, an Früchten, Rüben und Kartoffeln scheint er nicht zu fressen, vielleicht daran vorkommende Milben. Gereizt erglühen die Tiere in einem intensiv grünen Licht und geben ein leuchtendes Sekret ab, das offenbar angreifende Feinde abschrecken und bei empfindlichen Menschen auch eine Hautreizung hervorrufen soll. Man weiß nicht, woher die Erdläufer im Herbst ins Haus kommen und wohin sie im Frühjahr wieder verschwinden. Sie erscheinen in den einmal heimgesuchten Häusern alle Jahre wieder (LEMCHE 1937: Anz. Schädlingsk. *13:* 57–60). Es ist möglich, dass sich auch andere *Geophilus*-Arten ebenso verhalten.

– Nicht übermäßig lange Tiere, stets mit nur 15 Beinpaaren 3

3. Auf dem Rücken sind hinter dem Kopf den 15 Beinpaaren entsprechend 15 Rückenplatten zu erkennen, wovon die 1. sehr kurz ist und das Kieferfußpaar trägt. Von den übrigen sind die 2., 4., 6., 8., 9., 11., 13. und 15. lang und die dazwischenliegenden sehr viel kürzer. Aus dem Ei geschlüpfte Jungtiere haben nur 7 Laufbeinpaare, erst nach Häutungen werden von der präanalen Bildungszone aus die fehlenden Körperringe erzeugt, dann erst erfolgt in weiteren durch Häutungen getrennten Stadien die Reifung der Geschlechtsorgane. Der Kopf ist abgeflacht und trägt am Vorderrand die Fühler und an den Seiten Punktaugen. Die Laufbeine sind mäßig lang, die letzten deutlich länger als die übrigen, aber nicht länger als der Körper (Abb. 6 C) . . . . **Steinläufer**, Lithobiidae

Der **Gemeine** (Braune) **Steinkriecher**, *Lithobius forficatus* (LINNAEUS, 1758) ist mit bis zu 33 mm Länge die größte und häufigste Art in Mitteleuropa, wo er unter Steinen, Baumrinde und Laub lebt, in den Häusern beschränkt er sich auf Kellerräume, wohin er mit Gemüse und Kartoffeln verschleppt wird. – Der nur 10–16 mm große, auf seinem gelben Rücken mit 3 dunklen Längsbinden gezeichnete *L. melanops* NEWPORT, 1845 dagegen scheint auch öfter in trocknere Räume einzudringen.

– Auf dem Rücken sind hinter dem Kopf trotz der 15 Beinpaare nur 8 lange Rückenplatten zu erkennen. Die Beine nehmen von vorn nach hinten an Länge zu, wovon das letzte besonders lang fühlerartig ausgezogen ist und wie die Fühler den Körper an Länge übertrifft (Abb. 6 D, die Fühler sind etwas zu kurz gezeichnet!). Die Tarsen sind bei den Laufbeinen in viele (bis zu 40) Glieder sekundär unterteilt. Der Kopf ist rund, die Fühler sind nicht am Vorderrand eingelenkt, die Augen sind Komplexaugen. Die aus dem Ei schlüpfenden Jungtiere haben erst 4 Beinpaare und noch keine sekundäre Tarsengliederung. . . . . **Spinnenläufer**, Scutigeridae

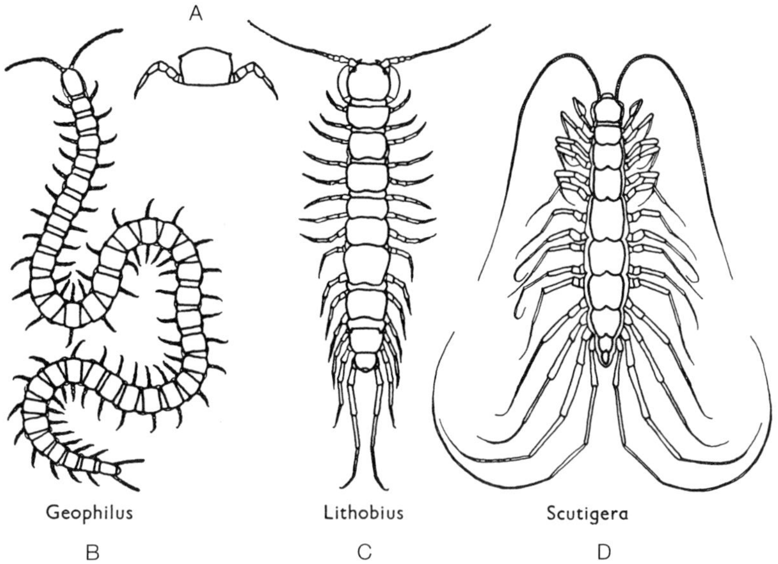

Abb. 6: Chilopoda, A schematischer Querschnitt durch den Körper, B *Geophilus*, C *Lithobius*, D *Scutigera*.

Die **Spinnenassel**, *Scutigera coleoptrata* (LINNAEUS, 1758) ist die einzige in Mitteleuropa nur in den wärmsten Gebieten vorkommende Art. Sie lebt besonders in Weinbergen und Häusern, wo sie Fliegen nachstellt. Körperlänge 18–24 mm.

4. Körper weich, da ohne Kalkpanzer, nicht einrollbar. Die kissenartigen Seitenplatten eines jeden Körperringes mit Büscheln hohler, höckeriger Borsten (Trichome), auf den Rückenplatten aller Körperringe in Reihen angeordnete etwas anders gestaltete und kürzere Borsten und am Körperende 2 pinselartige Borstenbüschel. 11 Körperringe mit 13 Beinpaaren (Abb. 7 L) . . . . **Pinselfüßer**, Pselaphognatha

Polyxenus lagurus (LINNAEUS, 1758) mit 2,5–4,2 mm Körperlänge ist die einzige in Mitteleuropa vorkommende Art, die unter Baumrinde und Steinen vorwiegend Algen abweidet; trat in großer Menge in einem strohgedeckten Sommerhaus an der Nordseeküste auf (WEIDNER 1974; Prakt. Schädlingsbekämpfer **26**: 174–176).

– Körper hartschalig, da Hautpanzer mit Kalkeinlage, meistens einrollbar, ohne Trichome, mit wenigstens 17 Beinpaaren . . . . *Chilognatha* 5

5. Asselähnliche gedrungene Tiere, einschließlich des Halsschildes mit 12 Rückenplatten, von denen die dem Halsschild folgende viel länger als alle übrigen ist (Abb. 7 D). Weibchen mit 17 (Abb. 7 E), Männchen mit 19 Beinpaaren, von denen die am vorletzten Rumpfring sitzenden die Begattungsfüße (Gonopoden) sind *(Opisthandria)*. Sie können sich zu einer Kugel zusammenrollen (Abb. 7 F, G). Ihre Körperoberfläche ist glatt, glänzend, schwarz, gelegentlich mit stark variierenden hellen Zeichnungen (Abb. 7 D–G). Körperlänge 4,5–20 mm . . . . **Saftkugler**, Glomeridae

können gelegentlich mit Gemüse oder Brennholz in die Hauskeller eingeschleppt werden.

– Wurmähnliche lang gestreckte Tiere mit wenigstens 19 bis sehr vielen Rumpfringen. Bei den Männchen sind entweder das erste oder beide Beinpaare des 7. Rumpfringes zu Begattungsfüßen (Gonopoden) umgewandelt, wobei im ersten Fall das 2. Paar fehlt *(Proterandria)* 6

6. Rumpf artkonstant mit 19–20 Ringen; ohne Augen . . . **Bandfüßer**, Polydesmoidea 7

– Rumpf mit mehr als 40 stets zylindrischen Ringen (Abb. 7 A), deren Zahl innerhalb einer Art individuell variiert . . . . **Schnurfüßer**, Iuloidea 8

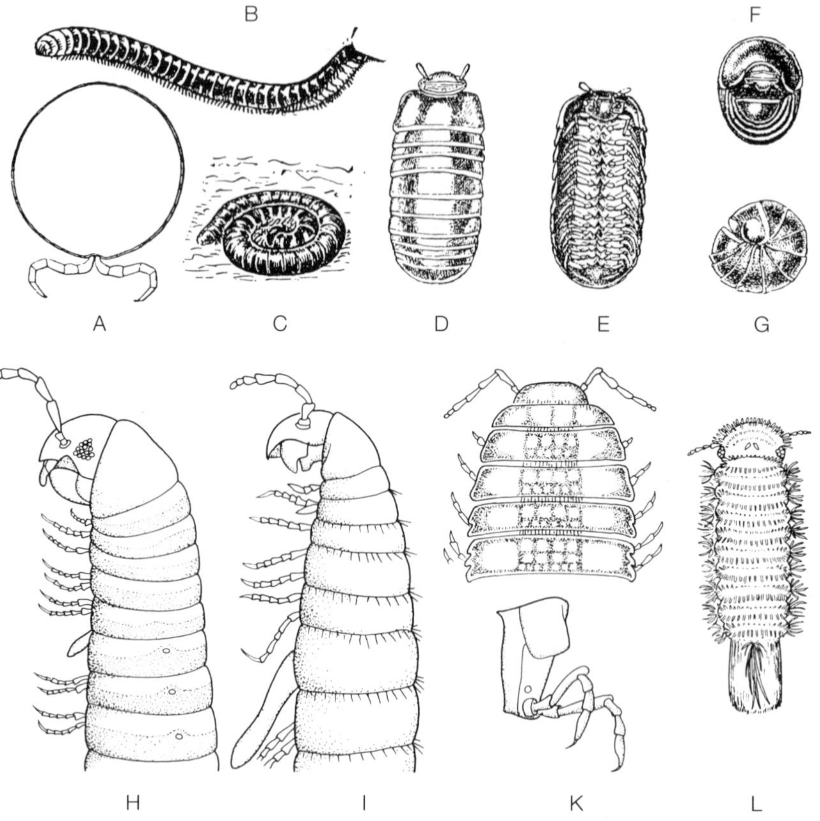

Abb. 7: Diplopoda. A–C, H, I Iuloidea, A schematischer Querschnitt durch einen Körperring, B laufend, C zusammengerollt, H, I schematische Darstellung von Kopf und den ersten Rumpfringen in Seitenansicht von H *Schizophyllum* ♂ (Iulidae) und I *Blaniulus* ♂ (Blaniulidae). Auf dem Kopf folgen der Halsschild ohne Beine, 3 Rumpfringe mit je 1 Beinpaar und die übrigen Rumpfringe (aus 2 Körpersegmenten verschmolzene Diplosomite) mit je 2 Beinpaaren, die am 7. Rumpfring zu Gonopoden (Begattungsfüßen) umgebildet sind und in H in den Körper eingezogen werden, weshalb nur der Hautdeckel vor der Einzugsöffnung zu sehen ist. Die Rumpfringe bestehen in H aus einem glatten Proto- und einem längsgestreiften Metasomit, die allerdings den ursprünglichen Segmenten nicht entsprechen brauchen. K *Polydesmus* oben Kopf und die ersten Rumpfringe von oben gesehen, darunter ein aus Proto- und mit einem Seitenflügel (plattenförmigen Hautduplikatur) versehenen Metasomit bestehender Diplosomit. D–G *Glomeris*, D von oben, E von unten, F und G zusammengerollt, F von vorn, G von der Seite. L *Polyxenus lagurus* von oben (B, C aus DIEHL-WEIDNER, D–G nach BRANDT und RATZEBURG aus MARTINI; H nach IVANOV, K unten nach SNODGRASS, I, L nach SCHUBART aus KAESTNER, 1967).

7. Rückenplatten mit meist gut entwickelten gezähnten Seitenflügeln, wodurch der Körper abgeflacht erscheint (Abb. 7 K) . . . . Polydesmidae

Mehrere Arten von *Polydesmus* LATREILLE, 1802 und verwandten Gattungen leben in Kulturland unter Steinen und Brettern und können mit Gemüse in die Hauskeller eingeschleppt werden, z. B. der 10–16 mm lange, dunkelbraune *P. (Nomarchus) coriaceus* PORATH, 1871 (= *inconstans* LATZEL, 1884) und einige nur durch Untersuchung ihrer Gonopoden bestimmbare ähnliche Arten, die alle 20 Rumpfringe besitzen, sowie *Brachydesmus superus* LATZEL, 1884 mit 19 Rumpfringen, grünlich durchschimmerndem Darm und einer Körperlänge von 7,5–10 mm. Der dem *P. coriaceus* sehr ähnliche *P. denticulatus* C. L. KOCH, 1847 wurde aus Bergwerksschächten gemeldet (KLAUSNITZER 1988: 67).

– Rückenplatten ohne gezähnte Seitenflügel, drehrund mit deutlichen, gelben Seitenkielen. Grundfarbe glänzend braunschwarz . . . . Strongylosomidae

Lebensweise ähnlich der der *Polydesmidae*. Masseneinwanderung in Häuser wurde von dem 23 mm langen *Strongylosoma pallipes* OLIVIER, 1792 beobachtet, dessen Rücken mit einer Doppelreihe heller Flecken gezeichnet ist.

8. Rückenschilder oberseits ohne Furchen, nur seitlich gerieft. Schlanke zarte Arten, beim Männchen mit frei vorragenden Begattungsfüßen (Abb. 7 B, C, I) . . . . . Blaniulidae

Der **Getüpfelte Tausendfuß**, *Blaniulus guttulatus* BOSC, 1792 zeigt ausgesprochene Vorliebe für die menschliche Kulturlandschaft. Er frisst zerfallende Pflanzenstoffe aller Art, menschliche Exkremente, Tierleichen usw. Bei trockener Witterung sammeln sich diese Tiere in Massen an Sämlingen, in Kartoffeln, Erdbeeren, Rüben, Dahlienknollen, faulendem Obst usw. Sie werden so zu Pflanzenschädlingen und auch in die Keller eingeschleppt. Er wird 7,5–16 mm lang, hat 37–57 Körperringe und 59–103 Beinpaare. Er ist gelbgrau mit leuchtend karminrotem Punkt auf jeder Seite der Körperringe, in Alkohol gebracht verfärbt er sich braunschwarz. Die roten Punkte zeigen die Lage der Wehrdrüsen an. Er wird verdächtigt, allergische Erkrankungen bei empfindlichen Menschen hervorzurufen.

– Rückenschilder auch oben gefurcht. Begattungsfüße werden in eine Hautfalte zurückgezogen (Abb. 7 H). Dickere Arten . . . . Iulidae

leben ähnlich wie die *Blaniulidae*. Sie werden ebenfalls in die Hauskeller eingeschleppt. Der 15–47 mm lange **Sandschnurläufer** *Schizophyllum* (= *Ommatoiulus) sabulosum* (LINNAEUS, 1758) mit 45–55 Körperringen, einer rötlichgelben Doppellängsbinde auf dem dunklen Rücken und mit einem Schwänzchen (Präanalfortsatz) am Hinterende neigt in manchen Gebieten zur Massenvermehrung und wandert dann oft in großer Zahl in die anliegenden Wohnhäuser ein, wo er bis zu 2 m an der Wand hochkriechen kann, dann aber infolge zu großer Trockenheit bald eingeht (HELB 1975: Entomol. Germ. **1**: 376–381). Solche Masseninvasionen in Häuser sind auch bei anderen Arten zu erwarten, z. B. bei *Allajulus londinensis* (LEACH, 1814) (= *Cylindroiulus teutonicus* POCOCK, 1900), eine schwarzbraune, 19–37 mm große Art mit 38–53 Rumpfringen und 63–97 Beinpaaren. – Weitere Meldungen mit genauen Artbestimmungen und Angabe ökologischer Daten sind nötig, um verallgemeinernde Aussagen machen zu können.

3 Insekten, Hexapoda

Sie enthalten die verschiedensten Formen von Hausungeziefer. Um diese bestimmen zu können, ist die Kenntnis der Gliederung des Insektenkörpers (Abb. 8) notwendig.
Drei Hauptabschnitte sind zu unterscheiden: Kopf, Brust und Hinterleib. Am Kopf sitzen die Fühler, die Augen und die Mundwerkzeuge. Sind diese kauend, so bestehen sie aus kräftigen Kiefern (Abb. 8), sind sie stechend (Abb. 9) oder saugend, aus einem Rüssel (Wanzen, Stechmücken, Schmetterlinge, Fliegen). Die Brust trägt unten 3 Paar Beine, oben oft auch 1 oder 2 Paar Flügel (Vorder- und Hinterflügel). Die Larven haben noch keine Flügel oder nur in den ältesten Stadien der Insekten mit unvollkommener Entwicklung lappenförmige Flügelscheiden. Bei den erwachsenen Tieren können die Flügel fehlen oder nur als Stummel vorhanden sein. Der Hinterleib besteht aus einer Anzahl ziemlich gleichartiger Ringe ohne gegliederte Beine. Höchstens hinten oben mit gegliederten oder kurzen ungegliederten Anhängen. Von den Hausinsekten haben nur die Raupen der Schmetterlinge Hinterleibsbeine (Bauchfüße) (Abb. 142).

Fortpflanzung

Alle als Hausungeziefer auftretenden Insekten legen Eier; aus diesen schlüpfen Larven aus, die entweder ähnlich wie die erwachsenen Tiere (Abb. 10) oder vollkommen anders aussehen. Letztere machen, bevor sie ihre endgültige Gestalt annehmen, noch ein Ruhestadium (Puppe, Abb. 11) durch, in dem sie keine Nahrung zu sich nehmen. Der Übergang von einem Stadium zum andern sowie das Wachstum der Larven erfolgt ruckweise durch Häutungen, dabei wird der alte, zu eng gewordene Hautpanzer, der auf dem Rücken platzt, abgestreift (Abb. 12) und ein neuer, größerer gebildet.

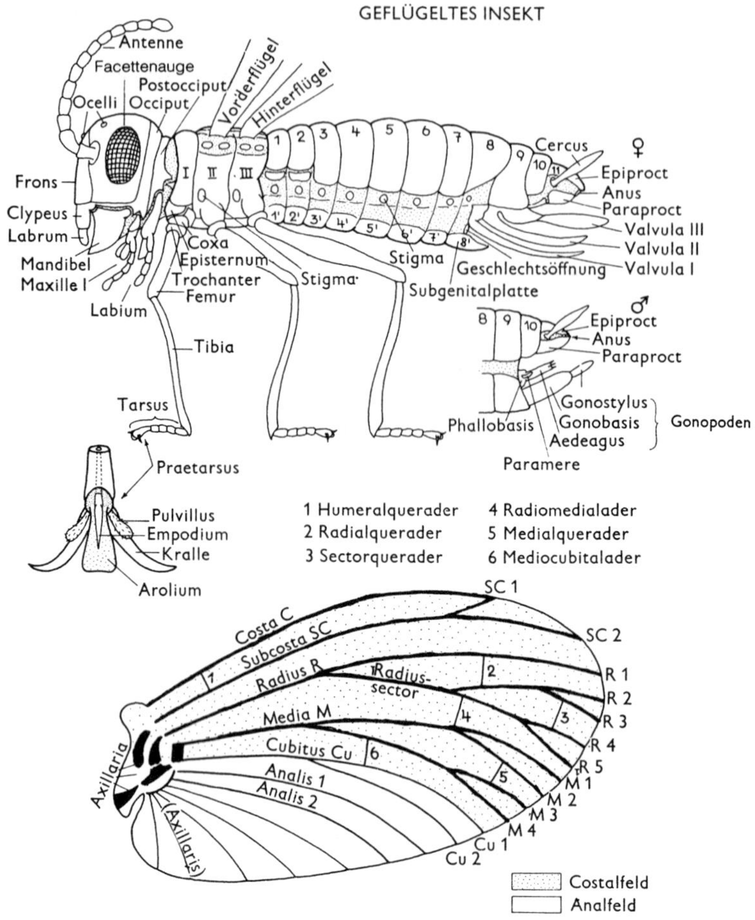

Abb. 8: Schema eines geflügelten Insekts. ♀ = Weibchen, darunter Abdomenende des Männchens (♂). Unter dem Vorderbein Fußende von hinten (unten) gesehen. Ganz unten Schema des Flügelgeäders. (In Anlehnung an SNODGRAS und WEBER).

Deutsche Bezeichnungen für die in der Zeichnung gebrauchten wissenschaftlichen Bezeichnungen: *Abdomen:* Hinterleib, seine Segmente werden mit arabischen Ziffern bezeichnet. *Aedeagus:* Ausführgang des männlichen Geschlechtsapparates, Kopulationsorgan. *Anus:* After, Ausgang des Darmtraktes. *Antenne:* Fühler, *Axillaria:* Skleritplättchen, die an der Bildung des Flügelgelenks beteiligt sind. *Cercus:* Hinterleibsanhänge, Schwanzfäden. *Clypeus:* Verbindungsstück zwischen Kopfkapsel und Oberlippe. *Coxa:* Hüfte. *Empodium:* dorn- bis krallenartige Fortsetzung der Tarsalsehne. *Epiproct:* Supranalplatte, Skleritspange über dem After. *Episternum:* vor dem Sternum des 1. Brustringes gelegene Skleritplatte. *Femur:* Schenkel. *Frons:* Stirn. *Gonopoden* mit *Gonobasis* und Gonostylus bilden das sehr verschieden ausgebildete Klammerorgane am männlichen Kopulationsapparat. *Occiput:* Hinterkopf. *Paramere:* Teil des männlichen Kopulationsapparates. *Paraproct:* Sternum des letzten Hinterleibssegments. *Postocciput:* Abschluß der Kopfkapsel. *Praetarsus:* Spitzenglied des Tarsus, letztes Fußglied. *Pulvillus:* Haftlappen am Fuß. *Stigma:* Atemloch, Öffnung der Tracheen, Luftröhren, *Subgenitalplatte:* Sternit unter der weiblichen Geschlechtsöffnung. *Tibia:* Schiene. *Trochanter:* ringförmiges Glied, das die Drehung der Beine ermöglicht. *Valvula I, II* und *III* bilden den weiblichen Eilegeapparat. *I:* Prothorax, 1. Brustring, seine Rückenplatte wird als Pronotum oder Halsschild bezeichnet, seine Bauchplatte als Prosternum, *II:* Mesothorax, 2. Brustring mit Mesonotum und Mesosternum. *III:* Metathorax, 3. Brustring mit Metanotum und Metasternum. *1, 2, 3 … 11:* Tergite, Rückenplatten des Hinterleibs, *1′, 2′, 3′ … 11′*; Sternite, Bauchplatten des Hinterleibs. *Dazwischen punktiert:* Intersegmentalhäute. *Punktierte Fläche zwischen Postocciput und Prothorax:* Gelenkhaut.

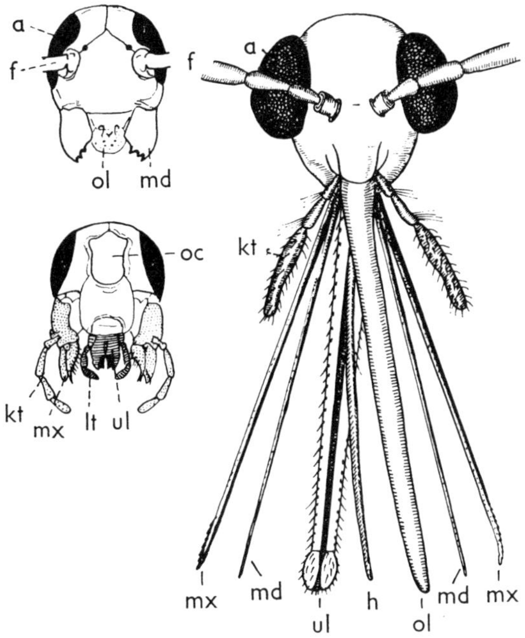

Abb. 9: Links Kopf einer Schabe mit kauenden Mundwerkzeugen, oben von vorn, darunter von hinten, rechts Kopf der Gemeinen Stechmücke *(Culex)* mit stechend saugenden Mundwerkzeugen. *a* Facettenauge, *f* Fühler, *h* Hypopharnyx (Innenlippe), *kt* Kiefertaster (Palpus maxillaris), *lt* Lippentaster, Labialpalpen (Palpus labialis), *md* Mandibel (Oberkiefer), *mx* Maxille I (Mittelkiefer), *oc* Hinterhauptsloch, *ol* Oberlippe (Labrum), *ul* Unterlippe (Labium), bei *Culex* mit den zu Labellen umgebildeten Labialpalpen an der Spitze.

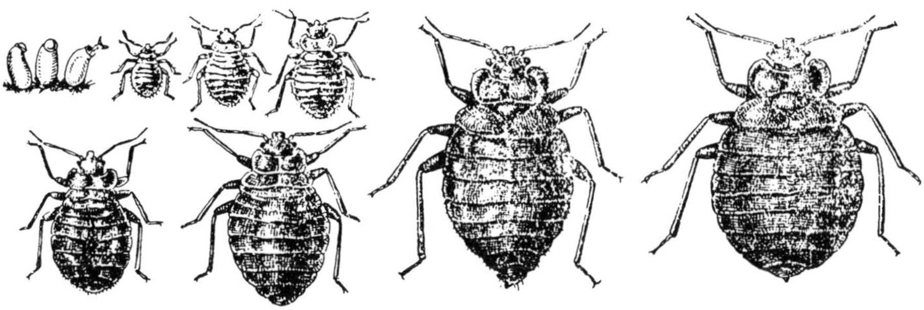

Abb. 10: obere Reihe Entwicklung der Bettwanze, *Cimex lectularius*, Eier, 5 Larvenstadien, Männchen, Weibchen (aus DIEHL-WEIDNER).

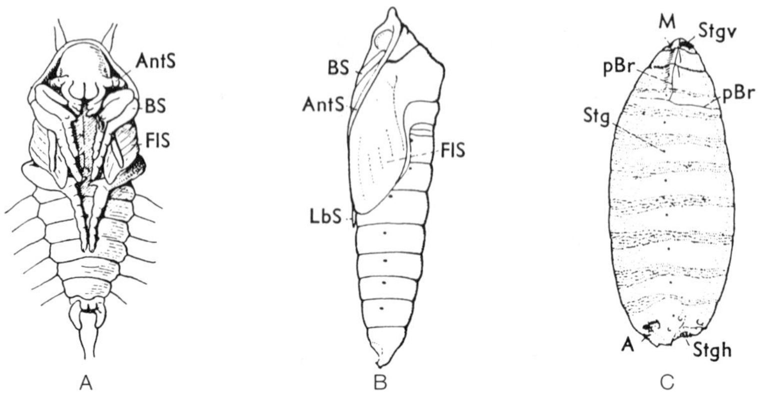

Abb. 11: Verschiedene Puppenformen: A freie Puppe (Pupa libera) eines Käfers, B Mumienpuppe (Pupa obtecta) eines Schmetterlings, C Tönnchenpuppe (Pupa coarctata) einer Fliege, bei der die eigentliche Puppe von der Larvenhaut umgeben bleibt. *A* larvaler After, *AntS* Fühlerscheide, *BS* Beinscheiden, *FlS* Flügelscheiden, *LbS* Labialscheiden, *M* Mund der Larve, *pBr* vorgebildete Bruchlinien, an denen der «Deckel» des Tönnchens abgesprengt wird, *Stg* Stigmen, *Stgh* Hinterstigma (aus WEBER).

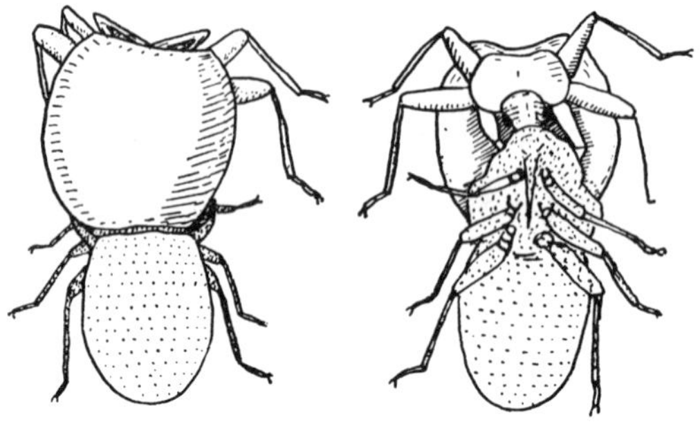

Abb. 12: Eine in Häutung begriffene Bettwanze von oben und von unten. Punktiert die alte Larvenhaut (Exuvie) (nach HASE).

Bestimmungsschlüssel der als Hausungeziefer auftretenden Insekten und ihrer Larven

1. Insekten mit Flügeln oder Flügelstummeln 2
– Insekten ohne Flügel oder Flügelstummel 17
2. Die Vorderflügel und (wenn vorhanden) die Hinterflügel sind von (gleicher) häutiger Beschaffenheit mit einem charakteristischen Flügelgeäder 3
– Die Vorderflügel sind pergament- oder hornartig und pigmentiert und bedecken den Hinterleib vollständig oder nur einen Teil von ihm. Die Hinterflügel dagegen sind häutig und zusammenfaltbar und zeigen ein typisches Flügelgeäder. Sie sind in der Ruhelage unter den Vorderflügeln verborgen oder können sie hinten auch etwas überragen. Sie können aber auch verkürzt sein oder ganz fehlen 13
3. Nur die Vorderflügel sind vorhanden, gut ausgebildet oder nur als verkürzte Schuppen 12
– Vorder- und Hinterflügel gut ausgebildet 4

4. Vorder- und Hinterflügel beschuppt, Körper ebenfalls beschuppt, Mundwerkzeuge ein Saugrüssel oder verkümmert . . . . **Schmetterlinge**, Lepidoptera (Tabelle 59)
– Vorder- und Hinterflügel durchsichtig oder durchscheinend, nicht beschuppt, nur mit Haaren und wenigen Adern versehen 5
5. Vorder- und Hinterflügel von gleicher Größe und fast gleicher Form, nur mit wenigen Längsadern 6
– Hinterflügel bedeutend kleiner als die Vorderflügel und beide mit nur wenigen Adern oder mit Netzaderung 9
6. Körperlänge nicht über 1,5 mm, Flügel schmal und bandförmig 7
– Körperlänge wenigstens 5 mm (ohne Flügel, die den Körper weit überragen (Abb. 28 E) . . . . geflügelte Geschlechtstiere der **Termiten**, Isoptera (Tabelle 9)
7. Vorder- und Hinterrand der Flügel mit sehr langen Fransen dicht besetzt, die vor allem am Hinterrand viel länger sind als die Breite der Flügelfläche (Abb. 13 C und 47). Am Ende der zweigliedrigen Tarsen ein in der Ruhe zusammengefalteter, beim Aufsetzen auf eine Unterlage breit entfalteter Haftlappen. Klauen bei den Imagines verkümmert (Abb. 13 A, B). Mundwerkzeuge stechend saugend, in dem schräg nach hinten gerichteten Mundkegel verborgen. Fühler 8gliedrig. Kopf groß, länger als breit. Körperfarbe gelbbraun, schwarzbraun bis schwarz, Körperlänge 1,2–1,5 mm . . . . **Fransenflügler**, Thysanoptera 8

Hier sind nur 2 Arten aufgenommen, die bisweilen in Massen zur Überwinterung in die Häuser kommen. Außerdem können Arten als Schädlinge an Zimmerpflanzen eingeschleppt werden. Eine Übersicht der wichtigsten von ihnen gibt Tabelle 14.

– Vorder- und Hinterrand der Flügel mit einigen Borsten besetzt (Abb. 31), Tarsen mit 2 Klauen, ohne auffallend großen Haftlappen. Mundwerkzeuge beißend, Fühler und Beine lang und dünn. Körper glasig durchscheinend. Körperlänge 1,25 mm . . . . *Dorypteryx* (**Staubläuse**, Psocoptera) (Tabelle 10)
8. Das 3. Fühlerglied ist nach außen in einen dreieckigen Fortsatz verlängert (Abb. 13 D) . . . . *Limothrips denticornis* HALIDAY, 1836

entwickelt sich auf Gräsern, besonders auf Getreide, und kommt zur Überwinterung gelegentlich in die Häuser. Lebensweise ähnlich wie die folgende Art.

– Das 3. Fühlerglied ohne dreieckigen Fortsatz, einfach, etwas asymmetrisch (Abb. 13 E); gelbbraun bis schwarzbraun, das Abdomenende am dunkelsten . . . . **Gewitterfliege**, *Limothrips cerealium* HALIDAY, 1836

entwickelt sich an Getreide, woran sie auch schädlich wird, aber auch an anderen Gräsern, im Spätsommer fliegt die Art oft in großen Mengen, besonders bei Gewitterstimmung (daher der deutsche Name!) und verursacht auf der Haut des Menschen einen lästigen Juckreiz. Überwintert häufig in Häusern, geht aber in geheizten Zimmern bald ein. Bisweilen findet man ihn in gerahmten Bildern zwischen Glas und Bild.

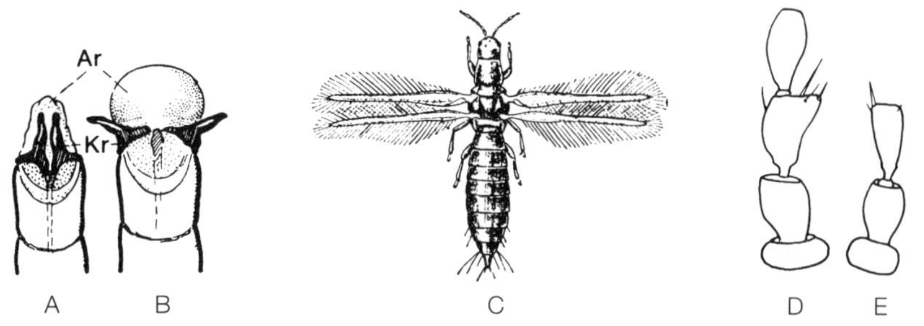

Abb. 13: Fransenflügler: A Fußspitze mit eingefaltetem und B ausgebreitetem Haftlappen, C *Limothrips*, D Fühlerbasis von *L. denticornis*, E von *L. cerealium* (A, B aus WEBER/WEIDNER, C nach PEUS, D, E nach PRIESNER). *Ar* Haftlappen, *Kr* rückgebildete Klaue.

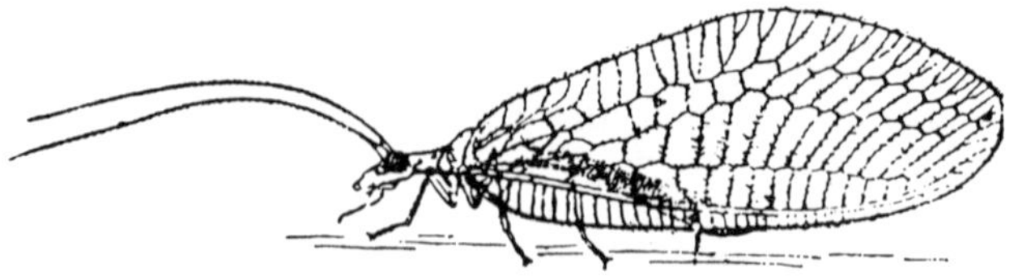

Abb. 14: Florfliege *Anisochrysa (Chrysoperla) carnea* (aus Escherich).

9. Vorder- und Hinterflügel mit Netzaderung (Abb. 14), zartgrün oder gelblichgrün mit irisierendem Schimmer, Augen groß, goldschimmernd, Vorderkopf grünlichgelb, auf den Wangen oft eine rötliche bis braune Linie; Hinterkopf, Brust und Hinterleib graugrün, mit gelblichem Mittelband, besonders auf dem Vorderrücken, Fühler lang und grünlichgelb. Flügelspannweite 26–28 mm . . . . **Florfliege**, *Anisochrysa (Chrysoperla) (= Chrysopa) carnea* (Sthephens, 1836) (= *vulgaris* Schneider, 1851) (**Netzflügler**, Planipennia)

Die 2. Generation überwintert in Häusern, wobei sie sich von Grün nach Gelblich umfärbt. Sie entwickelt sich im Freien, ihre Larven leben von Blattläusen. Sie ist in den Häusern harmlos, im Freien sehr nützlich.

– Vorder- und Hinterflügel mit wenigen, verzweigten Adern 10

10. Hinterleibsende oben mit 2 röhrenartigen Aufsätzen. Kleine Insekten, meistens zusammen mit vielen ähnlichen ungeflügelten Tieren auf Zimmerpflanzen und lagernden Kartoffeln (Abb. 48) . . . . **Röhrenläuse**, Aphididae (Tabelle 15)

– Hinterleib ohne solche Aufsätze 11

11. An jedem Bein 2 oder 3 Fußglieder, Flügel in der Ruhe dachförmig über dem Rücken zusammengelegt. Flügel durchsichtig mit wenigen bis zum Flügelrand durchgehenden Adern. Die kleineren Hinterflügel sind mit den Vorderflügeln durch eine Haftvorrichtung verbunden . . . . **Staubläuse**, Psocoptera (Tabelle 10)

Nur auf Zimmerpflanzen, oft massenhaft vorkommende, 1–2 mm große Tiere mit auffallenden kreideweiß bepuderten Flügeln mit nur 2, den Flügelrand nicht erreichenden Adern sind keine Staubläuse, sondern **Weiße Fliegen**, *Aleyrodina* (siehe Tabelle 14 und 15)

– An jedem Bein 4 oder 5 Fußglieder, Flügel in der Ruhe nicht dachförmig zusammengelegt. Große bis sehr kleine Insekten, meistens mit einer «Wespentaille» (Abb. 51) . . . . **Hautflügler**, Hymenoptera (Tabelle 17)

12. Vorderflügel gut entwickelt, durchsichtig, ästig geadert, anstelle der Hinterflügel Schwingkölbchen (= Halteren) (Abb. 149) . . . . . . **Zweiflügler**, Diptera (Tabelle 61)

– Vorderflügel schuppenförmig bei sehr kleinen (weit unter 5 mm Körpergröße) weiß bis grau gefärbten Insekten (Abb. 32) . . . . **Staubläuse**, Psocoptera (Tabelle 10)

13. Die Vorderflügel sind Elytren, d. h. hart, hornartig, vollkommen starr, ohne ausgeprägte Adern, aber mit einer charakteristischen Oberflächenstruktur (Punktierung, Körnelung, Rippen, Riefen, Punktstreifen, Strichelung, Behaarung usw.). Ausgebildete Schulterecken zeigen das Vorhandensein von Hinterflügeln an, abgerundete Schultern deren Fehlen. Hinterflügel mit Geäder, zusammenfaltbar (Abb. 66) . . **Käfer**, Coleoptera (Tabelle 25)

– Die Vorderflügel sind pergamentartig, pigmentiert, mit charakteristischer Aderung, aber nicht faltbar 14

14. Die Vorderflügel sind Hemielytren, d. h. nur im vorderen basalen Abschnitt pergamentartig, im hinteren Spitzenabschnitt aber häutig. Diese häutigen Abschnitte werden in der Ruhe übereinandergelegt und bilden dann ein rautenförmiges Feld. Sie können aber auch fehlen, dann sind die Vorderflügel nur schuppenförmig und die Hinterflügel, die normalerweise unter diesen verborgen sind, fehlen ebenfalls (Abb. 10 und 50). Die Mundwerkzeuge sind stechend-saugend . . . . **Wanzen**, Heteroptera (Tabelle 16)

– Die Vorderflügel sind Tegmina (Deckflügel), d. h. vollständig pergamentartig. Auch sie können stark verkürzt sein oder auch ganz fehlen. Die Mundwerkzeuge sind kauend . . 15

15. Hinterleibsende mit sehr kräftigen, großen, eingliedrigen Cerci, die beim Männchen zangenförmig sind (Abb. 18). Vorderflügel stark verkürzt oder fehlend, Hinterflügel fächerförmig zusammenfaltbar und in der Ruhe unter den Vorderflügeln verborgen, wobei allerdings oft ein Lappen davon unter den Vorderflügeln hervorragt. Sie können auch fehlen, was immer der Fall ist, wenn keine Vorderflügel vorhanden sind (Abb. 18) . . . . **Ohrwürmer**, Dermaptera (Tabelle 6)
– Hinterleibsende mit kurzen, mehrgliedrigen oder langen, aber eingliedrigen und dünnen Cerci 16
16. Hinterbeine bedeutend größer als die Vorder- und Mittelbeine, mit stark verdickten Schenkeln als Sprungbeine ausgebildet (Abb. 19 und 20). Körper walzenförmig oder etwas seitlich zusammengedrückt . . . . **Grillen** und **Heuschrecken**, Saltatoria (Tabelle 7)
– Hinterbeine wie die Vorder- und Mittelbeine als Laufbeine ausgebildet, ihre Schenkel nicht verdickt, Körper von oben nach unten abgeplattet (Abb. 21–26) . . . . **Schaben**, Blattariae (Tabelle 8)
17. Auf Zimmerpflanzen festsitzende, kleine flache oder gewölbte, runde, ovale oder muschel- bis kommaförmige Insekten, deren Insektenmerkmale erst bei eingehender mikroskopischer Untersuchung feststellbar sind. Ihre Oberfläche ist glatt oder wachsbepudert und lässt oft keine Körpergliederung erkennen. Auf der Bauchseite die stechend-saugenden Mundgliedmaßen, deren Stechborsten oft sehr lang (viel länger als der Körper) und tief im pflanzlichen Gewebe versenkt sind . . . . **Schildläuse** und Entwicklungsstadien von **Mottenschildläusen**, *Coccinea* und *Aleyrodina* (Tabelle 14 und 15)
– Nicht auf Zimmerpflanzen festsitzende Insekten 18
18. Insekten ohne Brust- und Hinterleibsbeine 19
– Insekten wenigstens mit 3 Paar Brustbeinen 24
19. Kopfkapsel nicht entwickelt. Vorderende zugespitzt mit Mundhaken, Atmungsöffnungen (Stigmen) in der Regel am Hinterende (Abb. 175) . . . **Fliegenlarven** (Tabelle 65: *14*)
– Kopfkapsel vollständig oder unvollständig spangenförmig ausgebildet (Abb. 173) . 20
20. Im Wasser lebend (Abb. 170) . . . . **Stechmückenlarven** (Tabelle 65: *3*)
– Nicht im Wasser lebend 21
21. Larven mit Ameisen zusammen im Ameisennest . . . . **Ameisenlarven**
– Larven anders lebend 22
22. Larven im Innern von Samen (Getreidekörnern, Bohnen) oder Holz, gedrungen oder lang gestreckt (Abb. 111, 112 A) . . . . **Käfer**, Coleoptera (Tabelle 48: *2*)
– Larven freilebend 23
23. Larven mit sehr kräftigen, langen Borsten auf jedem Segment, besonders am Hinterrand. Körpergestalt lang gestreckt, rund, hinten und vorn etwa gleich dick, hinter der Mitte am breitesten, weiß, 3–5 mm lang. Sie leben in Fußbodenritzen, Hundehütten, Hühner- und Taubenställen und in Vogelnestern. Bei der geringsten Berührung rollen sie sich zusammen und verharren so lange Zeit (Abb. 181) . . . . **Flohlarven** (Tabelle 67)
– Larven nur mit sehr kurzen oder sehr dünnen Borsten, nicht so borstig erscheinend, sondern eher nackt . . . . **Mückenlarven** (Tabelle 65: *7*)
24. Körper elliptisch, etwa 3–5 mm lang, mit mehligem Wachsüberzug, seitlich mit kurzen oder (besonders am Hinterende) langen Wachsfortsätzen. Fühler 5–9gliedrig, Mundwerkzeuge ein Stechrüssel mit langen Stechborsten (Abb. 49 O–Q). Eiablage in einer lockeren Wachsabscheidung. Auf Zimmerpflanzen . . . . **Schild-** und **Schmierläuse**, Coccinea (Tabelle 14 und 15)
– Körper ohne Wachsausscheidungen 25
25. Körper lang gestreckt, in viele, fast gleichgestaltete Ringe gegliedert, mit nur kurzen, wenig auffallenden Fühlern und Beinen 26
– Körper gedrungener, deutlich in verschieden gestaltete Brust- und Hinterleibsringe gegliedert, mit deutlich sichtbaren, oft langen Fühlern und Beinen 29

26. Mit 3 Paar gegliederten Brustbeinen und 5 (oder 2) Paar zapfenförmigen, ungegliederten Hinterleibsbeinen, deren Sohlenplatten mit hakenförmigen Borsten versehen sind (Abb. 142, 144) . . . . Raupen von **Schmetterlingen**, Lepidoptera (Tabelle 60)
– Mit 3 Paar meistens deutlich gegliederten Brustbeinen, aber ohne Hinterleibsbeine, höchstens mit einem Paar Nachschieber am Hinterleibsende 27
27. Brustbeine deutlich sichtbar, gegliedert . Larven von **Käfern**, Coleoptera (Tabelle 48)
– Brustbeine sehr klein, schwach geringelt, mit einem hornigen Spitzchen. Im Holz bohrende Larven (Tabelle 47) 28
28. Körper walzenförmig, mit einem unpaaren, kräftigen, schwarzbraunen Dorn am Hinterende (Abb. in Tabelle 47) . . . . Larven von **Holzwespen**, Siricidae
– Körper keulenförmig, erstes Brustsegment am breitesten (Abb. 127) . . . . Larven von **Bockkäfern**, Cerambycidae (Tabelle 58)
29. Körper seitlich zusammengedrückt, mit zu Sprungbeinen vergrößerten Hinterbeinen; Fühler keulenförmig und in eine Tasche am Kopf einschlagbar (Abb. 178) . . . . **Flöhe**, Siphonaptera (Tabelle 66)
– Körper nicht seitlich zusammengedrückt, sondern drehrund oder von oben nach unten abgeplattet 30
30. Abgeplattete, 1–4 mm große Insekten, die nur an den Federn und Haaren von Vögeln und Säugetieren oder an den Kleidern und Haaren von Menschen zu finden sind 31
– Insekten, die anders leben 32
31. Brustabschnitt und Hinterleib durch einen deutlichen Einschnitt voneinander getrennt. Nur auf Reh, Schaf und Ziege oder Fledermäusen . **Lausfliegen**, Pupipara (Tabelle 64)
– Brustabschnitt und Hinterleib nicht durch einen tiefen Einschnitt voneinander getrennt. Auf dem Gefieder oder Fell von Haustieren oder an Haaren und Kleider vom Menschen . . . . **Federlinge, Haarlinge, Läuse**, Phthiraptera (Tabellen 11 bis 13)
32. Von oben nach unten abgeplattete Insekten 33
– Walzen- bis kugelförmige Insekten 35
33. Mundwerkzeuge stechend-saugend, Körper im Umriss oval (Abb. 10, 48 B) . . . . Larven von **Wanzen**, Heteroptera (Tabelle 16)
– Mundwerkzeuge kauend 34
34. Körper lang gestreckt, nach hinten zugespitzt, mit 3 langen Schwanzfäden (Abb. 17) . . . . **Wohnungsfischchen**, Lepismatidae (Tabelle 5)
– Körper nach hinten nicht zugespitzt, ohne lange Schwanzfäden, nur mit 2 kurzen Cerci (Abb. 27) . . . . **Schaben**, Blattariae (Tabelle 8)
35. Selten über 2 mm große, meist weiße oder violette Insekten mit sehr kurzen bis fast körperlangen 4–6gliedrigen Fühlern und nur mit 6 Hinterleibssegmenten, an deren 1. auf der Bauchseite der Ventraltubus und am 4. die Sprunggabel sitzen (Abb. 15), die allerdings einigen Arten fehlen kann. An faulenden Kartoffeln in Kellern, auf Blumentöpfen und in der Erde von Blumentöpfen . . . . **Springschwänze**, Collembola (Tabelle 4)
– Insekten ohne Sprunggabel und mit mehr als 6 Fühlergliedern 36
36. Hinterleib auf dem Rücken mit 2 röhrenförmigen Aufsätzen (Abb. 48 C–I). Nur auf (Zimmer)pflanzen . . . . **Röhrenläuse**, Aphididae (Tabelle 15)
– Hinterleib ohne solche Aufsätze 37
37. Hinterleib mit langen Cerci 38
– Hinterleib mit sehr kurzen Cerci oder ohne Cerci 39
38. Hinterbeine mit stark verdickten Schenkeln . . . . Larven von **Grillen (Heimchen**, *Acheta domesticus*) (Tabelle 7)
– Hinterbeine wie Vorder- und Mittelbeine ausgebildet, ohne verdickte Schenkel; Cerci eingliedrig, pinzetten- oder zangenförmig (Abb. 18 B unten) . . . . **Ohrwürmer**, Dermaptera (Tabelle 6)
39. Hinterleib mit sehr kurzen Cerci, weiße Tiere, höchstens mit gelblichem oder braunem Kopf, in der Erde oder im Holz, bleiben freiwillig nicht am Tageslicht. Nur in den Mittel-

meerländern und Südfrankreich heimisch, bei uns gelegentlich eingeschleppt . . . . . .
. . . . **Termiten**, Isoptera (Tabelle 9)

– Hinterleib ohne Cerci 40

40. Hinterleib durch ein dünnes Stielchen, das aus 2 Knoten bestehen oder eine quergestellte Schuppe enthalten kann (Abb. 59, 60), mit dem (die 3 Paar gegliederten Beine tragenden) Brustabschnitt verbunden . . . . Hymenoptera: parasitische Arten, **Ameisenwespchen, Ameisen**, Terebrantes, Bethylidae, Formicoidea (Tabellen 19, 21, 22)

– Hinterleib sitzt breit an dem Brustabschnitt an 41

41. Körperlänge nicht größer als 2 mm . . . . **Staubläuse**, Psocoptera (Tabelle 10)

– Körperlänge 4–5,5 mm, Körper sackförmig, graubraun, behaart . . . .
. . . . . Weibchen von *Thylodrias contractus* (siehe unter Dermestidae, Tabelle 29: *1*)

4 Springschwänze, Collembola

Die gewöhnlich 1–2 (selten bis 10) mm großen Springschwänze sind lang gestreckt (Arthropleona) (Abb. 15) oder kugelig (Symphypleona) (Abb. 16 untere Reihe). Bei ersteren ist der Kopf (mit Ausnahme der nur auf dem Wasser lebenden *Podura*) waagerecht nach vorn (prostom), bei letzteren senkrecht nach unten (hypostom) gerichtet. Die Mundwerkzeuge

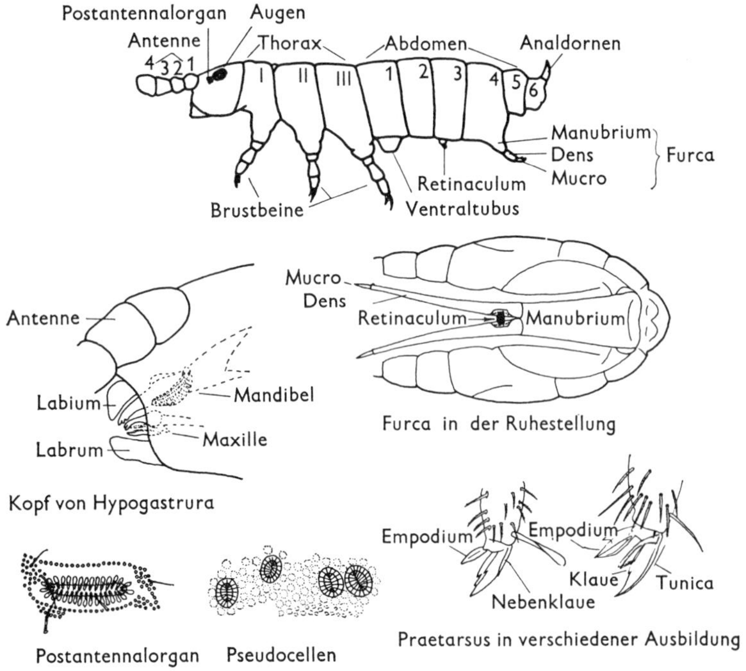

Abb. 15: Organisationsschema eines Springschwanzes. Oben Kurzspringer, *Hypogastrura* (nach Gisin). Die Analdornen sind eine Besonderheit von nur wenigen Gattungen. Darunter links Kopfkapsel von *Hypogastrura* mit den entognathen Mundwerkzeugen, auf der Mandibel die Reibeplatte, rechts davon Bauchseite eines Springschwanzes mit angelegter Sprunggabel. In der unteren Reihe: Postantennalorgan und Pseudocellen von *Onychiurus*, Fußspitze (Praetarsus) von *Entomobrya* (nach Weber) und *Sinella* (nach Handschin).

sind innen in der Kopfkapsel eingelenkt (entognath), nicht außen, wie dies bei fast allen anderen Insekten der Fall ist. Die Fühler sind 4- bis 6gliedrig. Auf ihren Gliedern sitzen die Geruchssinnesorgane, die oft – besonders auf dem 3., seltener auf dem 2. und 3. Glied – einen komplizierten Bau aufweisen. Man spricht dann von Antennalorganen. Sie bestehen aus Geruchshaaren, Sinnesstäbchen und Sinneskolben. Die Augen werden von einzelnen Ommatidien (Punktaugen) (maximal 8 auf jeder Seite) zusammengesetzt, die auf einem gemeinsamen oder geteilten Pigmentfleck sitzen. Hinter der Fühlerwurzel liegt das Postantennalorgan. Es besteht äußerlich aus blasenartigen Chitinwülsten, die durch zusätzliche Anlagerungen von Höckern oder Warzen rosetten- oder bandartige Gebilde darstellen (Abb. 15). Die drei Thoraxsegmente (Brustringe) haben je ein Paar Laufbeine. Die Zahl der Abdominalsegmente (Hinterleibsringe) ist 6, die auch erst während der Postembryonalentwicklung voll erreicht wird. Bei den Symphypleona sind sie teilweise miteinander und mit den Thoraxsegmenten verwachsen. Die Abdominalextremitäten bilden am 1. Abdominalring den Ventraltubus mit paarigen ausstülpbaren Bläschen oder Schläuchen, die bei den Symphypleona sehr lang sein können. Am 4. Abdominalsegment bilden sie die Sprunggabel (Furca), die aus einem unpaaren Basalteil (Manubrium) und paarigen Sprunggabelzinken (Dentes) besteht, die jeweils eine bewegliche Spitze (Mucro) besitzen. In der Ruhe und beim Laufen wird die Sprunggabel nach vorn gelegt und vom Sprunggabelhalter (Tenaculum oder Retinaculum), den Extremitäten des 3. Abdominalsegments, festgehalten. Beim Absprung wird durch die stark entwickelte Sprunggabelmuskulatur und nach Lösen des Sprunggabelhalters die Sprunggabel wie eine Feder nach unten und nach hinten geschlagen, wodurch das Tier mehrere cm hoch vom Boden abgeschnellt wird. Noch beim Sprung wird die Sprunggabel wieder angelegt. Das Landen des Tieres erfolgt auf der ausgestülpten Blase des Ventraltubus oder bei *Hypogastrura*, die nur eine kurze Sprunggabel hat, auf einer zwischen dem 3. und 4. Fühlerglied ausgestülpten Blase. Das Springen wird nur auf der Flucht ausgeübt. Laufen ist die normale Fortbewegung.

Die Springschwänze können, da sie fast überall verbreitet sind, in vielen Arten in die Häuser, besonders in die Keller mit Gemüse, Kartoffeln, Brennholz usw. eingeschleppt werden. Öfter kommen sie auch mit Milben vergesellschaftet in noch feuchten Neubauten vor. Flachdächer mit einem Kiesbelag, zwischen dem sich Blütenstaub ablagert und Algen ansiedeln, können zu Brutstätten für ein Massenauftreten von Springschwänzen werden, die nach Austrocknung auf der Suche nach besseren Lebensbedingungen in die darunterliegenden Räume eindringen. Auch aus den Gärten können sie bei Massenvermehrung in die Häuser eindringen, besonders aber die Außenwände der Häuser besetzen. Auf Blumentöpfen können sie ebenfalls leben. Ihre wohnungshygienische Bedeutung ist nicht groß. Bei genügender Trockenheit in den Räumen verschwinden sie bald wieder. Unangenehmer ist ihr Vorkommen in Kaltluftsystemen, wodurch sie auf zum Kauf ausgestellte Waren, z. B. Fleisch und Wurst, geblasen werden. Die vorliegende Tabelle umfasst nur die aus Wohnungen bisher bekannt gewordenen Arten. Es ist möglich, dass ihre Zahl noch erheblich vermehrt wird, wenn sie besser beachtet werden.

Da die Springschwänze nur nach sehr schwer sichtbaren Merkmalen bestimmt werden können, kann die folgende Tabelle nur zur groben Orientierung dienen. Die genaue Bestimmung erfolgt am besten nach Gisin, H.: Collembolenfauna Europas. Museum d'Histoire Naturelle, Genève 1960.

Zur Bestimmung müssen von den Springschwänzen mikroskopische Präparate angefertigt werden. Dazu werden sie in Tuben mit 70 %igem Alkohol abgetötet. Da sie in ihm kaum untersinken, muss auf seiner Oberfläche ein Tropfen Chloroform schwimmen. Hierin können sie bis zur Untersuchung aufbewahrt werden. Nachdem man von den Tieren in Alkohol ein Gesamtbild gewonnen hat, werden sie (und zwar ausgewachsene Exemplare) in warmer 75 %iger Milchsäure oder 10 %iger Kalilauge aufgehellt und in einem Tropfen Milchsäure oder Wasser unter dem Mikroskop untersucht. Zur Herstellung von Dauerpräparaten empfiehlt sich die Verwendung des Berlese-Einschlussmittels (s. S. 4). Die aufgehellten Objekte werden in destilliertem Wasser gut ausgespült, direkt in einem Tropfen des Einschlussmittels auf den Objektträger gebracht und dann mit einem Deckglas zugedeckt. Die Objekte dürfen nicht direkt aus Alkohol in das Einschlussmittel gebracht werden, da es durch ihn getrübt wird. Die Untersuchung erfolgt am besten bei künstlichem Licht. Besonders schwer sind die Ommatidien zu erkennen. Hier empfiehlt es sich, die Einwirkung der Kalilauge direkt unter dem Mikroskop zu verfolgen.

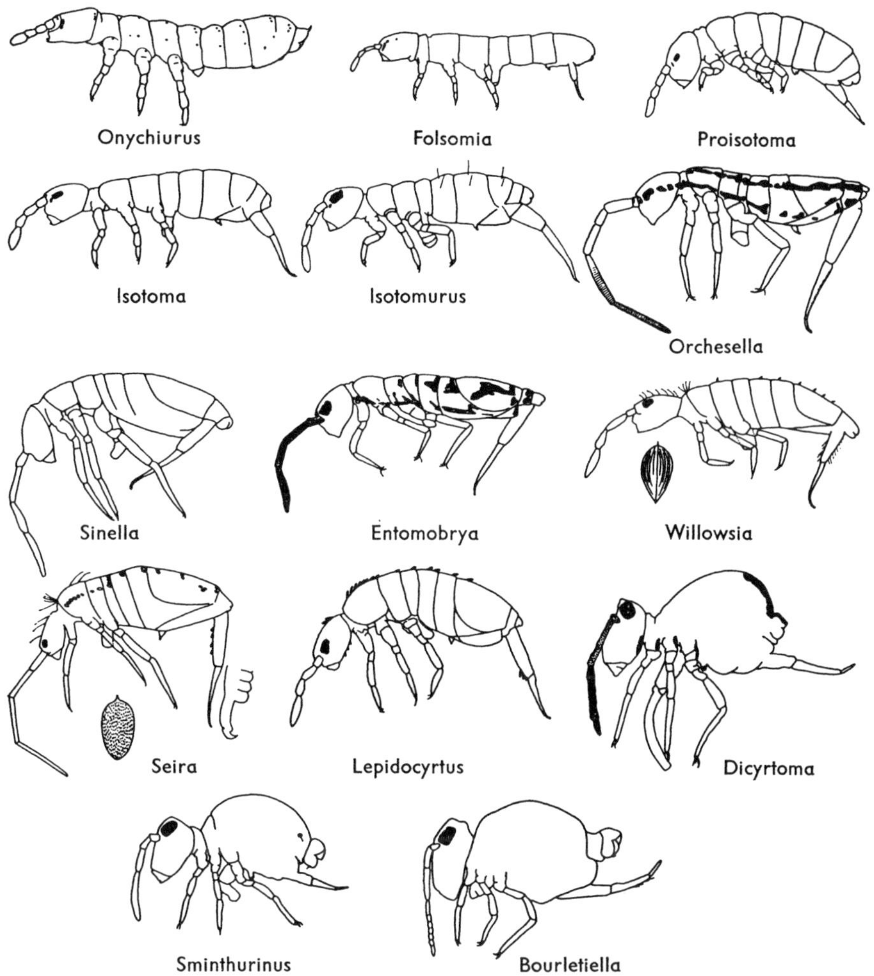

Abb. 16: Die in Häusern vorkommenden Springschwanzgattungen (nach GISIN).

1. Körper gestreckt, deutlich gegliedert, mit freien Brust- und Hinterleibssegmenten (Abb. 16, die ersten 11 Tiere) . . . . Arthropleona 2
– Körper kugelig, Gliederung von Brust und Hinterleib nur undeutlich oder vollständig fehlend; die beiden letzten Hinterleibsringe sind allein abgegliedert (Abb. 16, die letzten 3 Tiere). . . . . Symphypleona 18
2. Rückenschild des 1. Brustringes immer mit einigen Borsten versehen, nie vom 2. Brustring überdeckt. Fühler 4gliedrig und sehr kurz, Sprunggabel oft rückgebildet. Behaart, nie beschuppt. Meistens träge Tiere. . . . . Poduromorpha 3
– Rückenschild des 1. Brustringes ohne Borsten, meistens vom 2. Brustring kapuzenartig überdeckt (Abb. 16, 2. und 3. Reihe). Fühler lang, 4- bis 6gliedrig, wenn kurz, dann die einzelnen Glieder deutlich länger als breit. Sprunggabel in der Regel gut entwickelt. Beschuppt oder behaart. Meistens lebhafte Tiere. . . . . Entomobryomorpha 4
3. Gelblichweiße Tiere, ohne Augen und Sprunggabel. An der Spitze des 3. Fühlergliedes ein Antennalorgan, das aus 2–3 großen Sinneskolben besteht, die meistens hinter hohen

Hautpapillen geschützt werden. Auf den verschiedenen Körpersegmenten sind regelmäßig verteilte Hautporen (Pseudocellen) (Abb. 15) vorhanden. Körperlänge 1–5 mm (Abb. 16, 1. Tier) . . . . **Blindspringer**, Onychiuridae

Onychiurus armatus (TULLBERG, 1869) 0,9–2,5 mm, auf Blumentöpfen, in faulenden Kartoffeln.

– Meistens gut pigmentierte Tiere, mit gut entwickelten Augen und oft kräftiger bis borstiger Behaarung. Antennalorgan nicht auffallend, Hautporen fehlen. Mandibeln mit bezahnter Reibeplatte, die im durchsichtigen Präparat gut zu sehen ist (Abb. 15). Sprunggabel kurz, reicht nicht über den Ventraltubus hinaus. Körperlänge 1–2 mm . . . . **Kurzspringer**, Hypogastruridae

Hypogastrura (Hypogastrura) purpurescens (LUBBOCK, 1867) ist häufig in Kellern, *H. (H.) manubrialis* (TULLBERG, 1869) oder *H. (H.) ripperi* GISIN, 1952 und *H. (Ceratophysella) armata* (NICOLET, 1841) schädlich an Champignonkulturen.

4. Der 3. und 4. Hinterleibsring sind in der Länge ziemlich gleich, gewöhnlich ist der 4. etwas größer. Er kann aber auch mit den folgenden 2. Hinterleibsringen verschmolzen sein. Körper nur behaart, gelegentlich sind die Haare schwach bewimpert, aber dann niemals keulenförmig. Fühler 4gliedrig, etwa so lang wie der Kopf. Sprunggabel oft verkürzt . . . . **Gleichringler**, Isotomidae 5

– Der 4. Hinterleibsring ist deutlich, oft um ein Vielfaches länger als der 3. Fühler 4- bis 6gliedrig und wenigstens so lang wie der Körper. Körper beschuppt oder wenigstens mit dicht bewimperten Keulenborsten versehen, die meistens auf dem Rücken der Mittelbrust eine Mähne bilden und am Hinterleibsende stärker ausgebildet sind. Sprunggabel immer gut entwickelt. Bis 6 mm große Tiere . . . . **Laufspringer**, Entomobryidae 8

5. Hinterleibsringe 4–6 sind miteinander verwachsen. Langgestreckte dünne Formen, blind oder höchstens jederseits mit 3 Punktaugen. Sprunggabel kurz, nicht den Ventraltubus erreichend (Abb. 16, 2. Tier) . . . . *Folsomia*

F. fimetaria (LINNÉ, 1758), weiß, pigmentlos, 0,8–1,4 mm, auf Blumentöpfen.

– Hinterleibsringe 4–6 nicht miteinander verwachsen 6

6. Der 4. Hinterleibsring ist etwas länger als der 3. Jederseits 5–8 Punktaugen (Abb. 16, 3. Tier) . . . . *Proisotoma*

in Mistbeeten und stickstoffreichen pflanzlichen Abfallstoffen, z. B. *P. minuta* (TULLBERG, 1871, bis 1 mm) im Keimkasten einer Samenkontrollstation.

– Der 4. Hinterleibsring fast gleich lang wie der 3. 7

7. Hinterleib ohne lange, senkrecht abstehende Haare (Bothriotrichen) (Abb. 16, 4. Tier) . . . . *Isotoma*

I. notabilis (SCHÄFER, 1896), graublau, 1 mm, auf Blumentöpfen.

– Hinterleib wenigstens auf dem 4. Segment mit 1–2 Paar feinen, langen, abstehenden Haaren (Abb. 16, 5. Tier) . . . . *Isotomurus*

I. palustris MÜLLER, 1776, 1,5–3 mm, gelblich oder grünlich mit schwarzvioletten, in ihrer Zahl und Ausdehnung sehr variablen Längsbinden. Auf Blumentöpfen und in feuchten Kellern.

8. Fühler 6gliedrig, länger als der halbe Körper, ohne Schuppen, 4. Hinterleibsring doppelt so lang wie der 3., Kopf ganz oder teilweise und das 1. und 3. Fühlerglied dunkel, das 2. Fühlerglied immer hell. Zeichnung sehr variabel. Länge bis 6 mm (Abb. 16, 6. Tier) . . . . *Orchesella cincta* (LINNAEUS, 1758)

auf Wiesen und an Baumstämmen, einmal angeblich als Parasit auf einem Kind aufgetreten.

– Fühler 4gliedrig. Körper mit Keulenhaaren oder Schuppen 9

9. Körper ohne Schuppen, nur mit Keulenhaaren 10

– Körper mit Schuppen 13

10. Ohne Augen. Weiß, bisweilen mit zerstreutem rotbraunen Pigment. Paarige Innenzähne an den Klauen flügelartig vorragend. Empodium mit großem Außenzahn (Abb. 15 unten Praetarsus rechts). Körperlänge 1,5 mm (Abb. 16, 7. Tier) . . *Sinella coeca* (SCHÖTT, 1896)

oft auf Blumentöpfen, in Treibhäusern.

– Mit jederseits 8 Punktaugen. Innenzähne an den Klauen nicht besonders stark entwickelt (Abb. 15 unten Praetarsus links) 11

11. Einfarbig, heller oder dunkler violett, seltener bräunlich, weil das Pigment fast gleichmäßig über den ganzen Körper verteilt ist; nur am Hinterrand der Rückenplatten der vorderen Segmente ist es zu schmalen dunkleren Bändern verdichtet. Bei der selteneren *f. pallida* KRAUSBAUER, 1902 fehlt das Pigment bis auf die dunkleren Segmenthinterränder. Körperlänge etwa 2 mm . . . . *Entomobrya marginata* (TULLBERG, 1896)

in Gebäuden mit Schimmelbildungen an den Wänden und Fußbodenfüllungen oder an den eingelagerten Vorräten, z. B. Gemüse; schädliches Massenauftreten in einem Getreidespeicher wurde beobachtet.

– Mehrfarbig, weil dunkles Pigment in Längs- und/oder Querbinden auf hellerer Grundfarbe angeordnet ist 12

12. Färbung hell strohgelb bis (seltener) grüngelb oder hellgrün mit dunklen violetten bis blauen, in ihrer Ausbildung stark variierenden Längs- und Querbinden. Bei den kräftig gezeichneten Tieren der Nominatform zieht ein dunkles Längsband vom Stirnauge jederseits über die Augenflecken und Schläfen als mehr oder weniger unterbrochene Seitenbinde auf allen Körpersegmenten nach hinten. Dazu kommen auf dem Rücken aller Segmente eine in der Mitte unterbrochene Querbinde am Hinterrand, die auf den Brustringen 2 und 3 und auf den Hinterleibsringen 2 und 3 an den Seiten (und vor der Unterbrechung in der Mitte) zu breiten Flecken nach vorn ausgezogen sein kann. Auf dem 4. Hinterleibsring setzt sie sich an den Seiten in einer Längsbinde bis zu seinem Vorderrand fort und bildet so eine hinten geschlossene u-förmige Zeichnung, wozu bei der besonders gut pigmentierten *f. dorsalis* ÅGREN, 1904 noch eine schwache Querbinde im vorderen Drittel kommt. Bei wenig pigmentierten Tieren können die Zeichnungen bis auf dunkle Flecken auf dem 4. und 5. Hinterleibsring (f. *maculata* SCHAEFFER, 1896) oder das schwarze Stirnband (f. *immaculata* SCHAEFFER, 1896) ganz fehlen. (Abb. 16, 8. Tier). Körperlänge bis 2 mm . . . . *Entomobrya nivalis* (LINNAEUS, 1758)

Wohl die häufigste Entomobryide im Freiland unter Rinde, Moos und Flechten; in Gebäuden mit Schimmelbildung, z. B. nicht genügend ausgetrockneten Neubauten.

– Färbung größtenteils schwarz. Rücken des 2. Brustrings weiß mit schwarzem Vorderrand und 2 schwarzen Punkten vor dem Hinterrand. Kopf, 4. Hinterleibsring im vorderen Drittel seines Rückens, 5. und 6. Hinterleibsring vollständig orangebraun. . . . . *Entomobrya albocincta* (TEMPLETON, 1833)

in Nestern verwilderter Haustauben, sonst im Freien unter Rinde abgestorbener Bäume, Flechten und Steinen.

13. Schuppen zugespitzt, mit langen, groben Rippen (Abb. 16, 9. Tier). Sprunggabel unbeschuppt 14

– Schuppen abgerundet, mit feiner Streifung (Abb. 16, 10. Tier), Manubrium (unpaare Basis der Sprunggabel) auf der Unterseite beschuppt 15

14. Violettes Pigment über den ganzen Körper verteilt, am Hinterrand der Rückenplatten etwas stärker konzentriert. Körperlänge 1,5 mm (Abb. 16, 9. Tier) . . . . *Willowsia buski* (LUBBOCK, 1869)

in Wohnungen, auf und unter Blumentöpfen.

– Weiß bis graue, im Leben silbergraue Tiere mit schwarzer Einfassung der Rückenplatten. Körperlänge 2 mm . . . . *Willowsia nigromaculata* (LUBBOCK, 1873)

besonders im Norden Europas in Häusern, sonst an Stämmen lichtstehender Bäume.

15. Sprunggabel mit einfacher, sichelförmiger Spitze. Im Leben fast ganz silbrig glänzend, mit einigen größeren graubraunen Schuppen am Hinterrand der Rückenplatten (Abb. 16, 10. Tier). Körperlänge 3 mm . **Hausspringschwanz,** *Seira domestica* (NICOLET, 1841)

oft in Häusern und Museen.

– Sprunggabel mit einer gegabelten Spitze 16

16. Tiefblau mit weißen Beinen, Sprunggabel und 1. Fühlerglied, oder körnig blauviolett. 2. Brustring nicht übermäßig nach vorn verlängert und den Kopf kapuzenartig überdeckend. Körperlänge 1,5 mm . . . . *Lepidocyrtus cyaneus* TULLBERG, 1871

in Kellern, Champignonschädling.

– Körper gelblichweiß bis braunrot, mit oder ohne violettes Pigment an Hüften und Kopf 17

17. 2. Brustring vorn hoch, sein beschuppter Rücken vorn senkrecht abfallend, dieses ist besonders bei großen Exemplaren sehr stark entwickelt. Körperlänge 2,5 mm . . . . *Lepidocyrtus curvicollis* BOURLET, 1839

unter Blumentöpfen, in Kellern.

– Brustring vorn normal; der beschuppte Rücken ist gleichmäßig gewölbt (Abb. 16, 11. Tier) Körperlänge 1,5 mm . . . . *Lepidocyrtus lanuginosus* (GMELIN, 1788)

unter Blumentöpfen.

18. Fühler viel kürzer als der Kopf, ohne Augen. Körperlänge unter 0,5 mm, weiß, selten sehr schwach bräunlich oder gelblich . . . . **Zwergspringer**, Neelidae

Häufigste Art *Neelus (Megalothorax) minimus* (WILLEM, 1900), etwa 0,3 mm, an sehr feuchten Stellen unter Moos und Steinen, in Wohnungen unter Blumentöpfen.

– Fühler wenigstens so lang wie der Kopf oder länger, meistens 8 Punktaugen auf jeder Seite, wovon allerdings 2 oft viel kleiner als die anderen sind; nur *Arrhopalites* hat jederseits 1 unpigmentiertes Punktauge 19

19. 4. Fühlerglied länger als das 3. (Abb. 16, 13. und 14. Tier) . . . . **Kugelspringer**, Sminthurinae 20

– 4. Fühlerglied kürzer als das 3. (Abb. 16, 12. Tier) . . . . **Spinnenspringer**, Dicyrtomidae

Dicyrtoma fusca (LUCAS, 1842), braunviolett mit hellem Kopf und oft hellem Rücken. Körperlänge 1,5–2 mm; auf Blumentöpfen.

20. 4. Fühlerglied sekundär gegliedert (geringelt) 21

– 4. Fühlerglied nicht geringelt (Abb. 16, 13. Tier) . . . . *Sminthurinus*

S. niger (LUBBOCK, 1867), blauschwarz mit ganz dunklem Kopf, Beine und Sprunggabel etwas heller, Körperlänge 1 mm. Unter Blumentöpfen.

21. Ohne jedes Augenpigment, obwohl jederseits ein Punktauge vorhanden ist. Weiße Tiere, manchmal mit roten Pigmentpunkten. Körperlänge 0,8 mm . . . . *Arrhopalites caecus* (TULLBERG, 1871)

unter Blumentöpfen, in Kartoffellagern.

– Mit jederseits 8 Augen. Tibiotarsus mit 2–3 der Klaue anliegenden, dicken, meist geknöpften Tasthaaren (Abb. 16, letztes Tier) . . . . *Bourletiella*

B. signata (NICOLET, 1841), fast vollständig schwarzviolett, jedenfalls auch so die Mundpartie des Kopfes, Stirn und Scheitel sind aber gelblich, die Seiten des Hinterleibs zeigen kleine helle Flecken. Körperlänge 0,9–1,3 mm. Sehr schädlich an Gartenpflanzen, kann bei Massenauftreten von den Gärten in die Häuser eindringen.

5 Wohnungsfischchen, Zygentoma

Die Fischchen sind flache, meistens im Verborgenen lebende, grau gefärbte und in der Regel dicht beschuppte Tiere, die mit etwa 250 Arten über die ganze Welt verbreitet sind. Sie leben meistens in der Erde, unter Steinen und in Ameisen- und Termitennestern. Die meisten Arten sind wärmeliebend. Bei uns kommt im Freien nur eine Art in Ameisennestern vor. In Wohnungen ist das Silberfischchen, *Lepisma saccharina*, weit verbreitet. Zwei weitere Arten sind eingeschleppt in Bäckereien oder Mühlen angetroffen worden. In anderen Erdteilen kommen noch weitere Arten in Häusern vor. Die Wohnungsfischchen haben kleine seitlich am Kopf stehende Facettenaugen. Sie sind immer flügellos, doch sind die Rückenplatten ihrer 2. und 3. Brustsegmente nach hinten auf beiden Seiten lappenförmig zu Paranota vorgezogen. Die letzten beiden Hinterleibssegmente tragen auf der Bauchseite je 2 Styli. Cerci und ein langer Schwanzfaden (Terminalfilum) sind vorhanden. Die Tiere können nicht springen, aber äußerst flink laufen.

1. Alle Borsten einfach. Fühler, Cerci und mittlerer Schwanzfaden viel kürzer als der Körper, die seitlichen Schwanzanhänge schräg nach hinten gerichtet (Abb. 17). Einfarbig silbrig glänzend, mit je 4 kleinen, oft undeutlichen einfachen Borsten auf den Hinterleibsringen 2–8. Färbung sehr variabel von weiß bis schwarzbraun; erwachsene Tiere bis 11,5 mm lang . . . . **Silberfischchen,** *Lepisma saccharina* LINNAEUS, 1758

   überall gemein in Häusern, Magazinen u. dgl., wo es in Mehl, Zucker- und Samenvorräten seine Nahrung sucht, aber auch an geleimtem Papier, Stärke der Gardinen, Kunstseide durch Fraß schädlich werden kann.

– Größere Borsten auf Stirn, Brust und Hinterleib gefiedert. Fühler, Cerci und mittlerer Schwanzfaden so lang oder länger als der Körper 2

2. Rücken der Brust und Hinterleibsringe mit Ausnahme des 1. und 9. mit je 2 kräftigen Borstenkämmen. Fühler bis zweimal, Cerci und mittlerer Schwanzfaden so lang oder etwas länger als der Körper. Gefleckt oder gebändert, Hinterleibsanhänge hell und dunkel geringelt, die seitlichen Schwanzanhänge stehen fast senkrecht vom Körper ab. Erwachsene Tiere bis 13 mm lang . . . **Ofenfischchen,** *Lepismodes inquilinus* NEWMAN, 1863 . . . . [= *Thermobia domestica* (PACKARD, 1873)]

   liebt besonders warme Räume, die zeitweise befeuchtet werden, z. B. in Gärkammern von Bäckereien oder in deren Nähe, lebt von Mehl, Brot und anderen vegetabilischen Stoffen. Bei uns eingeschleppt, Fortpflanzung aber wohl nur in Bäckereien und ähnlichen Betrieben möglich (festgestellt z. B. in Hamburg, Celle, Buxtehude), in wärmeren Ländern weit verbreitet und mit ähnlicher Lebensweise wie *Lepisma*.

– Rücken der Hinterleibsringe 2–6 mit je 4 und 7–8 mit je 2 Borstenkämmen. Fühler, Cerci und mittlerer Schwanzfaden wenigstens von Körperlänge. Gelblichweiß bis braun, lebend mit deutlichem Messingglanz. Spitzen der Tibien und Tarsen dunkel geringelt. Schuppen

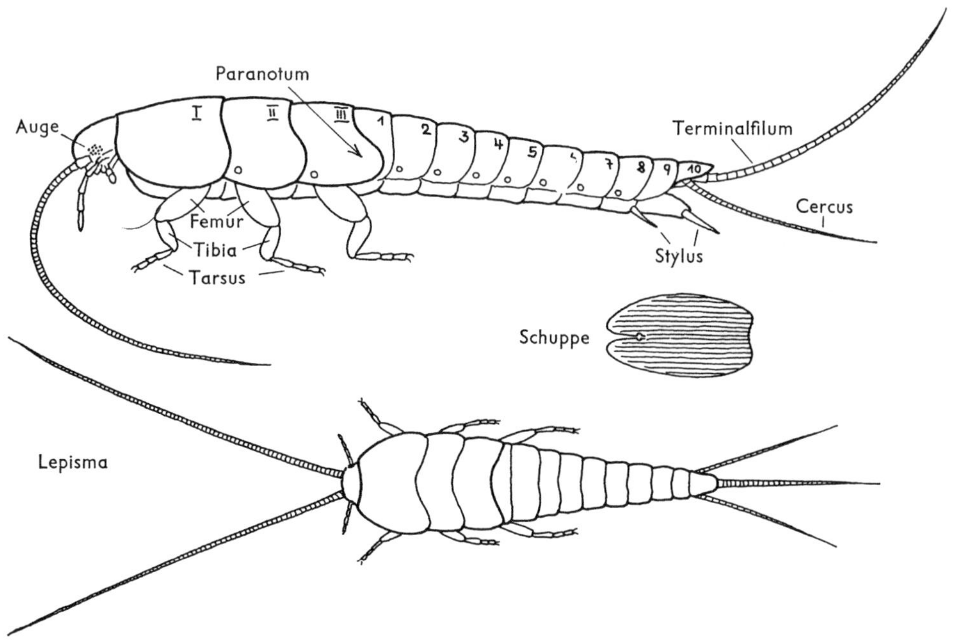

Abb. 17: *Lepsima saccharina*, Silberfischchen, oben von der Seite, darunter von oben.

braun. Auf jedem Segment 6 schwarze und 5 weiße Flecken in Querreihen auf den Hinterrändern der Hinterleibsringe. Länge 10–12 mm . . . . *Ctenolepisma lineatum* (FABRICIUS, 1775)

in den wärmeren Gegenden Mitteleuropas gelegentlich eingeschleppt, in Häusern (z. B. in Heidelberg, Mainz, Rüdesheim, Speyer) und in einer Mühle bei Frankfurt am Main.

6 Ohrwürmer, Dermaptera

Sie sind lichtscheue Tiere, die am Tag dunkle Verstecke aufsuchen und dadurch auch in Behälter mit Vorräten gelangen, womit sie weiter verschleppt werden können. In der folgenden Tabelle sind außer 2 bei uns gelegentlich in Häusern vorkommenden Arten nur einige berücksichtigt, die häufiger eingeschleppt werden. Eine wirtschaftliche Bedeutung kommt ihnen allerdings nicht zu. Über nach Mitteleuropa eingeschleppte Ohrwürmer siehe H. WEIDNER: Anz. Schädlingsk., Pflanzen-, Umweltschutz 47: 145–148 (1974). Die ungeflügelten und durch dünne, nur etwas gebogene Cerci ausgezeichneten Larven (Abb. 18 B, L) können nach der folgenden Tabelle nicht bestimmt werden.

1. Die erwachsenen Ohrwürmer besitzen stark verkürzte Flügeldecken. Die Hinterflügel fehlen oder ragen als dreieckige Lappen etwas unter den Flügeldecken vor (Abb. 18 A) . 2
– Die erwachsenen Ohrwürmer besitzen weder Flügeldecken noch Hinterflügel . . . . *Euborellia* BURR, 1910 und *Anisolabis* FIEBER, 1835 (Carcinophoridae)

Die sichere Artbestimmung ist nur durch Untersuchung der Genitalien möglich. Obwohl sie vollkommen flugunfähig sind, werden sie häufig verschleppt. So gehört hierher auch die wohl überhaupt am weitesten verbreitete Ohrwurmart *Euborellia annulipes* (LUCAS, 1847). Obwohl sie sich an das mitteleuropäische Klima nicht anpassen kann, ist ihr trotzdem ein Überleben an günstigen Standorten auch in Mitteleuropa möglich. So lebte sie jedenfalls um 1950 auf einem Müllplatz in Kiel und von 1930 bis 1986, also über 50 Jahre, ohne Beeinträchtigung ihrer Fort-

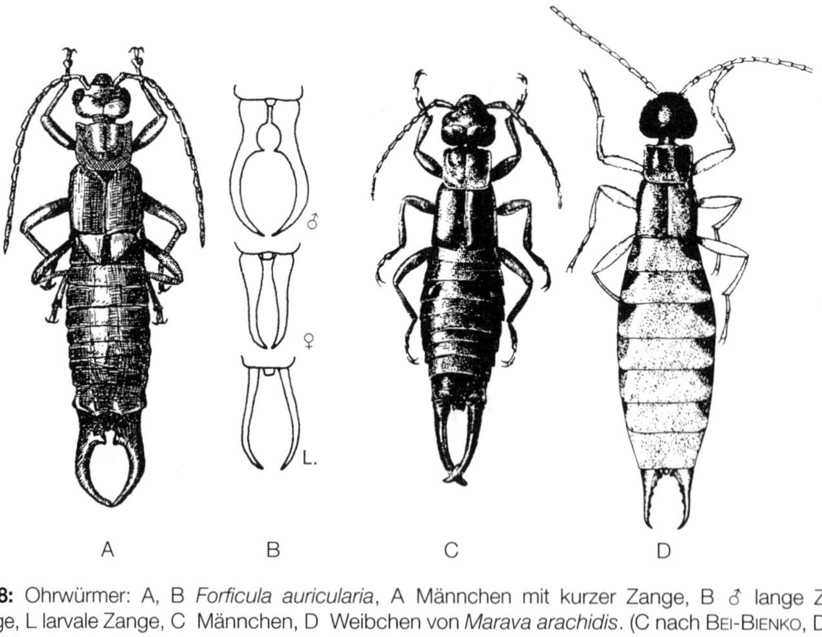

Abb. 18: Ohrwürmer: A, B *Forficula auricularia*, A Männchen mit kurzer Zange, B ♂ lange Zange, ♀ Zange, L larvale Zange, C Männchen, D Weibchen von *Marava arachidis*. (C nach BEI-BIENKO, D nach CHOPARD).

pflanzungsfähigkeit auf dem Schutt-Scherbelberg II bei Möckern, wohin alle Abfälle aus der Leipziger Markthalle gebracht wurden. Sie ist 3–10 mm lang und glänzend schwarz bis dunkelbraun. Ihre Fühler sind 16gliedrig, dunkelbraun mit weißlichem 12. und/oder 13. Glied. Die Schenkel sind dunkel geringelt. Die Schienenbasis ist dunkel. – *Euborellia peregrina* (MJÖBERG, 1904) scheint nach Beobachtungen von 1953 und 1958 regelmäßig mit Paranüssen aus Brasilien nach Hamburg verschleppt worden zu sein. – Auch die 14–16 mm große *Anisolabis maritima* (GÉNÉ, 1852) gehört zu den durch den Handel verschleppten Arten. Ihre Fühler sind 24gliedrig und einfarbig schmutziggelb. *Euborellia* wird von manchen Autoren als Synonym zu *Anisolabis* aufgefasst.

2. Hinterflügel vorhanden. Sie sind fächerförmig zusammengelegt und ragen etwas über die Flügeldecken hervor. 3

– Hinterflügel fehlen. Halsschild etwa so lang wie breit. Körperlänge 7 bis 11 mm (Abb. 18 C und D) . . . . **Erdnussohrwurm** *Marava (= Prolabia) arachidis* (YERSIN, 1860) (Labiidae)

Die ovovivipare (larvipare) Art ist über die Tropen weit verbreitet und wird häufig nach Mitteleuropa mit Vorräten wie Erdnüssen, Kopra, Steinnüssen, Ölsamen, Orchideen verschleppt. Obwohl sie wahrscheinlich ziemlich sternotherm ist, hat sie sich im Fliegenzuchtkeller des Berliner Aquariums seit 1940 bis zum kriegsbedingten Ausfall der Heizung gehalten. In Hamburg wurde sie im Affenhaus des Zoologischen Gartens und in einer Margarinefabrik gefunden.

3. Große Ohrwürmer von 10–14 mm Körperlänge. Beim Männchen ist der basale Abschnitt der Zange innen gezähnt. Die Länge der Zange ist variabel, von kreisförmig bis langoval (Abb. 18 A und B). Beim Weibchen ist die Zange gerade, nur an der Spitze leicht einwärts gebogen. Langgestreckte, rot- bis kastanienbraune Insekten, mit viereckigem Halsschild, stark verkürzten Vorderflügeln, die kaum doppelt so lang wie zusammen breit sind. Zangenlänge ♂ 4–9, ♀ 3,5–5 mm . . . . **Gemeiner Ohrwurm,** *Forficula auricularia* LINNAEUS, 1758 (Forficulidae)

Im Freien und in Häusern in Verstecken aller Art, besonders in Blumentöpfen oder -kästen auf Balkonen; suchen auch in den Wohnungen dunkle Stellen als Verstecke auf und kommen dabei in Betten, Schüsseln, Tassen usw. Bei Massenauftreten ist das Eindringen in die Häuser besonders häufig. Die Ohrwürmer naschen an Marmelade, befressen Pflanzen (Dahlien) und vertilgen Blattläuse. Dem Menschen werden sie durch Hineinkriechen in die Ohren nicht gefährlich.

– Kleine Ohrwürmer von 5–5,5 mm Körperlänge. Halsschild länger als breit. . . . . *Labia minor* (LINNAEUS, 1758) (Labiidae)

Einziger Ohrwurm in Mitteleuropa, der gern fliegt, schon in der Mittagssonne bis noch am Abend und kommt dann ans Licht, im Sommer z. B. bei offenem Fenster an die Stehlampe im Zimmer. Entwicklung in Dung- und Komposthaufen, wo er von kleinen Dunginsekten lebt.

7 Heuschrecken und Grillen, Saltatoria

1. Fühler so lang wie der Körper, Körper walzenförmig, Vorderflügel beim Männchen durch besondere Anordnung der Adern zu einem Zirporgan umgebildet (Abb. 19 A); Weibchen mit einer langen, geraden Legeröhre (Abb. 19 B). Die Vorderflügel erreichen in der Regel das Hinterleibsende, die zusammengelegten Hinterflügel überragen sie meistens, können aber auch reduziert sein und fast ganz fehlen. Gesamtfärbung strohgelb, auf dem Kopf mit dunklen Querbinden und auf dem Halsschild mit dunkler Zeichnung. Körperlänge 16–20 mm, Länge der Vorderflügel 9–13 mm und der Legeröhre 11–15 mm . . . . **Heimchen,** *Acheta domesticus* (LINNAEUS, 1758)

vorwiegend an warmen Plätzen, wie Küchen, Backstuben, Heizungskellern; frisst Abfall, auch Lebensmittel und u. U. Textilien. Massenauftreten auf Müllplätzen ist häufig; von dort dringen die Heimchen in die umliegenden Häuser ein. Sie können durch ihr nächtliches Zirpen besonders lästig werden.

– Fühler höchstens etwas länger als der Halsschild, etwas seitlich zusammengedrückt, Weibchen ohne Legeröhre . . . . **Feldheuschrecken,** Acrididae

Von ihnen gelangt in den Wintermonaten vielfach mit Gemüse und Obst aus Südeuropa in Einzelexemplaren die große **Ägyptische Heuschrecke,** *Anacridium aegyptium* (LINNAEUS, 1764) (Abb. 20) in die Städte. Sie ist braun, Vorderflügel dunkel gesprenkelt, Hinterflügel an der Basis mit einer dunklen Binde. Körperlänge ♂ 30–45, ♀ 50–65 mm.

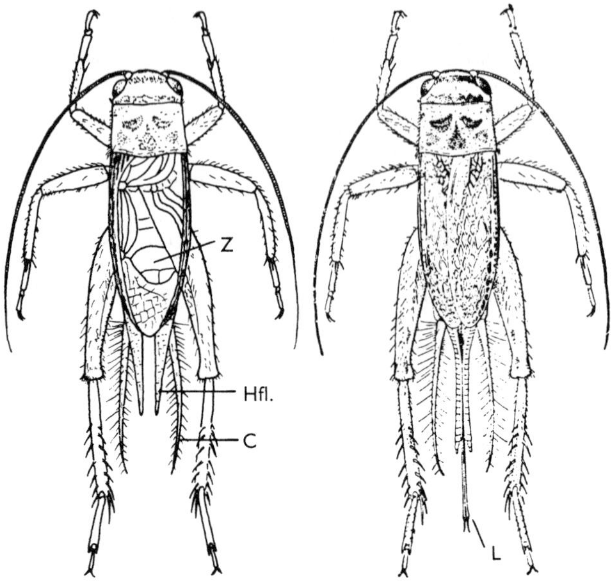

Abb. 19: Heimchen, *Acheta domesticus*, A Männchen, B Weibchen (C Cerci, *Hfl* Hinterflügelenden, L Legeröhre, Z Zirpapparat).

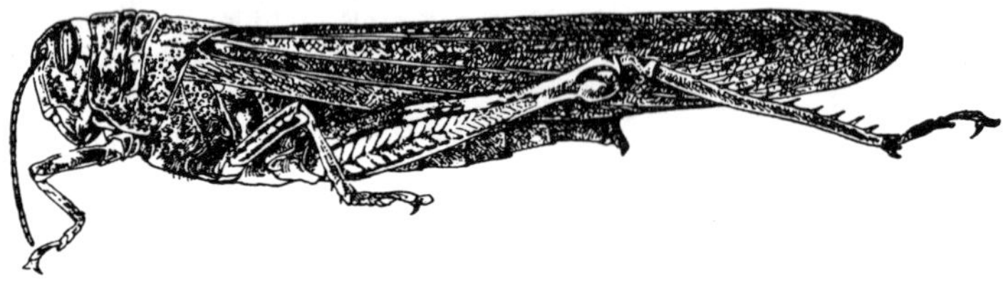

Abb. 20: Ägyptische Heuschrecke, *Anacridium aegyptium* (aus CHOPARD).

8 Schaben, Blattariae

Körper abgeplattet; Kopf fast vollständig von dem schildförmigen Vorderbrustrücken bedeckt; Fühler meistens länger als der Körper, vielgliedrig; Augen gut entwickelt; alle 3 Paar Beine Schreitbeine; Füße 5gliedrig. Die Schaben sind vorwiegend tropische Insekten. Durch den Handel wurden manche Arten über die ganze Erde verbreitet. Bei uns haben sich **Küchenschaben** und **Deutsche Schabe** in warmen Räumen der Häuser, besonders in Großküchen, Heizungskellern, Krankenhäusern, Restaurationen, Hotels, Bäckereien und Konditoreien eingebürgert. Als Überträger von Krankheitskeimen (Hospitalismus) haben sie besonders in Krankenhäusern große hygienische Bedeutung. Sie sind lichtscheue Tiere und fressen an Abfällen und Lebensmitteln aller Art. Die Eiablage erfolgt in Kokons, die besonders für die Verschleppung geeignet sind. An Bord der Schiffe lebt neben der **Deutschen Schabe** oft auch die **Amerikanische Schabe**, die sich bei uns in Lagerhäusern nur vorübergehend hält, aber in Tierhäusern und Gewächshäusern sich einbürgern kann. Die **Braunbandschabe** ist eine Hausschabe, die erst nach dem Krieg in deutschen Städten festgestellt wurde, aber zu einer echten Hausplage werden kann, wie ihr Auftreten in Amerika zeigt.

Literatur über die Schaben: M. Beier: Schaben. Die Neue Brehm-Bücherei Heft 379, Ziemsen Verlag, Wittenberg, Lutherstadt 1967.

1. Unterseite von Mittel- und Hinterschenkeln stets an der Außen- und Innenkante durchlaufend und gleichartig bedornt (Abb. 21 A, Z) 2
– Unterseite von Mittel- und Hinterschenkeln nicht bedornt (Abb. 21 B) oder höchstens mit 1–2 Dornen 10
2. Färbung einheitlich dunkel-kastanienbraun bis fast schwarz, ohne irgendeine hellere Zeichnung. Männchen mit Vorderflügeln, die die Hinterleibsspitze nicht mehr bedecken (Abb. 21 C), Weibchen mit kurzen Flügelstummeln (Abb. 21 D). Körperlänge 20 bis 30 mm . . . . **Küchenschabe**, Orientalische Schabe, *Blatta orientalis* Linnaeus, 1758

Der handtaschenähnliche Eikokon, der durchschnittlich 15 Eier enthält, wird aufrecht, mit der Zähnchennaht nach oben, vom Weibchen am Hinterleibsende bis zu 24 Stunden lang herumgetragen, bevor er abgelegt wird. Nach 44 Tagen schlüpfen bei 30° C die Larven aus, die nach 9–10 Häutungen in 126–165 Tagen erwachsen sind, wobei jeweils die Zahl der Fühler- und Cerciglieder zunimmt. Bei niedrigeren Temperaturen verlängert sich die Entwicklungszeit stark. Lebensdauer mehrere Monate. Eikokon Abb. 27 A.

– Färbung rotbraun bis hellgelb, wenn schwarzbraun, dann mit gelben Zeichnungen . . 3
3. Geflügelte Tiere 4
– Ungeflügelte Tiere . . . . Schabenlarven 7
4. Körperlänge über 2 cm. Rotbraun oder schwarzbraun mit gelben Binden. Die Flügel überragen bei Männchen und Weibchen den Hinterleib 5
– Körperlänge unter 1,5 cm 6
5. Schwarzbraun. Vorderbrustrücken mit einer hellgelblichen Querbinde am Hinterrand. Vorderflügel mit einer gelblichen Längsbinde an der Schulter, also an der Basis des Vorderrandes (Abb. 26 B). Körperlänge 23–30 mm . . . . **Australische Schabe**, *Periplaneta australasiae* (Fabricius, 1775)

gelegentlich mit Verpackung von Früchten aus Übersee eingeschleppt, ohne sich bei uns halten zu können. Eikokon Abb. 27 C

– Rotbraun. Vorderbrustrücken mit einer verwaschenen rostgelben Binde am Hinterrand, die sich auch an den Seitenrändern nach vorn erstreckt. Vorderflügel einheitlich gefärbt, ohne gelbe Schulterbinde. (Abb. 26 A) Körperlänge 23–32 mm. . . . . **Amerikanische Schabe**, *Periplaneta americana* (Linnaeus, 1758)

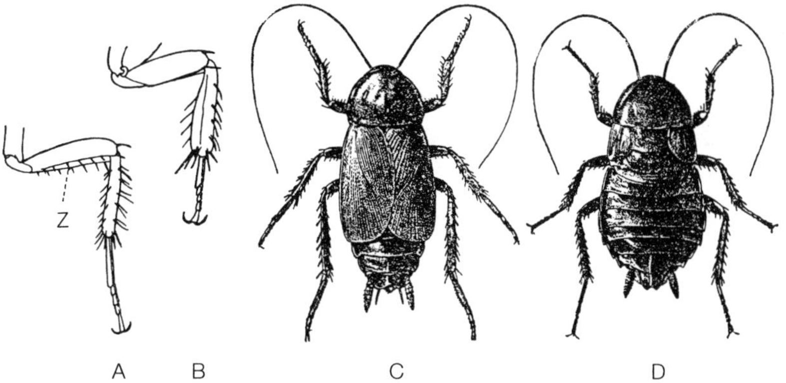

Abb. 21: A, C, D Orientalische Schabe, *Blatta orientalis*, A Bein, C Männchen, D Weibchen, B *Leucophaea maderae*, Bein (C und D nach Laing).

kommt oft in großen Massen auf Überseeschiffen vor und wird dann mit der Ladung auch ins Binnenland verschleppt, wo sie sich aber im Allgemeinen nicht lange hält, da sie sehr wärme- und feuchtigkeitsbedürftig ist. Der handtaschenähnliche Eikokon wird aufrecht vom Weibchen am Hinterleibsende bis zu 24 Stunden herumgetragen und dann bei der Ablage mit vom Untergrund abgebissenem Material überdeckt. Er enthält 15–20 Eier, aus denen bei 30 °C etwa nach 36 und bei 17–18 °C nach 88 Tagen die Larven ausschlüpfen, die bei 30 °C in 160–197 und bei 22 °C in 520 Tagen erwachsen sind. Lebensdauer der Imagines bis zu 21 Monaten. Eikokon Abb. 27 B

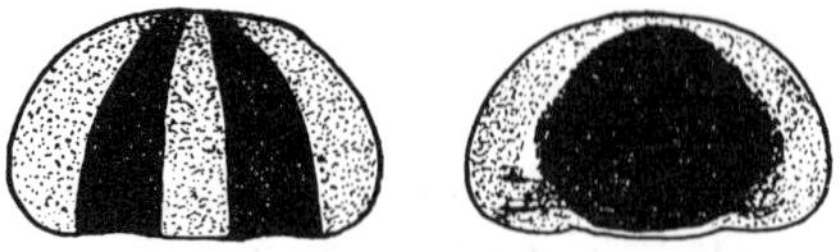

A B

Abb. 22: Pronotum A der Deutschen, B der Lappländischen Schabe.

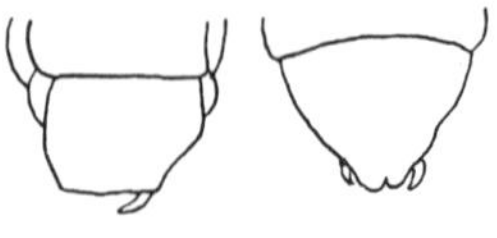

A B

Abb. 23: Letztes Hinterleibssegment von der Bauchseite beim Männchen von A der Deutschen und B der Braunbandschabe.

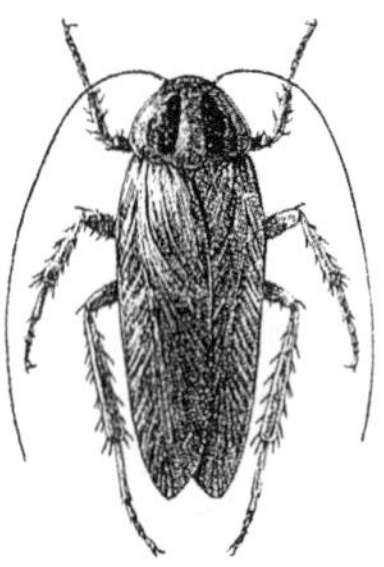

Abb. 24: Deutsche Schabe, *Blattella germanica* (aus Chopard).

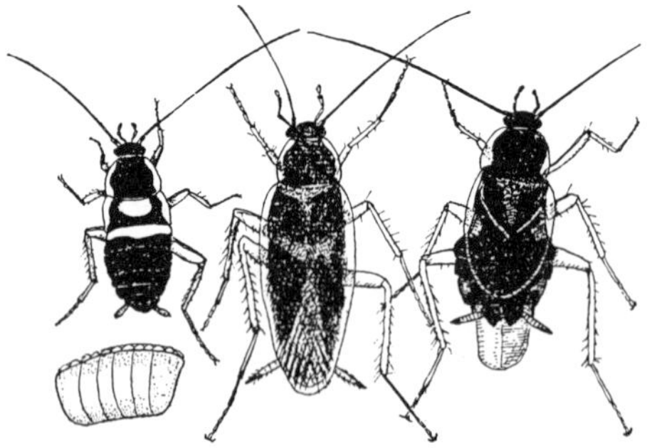

Abb. 25: Larve, Männchen und Weibchen mit Eikokon der Braunbandschabe, *Supella longipalpa* (aus Weidner). Unter der Larve ein abgelegter Kokon.

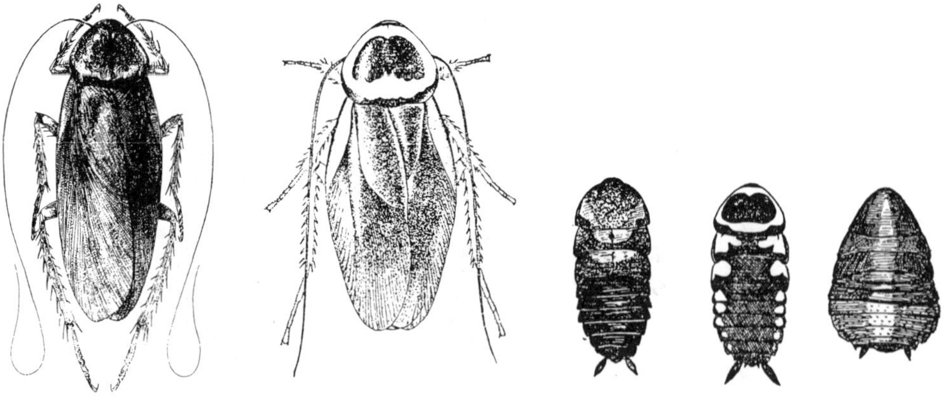

A B C D E

Abb. 26: A, C Amerikanische Schabe, *Periplaneta americana*, B, D Australische Schabe, *P. australasiae*, E Surinamensische Schabe, *Pycnoscelus surinamensis*, A, B Imagines, C–E Larven (A aus Chopard, B aus Kalshoven).

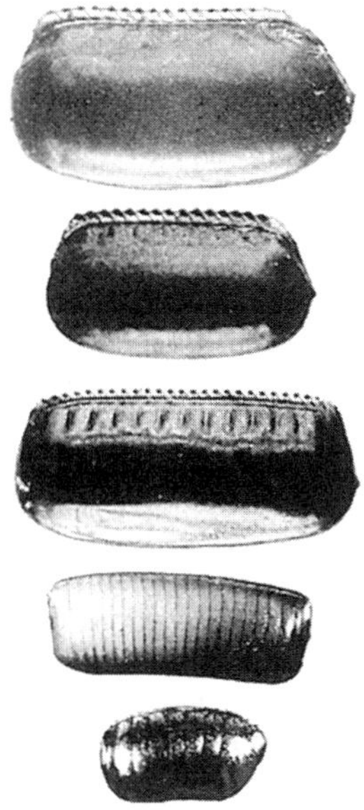

Abb. 27: Eikokons der Hausschaben, alle etwa 3 × vergr. A *Blatta orientalis*, B *Periplaneta americana*, C *P. australasiae*, D *Blattella germanica*, E *Supella longipalpa* (nach ROTH, 1968: Ann. entomol. Soc. Am. **61**).

6. Grundfarbe stroh- bis horngelb, auf dem Vorderbrustrücken 2 dunkle Längsbinden (Abb. 22 A, 24). Die Vorderflügel überragen in beiden Geschlechtern den Hinterleib. Die Bauchplatte des letzten Hinterleibsringes (Subgenitalplatte) des Männchens ist hinten abgeschnitten und trägt nur einen kleinen Griffel (Stylus) (Abb. 23 A). Körperlänge 11–12 mm, Flügellänge 11–12 mm . . . . **Hausschabe, Deutsche Schabe,** *Blattella germanica* (LINNAEUS, 1767)

Der gelbe Eikokon, der im Durchschnitt 36 (16–56) Eier enthält, wird in waagerechter Lage mit der Zähnchennaht nach rechts vom Weibchen am Hinterleibsende bis etwa ½ Stunde vor dem Schlüpfen der Larven herumgetragen. Bei 30 °C beansprucht die Embryonalentwicklung 17 und bei 22 °C 24 Tage. Die Larvenentwicklung braucht bei den genannten Temperaturen 40–41 bzw. 123–244 Tage. Eikokon Abb. 27 D. – Die Schabe kommt außerhalb des Hauses auch gelegentlich auf Mülldeponien in Massen vor. Morphologisch nicht unterscheidbar von der **Deutschen Schabe** ist die **Asiatische Schabe** *Blattella asahinai* (MIZUKUBO,1981), deren Heimat ursprünglich Südostasien ist. Der Unterschied liegt im Verhalten der Tiere; die adulten Tiere sind nämlich ausgezeichnete Flieger im Gegensatz zur **Deutschen Schabe**. Eine Verschleppung erfolgt mit Obst und Gemüse und mit Pflanzen via Luftfracht.

– Grundfarbe rotbraun und rotgelb, der Vorderbrustrücken mit dunkler, rotbrauner trapezförmiger Scheibe, die von einem hellen durchscheinenden Seitenrand umgeben wird (Abb. 25). Die Vorderflügel überragen nur beim Männchen den Hinterleib, beim Weibchen erreichen sie das Hinterleibsende nicht oder kaum. Zudem sind die Weibchen in der Regel intensiver gefärbt als die Männchen. Die Subgenitalplatte des Männchens ist dreieckig vorgezogen und trägt 2 verschieden große, ziemlich anliegende Griffel (Styli) (Abb. 23 B). Körperlänge ♂ 10,6–11,5 mm, ♀ 10–12,3 mm, Vorderflügellänge ♂ 10,9–13,2 mm, ♀ 7,8–9,9 mm . . **Braunbandschabe,** *Supella longipalpa* (FABRICIUS, 1798) (= *supellectilium* SERVILLE, 1839)

Der Eikokon mit durchschnittlich 13–14 Eiern wird senkrecht vom Weibchen am Hinterleibsende meistens nur 1, höchstens 8 Tage herumgetragen und dann mit einem gummiartigen Mundsekret an der Unterlage angeklebt. Die Embryonalentwicklung beansprucht bei 30 °C 40 und bei 22 °C über 70 Tage, die Larvenentwicklung entsprechend 54–56 Tage bzw. bedeutend länger bis zu 355 Tage. Ein Kokon enthält im Durchschnitt 18 Eier, von denen sich aber in der Regel nur 12–15 entwickeln. Eikokon Abb. 27 E

7. Strohgelb mit 2 dunklen Längsbinden über die Brustsegmente (Abb. 22 A) . . . . Larve von *Blattella germanica* (siehe 6 A)
– Rücken der Brustsegmente ohne diese auffallende Zeichnung 8
8. Hellrotbraun mit gelblichen Rändern des Rückens von 1. und 2. Brustsegment und ebensolchen Querbinden an der Basis des Rückens vom 2. und 3. Brustsegment (Abb. 25). . . . . Larve von *Supella longipalpa* (siehe 6 B)
– Dunkelrotbraun bis schwarzbraun 9
9. Vorderbrustrücken mit einer gelben Ringbinde. Mittel- und Hinterbrustrücken mit deutlich gelben Flecken an den Seiten (Abb. 26 D) . . . . Larve von *Periplaneta australasiae* (siehe 5 A)
– Vorderbrustrücken mit einer verwaschenen rotgelben bis hellgrauen Quer- oder Ringbinde, besonders am Hinterrand, Mittel- und Hinterbrustrücken einfarbig oder mit Aufhellungen in der Mitte (Abb. 26 C) . . . . . Larve von *Periplaneta americana* (siehe 5 B)
10. Kleine Schaben, unter 1,5 cm. Vorderbrustrücken mit einem dunkleren Fleck . . . 11
– Große Schaben, über 1,5 cm. Nur auf Schiffen oder in Warmhäusern 12
11. Fleck auf dem Vorderbrustrücken schwarz, rotbraun bis horngelb, mit gegen den hellen Seitenrand unscharf abgesetzten Rändern (Abb. 22 B). Beim Männchen auf der Rückenplatte des 7. Abdominalsegments eine quergestellte Drüsengrube mit einem zweizipfeligen, breiten, stumpfen Zäpfchen, Vorderflügel überragen beim Männchen und Weibchen den Hinterleib wenig. Körperlänge ♂ 9,5–13 mm, ♀ 6,5–10 mm . . . . **Lapplandschabe,** *Ectobius lapponicus* (LINNAEUS, 1758)

lebt im Freien. Die auf LINNÉ zurückgehende Angabe, dass sie in Lappland in den Häusern vorkommt und an getrocknetem Fleisch und Fisch schadet, wurde wohl zu Unrecht als Verwechslung mit den Aaskäfern *Thanatophilus lapponicus* L. und *Th. rugosus* Herbst gedeutet; denn es liegen aus neuerer Zeit mehrere Beobachtungen über ihr Auftreten in Baracken, am Wald gelegenen Villen und Sommerhäusern aus Jugoslawien, Hamburg (Stadtrand) und vor allem Jütland vor (WEIDNER, H.: Anz. Schädlingsk. Pflanzenschutz 45: 75–76, 1972). Vielleicht neigen auch andere *Ectobius*-Arten dazu, jedenfalls liegt eine ähnliche Beobachtung auch von der kleineren, in ihrer Verbreitung hauptsächlich auf die Dünen der Nordseeküste beschränkten Art *E. panzeri* STEPHENS, 1837 vor (ABRAHAM, R., 1979: Entomol. Mitt. Zool. Mus. Hamburg 6: 229–230).

– Fleck auf dem Vorderbrustrücken schwarz und scharf gegen die weißen Seitenränder abgesetzt. Beim Männchen auf der Rückenplatte des 7. Hinterleibssegments eine breite fast kreisrunde Drüsengrube **ohne** Zäpfchen. Vorderflügel überragen beim Männchen das Hinterleibsende kaum, beim Weibchen erreichen sie das Hinterleibsende nicht. Körperlänge ♂ 9–14 mm, ♀ 6–10 mm . . . . **Waldschabe,** *Ectobius silvestris* (PODA, 1761)

lebt im Freien. Siehe Bemerkung zu der vorhergehenden Art.

12. Hellgrüne bis fast weiße Schaben, erwachsen etwa 25 mm lang. Männchen und Weibchen mit langen Flügeln . . . . **Grüne Bananenschaben,** *Panchlora*-Arten

Einige Arten, besonders *P. exoleta* BURMEISTER, 1838, *P. nivea* (LINNAEUS, 1758) und *P. viridis* (FABRICIUS, 1775) werden mit Bananen aus Westindien öfters eingeschleppt.

– Schaben anders gefärbt 13
13. Vorderbrustrücken matt graugelb bis mattbraun, erwachsene Männchen und Weibchen 38–59 mm lang, mit graugelben Flügeln . . . . **Madeiraschabe,** *Leucophaea maderae* (FABRICIUS, 1781)

frisst an reifenden Bananen und wird aus Südamerika bisweilen zu uns eingeschleppt.

– Vorderbrustrücken braun, glänzend, erwachsene Männchen und Weibchen 16–21 mm lang, mit rotbraunen Flügeln und einer gelben Querbinde am Vorderrand des Vorderbrustrückens. Larven tropfenförmig (Abb. 26 E), Brust und die ersten 3 Hinterleibsringe glänzend, die übrigen Hinterleibsringe matt, einfarbig dunkelrotbraun . . . . **Surinam-** oder **Gewächshausschabe,** *Pycnoscelus surinamensis* (LINNAEUS, 1758)

auf Schiffen in Nahrungsmitteln; bei uns nur gelegentlich in Gewächshäusern.

9 Termiten, Isoptera

In die Verwandtschaft der Schaben gehören auch die staatenbildenden Termiten, die in den Tropen zu den gefürchtetsten Holz- und Materialschädlingen gehören. Sie können von dort mit lebenden Pflanzen und Packmaterial, in Nutzholz und im Holz von Schiffsaufbauten zu uns eingeschleppt werden. In Warmhäusern können sie dann gelegentlich einmal kurze Zeit am Leben bleiben. Meistens handelt es sich dabei auch nur um geschlechtslose Arbeiter. Nur die niederen Termiten (besonders **Kalotermitidae** und **Rhinotermitidae**), die bewegliche Kolonien mit nur wenig physogastren Weibchen haben, können zu uns in ganzen Völkern eingeschleppt werden und sich dann, wenn es die klimatischen Bedingungen zulassen, einbürgern. Bisher ist dieses nur von der aus Nordamerika stammenden Gelbfußtermite *Reticulitermes flavipes* (KOLLAR, 1837) (**Rhinotermitidae**) (Abb. 28) in Mitteleuropa geschehen, die als Gebäudeschädling in Hallein und Mannheim und früher in einem Gewächshaus in Wien aufgetreten ist. Bei der in Hamburg vorkommenden Termite handelt es sich nach neuesten Erkenntnissen jedoch um eine Art aus Südeuropa *Reticulitermes lucifugus* (ROSSI,1792) s. u. Die Trockenholztermite *Cryptotermes brevis* (WALKER, 1853), die aus Westindien fast über alle Tropenländer durch den Menschen verbreitet wurde, kann in befallenen Schiffseinbauten auch nach mitteleuropäischen Häfen verschleppt werden und dort schwärmen. Hunderte von geflügelten Geschlechtstieren können aus dem Schiff ausfliegen. Zu einer Ansiedlung oder wenigstens zu einem jahrelangen Überleben eingeschleppter Kolonien kann es, wie 2 Fälle in Berlin gezeigt haben, auch in Mitteleuropa kommen, weil diese an sich tropische Art auch in ihrer zentralamerikanischen Heimat bis in Höhe von rund 2300 m vorkommt und daher an niedrige Nachttemperaturen gewöhnt ist. (BECKER, G.: Anz. Schädlingsk. 50: 177–179, 1977). In Südeuropa, an der Mittelmeer- und südlichen Atlantikküste Frankreichs kommen noch die als Hausschädlinge bedeutungsvollen Bodentermiten *Reticulitermes lucifugus* (ROSSI, 1792) und *R. santonensis* FEYTAUD, 1950 sowie die wirtschaftlich weniger bedeutende Gelbhalstermite, *Kalotermes flavicollis* (FABRICIUS, 1793) (**Kalotermitidae**) vor. Die Unterscheidung der Arten ist sehr schwierig und muss daher dem Spezialisten überlassen werden. Die folgende Tabelle ist nur eine Bestimmungstabelle für die Gattungen. Dabei ist zu beachten, dass u. U. auch noch andere Gattungen eingeschleppt werden können. Die Termiten sind durch die Ausbildung von verschiedenen **Kasten** ausgezeichnet. Neben den fortpflanzungsfähigen, ursprünglich geflügelten, dunkel braun bis schwarz gefärbten Männchen und Weib-

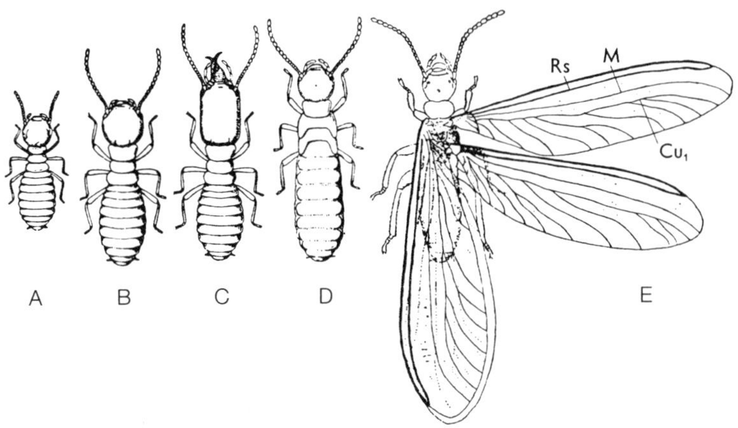

Abb. 28: Kasten der Bodentermite *Reticulitermes*. A Larve, B Arbeiter, C Soldat, D Ersatzgeschlechtstier, E geflügeltes Geschlechtstier (aus WEIDNER in SCHMIDT). *Cu*, Cubitus, *M* Media, *Rs* Radiussektor.

chen, die nach dem Schwarmflug ihre Flügel an der bereits vorgebildeten Humeralnaht abwerfen, gibt es in viel größerer Zahl ungeflügelte Individuen: Larven, Arbeiter bzw. bei den Kalotermitidae Pseudergaten, Soldaten und Ersatzgeschlechtstiere. Dazu kommen noch mit Flügelanlagen versehene Nymphen und Ersatzgeschlechtstiere. Letztere sind im Larven- oder Nymphenstadium geschlechtsreif geworden und bilden in Mitteleuropa wohl ausschließlich die neuen Kolonien. Geflügelte Geschlechtstiere treten kaum auf. Zur Bestimmung der Termiten sind die geflügelten Geschlechtstiere und die Soldaten am besten geeignet. Die Bestimmung der Arbeiter ist nur in den seltensten Fällen mit Sicherheit bis zur Art möglich. Zu ihrer Gattungsbestimmung dienen die Mandibeln.

1. Dunkel gefärbte, geflügelte Geschlechtstiere 2
– Weiße, ungeflügelte Termiten, höchstens mit dunklerem Kopf 4
2. Vom Radiussektor (Abb. 29 Rs) ziehen Äste zum Vorderrand des Flügels . . . . **Trockenholztermiten**, Kalotermitidae 3
– Vom Radiussektor ziehen keine Äste zum Flügelvorderrand (Abb. 28 Rs). Es können höchstens einmal kleine Queradern vorkommen, die aber senkrecht auf dem Radiussektor stehen . . . . Rhinotermitidae: *Reticulitermes* Holmgren, 1913
3. Die Media (Abb. 29 M) gabelt sich vor der Flügelspitze und mündet in diese . . . . *Kalotermes* Hagen, 1853
– Die Media (Abb. 29 M) mündet, ohne sich zu gabeln, schon weit vor der Flügelspitze in den Radiussektor . . . . *Cryptotermes* Banks, 1906
4. Mit runden, weißen Köpfen, mit oder ohne Flügelscheiden . . . . Nymphen, Ersatzgeschlechtstiere, Arbeiter oder Pseudergaten, Gattungsbestimmung nach den Mandibeln (Abb. 29)
– Köpfe lang gestreckt oder dunkelbraun und pfropfenartig . . . . Soldaten 5
5. Kopf pfropfenförmig, dunkelbraun (Abb. 29) . Soldat von *Cryptotermes* Banks, 1906
– Kopf lang gestreckt, oval Kiefer kräftig entwickelt, säbelförmig oder gezähnt 6

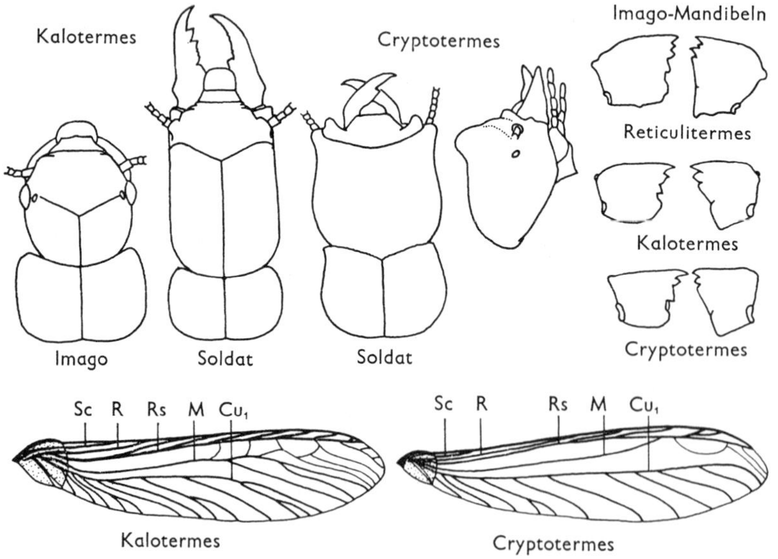

Abb. 29: Trockenholztermiten. Kopf und Pronotum der Imago und des Soldaten von *Kalotermes* und des Soldaten von *Cryptotermes* von oben und von der Seite. Darunter Vorderflügel von *Kalotermes* und *Cryptotermes*. Ganz rechts: Arbeiter-Imago-Mandibeln von *Reticulitermes, Kalotermes* und *Cryptotermes* (nach Krishna und Ahmad). *Cu* Cubitus, *M* Media, *R* Radius, *Rs* Radiussektor, *Sc* Subcosta.

6. Kiefer gezähnt, Pronotum flach, breiter als der Kopf, mit parallelen Seiten (Abb. 29) . . . . *Kalotermes* HAGEN, 1853
– Kiefer nicht gezähnt, säbelförmig, Pronotum schwach sattelförmig, Seiten nach hinten etwas konvergierend (Abb. 28) . . . . *Reticulitermes* HOLMGREN, 1913

10 Holz-, Staub- und Bücherläuse, Psocoptera

Kleine zarte, meist hell gefärbte, oft in großen Massen auftretende Tierchen mit langen, leicht zerbrechlichen Fühlern und 2- oder 3gliedrigen Füßen. Charakteristisch für die Ordnung ist die Ausbildung der Lacinia (Innenlade des Mittelkiefers) als ein meißelförmiges Gebilde (Abb. 30). Ihre Bestimmung kann nur unter dem Mikroskop vorgenommen werden. Es gibt geflügelte und ungeflügelte Formen. Erstere kommen nur gelegentlich einmal in Wohnungen vor, letztere finden sich dort häufig. Ihre Larven sehen so aus, wie die erwachsenen Tiere, doch fehlen ihnen die Flügel und ihre Füße sind immer nur zweigliedrig, auch ihre Fühler haben weniger Glieder. Sie sind in erster Linie Schimmelfresser.

1. Vorder- und Hinterflügel gleichmäßig gut entwickelt. Die ersteren sind etwa so lang wie der Körper 2
– Die Hinterflügel sind sehr stark verkürzt, die Vorderflügel sind verschmälert und nicht ganz körperlang oder stummelförmig. Bisweilen fehlen sie vollständig 5

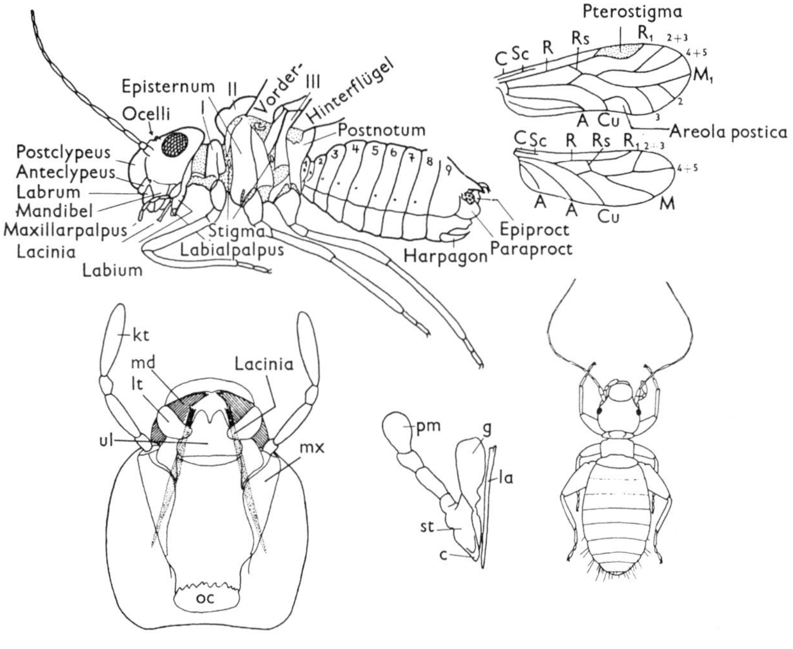

Abb. 30: Organisationsschema der Psocoptera. A Seitenansicht einer geflügelten Art. Flügel nicht ausgezeichnet. Sie sind links daneben in verkleinertem Maßstab dargestellt. *A* Analis, *C* Costa, *Cu* Cubitus, *M* Media, *R* Radius, *Rs* Radiussektor, *Sc* Subcosta. Darunter Unterseite des Kopfes von *Liposcelis, kt* Kiefertaster, *lt* Lippentaster, *md* Mandibel, *mx* Maxille I oder Mittelkiefer mit der meißelförmigen Innenlade Lacinia, *oc* Hinterhauptsloch, *ul* Unterlippe. Daneben Maxille I einer anderen Art isoliert, *c* Cardo, *g* Galea oder Außenlade, *la* Lacinia, *pm* Kiefertaster (Palpus maxillaris), *st* Stipes. Daneben Bücherlaus, *Liposcelis* mit stark verdickten Hinterschenkeln (vereinfacht nach von KÉLER und WEBER).

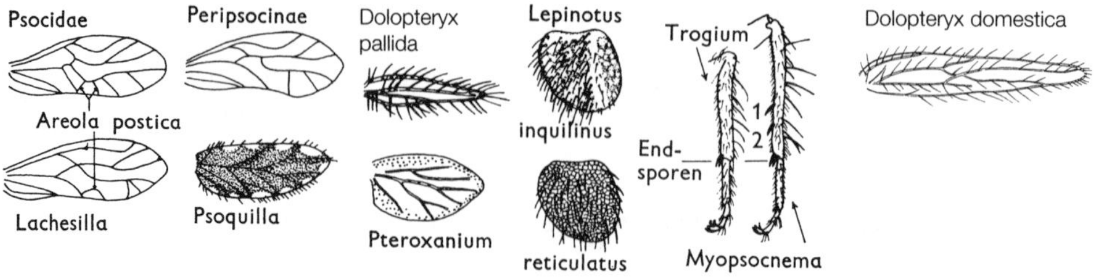

Abb. 31: Flügelgeäder und Hinterbeine einiger Corrodentia-Arten (nach ENDERLEIN), *D. domestica* nach SELLENSCHLO, 1999.

2. Füße dreigliedrig; Beine lang und schlank; Fühler mit mehr als 26 Gliedern; blass braungelb. Körpergröße 2,3 mm . . . . . . *Psyllipsocus ramburi* SÉLYS-LONGCHAMPS, 1872
häufig in Neubauten, besonders an den Tapeten, von denen er Pilzrasen abgrast
– Füße zweigliedrig 3
3. Im Vorderflügel ist die Areola postica (Abb. 31) mit der Media durch eine Querader verbunden oder mit ihr eine Strecke verschmolzen . . . . Psocidae
leben nur im Freien von Flechten, Pilzen und Rindenalgen.
– Im Vorderflügel ist die Areola postica (Abb. 31) mit der Media nicht durch eine Querader verbunden, sondern frei oder fehlend 4
4. Die Areola postica fehlt (Abb. 31) . . . . Peripsocidae
nur im Freien.
– Die Areola postica vorhanden (Abb. 30, 31), Flügel unbehaart, Adern schwarz, Körper dunkelbraun bis schwarz . . . . *Lachesilla* WESTWOOD, 1830
in Neubauten an den Tapeten, in Ställen, an altem Holz; im Freien häufiger an dürrem Laub, das noch an den Zweigen hängt. 4 Arten, davon häufig *L. pedicularia* (LINNAEUS, 1758) [Vorderflügel 1,6–1,8 mm] und *L. quercus* KOLBE, 1880 [Vorderflügel 2,3–2,5 mm].
5. Hinterflügel stark reduziert, Vorderflügel wenigstens halb so lang wie der Körper . . 6
– Vorderflügel viel kürzer oder ganz fehlend 10
6. Vorderflügel beschuppt und mit dicken, senkrecht abstehenden Borsten; Aderung und Umriss Abb. 31; etwa halb so lang wie der Körper; Brust und Hinterleib hellbräunlich gelb, Hinterleib beschuppt und besonders seitlich schwarz gefleckt; Körperlänge 2,5 mm . . . . *Pteroxanium kelloggi* (RIBAGA, 1906)
nach England und Frankreich eingeschleppt, bei uns noch nicht gefunden.
– Vorderflügel nicht beschuppt 7
7. Vorderflügel braun mit je einem durchscheinenden Randfleck zwischen den Enden von je zwei Adern (Abb. 31). Körperlänge 1,25 mm . . . . *Psoquilla marginepunctata* HAGEN, 1865
aus Amerika und Ostasien gelegentlich eingeschleppt.
– Vorderflügel und Körper glasig durchscheinend, Flügel bandförmig, äußerst zart (Abb. 31). . . . . *Dolopteryx* 8
8. Vorderflügel mit 2 Adern, Antennen mit 24 Fühlergliedern, Körperlänge 1,25 mm . . . . *Dolopteryx (= Dorypteryx) pallida* (AARON,1884)
in feuchten Getreidevorräten oft zahlreich, in Häusern selten und vereinzelt
– Vorderflügel mit 5 Adern (Abb. 31), Antennen mit 26 Fühlergliedern, Hinterleib mit 3 violettbraunen Ringen, die auf der Rückenmitte etwas heller sind (Abb. 32 E). Tiere hüpfen bei Gefahr . . . . *Dolopteryx domestica* SMITHERS, 1958
in Südafrika entdeckt, in Dänemark und in Ostdeutschland schon länger bekannt, in Westdeutschland neuerdings verstärkt in noch feuchten Neubauten.

9. Vorderflügel mit sehr wenigen Adern (Abb. 32 A); hellbraun, 1¾ mm lang. Klauen mit einem Zahn an der Spitze . . . . Kurzflügelige Form von *Psyllipsocus ramburi* Sélys-Longchamps, 1872

in Neubauten an Tapeten, siehe oben 2.

– Vorderflügel ohne Adern, höchstens mit einer mikroskopisch feinen wabenartigen Struktur, oder Vorderflügel fehlen 10

10. Augen groß, Fühler 22-, 27-, (29-)gliedrig; Klauen ohne Zahn; Vorderflügel sehr kurz 11

– Augen sehr klein, nur aus 2–8 Facetten bestehend; Fühler 15gliedrig; flügellos Hinterschenkel verdickt und flachgedrückt. Klauen mit einem Zahn vor der Spitze, einfarbig weißlich, bleich gelblich, Kopf bleich gelblich, oder Brust weißlich grau, Hinterleibsringe 3–8 mit braunen Vorderrändern in der Mitte der Bauchseite, Körperlänge 0,7 bis 1,4 mm (Abb. 30) . . . . **Bücherlaus,** *Liposcelis* Motschulski, 1853

in Büchern, Vorräten, Naturaliensammlungen, Kellern und Vogelnestern. Zahlreiche Arten, von denen in Häusern und an Vorräten durch Massenauftreten Bedeutung gewonnen haben:

L. arenicolus Günther, 1974
L. bostrychophilus Badonnel, 1931
L. entomophilus (Enderlein, 1907)
L. kidderi (Hagen, 1883)
L. liparus Broadhead, 1947
L. mendax Pearman, 1946
L. obscurus Broadhead, 1954
L. paetulus Broadhead, 1950
L. paetus Pearman, 1942
L. pubescens Broadhead, 1947
L. simulans Broadhead, 1950
L. subfuscus Broadhead, 1947
L. terricolis Badonnel, 1945

Sie unterscheiden sich hauptsächlich in der Beborstung, Skulptur der Haut und Färbung voneinander. Im Vorratsschutz wurden bisher alle Funde als *divinatorius* bezeichnet und nach Jentsch die dunkle Form (*L. corrodens* Heymons, 1909) als Feuchtigkeitsvarietät der hellen Form aufgefasst. Eine Bestimmungstabelle für die Arten findet sich in K. K. Günther: Staubläuse, Psocoptera. Tierwelt Deutschlands 61. Teil, Jena (VEB G. Fischer) 1974.

11. Letztes Kiefertasterglied kurz und dick. Innere Lade des Mittelkiefers 3- oder 4zinkig 12

– Letztes Kiefertasterglied lang. Innere Lade des Mittelkiefers 2zinkig 14

12. Hinterschiene außer den beiden Endsporen innen ohne Sporen (Abb. 31, 32 B), Vorderflügel eirund, fallen leicht ab; weißlich bis blass ockergelb; Körperlänge 2 mm . . . . *Trogium pulsatorium* (Linnaeus, 1758)

in feuchten Wohnungen, Mühlen, Getreidelagerhäusern, im Dampfraum einer Zigarettenfabrik und in Vogelnestern. Weibchen können mit dem Hinterleib auf die Unterlage ziemlich laut klopfen.

– Hinterschiene außer den beiden Endsporen innen mit 1–2 Sporen vor dem Ende (Abb. 31) 13

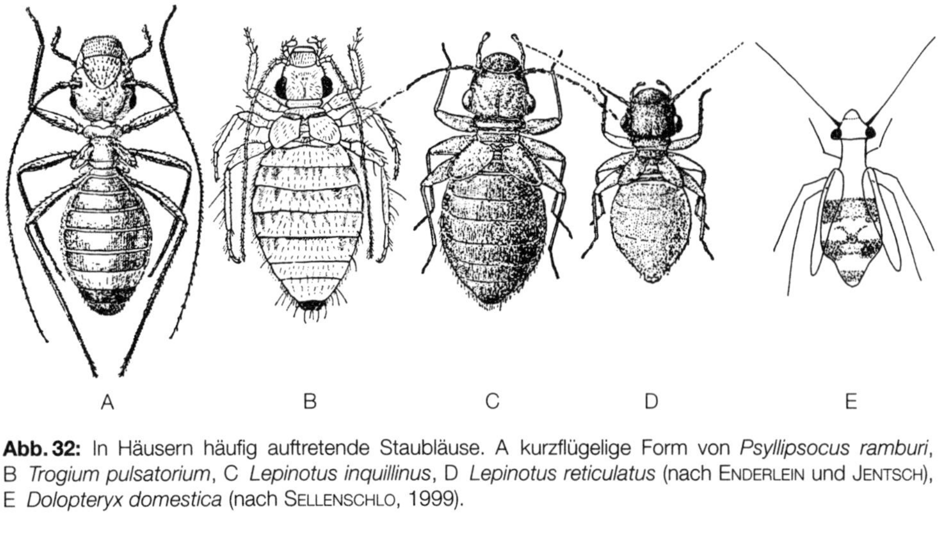

Abb. 32: In Häusern häufig auftretende Staubläuse. A kurzflügelige Form von *Psyllipsocus ramburi*, B *Trogium pulsatorium*, C *Lepinotus inquilinus*, D *Lepinotus reticulatus* (nach Enderlein und Jentsch), E *Dolopteryx domestica* (nach Sellenschlo, 1999).

13. Flügel in Form eines winzigen Knöpfchens, Fühler 23gliedrig; innere Lade des Mittelkiefers 4zähnig; Körperlänge 2 mm . . . . *Cerobasis guestfalicus* KOLBE, 1880
nur im Freien, an Planken mit Algenbelag.
– Flügel schuppenförmig, mäßig kurz behaart, in der Mitte mit einigen (7) langen Borsten; innere Lade des Mittelkiefers 3zähnig, 1,8–2 mm lang, weißlich . . . . *Myopsocnema annulata* (HAGEN, 1865)
in Wohnungen vereinzelt.
14. Zwischen Auge und Fühlerwurzel ein brauner Strich. Die äußere Zinke der Mittelkiefer auf der Innenseite mit einem Zahn. Flügelstummel einfarbig bleichgrau. Fühler 27gliedrig. Körperlänge 1,2–2 mm . . . . *Lepinotus patruelis* PEARMAN, 1931
häufig in Häusern an Holzwolle, zwischen altem Papier, in Polstermöbeln u. dgl.
– Zwischen Auge und Fühlerwurzel kein brauner Strich 15
15. Flügelschuppen mit mikroskopisch feiner wabenartiger Netzstruktur, gleichmäßig lang beborstet (Abb. 31, 32 D). Vorderbrust viel schmäler als der Kopf, Fühler 22gliedrig; Kopf und Brust braun, Hinterleib oben bräunlichgelb, unten weißlich; Körperlänge 1,3 mm . . . . *Lepinotus reticulatus* ENDERLEIN, 1905
häufig in Häusern und Vogelnestern.
– Flügelschuppen ohne wabenartige Netzstruktur, sondern mehr oder weniger gleichmäßig oder gefleckt braun (Abb. 31, 32 C). Die äußere Zinke der Mittelkiefer auf der Innenseite ohne Zahn. Das Tier wirkt fast ganz schwarz. Fühler 29gliedrig, Körperlänge 1,2–1,7 mm . . . . *Lepinotus inquilinus* v. HEYDEN, 1850
Vorkommen wie die vorige Art.

11 Lauskerfe, Phthiraptera

Die Lauskerfe besitzen eine farblose, graue oder gelb- bis schwarzbraune, sehr druckfeste Haut. Sie machen ihre ganze Entwicklung vom Ei bis zum geschlechtsreifen Tier im Haar- oder Federkleid der Säugetiere bzw. Vögel durch. Die Eier werden an den Haaren oder Federn, von der Kleiderlaus auch an der Kleidung des Menschen abgelegt und festgeklebt. Der Kitt ist so hart, dass die Eier durch keine Waschmittel abgelöst werden können. Sie bleiben daher an Tierhaaren, die zu Pinseln oder Bürsten verarbeitet werden und täuschen dann einen Schädlingsbefall vor. Die Larve, die im wesentlichen wie das erwachsene Insekt aussieht, sprengt beim Schlüpfen den mit Mikropylen versehenen Eideckel ab. Die Lauskerfe leben entweder von den Ausscheidungen der Hautdrüsen, Hautschüppchen und Federn oder vom Blut ihrer Wirte. Vorwiegend auf kranken und schwachen Wirten neigen sie zur Massenvermehrung und beeinträchtigen das Wohlbefinden ihrer Wirte sehr. Die blutsaugenden Läuse können auch Krankheiten übertragen, so die Menschenlaus u. a. auch das Fleckfieber. Die hier erwähnten Phthiraptera von Mensch und Haustieren sind fast ohne Ausnahme artspezifisch, so dass bereits die Wirtsangabe ein ziemlich sicherer Hinweis auf die Artzugehörigkeit ist.

Zur genauen Bestimmung müssen von den Phthiraptera nach Auskochen in Kalilauge Kanadabalsampräparate hergestellt werden (siehe S. 4). Die Männchen sind kleiner als die Weibchen, weshalb bei der Angabe der Variationsbreite für die Körpergröße die kleinere Zahl jeweils nur für Männchen und die höhere nur für Weibchen gilt.

Die Artbestimmung ist besonders bei den Geflügelparasiten oft sehr schwierig, die Systematik ist vielfach noch ungeklärt und die Nomenklatur noch nicht einheitlich. Vor allem wird die Berechtigung der Aufteilung mancher Gattungen in mehrere sehr artenarme Gattungen wie z. B. der alten Gattung *Damalinia* angezweifelt, wodurch in der Literatur immer wieder verschiedene Namen für die gleichen Tiere gebraucht werden, was leicht zu Verwirrungen führt. Hier wird der Zusammenstellung von J. ZLOTORZYCKA, WD. EICHLER, H. W. LUDWIG: «Taxonomie und Biologie der Mallophagen und Läuse mitteleuropäischer Haus- und Nutztiere» (Parasitolog. SchrReihe 22: 1–160, VEB Gustav Fischer Jena 1974) gefolgt, doch werden häufig gebrauchte ältere Gattungsnamen in Klammern beigefügt. Außer den Parasiten der gewöhnlichen Haustiere (Pferd, Rind, Schaf, Ziege, Schwein, Kaninchen, Hund und Katze) und des Hausgeflügels

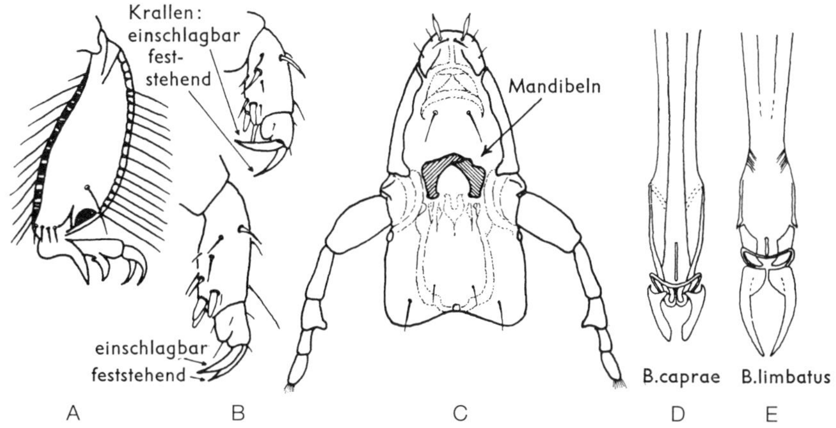

Abb. 33: A Kriechbein von *Trinoton* mit 2 gleichgroßen Krallen, B Enterbeine (Mittel- und Hinterbeine) von *Goniocotes* mit einer größeren einschlagbaren und einer kleineren unbeweglichen Kralle, C Kopf der Taubenlaus *Columbicola* von der Bauchseite. Mandibeln auf der Kopfunterseite, Fühler des Männchens mit einem Anhang. D Penis von *Bovicola caprae* und E *limbatus* (A, C nach Séguy, B. nach von Kéler, D., E nach Werneck).

(Huhn, Gans, Ente, Taube) werden hier noch die des Menschen, der Ratte und Hausmaus berücksichtigt. Von der Nennung der Parasiten von aus Liebhaberei gehaltenen Säugetieren und Vögeln wurde abgesehen, weil dadurch eine ausführliche Einführung in den Bau der Mallophagen nötig und der Rahmen des Buches gesprengt worden wäre. Die Phthiraptera umfassen zwei Ordnungen, die sich folgendermaßen unterscheiden lassen:

1. Kopf groß, breiter als die Brust, schaufelartig abgeplattet, Mundwerkzeuge beißend, oft in der Mitte der Bauchseite des flachen Kopfes (Abb. 33 C). Beine zweikrallige Kriechbeine mit verkürzter Schiene (Abb. 33 A), zweikrallige Enterbeine, bei denen nur eine Kralle einschlagbar ist (Abb. 33 B) oder einkrallige Kletter- oder Enterbeine (Abb. 36). Auf Säugetieren und Vögeln . . . **Kieferläuse, Haarlinge, Federlinge,** Mallophaga (Tabelle 12)
– Kopf klein, nach vorn zugespitzt, nicht so breit wie die Brust an ihrer breitesten Stelle. Mundwerkzeuge zu einem Saugrohr umgebildet, das in der Ruhe in der Kopfkapsel verborgen ist. Beine groß und kräftig, Füße eingliedrig mit einer großen Kralle, die mit Fußglied und einem Zapfen der Schiene eine Greifzange bildet, deren Ausschnitt dem Querschnitt der Haare entspricht, auf denen die Läuse leben (Abb. 41). Nur auf Mensch und Säugetieren . . . . **Stechläuse, echte Läuse,** Anoplura (Tabelle 13)

12 Kieferläuse, Haarlinge, Federlinge, Mallophaga

1. Fühler 3gliedrig, Beine einkrallige Enterbeine (Abb. 34–36) . . . . **Haarlinge,** Trichodectoidea 2
– Fühler 4- oder 5gliedrig. Beine mit 2 Krallen (Abb. 33) 5
2. Beine schlank, Schienen an der Spitze kaum breiter als am Knie mit großem, hügelartigem Daumen, dessen schuppenartiger Endsporn hyalin ist. Weitere Sporen fehlen (Abb. 35, 36 A–D). Weibchen mit walzenförmigem, Männchen mit einem kurzen und breiten Körper. Auf Huftieren . . . . Bovicolidae 3
– Beine kurz und dick, an der Spitze deutlich verbreitert mit 1–4 starken chitinig-braunen Daumenspornen (Abb. 36 E, F). Weibchen und Männchen, außer bei *Felicola*, breit oval. Auf Raubtieren . . . . Trichodectidae 4

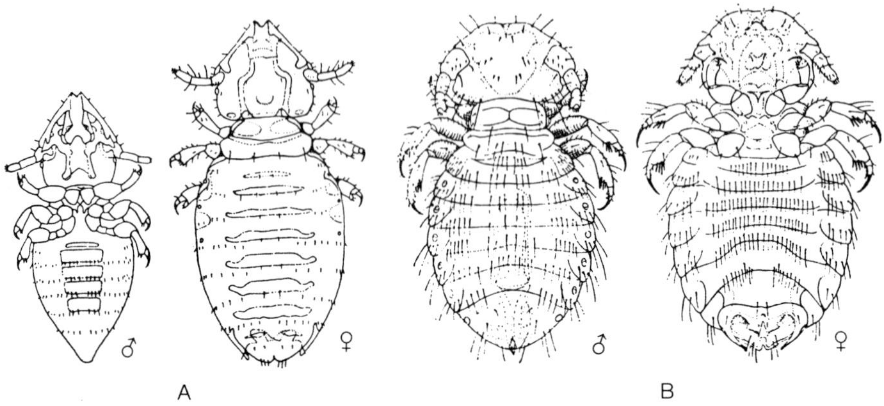

Abb. 34: Trichodectidae: A Katzenhaarling, *Felicola subrostratus* ♂ ♀, B Hundehaarling, *Trichodectes canis* ♂ ♀ (aus SÉGUY).

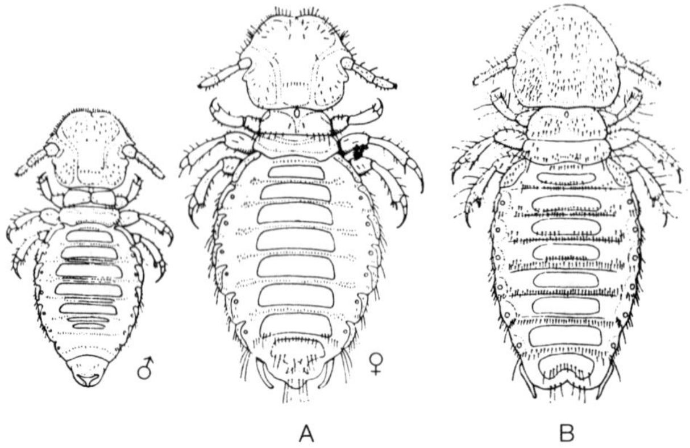

Abb. 35: Bovicolidae: A Ziegenhaarling, *Bovicola caprae* ♂ ♀, B Rinderhaarling, *Bovicola bovis* ♀ (aus SÉGUY).

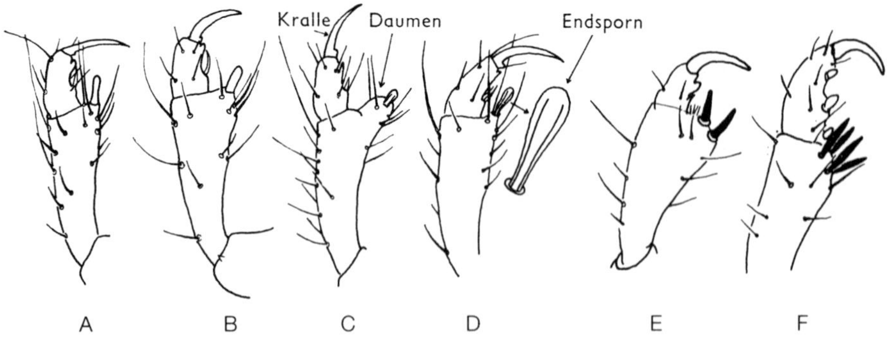

Abb. 36: Einkrallige Enterbeine von A *Bovicola bovis*, B *Lepikentron ovis*, C *Werneckiella equi*, D *Bovicola caprae*, E *Felicola subrostratus*, F *Trichodectes canis* (nach von KÉLER u. SÉGUY).

3. Beborstung des Körpers kurz und dünn, Mittelkopf und Hinterscheitel nackt. Hinterleibssegmente auf dem Rücken mit 1–2 Reihen kurzer Börstchen, Beine und Fühler mit dünnen Haaren oder nur spärlichen dicken Dornen dazwischen . . . . *Damalinia* MJÖBERG, 1910 (aufgeteilt in *Bovicola* EWING, 1929, *Lepikentron* KÉLER, 1938 und *Werneckiella* EICHLER, 1940).

a) auf **Rind**, Vorderkopf verrundet dreieckig (Abb. 35 B, 36 A). Körperlänge ♀ 4 mm, ♂ äußerst selten! . . . . **Rinderhaarling,** *Bovicola bovis* (LINNAEUS, 1758)

Massenvermehrung kann die Milchleistung der Kühe beeinträchtigen.

b) auf **Ziege**, Vorderkopf trapezförmig, Daumenschuppe lang, keulenförmig, wie gewöhnlich hyalin, aber mit Verstärkungsleisten an den Rändern (Abb. 36 D, Endsporn). Körperlänge ♂ 1,4 mm, ♀ 1,8 mm (Abb. 35 A) . . . . **Ziegenhaarling,** *Bovicola caprae* (GURLT, 1843)
seltener und vorwiegend auf Angoraziege . . . . *B. limbatus* (GERVAIS, 1844),
die nur im männlichen Geschlecht voneinander zu unterscheiden sind (Abb. 33 D, E).

c) auf **Schaf**, Vorderkopf halbmondförmig, Daumen weniger stark vortretend, kurz und zylindrisch (Abb. 36 B). Körperlänge ♂ 1,2–1,4 mm, ♀ 1,4–1,8 mm . . . . **Sandlaus,** *Lepikentron (= Bovicola) ovis* (SCHRANK, 1781)

beißt die Wollhaare ab, was bei Massenbefall zu flächenhaftem Haarausfall führt, und beeinträchtigt das Allgemeinbefinden der Schafe stark.

d) auf **Pferd**, Vorderkopf halbmondförmig, rund, Daumen stark vortretend (Abb. 36 C). Körperlänge ♂ 1,6 mm, ♀ 1,8–1,9 mm . . . . **Pferdehaarling,** *Werneckiella (= Bovicola) equi* (DENNY, 1842)

Männchen kommen kaum vor, weshalb die Fortpflanzung hauptsächlich durch Jungfernzeugung erfolgt. Überträger der infektiösen Anämie der Pferde.

– Beborstung des Körpers stachelig und sehr dicht. Kopf nur am Hinterscheitel nackt, Hinterleibssegmente auf dem Rücken mit einer Reihe langer und davon mit 3–4 Reihen kürzerer stacheliger Borsten besetzt. Beine, besonders die Schienen, ebenfalls dicht stachelig beborstet. Körpergröße 1,64–2,20 mm. Auf **Ziege**, neigt zur Besiedlung von Fremdwirten wie Angoraziege und Schaf . . . . *Holakartikos crassipes* (RUDOW, 1866)

Neuere Funde aus Europa fehlen. Aus zoologischen Gärten bekannt.

4. Vorderkopf dreieckig. Vorderschiene mit einem, Mittel- und Hinterschiene mit je 2 Daumenspornen (Abb. 34 A, 36 E). Körperlänge, ♂ 1–1,2 mm, ♀ 1,2–1,4 mm. Auf **Katze** . . . . **Katzenhaarling,** *Felicola subrostratus* (NITZSCH, 1818)

Zwischenwirt und Überträger des Gurkenkernbandwurms (Dipylidium), der auch im Dünndarm des Menschen leben kann.

– Vorderkopf trapezförmig (Abb. 34 B). Vorderschiene mit einem, Mittel- und Hinterschiene mit je 4 Daumenspornen (Abb. 36 F). Körperlänge ♂ 1,3 mm, ♀ 1,8 mm. Auf **Hund** . . . . **Hundehaarling,** *Trichodectes canis* (DE GEER, 1778)

Blutsauger, Massenvermehrung auf verwahrlosten Hunden, wo er sich hauptsächlich an Hals, Kopf und Ohren aufhält. Zwischenwirt und Überträger des auch im Dünndarm des Menschen vorkommenden Gurkenkernbandwurms *Dipylidium caninum* (LINNAEUS).

5. Tarsen mit zwei gespreizten, gleichartigen Krallen (Abb. 33 A). Beine sind Laufbeine. Kopf gewöhnlich breiter als lang, gerundet dreieckig, halbmondförmig oder durch Erweiterung der Augenschlitze zu Augenbuchten und durch ohrmuschelartige Verbreiterung der dorsalen Fühlergrubendeckel hantelförmig, vorn breit abgerundet. Schläfen meistens breit gerundet bis eckig . . . . Menoponidae 6

– Tarsen mit zwei ungleichartigen Krallen, von denen die schwächere gerade ausgestreckt ist, die stärkere einem Enterhaken ähnlich zum Schienendaumen einschlagbar (Abb. 33 B). Kopf sehr verschieden gestaltet. Fühler immer 5gliedrig, oft bei Männchen und Weibchen verschieden ausgebildet . . . . Philopteridae 12

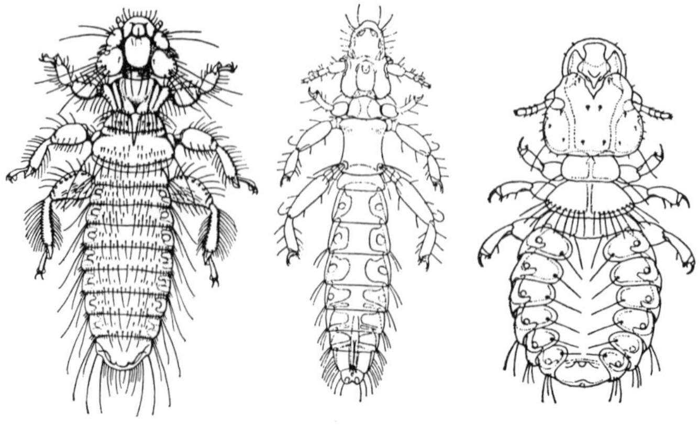

Abb. 37: Gänsefederlinge: A *Trinoton anserinum*, B *Anaticola anseris*, C *Anatoecus icterodes* (aus Séguy).

6. Thorax mit 3 deutlichen Segmenten, Mesothorax vom Metathorax durch eine breite membranöse Naht getrennt. Große, bis über 6 mm lange, dunkelbraune Arten mit großen Augenlinsen, mit großer, dreieckiger, weißlicher Kehlplatte und großer, dreieckiger brauner Prosternalplatte. Körper mit langen Borsten und kurzen Dornen besetzt (Abb. 37 A) . . . . *Trinoton* Nitzsch, 1818
Auf **Enten** *T. querquedulae* (Linnaeus, 1758) ssp. (Körperlänge ♂ 4,8–5,5 mm, ♀ 5,2–5,7 mm),
auf **Gänsen** *T. anserinum* (Fabricius, 1805) (Körperlänge ♂ 6–6,1 mm, ♀ 6–6,8 mm).
erregt bei Massenvermehrung ein starkes krustöses Ekzem der Gänse.
– Thorax zweiteilig, da der Mesothorax sehr klein und im Prothorax verborgen nicht als selbstständiges Segment vorhanden ist 7
7. Kopf mit tiefer und breiter Ausbuchtung vor den Augen. Fühlergrube reicht unter die Augen. Körperlänge 1,3–1,7 mm. Auf **Tauben** . . . .
Kleine Taubenlaus, *Neocolpocephalum (= Colpocephalum) turbinatum* (Denny, 1824)
findet sich besonders auf Federspule und -schaft der Flügel- und Schwanzfedern und frisst die Radii im flaumigen Teil der Federn, wodurch die Flugfähigkeit beeinträchtigt wird. Bei Störung ziehen sich die Läuse in das Innere der Federspule zurück.
– Kopf dicht vor der vorderen Augenlinse mit einem schmalen Spalt oder ganzrandig . 8
8. Kopf auf der Bauchseite jederseits der Mundöffnung mit einem Haken, der an der Basis der Maxillartester entspringt (Abb. 38 B, *Vh*) 9
– Kopf ohne solche ventrale Kopfhaken. Schlundskelett kugelig. Auf dem Rücken eines jeden Hinterleibssegments nur eine Borstenreihe (Abb. 38 A, 39 A). Körperlänge 1,85 mm. Auf **Hühnern** . . . . **Schaftlaus,** *Menopon gallinae* (Linnaeus, 1758)
frisst die Radii der Federn, daneben auch Blut, wird besonders an gut ernährten Hühnern sehr lästig, geht nicht auf Küken im Dunenkleid über, verursacht Brüchigkeit und Ausfall der Rückenfedern und steht im Verdacht, die Geflügelcholera zu übertragen.
9. Schlundskelett kugelig. Hinterleibsringe mit kräftigen Rippen. Auf dem Rücken eines jeden Hinterleibssegments nur eine Borstenreihe (Abb. 38 B). Körperlänge 1,3–1,8 mm. Auf **Hühnern** . . . . *Uchida (= Menacanthus) pallidulus* (Neumann, 1912)
frisst Rami und Radii der Federn und Blut, kann Kahlheit und Rötung am Unterbauch hervorrufen.
– Schlundskelett nicht auffallend. Hinterleib mit schwachen oder ohne Rippen 10
10. Auf **Hühnern** 11

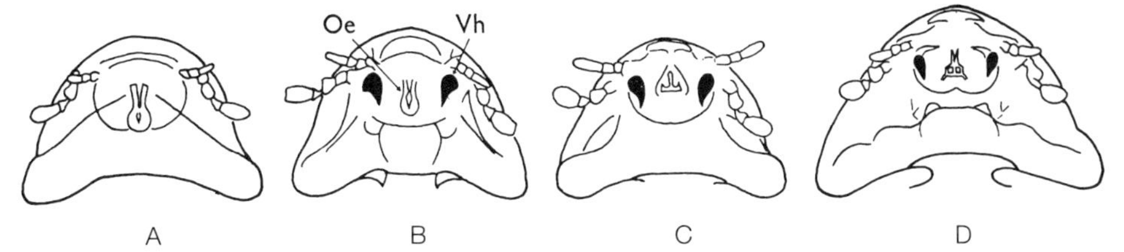

Abb. 38: Unterseite der Köpfe der Hühnerfederlinge: A *Menopon gallinae*, B *Uchida pallidulus*, C *Gallacanthus cornutus*, D *Eomenacanthus stramineus*. *Oe* Schlundskelett, *Vh* ventraler Kopfhaken.

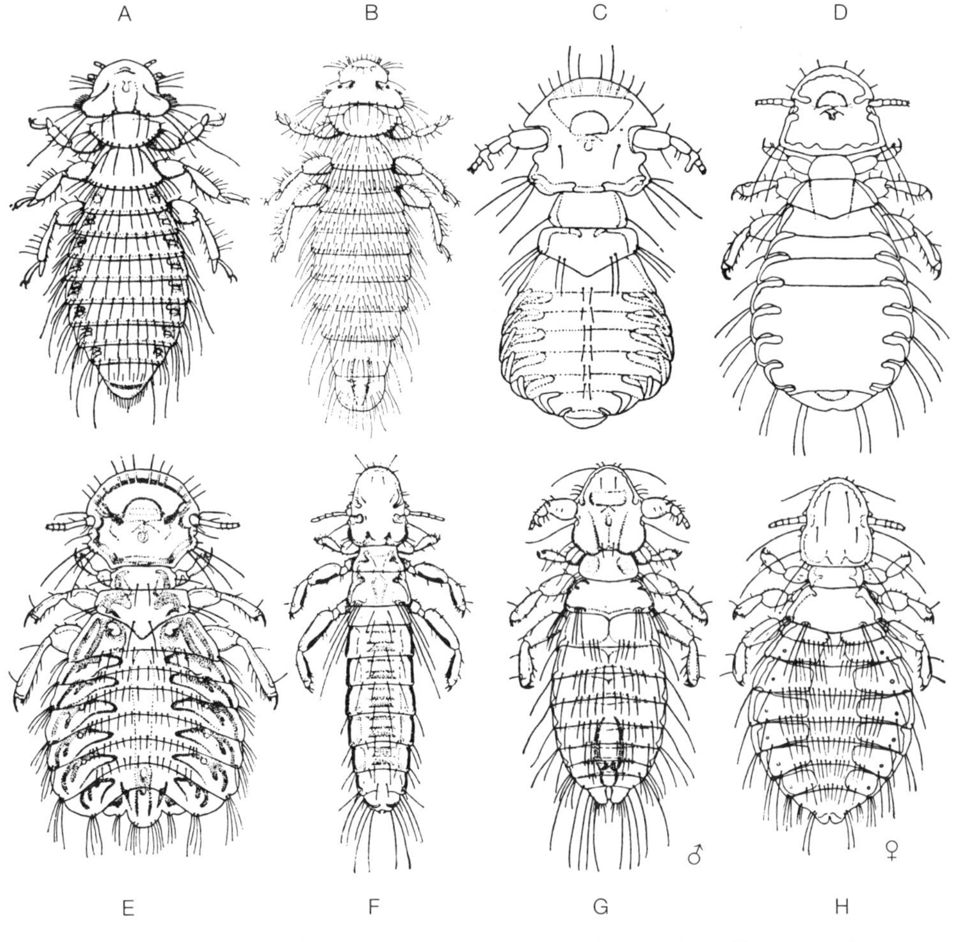

Abb. 39: Hühnerfederlinge: A Schaftlaus, *Menopon gallinae*, B Körperlaus, *Eomenacanthus stramineus*, C Braune Hühnerlaus, *Oulocrepis dissimilis*, D Flaumlaus, *Goniocotes gallinae*, E Große Hühnerlaus, *Stenocrotaphus gigas*, F Flügellaus, *Lipeurus caponis*, G, H Kopflaus *Cuclotogaster heterographus* ♂ ♀ (aus Séguy).

– Auf **Tauben** (Abb. 40 A), Körperlänge ♂ 1,4 mm, ♀ 2,2 mm . . . . **Große Taubenlaus,** *Hohorstiella lata* (PIAGET, 1880)

frisst Blut und flaumige Teile der Körperfedern, läuft sehr schnell auf der Haut umher.

11. Auf dem Rücken der beiden ersten Hinterleibssegmente nur eine, auf den anderen zwei Borstenreihen. Ventrale Kopfhaken groß (Abb. 38 C) Körperlänge ♂ 1,6 mm, ♀ 1,8 bis 1,9 mm . . . . *Gallacanthus (= Menacanthus) cornutus* (SCHÖMMER, 1913)

Hält sich vorwiegend auf der Hautoberfläche zwischen den Schenkeln, Kloake und Brustbein auf, schadet wie *Uchida pallidulus.*

– Auf dem Rücken aller Hinterleibssegmente zwei Borstenreihen. Ventrale Kopfhaken klein (Abb. 38 D, 39 B). Körperlänge 3 mm . . . . **Körperlaus,** *Eomenacanthus (= Menacathus) stramineus* (NITZSCH, 1818)

läuft auf der ganzen Hautoberfläche, vorwiegend in der Umgebung der Kloake und auf der Bürzeldrüse, rasch umher, findet sich selten auf den Federn, beißt zur Blutaufnahme die Feder- und Blutkiele an, dadurch kommt es zu Schorfbildung, blutigen Verkrustungen, Wachstumsstörungen der Federn, Entstehung von Kahlstellen im Federkleid, Verminderung der Eiablage und Erhöhung der Sterblichkeit der Hühner. Auch die Küken im Dunenkleid werden schon befallen. Mutmaßlicher Überträger von Geflügelvirosen und der Geflügelcholera.

12. Kurze und breite, breit ovale oder birnförmige Arten mit großem Kopf. Rückenplatten der Hinterleibssegmente in der Mitte breit unterbrochen und von den Seiten her zungenförmig verschmälert (Abb. 37 C, 39 C–E, 40 B) 13

– Langgestreckte, schmale Arten mit einem kleinen, lang gestreckten Kopf. Rückenplatten der Hinterleibssegmente in der Mitte nicht oder nur schmal unterbrochen (Abb. 37 B, 39 F, G, 40 D) 18

13. Kopf mit einer gut entwickelten Kopfschaufel, vor den Fühlern rüsselförmig verengt und oben in Chitinplatten geteilt. Die Kopfschaukel wird von einer breiten, runden Membran umsäumt (Abb. 37 C) . . . . *Anatoecus* CUMMINGS, 1916 auf **Enten** *A. dentatus* (SCOPOLI, 1763) (ssp. *cognatus* ZLOTORZYCKA, 1970) (Körperlänge 1,1 mm) und *A. icterodes* (NITZSCH, 1818) (ssp. *discludus* ZLOTORSZYCKA, 1970) (Abb. 37 C) (Körperlänge 1,1 mm); auf **Gänsen** *A. adustus* (NITZSCH-GIEBEL, 1874) (Körperlänge 1,5 mm).

– Kopf ohne Kopfschaufel, halbkreisförmig mit scharfen, mehr oder weniger langen Schläfenecken 14

14. Schwarzbraune Tiere (Abb. 39 E), Körperlänge ♂ 3,5 mm, ♀ 4 mm. Auf **Hühnern** . . . . **Große Hühnerlaus,** *Stenocrotaphus (= Goniodes) gigas* (TASCHENBERG, 1879)

reiner Federfresser an Hals- und Brustpartien.

– Rot- bis gelbbraune Tiere, Körperlänge ♂ unter 2,5 mm, ♀ unter 3 mm 15

15. Auf **Hühnern** 16

– Auf **Tauben** 17

16. Fühler in beiden Geschlechtern gleich gestaltet (Abb. 39 D). Körperlänge ♂ 0,85 mm, ♀ 1–1,45 mm . . . . **Flaumlaus,** *Goniocotes gallinae* (DE GEER, 1778) (= *hologaster* NITZSCH, 1828)

reiner Federfresser im Deckgefieder in Brust- und Bauchgegend, zwischen Schwanz und Kloake. Der Fraß beeinträchtigt die Regulierung des Wärmehaushaltes, weshalb die Hühner frieren. Die Art neigt nicht zur Massenvermehrung.

– Fühler beim ♀ dünn mit gleich gestalteten Gliedern, beim ♂ mit auffallend dickem und großem 1. Glied und einem Fortsatz am 3. Glied (Abb. 39 C). Körperlänge ♂ 2,3 mm, ♀ 3 mm . . . . **Braune Hühnerlaus,** *Oulocrepis (= Goniodes) dissimilis* DENNY, 1842

17. Körperlänge ♂ 0,9–1,2 mm, ♀ 1,2–1,6 mm. Das Männchen ist außer durch seine geringere Größe durch sein zapfenförmig vorragendes Hinterleibsende vom Weibchen zu unterscheiden (Abb. 40 B) . . **Kleiner Taubeneckkopf,** *Campanulotes bidentatus compar* (NITZSCH in BURMEISTER, 1838)

frisst die flaumigen Teile der Körperfedern und sitzt darin meistens nahe dem Schaft an der Unterseite der Feder in der Rumpfregion.

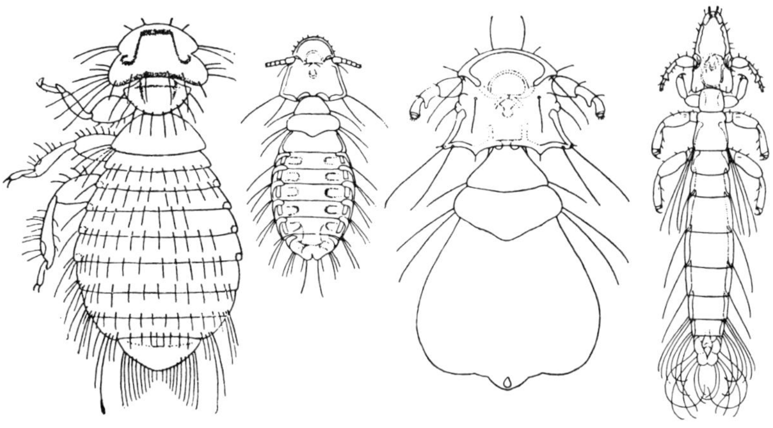

Abb. 40: Taubenfederlinge: A Große Taubenlaus, *Hohorstiella lata*, B Kleiner Taubeneckkopf, *Campanulodes bidentatus compar* ♀ ♂, C Großer Taubeneckkopf, *Coloceras damicornis fahrenholzi* ♂, D *Columbicola columbae* (aus SÉGUY).

– Körperlänge ♂ 2,2–2,8 mm, ♀ 2,4–3,0 mm. Beim Männchen sind die Fühler dicker als beim Weibchen und das 2. Glied ist an seinem distalen Ende seitlich spitz ausgezogen (Abb. 40 C) . . . . **Großer Taubeneckkopf,** *Coloceras damicornis fahrenholzi* (EICHLER, 1950)

18. Auf **Hühnern** 19

– Nicht auf Hühnern 20

19. Auf den Rückenplatten der Hinterleibssegmente stehen jeweils nur 2 Borsten. Sehr schmale graue Tiere (Abb. 39 F). Körperlänge 2–2,4 mm . . . . **Flügellaus,** *Lipeurus caponis* (LINNAEUS, 1758)

sitzt ziemlich unbeweglich an Flügel- und Schwanzfedern, auch am Hals- und Kopfgefieder, geht schon auf 6 bis 7 Wochen alte Küken über, die er durch Zerfressen der Halsfedern in ihrer Entwicklung hemmt und für Krankheiten anfälliger macht. Bei den erwachsenen Hühnern nährt er sich von der Hamuli der primären und sekundären Schwungfedern. Gute Ernährung und Häcksel-Stroh-Streu begünstigen den Befall.

– Auf den Rückenplatten der Hinterleibssegmente steht eine Borstenreihe. Etwas breitere Tiere (Abb. 39 G). Körperlänge 2,3–2,5 mm . . . . **Hühner-Kopflaus,** *Cuclotogaster (= Gallipeurus) heterographus* (NITZSCH, 1818)

frisst Federn und Blut, geht von der Henne auf die Küken über, wenn ihre Federn zu sprießen beginnen, und kann ihr Federnwachstum so stark hemmen, dass sie sterben.

20. Auf **Tauben** (Abb. 33 C, 40 D) Körperlänge 2–3,3 mm . . . . *Columbicola columbae* (LINNAEUS, 1758)

hält sich mit den Oberkiefern an den Fiederchen der Feder fest, frisst hauptsächlich ihre flaumigen Teile.

– Auf **Enten** und **Gänsen** 21

21. Auf Gänsen braune Federlinge (Abb. 37 B), Körperlänge 3,5–4 mm . . . . *Anaticola anseris* (LINNAEUS, 1758)

reiner Federfresser.

– Auf Enten braungelbliche Federlinge, Körperlänge 2,5–3,4 mm . . . . *Anaticola crassicornis* (SCOPOLI, 1763)

13 Stechläuse, echte Läuse, Anoplura

1. Augen vorhanden und gut sichtbar. Läuse des Menschen 2
– Augen fehlend oder stark rückgebildet und bei normaler Betrachtung nicht erkennbar 3
2. Hinterleib kurz, mit Zapfen auf jeder Seite, vom Brustabschnitt nicht abgesetzt, Vorderbeine schwächer als die beiden folgenden Beinpaare (Abb. 41 B). Körperlänge 1,35 bis 1,60 mm . . . . **Filzlaus**, *Pthirus pubis* (LINNAEUS, 1758)
zwischen allen Körperhaaren, besonders den Schamhaaren, den Haaren der Achselhöhlen und bei kleinen Kindern auch an Augenbrauen und -wimpern. Übertragung fast nur von Mensch zu Mensch.
– Hinterleib lang, ohne seitliche Anhänge, von der Brust deutlich abgesetzt. Alle Beine gleichartig ausgebildet, nur beim Männchen sind die Vorderbeine mit kräftigeren Klammerfüßen versehen (Abb. 41 A) 12

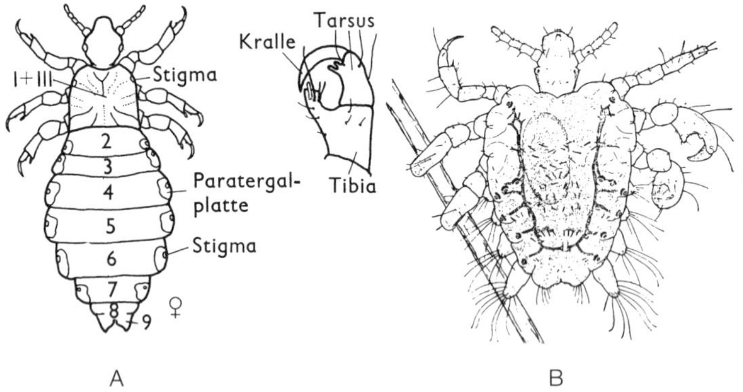

Abb. 41: Menschenläuse: A Organisationsschema der Kleiderlaus, *Pediculus humanus*, ♀ daneben Vorderfuß des Männchens, B Filzlaus, *Pthirus pubis* (Orig. u. aus MARTINI).

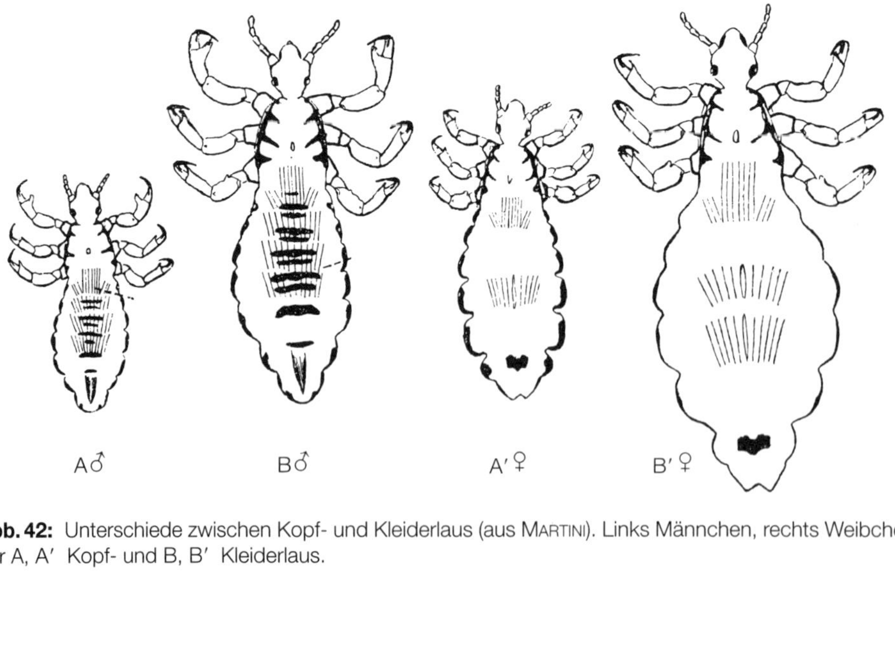

Abb. 42: Unterschiede zwischen Kopf- und Kleiderlaus (aus MARTINI). Links Männchen, rechts Weibchen der A, A′ Kopf- und B, B′ Kleiderlaus.

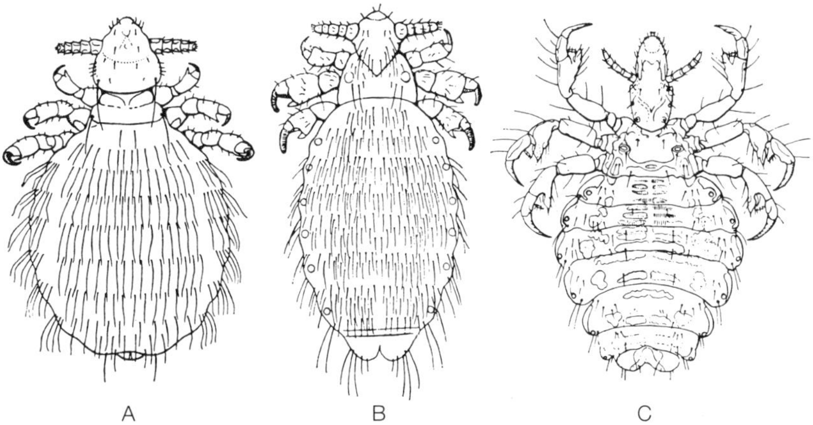

Abb. 43: Haustierläuse: A Kaninchenlaus, *Haemodipsus ventricosus*, B Hundelaus, *Linognathus setosus*, C Schweinelaus, *Haeamatopinus suis* (aus SÉGUY).

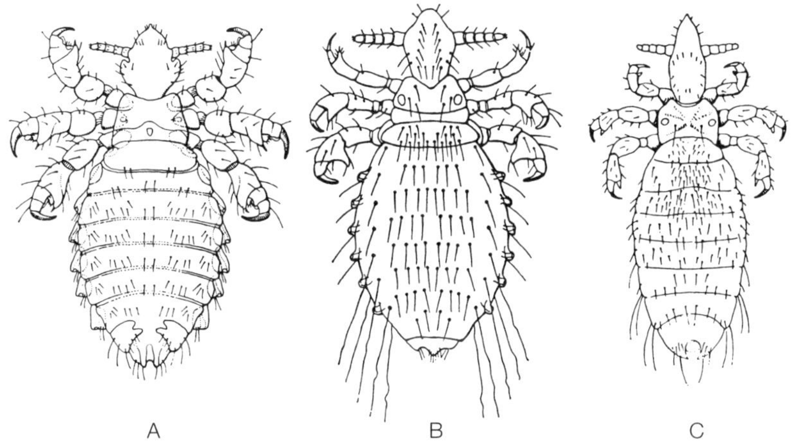

Abb. 44: Rinderläuse: A Kurzköpfige Rinderlaus, *Haematopinus eurysternus*, B Borstige Rinderlaus, *Solenopotes capillatus*, C Langköpfige Rinderlaus, *Linognathus vituli* (aus SÉGUY).

3. Alle Beine gleichartig ausgebildet 4
– Vorderbeine schwächer als die beiden folgenden Beinpaare 6
4. Kopf kurz, höchstens um ein Drittel länger als breit (Abb. 44 A). Körperlänge 2,0 bis 4,75 mm. Auf dem Rind . . . .
. . **Kurzköpfige (= kurznasige) Rinderlaus,** *Haematopinus eurysternus* NITZSCH, 1818
– Kopf mindestens doppelt so lang wie breit (Abb. 43 C) 5
5. Brustplatte breiter als lang (Abb. 45 A). Körperlänge 3,5–6,0 mm (Abb. 43 C). Auf dem Hausschwein . . . . **Schweinelaus,** *Haematopinus suis* (LINNAEUS, 1758)
– Brustplatte länger als breit (Abb. 45 B). Körperlänge 2,0–3,5 mm. Auf Pferd und Esel .
. . . . **Esellaus,** *Haematopinus asini asini* (LINNAEUS, 1758)
. . . . **Pferdelaus,** *H. asini macrocephalus* (BURMEISTER, 1839)

Die beiden Unterarten sind nur an Größe und Form ihrer Paratergalplatten (den seitlichen Platten ihrer Hinterleibsringe) zu unterscheiden. Verlausung von Pferden ist oft mit Befall durch den Pferdehaarling verbunden. Bei sehr starker Verlausung kann es zu Hautentzündungen und Haarausfall kommen.

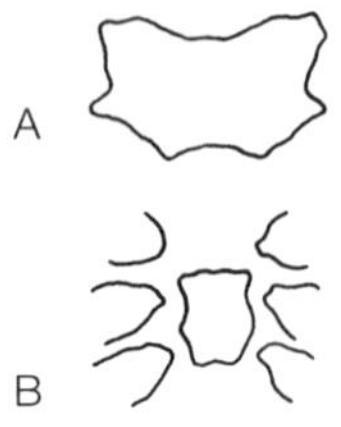

Abb. 45: Brustplatte A der Schweinelaus, *Haematopinus suis*, B der Pferdelaus, *Haematopinus asini* (nach JANCKE).

6. Atemöffnungen des Hinterleibs röhrenförmig hervorragend (Abb. 44 B). Körperlänge 1,25–1,75 mm. Auf dem Rind . . . . **Borstige Rinderlaus**, *Solenopotes capillatus* ENDERLEIN, 1904
– Atemöffnungen des Hinterleibs nicht röhrenförmig vorragend 7
7. Hinterleib mit in Spitzen ausgezogenen Seitenplatten.
Auf Ratten (Körperlänge 0,75–1,15 mm) *Polyplax spinulosa* (BURMEISTER, 1839) und auf der Hausmaus (Körperlänge 0,7–1,2 mm) *Polyplax serrata* (BURMEISTER, 1839)
– Hinterleib ohne Seitenplatten 8
8. Rückenplatten des Hinterleibs mit je einer Borstenquerreihe (Abb. 43 A). Körperlänge 1–1,5 mm. Auf Hauskaninchen . . . . **Kaninchenlaus**, *Haemodipsus ventricosus* (DENNY, 1842)
– Rückenplatten des Hinterleibs jeweils 2–3 Borstenreihen 9
9. Kopf sehr kurz, nur wenig länger als breit (Abb. 43 B). Körperlänge 1,5–2,5 mm. Auf Hund . . . . **Hundelaus**, *Linognathus setosus* (VON OLFERS, 1816)
– Kopf doppelt so lang wie breit oder länger 10
10. Pseudopenis beim Männchen gerade, Basalplatte tief gegabelt (Abb. 46 B und C), Weibchen ohne Genitalfleck (Subgenitalsegment) 11
– Beim Männchen Pseudopenis gekrümmt, Basalplatte breit, an der Spitze bogig ausgeschnitten (Abb. 46 A), Weibchen mit einem kleinen, aber deutlichen Genitalfleck (Subgenitalsegment) (Abb. 46 A_1). Körperlänge 2,25–2,50 mm. Auf Schafen . . . . **Schaflaus**, *Linognathus ovillus* (NEUMANN, 1907)

Sehr selten in Europa, vielleicht auf dem Festland ganz fehlend. Die hier vorkommenden «Schafläuse» sind Schaflausfliegen (siehe Tabelle 64).

11. Sternum lang und schmal. Beim Männchen Pseudopenis lang, Penis ein breiter ovaler Ring. Basalplatte sehr schmal und tief gegabelt (Abb. 46 B); vordere Gonapophysen des Weibchens am Hinterrande schwach ausgebuchtet, ohne Innenwinkel, deshalb nur schwach zahnartig vorragend (Abb. 46 B_1). Körperlänge 2–3,5 mm. Auf Ziege . . . . **Ziegenlaus**, *Linognathus stenopsis* (BURMEISTER, 1839)
– Sternum fehlt. Beim Männchen Pseudopenis ein kurzer Zapfen, Penis ein langovaler sehr schmaler Ring. Basalplatte breit und gegabelt (Abb. 46 C); vordere Gonapophysen des Weibchens am Hinterrande nahe den Innenwinkeln tief ausgebuchtet, die Innenwinkel dadurch stark hakenförmig vorragend (Abb. 46 C_1). Körperlänge 2–3 mm (Abb. 44 C). Auf Rind . . . . **Langköpfige Rinderlaus**, *Linognathus vituli* (LINNAEUS, 1758)
12. Läuse leben besonders am Hinterkopf auf der Kopfhaut und an den Kopfhaaren, woran sie auch in der Regel ihre Eier (Nissen) ankleben, nur ausnahmsweise bei sehr starker Verlausung auch an Körperhaare und an den Stoff von Kopfbedeckungen und Halstüchern. Durchschnittlich kleinere Läuse mit (besonders beim Weibchen) scharf eingekerbten Hinterleibsringen. Durchschnittliche Länge der Tibia des mittleren Beinpaares beim ♂ 0,291 (nach anderer Messung 0,32) und beim ♀ 0,296 mm, Körperlänge beim ♂ 2,0–3,0 und beim ♀ 2,4–4,3 mm (Abb. 42 A, A′) . . . **Kopflaus**, *Pediculus capitis* DE GEER, 1778

Siehe Bemerkung zur folgenden Art

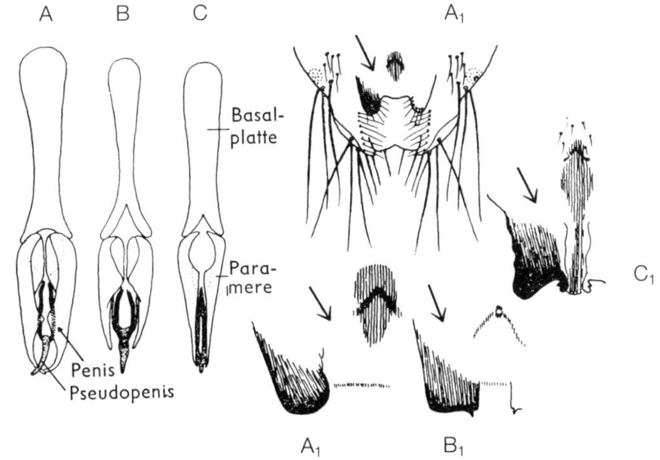

Abb. 46: Männlicher Kopulationsapparat von *Linognathus* A *ovillus*, B *stenopis*, C *vituli* (nach FREUD), A_1 Hinterleibsende des Weibchens von *L. ovillus* mit Gonapophysen (auf der linken Seite schraffiert) und Genitalfleck (zwischen beiden ein Pfeil), darunter Gonapophyse und Genitalfleck stärker vergrößert, B_1 dasselbe bei *L. stenopis* und C_1 *L. vituli* (in Anlehnung an FERRIS).

– Läuse leben vorwiegend auf der Körperhaut und den Körperhaaren. Sie legen ihre Eier hauptsächlich auf der Innenseite der dem Körper anliegenden Wäsche ab. Durchschnittlich größere Läuse mit nur schwach eingekerbten Hinterleibsringen. Durchschnittliche Länge der Tibia des mittleren Beinpaares beim ♂ 0,421 (nach anderer Messung 0,41) und beim ♀ 0,425 mm, Körperlänge beim ♂ 2,3–3,8 und beim ♀ 2,7–4,4 mm (Abb. 42 B, B′) . . . . **Kleiderlaus,** ***Pediculus humanus*** **LINNAEUS, 1758**

Kopf- und Kleiderlaus wurden jahrzehntelang nur als biologische Rassen oder Unterarten einer Art (*P. humanus capitis* und *P. humanus humanus*) aufgefasst, weil sich ihre morphologischen Merkmale in den Grenzzonen ihrer Variabilität überschneiden und fruchtbare Kreuzungen möglich sind. Jetzt neigt man wieder mehr zu der Auffassung, dass sie zwei gute Arten darstellen. Über diese Problematik siehe F. WEYER (Bundesgesundheitsbl. 24: 189–193, 1981). Die Längenangaben zeigen in der Literatur deshalb so große Schwankungen, weil sich der Hinterleib je nach dem Zustand der Läuse bei der Messung (lebend, hungrig, mit Blut vollgesogen, konserviert, als mikroskopisches Präparat hergerichtet) stark verändert. Am wenigsten veränderlich ist die Länge der Tibia des 2. (mittleren) Beinpaars. Kopfläuse sind oft dunkler als Kleiderläuse, doch hängt die starke Variabilität ihrer Färbung auch von der Farbe des Untergrundes ab, worauf sie leben. Die Kopfläuse sind in Mitteleuropa verbreiteter als die Kleiderläuse, die sich aber im einzelnen Fall massenhafter vermehren. Beide werden häufiger, wenn die Körperhygiene nicht genügend gepflegt wird und durch gemeinsame Benutzung von Kleidungsstücken, Haarbürsten, usw. die Übertragung gefördert wird. Bei Massenbefall durch Kopfläuse können die Haare durch Nissenkitt und Exsudate der Kopfhaut zu einem Weichselzopf verfilzen. Beide Arten, nicht nur die Kleiderlaus, wie immer noch behauptet wird, können die Erreger vom Europäischen Rückfallfieber (*Borellia recurrentis*), klassischen Fleckfieber (*Rickettsia prowazekii*) und wolhynischen Fieber (*Rochalimaea quintana*) übertragen, aber keine anderen Krankheiten.

14 An Zimmerpflanzen saugende Insekten nach den Schadbildern

Mit Zimmerpflanzen kommen verschiedene Insektenarten gelegentlich in die Wohnungen, die sich dort weiter vermehren und auch auf andere Zimmerpflanzen übergehen können, besonders wenn die Kulturbedingungen für die Pflanzen nicht optimal sind. Sie werden von zwei ökologisch verschiedenen Gruppen gebildet. Die eine enthält Arten, die in der Blumentopferde leben und sich meistens von abgestorbenen und vermodernden Pflanzenteilen ernähren, aber nur selten lebendes Pflanzengewebe (Keimlinge, zarte Wurzeln) angreifen. Manche fressen auch Bakterien, Pilze, Algen und Flechten. Hierher gehören die Springschwänze (Tabelle 4), einige Staubläuse (Tabelle 10), die Larven von *Trox*- (Tabelle 42) und *Otiorhynchus*-Arten (Tabelle 45) sowie die Maden von Trauer-, Dung- und Haarmücken (Tabelle 62 und 65). Auch die zu den Ringelwürmern (Annelida) gehörenden **Regenwürmer** (*Lumbricus*-Arten) sollen hier erwähnt werden, die nicht schädlich, sondern eher nützlich sind, weil sie in größeren Blumentöpfen den Boden auflockern und für seine Durchlüftung sorgen. Die andere Gruppe umfasst die Insekten mit stechend-saugenden Mundwerkzeugen, die entweder das Plasma aus den Pflanzenzellen oder den Pflanzensaft aus den Gefäßen saugen und so die Zierpflanzen durch Erzeugung von Verfärbungen, Blattkräuselungen, Wachstumshemmung, Vertrocknung unnd Verunreinigungen durch Kot und Honigtau, der Grundlage für Pilzwachstum, schädigen und bei starkem Befall abtöten. Hierher gehören die **Fransenflügler**, Thysanoptera und die **Pflanzensauger**, Sternorrhyncha, eine Gruppe der Schnabelkerfe. Ihre Unterscheidungsmerkmale sollen, so weit sie für den Praktiker von Bedeutung sind, vor allem schon an ihren Schadbildern aufgezeigt werden.

Die Zimmerpflanzen kommen zum großen Teil aus Gewächshäusern, wohin viele Insektenarten mit ausländischen, besonders auch tropischen Zierpflanzen eingeschleppt werden und sich unter den dort herrschenden künstlichen Klimabedingungen weitervermehren können. Da sie meistens polyphag sind, befallen sie auch andere Pflanzenarten im Gewächshaus, auf denen sie oft bessere Lebensbedingungen finden als auf ihren Wirten, mit denen sie eingeschleppt wurden. Durch neue Pflanzenarten, die im Blumenhandel modern werden, können auch immer wieder andere Insektenarten eingeschleppt werden. So ist die Gewächshausfauna ziemlich reichhaltig, wenn auch die einzelnen Arten oft nur selten gefunden werden. So nennen z. B. Eichler 1952 und Zahradnik 1968 (zit. nach Klausnitzer 1988) allein 69 bzw. 70 Schildlausarten aus mitteleuropäischen Gewächshäusern. Trotzdem ist aber heute die Gefahr gering, dass mit Zimmerpflanzen vom Blumenhandel schädliche Insekten bezogen werden können, da in der Regel von ihm schon in seinem eigenen Interesse auf die Lieferung einwandfreier Blumen und Pflanzen durch Vorbeuge- und Bekämpfungsmaßnahmen gesorgt wird. Trotzdem können aber immer wieder weit verbreitete und häufige Schädlinge an den häufigsten Zimmerpflanzen gelegentlich in Massen auftreten, ganz besonders, wenn sie auch im Freien vorkommen können und die Zimmerpflanzen durch jahrelange Hauspflege geschwächt sind. Nur auf solche Fälle kann sich die vorliegende Tabelle beschränken, auch ist es nicht möglich, auf die Artmerkmale immer einzugehen, weil diese sehr schwierig zu studieren sind und besondere Studien nötig machen. Für wissenschaftliche Aussagen muss die Bestimmung auf jeden Fall einem erfahrenen Spezialisten überlassen werden. Die Einschleppung bisher in Mitteleuropa noch nicht festgestellter Arten ist jederzeit gegeben.

1. Schäden an Wasserpflanzen in Warmwasseraquarien (28 °C): an den völlig untergetauchten Wasserkelchpflanzen-, *Cryptocoryne*-Arten (Aronstabgewächse, Araceae) kümmern die Blätter, kräuseln sich vom Rand her und verfaulen schließlich . . . . **Tarothrips**, *Organothrips bianchii* Hood, 1940 *(Thripsidae)*
   Weibchen geflügelt, Männchen flügellos, charakteristisch ein fünffingeriger Putzsporn an der Spitze der Vorderschiene; Körperlänge 1,0–1,4 mm; ganzer Lebenszyklus verläuft unter Wasser. Heimat Südseeinseln (E. Titschack 1969: Anz. Schädlingsk. Pflanzenschutz, **42** (1): 1–6).
– Schäden an Topf-, Kübel- und Schalenpflanzen in Zimmern 2
2. Pflanzen, besonders die Blätter, durch einen klebrigen, lackartigen, meistens rußartig aussehenden Überzug verschmutzt. Es ist dieses der von Pflanzensaugern reichlich abgegebene, oft weit weggespritzte, zuckerhaltige Kot (Honigtau), der häufig von **Rußtaupilzen** *(Capnodium*-Arten) besiedelt wird, deren dichtes dunkles Myzel die Blätter zum Absterben bringen kann 3
– Pflanzen nicht mit Honig- oder Rußtau verschmutzt 5
3. Honigtauerzeuger mit kreideweißen Wachsausscheidungen 4
– Honigtauerzeuger ohne Wachsausscheidungen (nicht auf Zimmerpflanzen zu erwartende Arten können einen feinen oder lockeren bläulichweißen Wachsbelag zeigen), oft dicht gedrängt sitzend, meistens ungeflügelte, seltener oder nur zeitweise auch geflügelte Tiere von ovaler bis runder, oben meistens stark gewölbter Körpergestalt und langen Beinen mit 2 Fußgliedern und 2 Klauen am letzten Fußglied, etwa vorhandene Flügel durchsichtig mit einfachem Geäder, Vorderflügel bedeutend größer als die Hinterflügel, charakteristisches Kennzeichen die beiden Hinterleibsröhrchen (Siphonen) . . . . **Röhrenläuse**, Aphididae (Familie der Blattläuse, Aphidina) (siehe Tabelle 15)

4. 1–2 mm große, vollständig mit weißem Wachs dicht bepuderte geflügelte Insekten, die in ihrem Aussehen mit ihren auf dem Rücken dachförmig zusammengelegten vier fast gleich ausgebildeten und gleich langen Flügeln an kleine Motten erinnern. Sie sitzen auf der Unterseite weicher, krautiger Blätter meistens in großer Zahl und fliegen bei Berührung der Pflanze auf, um sich bald wieder auf ihr niederzulassen. Meistens sind sie von ihren zuerst blassgelben, später dunkelbraunen, im Blattgewebe verankerten Eiern und ihren zuerst noch beweglichen, vom 2. Stadium an aber durch fortschreitende Rückbildung von Beinen und Fühlern festsitzenden Larven umgeben. Diese sind oval, abgeplattet, gelbgrün und mit Wachsausscheidungen bedeckt, die im letzten (4.) Larvenstadium ein dosenförmiges, von Rücken- und Seitenborsten geschütztes Puparium bilden, woraus später die Imago schlüpft (Abb. 49 A–G). Die Blätter werden durch das Saugen aller Stadien mit Ausnahme des 4. Larvenstadiums gelbfleckig und können schließlich ganz vergilben und vertrocknen. . . . . . . **Weiße Fliege,** *Trialeurodes vaporariorum* (WESTWOOD, 1856) (Mottenschildläuse, *Aleyrodina*)

Als Wirte wurden Pflanzen aus fast 30 Familien festgestellt, von den Zimmerpflanzen sind besonders bevorzugt Azalee (*Azalea indica* Hort.), Großblütige Edelpelargonie (*Pelargonium grandiflorum* Hort.), Mexikanischer Leberbalsam, Blausternchen *(Ageratum houstonianum)*, Heliotrop *(Heliotropium peruvianum* L. und *H. corymbifolium* Rutz. et Pav.), Fuchsie (*Fuchsia* spp.), Schwertfarn (*Nephrolepis exaltata* Schott und *N. cordifolia* Presl.) Frauenhaarfarn (*Adiantum* spp.) u. a. m., auch Orchideen [auf diesen kommt gelegentlich auch die Blattlaus *Cerataphis orchidearum* (WESTWOOD, 1879) vor, deren schwarze, fast kreisförmige, mit einem Wachssaum vollständig umgebene, festsitzende ungeflügelte Stadien (1–1,5 mm) eine gewisse Ähnlichkeit mit den festsitzenden Larvenstadien von Aleyrodiden haben]. Im Sommer besiedeln sie auch Freilandpflanzen.

– 3–6 mm große ungeflügelte Insekten, deren Körper gegliedert und mit Wachs bepudert ist oder ungegliedert und dann ohne Wachsbelag. Die erwachsenen Weibchen sind festsitzend und haben einen Eisack aus Wachs am Hinterende. . . . . **Schildläuse,** Coccina (siehe Tabelle 15 unter 20)

5. Die Erreger der Schädigungen an Zimmerpflanzen sind infolge ihrer Größe und auffallenden Form oder/und ihrer großen Anzahl, wodurch sie einen mehr oder minder dichten Besatz auf der Pflanze bilden, leicht festzustellen . . . . **Blattläuse,** *Aphidina* und **Schildläuse,** Coccina (siehe Tabelle 15)

– Die Erreger der Schädigungen an Zimmerpflanzen sind infolge ihrer Unscheinbarkeit und verborgenen Lebensweise nur schlecht zu finden 6

6. Auf den Blättern erscheinen durch Aussaugen der Zelleninhalte verursachte winzig kleine gelbliche bis grauweißliche Flecken, die sich allmählich über die ganze Blattfläche ausdehnen und ihr ein gesprenkeltes Aussehen geben. Die Blätter werden schließlich gelblichgrau, verkrümmen sich, vertrocknen und fallen ab 7

– Auf Blättern, Zweigen und Stamm sitzen dicht beieinander 0,8–4 mm große, weiße, gelbe, braune, graue oder schwarze rundliche, ovale, birn- bis miesmuschelähnliche oder spindelartige Gebilde, die unten flach, oben aber etwas gewölbt sind und sich von der Unterlage abheben lassen; unter jedem Schild befindet sich ein flaches, gelbliches, rötliches oder weißliches Tier, dessen Hinterleib gewöhnlich eine Segmentierung erkennen lässt. Sein langer Saugrüssel haftet tief im pflanzlichen Gewebe (Abb. 49 T) . . . . **Deckelschildläuse,** Diaspididae (Coccina) (Tabelle 15 unter 28)

Nicht verwechseln mit kleinen, rostroten oder schokoladebraunen Pusteln, die von Rostpilzen *(Uredinales)* erzeugt werden und aus dem Pflanzengewebe hervorkommen!

7. Die befallenen Blätter sind von einem sehr feinen Gespinst weißer Fäden überzogen, worunter die mit bloßem Auge kaum erkennbaren, bis 0,5 mm großen ovalen weißlichen, gelblichen, grünlichen oder rotbraunen 8beinigen Tiere mit ihren Entwicklungsstadien sitzen. Da sie gewöhnlich von der Blattunterseite her die Zellen anstechen und aussaugen, macht sich der Befall durch Erscheinen von Weißfleckigkeit auf der Blattoberseite zuerst besonders in den Nervenwinkeln bemerkbar . . . . **Spinnmilben, Rote Spinnen,** Tetranychidae

Die genaue Artbestimmung ist sehr schwierig und bedarf eines Spezialstudiums.

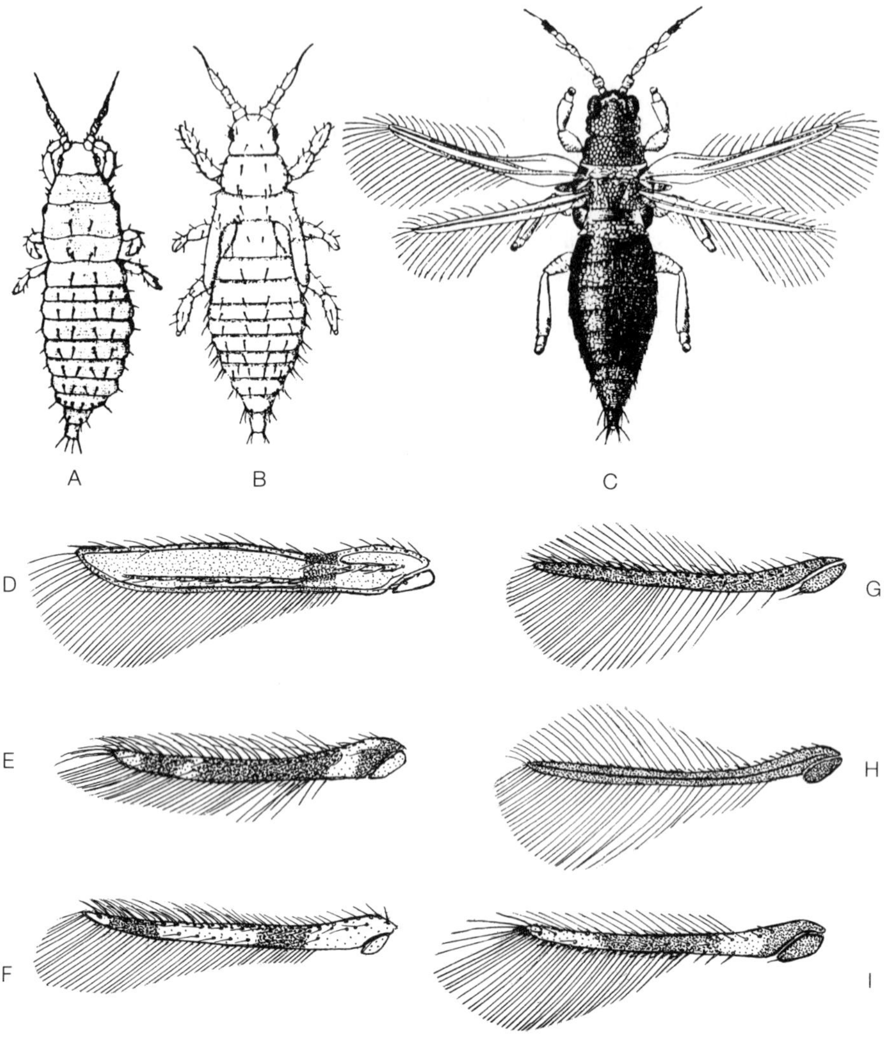

Abb. 47: Fransenflügler: A Larve, B Vorpuppe, C Vollkerf von *Heliothrips haemorrhoidalis*, D–I linker Vorderflügel (schematisch) von D *Parthenothrips dracaenae*, E *Hercinothrips femoralis*, F *Hercinothrips bicinctus*, G *Scirtothrips longipennis*, H *Leucothrips nigripennis*, I *Chaetanaphothrips orchidii* (A–C aus Sorauer, 1949; D–I gez. von U. Frerichs).

– Die befallenen Blätter sind nicht von einem sehr feinen Gespinst überzogen. Neben den kleinen hellen Saugstellen, die häufig mit Luft gefüllt sind und daher Silberglanz haben, finden sich dunkelgefärbte bis schwarze glänzende, schwach erhabene Kotflecken der Schädlinge. Neben Vergilbung kann auch Bräunung, Verkorkung oder Schorfigwerden und Vertrocknen der befallenen Pflanzenteile eintreten. Um die kleinen Erreger nachweisen zu können, empfiehlt es sich, die befallsverdächtigen Pflanzenteile über einer weißen Unterlage auszuklopfen. Es sind 0,5–5 mm große, etwas abgeflachte, schlanke, gut gegliederte, gelbe, braune, rote oder schwarze Insekten mit außerordentlich schmalen, bandförmigen und nur spärlich mit Adern versehenen Flügeln, die in der Ruhe flach auf den

Hinterleib gelegt werden; die Vorderflügel sind größer und meistens auch derber als die Hinterflügel und immer, auch die Hinterflügel häufig lang und fransenartig behaart, wodurch die Tragfläche für den Flug vergrößert wird. Besonders bei den Weibchen ist aber auch Reduktion der Flügel häufig. Am Vorderrand des Kopfes sitzen zwischen den großen Komplexaugen einander sehr genähert die 6–9gliedrigen Fühler. Die sehr komplizierten, asymmetrisch ausgebildeten stechend-saugenden Mundwerkzeuge liegen auf der Unterseite des Kopfes an seinem Hinterrand und sind schräg nach hinten gerichtet. Die Beine haben 1 bis 2 Fußglieder, von denen das letzte bei den Vollkerfen zwischen den stumpfen, rückgebildeten Krallen einen großen, in der Ruhe becherförmig zusammengefalteten Lappen besitzt, der durch Muskeln zu einer Haftscheibe ausgebreitet werden kann (Abb. 13 A, B). (Es handelt sich nicht um eine durch Blutdruck ausstülpbare Drüse, wie man früher fälschlich angenommen hatte und weshalb auch jetzt noch zu Unrecht die Tiere als «Blasenfüßer» bezeichnet werden). Die Weibchen besitzen am Ende ihres schlanken, aus 10 Körperringen bestehenden Hinterleibs unterseits einen nach abwärts gebogenen Legebohrer, mit welchem sie ihre Eier in das pflanzliche Gewebe ablegen. Die Vermehrung erfolgt häufig durch Jungfernzeugung, weshalb dann Männchen selten sind oder ganz fehlen. Die Larven (Abb. 47 A) sind den Vollkerfen ähnlich, blass gelblich weiß, später kräftiger gefärbt, aber noch flügellos, haben 6- oder 7gliederige Fühler und mit den Fußgliedern verschmolzene Schienen, nach 2 Häutungen entsteht die bewegliche Vorpuppe (Abb. 47 B) und aus ihr das ebenfalls bewegliche Puppenstadium, in dem die Fühler meistens rückwärts umgeschlagen sind. In beiden Stadien treten Flügelscheiden auf, die im letzten länger sind. Sie nehmen keine Nahrung auf und ziehen sich in Schlupfwinkel wie Blattscheiden und Nervenwinkel oder in die Erde zurück (Abb. 13 und 47) . . . . **Fransenflügler**, Thysanoptera: Unterordnung, Terebrantes, Thripidae 8

Schöne Übersicht über die fremdländischen Fransenflügler in Gewächshäusern Mitteleuropas von R. Zur Strassen, 1986 in Gesunde Pflanzen, **36** (3): 91–98 mit vorzüglichen Habitusbildern.

8. Körper der Vollkerfe mit kräftiger netzförmiger Oberflächenskulptur, letztes Fühlerglied nadelförmig lang und dünn. Fühler der Larven 7gliedrig 9
– Körper der Vollkerfe ohne Oberflächenskulptur oder nur mit feinen Querlinien, letztes Fühlerglied nicht nadelförmig. Fühler der Larven 6gliedrig 12

9. Vorderflügel leistenförmig, an der Spitze abgeschrägt, nach dem basalen Drittel deutlich verengt, an dieser Stelle mit einer dunklen Querbinde. Flügelfläche fein netzartig gemustert, Vorderrand der Vorderflügel ohne Fransen (Abb. 47 D). Fühler 7gliedrig, Körper hellbraun, oft mit dunkelbraunem Hinterleib, Tibien hell. Körperlänge der Weibchen 1,2–1,5 mm, der Männchen 1,1–1,3 mm . . . . **Gebänderter Gewächshausthrips,** . . . . Palmenthrips, Drazänenthrips, *Parthenothrips dracaenae* (Heeger, 1854)

In Gewächshäusern weltweit verbreitet, außerdem an wenig oder nicht gepflegten Pflanzen in während der kalten Jahreszeit mäßig temperierten Räumen in Gebäuden, wie Eingangshallen, Treppenhäusern, Fluren usw.; polyphag, besonders an Zimmer-Aralie (*Fatsia japonica* Decne. et. Planch.), *Azalea indica*, Begonien, Wunderstrauch, «Croton» (*Codiaeum variegatum* BR.), Drachenlilie (*Dracaena* spp.), Gummibaum (*Ficus elastica* Roxb. u.a.spp.), Palmen *(Kentia, Pandanus, Phoenix)*, Calla (*Zantedeschia aethiopica* SPR.), *Anthurium, Howeia*, Dreimasterblume *(Tradescantia)*.

– Vorderflügel von der Basis zur Spitze gleichmäßig zugespitzt (Abb. 47 C, E, F); Fühler 8gliedrig 10

10. Vorderflügel ohne dunkle Binden. Körper dunkelbraun bis fast schwarz, Hinterleibsspitze rötlich aufgehellt, oft der ganze Hinterleib heller als der Vorderkörper. Extremitäten hellgelb bis weiß. Körperlänge der Weibchen 1,3–1,6 mm (Abb. 47 C). Männchen kommen bei uns nicht vor . . . . **Schwarzer Gewächshausthrips, Schwarze Fliege,** *Heliothrips haemorrhoidalis* (Bouché, 1833)

Weltweit verbreitet, in Mitteleuropa aber nur in warmen Innenräumen sehr polyphag an fast allen Zimmerpflanzenarten, meistens auf der Blattunterseite

– Vorderflügel mit 2 oder 3 dunklen Querbinden 11

11. Vorderflügel mit 3 dunklen Querbinden, von denen die mittlere mehr als doppelt so lang wie die basale oder apikale ist (Abb. 47 E). Körper braun bis dunkelbraun, Kopf und Brust stellenweise fleckig, Hinterleibsspitze aufgehellt. Fühler zweifarbig gelb und braun, die letzten 3 Glieder braun. Körperlänge der Weibchen 1,3–1,6 mm, der Männchen 1,1–1,3 mm . . . . **Brauner** oder **Langbinden-Gewächshausthrips,** . . . . Chrysanthementhrips, *Hercinothrips femoralis* O. M. REUTER, 1891)

verbreitet in den Tropen und Subtropen, vielfach nach Mitteleuropa verschleppt, dort aber nur in Innenräumen überlebend, sehr polyphager Blattbewohner, besonders an Amaryllidaceae, aber auch anderen Zimmerpflanzen.

– Vorderflügel mit 2 dunklen Querbinden; der helle Zwischenraum zwischen beiden ist doppelt so lang wie eine der dunklen Binden (Abb. 47 F). Kopf und Brust heller als der Hinterleib, gelb und braun gefleckt, Hinterleib meist dunkelbraun mit gelbbrauner Spitze, auf dem Rücken in der Mitte seltener auch etwas aufgehellt. Fühler hellgelb, nur das 2. und letzte Glied etwas bräunlich. Körperlänge der Weibchen 1,3–1,8 mm, der Männchen 1,1–1,4 mm. . . **Kurzbinden-Gewächshausthrips,** *Hercinothrips bicinctus* (BAGNALL, 1913)

verbreitet in den Tropen und Subtropen, vielfach nach Mitteleuropa verschleppt, dort aber nur in Innenräumen überlebend, polyphager Blattbewohner an vielen Zimmerpflanzen ähnlich wie die vorhergehende Art, in Hamburg z. B. an *Aspidistra elatior* BLUME und *Anthurium acaule* POEPPING gefunden.

12. Fühler 7gliedrig, mit langem und schlankem Endglied, braun, 1. Glied am hellsten, 2. am dunkelsten. Körper zart, hellgelb, manchmal der Brustabschnitt mit orangefarbenen Chromatophoren (Farbzellen); Vorderflügel nur mit einer Ader und besonders langen geraden Fransen am Vorderrand, dunkelgraubraun (Abb. 47 H), Hinterflügel blass mit dunkler Längsader. Nur Weibchen bekannt. Körperlänge 0,9–1,1 mm . . . . **Farnthrips,** *Leucothrips nigripennis* O. M. REUTER, 1904.

Heimat vermutlich Tropen der Neuen Welt. Fast nur in Gewächshäusern beobachtet. Heute selten. Nur an Farnen.

– Fühler 8gliedrig 13

13. Vorderflügel einheitlich dunkel (Abb. 47 G). Körper hellgelb bis weiß, Kopf mit schwarz gefärbten Augen, dazwischen bräunlich. Halsschild mit feinen Querstreifen, Rücken des Hinterleibs mit einer braunen Querlinie am Vorderrand von 5 oder 6 Segmenten. Nur Weibchen bekannt. Körperlänge 0,9–1,0 mm . . . . **Begonienthrips,** *Scirtothrips longipennis* (BAGNALL, 1909).

Wahrscheinlich aus den Tropen und Subtropen stammend, hauptsächlich in Gewächshäusern auftretend, polyphager Blattbewohner, wahrscheinlich Verursacher der Bildung unregelmäßig geschlängelter, rotbrauner, verkorkter Linien auf der Oberseite der Blätter von Begonien und Alpenveilchen. – Braune fleckenhafte Verkorkungen auf der Blattunterseite, entlang der Hauptadern, auch an Blattstielen und Stängeln bei Anwesenheit von Silberglanz und dunklen Kotflecken rühren von anderen Fransenflügelarten her.

– Vorderflügel an der Basis mit kurzem graubraunen Band, das auch auf die Flügelschuppe übergreift, und im 3. und 4. Fünftel seiner Länge ebenfalls mit einem braunen Band (Abb. 47 J). Körper hellgelb mit schwarzen Augen, ohne braune Querlinien auf dem Rücken des Hinterleibs. Nur Weibchen bekannt. Körperlänge 1,0–1,3 mm. **Orchideenthrips,** *Chaetanaphothrips orchidii* (MOULTON, 1907)

Aus den Tropen oder Subtropen verschleppt, bei uns nur in Innenräumen; polyphager Blattbewohner, an vielen Zimmerpflanzen wie Alpenveilchen, Begonien, *Tradescantia, Amaranthus* und Orchideen.

15 Pflanzensauger, Homoptera, Sternorrhyncha

Die Pflanzensauger gehören zu den **Schnabelkerfen** (Hemiptera, Hemipteroidea, Rhynchota), von deren Mundteilen die Ober- und Mittelkiefer als Stechborsten und die Unterlippe als rinnen- bis rohrförmiger Rüssel ausgebildet sind, in dem die Stechborsten laufen. Er entspringt bei den **Wanzen** (Heteroptera) (Tabelle 16) an der Spitze des Kopfes (Abb. 48 B) und bei den **Pflanzensaugern** (Homoptera) auf seiner Unterseite (Abb. 48 A). Zu letzteren gehören die Zi-

kaden *(Auchenorrhyncha)*, die nicht in Häusern vorkommen und daher in diesen Tabellen unberücksichtigt bleiben können, und die **Pflanzensauger** im engeren Sinn (Sternorrhyncha), von denen Vertreter dreier Überfamilien, der **Blattläuse** Aphidina), **Mottenschildläuse** (Aleyrodina) und **Schildläuse** (Coccina) in Häusern an Zimmerpflanzen oder in Kellern an eingelagerten Kartoffeln, Zwiebeln und anderen Feldfrüchten vorkommen können. Es handelt sich dabei nur um sehr kleine Insekten mit einer Körperlänge unter 5 mm, nur bei wenigen Schildläusen können die Weibchen durch Ausscheiden eines Eisackes aus Wachs bis zu 10 mm lang werden. Trotz ihrer Kleinheit fallen diese Insekten durch ihr Massenauftreten und durch die Schädigung ihrer Wirtspflanzen (Tabelle 14) unangenehm auf.

1. Pflanzensauger ohne Hinterleibsröhren 19
– Pflanzensauger mit 2 seitlich am Hinterleib nahe seinem Ende entspringenden, mehr oder weniger langen Hinterleibs- oder Rückenröhren (Siphonen) und einem vom übrigen Hinterleib abgegrenzten letzten Segment, dessen Rückenplatte, die obere Afterklappe, bei den Larven einfach und kurz, bei den erwachsenen Tieren aber gattungscharakteristisch lang und geformt ist. Es wird als Schwänzchen (Cauda) bezeichnet. Die Beine sind lang und schlank mit 2gliedrigen Füßen und 2 Krallen am letzten Fußglied. Es gibt bei jeder Art geflügelte und ungeflügelte erwachsene Tiere. Die Flügel sind durchsichtig, die Vorderflügel bedeutend größer als die Hinterflügel. Bei den ungeflügelten Erwachsenen ist die Körpergliederung oft weniger ausgeprägt als bei den geflügelten. . . . . **Röhrenläuse**, Aphididae (Aphidina) 2

a) Bei den bei uns heimischen Arten treten im Herbst Männchen und Weibchen (Sexuales) auf, die nach der Begattung wenige (höchstens 14/♀) Eier ablegen, die überwintern. Daraus entstehen nur Weibchen, die als Fundatrices (Stammütter einer neuen Generationenfolge) bedeutend mehr Nachkommen haben (100 bis über 300/♀), die sie bereits bis zum Larvenstadium entwickelt zur Welt bringen (sie sind vivipar) und die nur aus Weibchen bestehen, die sich über mehrere Generationen durch parthenogenetisch erzeugten Jungfern (Virginoparae) vermehren. Diese sind meistens ungeflügelt (Virginoparae apterae), zeitweilig aber auch geflügelt (Virginoparae alatae). Erst später treten Sexuparae auf, Weibchen, die Männchen und Weibchen hervorbringen. Dieser Generationswechsel ist normalerweise mit einem Wirtswechsel verbunden, indem die Wintereier nur an einer oder wenigen ausdauernden Pflanzenarten abgelegt werden können, während die geflügelten Jungfern im Frühjahr als Wanderläuse (Migrantes) vorwiegend einjährige Pflanzen aufsuchen, um dort die Sommergenerationen zu entwickeln, die meistens sehr polyphag sind. Diese vollständige Blattlausentwicklung wird als **Holozyklie** und die Blattlausarten als holozyklische bezeichnet.

b) Bei aus fremden Ländern eingeschleppten Blattlausarten hat sich eine **Anholozyklie** entwickelt, indem ihre ganze Entwicklung nur auf den Sommerwirten parthenogenetisch durch Virginoparae alatae und apterae erfolgt. Die Entwicklung von Männchen, Weibchen, Winterei und Fundatrix unterbleibt. Diese Arten können in Kellern, Lagerhäusern und Gewächshäusern jahrelang überleben, solange sie zum Saugen geeignete Pflanzen vorfinden.

Der plötzliche Befall von Zimmerpflanzen erklärt sich oft durch Zuflug geflügelter, fortpflanzungsfähiger Weibchen aus dem Freiland. Die durch die Blattläuse hervorgerufenen Schäden können sich auf Entzug der im Pflanzensaft transportierten Nährstoffe beschränken, wodurch bis auf Verfärbungen keine äußerlich sichtbaren pathologischen Veränderungen hervorgerufen werden. Erst bei Massenauftreten erscheinen Wachstumshemmungen und Welkeerscheinungen. Andere Arten erzeugen durch ihren Speichel Triebstauchungen, Kräuselungen und andere Mißbildungen an Blättern und Blüten. Viele Blattlausarten bevorzugen die Blattunterseite, manche besonders in Bodennähe. Andere sammeln sich an den Triebspitzen. Arten, die ihren Kot wegspritzen, verschmutzen die Pflanzen erheblich und fördern die schädlichen Rußtaupilze (s. Tabelle 14). Sehr bedeutend kann die Schadwirkung werden, wenn die Arten Überträger von Krankheitserregern, insbesondere Viren sind. Die Zimmerpflanzen, besonders die «Blattlausblumen» wie Zinerarien *(Senecio hybridus)*, Pantoffelblumen (*Calceolaria* spp.) und Zierspargel (*Asparagus sprengeri* REG.), sind bei falscher Pflege mit zu großer Trockenheit und Wärme für Blattlausbefall sehr empfindlich. Eine schöne Übersicht über die Zimmerpflanzenschädlinge findet sich in MÜLLER, F. P., 1955: Blattläuse. Neue Brehm-Bücherei Nr. 149. 144 S. Wittenberg Lutherstadt.

Die Nomenklatur der Blattläuse ist schwierig und umstritten. Es liegt dieses an der verschiedenen Auffassung des Artbegriffes. Während CARL BÖRNER seine Arten aufgrund zahlreicher kritischer Zuchtexperimente aufgestellt hat, gründet sich die Artauffassung von D. HILLE RIS LAMBERS allein auf eindeutige morphologische Merkmale. Mit Recht hält BÖRNER seine Artauffassung für den angewandt arbeitenden und forschenden Entomologen für zweckmäßiger. Daher und auch aus praktischen Erwägungen werden in dieser Tabelle die Namen der Bearbeitung der Blattläuse durch C. BÖRNER und K. HEINZE 1957 in SORAUER, P. Handbuch der Pflanzenkrankheiten 5 Tierische Schädlinge an Nutzpflanzen 2. Teil, 4. Lieferung Homoptera II. Teil: 1–402 (Berlin u. Hamburg) benutzt, die ausführliche Informationen bringt und zur Spezialliteratur führt. Weil aber in neuerer Literatur vielfach auch die Nomenklatur von EASTOP, V. F., HILLE RIS LAMBERS, D., 1976: Survey of the world's aphids, 573 S. The Hague gebraucht wird, wird diese, so weit sie abweicht, in eckigen Klammern beigefügt.

2. In Kellern und Lagerhäusern an Kartoffeln, Zwiebeln und anderen Feldfrüchten auftretende Blattläuse 3
– An Zimmerpflanzen vorkommende Blattläuse 6
3. Hinterleibsröhren groß und schwarz, in ihren Endhälften stark keulig aufgetrieben mit einem aufgesetzten engen Endstück. Erwachsene Tiere grün mit einem großen olivbraunen oder schwärzlichen Rückenfleck (Abb. 48 C und D). Körperlänge etwa 2 mm . . . . **Kellerlaus,** *Rhopalosiphoninus latysiphon* (Davidson, 1912)

Heimat USA, in Deutschland seit Winter 1943/44 bekannt, anholozyklisch, im Halbdunkel von Kellern und Lagerhäusern an lagernden (Saat-)Kartoffeln: Massenvermehrung zum Ausgang des Winters und im Frühling an den Dunkelkeimen, wodurch den Kartoffeln erhebliche Nährstoffmengen entzogen werden und ihre Schrumpfung beschleunigt wird. Die starken Kotausscheidungen der Läuse führen zu einer starken Vernässung der Knollen und begünstigen ihre Fäulnis. Im Mai Entwicklung zahlreicher geflügelter Weibchen, die an den Fenstern gefunden werden und durch Öffnungen ins Freie streben. Zu anderen Zeiten sind Geflügelte selten. Nach Entfernung der Kartoffeln ist Überleben der Läuse an anderen lagernden Feldfrüchten (z. B. Möhren, Sellerie, Porree, Petersilie, Futter- und Zuckerrüben, Salat, Kohl) möglich.

– Hinterleibsröhren nicht so stark keulig aufgetrieben, nicht schwarz 4
4. Hinterleibsröhren der Virginoparae schmalkeulig, Kopf mit deutlich nach der Mitte vorgezogenen Stirnhöckern, auf denen die Fühler eingelenkt sind (Abb. 48 E, F, H) . . . 5
– Hinterleibsröhren nicht keulig, zylindrisch, schlank, das lange Schwänzchen nicht überragend (Abb. 48 G). Körper bei den Erwachsenen leuchtend, bei den Larven aber durch sehr feine Wachsbepuderung matt grün mit einem dunklen Längsstreifen auf dem Rücken. Körperlänge der Ungeflügelten etwa 2,7 und der Geflügelten bis über 3 mm . . . . **Gestreifte (Große) Kartoffel(blatt)laus,** *Macrosiphon solani* (Kittel, 1827) [= *(Siphonophora) solanifolii* Ashmead, 1882]

Anholozyklisch in Mitteleuropa besonders aus Gärtnereien, Kartoffel- und Gemüsekellern bekannt, wo sie an Kartoffeln, *Beta*-Rüben und Kohl lästig wird. In Gewächshäusern bevorzugt sie Zinerarien, woran sie in den Wintermonaten rasch zu Massenvermehrung kommt.

5. Hinterleibsröhren der Virginoparae kurz, die Schwänzchenbasis kaum erreichend (Abb. 48 E), bei den Ungeflügelten kürzer als das 3. Fühlerglied, bei den Geflügelten kürzer als seine Hälfte. Ungeflügelte blass bräunlich- bis bläulichgrün, Geflügelte fast schwarz. Körperlänge der Ungeflügelten 1,5 mm, der Geflügelten 2 mm . . . . **Charlotten-** oder **Zwiebellaus,** *Rhopalomyzus [Myzus (Nectarosiphon)] ascalonicus* (Doncaster, 1946)

Heimat wahrscheinlich im nahen Osten, in Mitteleuropa etwa seit 1950 bekannt; anholozyklisch; hauptsächlich in halbdunklen Kellern und Lagerräumen an lagernden Zwiebeln, an deren Trieben von Januar bis Mitte April Massenvermehrung stattfindet mit Bildung zahlreicher Geflügelter, die an den Fenstern gefunden werden und durch Öffnungen ins Freie streben. Im Mai und Juni treten keine Geflügelten auf, dann erscheinen wieder einige, vermehrt im Oktober und November. Auch Freilandbefall an Erdbeeren, im Gewächshaus an Schnittlauch (*Allium schoenoprasum* Linnaeus), den sie besonders in Anzuchtkästen schwer schädigt.

– Rückenröhren der Virginopaare reichen bis an das Schwänzchen oder etwas darüber hinaus, bei den Ungeflügelten sind sie so lang oder länger als das 3. Fühlerglied, bei den Geflügelten länger als seine Hälfte; Fühler etwas kürzer als der Körper. Ungeflügelte matt oliv- bis gelblichgrün, Geflügelte mit schwarzbraunem Kopf, ebenso gefärbter Brust und einem gelblich grünen Hinterleib mit großem unregelmäßigem schwarzbraunen Mittelfleck und einigen Querbinden; Nymphen sind oft rötlich. Körperlänge der Ungeflügelten 1,8, der Geflügelten 2,3 mm (Abb. 48 F). . . . . **Grüne Pfirsichblattlaus,** *Myzodes [Myzus] persicae* (Sulzer, 1776)

Einer der wichtigsten Pflanzenschädlinge mit weltweiter Verbreitung, in kälteren Gebieten vom Anbau von Pfirsicharten abhängig, auf denen die Überwinterung des Wintereies möglich ist. Holozyklisch. Winterwirt Pfirsich, Zahl der Sommerwirtspflanzen, außerordentlich groß (über 400 festgestellte Pflanzenarten), darunter auch Kartoffeln in Kellerräumen, wo es bei uns zu einer starken virginoparen Wintervermehrung kommen kann, und verschiedene Zimmerpflanzen wie z. B. *Anthurium*, Kalla, Zinerarien, Primeln, Alpenveilchen, Gloxinien, *Streptocarpus*, Fleißiges Lieschen, Rosenfarbiges Sinn- oder Immergrün, Euphorbien, Fuchsien, Pelargonien, Begonien, *Asparagus sprengeri*, Efeu und Oleander. Schädlich weniger durch sein Saugen als durch die Übertragung vieler gefährlicher Pflanzenkrankheiten.

6. Fühler wenigstens so lang, meistens länger als der Körper 7
– Fühler deutlich kürzer als der Körper 13

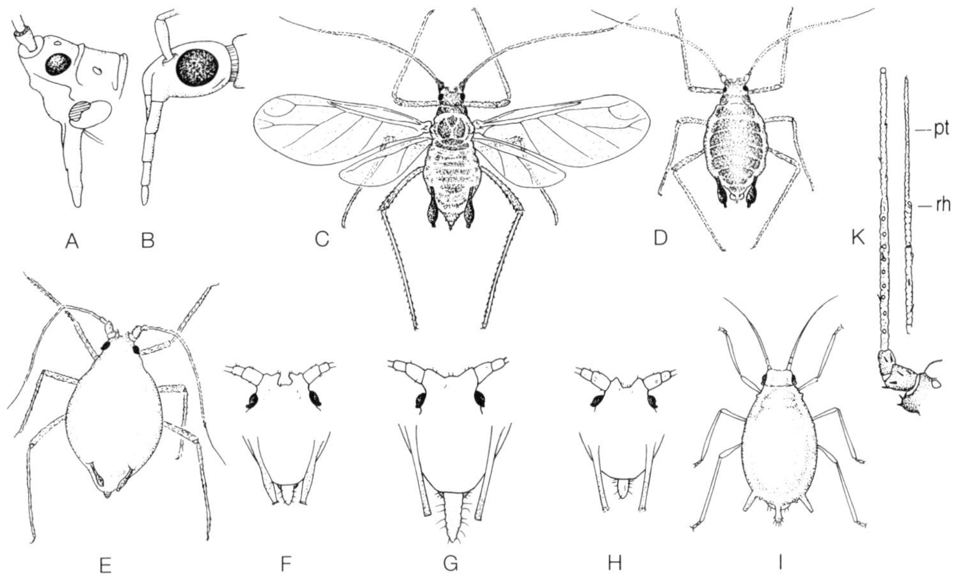

Abb. 48: Röhrenblattläuse: Kopf in Seitenansicht A einer Blattlaus, B einer Wanze zum Vergleich (schematisch); C, D geflügelte und ungeflügelte Jungfer der Kellerlaus, *Rhopalosiphonius latysiphon*; E ungeflügelte Jungfer der Zwiebellaus, *Rhopalomyzus ascalonicus*; F–H Rückenansicht von Kopf und Hinterleibsende mit den Rückenröhren (nicht so stark vergrößert wie der Kopf) von F der Grünen Pfirsichblattlaus, *Myzodes persicae*, G der Gestreiften Kartoffellaus, *Macrosiphon solani (solanifolii)*, H *(Dys)aulacorthum vincae (solani)*; I ungeflügelte Jungfer der Kreuzdornblattlaus, *Aphis nasturtii*; K Fühler einer Blattlaus, Glied 5 und 6 abgeschnitten und neben die ersten Fühlerglieder gelegt, am 6. Glied *rh* Hauptrhinarium, *pt* Processus terminalis (C, D, E, I nach Heinze aus Sorauer 1957, F–H nach Brandt 1948 und K nach F. P. Müller 1955).

7. Nur an Zimmerfarnen (Flügel-, Schwert-, Frauenhaar-, Streifen-, Goldtüpfelfarn) . . 8
– An anderen Zimmerpflanzen 9
8. 1,2–1,6 mm große schwarze Läuse mit breiten braunen Bändern entlang der Adern der Vorderflügel. Fühler sehr lang und dunkel geringelt, Rückenröhren etwa 1,5 mal so lang wie das Schwänzchen, etwas nach unten gebogen, farblos, aber im basalen Viertel dunkel. Rückenborsten weiß geknöpft und fächerförmig . . . . **Farnblattlaus,** *Idiopterus nephrolepidis* Davis 1909

Anholozyklisch, aus den Subtropen stammend, nur in Gewächshäusern, selten an Zimmerpflanzen.

– 1,5–2,4 mm große glänzend hell- bis grüngelbe Läuse mit brauner Zeichnung, Flügel nicht gebändert. . . . . **Gefleckte Gewächshauslaus,** *Aulacorthum (Neomyzus) circumflexus* (Buckton, 1876)

Anholozyklisch, nur an den jüngsten Pflanzen des Frauenhaarfarns. Näheres siehe unter 10

9. Nur an Azaleen (*Azalea indica* der Gärtner) 1,8–2,5 mm große grüne Läuse mit leicht keulig angeschwollenen Rückenröhren und auch bei den ungeflügelten Virginoparae stärker sklerotisiertem (gepanzertem), aber nicht stärker pigmentiertem Rücken . . . . **Azaleenblattlaus,** *Masonaphis [Illinoia] azaleae* (Mason, 1925)

Anholozyklisch, wahrscheinlich aus Ostindien stammend, saugt an den jungen Trieben und blattunterseits nur von *Azalea indica*; in Gärtnereien, woraus sie auch in Wohnungen verschleppt werden kann.

– An anderen Zimmerpflanzen polyphage Blattlausarten. 10
10. Die erwachsenen ungeflügelten Virginoparae glänzend hell- bis grüngelb mit 3 braunen Querbändern auf dem Rücken der Brust und einem großen dunkelbraunen Mittelfleck in

Form eines nach vorn offenen Hufeisens auf dem Hinterleib. Die nur selten im Winter und Frühling auftretenden geflügelten Virginoparae haben dunkelbraunen Kopf und Thorax sowie dunkelbraune Querbinden auf dem Hinterleib. Körperlänge der Ungeflügelten 1,5, der Geflügelten 2,4 mm . . . .
Gefleckte Gewächshauslaus, *Aulacorthum (Neomyzus) circumflexus* (BUCKTON, 1876)

Anholozyklisch, wahrscheinlich aus dem tropischen oder subtropischen Ostasien stammend, in Europa in Gärtnereien und an Zimmerpflanzen weit verbreitet und sehr polyphag an di- und monokotylen Pflanzen, so besonders an Alpenveilchen, Kalla, Pantoffelblumen, Zinerarien, Fuchsien und Zierspargel *(Asparagus sprengeri)*, auch an Frauenhaarfarn (siehe oben unter 8). Hauptvermehrungszeit im Winter und Frühjahr, in den Sommermonaten dagegen Ruhezeit.

– Die erwachsenen ungeflügelten Virginoparae haben keine dunkle Rückenzeichnung 11

11. Rückenröhren an der Spitze dunkelbraun. Körperfärbung glänzend oliv- bis hellgrün mit je einem dunkelgrünen Fleck auf dem Hinterleib am Ansatz der Rückenröhren (der bei Erwärmung in Spiritus schmutzig weinrot wird). Geflügelte mit hell- bis dunkelbraunem Kopf und meistens mit Querstreifung auf dem Hinterleib. Körperlänge der birnförmigen Ungeflügelten (mit größter Breite in der Höhe der Rückenröhrenansätze) 2 mm, der Geflügelten 3 mm (Abb. 48 H) . . . .
. *Dysaulacorthum vincae* (WALKER, 1848) [= *Aulacorthum solani* KALTENBACH, 1843]

Anholozyklisch; bei uns nur in Gärtnereien und in Anlagen in der Stadt verbreitet, von dort auch mit Zimmerpflanzen in die Wohnungen und mit Gemüse in die Keller gebracht. Nur selten an monokotylen Pflanzen, z. B. Kalla, aber häufig an dikotylen, so erzeugt sie an Pelargonien und Fuchsien ausgeprägte nekrotische Fleckung, wodurch die Blätter stark mißgebildet werden und bei Fuchsie sich einrollen, auch an Gloxinien, *Streptocarpus*, Begonien, Primeln, Rosenfarbenem Sinn- und Immergrün, Zinerarien und Pantoffelblumen.

– Hinterleibsröhren einheitlich hell oder schwach bräunlich 12

12. Kopf ohne Stirnhöcker (Abb. 48 G); Länge des Processus terminalis [d. i. der Abschnitt des 6. (letzten) Fühlergliedes von seinem ringförmigen Haupt-Rhinarium (rh) bis zu seiner Spitze, der schmäler ist als sein basaler Abschnitt] (Abb. 48 K, pt) zum basalen Abschnitt des 6. Fühlergliedes wie 5,3 : 6,4; Hinterleibsröhren mit einem großmaschigen Netzgürtel am Ende. Erwachsene Virginoparae glänzend grasgrün, Larven aber infolge feiner Wachsbepuderung mattgrün mit einem dunkel durchscheinenden Mittelstreifen. Körperlänge 2,7 bis über 3 mm . . . .
. . . . . . **Gestreifte (Große) Kartoffel(blatt)laus,** *Macrosiphon solani* (KITTEL, 1827)
[= *(Siphonophora) solanifolii* ASHMEAD, 1882] (Weiteres siehe oben unter 4!)

– Kopf mit Stirnhöcker, auf welchem die Fühler sitzen (wie Abb. 48 H); Länge des Processus terminalis zum basalen Abschnitt des 6. (letzten) Fühlergliedes (Abb. 48 K) wie 7,2 : 8; Hinterleibsröhren ohne Netzgürtel am Ende. Erwachsene Virginoparae *und* Larven glänzend grün. Geflügelte mit bräunlichem Kopf und Thorax. Hinterleibsröhren wie in Abb. 48 H). Körperlänge der Ungeflügelten 2,2, der Geflügelten 2,6 mm . . . .
. . . . **Pelargonienlaus,** *Aulacorthum pelargonii* (KALTENBACH, 1843)
[= *Arctosiphon malvae* (MOSLEY, 1841]

Anholozyklisch; besiedelt im Gewächshaus hauptsächlich die Triebspitzen und Blätter von *Pelargonium grandifolium*, seltener von *P. peltatum* und *zonale*, erzeugt dort kleine helle Stichflecke, wodurch die Blattspreite mißgebildet wird. – Vielleicht die anholozyklische Form von *A. geranii* (KALTENBACH, 1862), das im Freien an Storchschnabelgewächsen auftritt, aber auch in den Gewächshäusern die gleichen *Pelargonium*-Arten besiedelt. Hier entstehen vom Herbst bis Frühjahr die ungeflügelten, seltener geflügelten Männchen und die schwarzen Wintereier.

13. Nur an *Erica*-Arten an den jüngeren Trieben zwischen den Nadeln auftretende grüne ungeflügelte Virginoparae mit schlanken und hellen Rückenröhren und Fühlern von etwa ⅔ Körperlänge. Bei Massenvermehrung werden die Jungtriebe gestaucht und die Blüten vernichtet. Körperlänge 1,2–1,5 mm . . . . *Ericaphis ericae* (BÖRNER, 1933)

Anholozyklisch. Heimat wahrscheinlich Südafrika, in Mitteleuropa nur in Ericatreibereien besonders an der als Herbstblüher für den Grabschmuck an Allerseelen gern benutzten *E. gracilis* SALISBURY, womit sie auch gelegentlich in die Wohnungen gelangen.

– An anderen Zimmerpflanzen 14

14. Schwänzchen sehr kurz, so lang wie breit, an Zinerarien 18
– Schwänzchen länger als breit 15
15. Hinterleibsröhrchen ganz oder wenigstens an der Basis hell 17
– Hinterleibsröhrchen vollständig sehr dunkel bis schwarz 16

16. Ungeflügelte Virginoparae schmutzig gelbgrün, vorn meist etwas dunkler, matt, mit Wachs fein gepudert. Fühler etwa halb so lang wie der Körper. Geflügelte mit braunschwarzem Kopf und Thorax und schmutzig grünem Hinterleib mit kurzen schwärzlichen Binden und 3–4 schwarzen Flecken an den Seiten. Körperlänge 1,3–1,5 mm . . . . **Gurkenblattlaus,** *Cerosipha [Aphis] gossypii* (GLOVER, 1854)

Anholozyklisch. Weltweit verbreitet, besonders in den Tropen von wirtschaftlicher Bedeutung. Bei uns nur in Gärtnereien und Gurkentreibereien. Ruhezeit im Winter, im Frühling Massenvermehrung im Glashaus, von da aus mit den Pflanzen ins Freiland gebracht, kann sie schädlich werden. Sie kommt auch vor an Fuchsien und Begonien, mit denen sie auch in die Wohnungen gebracht werden kann.

– Ungeflügelte Virginoparae nicht mit Wachs bepudert; im Winter Rücken dunkelschattiert bis fast schwarz, Kopf, Hinterleibsende, Extremitäten und Hinterleibsröhren sehr dunkelolivbraun bis fast schwarz. Larven fast weiß bis grünlichweiß. Geflügelte mit sehr kurzen geraden Hinterleibsröhren. Körperlänge 1–2 mm, Fühler halb so lang wie der Körper . . . . **Gepunktete Gewächshauslaus,** *Myzus portulacae* MACCHIATI, 1883 [= *M. ornatus* LAING, 1932]

Anholozyklisch. Seit 1933 in Mitteleuropa bekannt, wohin sie vielleicht mit Schnittblumen aus Italien verschleppt wurde. Sie wird an Zimmerpflanzen mitunter sehr lästig, so an Gloxinien, Streptocarpus, Zinerarien, Pelargonien, Fuchsien, Primeln, Zierspargeln und Myrte.

17. Ungeflügelte Virginoparae im Sommer strohfarben, auf dem Rücken fein genarbt mit dunklen Querstreifen und segmental angeordneten braunen Punkten; nicht mit Wachs bepudert; weißlich bis grünlich weiße Larven (siehe oben unter 16!) . . *Myzus potulacae*
– Ungeflügelte Virginoparae zitronengelb mit feiner Wachspuderung, Körperlänge 1,2 mm. Geflügelte mit schwarzglänzendem Kopf und Thorax, Hinterleib grünlichgelb ohne dunkleren Mittelfleck oder Streifen, Körperlänge 1,4 mm (Abb. 48 I) . . . . **Kreuzdornblattlaus,** *Aphidula [Aphis] nasturtii* (KALTENBACH, 1843)

Holozyklisch: Hauptwirt *Rhamnus* sp., besonders *cathartica*; Sommerwirtspflanzen zahlreiche di- und monokotile Pflanzenarten, darunter auch *Asparagus sprengeri*.

18. Ungeflügelte Virginoparae, elliptisch-eiförmig, flach, häufig wie die Larven hellgelb, strohgelb bis gelblichgrün, mitunter auch fleischrötlich. Hinterleibsröhren hellbraun und sehr kurz, kaum 2mal so lang wie an der Basis breit. Geflügelte Virginoparae mit schwarzem Kopf und Thorax sowie einem dunklen Fleck hinten auf dem gelblichgrünen Hinterleib. Körperlänge der Ungeflügelten 1,2, der Geflügelten 1,9 mm . . . . **Kleine Pflaumenlaus,** *Brachycaudus helichrysi* (KALTENBACH, 1843)

Holozyklisch; winterharte Pflaumen und Schlehen; Sommergenerationen an Kompositen. Selten überwintern die Virginoparae in Gewächshäusern auch an Zinerarien.

– Ungeflügelte Virginoparae breit birnförmig hochgewölbt; Kopf schwarz, Thorax mit schwarzen Querbinden; Hinterleib mit einem großen Mittelfleck, wodurch der ganze Rücken glänzend dunkelbraun bis schwarz gepanzert erscheint, sonst grün. Die Hinterleibsröhren sind an der Basis breiter als an der Spitze und etwa 3mal so lang wie an der Basis breit. Sie sind der bekannteren **Großen Pflaumenlaus,** *Brachycaudus cardui* (LINNAEUS, 1758) sehr ähnlich, unterscheiden sich aber von ihr dadurch, dass das Endglied ihrer Rüsselspitze die Hinterhüften nur wenig bei *cardui* aber in seiner ganzen Länge überragt und die Schenkel nur kurz bei *cardui* aber seitlich und ventral ziemlich lang und abstehend behaart sind. Larven grün, nicht dunkel gezeichnet. Körperlänge etwas weniger als bei *cardui*, um 2 mm. . . . . *Brachycaudus lateralis* (WALKER, 1848) [= *cardui* (LINNAEUS, 1758)]

Wahrscheinlich holozyklisch mit Schlehe als Winterwirt. Sommergenerationen vorwiegend an *Capsella, Arctium* und *Senecio*, in Gewächshäusern auch an Zinerarien.

19. Geflügelte Pflanzensauger von nur 1–2 mm Körperlänge mit fast gleich langen Vorder- und Hinterflügeln, die nicht miteinander durch eine Haftvorrichtung verbunden sind. Sie werden dachförmig über dem Rücken aneinandergelegt, haben nur 2 Adern, die den Flügelrand nicht erreichen, und sind wie der ganze Körper dicht mit weißem Wachs überpudert. Sie erscheinen wie winzig kleine Motten auf der Blattunterseite von Zimmerpflanzen und fliegen bei deren Berührung oft in großer Zahl auf, um sich bald wieder auf der Pflanze niederzulassen. . . . . . **Mottenschildläuse**, Aleyrodina (Tabelle 14 unter 4)
– Ungeflügelte Pflanzensauger, oft festsitzend, dann oft ohne Beine und mit reduzierten Fühlern . . . . **Schildläuse**, Coccina 20

In der vorliegenden Tabelle werden nur die Weibchen (und Larven) berücksichtigt, nicht die Männchen (Abb. 49 R), die einen gut gegliederten Körper mit normal ausgebildeten Fühlern und Beinen und meistens ein Paar (Vorder-)Flügel haben, die in der Ruhe waagrecht über dem Körper zusammengelegt werden. Die Hinterflügel sind zu hakenförmigen Rudimenten (Halteren) verkümmert, die beim Flug in eine Falte des Vorderflügels eingelegt werden und mit diesem synchron schwingen. Die Männchen besitzen (oft vereinfachte) Komplexaugen, aber keine Mundgliedmaßen, weshalb sie keine Nahrung aufnehmen können. Sie leben als erwachsene Tiere auch nur wenige Stunden, weshalb sie normalerweise kaum beobachtet werden. Biologie siehe SCHMUTTERER u. a. in SORAUER: Handb. Pflanzenkrankh. 5 (4): 403–520.

20. Pflanzensauger mit segmentiertem Körper, deutlichen Fühlern und Beinen mit eingliedrigen Füßen und nur einer Klaue sind zur Fortbewegung fähig, oft aber träg und nach der Eiablage festsitzend zusammen mit Eiern und Larven in losen kreideweißen Wachsausscheidungen. 21
– Festsitzende Pflanzensauger mit nur unvollständig segmentiertem Körper, reduzierten Fühlern und Beinen, von napfförmiger Gestalt oder unter einem Schild verborgen 24
21. Winzig kleine Tiere sind die ersten Larven **aller Schildlausarten**, die nach dem Schlüpfen aus dem Ei (in wenigen Fällen kommt auch Viviparie vor) auf den Pflanzen herumlaufen, um eine geeignete Stelle zu suchen, an der sie ihre langen Stechborsten in das pflanzliche Gewebe, in der Regel in den Siebteil der Gefäße, einstechen können. Vom 2. Larvenstadium an beginnt bei den meisten Arten die Rückbildung oder der Verlust der Fühler und Beine und der Fortbewegungsmöglichkeit.
– Wenigstens 2,5 bis 5 mm lange Tiere, deren Grundfärbung von einem weißen Wachspuderbelag verdeckt wird: an ihrem eiförmigen Körper mit jederseits 17–18 Wachsfortsätzen, von denen die beiden letzten, nach hinten gerichteten länger als die seitlichen sind . . . . **Woll-** oder **Schmierläuse**, Pseudococcidae 22
22. Auf jeder Seite des eiförmigen Körpers (3,5–4 mm lang, 2 mm breit) 18 randständige Wachsfortsätze, die zum Hinterende zu allmählich etwas länger werden, so dass der letzte der längste ist. Er erreicht aber nur etwa ⅙ der Körperlänge. Grundfarbe des Körpers ohne Wachsbepuderung rötlichbraun mit einer dunkleren Längsbinde über der Körpermittellinie. Die Tiere sitzen oft in Anzahl unter wollig fädigen weißen Wachsmassen (Abb. 49 P, Q) . . . . **Zitrus-** oder **Gewächshausschmierlaus**, *Planococcus citri* (RISSO, 1826)

Weltweit vorbreitet, in den Tropen und Subtropen an zahlreichen Kulturpflanzen schädlich, in Mitteleuropa nur auf Gewächshaus- und Zimmerpflanzen beschränkt, an ihnen aber die häufigste und schädlichste Schmierlaus. Sehr polyphag an fast allen Zierpflanzenarten schädlich durch Saugen und starke Rußtaupilze begünstigende Honigtauausscheidung. Eiablage in einem Eiersack aus lockeren Wachsfäden.

– Auf jeder Seite eines elliptischen Körpers 17 randständige Wachsfortsätze, von denen die beiden letzten nach hinten gerichteten viel länger als die seitlichen sind. . . . . *Pseudococcus* WESTWOOD, 1840 23
23. Der hinterste Wachsfortsatz auf jeder Seite so lang oder etwas länger als der Körper. Seine Grundfarbe ist blassgelb mit einem mehr oder weniger bräunlichen Längsstrich über die Rückenmitte. Körperlänge 2,5–5 mm, -breite etwa 2 mm (Abb. 49 O) . . . . *Pseudococcus adonidum* (LINNAEUS, 1767)

Weltweit verbreitet, in Mitteleuropa nur in Gewächshäusern und Zimmerpflanzen, in den Tropen und Subtropen an vielen Kulturpflanzen. Er hat aber weniger Nährpflanzen als *Planococcus citri*. Besonders häufig wird er an Gummibaum, Oleander und Zimmerpalmen lästig. Er schadet durch Saugen und starke Rußtaupilze fördernde Honigtauausscheidung. Einzeltiere bisweilen in mehr oder weniger hinfälliger Wachshülle. In der älteren Literatur wird nur diese *Pseudococcus*-Art als Zimmerpflanzenschädling genannt. Später wurden noch weitere Arten beschrieben, die früher nicht von ihr unterschieden wurden.

– Der hinterste Wachsfortsatz auf jeder Seite ist nur halb so lang wie der Körper. Dessen Grundfarbe ist rötlichbraun. Körperlänge etwa 3,5–5 mm, -breite 1,5–2 mm. . . . . *Pseudococcus maritimus* (EHRHARDT, 1900)

Weltweit verbreitet wie die vorhergehende Art und ebenso schädlich. An Zimmerpflanzen, besonders an Kakteen und *Clivia*, an der er sich besonders zwischen den häutigen Blattscheiden einfindet, besonders an zu warmen Standorten. – Eine dritte *Pseudococcus*-Art *gahani* GREEN 1915, mit ähnlicher Lebensweise, deren hinterster Wachsfortsatz nur etwa ⅓ so lang wie der Körper ist, wurde in Mitteleuropa bisher wohl nur in Gewächshäusern gefunden.

24. Unter 1,5 mm große, wenig gegliederte, rötliche, gelbliche oder weißliche Insekten ohne Beine und mit stark rückgebildeten Fühlern, von birn- bis nierenförmiger Gestalt und meistens geringer Segmentierung des Hinterleibes (Abb. 49 S), unter einem 0,8–4 mm großen runden (Abb. 49 V) bis komma- oder muschelförmigen, nach oben schwach gewölbten Schild (einer Ausscheidung des Insekts), der mit dem Körper nicht mehr in Zusammenhang steht. In ihn eingewebt sind die abgeworfenen Larvenhäute, die auf ihm einen etwas anders gefärbten **Fleck** bilden. In der Regel sind es zwei Larvenhäute (Abb. 49 T); bei den Weibchen einiger Gattungen *(Aonidia, Gymnaspis)* aber nur eine, die in das Schild eingefügt wird, während die andere sehr kräftig ist und das erwachsene Weibchen wie eine Kapsel umschließt (Kryptogynie, kryptogynes Weibchen). In solchen Fällen geht der Rückenschild häufig bald verloren. Neben dem Rückenschild kann auch noch ein mehr oder weniger kräftiger Bauchschild ausgeschieden werden, der beim Abnehmen des Rückenschildes mitgerissen wird bzw. auf der Unterlage haften bleibt. Bei Arten mit zweigeschlechtlicher Fortpflanzung finden sich neben den weiblichen Schilden oft eine große Anzahl Schilde der männlichen Larven, die bedeutend kleiner und immer langgestreckter als die weiblichen sind, häufig schneeweiß und von faseriger Struktur. Ihr Fleck liegt am Vorderende oder im vorderen Drittel des Schildes und wird nur von der Haut der Erstlarve gebildet. Auf die erwachsenen Männchen, die man gewöhnlich nur selten zu sehen bekommt, wird in der Tabelle nicht eingegangen. Die Larven und Weibchen sind mit ihren langen Stechborsten im Gewebe der von ihnen besetzten Pflanzen verankert (Abb. 49 S–V). **Deckelschildläuse**, Diaspididae 28

In Mitteleuropa wurden rund 40 Arten an Gewächshauspflanzen festgestellt, manche allerdings nur selten und nur in botanischen Gärten oder Großgärtnereien. Sie können auch in Wohnungen eingeschleppt werden. Auf sie kann hier nicht eingegangen werden. Es werden hauptsächlich nur solche Arten berücksichtigt, die häufig gefunden werden. In Häusern sind besonders gern Kübelpflanzen wie Lorbeer, Oleander, Gummibaum, Efeu usw. sowie Kakteen, Zimmerpalmen, Bromeliceen durch Deckelschildläuse verunziert. Die genaue Artbestimmung kann nur durch das mikroskopische Studium der Morphologie der Weibchen erfolgen. Dafür kann verwendet werden SCHMUTTERER, H., 1959: Schildläuse oder Coccoidea I. Deckelschildlause oder Diaspididae. In DAHL, F.: Die Tierwelt Deutschlands. Teil 45 (G. Fischer) Jena.

– Über 1,5 mm große Insekten, deren Körper durch Verdickung der Rückenhaut zu einem unbeweglichen und ungegliederten schalen-, napf- bis kugelförmigen Gebilde umgewandelt ist, das auf seiner Unterseite einen Hohlraum besitzt, in dem die Eier zwischen mehr oder weniger Wachs abgelegt werden. Das Wachs mit den Eiern kann auch das Tier selbst weit überragen. Die Oberseite des Tieres ist braun und hart, die Unterseite weicher. Hier sitzen die meisten 6–8gliedrigen, verhältnismäßig kleinen und dünnen, mitunter auch stark rückgebildeten Fühler und die Beine, zwischen dem ersten Beinpaar der Stechrüssel. . . . . **Napfschildläuse**, *Lecaniidae* 25

25. Die 2–3 mm langen und 1,5–2 mm breiten erwachsenen Weibchen sind flach, im Umriss breit ei- bis herzförmig, weißlich, gelblich, bräunlich bis dunkelbraun auf der Oberseite und mehr ockerfarbig auf der Unterseite. Sie besitzen einen aus dem etwas hochgebogenen Hinterrand vorquellenden, 5–11 mm langen und 2 mm breiten Eisack mit lockerfädigem weißen, oft einmal längs und mehrmals quergestreiftem Wachs . . . . *Chloropulvinaria floccifera* (WESTWOOD, 1870) [nomenklatorisch richtiger wohl *cestri* (BOUCHÉ, 1833)]

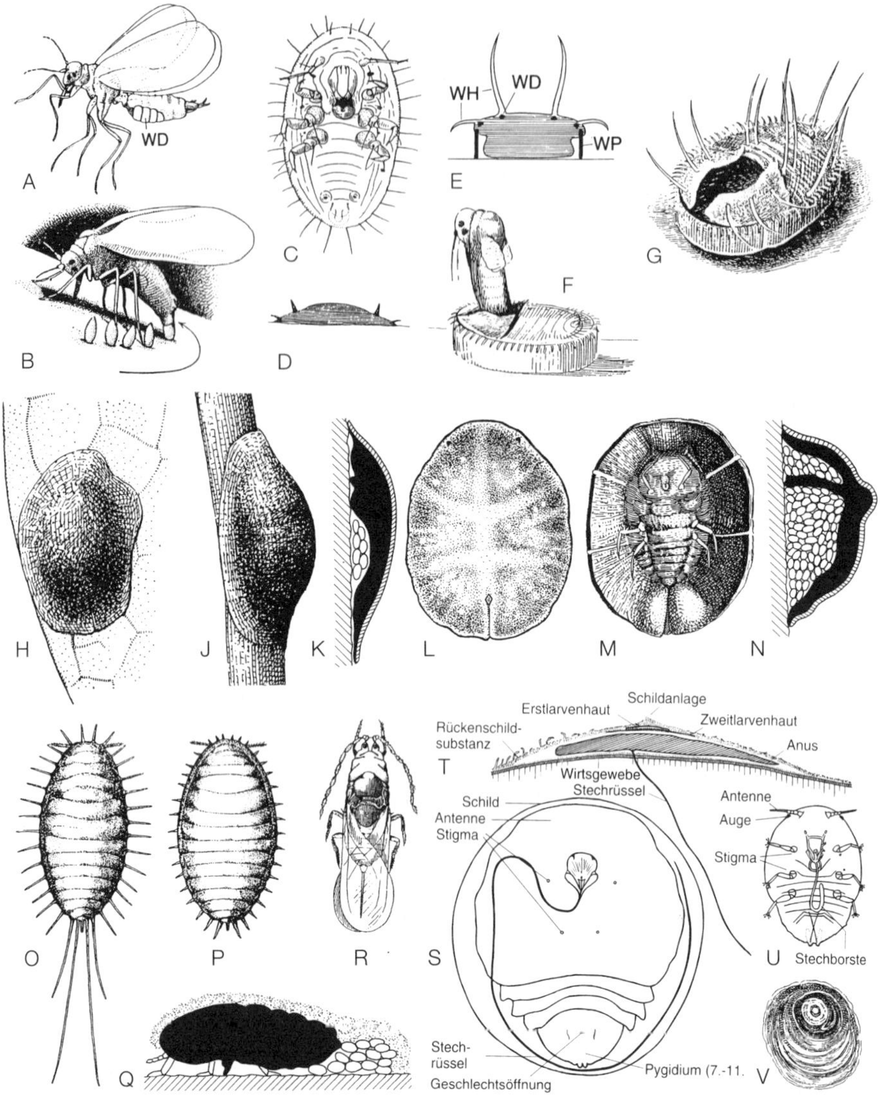

Abb. 49: A–G Mottenschildläuse, Aleyrodina: *Trialeurodes vaporariorum* A Männchen, B Weibchen bei der Eiablage auf der Blattunterseite, C Larve von der Bauchseite, D im Querschnitt nach dem Festsitzen und E nach Bildung des aus Wachs bestehenden Pupariums, F Vollkerf mit noch nicht entfalteten Flügeln schlüpft aus dem Puparium, G leeres Puparium mit der Schlüpföffnung. H–V Schildläuse, Coccina: H–N Napfschildläuse, H–K *Coccus hesperidum* Weibchen H von oben, I von der Seite, K im Längsschnitt mit kleiner Bruthöhle, weil die Larven sofort nach dem Legen der Eier schlüpfen und auswandern; L–N *Saissetia oleae* Weibchen L von oben, M von unten vor Beginn der Eiablage, N im Längsschnitt mit großem Brutraum, der von Eiern angefüllt ist; O–Q Peudococcidae; O *Pseudococcus adonidum* Weibchen ohne Eisack; P *Planococcus citri* Weibchen von oben ohne Eisack, Q im Längsschnitt mit Eisack. R–V Deckelschildläuse, Diaspididae, R Männchen, S Weibchen von der Bauchseite, Schild verhältnismäßig zu klein gezeichnet, T im Längsschnitt; U Erstlarve; V Schild des Weibchens von oben gesehen (viel weniger vergrößert). *WD* Wachsdrüsen, *WH* seiten- und rückenständige Wachshaare, *WP* Wachsplättchen des Pupariums. (A–K, M, N, Q, R nach WEBER, L Original gez. von U. FRERICHS, O, P nach SCHMUTTERER aus SORAUER 1957, S–U aus WEBER/WEIDNER, V aus DIEHL-WEIDNER).

Im Freiland in den warmen Gebieten der gemäßigten Klimazone an verschiedenen Kulturpflanzen schädlich, in Mitteleuropa in Gewächshäusern an Orchideen und an *Camellia japonica* L.

– Die erwachsenen Weibchen ohne Eisack 26

26. Weibchen ziemlich flach, im Umriss unsymmetrisch lang ei- bis herzförmig mit schmälerem Vorderende und zwiegespaltenem Hinterende, in der Jugend blass- bis dunkel-braungelb oder ocker- bis grünlichgelb, mit mehr oder weniger grünlichem Rand, mitunter mit unregelmäßig verteilten dunkel rötlichbraunen bis braunschwarzen Flecken oder Streifen, später einfarbig dunkelbraun bis schwärzlich. Auf Blättern ist seine Körperform ganz flach, an dünnen Stengeln dagegen biegt sich das Tier entsprechend ihrer Rundung, wodurch sich der Brutraum unter seinem Körper verändert (Abb. 49 H–K). Fühler 7gliedrig. Auf der Körperoberfläche stehen kleine eiförmige Hautporen weit voneinander getrennt. Körperlänge 2,25–5 mm, -breite 1,25–3 mm . . *Coccus hesperidum* LINNAEUS, 1758

Weltweit verbreitet, in den Tropen, Subtropen und warmen Gebieten der gemäßigten Klimazone außerordentlich polyphager Schädling an vielen Kulturpflanzen, in Mitteleuropa an Gewächshaus- und Zimmerpflanzen sehr häufig, seine Freilandgrenze erreicht er in der Schweiz, aber auch nördlich davon ist Vorkommen an Kübelpflanzen im Freien während der warmen Jahreszeit möglich; besiedelt Blätter und schwächere Zweige und schadet auch durch starke Honigtauausscheidung und Förderung der Rußtaupilze. Bevorzugt werden Oleander- und Citruspflanzen, Lorbeer, Zimmerpalmen, *Camellia japonica* L. und *Hibiscus roseosinensis* L.

– Weibchen rundlich bis gedrungen elliptisch, stark gewölbt bis halbkugelig, einen großen Brutraum umfassend (ein Weibchen legt bis zu über 2000 Eier, die in ihm bis zum Schlüpfen der Larven verbleiben (Abb. 49 N). Rücken mit einem Längs- und 2 Querkielen (in der Literatur meistens als H-förmige Struktur bezeichnet) (Abb. 49 L) . . . . *Saissetia* DEPLANCHE, 1859 27

An Zimmerpflanzen kommen 2 weltweit verbreitete, sehr polyphage Arten mit ähnlicher Lebensweise vor. Sie besiedeln Blätter und Äste und werden auch durch ihre erhebliche Honigtauausscheidung und Förderung der Rußtaupilze schädlich. In Mitteleuropa leben sie nur in Innenräumen, in den Tropen und Subtropen schaden sie im Freiland an zahlreichen Nutzpflanzen.

27. Die H-förmige Struktur auf dem Rücken deutlich (Abb. 49 L), die Rückenhaut zwischen den Kielen mehr oder weniger eingesunken, fein gekörnt, bei mikroskopischer Betrachtung mit Zellenstruktur, wobei die Zellen häufig 5- bis 6eckig sind und jede einzelne in der Mitte eine längliche, meist undeutliche Pore hat. Körper im Umriss kurz und breiteiförmig, nur etwas länger als breit, dunkel- bis schwärzlichbraun, selten ganz schwarz, bei jungen Tieren oft mit einem dünnen, weißen Wachsbelag (Abb. 49 L–N). Körperlänge 2,5–5 mm, -breite 1,5–3,5 mm, -höhe 1,5–3 mm . . . *Saissetia oleae* (OLIVIER, 1791).

Bevorzugt werden Agaven, Aloe, Zimmerfarne, Zierspargel (*Asparagus sprengeri* REG.), auch auf importiertem Obst wurde sie früher manchmal nicht selten gefunden.

– Die H-förmige Struktur auf dem Rücken ist zwar immer vorhanden, aber stets nur schwach ausgebildet, die Rückenhaut zwischen den Kielen ist nicht eingesunken, besitzt viele große eiförmige Poren. Körper elliptisch, zum Vorderende verschmälert, hellbraun. Körperlänge 1,25–4,25 mm, -breite 1,25–2,75 mm, -höhe 1–2 mm *Saissetia palmae* (HAWARD, 1812) [= S. *coffeae* (WALKER, 1852), S. *hemisphaerica* (TARGIONI-TOZETTI, 1868)]

Bevorzugt werden als Nährpflanzen Zimmerfarne, Zierspargel, Grünlilie (*Chlorophytum comosum* BAK.), Zimmer-Aralie (*Fatsia japonica*, DECNE. & PLANCH.).

28. Der Fleck (die Larvenhäute) liegt am Vorderrand des lang gestreckten parallelseitigen bis birnenförmigen Schildes 35

– Der Fleck liegt innerhalb des rundlichen bis eiförmigen, auch asymmetrisch ausgebildeten Schildes, ragt nicht über seinen Rand hinaus 29

29. Der Schild ist im Umriss annähernd kreisrund 30

– Der Schild ist im Umriss breitoval, eiförmig, lang gestreckt oder asymmetrisch gerundet 33

30. Der Schild des Weibchens mit einem Durchmesser von 1–1,2 mm ist dünn, grauweiß gefärbt und enthält nur 1 Larvenexuvie, die einen großen Teil des Schildes ausfüllt, dunkelgrau bis schwarz und deutlich gerippt ist. Der Schild fällt in der Regel bald nach der

2. Häutung ab. Es bleibt dann die fast kreisrunde, stark gewölbte, glänzend schwarze Larvenhaut, die das Weibchen einschließt, auf der Pflanze haften und verleiht dadurch den befallenen Blättern ein charakteristisches schwarz- und (durch die Saugstellen) hellgeflecktes Bild. Neben den Weibchen finden sich auch die 0,7–0,8 mm langen, ovalen, grauweißen Schilde der männlichen Larven, die die vordere Schildhälfte mit ihrer sehr großen Exuvie fast ganz ausfüllen . . . . *Gymnaspis aechmeae* NEWSTEAD, 1898

fast nur an Bromeliaceae.

– Schild des Weibchens mit viel kleinerem Fleck, fällt nicht ab. Weibchen nicht kryptogyn 31

31. Der Fleck liegt im vorderen Drittel des 1,5–2,3 im Durchmesser großen Schildes. Zwischen den weißlichen Schilden der Weibchen finden sich meist zahlreich auch die schneeweißen, 0,7–1,2 mm langen, sehr schmalen mit 1–3 Längskielen (oft schwer sichtbar) versehenen Schilde der Männchen, deren vorderes Ende von der Larvenhaut eingenommen wird. . . . . **Schmierlaus,** *Diaspis* COSTA, 1835

auf Kakteen spezialisiert *Diaspis echinocacti* (BOUCHÉ, 1833) mit gelben Weibchen; fast ausschließlich auf Bromeliaceen *D. bromeliae* (KERNER, 1778) mit rosa vor und orangegelb während der Eiablage gefärbten Weibchen und *D. boisduvali* SIGNORET, 1869 mit zitronengelben Weibchen; davon kommt die Orchideenrasse *D. b. boisduvali* außer an Orchideen auch an Musaceen (z. B. *Strelitzia*) und Marantaceen und eine Palmenrasse *D. b. coccois* (LICHTENSTEIN, 1882) an Palmen vor, wo sie an Kübelpflanzen im Sommer in begünstigten Gebieten auch im Freien sich fortpflanzen kann.

– Der Fleck liegt in oder nahe der Mitte des Schildes. 32

32. Durchmesser des Schildes beim Weibchen 1,9–2,8 mm; Schild leicht gewölbt, gelblich weiß bis ockergelb, bei jungen Tieren weiß; Fleck dunkelgelb etwa in der Mitte oder nahe dabei gelegen. Weibchen breit birnförmig, in oder vor der Mitte am breitesten, zitronengelb. Neben den weiblichen Schilden auch meistens Schilde der männlichen Larven, sie sind mehr oval als rund mit Fleck in der vorderen Hälfte und einem Längsdurchmesser von 1–1,3 mm . . . . **Oleanderschildlaus,** *Aspidiotus hederae* (VALLOT, 1829)

häufigste Deckelschildlaus an Zimmerpflanzen, besonders auf *Nerium oleander* L., Mimosaceen und Proteaceen, im Sommer auch an Kübelpflanzen im Freien fortpflanzungsfähig. Daneben kommt auch eine parthenogenetische Unterart *A. hederae unisexualis* SCHMUTTERER, 1952 vor, die wärmebedürftiger ist und vorzugsweise Palmen *(Chamaerops, Phoenix)*, aber auch *Asparagus sprengeri*, Oleander und Agaven befällt. Sie ist an Zierpalmen durch Verursachung von Flecken sehr schädlich.

– Durchmesser des Schildchens beim Weibchen 1–1,8 mm; Schild vom flachen Rand gegen die Mitte etwas ansteigend, glatt, rötlich bis dunkelbraun, oft mit hellem Rand; Fleck ziemlich in der Mitte gelegen, gelb- bis schwärzlichbraun, von unten feurig rotbraun glänzend. Weibchen birnförmig, blassgelb oft mit einem Stich ins Rötliche, Hinterrand bräunlich. Männchen an Zimmerpflanzen nicht beobachtet . . . . *Chrysomphalus dictyospermi* (MORGAN, 1889)

sehr polyphage Art, besonders an Zimmerpalmen und Orchideen schädlich, auch an anderen Kübelpflanzen, z. B. *Ficus elastica* ROXB., *Citrus*-Bäumchen. – Gelegentlich auch auf *Citrus*-Früchten. – Gedeiht auch an Kübelpflanzen im Sommer im Freien, sonst kommt die weltweit verbreitete Art in Mitteleuropa nur in Innenräumen vor.

33. Schild bei Weibchen und Männchen mit einem Längsdurchmesser von 0,8–1,0 mm, rotbraun, leicht gewölbt, beim Männchen etwas schmäler als beim Weibchen und einer im vorderen Drittel gelegenen Larvenhaut, während sie beim Weibchen mehr in der Mitte liegt. Bei ihm fällt aber der Schild leicht ab und die 2. Larvenhaut, in der das weinrot gefärbte, kryptogyne Weibchen eingeschlossen ist, bleibt an der Pflanze. Sie ist breitoval, glänzend braun und etwas durchsichtig. . . . . **Lorbeerschildlaus,** *Aonidia lauri* (BOUCHÉ, 1833)

kommt nur auf Lorbeerarten (*Laurus* spp.) vor, in Mitteleuropa nördlich der Südschweiz und Norditalien nur in Innenräumen, allerdings auch im Sommer an Kübelpflanzen im Freien. Das Mittelmeergebiet ist wahrscheinlich ihre eigentliche Heimat. – Auch auf getrockneten Lorbeerblättern kann man besonders um die Blattadern die abgestorbenen Schildläuse finden.

– Schild größer, 1–3 mm, oval unsymmetrisch einseitig deutlich verlängert weißlich, gelblichweiß bis gelblichgraubraun 34

16 Wanzen, Heteroptera

Die Vorderflügel der Wanzen sind Halbdecken, d. h. in ihrem basalen Teil sind sie hornig und kräftig gefärbt, an ihrer Spitze aber durchscheinend, membranös. Diese Membranen der Flügel legen sich in der Ruhe übereinander und zeigen die Form einer Raute (Abb. 50). Die Larven sehen im wesentlichen wie die erwachsenen Tiere aus, haben aber noch keine Flügel oder nur lappenförmige Flügelanlagen. In Häusern treten mit Ausnahme der Bettwanze Wanzen nur sehr selten auf. Freilandwanzen können bei Massenvermehrung gelegentlich auch an Hauswänden auftreten oder sogar in die Zimmer eindringen. Dieses kommt im Frühjahr öfter bei

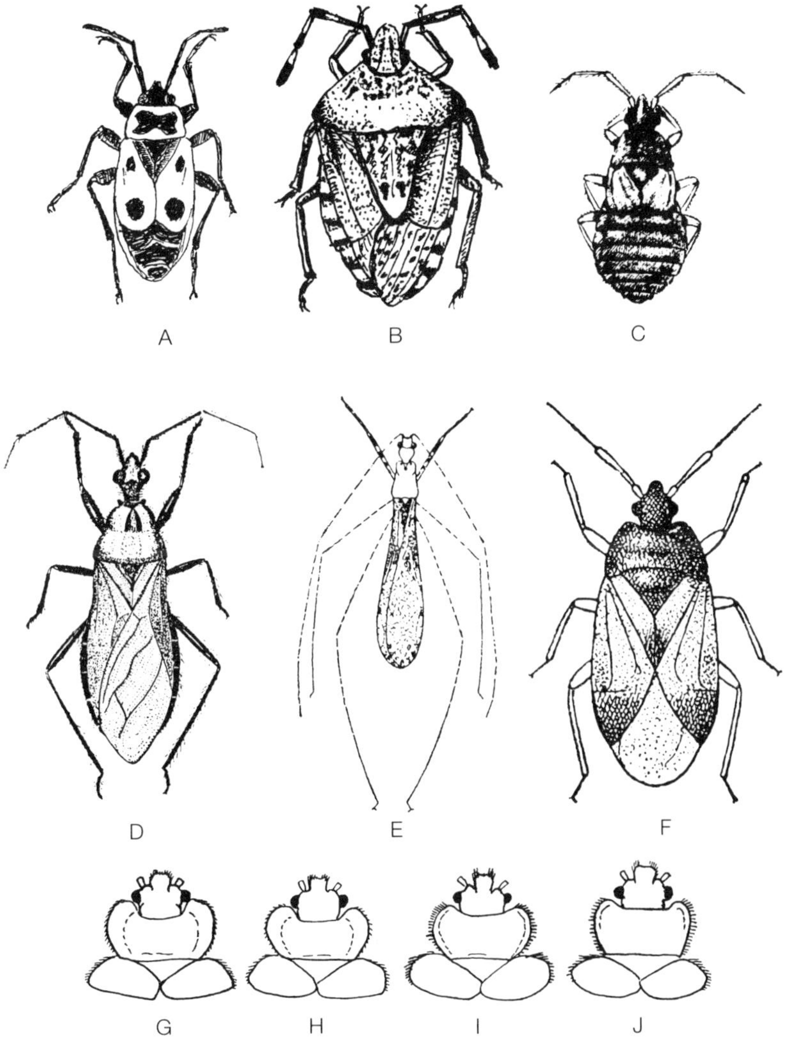

Abb. 50: A Feuerwanze, *Pyrrhocoris apterus*, B Graue Feldwanze, *Raphigaster nebulosa*, C *Xylocoris flavipes*, D Kotwanze, *Reduvius personatus*, E Mückenwanze, *Empicoris culiciformis*, F Geflügelte Bettwanze, *Lyctocoris campestris* (aus WEIDNER, LUNA DE CARVALHO, GULDE und STICHEL), G–J Kopf und Halsschild von Cimex G lectularius, H columbarius, I pipistrelli, J hemipterus.

der 9–10 mm großen, meistens kurzflügeligen schwarz-rot gezeichneten **Feuerwanze**, *Pyrrhocoris apterus* (LINNAEUS, 1758) (Abb. 50 A) vor, wenn in Hausnähe Parkbäume, besonders Linden stehen. Zu Tausenden können sie auf dem Boden und an den Baumstämmen herumlaufen und an sonnenbeschienenen Hauswänden bis in 2 m Höhe sitzen. In ähnlicher Weise trat in der Oberrheinischen Tiefebene bei Germersheim die zu den Baum- oder Stinkwanzen (Pentatomidae) gehörende, 15 mm große, schmutzig graugelbe bis bräunliche, stellenweise schwarz oder braun gepunktete **Große Feldwanze**, *Rhaphigaster nebulosa* PODA, 1761 (Abb. 50 B) auf. Sie ist in Mitteleuropa vorwiegend auf wärmere Gebiete beschränkt, wo sie normalerweise auf Äckern vorkommt. Es ist nicht ausgeschlossen, dass auch andere häufige Freilandwanzen ebenfalls an oder auch in benachbarten Häusern vorkommen können. Dieses ist besonders der Fall bei solchen, die im Herbst Verstecke suchen, in denen sie gesellig überwintern können wie z. B. der zu den Erdwanzen (Lygaeidae) gehörende *Raglius vulgaris (*SCHILLING, 1829). Die 7–8 mm große langovale, langbeinige Wanze, die an dem hellen Hinterrand ihres Halsschildes und einem dunklen Makel im hinteren Teil ihrer Halbdecken erkennbar ist, saugt auf Feldern, Wiesen oder Ruderalstellen an Pflanzensamen und ist daher im Haus für den Menschen vollkommen unschädlich, wenn sie auch durch ihre oft große Zahl und ihr bei Zimmertemperatur auch während des ganzen Winters anhaltendes Herumlaufen sehr lästig werden kann.
In importierten Vorräten aus den Tropen, besonders in Erdnüssen und Getreide, die von Vorratsschädlingen befallen sind, kommen gelegentlich 2 mm große schwarze bis rote Wanzen mit gelben Beinen und meistens verkürzten Flügeldecken vor (Abb. 50 C). Es handelt sich dabei meistens um die zu den Blumenwanzen (Anthocoridae) gehörenden *Xylocoris (Arrostelus) flavipes* (REUTER, 1875). Seltener ist ihre langflügelige Form, die Ähnlichkeit mit der bei uns nicht seltenen *Lyctocoris campestris* (FABRICIUS, 1794) hat (siehe die folgende Tabelle und Abb. 50 F). Allerdings ist diese mit einer Körperlänge von 3,4–4 mm bedeutend größer. Außerdem ist bei *Xylocoris* das 2. Fühlerglied so lang wie das 3., während es bei *Lyctocoris* viel länger ist. *Xylocoris* saugt besonders Eier und Puppen anderer Vorratsschädlinge aus und kann dadurch deren Entwicklung stark beeinträchtigen. Es kann vorkommen, dass Vorräte fast nur noch Wanzen enthalten, weil alle Vorratsschädlinge von ihnen ausgerottet wurden.

Die Bestimmung der Freilandwanzen ist möglich mit WAGNER, E., 1961: Heteroptera (Hemiptera) in BROHMER, EHRMANN, ULMER: Die Tierwelt Mitteleuropas Bd. 4, Lieferung 3, Heft Xa, 172 S. Quelle & Meyer, Leipzig. Die folgende Bestimmungstabelle enthält nur

die in Häusern ständig lebenden Wanzenarten (Ausnahme: Birkenwanze)

1. Wanzen mit gut entwickelten Flügeln 2
– Wanzen ohne Flügel, mit lappenförmigen Flügelanlagen oder schuppenförmigen Vorderflügeln 5
2. Große (16–17 mm) lang gestreckte Wanzen an Fühlern, Vorderbrust und Beinen rau behaart, glänzend braun (Abb. 50 D) . . . . **Kotwanze**, *Reduvius personatus* (LINNAEUS, 1758)
jagt Insekten, auch Bettwanzen in Häusern, Scheunen und Lagerräumen. Bei ungeschickter Berührung kann sie auch den Menschen stechen.
– Wanzen kleiner als 1 cm 3
3. Mückenähnliche Wanzen, sehr schlank, mit außerordentlich langen und dünnen Beinen und schmalen durchsichtigen Vorderflügeln (Abb. 50 E) . . . . **Mückenwanze**, *Empicoris* WOLF, 1811 (= *Ploiariola* REUTTER, 1888)
an feuchten Brettern und Wänden in feuchten Wohnungen, jagen kleine Insekten. Bei uns kommen zwei Arten vor: *E. culiciformis* (DE GEER, 1773) (Körperlänge 4,5 mm) und die größere *E. vagabunda* (LINNAEUS, 1758) (Körperlänge 7 mm).
– Breitere, plattgedrückte Wanzen 4
4. Wanzen gelbbraun mit locker gestreuten schwarzen Punkten. Flügel weitgehend glasig, der Teil, der an das Schildchen angrenzt mit 3 Punktreihen, Körperlänge 4–6 mm. . . . . **Birkenwanze**, *Kleidocerys resedae* (PANZER, 1797)

häufig auf Birken, im Herbst zeitweise massenhaft an Hauswänden, gelegentlich auch im Haus, fliegt gern zum Licht, kein Schädling, aber sehr lästig.

– Wanzen dunkelbraun, Basis der Vorderflügel und ein Fleck an der Spitze heller, Membran weißlich. Beine hellgelblich (Abb. 50 F). Körperlänge 3,5–4 mm . . . . **Geflügelte Bettwanze,** *Lyctocoris campestris* (FABRICIUS, 1794)

in Vogelnestern, Hühnerställen und Wohnungen. Sticht gelegentlich auch den Menschen, um Blut zu saugen.

5. Gelbbraune bis rotbraune, sehr breite, flachgedrückte Wanzen mit schuppenförmigen Vorderflügeln (Imagines) oder ohne solche (Larven), mit dunkel durchschimmerndem Darm (Abb. 10) 6

– Wanzen anders gefärbt, nicht so flachgedrückt, mit oder ohne Flügelanlagen 10

6. Das 3. und 4. Fühlerglied nicht viel dünner als das 1. und 2., das 3. und 4. Fühlerglied etwa gleich lang. Vorderrand des Halsschildes schwach eingebuchtet oder in der Mitte fast gerade und nur die Seiten vorgezogen. Körperlänge 3,5–4 mm . . . . **Schwalbenwanze,** *Oeciacus hirundinis* JENYNS, 1839

lebt in Schwalbennestern. Solang die Schwalben fortgezogen sind, hungern die Wanzen. Mitunter verlassen sie die Nester, vielleicht, wenn sie im Sommer nicht mehr von Schwalben bewohnt sind und dringen in Wohnungen in der Nachbarschaft der Nester ein, wo sie auch Menschen stechen können.

– Das 3. und 4. Fühlerglied deutlich dünner als das 1. und 2., das 3. Fühlerglied deutlich länger als das 4. Vorderrand des Halsschildes stark bogenförmig eingebuchtet Hinterleibsende der Weibchen (und Larven) symmetrisch abgerundet, beim Männchen kegelförmig mit einem seitlich anliegenden säbelförmig gekrümmten «Penis» (eigentlich Kopulationshaken), wodurch es unsymmetrisch erscheint (Abb. 10) 7

7. Der dünne seitliche Saum des Halsschildes stark verbreitert (Abb. 50 G, H) 8

– Der dünne seitliche Saum des Halsschildes nur schmal (Abb. 50 I, K) 9

8. Das 2. Fühlerglied kürzer als das 3., letzteres um die Hälfte länger als das 4. Rostbraun mit gelblichen Borsten und Haaren. Körperlänge 4–6 mm (Abb. 10) . . . . **Bettwanze,** *Cimex lectularius* LINNAEUS, 1758

häufig in Wohnungen und Hotelzimmern in der gemäßigten Zone. Sticht in der Nacht die Menschen, um Blut zu saugen. Tagsüber verborgen hinter Tapeten, Bildern, Fußbodenleisten, in Ritzen der Betten und anderer Möbel, dort klebt sie auch ihre Eier an, aus denen die Larven nach Öffnen eines Deckels schlüpfen. Sie kann auch Blut an Tauben, Fledermäusen und Laboratoriumsratten und -mäusen saugen.

– Das 2. Fühlerglied ebenso lang wie das 3., dieses um etwa ein Drittel länger als das 4. Braun (Abb. 50 H). Körperlänge 3,75–4,75 mm . . . . **Taubenwanze,** *Cimex columbarius* JENYNS, 1839

in Holzstallungen von Tauben und Hühnern, an denen sie Blut saugt. Selten. Vielleicht nur eine biologische Rasse von *C. lectularius*.

9. Halsschild mit gebogenen Seiten (Abb. 50 I), stark und lang behaart. Körperlänge 4,7–5,8 mm . . . . **Fledermauswanze,** *Cimex pipistrelli* JENYNS, 1839

lebt an den Schlafplätzen von Fledermäusen und kann von dort aus in darunterliegende Wohnungen eindringen.

– Halsschild mit nicht sehr gebogenen Seiten (Abb. 50 K), dadurch länger, mehr rechteckig erscheinend, dunkelbraun . . . . **Tropische Bettwanze,** *Cimex hemipterus* FABRICIUS, 1803 (= *rotundatus* SIGNORET, 1852)

lebt ähnlich wie die Bettwanze und vertritt sie entsprechend ihren höheren Temperatur- und Feuchtigkeitsansprüchen in den Tropen.

10. Grau, vollkommen mit einer rauen Schicht von Schmutzteilchen und Kot überdeckt . . . . Larve der **Kotwanze,** *Reduvius personatus* (LINNAEUS, 1752) (siehe 2)

– Körper glatt, nicht mit Schmutz und Kot überzogen 11

11. Körper sehr schmal mit sehr langen dünnen Beinen . . . . Larven der **Mückenwanze,** *Empicoris* (siehe 3)

– Körper breit und flach, schwarzbraun mit gelbbraunen Beinen . . . . Larven der **Geflügelten Bettwanze,** *Lyctocoris campestris* (siehe 4)

17 Hautflügler, Hymenoptera

besitzen – mit Ausnahme ungeflügelter Arten oder Formen, wie z. B. der Ameisenarbeiterinnen – 2 Paar häutige und mehr oder weniger durchsichtige Flügel, von denen das vordere Paar immer viel größer als das hintere ist. Nur bei den Blatt- und Holzwespen ist der Hinterleib ohne Verschmälerung mit der Brust verbunden (Symphyta, Abb. 51 oben), bei allen übrigen Hautflüglern (Apocrita) ist entweder die Verbindung zwischen Brust und Hinterleib nur durch ein kurzes, sehr dünnes Röhrchen hergestellt, das vom 2. Hinterleibsring gebildet wird (Abb. 51 unten), oder der 2. und oft auch noch der 3. Hinterleibsring sind sehr stark verjüngt (Abb. 55 A). Das 1. Hinterleibssegment verschmilzt mit dem Brustabschnitt zu einer Einheit. Seine Rückenplatte bildet den Hinterrücken (Epinotum) des Median- oder Mittelsegments (Abb. 51 unten, schwarz). Der 2. Hinterleibsring ist vielfach im ganzen verengt und seine Bauch- und Rückenplatte fest miteinander verschmolzen. Man spricht dann von einem Stielchen (Petiolus) (Abb. 60). Bei Ameisen ist vielfach der 3. Ring ebenso umgebildet. Ihn bezeichnet man dann als Postpetiolus (Abb. 59). Obwohl diese Deutung der Hinterleibssegmente vergleichend anatomisch gut gesichert und allgemein anerkannt ist, wird im taxonomischen Schrifttum immer noch konventionell, aber nicht richtig, der Petiolus als das 1. Abdominalsegment und das 1. Gastersegment als 2. Hinterleibssegment (entsprechend seine Rückenplatte als Tergum 2) bezeichnet. Die Unterordnungen lassen sich folgendermaßen unterscheiden:

1. Der Hinterleib ist ohne Verschmälerung mit der Brust verbunden (Abb. 51, 52) 1–4 cm große, schlanke Insekten . . . . **Holzwespen**, Siricidae (Tabelle 18)
– Der Hinterleib besitzt eine Wespentaille, d. h. er ist durch ein kurzes, sehr dünnes Röhrchen mit der Brust verbunden (Abb. 51), oder sein 2. bzw. seine 2. und 3. Ringe sind stark verschmälert (Abb. 55 A), so dass sie einen Stiel bilden 2
2. An den Hinterbeinen zwischen Hüfte und Schenkel immer zwei Schenkelringe (Abb. 51, 1 und 2). Hierher gehören auch fast alle kleinen bis sehr kleinen Hymenopteren mit stark reduziertem Flügelgeäder (Abb. 56). Dem Hinterflügel fehlt das Analfeld . . . . **parasitische Wespen**, *Terebrantes*[1] (Tabelle 19)
– An den Hinterbeinen zwischen Hüfte und Schenkel nur ein Schenkelring (Abb. 51). Große bis mittelgroße Hymenopteren, auch viele ungeflügelte Tiere, kleinere Hymenopteren haben am Hinterflügel ein Analfeld (Abb. 63) . . . . **Stechimmen**, *Aculeata*[1] (Tabelle 20)

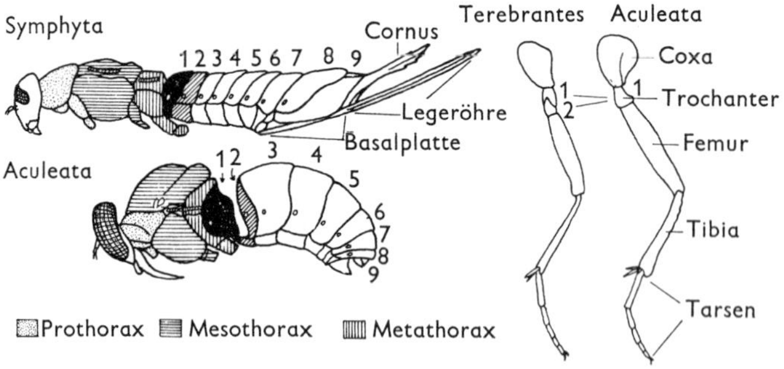

Abb. 51: Erkennungsmerkmale der Unterordnungen der Hautflügler, Hymenoptera (schwarz = Mittelsegment).

[1] Aus Gründen der Zweckmäßigkeit werden hier die früher üblichen Unterordnungen, *Terebrantes* und *Aculeata* beibehalten, die im neueren taxonomischen Schrifttum in der Unterordnung *Apocrita* vereinigt sind.

18 Holzwespen, Siricidae

Die Holzwespen sind 1–4 cm große Insekten und legen ihre Eier an kranke oder frisch gefällte Bäume. Ihre Larven haben eine mehrere Jahre dauernde Entwicklung, die auch im frisch verarbeiteten Holz nicht abgebrochen wird. Die Holzwespen schlüpfen daher sehr häufig aus Brettern und Balken in Neubauten oder neuen Kisten und Holzregalen aus, wobei sie sich durch alle aufliegenden Gegenstände (z. B. Linoleum, Dachpappe, Teppiche, selbst Bleiplatten, Papierstöße, Bücher, Wäsche, Kleiderstoffe, Seife usw.) durchzubohren versuchen. Dadurch kann mitunter erheblicher Schaden entstehen. Sind diese Gegenstände aber zu dick, so bleiben die schlüpfenden Wespen oft in ihnen stecken und sterben ab. An verarbeitetes Holz, das ausgetrocknet ist, legen sie keine Eier ab, so dass also in Gebäuden die Gefahr einer Weitervermehrung nicht besteht. Die Tragfähigkeit des Holzes wird durch ihre Gänge kaum gefährdet. Bekämpfungsmaßnahmen im Haus sind daher meistens nicht nötig. In den Gebäuden werden nur diejenigen Arten angetroffen, deren Larven im Nadelholz leben. Nur sie werden in der nachfolgenden Tabelle berücksichtigt. Die Larven der Gattung *Xiphidra* und *Tremex* leben im Laubholz, ohne dass ihnen eine nennenswerte wirtschaftliche Bedeutung zukommt. *Tremex* z. B. lebt nur in stark verpilztem Holz. Die Größenunterschiede der einzelnen Individuen derselben Art sind oft sehr bedeutend. Fraßbild siehe Tabelle 47.

1. Hinterschienen nur mit einem Endsporn. Legebohrer des ♀ etwa so lang wie der Körper. Hinterleib des ♂ überwiegend schwarz. Die Wespen sind schwarz mit je einem bleichgelben Fleck am Hinterrand der Schläfen und einem ebensolchen Seitenstreifen an der Brust. Körperlänge (beim ♀ ohne Legebohrer gemessen) 15–30 mm . . . .
 . . . **Schwarze Fichtenholzwespe, Tannenholzwespe,** *Xeris spectrum* (LINNAEUS, 1758)

 Larve vorwiegend in Kiefernholz, aber auch in Fichte und Tanne. Da sie in saftreicherem Holz lebt, schlüpft die Wespe nur selten aus verarbeitetem Holz aus.

– Hinterschienen mit zwei Endsporen. Legebohrer des ♀ kürzer als der Körper. Hinterleib des ♂ überwiegend rotgelb 2

2. Vorderflügel mit 2 Brachialquernerven, von denen der basale verkürzt ist (Abb. 52, 1, 2). Fortsatz (Cornus) am Hinterleibsende des ♀ dreieckig (Abb. 52 ♀ *Sirex*) Kopf stets ganz schwarzblau, Körper beim ♀ schwarzblau, beim ♂ der Hinterleib ausgedehnt rotgelb. Körperlänge 15–30 mm 3

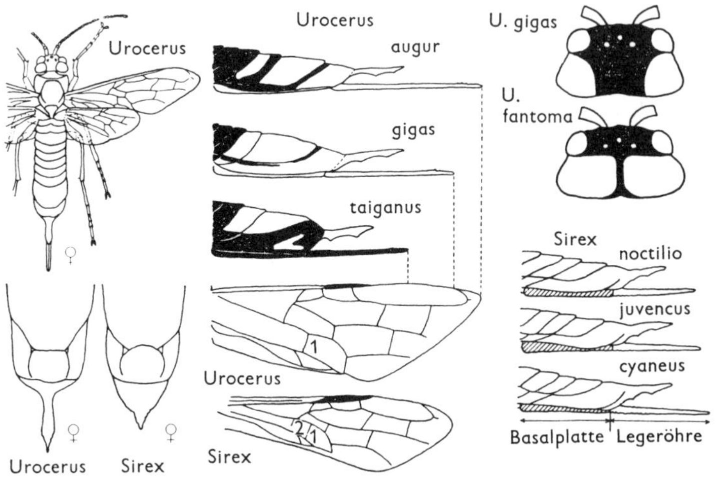

Abb. 52: Holzwespen, Siricidae, Unterscheidungsmerkmale (nach BENSON).

– Vorderflügel mit 1 Brachialquernerv (Abb. 52, 1). Fortsatz (Cornus) am Hinterleibsende des ♀ schwach lanzettförmig (Abb. 52 ♀ *Urocerus*) Körper schwarz und gelb, der Kopf stets teilweise gelb. Körperlänge 12–40 mm 5

3. Das letzte Tarsenglied an allen Beinen schwarz. Fühler ganz schwarz. Legeröhre kürzer als die Basalplatte (Abb. 52) . . . **Blaue Fichtenholzwespe,** *Sirex noctilio* FABRICIUS, 1793

Larve vorwiegend in Fichte. Nach Neuseeland und Australien verschleppt, wurde sie dort zum Pflanzenschädling an angebauten fremden Kiefern, besonders *Pinus radiata*. Um weitere Einschleppungen zu verhindern, muss Befallsfreiheit vom hölzernen Verpackungsmaterial einzuführender Güter nachgewiesen werden.

– Das letzte Tarsenglied an allen Beinen gelb, Fühler an der Basis rotbraun, wenn schwarz, dann beim ♀ Legeröhre so lang oder länger als die Basalplatte (Abb. 52) 4

4. Basalglieder der Fühler meistens rotbraun, sind sie verdunkelt, dann sind beim ♂ die Legeröhre so lang wie die Basalplatte (Abb. 52) . . . . **Blaue Kiefernholzwespe,** *Sirex juvencus* LINNAEUS, 1758

häufigste Holzwespe in Neubauten und Kistenholz, vorwiegend in Kiefern (Taf. III, C).

– Basalglieder der Fühler schwarz. Beim ♂ Hinterleib an der Spitze rotgelb, beim ♀ Legeröhre so lang wie die Basalplatte (Abb. 52) . . . . . . *Sirex cyaneus* FABRICIUS, 1781

Larve in Nadelhölzern. Heimat Nordamerika, nach Europa eingeschleppt.

5. Kopf hinter den Augen gelb mit einer – meistens schwarzen – Mittelfurche und geringer Punktierung (Abb. 52 *U. fantoma*) 6

– Kopf hinter den Augen und zwischen ihren Innenrändern schwarz, nur die Schläfen gelb, stark punktiert (Abb. 52 *U. gigas*) 8

6. Scheitel mit tiefer, gewöhnlich schwärzlicher Mittelfurche. Beim ♀ Hinterschienen ganz gelb, höchstens an der Spitze braun, die Hinterleibssegmente 6 und 7 mit schwarzer Binde und manchmal 4 und 5 mit schwarzen Flecken an den Seiten. Beim ♂ Beine schwarz, die vorderen manchmal rotbraun bis schwarz, manchmal auch die Hinterleibsbasis verdunkelt 7

– Scheitel mit flacher, hinten etwas tieferer Mittelfurche, ganz hell gefärbt. Beim ♀ Hintertibien mit braun bis schwarzen Endhälften, Hinterleibssegmente 3–7 auf dem Rücken ganz oder teilweise schwarz bis braunschwarz. Beim ♂ Beine gelb oder bräunlichgelb, Hinterbeine mit Ausnahme der bleichen Tibienbasis rotbraun, Hinterleib ganz ungefleckt, selten die Hinterleibsspitze wenig verdunkelt. Legeröhre mit Basalplatte etwa so lang wie der Vorderflügel (Abb. 52) . . **Gelbe Fichtenholzwespe,** *Urocerus augur* (KLUG, 1803)

Larve vorwiegend in Fichte und Tanne.

7. Legeröhre kürzer als der Vorderflügel, reicht bis zur Spitze der 3. Radialzelle . . . . *Urocerus fantoma* (FABRICIUS, 1781)

Larve in Fichte, Kiefer, Lärche und Tanne.

– Legeröhre noch kürzer, reicht bis zur Mitte der 3. Radialzelle . . . . *Urocerus tardigradus* (CEDERHJELM, 1798)

diese Art wird von den meisten Autoren als Synonym von *U. fantoma* angesehen.

8. Beim ♀ Rücken des 8. und 9. Hinterleibssegments fast vollständig gelb, nur an der Basis dunkel, Legeröhre mit Basalplatte etwas kürzer als der Vorderflügel, erreicht fast die Spitze der 3. Radialzelle (Abb. 52). Beim ♂ Rücken des 7. Hinterleibssegments und Fühlergeißel ganz gelb . . . . **Riesenholzwespe,** *Urocerus gigas* (LINNAEUS, 1758)

Larve in Kiefer, Fichte, Tanne und Lärche. Die Wespen schlüpfen häufig aus verarbeitetem Holz.

– Beim ♀ Rücken des 9. Hinterleibssegments nur zum Teil, der des 8. ganz gelb. Legeröhre mit Basalplatte deutlich kürzer als der Vorderflügel, reicht nur bis zur Mitte der 3. Radialzelle (Abb. 52). Beim ♂ Rücken des 7. Hinterleibssegments und Fühlergeißel vom 7. Glied an bis zur Spitze geschwärzt . . . . *Urocerus gigas taiganus* BENSON, 1943

Larve in Kiefern- und Fichtenholz. Früher von *U. gigas* nicht unterschieden, ersetzt diese Art in Ost- und Nordeuropa. Nach M. NUORTEVA (1969) kommen zwischen *gigas* und *taiganus* alle Übergänge vor, weshalb *taiganus* Synonym von *gigas* ist.

19 Parasitische Wespen, Terebrantes[2]

Nur wenige der in Häusern vorkommenden Arten entwickeln sich in Pflanzensamen (einige Erzwespen) und können dadurch schädlich werden. Sie sind aber keine eigentlichen Vorratsschädlinge; denn der Befall findet nur im Freien statt, wenn die Samen noch nicht reif sind. Es handelt sich also bei ihnen um eingeschleppte Freilandschädlinge. Die Mehrzahl der hierher gehörenden Arten sind Parasitoide, die während ihrer ekto- oder entoparasitischen Entwicklung (an bzw. in ihrem Wirt) ihren Wirt abtöten. Arten, bei denen sich normalerweise nur ein Parasitoid in einem Wirtstier entwickeln kann, werden als «Solitärparasitoide» bezeichnet und solche, bei denen sich mehrere Wespchen der gleichen Art in einem Wirtstier ausbilden «Gregärparasitoide». Früher hat man sich wenig für sie interessiert; denn in der Praxis sind im Haus und in Vorräten auch Parasitoide ebenso wenig willkommen wie die Schädlinge selbst. In neuerer Zeit beginnt man aber immer mehr auch ihre Lebensweise genauer zu studieren, weil man hofft, auch sie bei Bekämpfungs- bzw. Vorbeugungsmaßnahmen einsetzen zu können, so z. B. gegen schädliche und lästige Fliegen (siehe Fabricius, K., Klunker, R.: Merkblätter über angew. Parasitenk. u. Schädlingsbek. Nr. 12 – Angew. Parasitol. 32 (1): 1–24. Jena 1991). Ihre Bestimmungsmöglichkeiten sind allerdings für den Nichtspezialisten immer noch sehr begrenzt, weshalb auch hier nur die bekanntesten Gattungen und Arten berücksichtigt werden sollen.

1. Der im Verhältnis zu Kopf und Brust sehr kleine, stark seitlich zusammengedrückte Hinterleib ist mit dem oberen Rand des fast würfelförmigen Brustabschnittes durch einen dünnen Stiel verbunden. Kopf glänzend schwarz, fein punktiert, Flügel schwach getrübt (Abb. 53), Körperlänge 8–9 mm . . . . **Hungerwespe**, *Evania appendigaster* (Linnaeus, 1758) *(Evaniidae)*
   Solitärparasit in den Eipaketen der Orientalischen und Amerikanischen Schaben.
– Hinterleib nicht auffallend klein, am unteren Rand des Brustabschnittes eingelenkt . 2
2. Fühler gerade, schnurförmig 3
– Fühler gekniet, Flügeladerung stark reduziert (Abb. 56), oft mit Metallglanz. Flügel können auch vollkommen rückgebildet sein (Abb. 56 F) . . . **Erzwespen**, Chalcidoidea 10
3. Flügel mit einem Pterostigma (Abb. 55, Flügelmal) 6
– Flügel ohne Pterostigma . . . . **Gallwespen**, Cynipoidea 4
4. 7–18 mm große Insekten mit einem glänzenden seitlich zusammengedrückten, mahagonibraunen Hinterleib, der in seiner Form an eine Messerklinge erinnert. Kopf glänzend

Abb. 53: Hungerwespe, *Evania appendigaster*.

[2] Siehe Fußnote auf S. 82.

schwarz. Flügel stark getrübt. 2. Fußglied des Hinterbeins mit einem griffelartigen Fortsatz (Abb. 54 A, B) . . . . *Ibalia leucospoides* (HOCHENWARTH, 1785) *(Ibaliidae)*

Parasitoid in den Larven der Holzwespen *Sirex* und *Urocerus*. Die Weibchen erreichen die Holzwespenlarven mit ihrer Legeröhre nur durch den Stichkanal, den das Wespenweibchen bei der Eiablage gebohrt hat. Die noch in der Eischale befindlichen oder die eben daraus geschlüpften Holzwespenlarven werden mit je einem (selten zwei) Ei belegt. Die erwachsene Parasitoidenlarve verlässt die Überreste ihres Opfers und bleibt noch rund 6 Monate liegen, bis sie sich verpuppt. Nach 5 bis 6 Wochen schlüpft die Imago und bohrt sich einen Schlupfgang nach außen. So kann sie in Neubauten mit befallenem Holz in größerer Zahl gefunden werden. Gesamtentwicklung 2–3 Jahre.

– Höchstens 5 mm große Insekten mit seitlich etwas zusammengedrücktem, in Seitenansicht ovalem bis keulenförmigem Hinterleib 5

5. Rückenplatte des 3. Hinterleibssegments (auf Abb. 53 C punktiert) viel kleiner als der halbe Hinterleib, aber auch kleiner als die Rückenplatte des 4. Segments. Stielchen ringförmig und längsgefurcht . . . . *Figites* LATREILLE, 1802 (Figitidae)

Solitärparasiten in Fliegenmaden, Imagines schlüpfen aus den Fliegentönnchen: *F. striolatus* HARTIG, 1840 der Stubenfliege, *F. scutellaris* (ROSSI, 1794) von *Ophyra leucostoma* und *F. anthomyiarum* BOUCHÉ, 1834 von *Calliphora vicina*.

– Rückenplatte des 3. Hinterleibssegments (auf Abb. 54 D punktiert) größer als alle übrigen Hinterleibssegmente zusammen. Schildchen mit einer napfförmigen Erhebung. Körper glänzend schwarz . . . . Cynipidae, Eucoilinae

Solitärparasiten in Fliegenmaden, Imagines schlüpfen aus dem Puparium: *Kleidotoma marshalli* (CAMERON, 1889) der Käse- und Stubenfliege, *Cothonaspis boulardi* BARBOTINI, 1979 und *Ganaspis subnuda* KIEFFER, 1904 von *Drosophila melanogaster*.

6. Flügel mit 2 rücklaufenden Adern und einer großen Discocubitalzelle (Abb. 55 A), häufig mit einer kleinen 2. Cubitalzelle, der Areola (a) 3. und 4. Hinterleibsring miteinander gelenkig verbunden . . . . **Echte Schlupfwespen**, Ichneumonidae 7

– Flügel nur mit einer rücklaufenden Ader (Abb. 55 B). 3. und 4. Hinterleibsring miteinander verschmolzen und daher nicht gegeneinander beweglich . . **Brackwespen**, Braconidae 9

7. Kleine Schlupfwespen, Körperlänge 6 mm, sehr schlanke Tiere mit schwarzem Thorax und etwa doppelt so langem, aber nur halb so breitem, seitlich zusammengedrücktem, lang gestieltem, oben schwarzem, unten gelbrotem bis gelbbraunem Hinterleib, Legeröhre etwas länger als der halbe Hinterleib (Abb. 55 A) . . . . . *Nemeritis (= Idechthis = Devorgilla = Venturia) canescens* (GRAVENHORST, 1829) Ophioninae

Solitärparasitoid in den (besonders älteren) Raupen vorratsschädlicher Motten *(Ephestia, Plodia, Galleria, Achroea, Nemapogon)*

– Große Schlupfwespen, Körperlänge 2–3,5 cm 8

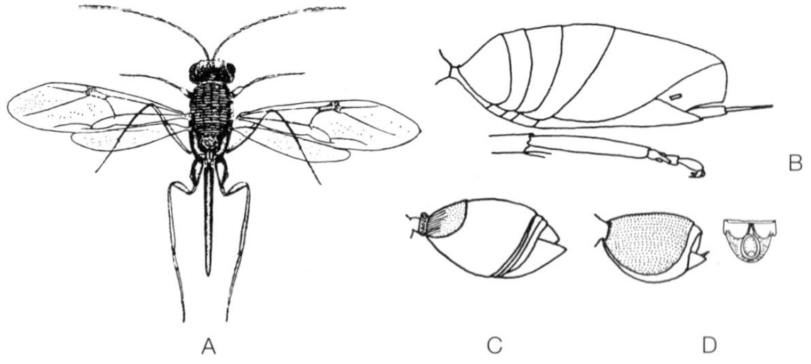

Abb. 54: In Häusern gelegentlich auftretende Gallwespen: A, B *Ibalia leucospoides*, A vom Rücken, B Hinterleib von der Seite, darunter Hinterbein mit griffelartigem Fortsatz am 2. Fußglied, C Hinterleib von *Figites*, D von einer Eucoiline, daneben Schildchen mit napfförmiger Erhebung (A aus ESCHERICH, B–D aus WEIDNER).

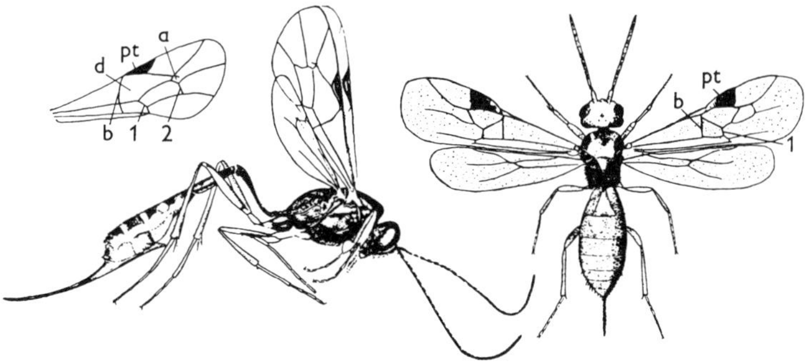

Abb. 55: A Ichneumonide *Nemeritis canescens*, darüber Flügelgeäder des Vorderflügels, B Braconide *Bracon hebetor*, *a* Areola, *b* Basalnerv, *d* Discocubitalzelle, *pt* Pterostigma (Flügelmal), *1, 2* Nervus recurrens (aus FREEMAN & TURTLE).

8. Clypeus in der Mitte vorgezogen. Legeröhre etwa um ein Viertel länger als der Körper. Schwarz mit weißen Flecken am Kopf, Schildchen und Hinterleib, Körperlänge (ohne Legeröhre) 22–34 mm . . . . *Rhyssa persuasoria* (LINNAEUS, 1758) (Pimplinae)

häufigster Solitärparasitoid an den Larven von *Sirex* und *Urocerus*, der auch in Neubauten gelegentlich aus dem Bauholz schlüpft. Die Weibchen erregen durch ihre lange Legeröhre oft Furcht. Sie können damit aber nicht stechen. Keine Schädlinge.

– Clypeus in der Mitte nicht vorgezogen, vorn gerade abgeschnitten. Legeröhre etwa doppelt so lang wie der Körper. Schwarz mit weißen Flecken am Kopf, Schildchen und Hinterleib. Körperlänge (ohne Legeröhre) 27–30 mm . . . . *Megarhyssa leucographa* (GRAVENHORST, 1829) (Pimplinae)

Parasitoid von *Sirex* und *Urocerus*. Lebensweise wie bei der vorhergehenden Art.

9. Hinterleib sehr schlank und lang gestielt. Hinterhaupt scharf gerandet, Legeröhre körperlang, Körperlänge (ohne Legeröhre) 2–7 mm . . . . *Spathius exarator* (LINNAEUS, 1758) (Spathiinae)

Solitärparasitoid der Holzwürmer, besonders von *Anobium punctatum*. Fällt in Wohnungen mit Holzwurmbefall oft durch Massenauftreten auf.

– Hinterleib gedrungen, kurz gestielt, Hinterhaupt nicht gerandet. Legeröhre wenig vorragend, Körperlänge bis 4 mm, Färbung sehr veränderlich, gelb mit schwarzer Zeichnung, die die helle Grundfärbung vollkommen verdrängen kann (Abb. 55 B) Körperlänge 4 mm . . . . *Bracon (= Microbacon) hebetor* SAY, 1836 (Braconinae)

Gregärparasitoid an den Raupen vorratsschädlicher Motten, insbesondere *Ephestia, Plodia, Corcyra*; das Weibchen legt seine Eier an die durch einen Stich gelähmten Raupen oder in ihre Nähe. Die frei beweglichen Junglarven saugen an den gelähmten, die älteren auch an den toten und faulenden Raupen. Erwachsen wandern sie bis zu 5 cm weg und spinnen sich zur Verpuppung in einen schneeweißen Seidenkokon ein.

10. Flügel zu kleinen aderlosen Stummeln rückgebildet. Dunkelbraune bis schwarze gedrungene Wespchen mit kubischem Kopf. Fühler beim Männchen mit 10 und beim Weibchen mit 9 Gliedern. Beim Weibchen überragt der Legebohrer den Hinterleib um die Länge von etwa 2 Segmenten. Körperlänge 1,3–3,8 mm (Fig. 56 F) . . . . *Theocolax formiciformis* WESTWOOD, 1832 (Pteromalidae)

Gregärparasitoid von *Anobium punctatum* und anderen Anobiidae. Die aus den an eine gelähmte Anobienlarve oder in ihre Nähe abgelegten 1–9 Eiern geschlüpften Parasitoidlarven saugen diese aus. Verpuppung im Anobiengang ohne Bildung einer Puppenwiege. Nach BECKER und WEBER (Z. f. Parasitenk. Bd. 15: 339–356, 1952) sollen gelegentlich auch geflügelte Wespen auftreten. Die abgebildeten Flügel zeigen die Merkmale von *Choetospila* WESTWOOD, 1874.

– Flügel normal ausgebildet (Abb. 56 A–E) 11

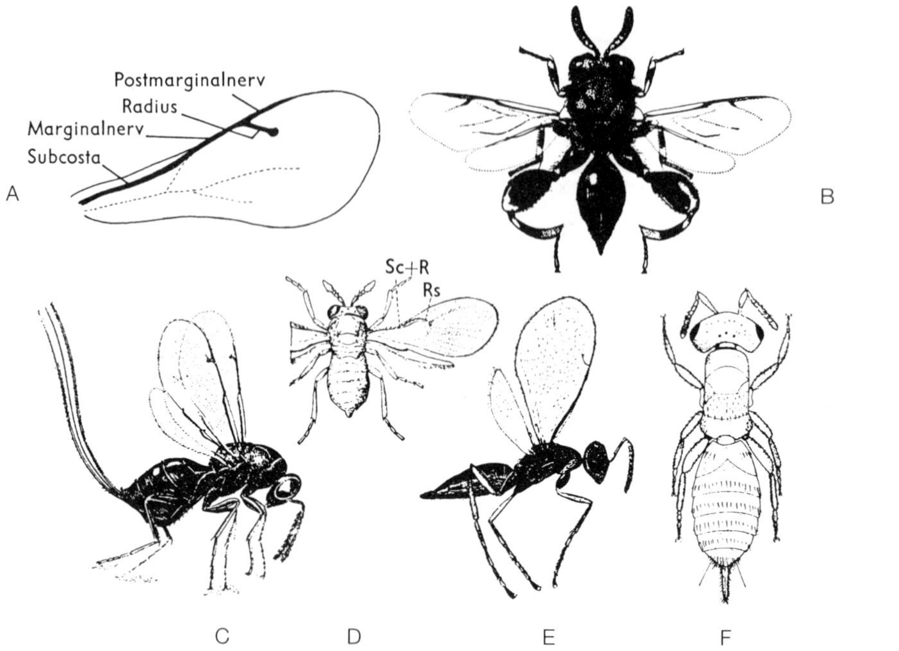

Abb. 56: Erzwespen. A Flügelgeäder, Marginalnerv = Marginalader, Radius = Stigmalader. Subcosta = Submarginalader, B *Brachymeria minuta*, C *Syntomaspis druparum*, D *Trichogramma evanescens*, E *Stenomalina muscarum*, F Theocolax formiciformis (B nach RICHARDS, C nach SORAUER-REH, D nach WEBER, E nach WEIDNER, F nach BECKER).

11. Hinterschenkel stark verdickt, unten gezähnt; Hinterschiene stark gekrümmt und am Ende in eine Spitze ausgezogen (Abb. 56 B). Körperlänge 5–6 mm . . . . *Brachymeria* WESTWOOD (in STEPHENS) 1829 (Chalcididae)

Solitärparasitoide von Sarcophagidae. Die Wirte werden im bereits erwachsenen Larvenstadium mit je einem Ei belegt. Während sie sich normal verpuppen, entwickelt sich in ihnen der Parasitoid bis zur Imago und schlüpft anstelle der Fliege aus dem Puparium. Die *Brachymeria*-Weibchen werden zur Eiablage wahrscheinlich stärker von dem Medium, in dem die Wirtslarven leben, angeregt als von der Wirtsart, so z. B. die häufigere *B. minuta* (LINNAEUS, 1767) von Fäkalien und *B. podagrica* (FABRICIUS, 1787) [= *fonscolombei* (DUFOUR, 1841)] von Aas. Bei ersterer ist der Hinterschenkel nur spärlich punktiert und glänzend, bei letzterer aber sehr dicht punktiert und daher matt erscheinend.

– Hinterschenkel nicht sehr verdickt ohne Zähne; Hinterschienen ziemlich gerade . . 12

12. Hinterhüften groß und lang, etwa 5- bis 6mal so groß wie die Vorderhüften, dreiseitig zusammengedrückt oder oben mit scharfer Kante. Legeröhre weit vorragend, lebhaft blau, grün, kupferig oder golden schillernd oder gelb gefärbt 13

– Hinterhüften nicht viel größer als die Vorderhüften. Legebohrer nicht weit hervorragend 14

13. Hinterschienen mit 2 Endsporen. Radiusknopf klein. Schildchen vor der Spitze durch eine stark vertiefte Querlinie geteilt und hinter ihr ganz glatt. Erzglänzend grün mit blauem Schimmer auf Scheitel und 1. Hinterleibssegment, Schenkel und Tibien gelb (Abb. 56 C). Körperlänge 3,5 mm, Legeröhre 3 mm in Apfel- und Birnsamen . . . . *Syntomaspis druparum* (BOHEMAN, 1833) (Torymidae = Callimomidae)

– Hinterschienen mit 1 Endsporen. Radiusknopf groß und gestielt. Körperfärbung gewöhnlich schwarz mit gelber Zeichnung oder auch ganz gelbbraun oder zitronengelb, meistens ohne Metallglanz. Schädlinge in Nadelholzsamen . . . . *Megastigmus* DALMAN, 1820 (Torymidae = Callimomidae)

Bestimmungstabelle für die schädlichen Arten siehe K. ESCHERICH, Z. f. angew. Entom. Bd. 25 (1938), S. 363–380 und «Die Forstinsekten Mitteleuropas» Bd. 5 (1942), S. 354.

14. Rücken des 1. Brustringes groß quadratisch oder rechteckig, die einzelnen Brustringe deutlich voreinander abgegrenzt, Fühlerglieder des Männchens gestielt, mit langen Haaren, Hinterleib beim Männchen kurz, rundlich, lang gestielt, beim Weibchen rundlich oder oval, von der Seite zusammengedrückt . . . . Eurytomidae 15

– Rücken des 1. Brustringes schmal, spangenförmig 18

15. Rücken des 1. und 2. Brustringes tief grubig punktiert oder genetzt. Fühler des Männchens mit 5 freien Geißelgliedern unterhalb der Keule . . . . *Eurytoma* ILLIGER, 1807

E. amygdali ENDERLEIN, 1907, eine schwarze Wespe mit rostgelben Fußgliedern, Schenkelspitzen, Schienenbasen und -spitzen und einer Körperlänge von 5,5–6 mm beim Männchen bzw. 7–7,5 mm beim Weibchen, entwickelt sich in den Kernen von Mandeln, Pflaumen, Aprikosen. Befall findet im Freien statt. – Zahlreiche andere Arten sind Parasitoide sehr verschiedener Freilandinsekten.

– Rücken des 1. und 2. Brustringes fein punktiert, zerstreut oder sehr schwach genetzt. Fühler des Männchens mit 4 freien Geißelgliedern 16

16. Postmarginalader nicht viel länger als der Radius, Marginalader deutlich länger als der Radius. Schwarz. Körperlänge beim Männchen 1,2–2 mm und beim Weibchen 1,3–2,2 mm, in den Samen von Klee. . . . . . . *Bruchophagus gibbus* (BOHEMANN, 1835)

Befall findet bereits im Freien statt. Kein Vorratsschädling.

– Postmarginalader wenigstens zweimal so lang wie der Radius, Marginalader nicht oder kaum länger als der Radius. Fühler beim Männchen mit 10 und beim Weibchen mit 11 Gliedern. Schwarze Wespen 17

17. Erstes Fühlerglied (Scapus) und Schienen braungelb, Körperlänge beim Weibchen 1,5–2,5 mm, in den Samen von Koriander . . . . . *Systole coriandri* NIKOLS'KAYA, 1934

– Erstes Fühlerglied und Grundfarbe der Schienen schwarz, Körperlänge beim Weibchen 2–2,5 mm, in Samen von Fenchel . . . . *Systole foeniculi* OTTEN, 1941

18. Tarsen 3gliedrig. Vorderflügel kurz und breit, am Ende breit gerundet. Winzige Tiere mit einer Körperlänge von nur etwa 0,5 mm (Abb. 56 D), die in den Eiern von Schmetterlingen parasitoidieren. . . . . . *Trichogramma* WESTWOOD, 1833 (Trichogrammatidae)

eigentlich Freilandinsekten, die zur biologischen Schädlingsbekämpfung verwendet werden. Zu diesem Zweck werden Massenzuchten von ihnen mit den Eiern verschiedener Vorratsschädlinge, vor allem *Ephestia*-Arten, *Sitotroga cerealella* oder *Galleria mellionella*, durchgeführt. In der angewandten Literatur werden gewöhnlich Wespen europäischer Herkunft als *evanescens* WESTWOOD, 1833 und solche amerikanischer Herkunft als *minutum* RILEY, 1871, bezeichnet. In Wahrheit verbergen sich aber hinter diesen Namen verschiedene Arten. Siehe QUEDNAU, W.: «Über die Identität der *Trichogramma*-Arten und einige ihrer Ökotypen.» Mitt. Biol. Bundesanst. Land- u. Forstw. Berlin-Dahlem Heft 100 (1960), S. 11–50. Darin auch eine Bestimmungstabelle für die Arten. Von einem Weibchen werden mehrere Eier in ein Schmetterlingsei gelegt, bereits belegte Eier aber vermieden. Entwicklung der Parasitoiden in etwa einer Woche, daher sind viele Generationen im Jahr möglich. Verpuppung im ausgefressenen Ei.

– Tarsen 5gliedrig 19

19. Marginalader länger als die Subcosta bzw. ihre Entfernung von der Flügelbasis. Am Übergang der Subcosta in die Marginalader ein schwarzer schuppenförmiger Haarbusch. Die Mitte der Flügelfläche mit breiter brauner Querbinde. Radiusende nicht knopfförmig, sondern zugespitzt hakenförmig (Abb. 57 D). Körperfarbe schwarzbraun bis braun, teilweise mit purpur- oder violettschwarzem Schimmer . . . . *Chaetospila elegans* WESTWOOD, 1874 (Spalangiidae)

parasitoidiert in Larven und Puppen von *Sitophilus, Rhizopertha* und anderen in Getreidekörnern lebenden Käferarten.

– Marginalader kürzer als die Subcosta bzw. ihre Entfernung von der Flügelbasis. Flügelfläche glasklar, ohne dunkle Querbinde 20

20. Fühler mit 2 oder 3 schmalen Ringgliedern (Annelli), die zwischen dem 1. Geißelglied (dem auf den Schaft folgenden Pedicellus) und dem eigentlichen 2. Geißelglied liegen (Abb. 57 F). Körper mehr oder weniger gedrungen, vorwiegend metallisch blau oder grün schillernd, oft mit purpurfarbenem Glanz. Verhältnis von Radius (Stigmalis): Marginal-

ader wie 1:1 bis 1:2. Vorderschienen mit einem großen gekrümmten Endsporn, Schienen der Hinterbeine nur mit einem Endsporn. . . . . Pteromalidae 21

Viele nur schwer unterscheidbare und zum Teil auch noch recht ungenügend bekannte Arten. Es können daher auch nur Hinweise auf die häufigsten und auffälligsten Arten gegeben werden.

– Fühler ohne Annelli. Körper gestreckt, schwarz. Verhältnis von Radius: Marginalader wie 1:10 (Abb. 57 E). . . . . *Spalangia* LATREILLE, 1902 (Spalangiidae)

bis zu 7 Arten Solitärparasitoide in den Puparien von *Muscidae (Musca domestica, Muscina stabulans, Ophyra aenescens, Stomoxyx calcitrans, Fannia* sp. usw.), auch *Calliphoridae* (besonders *Lucilia* sp.), *Sarcophagidae* u.a.m. Von den 2–3,8 mm langen Wespchen sind am häufigsten und für die Begrenzung der Fliegenentwicklung am wichtigsten *S. nigroaenea* CURTIS, 1839 und *S. cameroni* PERKINS, 1910. Bei ihnen ist entlang dem Halsschildhinterrand eine deutliche Punktreihe vorhanden, während bei den weniger wichtigen Arten die Halsschildpunktierung den Hinterrand frei lässt.

21. Wespchen, die im Herbst zu Überwinterungen in großen Massen in die Häuser kommen, mit dreizähnig ausgezogenem Stirnschild (Clypeus) und roten Augen (Abb. 56 E). Körper metallisch grün glänzend, Hinterleib mit schwarzblauen Streifen, Thorax stark punktiert, weniger glänzend, Beine fahlgelb bis strohfarben, nur das letzte Fußglied dunkler. Körperlänge 2–3 mm. . . . . *Stenomalina muscarum* (LINNAEUS sensu WALKER, 1835)

Parasitoid in Fliegenpuparien.

– Clypeus nicht in 3 Zähne ausgezogen 22

22. Marginalader und Radius gleichlang 23

– Marginalader deutlich (etwa 2 ×) länger als der Radius. 24

23. Gregärparasitoid von Fliegenpuparien, aus denen je nach Größe mehrere Wespchen schlüpfen, z. B. aus dem Puparium von *Musca domestica* im Durchschnitt 8, aus dem von *Protophormia terraenovae* 26. Weibchen mit 2 Annelli im Fühler, Männchen mit verkürzten Flügeln . . . . *Nasonia vitripennis* (WALKER, 1836)

in den Frühsommermonaten regelmäßig, aber nur vereinzelt auftretend.

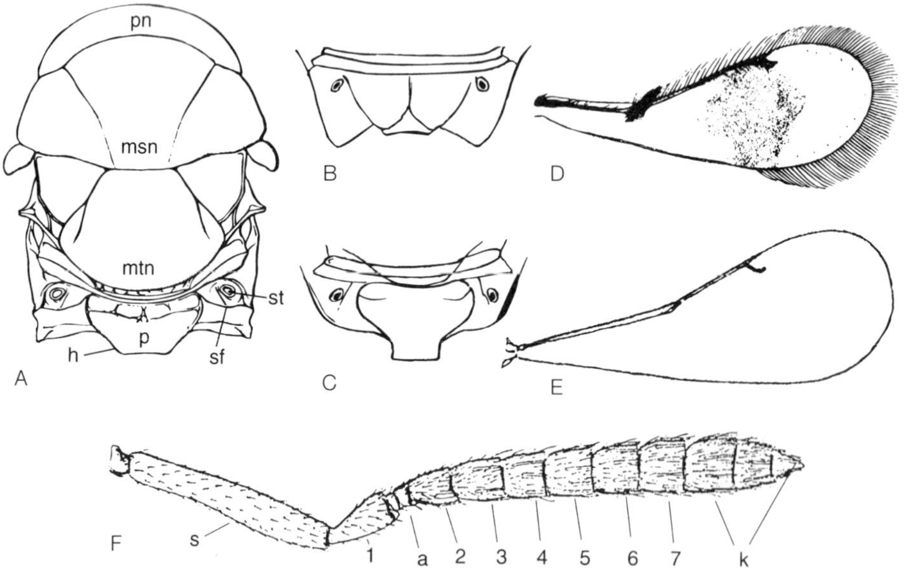

Abb. 57: Erzwespen. A Rückenansicht der Brustsegmente von *Lariophagus distinguendus*, B Propodeum von *Anisopteromalus*, C von *Bruchobius*, D Vorderflügel von *Chaetospila*, E von *Spalangia*, F Fühler des Weibchens von *Lariophagus* (A–D und F nach WATERSTON). A: *h* halsartiger Fortsatz des Propodeum *(p)*, *msn* Mesonotum, *mtn* Schildchen, *pn* Pronotum, *sf* Seitenfalte, *st* Stigma. – F: 1–7 Geißelglieder, davon 1 der Pedicellus, a zwei Anelli zwischen 1. und 2. Geißelglied, k Keule (3gliedrig), s Schaft.

– Parasitoide von *Bruchidae*. Fühler mit 2 oder 3 Annelli, Pedicellus deutlich kürzer als das 2. Geißelglied. Propodeum (hintere Seite des Brustabschnittes) nach hinten halsförmig ausgezogen mit nur unvollständiger Seitenfalte (Abb. 57 A, sf), worin das Stigma (st) liegt (Abb. 57 C). Kopf groß und breit. Körper dunkelgrün mit dunkelblauem oder purpurnem Glanz. Fühler gelbbraun, Pedicellus oben etwas dunkler, Geißel oft auch fast schwarz. Beine mit braunen, oben dunkleren Schenkeln. Schienen braun, die der Mittel- und Hinterbeine an der Basis deutlich heller, Fußglieder weiß . . . *Bruchobius laticeps* ASHMEAD, 1904

24. Solitärparasitoide von Fliegenpuppen. Hierher gehören die zu Massenzuchten in Laboratorien gern verwendeten *Muscidifurax*-Arten, besonders *M. raptor* GIRAULT & SANDERS, 1910.

– Parasitoide von vorratsschädlichen Käferarten 25

– Propodeum (Abb. 57 A, P) nach hinten halsartig verlängert. Seitenfalte (sf) gut ausgebildet. Fühler bei Männchen und Weibchen mit 2 Annelli, Körperfarbe schwärzlichblau oder erzfarben. Schildchen (mtn) meist kupfrig, Hinterleib an der Basis grün. Beine rotbraun, Schienen und Schenkel mehr oder weniger gebräunt, Klauenglied dunkel. Flügel glasklar mit gelbbraunen Adern. Körperlänge beim Männchen 1,1–2,0 und beim Weibchen 2–3 mm . . . . *Lariophagus distinguendus* (FÖRSTER, 1841)

Vorwiegend Parasitoid von *Stegobium*, *Lasioderma*, *Sitophilus* und *Rhizopertha*.

– Propodeum nach hinten nicht halsartig ausgezogen. Seitenfalte nur angedeutet. Das Stigma (st) liegt an einer Furche, zwischen der und der Mittellinie die Oberfläche angeschwollen ist (Abb. 57 B). Fühler beim Männchen mit 2 und beim Weibchen mit 3 Annelli. Metallisch dunkelgrün. Fühler mit braungelbem Schaft und dunkleren Pedicellus und Geißelgliedern. Schenkel schwarzbraun, Schiene beim Weibchen immer heller, beim Männchen so dunkel wie der Schenkel, Fußglieder bleich, das 5. aber schwarzbraun. Körperlänge 1,25–2,75 mm . . . . *Anisopteromalus calandrae* (HOWARD, 1881)

Parasitoid von *Sitophilus*, *Stegobium*, *Lasioderma*, *Rhizopertha*, *Carpophilus*, *Trogoderma*, *Bruchidae* und zahlreichen weiteren Vorratsschädlingen.

20 Stechimmen, Aculeata

1. Flügel vorhanden 3

– Flügel fehlen 2

2. Hinterleibsstiel mit einer aufrecht stehenden Schuppe (Abb. 60) oder aus 2 Knoten bestehend (Abb. 59), Fühler gekniet . . . . **Ameisen**, Formicoidea (Tabelle 22)

– Hinterleibsstiel einfach, Kopf länglich oval, waagrecht gestellt. Fühler nicht gekniet, 12- bis 13gliedrig und kaum länger als der Kopf, Vorderschenkel spindelförmig verdickt. Kleine Insekten (1–1,5 mm) . . . . Weibchen der Bethylidae (siehe auch 7)

3. Hinterleibsstiel mit einer aufrecht stehenden Schuppe (Abb. 60) oder aus zwei Knoten bestehend (Abb. 59, 60 F). Fühler dünn, mit sehr langem Schaft. Flügel überragen den Hinterleib weit, haben wenige Adern und brechen leicht ab, in der Ruhe werden sie waagerecht übereinander gelegt . . . . **Ameisen**, *Formicoidea* (Tabelle 22)

– Hinterleibsstiel ohne Schuppen oder nicht aus zwei Knoten bestehend 4

4. Die Vorderflügel werden in der Ruhe längsgefaltet, Hinterleib schwarzgelb gezeichnet, schlank, nicht stark behaart (Abb. 63) . . . . . . **Faltenwespen**, Vespidae (Tabelle 23)

– Vorderflügel werden nicht längsgefaltet 5

5. Das erste Fußglied der Hinterbeine mehr oder weniger flach gedrückt, viel größer als die folgenden Fußglieder und wenigstens auf der Innenseite dicht bürstenartig behaart (Abb. 65 D) . . . . **Bienen**, Apidae (Tabelle 24)

– Das erste Fußglied schlank und zylindrisch (selten etwas verbreitert), ohne dichte bürstenartige Behaarung 6

6. Körper prachtvoll metallisch blau, grün oder rot gefärbt. Hinterleib kurz gestielt, beim Weibchen mit fernrohrartig ausziehbarer Legeröhre. Der Hinterleib kann nach hinten und vorne umgeschlagen werden und zwischen sich und die unten ausgehöhlte Brust die Flügel und Beine einziehen, so dass das ganze Insekt eine dick gepanzerte, für feindliche Insekten unangreifbare Kugel darstellt . . . . **Goldwespen**, *Chrysididae*

Schmarotzer, die ihre Eier in die Nester anderer Stechimmen legen. Nisten diese an oder in Häusern, so können gelegentlich auch Goldwespen im Haus auftreten. Es dürfte sich dabei in erster Linie um Arten der Gattungen *Chrysis* LINNAEUS, 1761, und *Hedychrum* LATREILLE, 1806, handeln. Wirtschaftliche oder hygienische Bedeutung haben sie nicht.

– Körper nicht metallisch gefärbt 7

7. Flügelgeäder nur aus wenigen Adern bestehend. Vorderschenkel spindelförmig verdickt. Kopf länglich mit nach vorn gerichteten Mundteilen. Fühler 12- bis 13gliedrig, nicht gekniet. Nur 1–1,5 mm große Insekten . . . **Ameisenwespchen**, Bethylidae (Tabelle 21)

– Flügelgeäder gut entwickelt. Körperlänge 8–16 mm 8

8. Hinterleib wie der ganze Körper schwarz, nur beim ♂ Stirnschild und Nebengesicht weiß, Flügel hyalin, Beine, besonders die Hinterbeine lang und kräftig, letztere beim ♀ ohne dornige Kante. Körperlänge 8–10 mm . . . . *(Auplopus) carbonaria* (SCOPOLI, 1763) (**Wegwespen**, Pompilidae)

baut aus Lehmmörtel mehrere (5–7) tönnchenförmige Brutzellen auf Steinen, Mörtel, Holz oder Glas, auch an tiefer gelegenen Balkonen von Häusern, u. U. aber auch in Wohnungen, deren Fenster längere Zeit offen stehen. In jede Zelle wird eine Spinne (mit Vorliebe eine der im Haus vorkommenden Deckennetzspinnen *(Agelenidae)* mit wenigstens zum Teil entfernten Beinen eingetragen und daran ein Ei abgelegt. Dann wird die Zelle verschlossen. Flugzeit Juni–Juli.

– Hinterleib mit gelben Querbinden, dadurch an Wespen erinnernde Insekten, doch von ihnen leicht zu unterscheiden durch ihren die Brust an Breite übertreffenden Kopf, durch die nicht zusammenfaltbaren Vorderflügel und ihren schmalen, nach vorn schmäler werdenden Hinterleib. . . . . **Grabwespen**, Sphecidae (Crabronidae) 9

9. Flügel mit 4 Cubitalzellen (ähnlich wie in Abb. 64 A, wo 3 Cubitalzellen vorhanden sind; die 4. entsteht durch Verlängerung der sie abschließenden Längsader bis an den Flügelrand), Hinterleibsstiel deutlich, eingliedrig, nach hinten zu dicker werdend. Fühler fadenförmig. Hinterleibsbinden zitronengelb, Beine gelb und an der Basis schwarz. Körperlänge 12–16 mm . . . . **Glattwespe**, *Mellinus arvensis* (LINNAEUS, 1758)

legt ihre Brutröhren in sandiger Erde an, wohin sie im Spätsommer und Herbst Fliegen zum Füttern ihrer Brut einschleppt. Auf der Fliegenjagd kommt sie auch an die Fenster der Häuser.

– Flügel mit nur einer Cubitalzelle (wie auf Abb. 64 B nur 1), Hinterleibsstiel sehr kurz, Fühler kurz und gekniet, Stirnschild (Clypeus) silberglänzend (oder goldig) behaart . . . . **Silbermundwespe,** *Crabro* LINNAEUS, 1758

Manche große Arten dieser artenreichen Gattung, die in ihrem Aussehen an Faltenwespen erinnern, legen ihre Brutröhren in morschem bis gesundem Holz von Pfosten, Geländer, Blumenkästen auf dem Balkon u. dgl. an, wohin sie im Juni/Juli Fliegen eintragen, die ihrer Brut als Nahrung dienen. Eine der häufigsten ist *Crabro (Solenius) vagus* LINNAEUS, 1758, deren Brutröhre 4–5 cm lang ist, in Brettern parallel zur Oberfläche verläuft und in ihrer vorderen Hälfte mit Holzmehl angefüllt ist. Herausfallendes Holzmehl verrät die Tätigkeit der Wespe. Ihre Körperlänge ist beim ♂ 8–12, beim ♀ 10–14 mm. Eine ebenfalls größere Art ist *Crabro (Crabro) quadricinctus* FABRICIUS, 1787: ♂ 9–13, ♀ 12–17 mm.

21 Ameisenwespchen, Bethylidae

1. Fühler mit 12 Gliedern 2

– Fühler mit 13 Gliedern 5

2. Vorderflügel mit einem Flügelmal (Pterostigma), aus dem nach der Flügelspitze zu eine Ader hervorgeht, die keine Zelle einschließt (Abb. 58 C). Die Aderung ist undeutlich, das Ende von Sc + R + M ist vor dem Pterostigma stark verdickt 3

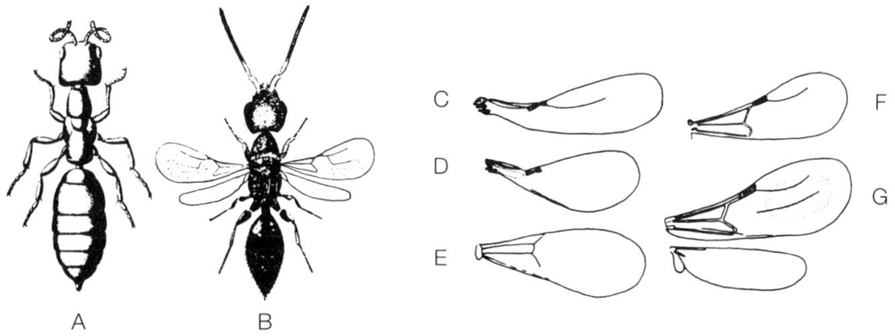

Abb. 58: Ameisenwespchen: A *Scleroderma domesticum*, ungeflügeltes Weibchen, B *Holepyris hawaiiensis*, Vorderflügel von C *Plastanoxus westwoodi*, D *Cephalonomia*, E *Scleroderma domesticum*, F *Rhabdepyris zeae*, G *Holepyris hawaiiensis* und Hinterflügel mit Analfeld (nach André, Hinton & Corbet, Richards).

– Vorderflügel mit einem Flügelmal, aus dem nach der Flügelspitze zu keine Ader hervorgeht (Abb. 58 D) 4

3. Kopf und Brustrücken glänzend, ohne Skulptur, Rücken der Hinterbrust vorn lederartig gekörnelt, hinten glänzend. Beim Männchen mittleres Punktauge weit hinter der Verbindungslinie der hinteren Komplexaugenränder. Körperlänge 1–1,5 mm . . . . *Plastonoxus westwoodi* (Kiefer, 1914)

Parasitoid von *Ephestia*-Arten.

– Kopf und Brustrücken fein lederartig gekörnt, Rücken der Hinterbrust vollständig rau gekörnelt. Beim Männchen mittleres Punktauge auf der Verbindungslinie der hinteren Komplexaugenränder, Körperlänge 1,75 mm . . *Plastonoxus munroi* Richards, 1939

Parasitoid von *Ephestia*-Arten.

4. Hinterbrustrücken mit deutlichem Mittelkiel und Seitenrändern. Seiten des Kopfes hinter den Augen stark konvergierend und nur wenig länger als die Augen, Kopf glänzend, schwach gekörnelt, deutlich punktiert. Fühler beim Männchen schwarz, beim Weibchen braun, das erste Glied an der Spitze und das ganze zweite heller. Körperlänge ♂ 1,7 mm, ♀ 2 mm . . . . *Cephalonomia tarsalis* (Ashmead, 1893)

Parasitoid von *Oryzaephilus surinamensis, Tribolium castaneum, Sitophilus oryzae.*

– Hinterbrustrücken ohne deutlichen Mittelkiel und ohne Seitenränder. Seiten des Kopfes hinter den Augen beim Weibchen 1,5mal so lang, beim Männchen wenig länger als die Augen. Kopf (außer unmittelbar hinter den Fühlern) kräftig lederartig gekörnelt. Fühler beim Männchen schwarz, beim Weibchen auch schwarz mit Ausnahme vom 2. Glied und einem Teil des dritten. Körperlänge 1,5–1,6 mm . . . . *Cephalonomia waterstoni* Gahan, 1931

Parasitoid der Larven von *Cryptolestes* (bes. *C. ferrugineus* aber auch *C. turcicus* und *C. pusillus*) und *Ahasverus advena.*

5. Flügel vorhanden 6

– Flügel fehlen. Fühler sehr lang und fadenförmig. Punktaugen fehlen (Abb. 58 A) . . . . Weibchen von *Scleroderma domesticum* Latreille, 1809 (siehe 6)

6. Pterostigma und Radius vorhanden (Abb. 58 F, G) 7

– Pterostigma und Radius fehlen, nur die Medianzelle ist geschlossen, Subcostazelle unten offen (Abb. 58 E). Körperlänge ♂ 2,7–3 mm, ♀ 3,5–4 mm . . . . *Scleroderma domesticum* Latreille, 1809

Parasitoid des Hausbockkäfers. Die Weibchen sind gelegentlich ungeflügelt.

7. Parapsidenfurchen fehlen, Flügel mit einem dunklen Fleck (Abb. 58 G), Hinterbrustrücken vorn mit 5 Längskielen (Abb. 58 B). Körperlänge 2,75 mm . . . . *Holepyris hawaiiensis* ASHMEAD, 1901

Parasitoid von *Ephestia*-Arten und *Corcyra cephalonica*.

– Parapsidenfurchen ausgebildet. Flügel ohne dunklen Fleck (Abb. 58 F), Hinterbrustrücken vorn mit 3 Längskielen. Körperlänge 3 mm . . . . *Rhabdepyris zeae* TURNER & WATERSTON, 1921

Parasitoid von *Tribolium confusum*.

22 Ameisen, Formicoidea

Wie bei den Bienen und Wespen gibt es auch bei diesen staatenbildenden Hautflüglern neben den Männchen und Weibchen geschlechtslose Arbeiterinnen. Letztere sind immer ungeflügelt und haben mit Ausnahme weniger Arten *(Lasius fuliginosus)* keine Punktaugen. Die Geschlechtstiere haben immer deutliche Punktaugen, sind geflügelt und schwärmen aus dem Ameisennest oft in ungeheurer Menge aus. Nach dem Schwärmen, wobei die Hochzeit stattfindet, sterben die Männchen, die Weibchen aber brechen sich ihre Flügel ab und schreiten zur Gründung eines neuen Staates. Die Bekämpfung der Ameisen erfolgt am sichersten durch die Vernichtung ihres Nestes. Das Nest ist dadurch aufzufinden, dass die Arbeiterinnen auf bestimmten Wegen, den Ameisenstraßen, das Nest verlassen und wieder zu ihm zurückkehren. Verfolgt man die laufenden Ameisen, so kann man oft einige Straßen feststellen, die alle zu derselben Ausgangsstelle hinziehen. Oft führen die Ameisenstraßen auch ins Freie auf Bäume, die mit Blattläusen besetzt sind, die von den Ameisen wegen ihres ausgeschiedenen süßen Kotes aufgesucht und abgeleckt werden. Eine Bestimmungstabelle für die Larven wird nicht gegeben, da sie immer mit Arbeiterinnen zusammen gefunden werden.
Das neueste Bestimmungswerk über europäische Ameisen: SEIFERT, B., 1996: Ameisen beobachten, bestimmen. – Naturbuch-Verlag, Augsburg. Die Gattungen weltweit werden bei BOLTON, B., 1994: Identification Guide to the Ant Genera of the World. – Harvard Unversity Press; die Biologie der Ameisen weltweit bearbeiteten HÖLLDOBLER, B. u. E. O. WILSON, 1990: Ants. – Springer Verlag Berlin, Heidelberg

1. Hinterleibsstiel besteht aus 2 knotigen Gliedern (Abb. 59, Petiolus und Postpetiolus). Arbeiterinnen mit ♀ mit Stachel, Puppen frei, ohne Kokon . . . . **Knotenameisen**, Myrmicidae 2
– Hinterleibsstiel besteht nur aus einem Glied (Abb. 60 Petiolus) 8
2. Hinterrücken mit 2 kleinen Dornen (Abb. 59) 3
– Hinterleibsrücken ohne Dornen 5
3. Stielchen setzt oben am Gaster an (Abb. 60 F) . . . . . . *Cremastogaster* LUND, 1831

Die **Rotkopfameise** *Cremastogaster scutellaris* (OLIVIER, 1791) ist eine schwarze Art mit rotem Kopf. Es handelt sich um eine mediterrane Art, die in Bäumen und Totholz nistet. Im Rheinland sind öfters Einschleppungen mit Pfirsich, Kork- oder Holzlieferungen erfolgt, in den Norddeutschen Raum gelangten sie mit einem Campingwagen, wo sie in der Isolierung saßen.

– Stielchen setzt an der Gastermitte an, kleine Tiere, 4,5 mm oder kleiner, Haare unterm Kopf, Fühler 12gliedrig 4
4. Kopf und Brust gefurcht, Arbeiterinnen braun bis dunkelbraun mit gelbbraunen Beinen und Kiefern. Körperlänge 2–3,5 mm. ♂ und ♀ dunkler gefärbt, ♂ 5,5 bis 7 mm, ♀ 6–8,1 mm . . . . **Rasenameise**, *Tetramorium caespitum* (LINNAEUS, 1758)

legt große Erdnester an, oft mit einer Kuppel, an trocknen sandigen Stellen, besonders an Wegrändern, dringt auch gelegentlich in Häuser ein und plündert Vorratskammern; Hauptschwarmzeit Juni bis Juli, seltener schon im Mai oder erst im August.

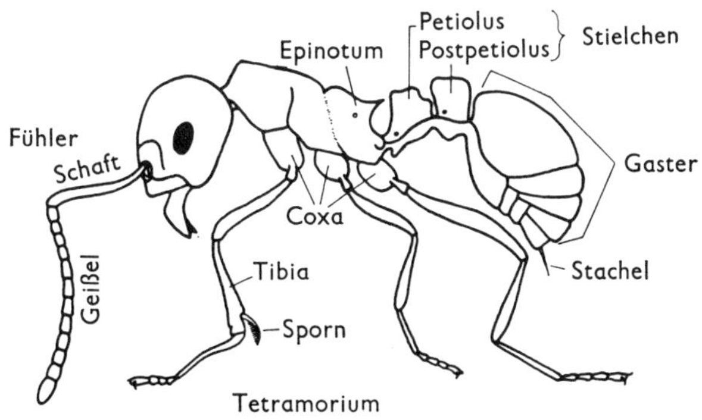

Abb. 59: Organisationsschema einer Knotenameise (nach GÖSSWALD).

– Körper rotbraun, mit großköpfigen Soldaten (Abb. 62b B) . . . . **Dickkopfameisen,** *Pheidole* WESTWOOD, 1841

Die **Bleiche Soldatenameise** *Pheidole pallida* NYLANDER,1849 wurde in Berlin entdeckt (K. BAUER-DUBAU, 2001: Pest Control News Nr. 28 (Aug. 2001) S. 30), eine andere *Pheidole*-Art wurde im Raum Wiesbaden gefunden. Die Arten sind in den warmen und trockenen Gebieten der Tropen und Subtropen beheimatet. Die Nester sind unter Steinen und Felsritzen, aber auch in Mauerspalten und Verkleidungen im menschlichen Siedlungsbereich.

5. Fühler 12gliedrig mit 3gliedriger Keule, kleine Arten . . *Monomorium* MAYR, 1855 6

– Fühler 12gliedrig ohne Keule, Arbeiterinnen größer als 3 mm, schwarz . . . . **Ernteameise,** *Messor structor* (LATRIELLE, 1798)

wärmeliebende Art, nördlichste Verbreitung bis Bingen, dringt gelegentlich in Gebäude ein.

6. Arbeiterinnen bernsteingelb bis gelborange mit dunklerer Hinterleibsspitze, Körperoberfläche (infolge netzartiger Mikroskulptur) matt mit sehr spärlicher abstehender Behaarung; Körperlänge 2,0–3,2 mm. ♂ schwarzbraun mit blassgelben Fühlern und Beinen; Körperlänge 2,9–3,4 mm. ♀ braun mit wenigen einzeln stehenden, bis zu 0,1 mm langen Borsten besetzt; Körperlänge 3,9–4,9 mm (Abb. 61 und 62) . . . . **Pharaoameise,** *Monomorium pharaonis* (LINNAEUS, 1758)

durch den Handel aus ihrer Heimat Indien über fast die ganze Welt verschleppt, lebt bei uns in warmen Häusern und wird in Gewächshäusern, Krankenhäusern, Badeanstalten, Bäckereien, Gastwirtschaften, aber auch zentralbeheizten Wohnhäusern oft sehr lästig. Besonders in Krankenhäusern, wo sie unter die Verbände kriecht und Schwerkranke und Säuglinge quält, kann sie auch durch Verschleppen von Bakterien schädlich werden. Sie legt viele Zweignester im Mauerwerk an und ist dadurch außerordentlich schwer zu bekämpfen.

– Arbeiterinnen dunkel 7

7. einheitlich schwarz . **Kleine Schwarze Ameise,** *Monomorium minimum (*BUCKLEY, 1867)

– Kopf und Hinterleib dunkel, Stielchen und Beine rötlich . . . . **Braunrote Blütenameise,** *Monomorium floricola* (JERDON, 1851)

Heimat: Mittel- und Südamerika. Gelegentlich in Gewächshäusern, in England in zentralbeheizten Wohnungen, nach Deutschland durch Terrarienliebhaber mit Bulben-Tillandsien aus Haiti eingeschleppt. Lebensweise wie bei der **Pharaoameise.** Ihre Arbeiterinnen sind etwas kleiner (1,7–2,0 mm), mit glänzender Oberfläche, aber gleichmäßigerer und dichterer Behaarung. Bei ihnen sind Kopf und Gaster dunkelbraun, Brustabschnitt, Stielchen, Fühler und Beine schmutzig gelb bis hellbraun (U. SELLENSCHLO 1991: Prakt. Schädlingsbekämpfer, **43:** 96–100, 107).

8. Gaster (= Rest des Hinterleibs, der nach Umbildung des ursprünglichen 2. Hinterleibssegments zum Stielchen oder Petiolus übriggeblieben ist) hinter seinem ersten Segment eingeschnürt (Abb. 60, Pfeil). Augen der Arbeiterinnen sehr klein (1–5 Facetten). Arbeiterinnen und ♀ mit Stachel, Puppen in Kokon . . . . **Stachelameisen,** Poneridae 9

– Gaster hinter seinem ersten Segment nicht eingeschnürt 10

9. Stirn in ihrer ganzen Länge mit einer Mittelrinne (Abb. 61). Punktierung des Kopfes sehr fein und dicht, Fühler beim ♂ 12gliedrig. Körperfarbe braun bis rötlichgelb mit gelben

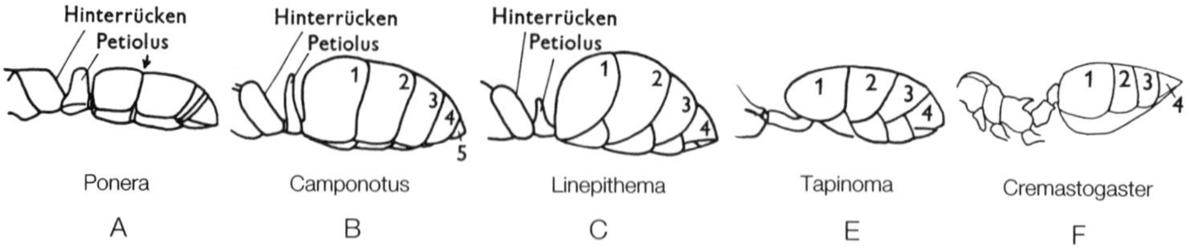

Abb. 60: Hinterleib von *Ponera*, einer Schuppenameise, zwei Drüsenameisen und einer Knotenameise. Mit 1–5 sind die Segmente der Gaster numeriert, die Zahlen entsprechen also nicht den Abdominalsegmenten, da die Hinterbrust mit dem Hinterrücken bereits das 1. und der Petiolus das 2. Hinterleibssegment darstellen.

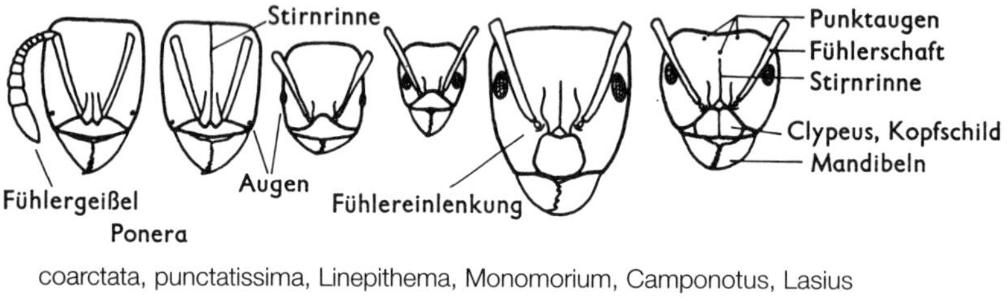

Abb. 61: Vorderansicht der Köpfe einiger Ameisenarten (nach STITZ).

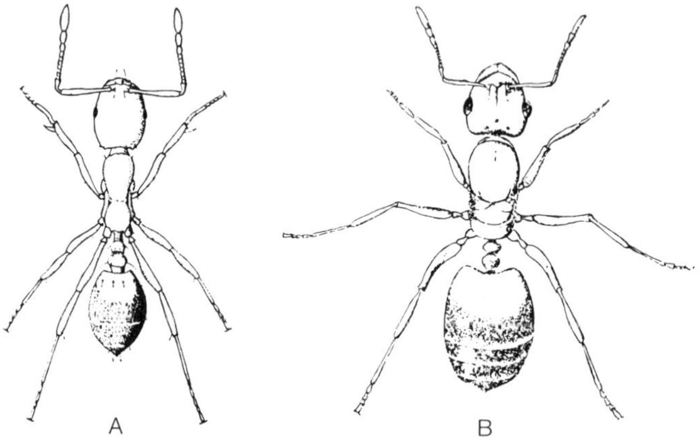

Abb. 62: Pharaoameise, *Monomorium pharaonis*, A Arbeiterin, B Königin (A nach BRITZ, B nach GÖSSWALD).

Beinen und Fühlern. Körperlänge. Arbeiterinnen 2,5–3 mm, ♀ 3–3,8 mm und ♂ 3–3,5 mm. Letztere sind arbeiterähnlich ungeflügelt . . . . *Hypoponera punctatissima* (ROGER, 1859)

Heimat Italien und Griechenland, bei uns vorwiegend in Gewächshäusern, bisweilen auch in Kellern von Wohnhäusern.

– Stirn ohne Mittelrinne (Abb. 61). Punktierung des Kopfes weniger fein und dicht, Fühler beim ♂ 13gliedrig. Körperfärbung schwarz, dunkelbraun bis rötlichgelb, etwas variierend. Kopf bei Arbeiterinnen und ♀ fast quadratisch, beim ♂ trapezförmig. Körperlänge Arbeiterinnen 2,5–3 mm, ♀ 3–4,5 mm, ♂ 2,5–3,4 mm . . . . *Ponera coarctata* (LATEREILLE, 1802)

Heimat Mittelmeerländer, bei uns in warmen Gegenden bisweilen in Häusern.

10. Kopfschild zwischen den Stirnleisten, über die Einlenkungsstellen der Fühler hinaus zum Scheitel zu vorgezogen (Abb. 61, *Linepithema*). Schuppe auf dem Hinterleibsstielchen schwach entwickelt oder fehlend. Am Hinterleib von oben gesehen nur 4 Segmente sichtbar. Kloakenöffnung spaltförmig; aus den Analdrüsen sondern sie ein übel riechendes Sekret ab; Stachel und Giftdrüse verkümmert (Abb. 60 C, 62a D). Puppen ohne Kokon . . . . **Drüsenameisen**, Dolichoderidae 11

– Kopfschild (Clypeus) nicht zwischen den Stirnleisten über die Einlenkungsstellen der Fühler hinaus verlängert; Hinterleibsstielchen mit hoher, breiter Schuppe; am Hinterleib von oben gesehen 5 Segmente sichtbar, Kloakenöffnung an der Hinterleibsspitze rund, von einem Haarkranz umgeben. Stachel fehlt, das ameisensäurehaltige Gift wird ausgespritzt (Abb. 60 B, 62a C). Puppen in Kokon . . . . . . **Schuppenameisen**, Camponotidae (Formicidae) 13

11. Hinterleibsstielchen flach, ohne Schuppe (Abb. 62b C) . . *Tapinoma* FOERSTER, 1850 12

– Hinterleibsstielchen mit einem nur schwach entwickelten, nach vorn geneigten, in Seitenansicht keilförmigen Schildchen, das niedriger als der Hinterrücken ist (Abb. 60 C). Ameisen hellbraun bis braun, Hinterleib dunkler als Kopf und Brustringe. Körperlänge der Arbeiterinnen 2,2–2,6 mm (♀ 4,5–5 mm, ♂ 2,8–3 mm) . . . . **Argentinische Ameise,** *Linepithema (= Iridomyrmex) humilis* (MAYR, 1868)

Heimat Brasilien, über die warmen Länder der Erde durch den Handel weit verbreitet, im Mittelmeerraum werden einheimische Arten durch sie verdrängt, bei uns in Gewächshäusern, aber auch schon in Häusern, wo sie ähnlich wie die **Pharaoameise** äußerst lästig wird. In Gewächshäusern ist sie außerdem auch ein unangenehmer Pflanzenschädling.

12. Hinterleib heller als Kopf und Brustringe. Bei jüngeren Tieren ist er hell rahmfarben bis gelblich, bei älteren hellbraungelb bis gelbbraun, Kopf und Brustringe sind bei älteren Tieren schwarzbraun bis schwarz, bei jüngeren etwas heller braun (Abb. 62b C). Hinterleibsstielchen ohne Schuppe. Körperlänge der Arbeiterinnen 1,3–1,5 mm . . . . **Schwarzkopfameise,** *Tapinoma melanocephalum* (FABRICIUS, 1793)

Berlin, Hamburg und Salzgitter. Befallsbild ähnlich wie bei der Pharaoameise, ändert ständig ihre bevorzugte Nahrung, deshalb schwer bekämpfbar. Hinweise auf Biologie und Bekämpfung in SCHEURER, St.,1998: Anz. Schädlingskde., Pflanzenschutz, Umweltschutz **71:** 145–148.

– Körper einheitlich braun . . «**Wohlriechende Hausameise**», *Tapinoma sessile* (SAY, 1836)

Heimat USA, eingeschleppt von amerikanischen Soldaten in den Raum Wiesbaden-Frankfurt.

13. Fühler der Arbeiterinnen 11gliedrig, Arbeiterinnen sehr klein (1,8–2 mm), sehr rasche Bewegungen. . . . . *Plagiolepis* MAYR, 1861

Meist tropische Altweltameisen, die zu den kleinsten der Welt gehören, die Einschleppung und Verbreitung geschieht mit Pflanzenmaterial, die Tiere brauchen eine sehr hohe Luftfeuchte. Nachweise einer bernsteinfarbenen Art vom Autor bislang in Hamburg, Düsseldorf, Heilbronn, Stuttgart, Basel und London, alle Fundorte waren tropische Gewächshäuser. Spezialisten aus England haben diese Art nicht bis zur Art bestimmen können. Diese Art wird oft mit der Pharaoameise *Monomorium pharaonis* verwechselt und deshalb nicht erkannt, gelegentlich sind beide Arten vergesellschaftet. Die Art dürfte weiter verbreitet sein als es bislang bekannt ist. Polygyne Art (= mehrere Königinnen im Nest), Nestanlagen oft in der Erde, aber auch in den Blattachsen von Pflanzen. In einem Fall wird berichtet, dass *Plagiolepis*, die dort mit Woll- und Schmierläusen vergesellschaftet lebt, eine biologische Bekämpfung der Läuse verhindert.

– Fühler der Arbeiterinnen 12gliedrig 14

14. 1. Fühlerglied maximal so lang wie der Kopf 15

– 1. Fühlerglied deutlich länger als der Kopf, Fühler ohne Keule (Abb. 62b D); Schuppe auf dem Hinterleibsstielchen klein, oft vom 1. Gastersegment verdeckt . . . . *Paratrechina* MOTSCHULSKY, 1863

«**Verrückte Ameise**» *Paratrechina longicornis (*LATREILLE, 1802) hebt sich durch das lange 1 Fühlerglied (2,5fache Kopflänge) aus. Heimat südliche USA und Karibik. Als weitere Art konnte *Paratrechina vividula* (NYLANDER,1846) im Gewächshaus eines Botanischen Gartens nachgewiesen werden.

15. Fühler oberhalb des Winkels von Stirnleiste und Kopfschild eingelenkt (Abb. 61) Fraßbild Tabelle 47) . . . . *Camponotus* Mayr, 1861 16
– Fühler im Winkel an der Grenze von Stirnleiste und Kopfschild eingelenkt (Abb. 61) . . . . **Holzameisen,** *Lasius* Fabricius, 1804 18

hierzu gehören die häufigsten in Wohnungen schädlich auftretenden Ameisenarten. Sie bilden große Schwärme und züchten Blattläuse; ihre Nester bestehen aus einer durch Verkitten von Erdteilchen und Holzstaub mittels eines Drüsensekretes hergestellten Kartonmasse.

16. Profillinie des Brustrückens zwischen Meso- und Epinotum kontinuierlich (Abb. 62a A), selten tief eingeschnitten, Vorderrand des Kopfschildes, besonders bei größeren Exemplaren, in der Mitte deutlich eingekerbt und leicht ausgebuchtet. Schuppe aufrecht, nicht knotig verdickt. Behaarung spärlich, ganzer Körper fein gerunzelt. Körper schwarz bis schwarzbraun, Beine, Mandibeln und Vorderrand des Kopfschildes heller. Körperlänge der Arbeiterinnen 4–9 mm . . . . *Camponotus fallax* (Nylander, 1856)

Heimat hauptsächlich Südeuropa, Nordafrika, Kleinasien, nördlichste Verbreitungsgrenze bei Berlin, Nester bevorzugt in Nadelholz, gelegentlich in Mauerwerk oder Holzkonstruktionen.

– Profillinie des Brustrückens stets kontinuierlich, Vorderrand des Kopfschildes weder eingekerbt noch deutlich ausgebuchtet 17

17. Gaster in größerer Ausdehnung um die Stielcheneinlenkung rotbraun, sonst wie der Kopf schwarz, Brust, Schuppe, Beine und Fühlergeißel rotbraun. Hinterleib glänzend. Bei den Geschlechtstieren Flügel stark bräunlich getrübt. Arbeiterinnen 7–14 mm, ♂ 16–18 mm, ♀ 8–12 mm . . . . **Roßameise,** *Camponotus ligniperda* (Latreille, 1802)

nistet in Erde in Anlehnung an Wurzeln, Baumstrünke und in morschem Holz. Gelegentlich in verbautem Holz im Wald. Die geflügelten Geschlechtstiere schlüpfen bereits im Sommer, schwärmen aber klimatisch bedingt zwischen Mai und August.

– Gaster nur um das Stielchen herum mit einem kleinen dunkelbraunen Fleck, sonst schwarz, Kopf und Mandibel schwarz, Brust und Schuppe düster rot. Der ganze Körper ziemlich matt. Arbeiterinnen 6–12 mm, ♀ 14–17 mm, ♂ 9–11 mm . . . . *Camponotus herculeanus* (Linnaeus, 1758)

legt Nestkammern vorwiegend sowohl in lebendem als auch in totem Nadelholz, selten in Laubholz an, wodurch erhebliche Schäden entstehen können. Kommt auch in verbautem Holz vor. Das weiche Sommerholz wird ausgefressen, während das Winterholz lamellenförmig stehen bleibt. Das Fraßmehl sammelt sich am Boden an, während die Nestkammern davon frei bleiben. Geschlechtstiere wie bei *C. ligniperda* (Taf. III, B).

18. Körper schwarz, sehr stark glänzend, mit kleinen, aber deutlichen Punktaugen (Abb. 61). Arbeiterinnen größer als 4 mm (4–6 mm), ♂ 4,5–5 mm, ♀ 6–6,5 mm . . . . **Glänzend schwarze Holzameise,** *Lasius (Dendrolasius) fuliginosus* (Latreille, 1789)

Wabenartige Nester vorwiegend in hohlen Baumstämmen, ausgenagten Zaunpfählen und dgl., auch in Hohlräumen der Häuser, z. B. unter Treppen, Veranden, zwischen Doppelwänden usw., aus einer ziemlich brüchigen, schwarz oder bräunlich schwammigen Kartonmasse, die von Pilzhyphen durchzogen wird. Reine Erdnester ohne Kartonbau sind selten. Schwarmflug im Juni und Juli. ♀ kehren danach meistens wieder in die Nester zurück oder suchen Neugründung in Nestern anderer *Lasius*-Arten, die keine Königin mehr haben. Anlage von Zweigkolonien ist häufig. Vom Nest gehen ausgetretene Straßen zu Zweignestern und Blattlauskolonien, auch zu Futterquellen im Haus (Speisekammern). Gelegentlich kann die Art auch Bauholzzerstörer sein, wenn es durchfeuchtet ist.

– Körper nicht vollständig schwarz, sondern wenigstens teilweise braun bis dunkelbraun oder ganz gelb bis rötlich. Arbeiterinnen und ♂ gewöhnlich höchstens bis 4 mm groß, selten bis 5 mm, ♀ fast doppelt so groß 19

19. Die beiden letzten Glieder der Kiefertaster zusammen ungefähr so lang oder wenig länger als das drittletzte. Körper bei den Arbeiterinnen bräunlich- bis rötlichgelb oder hellgelb, bei den Geschlechtstieren dunkler oder heller braun mit hellbraunen Beinen, Fühlerschäften und Mandibeln. Flügel braun getrübt. Arbeiterinnen 4–5,5 mm, ♂ 3,5–4,8 mm, ♀ 7–8 mm. . . . . *Lasius (Chthonolasius) umbratus* (Nylander, 1846)

dringen nicht selten aus Gärten in die Häuser ein.

– Die beiden letzten Glieder der Kiefertaster zusammen viel länger als das drittletzte . 20

20. Fühlerschäfte und Schienen stark abstehend behaart (Abb. 62a F) 22
– Fühlerschäfte und Schienen anders (Abb. 62a E) 21
21. Fühlerschäfte und Schienen in der Regel ohne abstehende Haare, nur mit feiner anliegender samtartiger Behaarung. Ganzer Körper mehr oder weniger einheitlich schwarz. Königinnen und Männchen schwarzgrau bis braunschwarz, Flügel glasklar, Arbeiterinnen 3–4,2 mm; ♂ 3–3,8 mm, ♀ 8–9 mm . . . . *Lasius alienus* FÖRSTER, 1850

wärmeliebende Art, bevorzugt trockenere Biotope, hauptsächlich in den aktuellen Weinanbaugebieten, gelegentlich in Gebäuden. Populationen mit Zwergtieren. Von der Färbung her mit *L. niger* verwechselbar.

– Fühlerschäfte nicht und Schienen anliegend behaart. Bei den Arbeiterinnen Brust, Beine, Fühler, Mandibel und Schuppe gelbbraun, Kopf und Hinterleib dunkler, bei den Geschlechtstieren sind Kopf und Körper schwarzbraun, die Fühlerschäfte und Beine beim ♀ gelb, beim ♂ braun und die Flügel mit Ausnahme des glashellen äußersten und hinteren Drittels braun getrübt, Adern und Stigma blassbraun, die Subcosta dunkler. Arbeiterinnen 2,5–4 mm, ♂ 4–5 mm, ♀ 6,5–8 mm . . . .
. . . . **Rotrückige Hausameise,** *Lasius (Lasius) brunneus* (LATREILLE, 1798)

nisten außer in der Erde und in Bäumen auch oft in Häusern, wo sie die im Mauerwerk liegenden Balkenköpfe besiedeln und durchlöchern, die nicht vorgeschädigt sein müssen; primärer und sekundärer Holzschädling. Hauptschwarmzeit Juni bis Juli (Fraßbild Tabelle 47).

22. Gesamtfärbung sehr variabel, schwarzbraun bis braun, Brust und Schuppe bei den Arbeitern oft heller, die Vorderbrust dann mitunter dunkel, Beine und Fühler mehr oder weniger rotbraun, bei den Geschlechtstieren hellbraun. Flügel glashell, Adern und Pterostigma hell bräunlichgelb. Arbeiterinnen 3–5 mm, ♂ 3,5–4,2 mm, ♀ 8–9 mm . . . . .
. . . . **Schwarzgraue Wegameise,** *Lasius (Lasius) niger* (LINNAEUS, 1758)

nistet in der Erde und in Baumstümpfen, liebt als Hausameise besonders Süßigkeiten. Ist in den Straßen, selbst in der Großstadt unter den Pflastersteinen oder unter Hausterrassen anzutreffen, Nestausgänge von kleinen Kraterwällen umgeben. Hauptschwarmzeit Ende Juli bis Anfang August, seltener auch schon ab Mai und bis in den Oktober. Oft auffallend große individuenreiche Schwärme.

– Gesamtfärbung hellbraun, bei den Arbeiterinnen Brust hell rotbraun bis rotgelb, Kopf und Hinterleib dunkler braun, Fühler und Beine wie die Brust, Flügel glashell, Adern und Stigma blassbräunlich, Subcosta braun. Arbeiterinnen 3–4 mm, ♂ 3,5–4 mm, ♀ 7–9 mm
. . . . *Lasius (Lasius) emarginatus* (OLIVIER, 1791)

Nester als Erdbauten, im Süden auch als Kartonbauten unter flachen Steinen, in Fels- und Mauerspalten, in Häusern, in Fugen und Rissen von Natursteinsockeln und Massivfußböden, Schallisolierwänden, hinter Fliesen, Tür- und Fensterverkleidungen, unter Holzfußböden und Fensterbrettern, in Holzbalkendecken und im Fachwerk; bevorzugt in von Pilzen oder Insekten geschädigtem Bauholz, in der Nähe sonnenbeschienener Außenwände, Heizkörper und Öfen. Auftretende Ameisen sind oft Anzeiger für Holzschäden im Unterdielen- und Deckenbereich.

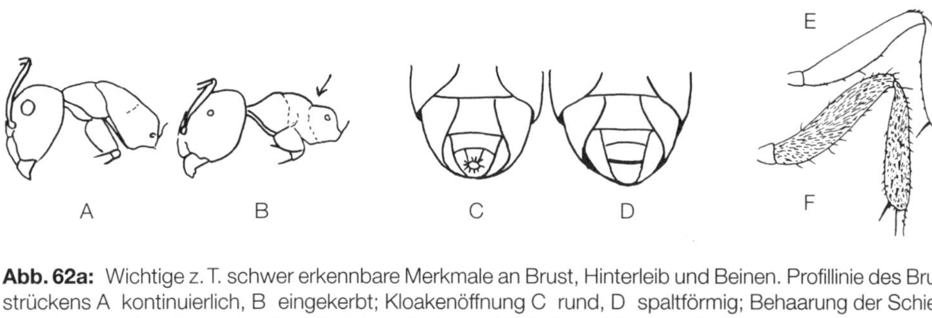

Abb. 62a: Wichtige z. T. schwer erkennbare Merkmale an Brust, Hinterleib und Beinen. Profillinie des Brustrückens A kontinuierlich, B eingekerbt; Kloakenöffnung C rund, D spaltförmig; Behaarung der Schienen E samtartig, aber nicht stark abstehend behaart, F stark abstehend behaart.

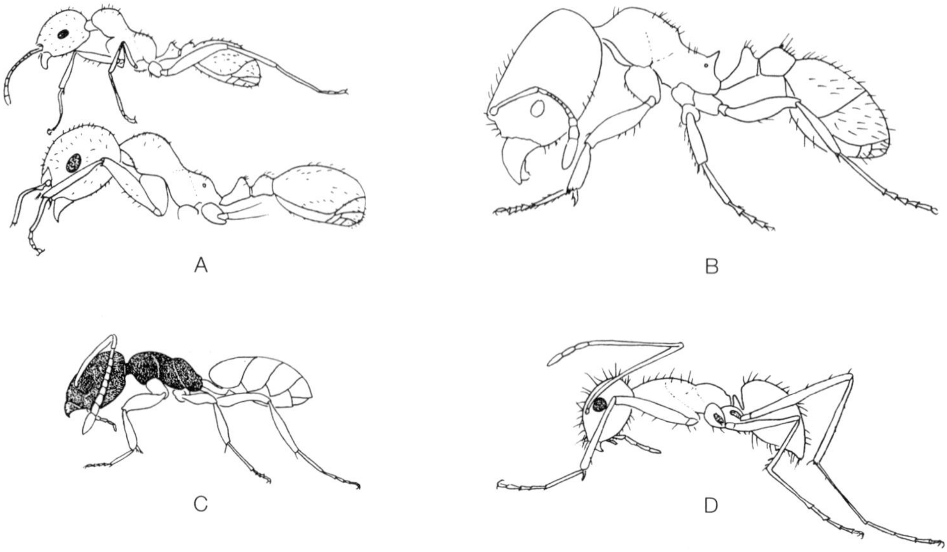

Abb. 62b: Seltene und aus warmen Ländern eingeschleppte Ameisen. A Ernteameise *Messor structor*; oben Arbeiterin, unten Soldat, B Großkopfameise der Gattung *Pheidole*, C Schwarzkopfameise *Tapinoma melanocephalum*, D «Verrückte Ameise» *Paratrechina longicornis*.

23 Faltenwespen, Vespidae[3]

Besonders im Herbst werden die staatenbildenden Wespen lästig, indem sie in die Wohnungen oft in großer Menge eindringen, um von eingekochtem Obst und anderen Süßigkeiten zu naschen. Sehr lästig fallen sie auch in Konditoreien, Bäckereien und Konzertgärten. Da die Weibchen und Arbeiterinnen, die sich durch ihre kürzeren 12gliedrigen Fühler von den selteneren Männchen unterscheiden, die längere 13gliedrige Fühler besitzen, recht schmerzhaft stechen können, werden sie auch für den Menschen oft unangenehm, so dass eine Bekämpfung der Wespen – am besten durch Beseitigung der Nester – notwendig ist. Die Nester werden aus zerkautem und mit Speichel vermischtem Holz erbaut. Form, Größe und Ort der Anlage sind sehr variabel. Im Herbst sterben die Wespenstaaten bis auf einige an geschützten Stellen überwinternde Weibchen aus, die im Frühjahr ein neues Volk gründen.

Ausführliche Bestimmungstabelle und Schilderung der Biologie siehe bei H. Kemper und E. Döhring: «Die sozialen Faltenwespen Mitteleuropas». Berlin (P. Parey) 1967.

1. Hinterleib vorn nicht senkrecht abgestutzt, sondern allmählich verjüngt (Abb. 63 A) . . . . **Feldwespe,** *Polistes* Latreille, 1802

   Nest besteht aus einer einzigen, durch einen Stiel befestigten, gewöhnlich schief gestellten Wabe ohne Umhüllung. Die meisten Arten bauen ihr Nest an Pflanzenstengeln oder Steinen an, *P. gallicus* (Linnaeus, 1767) und *P. nimpha* (Christ, 1791), die besonders im südlichen Mitteleuropa vorkommen, aber auch an wärmeren Stellen im

---

[3] *Dolichovespula norwegica* (Fabricius, 1781) und *Paravespula rufa* (Linnaeus, 1758), die in Häusern **nicht** vorkommen und auch dem Menschen **nicht** schädlich oder lästig werden, sind in die Tabelle nicht aufgenommen.

Norden, besonders in den Außenbezirken von Ortschaften, auch unter vorspringenden Dächern an der südlichen Außenfront von Gebäuden. Sie haben nur kleine Völker, die kaum lästig werden können.

– Hinterleib vorn senkrecht abgestutzt 2

2. Kopf hinter den Augen stark erweitert (Abb. 63 C). Punktaugen 3- bis 4mal so weit vom Kopfhinterrand wie vom Rand des Komplexauges entfernt. Thorax dunkelbraun mit rotbrauner Färbung, nicht gelb gezeichnet. Hinterleibsring hinter dem steilen Abschnitt dreifarbig: rot, schokoladebraun und gelb (Abb. 63 B). Größte einheimische Wespe, Arbeiterinnen 18–25 mm, ♀ 23–35 mm, ♂ 20–25 mm . . . . **Hornisse,** *Vespa crabro* LINNAEUS, 1758 3

Nest fast immer oberirdisch in hohlen Bäumen oder anderen Hohlräumen, auch in Gebäuden (Dachböden), mit meistens 5, aber auch bis zu 15 Waben und einem Durchmesser von durchschnittlich 20 cm bis maximal 48 cm, aus hellem, gelblichem, oft auch streifenweise braunem Karton, mit einer mit länglichen, dachziegelartigen oder halbröhrenförmigen, unten offenen Taschen versehenen Hülle, die allerdings bei Einbau in eine enge Höhle fehlt. Galt früher als die angriffslustigste und gefährlichste Wespenart, steht jetzt als harmlos (!) unter Naturschutz; statt Nestvernichtung ist Umsiedlung geboten (siehe HALLMEN, M., BEIER, W., 1991: Ein Nistkasten für die Hornisse... Mitt. internat. entomol. Ver. **16** (3/4): 141–149, Frankfurt a. M. und HALLMEN, M., 1990: Entomol. Nachr. Ber. **34** (4): 145–149, Dresden).

– Kopf hinter den Augen nicht oder nur schwach erweitert. Punktaugen vom Hinterrand des Kopfes und vom Komplexauge etwa gleich weit entfernt (Abb. 63 D) 4

3. Rücken der Mittelbrust ohne rote Zeichnung. Stirn und Punktaugenfeld meistens gebräunt . . . . *Vespa crabro crabro* LINNAEUS, 1758

vorwiegend im nördlichen Mitteleuropa.

– Rücken der Mittelbrust mit 2 mehr oder weniger langen, vorn divergierenden roten Längsstreifen . . . . *Vespa crabro germana* CHRIST, 1791

vorwiegend im südlichen und südwestlichen Mitteleuropa.

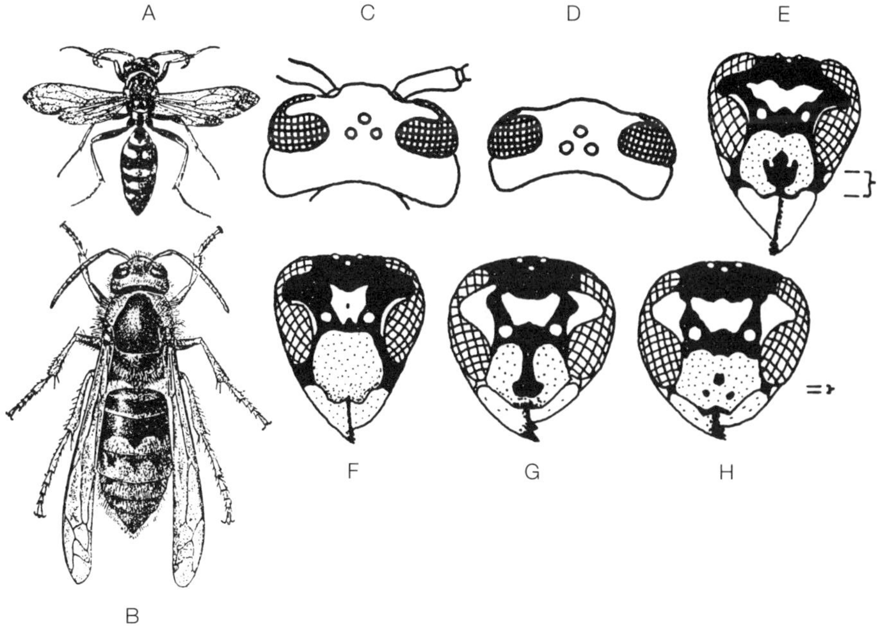

Abb. 63: A Feldwespe, *Polistes* sp., B Hornisse, *Vespa crabro*, C Dorsalansicht des Kopfes von *V. cabro* und D *Dolichovespula saxonica*, E Vorderansicht des Kopfes von *D. saxonica*, F *D. sylvestris*, G *Paravespula vulgaris*, H *P. germanica* (A aus SCHRÖDER, B aus WEBER C–H aus KEMPER & DÖHRING).

4. Rücken des Brustabschnittes mit etwas roter Zeichnung, wenigstens auf dem der Vorderbrust, gelegentlich auch auf dem der Mittelbrust. Zweitgrößte Wespe, Arbeiterinnen 15–16 mm, ♀ 18–22 mm, ♂ 15–17 mm . . . . **Mittlere Wespe**, *Dolichovespula media* (RETZIUS, 1783)

Nest oberirdisch in Gebüsch und Gezweig höherer Bäume, nicht in der Erde oder in Hohlräumen an Gebäuden unter Dachvorsprüngen. Bei uns sehr selten und wohl ohne praktische Bedeutung.

– Brustabschnitt ohne jede rote Färbung 5

5. Der vorderste Abschnitt der Brustseite (Propleuron) im unteren Teil quergerunzelt . . . . *Dolichovespula media* (RETZIUS, 1783), Arbeiterinnen (siehe 4)

– Der vorderste Abschnitt der Brustseite nicht quergestreift, sondern punktiert 6

6. Der untere Augenrand erreicht fast die Basis der Oberkiefer (Abb. 63 G, H). Die Augenausrandung ganz gelb gefärbt 7

– Der untere Augenrand ist weit von der Basis der Oberkiefer entfernt (Abb. 63 E, F). Die Augenausrandung zum größten Teil schwarz 8

7. Kopfschild mit einem oder drei schwarzen Punkten auf gelbem Grund (Abb. 63 H). Hinterer Augenrand ganz gelb. Arbeiterinnen 12–16 mm, ♀ 17–20 mm, ♂ 13–17 mm . . . . **Deutsche Wespe**, *Paravespula germanica* (FABRICIUS, 1793)

Nest ober- oder unterirdisch nur in gut umschlossenen Räumen, auch in Hohlräumen von Gebäuden, wobei es in seiner Form sehr anpassungsfähig ist. Nestdurchmesser 20, maximal 35 cm, mit 7 bis 8 (maximal 14) Waben, Außenhülle meistens mit geschlossenen, grauen, manchmal ringförmig konzentrisch braun gestreiften Taschen. In engen Hohlräumen wird sie nicht immer gebaut. Sehr häufige und lästige Wespe, da die Völker sehr individuenreich.

– Kopfschild mit einem unten erweiterten schwarzen Längsstreifen auf gelbem Grund (Abb. 63 G). Hinterer Augenrand gelb, aber von einem schwarzen Fleck unterbrochen. Arbeiterinnen 11–14 mm, ♀ 15–20 mm, ♂ 13–17 mm. . . . . **Gemeine Wespe**, *Paravespula vulgaris* (LINNAEUS, 1758)

Nester ähnlich wie bei der vorigen Art, meistens aber etwas heller gelbbraun. Häufig und lästig. Völker sehr individuenreich.

8. Kopfschild mit großem, eckigem, schwarzen Fleck oder Längsstrich auf gelbem Grund. Vorderrand mit zahnartig vorgezogenen Seitenecken (Abb. 63 E). Arbeiterinnen 11 bis 13 mm, ♀ 15–17 mm, ♂ 13–15 mm. . . . . **Sächsische Wespe**, *Dolichovespula saxonica* (FABRICIUS, 1793)

Nest aschgrau, kugelig, häufig in Gebäuden, Schuppen und Vogelnistkästen, im Freien an windgeschützten Stellen unter Dachvorsprüngen usw. Mit glatter, aus kugelschalenartig geformten Blättern bestehender Nesthülle und einem durchschnittlichen Durchmesser von 19 cm (maximal 25 cm) mit 4 bis 5 Waben. Weit verbreitet, wird aber dem Menschen nicht lästig oder schädlich.

– Kopfschild ganz gelb (Abb. 63 F) (beim Parasiten mit einem schwarzen Punkt), vorn kaum ausgerandet, Seitenecken undeutlich. Arbeiterinnen 13–15 mm, ♀ 17–20 mm, ♂ 13–15 mm . . . **Waldwespe**, *Dolichovespula sylvestris* (SCOPOLI, 1763) (mit ihrem Nestparasiten . . . . *Pseudovespula omissa* BISCHOFF, 1931)

Nest nur im Freien, kommt in Häusern nicht vor und wird dem Menschen nicht schädlich.

24 Bienen, Apidae

1. Flügel schwarzbraun violett schillernd; Körper glänzend tiefschwarz mit ebensolcher Behaarung, Körperlänge bis 25 mm. . . **Holzbiene**, *Xylocopa violacea* (LINNAEUS, 1758)

nur in den wärmeren Gegenden Mitteleuropas. Die Biene bohrt in morsches Holz, oft auch in Pfähle und Balken eine senkrechte Röhre mit einem oberen und unteren Ausgang, in die sie aus dem Bohrmehl – meistens 12 – Zellen für ihre Brut baut.

– Flügel durchsichtig, nicht dunkel getönt 2

2. Vorderflügel mit 3 Cubitalzellen (Abb. 64 A) 5
– Vorderflügel mit 2 fast gleich großen Cubitalzellen (Abb. 64 B). Körper ziemlich lang behaart. Weibchen mit Bauchbürste 3
3. Fußklaue ungezähnt, mit Haftlappen, Hinterleib breit und ziemlich kurz . . . . **Mauerbiene,** *Osmia* PANZER, 1806

in Hausgärten und Hohlräumen von Häusern nistet häufig *O. bicornis* (LINNÉ, 1758) (= *rufa* LINNÉ, 1758), die an Frühlingsblumen fliegt. Kopf schwarz, Scheitel und Brust gelbgrau, 1. bis 3. Hinterleibsring rotgelb, 4.–6. schwarz behaart. Körperlänge 10–12 mm.

– Fußklauen ohne Haftlappen 4
4. Kopfschild mit gerade abgestutztem Vorderrand . . . . **Blattschneiderbiene,** *Megachile* LATREILLE, 1802

Nest besteht aus Zellen, die von Ausschnitten aus Rosenblättern zusammengesetzt werden, in Hohlräumen von Holz der Häuser: *M. centuncularis* (LINNAEUS, 1758), schwarz, gelbbraun behaart, Hinterleib mit mehr oder weniger weit unterbrochenen weißen Haarbinden. Körperlänge 8–10,5 mm.

– Kopfschild in der Mitte vorgezogen, Vorderrand bogenförmig, Weibchen schwarz behaart mit braunroter Haarbürste. Beim Männchen Brust und 1.–3. Hinterleibsring oben lang rotgelb behaart . . . . **Mörtelbiene,** *Chalcidoma muraria* (FABRICIUS, 1798)

Nest aus Sandkörnern oder Steinchen an Mauern, dem an die Wand gespritzten Straßenschmutz ähnlich.

5. Radialzelle am Ende verschmälert und zugespitzt, Cubitalzelle 1 größer als 2 und 3, die fast gleich groß sind. Hinterleib behaart . . . **Seidenbiene,** *Colletes daviesanus* SMITH, 1846

Nest in Lehmwänden und Hausbockkäferlarvengängen, mit einem seidenartig glänzenden Gespinst ausgekleidet. Durch ihre Nestanlagen im Mörtel zwischen den Ziegeln von Backsteinbauten kann bei zahlreichem Auftreten das Mauerwerk geschädigt werden.

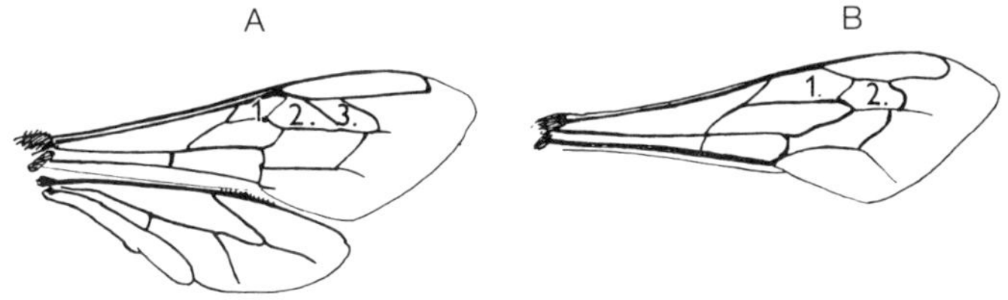

Abb. 64: Flügelgeäder von Vorder- und Hinterflügel A der Honigbiene, B vom Vorderflügel der Blattschneiderbiene. 1–3 Cubitalzellen, davor nach der Spitze zu die Radialzelle.

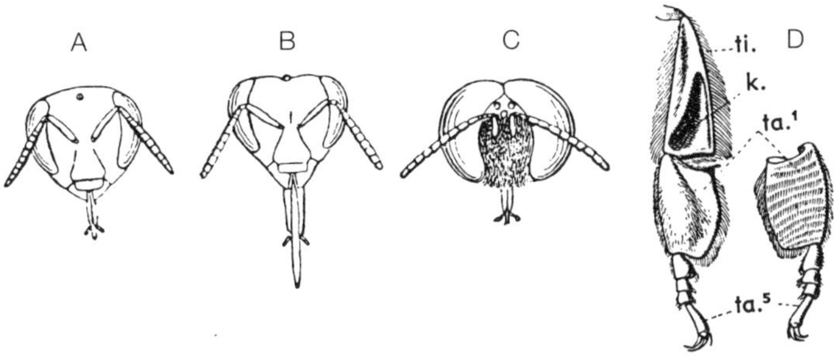

Abb. 65: Honigbiene. Vorderansicht der Köpfe von A der Königin, B der Arbeiterin, C der Drohne. D Sammelapparat am Hinterbein der Arbeiterin *ti* Tibia mit Körbchen, *k, ta.*^{1}, *ta.*^{5} 1. und 5. Tarsenglied (aus HERTWIG).

– Radialzelle am Ende abgerundet sehr lang, fast die Flügelspitze erreichend (Abb. 64 A). Hinterschienen ohne Endsporne, schwärzlich pechbraune Bienen mit etwas hellerer Behaarung und wenig auffallenden Querbinden auf dem Hinterleib, meistens einfarbig dunkel . . . . . **Honigbiene,** *Apis mellifera* LINNAEUS, 1758 (= *mellifica* LINNAEUS, 1767)

a) Augen groß, oben zusammenstoßend (Abb. 65 C), Hinterbeine ohne Sammelapparat, Mundgliedmaßen kurz, Körperlänge 15–16 mm . . . . **Männchen** oder **Drohnen**
– Augen klein (Abb. 65 A und B), oben nicht zusammenstoßend . . . . b
b) Hinterleib rund, auf der Bauchseite gekielt, Hinterbeine mit Sammelapparat (Abb. 65 D), Mundgliedmaßen ein langer Saugrüssel, Körperlänge 12 mm . . . . **Arbeiterin**
– Hinterleib schlank und ohne Mittelkiel auf der Bauchseite, Hinterbeine ohne Sammelapparat. Mundgliedmaßen kurz, Körperlänge 15–16 mm . . . . **Weibchen** oder **Königin**
die Arbeiterinnen werden besonders im Herbst in Bäckereien, Konditoreien und Obsthandlungen bisweilen lästig durch Naschen an Süßigkeiten. In Erregung versetzt, können sie mit ihrem Giftstachel unangenehm stechen.

25 Käfer, Coleoptera

Die Käfer sind durch ihre als harte Flügeldecken ausgebildeten Vorderflügel gut charakterisiert. Die Hinterflügel werden in der Ruhe zusammengefaltet unter diesen verborgen, können aber auch ganz fehlen. Es kann dann vorkommen, dass die beiden Flügeldecken miteinander verwachsen sind. Bei den Käfern wird der Rücken der Vorderbrust allgemein als Halsschild bezeichnet. Die Mundwerkzeuge sind beißend, die Fühler sehr verschieden gestaltet. Die Käfer stellen die größte Zahl der Vorrats-, Material- und Hausschädlinge. Sie werden sehr häufig durch den Handel verschleppt. Einige Käferarten dringen auch vom Freien in die Häuser ein. Diese können hier nicht alle berücksichtigt werden. Es geschieht dieses nur insoweit, wie sie häufig in die Häuser kommen oder besonders auffallend sind. Wegen der Fülle der hierhergehörenden Arten werden für die wichtigen Familien besondere Tabellen gegeben.

Moderne Bestimmungstabellen für alle mitteleuropäischen Käferarten, einschließlich der häufig eingeschleppten, bringt das 11bändige Werk «Die Käfer Mitteleuropas» von H. FREUDE, K. W. HARDE und G. A. LOHSE (Krefeld, Verlag von Goecke & Evers 1964–1983. – Bestimmungstabellen von Imagines, Larven und Puppen vieler Vorrats-, Material- und Hausschädlinge mit ausführlichen Beschreibungen und umfangreichen Literaturzusammenstellungen biologischer Daten finden sich in E. HINTON: A monograph of the beetles associated with stored products. Vol. 1. London (British Museum) 1945. Leider ist der 2. Band nicht erschienen.

1. Das 1. Brustsegment auf der Bauchseite mit einer Notopleuralnaht, durch die eine große unbewegliche Platte, das Episternum, zwischen dem Prosternum und dem umgebogenen Rand des Pronotums (Epipleuron) abgegrenzt wird (Abb. 66). Hinterflügel mit Queradern. Media und Cubitus nie miteinander vor der Flügelspitze verschmolzen (Abb. 66). . . . . Unterordnung: **Adephaga, Laufkäfer,** Carabidae (siehe Tabelle 26)
– Das 1. Brustsegment auf der Bauchseite ohne Notopleuralnaht und Episternum (Abb. 66). Hinterflügel – wenn vorhanden – ohne Queradern (Abb. 66, Staphylinidentyp) oder falls eine vorhanden, dann verschmelzen Cubitus und Media nahe der Flügelspitze miteinander (Abb. 66, Cantharidentyp) . . . . Unterordnung: **Polyphaga** 2
2. Vorderflügel und Hinterflügel fehlen vollständig. Kopf mit einem Punktauge in der Mitte. Körper sackförmig, graubraun behaart (Abb. 77). Körperlänge 4,2–5,4 mm, Körperbreite 1,3–1,5 mm . . . . Weibchen von *Thylodrias contractus* (MOTSCHULSKY, 1839) (siehe Tabelle 29)
– Vorderflügel vorhanden 3
3. Vorderflügel bedecken den ganzen Hinterleib, nur selten ohne seinen letzten Ring . . 5
– Vorderflügel lassen wenigstens 2 Hinterleibsringe unbedeckt. Nur bei den sehr lang gestreckten walzenförmigen holzbewohnenden Lymexylonidae (siehe Tabelle 28) klaffen sie auseinander (Abb. 76 A), sonst sind sie hinten gerade abgeschnitten (Abb. 67 A, 82) . 4

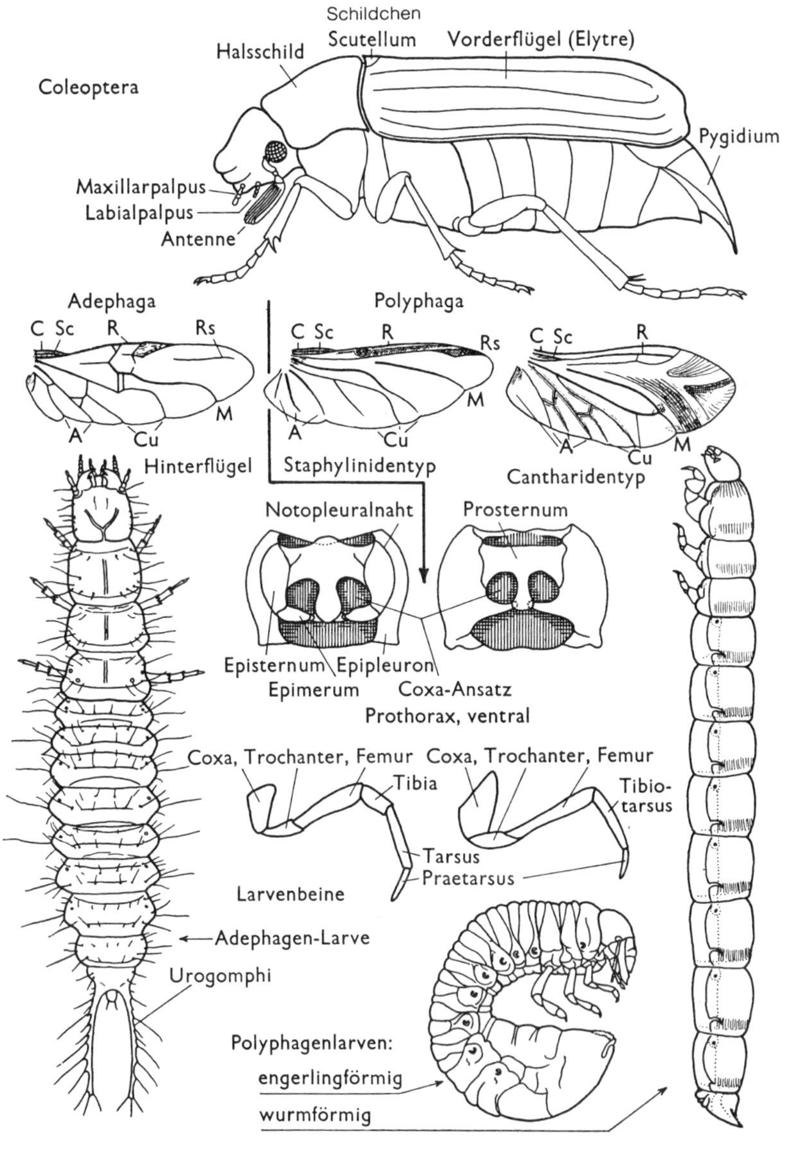

Abb. 66: Die Unterschiede der beiden Käferunterordnungen Adephaga und Polyphaga im Imago- und Larvenstadium. Oben ein Scarabaeide, die Adephagenlarve ist die des Laufkäfers *Somotrichus unifasciatus*, die wurmförmige Polyphagenlarve von *Blaps* sp. (Tenebrionidae) und die gebogene ein Engerling des Maikäfers.

4. Die letzten Fühlerglieder bilden eine in sich nicht bewegliche, runde Keule (Abb. 69 C). Die Vorderflügel lassen ein bis höchstens drei Hinterleibssegmente unbedeckt . . . . **Glanzkäfer,** Nitidulidae und Rhizophagidae (siehe Tabelle 31)
– Die letzten Fühlerglieder sind nur wenig oder nicht verdickt und nicht miteinander unbeweglich verbunden. Die Vorderflügel lassen in der Regel mehr als drei Hinterleibsseg-

mente unbedeckt. Meistens lang gestreckte Käfer. Fühler viel kürzer als der Körper (sind sie körperlang oder fast körperlang, dann siehe 6) . . **Kurzdeckenkäfer**, Staphylinidae

sehr flinke Läufer und oft gute Flieger, die bei Erregung den Hinterleib über den Rücken nach vorn biegen. Sie ernähren sich von Insekten und faulenden Substanzen. Kommen bisweilen in Kellern vor, sind dort aber ohne praktische Bedeutung. Viele, meistens sehr kleine Arten. Von den größeren Arten wurden der schwarze *Staphylinus ater* GRAVENHORST, 1802 (Körperlänge 14–18 mm) mehrfach in Kellern, und der 14–22 mm große, durch grau behaarte Querbinden auf den schwarzen Halbdecken ausgezeichnete *Creophilus maxillosus* (LINNAEUS, 1758) (Abb. 67 A) in Lagerräumen als Räuber von Fliegenmaden und Larven anderer Vorratsschädlinge, besonders von Käfern, aber auch an Fleisch fressend festgestellt. Die ziemlich robusten, nur 1,5–9 mm langen Arten von *Aleochara* GRAVENHORST, 1802 leben als Imagines räuberisch von Fliegenmaden. Von etwa 20 von ihnen ist nachgewiesen, dass sie als Larven Solitärparasitoide von Puppen in Häusern vorkommender Fliegen sind (z. B. 5 Arten bei *Musca domestica*, 6 bei *Calliphora vicina*, 2 bei *Lucilia sericata* und je 1 bei *Piophila casei* und *Lucilia caesar*). Die Weibchen legen ihre (bis zu mehreren 100) Eier im Freien mehr habitat- als wirtsgebunden an Dung, Aas, Exkrementen usw. ab. Die ausgeschlüpften campodeiden Larven suchen aktiv Fliegentönnchen auf und bohren sich ein, das Bohrloch wieder sorgfältig verschließend. Das 2. Larvenstadium ist madenförmig, lebt solitär außen auf der Puppe der Fliege und tötet sie allmählich ab. Bei einigen Arten sieht das 3. Larvenstadium wie das 2. aus und verpuppt sich im Fliegentönnchen, um es als fertige Imago zu verlassen. Bei den meisten Arten ist das 3. Larvenstadium wieder stärker sklerotisiert und beborstet. Es verlässt das Tönnchen, um sich im Freien zu verpuppen (FABRITIUS, K., KLUNKER, R., 1991: Die Larven- und Puparienparasitoide von synanthropen Fliegen in Europa. – Merkbl. angew. Parasitenk. Schädlingsbek. Nr. 32. – Angew. Parasitol. **32** (1), Jena).

5. Fühler mit einer Fächerkeule (Abb. 66) . . **Blatthornkäfer**, Scarabaeidae (siehe Tabelle 42)
– Fühler schnur- oder bandförmig, gesägt oder gekämmt, die letzten Fühlerglieder oft stark verdickt und eine Keule bildend 6
6. Käfer größer als 1 cm (wenn mit einem rüsselförmig verlängertem Kopf und geknieten Fühlern, dann siehe Tabelle 45) 7
– Käfer kleiner als 1 cm 15
7. Fühler wenigstens so lang wie der halbe Körper, oft viel länger, kräftig, schnur- oder borstenförmig 8
– Fühler kürzer als der halbe Körper 10
8. Vorder- und Mittelfüße mit 5, Hinterfüße mit 4 Gliedern 9
– Alle Füße mit scheinbar 4 Gliedern (eigentlich sind es 5 Glieder, doch ist das 4. sehr klein und in der Regel in dem meist 2lappigen 3. Fußglied versteckt, so dass es nicht ohne weiteres zu erkennen ist) . . . . **Bockkäfer**, Cerambycidae (siehe Tabelle 43)
9. Halsschild an der Basis mit einem scharfen Rand. Kiefertaster mit einem großen, breit dreieckigen Endglied, das doppelt so lang wie das vorhergehende Glied ist . . . . **Düsterkäfer**, Serropalpidae *(Serropalpus barbatus)* (siehe Tabelle 40)
– Halsschild ohne scharfen Seitenrand, d. h. seine Oberseite geht allmählich gerundet in die Unterseite über . . . . **Engdeckenkäfer**, Oedemeridae (siehe Tabelle 39)

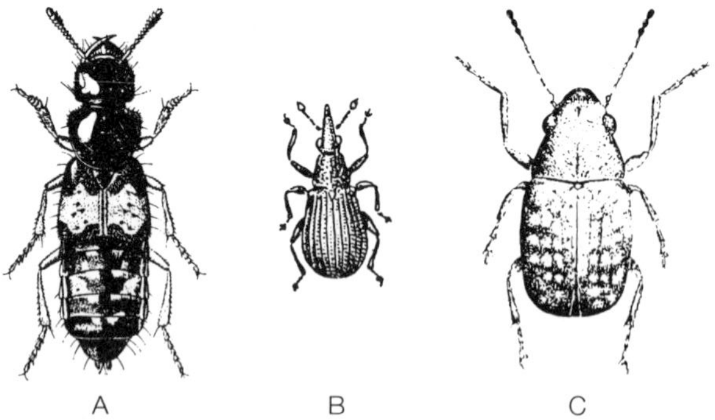

Abb. 67: A Kurzdeckenkäfer, *Creophilus maxillosus* (5 ×), B Rüsselkäfer, Spitzmäuschen, *Apion* sp. (10 ×), C Breitmaulrüßler, Kaffeebohnenkäfer, *Araecerus fasciculatus* (10 ×) (A aus HINTON 1945, B aus DIEHL-WEIDNER 1938, C aus LEPESME 1944).

10. Halsschild kapuzenförmig den Kopf überdeckend (Abb. 91 C, 93 G) . . . .
. . . . **Bohrkäfer**, Bostrichidae (siehe Tabelle 36)
– Halsschild nicht kapuzenförmig, Kopf frei 11
11. Vorder- und Mittelfüße mit 5, Hinterfüße mit 4 Gliedern 12
– Alle Füße mit der gleichen Gliederzahl 13
12. Seitenrand des Kopfes (Stirnleiste, Wange) leistenartig vorspringend, die Ursprungsstelle der Fühler bedeckend und die Augen mehr oder weniger stark einengend (Abb. 102 A), braune bis schwarze Käfer . . . . . . **Schwarzkäfer**, Tenebrionidae (siehe Tabelle 41)
– Seitenrand des Kopfes nicht erweitert, nicht die Ursprungsstelle der Fühler bedeckend und die Augen nicht einengend. Kiefertaster auffallend groß, besonders das dreieckige Endglied . . . . **Düsterkäfer**, Serropalpidae (siehe Tabelle 40)
13. Alle Füße mit 5 Gliedern 14
– Alle Füße scheinbar mit 4 Gliedern (eigentlich sind es 5 Glieder, doch ist das 4. sehr klein und in der Regel in dem meist 2lappigen 3. Fußglied versteckt, so dass es nicht ohne weiteres zu erkennen ist) . . . . **Bockkäfer**, Cerambycidae (siehe Tabelle 43)
14. Flügeldecken braun mit braungelben Flecken und einer ebenso gefärbten Querbinde . .
. . . . **Buntkäfer**, Cleridae *(Opilo)* (siehe Tabelle 27)
– Flügeldecken einfarbig, schwarzbraun oder metallisch blau, Halsschildvorderrand konkav, 1. Tarsenglied verkürzt, nur schwer sichtbar (Abb. 72 B), zwischen den Krallen ein Haftläppchen (Onychium) . . . . **Flachkäfer**, Ostomidae (siehe Tabelle 30)
15. Kopf rüsselförmig nach vorn verlängert (Abb. 68 C–H), Fühler gekniet oder nicht gekniet, dann setzt sich der Kopf unmittelbar in einen sehr spitzen Rüssel fort (Abb. 67 B). . . .
. . . . **Rüsselkäfer**, Curculionidae (siehe Tabelle 45)
– Kopf nicht rüsselförmig nach vorn verlängert, höchstens etwas schnauzenförmig vorgezogen (Abb. 68 A; B) 16
16. Die Flügeldecken lassen den letzten Hinterleibsring, Pygidium (Abb. 68 A; B, P) unbedeckt, Kopf etwas schnauzenförmig vorgezogen 17
– Flügeldecken bedecken den Hinterleib vollständig, Kopf nicht schnauzenförmig vorgezogen 18
17. Die letzten drei Fühlerglieder sind viel größer als die anderen und bilden eine lockere, dunkel gefärbte Keule. Die Fühlergruben liegen vor den Augen und können von oben gesehen werden. Das Pygidium ist klein, schmal, dreieckig und oft nach unten gebogen. Die Füße sind scheinbar dreigliedrig, eigentlich aber viergliedrig, da das kleine, zweilappige dritte Glied von dem erweiterten und eckig ausgeschnittenen zweiten fast vollständig umfasst wird, weshalb das Klauenglied aus dem zweiten zu entspringen scheint. An den Vorderfüßen ist das erste Glied so lang wie alle anderen zusammen (Abb. 68 B). Körperoberfläche graubraun, Flügeldecken mit abwechselnd hell und dunkel behaarten Flecken, die etwa schachbrettartig angeordnet sind. Körperlänge 3–5 mm (Abb. 67 C, 68 B) . . . .
. . . . **Kaffeebohnenkäfer**, *Araecerus fasciculatus* (DEGEER, 1775)
. . . . (**Breitmaulrüssler**, Anthribidae)
über alle Küstenländer der Tropen und Subtropen verbreitet, besonders in Kakao- und Kaffeebohnen, aber auch in Mais, Drogen (z. B. Muskatnüssen), trockenem Obst usw., bei uns vor allem mit Kakao- und Kaffeebohnen häufig eingeschleppt, konnte sich aber wegen zu geringer Wärme und Feuchtigkeit nicht einbürgern.
– Fühler ohne eine lockere Keule mit Gliedern, die größer sind als alle anderen Fühlerglieder. Das Pygidium ist groß, breit, gerundet und meistens auffallend gefärbt und oft charakteristisch gezeichnet. Die Hinterschenkel sind mehr oder weniger stark verdickt, oft auf der gefurchten morphologischen Vorderseite (der Unterseite beim laufenden Käfer) gezähnt (Abb. 106 B, C, H); sie werden aber nicht zum Springen verwendet. Halsschild konisch bis glockenförmig (Abb. 68 A) . . . **Samenkäfer**, Bruchidae (siehe Tabelle 44)
18. Kopf von dem mehr oder weniger stark aufgewölbten Halsschild kapuzenförmig überdeckt (Abb. 93) 19

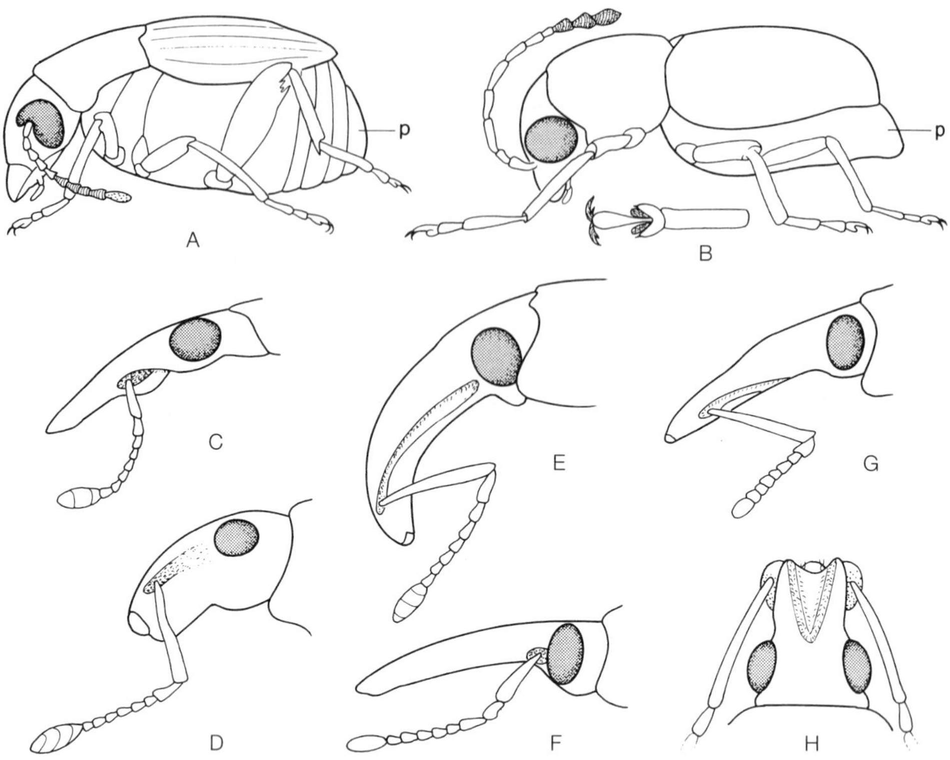

Abb. 68: Schematische Darstellung der Seitenansicht A eines Samenkäfers, *Acanthoscelides obtectus*, B eines Breitmaulrüßlers, *Araecerus fasciculatus*, C–G der Köpfe von Rüsselkäfern C *Apion* sp., D *Otiorhynchus*, E *Hylobius*, F *Sitophilus*, G *Cossonus* und H der Rückenansicht des Kopfes von *Otiorhynchus sulcatus*. – *p* Pygidium.

– Kopf frei, höchstens in das Halsschild zurückziehbar, Halsschild nicht kapuzenförmig, flach 24
19. Fühler gekämmt (Abb. 94 D) . . . . **Nagekäfer**, Anobiidae *(Ptilinus)* (siehe Tabelle 37)
– Fühler nicht gekämmt 20
20. Fühler gesägt (Abb. 95 B) . . . **Nagekäfer**, *Anobiidae (Lasioderma)* (siehe Tabelle 37)
– Fühler nicht gesägt 21
21. Fühler mit dicker Endkeule oder einem großen Endknopf (Abb. 70) 22
– Fühler fadenförmig, die 3 Endglieder oft verlängert, locker zusammengefügt, keine Keule bildend 23
22. Fühler gekniet, mit einem eingliedrigen soliden Endknopf, der abgerundet oder fast dreieckig ist und einen vorstehenden Winkel hat, und 4gliedriger Geißel (Abb. 69 A) . . . . **Borkenkäfer**, Scolytidae (siehe Tabelle 46)
– Fühler mit mehrgliedriger (meist 3gliedriger) Endkeule nicht gekniet (Abb. 91 C, D) . . . . **Bohrkäfer**, Bostrichidae (Tabelle 36)
23. Fühler fadenförmig mit dicht zusammenstehenden Einlenkungsstellen. Hinterbrust und Bauchplatte des ersten Hinterleibsringes liegen in der gleichen Ebene. Körper oft rundlich, bisweilen aufgeblasen, nur bei *Ptinus* die Männchen lang gestreckt. Hinterhüften ohne Schenkeldecken, Flügeldecken oft dicht behaart . . **Diebkäfer**, Ptinidae (siehe Tabelle 38)

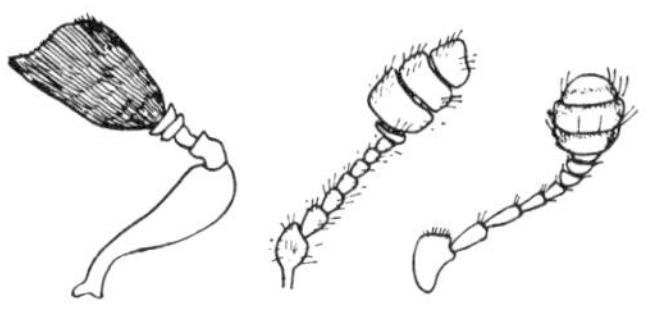

Abb. 69: Fühler A des Borkenkäfers, *Xyloterus domesticus*, B des Speckkäfers, *Dermestes*, C des Backobstkäfers, *Carpophilus hemipterus* (A nach KUHNT, B, C nach REITTER etwas verändert).

– Fühler mit 3 verlängerten Endgliedern. Ihre Einlenkungsstellen weit auseinanderstehend. Hinterbrust und Bauchplatte des ersten Hinterleibsringes liegen nicht in der gleichen Ebene. Körper lang gestreckt. Hinterhüften mit Schenkeldecken . . . . **Nagekäfer**, Anobiidae (siehe Tabelle 37)

24. Fühler wenigstens halb so lang wie der Körper, meistens länger 25
– Fühler kürzer als der halbe Körper 29

25. Käfer größer als 2,5 mm . . . . **Bockkäfer**, Cerambycidae (siehe Tabelle 43)
– Käfer höchstens 2,5 mm . . . . **Plattkäfer**, Cucujidae (siehe Tabelle 32)

26. Winzige, meistens nur unter 1 mm große, rundliche oder ovale Käfer mit von oben kaum sichtbarem Kopf und hinten abgerundeten, den Hinterleib vollständig bedeckenden Flügeldecken . . . . **Faulholzkäfer** Orthoperidae (= Corylophidae)

leben an faulenden und schimmelnden Pflanzenstoffen und im Dünger; in Kellern an schimmelnden Wänden besonders der rundliche, rotbraune, stark glänzende, kaum 0,5 mm große *Orthoperus atomarius* (HEER, 1841).

– Käfer größer als 1 mm, meistens über 2 mm 27

27. Seitenrand des Kopfes (Stirnrand, Wange) leistenartig vorspringend, die Ursprungsstelle der Fühler bedeckend und die Augen mehr oder weniger stark einengend (Abb. 102 A), braune bis schwarze Käfer . . . . . . **Schwarzkäfer**, Tenebrionidae (siehe Tabelle 41)
– Seitenrand des Kopfes nicht so erweitert, nicht die Ursprungsstelle der Fühler bedeckend und die Augen nicht einengend 28

28. Seitenränder des Halsschildes mit je 5 oder 6 Zähnchen besetzt (Abb. 83), sehr lang gestreckte Käfer . . . . **Plattkäfer**, Cucujidae (siehe Tabelle 32)
– Seitenränder des Halsschildes nicht mit 5 bis 6 Zähnchen 29

29. Körper halbkugelig, unten flach. Flügeldecken gelb und schwarz oder rot und schwarz gefleckt oder einfarbig schwarz, gelb, rot, glatt und glänzend (Abb. 70) . . . . **Marienkäferchen**, Coccinellidae

kommen gelegentlich in die Wohnungen zur Überwinterung, so besonders *Adalia bipunctata* (LINNAEUS, 1758) (Körperlänge 3,5–5,5 mm) mit roter Grundfarbe und schwarzer Zeichnung, die sehr stark variiert. Die am häufigsten auftretenden Muster sind in Abb. 69 dargestellt. Die oft in größerer Zahl überwinternden Käfer sollte man in kühle Räume bringen, wo sie überleben, während sie in warmen Räumen bald absterben. Sie sind nicht schädlich, sondern durch Vertilgen von Blattläusen sehr nützlich. Gelegentliches Massenauftreten von *Coccinellidae* (insbesondere *Coccinella septempunctata* LINNAEUS, 1758) kann sehr lästig werden (z. B. am Ostseestrand 1973 und 1989), wo kilometerlange, bis zu 0,5 m breite und mehrere Zentimeter hohe Säume toter und verwesender, vom Meer und Wind angetriebener Käfer gebildet wurden.

Abb. 70: Die häufigsten Zeichnungsvariationen des Marienkäferchens *Adalia bipunctata*.

– Körper nicht halbkugelig und nicht so gefärbt, wenn halbkugelig, dann nicht glatt glänzend, sondern dicht behaart bzw. beschuppt 30
30. Flügeldecken bunt gefleckt, mit Querbinden versehen, oder metallisch blau oder rot 31
– Flügeldecken einfarbig braun, gelbbraun bis schwarz 33
31. Die ersten 4 Glieder an allen Tarsen herzförmig erweitert und auf ihrer Unterseite mit queren lappenförmigen Anhängern (Abb. 72 A) 32
– Die ersten 4 Tarsenglieder sind nicht so gebaut, das 1. Glied ist wenigstens lang gestreckt, Flügeldecken nicht metallisch . . . . **Speckkäfer**, Dermestidae (siehe Tabelle 29)
32. Halsschild an den Seiten gerandet . . . . **Schinkenkäfer**, *Necrobia, Corynetes* (Cleridae) (siehe Tabelle 27)
– Halsschild an den Seiten nicht gerandet, sondern gerundet in die Unterseite übergehend . . . . **Buntkäfer**, Cleridae (siehe Tabelle 27)
33. 5–10 mm große schwarze Käfer, oft mit weißen Haarflecken und weiß oder goldbraun behaarter Bauchseite; Fühler mit 3gliedriger Keule (Abb. 69 B) . . . . **Speckkäfer**, Dermestidae (siehe Tabelle 29)
– Gelbe und braune Käfer, wenn schwarz, dann glänzend ohne bunte Haarflecken oder Behaarung, meistens unter 3 mm 34
34. 2,5–7 mm große braune Käfer mit parallelen Seitenrändern der Flügeldecken. Hinterbeine sehr weit von den Mittelbeinen entfernt eingelenkt . . . . **Splintholzkäfer**, Lyctidae (siehe Tabelle 35)
– Meistens kleinere braune, gelbe bis schwarze Käfer, die anders gestaltet sind 35
35. Mit einem Punktauge auf der Stirn . . . . **Speckkäfer**, Dermestidae (siehe Tabelle 29)
– Ohne Punktauge auf der Stirn 36
36. Beine mit 3 oder 4 Fußgliedern 37
– Beine in der Regel mit 5 Fußgliedern, nur bei einigen Arten haben die Männchen an den Hinterbeinen 4 Fußglieder 41
37. Hinterbeine mit 3 Fußgliedern. Fühlerkeule 1- bis 3gliedrig. Seitenrand des Halsschildes bogenförmig oder eingebuchtet, meistens gezähnt, besonders an den hinteren Winkeln . . . . **Moderkäfer**, Latridiidae (siehe Tabelle 34)
– Hinterbeine mit 4 Fußgliedern, Vorder- und Mittelbeine nie mit 5 Fußgliedern . . . 38
38. Fühlerkeule eingliedrig. Oben auf dem Halsschild in den Vorderwinkeln tiefe und große, nach vorn offene Fühlergruben. Beine in seitliche Gruben der Bauchseite einlegbar. Kurz oval, rostrot, kaum wahrnehmbar behaart (Abb. 71 A), Körperlänge 1,2–1,4 mm . . . . *Murmidius ovalis* (Beck, 1817) (Cerylonidae)
in Getreide, besonders Reis, Stroh, Heu, Galläpfeln usw., selten.
– Fühlerkeule mehrgliedrig 39

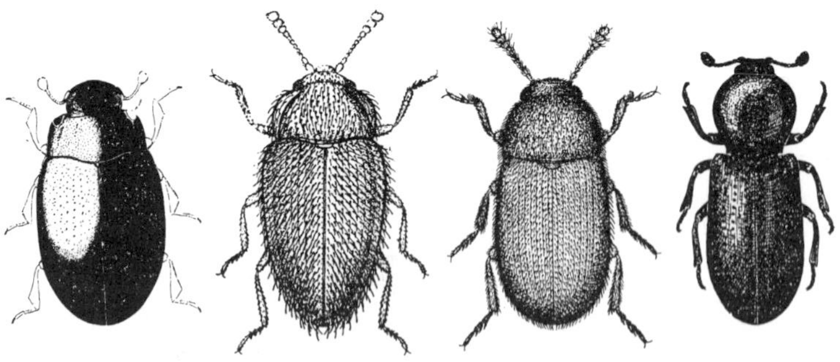

A B C D

Abb. 71: A *Murmidius ovalis*, B *Mycetaea hirta*, C *Typhaea sterocorea*, D *Thorictodes heydeni* (A nach Halstead, B, C nach Hinton, D nach Lepesme).

39. Flügeldecken der rot- bis dunkelbraunen Käfer mit jederseits einem gelben Schulterfleck und einem gelben Fleck hinter der Mitte. Fühler mit 4gliedriger Keule (Abb. 72 C). Körperlänge 3,5–4 mm . . *Mycetophagus quadriguttatus* MUELLER, 1821 (Mycetophagidae)

im Freien in Baumschwämmen und verpilztem Mulm, in Gebäuden in Heu, Stroh und schimmeligen Lebensmittelvorräten.

– Flügeldecken einfarbig, ohne Flecken. Fühler mit einer 3gliedrigen Keule 40

40. Halsschild neben dem Seitenrand mit einer nach vorn und innen gebogenen, den Vorderrand erreichenden Kiellinie. Rotbraun, mit ziemlich langer, abstehender, gelber Behaarung (Abb. 71 B). Körperlänge 1,5–1,8 mm . . . . *Mycetaea hirta* MARSHAM, 1802 (Endomychidae)

in Kellern, auf schimmligem Holz und Stroh häufig.

– Halsschild ohne Kiellinie am Seitenrand. Körper länglich oval, flach gewölbt, dicht anliegend behaart. Flügeldecken mit sehr feinen Punktreihen und Längsreihen schräg liegender Haare zwischen der anliegenden Behaarung. Rot bis rotgelb (Abb. 71 C), Körperlänge 2,5–3 mm **Behaarter Baumschwammkäfer**, *Typhaea stercorea* (LINNAEUS, 1758) *(Mycetophagidae)*

in Kellern, an schimmligem Holz und Stroh, in alten strohgedeckten Bauernhäusern und unter Heuböden oft massenhaft in den Zimmern.

41. Fühler fadenförmig. Vorder- und Mitteltarsen 5gliedrig, Hintertarsen 4gliedrig. Halsschild herzförmig, am Hinterrand viel schmäler als die Flügeldecken. Dunkelbraun bis schwärzlich, das vordere Drittel der Flügeldecken und der Halsschild hellbraun bis rotbraun (Abb. 72 D), Körperlänge 3–3,5 mm . . . . *Anthicus floralis* (LINNAEUS, 1758) (Anthicidae)

an schimmligen pflanzlichen Vorräten, Heu und Stroh.

– Fühler enden in einer Keule. Weibchen immer mit 5, Männchen bei einigen Arten mit 4 Tarsengliedern an den Hinterbeinen 42

42. Die 3 Endglieder der Fühler zu einem scheinbar eingliedrigen Endknopf verschmolzen. Halsschild herzförmig, fast länger als breit, deutlich punktiert, ebenso die Flügeldecken. Fein behaart. Körper flach (Abb. 71 D), Körperlänge 1,3–1,4 mm . . . . *Thorictodes heydeni* REITTER, 1875 (Thorictidae)

an Reis, Erdnüssen, Weizen, Vogelfutter, Kapoksamen usw. hauptsächlich aus dem indomalaiischen Gebiet eingeschleppt.

– Die 3 Endglieder der Fühler bilden eine 3gliedrige Keule 43

43. Halsschildvorderrand stark ausgebuchtet, Vorderecken vorgezogen. Wenn kleiner als 5 mm, dann Seitenränder dünn ausgezogen und Flügeldecken mit scharfen Rippen (Abb. 73 A) . . . . **Flachkäfer**, Ostomidae (siehe Tabelle 30)

– Halsschildvorderrand nicht ausgebuchtet. Flügeldecken ohne Rippen 44

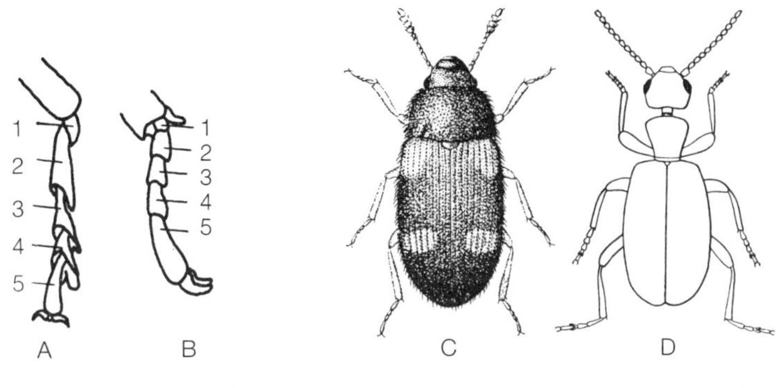

Abb. 72: A Hintertarsen eines Cleriden, B von *Tenebroides mauritanicus*, C *Mycetophagus quadriguttatus*, D *Anthicus floralis* (A, B nach FREUDE u. a., C, D nach HINTON).

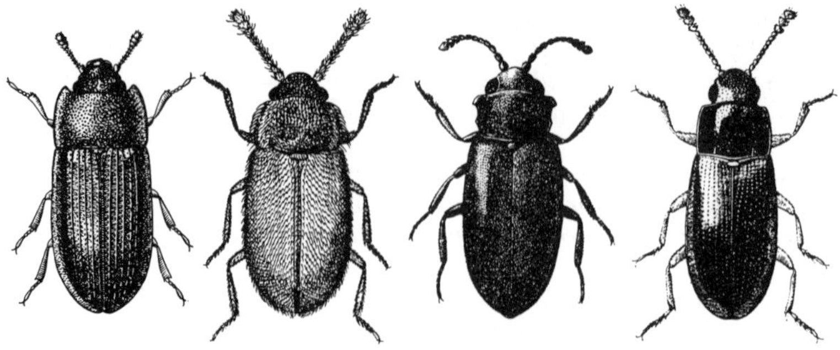

A B C D

Abb. 73: A *Lophocateres pusillus*, B *Henoticus californicus*, C *Cryptophagus acutangulus*, D *Pharaxonotha kirschi* (nach Hinton).

44. Das 1. Tarsenglied ist viel kürzer als das 2., die Sohlenlappen des 3. Tarsengliedes überragen das kleine 4. Die Männchen mit 4 Tarsengliedern an den Hinterbeinen . . . . **Plattkäfer**, Silvanidae und Cucujidae (siehe Tabelle 32)
– Das 1. Tarsenglied ist so lang oder länger als das 2., das 4. so lang oder fast so lang wie das 3. (Abb. 73 B–D) . . . . **Schimmelkäfer**, Cryptophagidae (siehe Tabelle 33)

26 Laufkäfer, Carabidae

Eine sehr gattungs- und artenreiche Gruppe. Die meisten von ihnen leben räuberisch von anderen Insekten und Schnecken. Alle haben kräftige lange Beine mit 5gliedrigen Tarsen, womit sie sehr rasch laufen können. Ihre Flügeldecken sind meistens längs gerippt und in der Naht bisweilen miteinander verschmolzen. Der Kopf ist weit vorgestreckt und meistens schmäler als die Brust, er besitzt kräftige Oberkiefer und fadenförmige Fühler. Die verschiedensten Laufkäfer dringen vereinzelt in die Häuser, besonders in die Kellerräume ein. Als Schädlinge sind sie aber dort kaum zu betrachten. In größerer Menge tritt höchstens *Harpalus rufipes* (De Geer, 1774) auf; er kann unter Umständen an Sämlingen oder Gemüse schädlich werden. Mit Vorräten, besonders Paranüssen aus Brasilien, wird ein kleiner Laufkäfer, *Somotrichus unifasciatus* (Dejean, 1831), häufig eingeschleppt. Er lebt als Räuber von Vorratsschädlingen.

1. Große Laufkäfer, über 20 mm 2
– Kleinere Laufkäfer, unter 17 mm 3
2. Vorderschiene ohne deutlichen Ausschnitt am Innenrand, beide Schienendornen am Ende stehend. Gelenkhöhlen der Vorderbrust nach hinten offen (Abb. 74 A unten). Flügeldecken mit Rippen, Kettenstreifen oder Punktreihen (Abb. 74 C) . . *Carabus* Linnaeus, 1758

viele Arten, mit goldgrünen, bronzeschwarzen oder schwarzen, violett gerandeten Flügeldecken. Kommen nur gelegentlich einzeln in die Hauskeller.

– Vorderschiene mit tiefem Ausschnitt am Innenrand, ein Schienendorn vor ihm, der andere am Ende. Gelenkhöhlen der Vorderbrust nach hinten geschlossen (Abb. 74 A oben). Schwarz, Halsschild herzförmig, Flügeldecken mit gleichmäßig feinen Streifen. Körperlänge 20–40 mm . . . . **Gierkäfer**, *Sphodrus leucophthalmus* (Linnaeus, 1758)
3. Käfer kleiner als 5 mm. Rotbraun mit einer schwarzen Querbinde auf den Flügeldecken (Abb. 74 D). Körperlänge 3–4,5 mm . . . . *Somotrichus unifasciatus* (Dejean, 1792)

als Räuber verschiedener Vorratsschädlinge durch den Handel verschleppt, wird nach Hamburg regelmäßig mit Paranüssen gebracht.

– Käfer größer als 5 mm, meistens über 10 mm 4

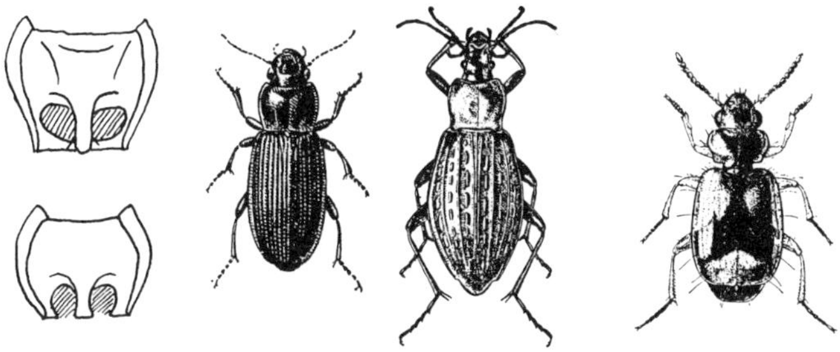

Abb. 74: Vorderbrust von Carabiden, oben mit hinten geschlossenen, unten mit hinten offenen Gelenkhöhlen, für die Hüften der Vorderbeine, B *Harpalus rufipes*, C *Carabus cancellatus*, D *Somotrichus unifasciatus* (A aus REITTER, B aus DIEHL-WEIDNER, C aus EIDMANN, D aus HINTON).

4. Halsschild schlank, länglich, herzförmig, länger oder höchstens ebenso lang wie breit. Schwarz mit blauem Schein. Körperlänge 13–17 mm . . . . **Dunkelkäfer,** *Pristonychus terricola* (HERBST, 1783)
– Halsschild breiter als lang 5
5. Flügeldecken mit kaum punktierten Streifen und gewölbten Zwischenräumen. Im 3. dieser Zwischenräume (jeweils von der Flügelnaht an gezählt) zwei eingestochene Punkte. Glänzend schwarz Körperlänge 13–17 mm . . . . **Erdbeerlaufkäfer,** *Pterostichus vulgaris* (LINNAEUS, 1758)
– Flügeldecken nicht so gestaltet 6
6. Schläfen hinter den Augen seitlich fein abstehend behaart, Oberseite dicht punktiert, Oberseite dunkelgrün, selten blau, mit feiner schwarzer, aufgerichteter Behaarung, Körperlänge 12–15 mm . . . . *Ophonus obscurus* (FABRICIUS, 1792)
– Schläfen hinter den Augen nicht behaart 7
7. Fußglieder oben behaart. Schwarz, Fühler und Beine gelbrot. Körperlänge 14–16 mm (Abb. 74 B) . . . . **Behaarter Samenlaufkäfer,** *Harpalus (Pseudophonus) rufipes* (DE GEER, 1774)
– Fußglieder oben kahl. Oberseite metallisch grün oder kupferig, bronzefarbig bis schwarz oder blau. Fühler und Beine gelbrot. Spitze der Flügeldecken etwas ausgeschnitten. Körperlänge 9–12 mm . . . . **Schnelläufer,** *Harpalus aeneus* (FABRICIUS, 1775)

27 Buntkäfer, Cleridae

leben meistens räuberisch von Schadinsekten, hauptsächlich von Holzschädlingen. Sie können überall da gefunden werden, wo schon Schädlinge vorhanden sind, nur die Schinkenkäferarten können auch an Fleisch- und Wurstwaren und Käse, außerdem auch an Kopra Schäden hervorrufen.

1. Flügeldecken ganz oder zum größten Teil glänzend metallisch grünblau oder matt rot 2
– Flügeldecken matt, anders gefärbt, meistens mit bunten Querbinden 6
2. Gesamtfärbung der Käfer rot. Halsschild hinten schmäler als vorn, Seitenränder stark gebogen und gekielt, auf den hinteren Zweidrittel der Scheibe ein ovaler Längseindruck. Flügeldecken mit Längsreihe langovaler Punkte. Vordertarsen breit erweitert (Abb. 75 D). Körperlänge 6 mm . . . . *Thaneroclerus buqueti* (LEFEBVRE, 1835)
– Gesamtfärbung der Käfer metallisch blau 3

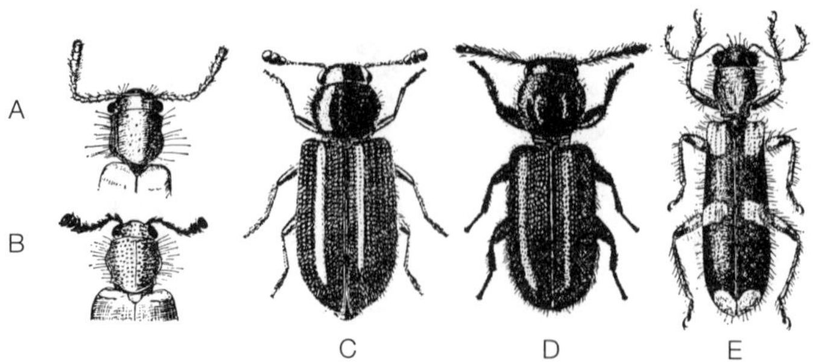

Abb. 75: A Kopf und Halsschild von *Corynetes*, B von *Necrobia*, C Blauer Schinkenkäfer, *Necrobia violacea*, D *Thaneroclerus buqueti*, E Hausbuntkäfer, *Opilo domesticus* (C, D nach KNULL, E nach LEPESME).

3. Halsschild und vorderes Viertel der Flügeldecken rot, Körperlänge 4–6 mm . . . . **Rothalsiger Schinkenkäfer**, *Necrobia ruficollis* (FABRICIUS, 1775)
– Halsschild und vorderes Viertel der Flügeldecken ebenfalls metallisch grün-blau . . . 4
4. Beine rot, Körperlänge 3,5–7 mm . . . . **Rotbeiniger Schinkenkäfer, Koprakäfer**, *Necrobia rufipes* (DE GEER, 1775)
entwickelt sich in Kopra, oft massenhaft auf Schiffen, besonders wenn sie aus Ost- oder Südasien kommen. Auch in Häuten und Fellen, wo er und seine Larven den Speckkäferlarven nachstellen.
– Beine mit Ausnahme der Fußglieder blau oder schwarz 5
5. Kopf und Halsschild kaum punktiert, Fühler rotbraun (Abb. 75 A). Glänzend blau. Körperlänge 3,5–6,5 mm . **Blauer Fellkäfer**, *Corynetes (= Korynetes) coeruleus* (DE GEER, 1775)
hauptsächlich oder ausschließlich Holzinsekt, das als Larve und Imago von Holzschädlingen lebt, besonders von Anobien.
– Kopf und Halsschild stark punktiert, Fühler schwarz oder schwarzbraun (Abb. 75 B, C). Körperlänge 4–4,5 mm . . **Blauer Schinkenkäfer**, *Necrobia violacea* (LINNAEUS, 1758)
6. Flügeldecken einfarbig, schwarz, selten mit zwei weißlichen Flecken. Halsschild beim Männchen schwarz, beim Weibchen rot, Körperlänge 6–9 mm . . . . **Holzbuntkäfer**, *Tillus elongatus* (LINNAEUS, 1758)
– Flügeldecken mit Querbinden 7
7. Flügeldecken braun oder gelb mit einem helleren Schulter- und Spitzenfleck und einer ebenso gefärbten Querbinde in der Mitte 8
– Flügeldecken schwarz mit roter Basis und zwei gelben Querbinden, Körperlänge 7 bis 10 mm . . . . *Thanasimus formicarius* (LINNAEUS, 1758)
8. Die Schulterflecken bilden keine Querbinde (Abb. 75 D). Körperlänge 7–12 mm . . . . **Hausbuntkäfer**, *Opilo domesticus* STURM, 1837
– Die Schulterflecken sind lang und schräg gestellt, wodurch sie eine spitzwinklige Querbinde bilden. Körperlänge 9–13 mm . . . . *Opilo mollis* (LINNAEUS, 1758)
Für weitere Arten siehe GERSTMEIER, R., 1998: Buntkäfer – Illustrierter Schlüssel zu den Cleridae und Thanerocleridae der West-Paläarktis. – Margraf Verlag, Weikersheim

28 Werftkäfer, Lymexylonidae

1. Halsschild länger als breit, Fühler schnurförmig zur Spitze verjüngt (Abb. 76 A), rotgelb, Flügeldecken beim Männchen fast ganz, beim Weibchen nur hinten schwarz; Körperlänge 7–16 mm . . . . **Schiffswerftkäfer**, *Lymexylon navale* (LINNAEUS, 1758)
schädlich an Eichenholz im Freien und auf Lagerstätten; Fraßbild siehe Tabelle 47, Taf. I, C!

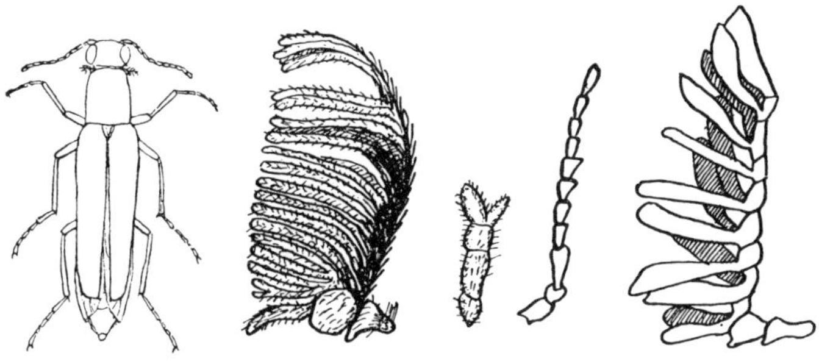

Abb. 76: A Schiffswerftkäfer, *Lymexylon navale*, B, C Kiefertaster der Männchen, B von *Hylecoetus dermestoides*, C von *H. flabellicornis*, D, E Fühler der Männchen, D von *H. dermestoides*, E von *H. flabellicornis* (aus ESCHERICH).

– Halsschild breiter als lang, Fühler kurz gesägt oder gefiedert 2

2. Fühler beim Männchen und Weibchen gleichartig gesägt (Abb. 76 D), Kiefertaster des Männchens äußerst bizarr gestaltet (Abb. 76 B), Weibchen rötlich gelbbraun; Männchen kleiner, mehr oder weniger schwarz; Körperlänge 6–18 mm . . . .
Gewöhnlicher oder **Sägehörniger Werftkäfer,** *Hylecoetus dermestoides* (LINNAEUS, 1761)
meistens in Laubholz, seltener auch in Nadelholz; Fraßbilder siehe Tabelle 47, Taf. I, A und B!

– Fühler beim Männchen lang doppelseitig gewedelt (Abb. 76 E), beim Weibchen stark gesägt, Kiefertaster des Männchens einfach (Abb. 76 C); schwarz mit braungelben Flügeldecken. Körperlänge 7–9 mm . . . . . . *Hylecoetus flabellicornis* (SCHNEIDER, 1791)
selten.

29 Speckkäfer, Dermestidae

1. Fühler ohne Endkeule. Flügeldecke beim Männchen weich und hinten weit klaffend (Abb. 77 A), beim Weibchen fehlend. Körper des Weibchens sackförmig, weichhäutig, behaart, graubraun (Abb. 77 B), Körperlänge ♂ 2–3 mm, ♀ 4,2–5,4 mm . . . .
. . . . *Thylodrias contractus* MOTSCHULSKY, 1839
sehr selten, in Häusern lebt er von toten Insekten, schädlich in Insektensammlungen, an Seide, an Bucheinbänden. Noch wenig beobachtet. FRANCISCOLO (1975) hat für diese monotypische Gattung eine neue Familie Thylodriidae und eine neue Überfamilie der Bostrychiformia Thylodrioidea errichtet (Bull. Soc. ent. Ital. 107: 142–146, Genova).

– Fühler mit Endkeule. Flügeldecken normal, Hinterflügel gut entwickelt, kein auffallender Geschlechtsdimorphismus 2

2. Stirn ohne Punktauge, Käfer größer als 5,5 mm, Fühler 11gliedrig mit einer 3gliedrigen Keule (Abb. 70 B), Körper dicht behaart . . **Speckkäfer,** *Dermestes* LINNAEUS, 1758 3
an tierischen Produkten, Fellen, Häuten, Därmen, Rauchfleisch, Trockenfisch, Trockeneigelb usw., bisweilen auch in fetthaltigen Pflanzenstoffen, wie Kopra, Kakaobohnen, Schokolade und dergleichen mehr, worin sie sich allerdings nur ausnahmsweise entwickeln können. Zur Verpuppung bohren sich die Larven in festere Gegenstände ein, so in Baumwoll- und Lederballen, oft auch in weiches Holz oder Korken, weshalb man dann darin auch die Käfer finden kann (Tabelle 47).

– Mit Punktauge auf der Stirn, Käfer in der Regel kleiner als 5,5 mm 10

3. Vorderhälfte der Flügeldecken gelbbraun behaart, sonst schwarz (Abb. 78). Körperlänge 7–9 mm . . . . **Gemeiner Speckkäfer,** *D. lardarius* LINNAEUS, 1758

– Flügeldecken einfarbig schwarz bis braun, höchstens mehr oder weniger gleichmäßig mit helleren Haaren besetzt 4

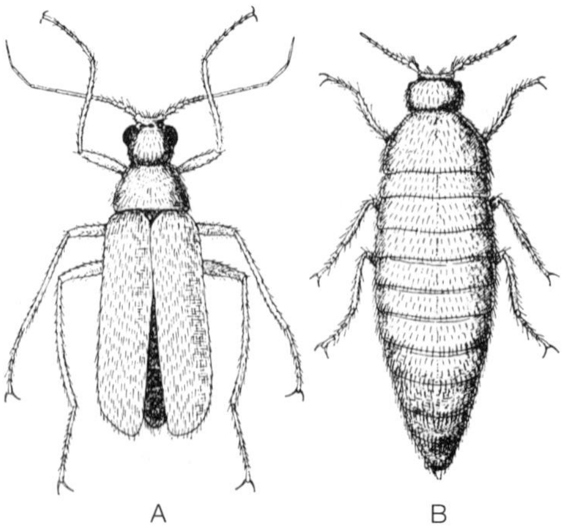

Abb. 77: A Männchen und B Weibchen von *Thylodrias contractus* Zeichnung von T. SCHLAACK aus RACK).

4. Bauchseite weiß, schwach gelblich getönt oder kreideweiß mit schwarzen Flecken auf jedem Ring. Seiten des Halsschildes weiß behaart. 5
– Bauchseite gelbbraun 7
5. Die Nahtspitze der Flügeldecken ist dornförmig ausgezogen (Abb. 78). Zeichnung der weißen Bauchseite (Abb. 78). Körperlänge 5,5–10 mm . . . . **Dornspeckkäfer,** *D. maculatus* DE GEER, 1774 (= *vulpinus* FABRICIUS, 1781)
– Die Nahtspitze der Flügeldecken ist nicht dornförmig ausgezogen, sondern normal abgerundet 6
6. Spitzen des letzten Hinterleibsringes auf der Bauchseite schwarz. Bei der Nominatform reicht dieser Fleck nicht bis zur vorderen Grenze des letzten Ringes (Abb. 78), bei der var. *sibiricus* (ERICHSON, 1846), erreicht er diese (Abb. 78). Auf der Bauchseite der übrigen Hinterleibsringe seitlich je ein großer schwarzer Fleck. Körperlänge 6–10 mm . . . . **Dornloser Speckkäfer,** *D. frischi* KUGELANN, 1792
– Spitze des letzten Hinterleibsringes auf der Bauchseite weiß (Abb. 78). Nur in den Vorderecken der Bauchseite der Hinterleibsringe ist je ein schwarzes Fleckchen vorhanden; bei der var. *doemmlingi* MEIER, 1899, kommen dazu noch weitere schwarze Haare, die rechts und links der Mittellinie auf den Hinterleibssegmenten 1–5 noch einen weiteren schwarzen Fleck bilden (Abb. 78). Körperlänge 6,5–9 mm . . . . **Weißbauchiger Speckkäfer,** *D. carnivorus* FABRICIUS, 1775

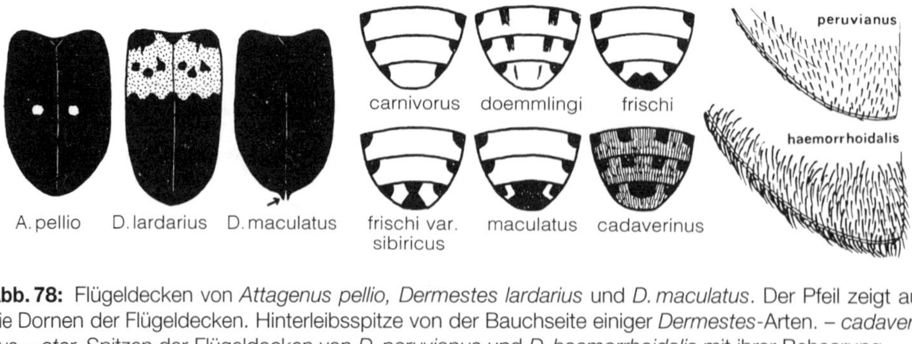

Abb. 78: Flügeldecken von *Attagenus pellio, Dermestes lardarius* und *D. maculatus*. Der Pfeil zeigt auf die Dornen der Flügeldecken. Hinterleibsspitze von der Bauchseite einiger *Dermestes*-Arten. – *cadaverinus* = *ater.* Spitzen der Flügeldecken von *D. peruvianus* und *D. haemorrhoidalis* mit ihrer Behaarung.

7. Bauchseite mit 4 schwarzen Flecken am Vorderrand eines jeden Hinterleibsringes, wovon auf der letzten Bauchplatte die beiden inneren verschmolzen sein können (Abb. 78). Oberseite schwarz bis schwarzbraun mit dunkler Behaarung; zwischen ihr goldgelbe Haare, besonders dicht auf dem Schildchen, häufig auch auf dem Halsschild, nur spärlich auf den Flügeldecken. Körperlänge 7 bis 9 mm . . . .
. . . . . **Aas-Dornspeckkäfer,** *D. ater* De Geer, 1774 (= *cadaverinus* Fabricius, 1775)

– Bauchseite ohne schwarze Flecken 8

8. Flügeldecken, besonders hinten mit tiefen, furchenartigen Längsstreifen, schwarz, Halsschild und Schultern gelblich behaart, Körperlänge 7–9 mm . . . .
. . . . **Gestreifter Speckkäfer,** *D. bicolor* Fabricius, 1781

Kommt vom Licht angelockt in die Häuser. In Taubenschlägen und Geflügelställen, wo seine Larven Nestlinge, Küken und junge Enten durch Einbohren in die Flügel töten sollen.

– Flügeldecken ohne deutliche Längsstreifen 9

9. Flügeldecken glänzend, dünn einfarbig weißlich gelb behaart (Abb. 78). Unterseite dünn behaart, die Hinterränder der Bauchplatten mit dichtem Haarsaum. Körperlänge 7,5–10,1 mm . . **Peruvianischer Speckkäfer,** *D. peruvianus* la Porte de Castelnau, 1840

– Flügeldecken dicht schwarz behaart, dazwischen lange und kürzere gelbe Haare (Abb. 78). Unterseite dicht behaart, so dass der dichtbehaarte Hinterrand der Bauchplatten wenig auffällt. Körperlänge 6,1–8,7 mm . . . .
. . . . **Zweifarbig behaarter Speckkäfer,** *D. haemorrhoidalis* Küster, 1852

10. Ober- und Unterseite der Käfer dicht mit dreieckigen oder breitovalen Schuppen bedeckt[4], Körperform rundlich bis kurzovale (Abb. 79) . . . .
. . . . **Kabinett- oder Blütenkäfer,** *Anthrenus* Geoffroy, 1762 11

während die Larven an tierischen Produkten leben und dadurch Schädlinge an Wollwaren, Teppichen, Polstermöbeln, Federn und zoologischen Sammlungen (Museumskäfer) werden, finden sich die Käfer vielfach auch im Freien auf Blüten.

– Ober- und Unterseite der Käfer behaart, nur auf der Oberseite bisweilen an wenigen Stellen Flecke mit schuppenförmig verbreiterten Haaren zwischen den normalen 17

11. Fühler mit einem lang gestreckten, gegen die Spitze zu verdicktem Endglied (Abb. 79 C)
. . . . 16

– Fühler mit einer 2- oder 3gliedrigen Endkeule (Abb. 79 A, B) 12

12. Fühler 11gliedrig, mit 3gliedriger ovaler Keule (Abb. 79 A) 13

– Fühler 8gliedrig mit 2gliedriger Keule (Abb. 79 B). Oberseite schwarz beschuppt mit einzelnen eingesprengten gelben Schuppen. Ein Flecken am Außenrand des Halsschildes, ein kleiner Fleck vor dem Schildchen[5] und drei gebuchtete unscharfe Querlinien auf den Flügeldecken ockergelb beschuppt. Körperlänge 2–3 mm . . . .
. . . . **Museumskäfer,** *A. (Florilinus) museorum* (Linnaeus, 1767)

13. Flügelnaht und Seitenränder rot beschuppt, oft auch eine feine Längslinie in der Mitte des Halsschildes rot. Dieser an den Seiten breit weiß beschuppt, in der Mitte schwarz. Flügeldecken schwarz beschuppt, mit drei weißen wellenförmigen Querbinden. Körperlänge 3–4,5 mm (Abb. 79 A und E) . . . .
. . . . **Teppichkäfer,** *A. (Anthrenus) scrophulariae* (Linnaeus, 1758)

– Flügelnaht nicht rot geschuppt 14

14. Schuppen 2,5- bis 4mal so lang wie breit. Augen ohne Ausrandung an ihrem Innenrand. Hinterecken und Hinterrand des Halsschildes weiß beschuppt. Flügeldecken mit drei wel-

---

[4] Die Beschuppung variiert sehr stark, weshalb in der folgenden Tabelle nur die typischen Beschuppungsmuster angegeben werden können.

[5] Schildchen = Dreieck zwischen Hinterrand des Halsschildes und Innenrand der beiden Flügeldecken. – Durch den Flecken vor dem Schildchen unterscheidet sich *A. museorum* leicht von dem ähnlichen *A. fuscus*.

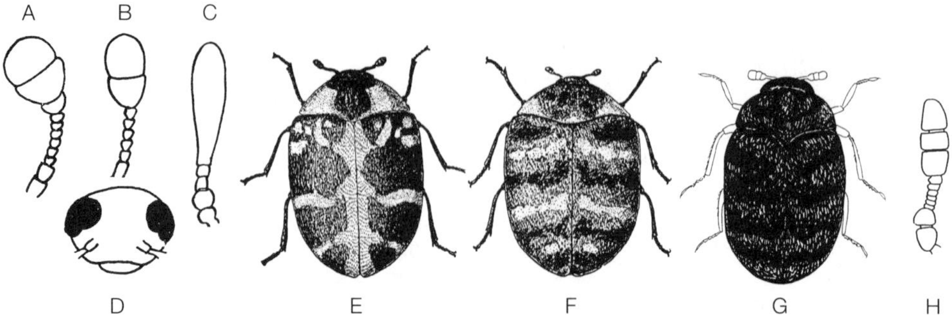

Abb. 79: A Fühler von *Anthrenus scrophulariae*, B von *A. verbasci*, C von *A. fuscus*, D Vorderansicht des Kopfes von *A. pimpinellae* mit den unten ausgerandeten Augen, E Teppichkäfer, *A. scrophulariae*, F Wollkrautblütenkäfer, *A. verbasci*, G Australischer Teppichkäfer *Anthrenocerus australis*, H Fühler von *A. australis* (D, E nach KEMPER).

lenförmigen weißen Querbinden, Körperlänge 1,7–3,2 mm (Abb. 79 F) . . . . **Wollkrautblütenkäfer,** *A. (Nathrenus) verbasci* (LINNAEUS, 1767)

jetzt einer der häufigsten Textilschädlinge.

– Schuppen höchstens zweimal so lang wie breit. Augen am Innenrand unten ausgerandet (Abb. 79 D) 15

15. Vorderbrust oben mit einem nicht oder nur gering erweiterten Rand der Fühlergrube. 1. Glied der Fühlerkeule deutlich kürzer als das 2. Ockergelb mit sehr stark variierenden weißen Querbinden. Körperlänge 2–3,5 mm . . *A. (Anthrenus) fasciatus* HERBST, 1797

– Vorderbrust oben mit einem sichtbar erweiterten Rand der Fühlergrube. 1. Glied der Fühlerkeule etwa so lang wie das 2. Oberseite im Grund schwarz beschuppt. Halsschild rötlich bis rotgelb und weiß beschuppt, in der Mitte und an den Seiten je ein Fleck schwarz. Auf den Flügeldecken eine breite weiße Querbinde vor der Mitte und zwei weiße Seitenflecke vor der Spitze. Dazu sind ein Basalfleck, der hintere Nahtteil und hinten einige Flecken ziegelrot bis ockergelb beschuppt. Körperlänge 2–4,5 mm . . . . *A. (Anthrenus) pimpinellae* FABRICIUS, 1775

Fast nur in Vogel-(Spatzen-)Nestern.

16. Oberseite schwarz beschuppt, fast ohne weiße Schuppen. Ein Flecken am Außenrand des Halsschildes und drei gebuchtete, nicht bis an den Flügelrand reichende Querbinden auf den Flügeldecken ockergelb beschuppt (Fühler siehe Abb. 79 C). Körperlänge 1,7–2,8 mm . . . . *A. (Helocerus) fuscus* OLIVIER, 1789

– Oberseite heller, Halsschild außen weiß beschuppt mit einem schwarzen, gelb eingefassten Mittelfleck. Auf den schwarzen Flügeldecken drei durchlaufende Binden aus weißen und gelben Schuppen. Die erste Binde springt an der Naht in spitzem Winkel vor. Am Vorderrand und im Hinterwinkel der Flügeldecken jederseits ein gelber Flecken. Körperlänge 2,5–3 mm . . . . *A. (Helocerus) polonicus* MROCZKOWSKI, 1951

in zoologischen Sammlungen.

17. 1. Fußglied des Hinterbeines halb oder weniger als halb so lang wie das 2., Bauchplatte der Vorderbrust (Prosternum) bildet keinen Kragen, die Mundwerkzeuge sind deshalb frei. Die Seiten der Vorderbrust haben keine Gruben zur Aufnahme des Fühlers. Platte der Hinterhüften entweder gezähnt oder verbreitert um seitlich den Schenkel aufzunehmen . . . . **Pelzkäfer,** *Attagenus* LATREILLE, 1802 18

– 1. Fußglied des Hinterbeines so lang oder länger als das 2., Bauchplatte der Vorderbrust bildet einen Kragen, der die Mundwerkzeuge verbirgt, wenn der Kopf zurückgezogen ist.

Vorderbrust jederseits mit einer begrenzten Grube zur Aufnahme der Fühler. Platte der Hinterhüften mit fast parallelen Rändern oder seitlich enger werdend . . . . Megatominae 22

18. Flügeldecken schwarzbraun mit je einem weißen Punkt in ihrer Mitte und in der Nähe der Schultern (Abb. 78), Halsschild mit 3 weißen Flecken am Hinterrand. Körperlänge 4–5 mm . . . . **Pelzkäfer,** *Attagenus pellio* (Linnaeus, 1758)

Käfer oft im Freien, Larven an Pelzen, Teppichen, Wolle, Isoliermaterial aus Wolle oder Haaren usw.

– Flügeldecken einfarbig schwarz bis braun oder mit verwaschenen hellen Querbinden 19

19. Flügeldecken einfarbig schwarz bis braun, ohne hellere Zeichnung fein schwarz und grau behaart 20

– Flügeldecken mit einer hellen Haarquerbinde vor der Mitte 21

20. Fühler bei beiden Geschlechtern 11gliedrig. Das letzte Fühlerglied ist besonders beim Männchen bedeutend länger als die beiden vorhergehenden Glieder zusammen, beim Weibchen ist es kaum länger (Abb. 80 *Attagenus unicolor*). Körperlänge 2,5–5,5 mm . . . . **Dunkler Pelzkäfer,** *Attagenus unicolor* Brahm, 1797 (= *A. megatoma* Fabricius, 1798, *A. piceus* Olivier, 1790 nec Thunberg)

A. megatoma ist der im Vorratsschutz gebräuchliche Name, nach dem Prioritätsgesetz aber *A. unicolor* wie bei Freude, Harde, Lohse Bd. 6, 1979. – Ähnlich ist der wahrscheinlich in der äthiopischen Region beheimatete Vorratsschädling *A. smirnovi* Zhantiev, 1973, der in Europa erstmalig 1961 in Moskau und seitdem auch in allen nordeuropäischen Ländern, in der Tschechoslowakei und England als Wohnungsschädling an Tapeten, Wollwaren und Getreide mehrmals festgestellt wurde, 1985 auch in Neustrelitz im Dienstzimmer eines Stellwerks und 1989 in Eisenhüttenstadt auf einer Mülldeponie, wohin er mit Bauschutt gekommen sein dürfte. Weitere Ausbreitung der Art in Deutschland erscheint möglich. Für genaue Bestimmung siehe Peacock, E. R. 1979: Entomol. Gazette 30: 131–136.

– Flügeldecken wie bei vorheriger Art. Fühler bei beiden Geschlechtern 10gliedrig (Abb. 80) . . . . *Attagenus schaefferi* (Herbst, 1792)

Diese Art wurde oft mit *A. unicolor* verwechselt (Herrmann, 2002 mdl. Mitteilung)

21. Die 3gliedrige Fühlerkeule, deren letztes Glied nicht länger ist als die beiden vorletzten Glieder zusammen, nimmt ein Drittel der ganzen Fühlerlänge ein. Vordertibien mit Dornen am Rand und seitlichem Drittel der Vorderseite. Vorderschenkel mit am Trochanter schwach oder nicht entwickeltem Kiel. Kutikula unter der Haarquerbinde heller als auf der übrigen Fläche der Flügeldecke. Querbinde daher deutlich. Körperumriss mit ziemlich parallelen Seiten, Verhältnis von Länge: Breite 17–19: 10. Körperlänge 3,6–5,8 mm **Tropischer Pelzkäfer,** *Attagenus fasciatus* Thunberg, 1795 (= *gloriosae* Fabricius, 1801)

Nach Mitteleuropa gelegentlich eingeschleppt mit tierischen und pflanzlichen Vorräten, an letzteren aber wahrscheinlich nur von toten Vorratsschädlingen lebend.

– Die 3gliedrige Fühlerkeule ist nicht ganz so lang wie ein Drittel der ganzen Fühlerlänge. Vordertibien mit Dornen am Rand und der seitlichen Hälfte der Vorderseite. Vorderschenkel mit am Trochanter gut entwickeltem, einen kleinen Lappen bildenden Vorderkiel. Kutikula unter der Haarquerbinde nicht deutlich heller als auf der übrigen Flügeldeckenfläche. Querbinde daher oft undeutlich. Körperumriss gedrungener, vor dem hinteren Drittel breiter werdend. Verhältnis Länge:Breite wie 16–18:10. Körperlänge 4,3–5,9 mm . . . . *Attagenus woodroffei* Halstead & Green, 1979

in Finnland, Schweden und Dänemark Plage in zentralbeheizten Häusern. Heimat noch unbekannt, wahrscheinlich in den Tropen oder Subtropen zu suchen. Früher als *A. gloriosae* bezeichnet.

22. Körper gewöhnlich breit, die Fühlergrube auf der Vorderbrust ist hinten wenigstens teilweise von einem scharfen Kamm begrenzt 23

– Körper länglich, die Fühlergrube ist hinten nur von einem niedrigen fadenförmigen Kiel begrenzt 28

23. Antennenkeule 3–8gliedrig, Fühler mit allmählich größer werdenden Endgliedern, Keule mehr oder weniger deutlich, wenn die Keule 3gliedrig ist, dann ist sie kürzer als die übrigen Fühlerglieder zusammen . . . . *Trogoderma* Berthold, 1827 24

– Antennenkeule 3gliedrig, mit deutlich abgesetzten großen Gliedern, Keule bei beiden Geschlechtern insgesamt so lang wie alle 8 übrigen Fühlerglieder zusammen, Vorderbrustseiten mit den Fühlergruben von vorne sichtbar. Flügel braun, Kopf und Halsschild dunkler, Beine und Fühler rotbraun. Weiße Borsten bilden 3 undeutliche, unvollständige Zickzacklinien auf den Flügeldecken und einige Flecken auf dem Halsschild. Länge 2–3,4 mm . . . . **Australischer Teppichkäfer,** *Anthrenocerus australis* HOPE, 1843

im südlichen Niedersachsen schon recht häufig, nach Norden bis Hamburg vorgedrungen. Wollschädling, ernährt sich auch von toten Insekten.

24. Augen am Innenrand mehr oder weniger ausgebuchtet (Abb. 80 A) 25
– Augen am Innenrand nicht ausgebuchtet (Abb. 80 B). 27
25. Innenrand der Augen deutlich ausgeschnitten (Abb. 80 A). Fühlerkeule beim Männchen schlank. Die Querbinden der Flügeldecken mit Längsbinden verbunden, die auch bei starker Reduktion der Zeichnung ausgebildet sind (Abb. 80). Körperlänge 2–5 mm . . . . *Trogoderma versicolor* CREUTZER, 1799

an trocknen tierischen und pflanzlichen Stoffen.

– Innenrand der Augen nur leicht ausgebuchtet. Fühlerkeule beim Männchen gedrungen (Abb. 80). Die Querbinden der Flügeldecken niemals durch Längsbinden verbunden (Abb. 80) 26
26. Fühlerkeule beim Männchen 5- oder 6gliedrig letztes Glied zugespitzt, die hellen Pronotumhaare goldgelb und weiß. Körperlänge (ohne Kopf) 2,0–3,9 mm . . . . *Trogoderma glabrum* (HERBST, 1783)

an Vorräten tierischer und pflanzlicher Herkunft.

– Fühlerkeule beim Männchen 8gliedrig, letztes Glied abgerundet, die hellen Pronotumhaare fast ausschließlich goldbraun. Körperlänge (ohne Kopf) 2,7–4,4 mm . . . . *Trogoderma variabile* BALLION, 1878 (= *parabile* BEAL, 1954)

an trocknen pflanzlichen Vorräten in Nordamerika, wo auch noch einige andere sehr ähnliche Arten als Schädlinge auftreten. Es besteht die Gefahr, dass sie nach Europa verschleppt werden.

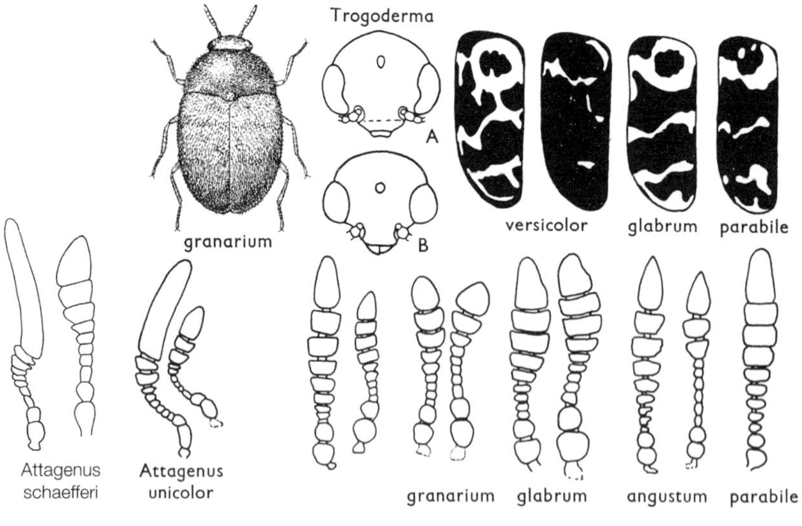

Abb. 80: *Trogoderma granarium* und die Unterschiede anderer *Trogoderma*-Arten in der Flügeldeckenzeichnung, der Augenform (bei A *T. versicolor* und B *T. granarium*) und den ♂ und ♀lichen Fühlern. Fühler von *Attagenus unicolor* und *A. schaefferi* ♂ ♀ (nach HINTON, BEAL, KEMPER & DÖHRING).

27. Körper lang gestreckt und schmal, Verhältnis der Länge zur Breite größer als 2,1 : 1. Flügeldecken mit 3 gebogenen, von weißen Haaren gebildeten, mehr oder weniger deutlichen Haarbinden. Körperlänge 2,2–3 mm . . . *Trogoderma angustum* (SOLIER, 1849–51)

aus Südamerika eingeschleppt, eine häufige Wohnungsplage in Berlin, Hamburg, Köln, München, im hessischen Rhein-Main-Gebiet, in den Niederlanden, Norwegen und Dänemark auch als Schädling an tierischen und pflanzlichen Vorräten und in Insektensammlungen.

– Körper kurz und breit. Verhältnis der Länge zur Breite 1,5–1,8 : 1. Flügeldecken ohne weiße Haarbinden, einfarbig rostbraun oder häufiger mit rostbraunen bis braunen undeutlichen Flecken, fein und gleichfarbig behaart. Kopf und Halsschild oft dunkler bis fast schwarz (Abb. 80). Körperlänge 1,8–3,0 mm . . . . **Khaprakäfer,** *Trogoderma granarium* EVERTS, 1898

sehr gefürchteter Vorratsschädling, besonders häufig eingeschleppt in Expellern, Erdnüssen u. dgl., in den Tropen auch schädlich an Getreide, in England an Malz.

28. Fühler 11gliedrig, mit deutlich abgehobener, langer 2–3gliedriger Keule mit, Fühlerglieder 3–5 quadratisch oder etwas länger. Halsschild stark gebogen, matt und sehr dicht und kräftig punktiert. Körper schwarz oder dunkelbraun. Flügeldeckenborsten schwarz und weiß. Weiße Borsten bilden 2 deutliche Zickzacklinien auf den Flügeldecken und einige Flecken auf dem Halsschild. Länge 3,5-6 mm. . . . . *Megatoma undata* (LINNAUES, 1758)

Unter der Rinde von toten Bäumen, in Nestern und Bauten von anderen Insekten und in Spinnennetzen.

– Fühler 11gliedrig, mit schwarzer allmählich dicker werdender 4gliedriger Keule, Fühlerglieder 3–5 deutlich länger als breit. Halsschild schwach gebogen, glänzend und fein punktiert. Kopf, Halsschild und Flügeldeckenbasis schwarz, in der basalen Hälfte der Flügeldecken ein schräges, geschwungenes, an der Mittelnaht unterbrochenes rötlichbraunes Querband mit gelblicher Behaarung. Dahinter sind die Flügeldecken dunkelbraun. Körperform langoval, hinter der Mitte etwas breiter. Körperlänge 3–4 mm . . . . **Amerikanischer Wespenkäfer,** *Reesa vespulae* (MILLIRON, 1939)

In Mittel-, Ost- und Nordeuropa als Schädling in naturwissenschaftlichen Museen aufgetreten, in Samenlagern von Erfurt auch als Samenschädling, in Hamburg im Lager eines Süßwarengeschäftes.

30 Flachkäfer, Ostomidae

1. Käfer metallisch grünblau glänzend. Körperlänge 11–18 mm . . . . **Blauer Getreidenager,** *Temnochila coerulea* OLIVIER, 1790

in morschem Holz alter Weiden und Föhren, angeblich in Südeuropa auch in Getreide schädlich.

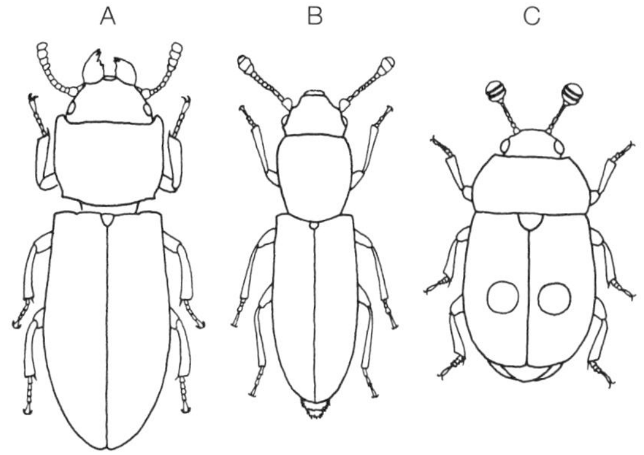

Abb. 81: Umrißzeichnung von A *Tenebroides*, B *Rhizophagus* und C *Nitidula*.

– Käfer braunrot bis schwarzbraun 2
2. Käfer größer als 5 mm, schwarzbraun (Abb. 81 A). Körperlänge 6–11 mm . . . . **Schwarzer Getreidenager**, *Tenebroides mauritanicus* (LINNAEUS, 1758)

frisst an Getreidekörnern, Erdnüssen und anderen Vorräten, seine Larve aber auch gelegentlich andere Vorratsschädlinge.

– Käfer kleiner als 5 mm, rotbraun (Abb. 73 A). Körperlänge 2,7–3 mm . . . . **Siamesischer Flachkäfer**, *Lophocateres pusillus* (KLUG, 1832)

in Getreide, Reis, Mehl u. dgl. schädlich. Selten eingeschleppt.

31 Glanzkäfer, Rhizophagidae und Nitidulidae

Kleine Käfer, deren Flügeldecken den Hinterleib nicht ganz bedecken und deren Fühler in einer 1- bis 3gliedrigen Keule enden (Abb. 69 C).

1. Fühler mit 1gliedriger, knopfförmiger, an der Spitze geringelter Keule. Körper schmal und lang gestreckt, braun oder rostrot (Abb. 81 B). Körperlänge 3–4 mm . . . . *Rhizophagus* HERBST, 1793 (Rhizophagidae)

verschiedene Arten unter Baumrinde, wo ihre Larven anderen Insekten nachstellen, vielleicht auch Schimmelfresser. Sie werden mit Brennholz bisweilen in die Keller eingeschleppt. *R. parallelocollis* GYLIENHAL, 1827, an faulem Holz, Weinfässern, Särgen und Leichen, im Frühjahr oft auf Friedhöfen schwärmend.

– Fühler mit 2- bis 3gliedriger Keule. Körper breit oval oder parallelseitig . . . . Nitidulidae 2
2. Flügeldecken nur den letzten Hinterleibsring unbedeckt lassend, schwarzbraun bis schwarz mit je einem runden rötlichen Fleck hinter der Mitte (Abb. 81 C), Körperlänge 3–5 mm . . . . . . **Zweipunktiger Glanzkäfer**, *Nitidula bipunctata* (LINNAEUS, 1758)

in ländlichen Speisekammern und Räucherkaminen an Rauchfleisch, Schinken und Würsten. Immer wieder Neubefall aus dem Freiland möglich, wo er an alten Knochen, Aas u. dgl. lebt.

– Flügeldecken 2 bis 3 Hinterleibsringe unbedeckt lassend (Abb. 82) . . . . **Backobstkäfer**, Carpophilinae 3

werden häufig mit getrocknetem Obst, Drogen und Getreide eingeschleppt. In der vorliegenden Tabelle können nur die regelmäßig eingeschleppten Arten berücksichtigt werden. Über die in Vorräten auftretenden *Carpophilus*-Arten siehe DOBSON, R. M., in: Bull. ent. Res. Bd. 45, S. 389–403, 1954.

3. Flügeldecken mit sich von der kastanienbraunen Grundfarbe stark abhebenden gelben oder rotgelben Flecken 4
– Flügeldecken pechbraun, kastanienbraun oder rostfarben, einfarbig oder mit verwaschenen Aufhellungen 5
4. Auf jeder Flügeldecke befindet sich nur ein rotgelber Fleck, der schräg neben der Naht steht, ohne den Flügeldeckenhinterrand zu erreichen. Körpergröße 2,5–3,5 mm . . . . *Carpophilus bipustulatus* (HEER, 1841)

eine mediterrane, in unser Gebiet gelegentlich eingeschleppte Art.

– Auf jeder Flügeldecke befinden sich zwei rotgelbe oder gelbe Flecken: einer an der Schulter und einer im hinteren Nahtwinkel von verschiedenen weiter Ausdehnung nach vorn. Meistens nimmt er den ganzen Flügeldeckenhinterrand ein (Abb. 82). Körperlänge 2–4 mm . . . . *Carpophilus hemipterus* (LINNAEUS, 1758)

häufig auf getrockneten Feigen, Aprikosen, Pflaumen und anderem Trockenobst aus wärmeren Ländern. Ihm sehr ähnlich ist der in Italien und Griechenland beheimatete *Carpophilus quadrisignatus* ERICHSON, 1843. Bei ihm liegt der gelbe Fleck im Nahtwinkel etwas weiter vorn und dehnt sich nicht bis zum Flügeldeckenhinterrand aus. Körperlänge 2–4 mm

5. Von den Flügeldecken werden die letzten beiden Hinterleibsringe nicht bedeckt . . . 6
– Von den Flügeldecken werden die letzten drei Hinterleibsringe nicht bedeckt 11
6. Flügeldecken deutlich länger als zusammen breit. Die Linie, die auf dem Metasternum die Mittelhüfte auf der caudalen Seite begrenzt, läuft der Mittelhüfte fast bis zum vorderen

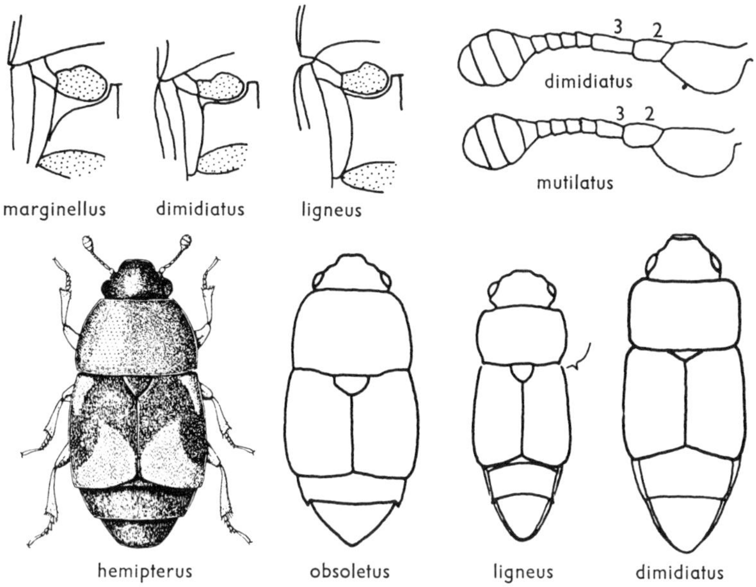

Abb. 82: *Carpophilus hemipterus* L. und die Unterscheidungsmerkmale anderer *Carpophilus*-Arten (nach Kemper, Dobson, Hinton, Lepesme). Die ersten drei Figuren zeigen die rechte Seite der Brustsegmente der angegebenen drei Arten, und zwar ist die große Platte zwischen den beiden gepunkteten Flächen (den Hüften oben des Mittel- und unten des Hinterbeins) die rechte Hälfte des Metsternum, die Querplatte davor, in der die Mittelhüfte liegt, die des Mesosternum, die schmale Spange seitlich vom Metasternum das Metepisternum und die Linie, die beide voneinander trennt, die Metepisternalnaht. Zur Artunterscheidung wichtig ist der Verlauf der Linie caudal von der Mittelhüfte (die vordere Begrenzung des Metasternum), wie in der Tabelle beschrieben wird. Die rechte und linke Seite des Käfers wird angegeben bei Ansicht vom Rücken, bei der Bauchansicht wie in diesen Figuren ist die rechte Käferseite links vom Beschauer.

Rand des Metepisternum parallel. Halsschild hinten stärker verengt als vorn mit deutlichen Hinterecken (Abb. 82). Braun bis schwarzbraun, Flügeldecken mit ganz verschwommenen helleren Zonen. Körperlänge 2,2–3,5 mm . . . . *Carpophilus ligneus* Murray, 1864 (= *decipiens* Horn, 1879)

vorwiegend an getrockneten Feigen, Weinbeern, Korinthen usw.

– Flügeldecken höchstens so lang wie zusammen breit 7

7. Die Linie auf dem Metasternum, die die Mittelhüfte auf der caudalen Seite begrenzt, läuft ganz oder etwa nur ⅔ der caudalen Mittelhüftenlänge parallel und biegt dann caudalwärts zur Metepisternalnaht um (Abb. 82, *dimidiatus*) 8

– Die Linie auf dem Metasternum, die die Mittelhüfte nur auf dem median-caudalen Bogen begrenzt, zieht schräg über die Seite des Metasternum zum hinteren Drittel des Metepisternum (Abb. 82). Körper stark glänzend und kräftig punktiert, einfarbig pechbraun, Fühler, Beine und vorderer Teil des Kopfes gelblich rot. Körperlänge 2 bis 3,5 mm . . . . *Carpophilus marginellus* Motschulsky, 1858

fast weltweit an Reis und Getreide in Mühlen verbreitet, in den letzten Jahren mehrfach auch bei uns gefunden. Lästiges Massenauftreten im Umkleideraum eines Industriebetriebes hatte sich im Boden unter dem nicht unterkellerten Raum durch ein defektes Abflußrohr aus der Betriebsküche und die Ansammlung von Küchenabfällen, Fett und warmem Wasser entwickelt (Nussbaum & Bahr: Nachrbl. deutsch. Pflanzenschutzd., 43 (4): 74–76. Stuttgart 1991).

8. Die Linie auf dem Metasternum, die die Mittelhüfte auf der caudalen Seite begrenzt, läuft dem ganzen caudalen Mittelhüftenrand parallel bis zum vorderen Ende des Metepister-

nums. Das Pronotum ist nicht ausgesprochen quer, sein Vorderrand ist nur wenig kürzer als sein Hinterrand (Abb. 82). Das 2. Fühlerglied so lang oder wenig länger als das 3. Schultern der Flügeldecken manchmal etwas rötlich, Körperlänge 2,3–4,5 mm . . . . *Carpophilus obsoletus* ERICHSON, 1843

an Datteln, Feigen, Kopra, Palmkernen und Getreide.

– Die Linie auf dem Metasternum, die die Mittelhüfte auf der caudalen Seite begrenzt, läuft nur etwa ⅔ der caudalen Mittelhüftenlänge parallel und biegt dann caudalwärts zum vorderen Drittel der Metepisternalnaht um (Abb. 82) 9

9\. 3. Fühlerglied deutlich länger als das 2. Kastanienbraun mit rötlichen Beinen und Fühlern. Die Fühlerkeule oft dunkler. Glänzend (Abb. 82). Körperlänge 2–3 mm . . . . **Getreidesaftkäfer,** *Carpophilus dimidiatus* (FABRICIUS, 1792)

häufig eingeschleppt mit ölhaltigen Samen wie Erdnüssen, Kopra, Muskatnüssen, Palmkernen, aber auch an Getreide.

– 3. Fühlerglied etwa so lang wie das 2. (Abb. 82 *mutilatus*) 10

10\. 8. Fühlerglied nicht ganz halb so breit wie das 9. Körpergröße 2,8–3,5 mm, Oberseite rostfarben, Flügeldecken schmutziggelb . . . *Carpophilus mutilatus* ERICHSON, 1843

an Datteln und Kopra eingeschleppt.

– 8. Fühlerglied über halb so breit wie das 9. Körpergröße 1,9–2,4 mm, Oberseite kastanienbraun mit helleren Fühlern und Flügeldecken . . *Carpophilus freemani* DOBSON, 1954

mit Paranüssen nach Hamburg eingeschleppt.

11\. Der von den Flügeldecken nicht bedeckte Teil des Hinterleibs ist höchstens so lang wie das Pronotum. Die Hinterleibstergite ohne breite Saumlinie 12

– Der von den Flügeldecken nicht bedeckte Teil des Hinterleibs ist viel länger als das Pronotum, die unbedeckten Hinterleibstergite mit einem, breiten, stark abgesetzten Saum . . . . *Brachypeplus* ERICHSON, 1842

Die oberflächlich an Staphyliniden erinnernden Tiere können mit tropischen Hölzern eingeschleppt werden, so z. B. *B. rubidus* MURRAY, 1859 aus Afrika.

12\. Der Seitenrand des Prothorax ist in Seitenansicht vom Vorder- bis Hinterrand gleich hoch oder höchstens vorn etwas höher als hinten. Glänzend kastanienbraun bis schwarz, Vorderbeine gelbbraun, Fühler braunschwarz mit dunklerer Keule. Körperlänge 3 bis 4 mm . . . . *Carpophilus nitidus* MURRAY, 1864

an getrockneten Bananen aus Westafrika.

– Der Seitenrand des Prothorax ist in Seitenansicht vorn zweimal so hoch wie an der Basis. Die Zunahme erfolgt ziemlich scharf in der Mitte. Glänzend kastanienbraun bis schwarz. Flügeldecken einfarbig oder an der Basis in der Nähe der Schultern mit einem roten Fleck, der auch auf das Schildchen übergreifen kann. Pronotum einfarbig oder häufiger mit roten Flecken an den Vorder- und Hinterecken. Körperlänge 3,0–4,8 mm . . . . *Carpophilus humeralis* (FABRICIUS, 1798)

außer an Kopra, Getreide, Zwiebeln und anderen trocknen pflanzlichen Vorräten, sehr häufig und schädlich auf den Ananasfeldern von Hawaii.

32 Plattkäfer, Silvanidae und Cucujidae

1\. Seiten des Halsschildes jederseits mit 6 vorspringenden Zähnchen (Abb. 83 A, B) . . . . Silvanidae 2

– Seiten des Halsschildes glatt 4

2\. Halsschild mit drei Rippen. Halsschildseitenzähnchen spitz und etwa gleich kräftig. (Abb. 83 B) 3

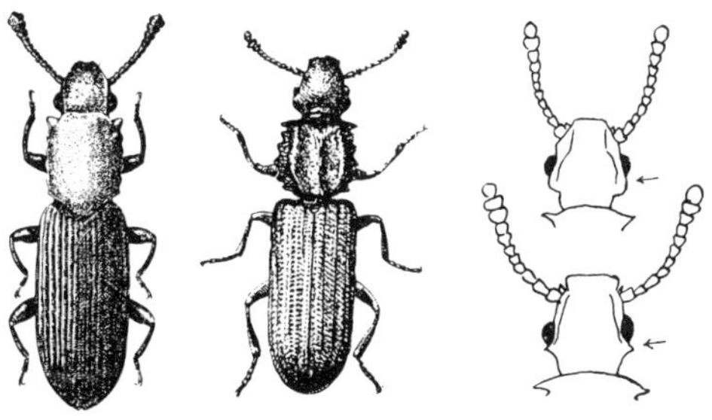

Abb. 83: A *Nausibius clavicornis*, B *Oryzaephilus surinamensis*, C die Köpfe von *O. surinamensis* (oben) und *O. mercator* (unten) A, B nach LEPESME, C nach FREY).

– Halsschild ohne Rippen. Halsschildseitenzähnchen abgestumpft, nur der Zahn in der Vorderecke ist schmaler und spitz. Braun bis rotbraun, Flügeldecken manchmal angedunkelt. Körperlänge 3,5–4,5 mm (Abb. 83 A) . . . . *Nausibius clavicornis* (KUGELANN, 1794)

hauptsächlich mit Zucker oder getrockneten Früchten aus Amerika eingeschleppt.

3. Seitenrand des Kopfes hinter den Augen so lang wie diese (Abb. 83 C). Beim Männchen können die Seiten des Kopfschildes hörnchenförmig hochgebogen sein (var. *bicornis* ERICHSON, 1845). Körperlänge 2,75–3,25 mm . . . . **Getreideplattkäfer**, *Oryzaephilus surinamensis* (LINNAEUS, 1758)

häufig in Getreide- und Getreideprodukten, aber auch in anderen pflanzlichen Vorräten.

– Seitenrand des Kopfes hinter den Augen springt als ein querer Zahn vor und ist kaum, halb so lang wie das Auge (Abb. 83 D). Körperlänge 3–4 mm . . . . **Erdnussplattkäfer**, *Oryzaephilus mercator* (FAUVEL, 1889)

wird häufig aus den Tropen eingeschleppt, hauptsächlich mit fetthaltigen Pflanzensamen wie Erdnüssen, Kopra, Muskatnüssen usw.

4. Halsschild und Kopf jederseits ohne eine dem Seitenrand parallel verlaufende Längslinie . . . . Silvanidae 10

– Halsschild und Kopf jederseits mit einer dem Seitenrand parallel verlaufenden Längslinie. Beim Männchen Fühler länger als beim Weibchen. Stark abgeflachte, kleine (2 mm nur selten kaum überschreitende) Käfer (Abb. 84) . . . . **Leistenkopfplattkäfer**, *Cryptolestes* GANGLBAUER, 1899 (Cucujidae) (auch nur als Untergattung von *Laemophloeus* DEJEAN, 1837 aufgefasst)

Da die Unterscheidung der Arten nach den äußeren Merkmalen nicht immer leicht und oft überhaupt nicht mit Sicherheit möglich ist, ist die Untersuchung der Genitalstrukturen zur Sicherung der Bestimmung nötig. Davon eignen sich besonders beim Männchen die Länge des Apodems des 9. Segments (Abb. 85, Ap), das bis in den 1. Hinterleibsring reichen oder nur den Hinterrand des 2. Hinterleibsrings etwas überragen kann, und die Form des sog. Akzessorischen Sklerits (Abb. 85, Ak) und beim Weibchen die Form des sklerotisierten Teils der Spermatheka (Abb. 85 B). Zur Untersuchung der männlichen Strukturen wird der Hinterleib abgetrennt, eine Minute in verdünnter Kalilauge gekocht (s. S. 4) und anschließend gut ausgewaschen. Er kann ganz oder besser nur die Rückenplatten nach Entfernung der Bauchplatten mit einer feinen Nadel auf einem Objektträger in BERLESE-Gemisch (s. S. 5) eingebettet werden. Bei frisch abgetöteten Weibchen können die Genitalien aus dem Hinterleib herausgedrückt werden, tote müssen in gleicher Weise wie die Männchen präpariert werden. Bestimmungstabellen geben G. BRÄUER im Nachr. bl. f. d. Deutsch. Pflanzenschutzd. DDR 24 (1970): 216–222 und H. J. BANKS in J. Austral. entomol. Soc. 18 (1979): 217–222.

5. Hinterecken des Halsschildes deutlich spitz vorspringend, weil die Seitenränder davor etwas ausgeschweift sind (Abb. 84 A–C) 6

– Hinterecken des Halsschildes stumpf, Seitenränder davor nicht ausgeschweift, nach hinten stark verengt. Seine größte Breite übertrifft nur wenig seine Länge (Abb. 84 D). Fühler beim Männchen halb so lang wie der Körper, beim Weibchen kürzer. Flügeldecken fast

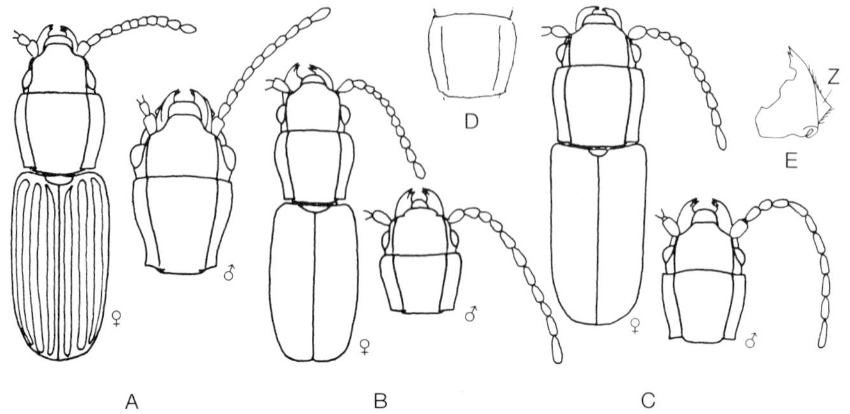

Abb. 84: Umrisszeichnungen von *Cryptolestes* A *ferrugineus*, B *pusillus*, C *turcicus* links Weibchen, rechts Halsschild und Kopf des Männchens, D Halsschild von *C. capensis*, E linker Oberkiefer von *C. ferrugineus* von der Unterseite, z Zahn an seinem Außenrand. (A–C nach LEPESME, E. aus BRÄUER).

doppelt so lang wie zusammen breit. (Beim Männchen an der Außenseite der Oberkiefer wie bei *C. ferrugineus* ein von der Bauchseite aus sichtbarer dreieckiger Zahn). Beim Männchen reicht das Apodem des 9. Segments bis in das 1. Hinterleibssegment und das Akzessorische Sklerit besteht aus einer halbkreisförmigen äußeren und einer eckig gebogenen inneren Spange (Abb. 85 A), die Spermatheka des Weibchens ist hakenförmig (Abb. 85 A). Rostrot. Körperlänge 1,6–2 mm . . . . *C. capensis* (WALTL, 1834)

vorwiegend in Mühlen und Futtermittelbetrieben. Die Art wurde früher mit *spartii* CURTIS, einem Freilandbewohner vermischt und als *ater* OLIVIER bezeichnet, so auch noch 1967 in FREUDE, HARDER, LOHSE: Die Käfer Mitteleuropas Bd. 7).

6. Fühler kürzer als die halbe Körperlänge, beim Männchen reichen sie nur bis ins basale Drittel der Flügeldecken, beim Weibchen sind sie noch etwas kürzer. Fühlerglieder 4 bis 8 deutlich kürzer als die umgebenden und beim Weibchen nur wenig länger als breit oder (bei var. *emgei* REITTER) in beiden Geschlechtern nicht länger als breit oder sogar etwas quer. Beim Männchen an der Außenseite der Oberkiefer ein von der Bauchseite aus sichtbarer dreieckiger Zahn (Abb. 84 E). Halsschild so lang wie breit, hinten besonders beim Männchen stark verschmälert mit deutlich ausgebildeten Hinterecken (Abb. 84 A). Flügeldecken fast doppelt so lang wie zusammen breit. Beim Männchen reicht das Apodem des 9. Segments bis in das 1. Hinterleibssegment und das Akzessorische Sklerit besteht aus 2 gleichmäßig gebogenen Spangen (Abb. 85 E), die Spermatheka des Weibchens ist halbkreisförmig (Abb. 85 E'). Rostrot. Körperlänge 1,6–2,2 mm . . . . **Rotbrauner Leistenkopfplattkäfer,** *C. ferrugineus* (STEPHENS, 1831)

weltweit verbreitet, besonders in Getreide durch Temperaturerhöhung, aber auch durch Fraß sehr schädlich. Hat als primärer Getreideschädling zu gelten.

– Fühler länger als die halbe Körperlänge. Außenseite der Oberkiefer beim Männchen ohne Zahn 7

7. Fühler überragen die Körperlänge (beim Männchen) oder erreichen sie fast (beim Weibchen). Naht zwischen Kopfschild und Stirn nach vorn gewölbt, also in ihrer Mitte den Mundgliedmaßen am nächsten. Fühlerglieder 4 bis 8 deutlich länger als breit. Halsschild so lang wie breit, nach hinten beim Männchen etwas und beim Weibchen kaum verschmälert mit deutlichen Hinterecken (Abb. 84 C). Flügeldecken fast doppelt so lang wie zusammen breit. Beim Männchen reicht das Apodem des 9. Segments nur etwas über den Hinterrand des 2. Hinterleibssegments und das Akzessorische Sklerit besteht aus einer

äußeren eckig gebogenen und einer inneren rund gebogenen Spange (Abb. 85 B) und beim Weibchen ist die Spermatheka eine eng zusammengedrückte Klammer, deren Enden sich fast berühren (Abb. 85 B′). Rostrot. Körperlänge 1,5–2 mm . . . . **Türkischer Leistenkopfplattkäfer,** *C. turcicus* (GROUVILLE, 1876)

vorwiegend in Mühlen gemäßigter Klimagebiete.

– Fühler auch beim Männchen die Körperlänge nicht überragend, höchstens erreichend, aber länger als die halbe Körperlänge. Naht zwischen Kopfschild und Stirn nach hinten gewölbt, also in ihrer Mitte von den Mundgliedmaßen am weitesten entfernt 8

8. Zwischenräume zwischen der 1. und 2. und zwischen der 2. und 3. Flügelrippe mit 3 Reihen Borsten, deren Einlenkungsstellen als Punktreihen erscheinen. Beim Männchen reicht das Apodem des 9. Segments bis in das 1. Hinterleibssegment und das Akzessorische Sklerit besteht nur aus einer mondsichelförmigen Spange (Abb. 85 F). Beim Weibchen hat die Spermatheka einen halbkreisförmigen Umriss (Abb. 85 F′). Gelbrot, Körperlänge 1,4–1,7 mm . . . . *C. ugandae* STEEL & HOWE, 1955

bisher auf ostafrikanische Getreideläger beschränkt.

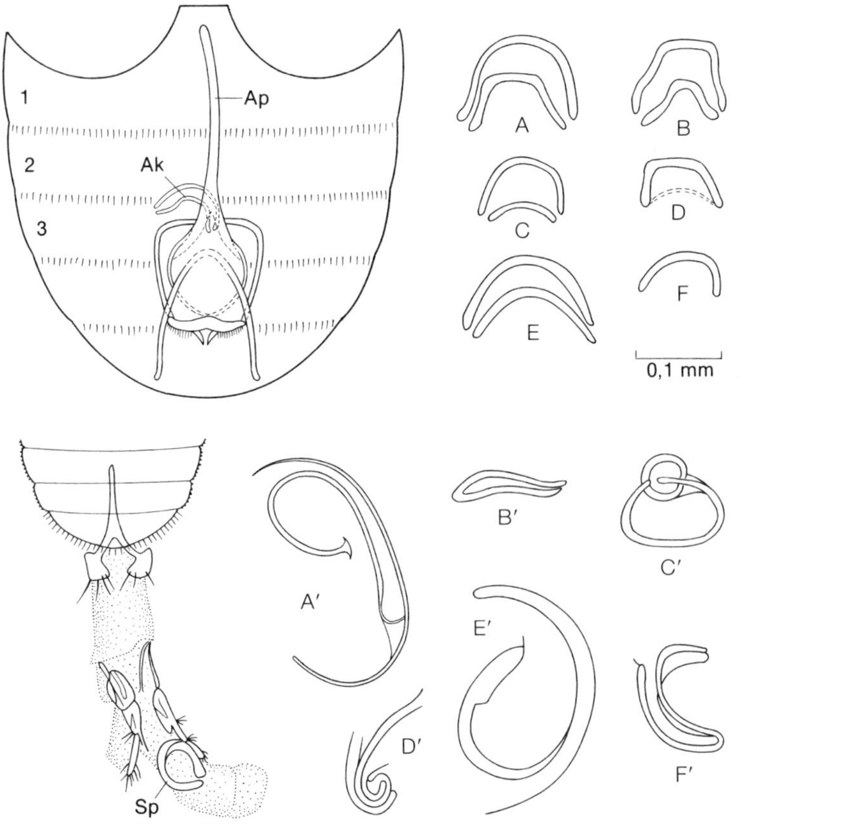

Abb. 85: Links oben Hinterleib des Männchens von *Cryptolestes* mit den für die Artbestimmung wichtigen Spangen (Ak Akzessorisches Sklerit, Ap Apodem des 9. Segments), daneben die Formen von Ak für die einzelnen Arten (A–F); links unten Hinterleib des Weibchens mit den herausgepressten Ausführgängen der Geschlechtsorgane mit der Lage der Spermatheka, deren Form bei den einzelnen Arten (A′–F′) daneben gezeichnet ist. A, A′ *C. capensis*, B, B′ *C. turcicus*, C, C′ *C. pusilloides*, D, D′ *C. pusillus*, E, E′ *C. ferrugineus* und F, F′ *C. ugandae*. (Nach BRÄER, etwas verändert).

– Zwischenräume zwischen der 1. und 2. und zwischen der 2. und 3. Flügelrippe mit 4 Reihen Borsten, deren Einlenkungsstellen als Punktreihen erscheinen 9

9. Im äußeren lateralen Zwischenrippenraum auf den Flügeldecken stehen die Borsten bzw. Punkte in der äußeren Reihe enger und in der inneren Reihe weiter auseinander als in den beiden mittleren Reihen. Die Flügeldecken etwa doppelt so lang wie zusammen breit, beim Männchen wenigstens 2,65mal und beim Weibchen 2,75mal so lang wie der Halsschild. Dieser ist 1,1–1,2mal so breit wie lang. Beim Männchen reicht das Apodem des 9. Segments fast bis an den Vorderrand des 2. Hinterleibssegments und das Akzessorische Sklerit besteht aus einer halbkreisförmig gebogenen äußeren und einer fast geraden inneren Spange (Abb. 85 C). Beim Weibchen ist die Spermatheka ringförmig (Abb. 85 C′). Gelbrot. Körperlänge 1,8–2,2 mm . . . . *C. pusilloides* (Steel & Howe, 1952)

Vorratsschädling auf der südlichen Halbkugel, in Westafrika offenbar nach Norden im Vordringen begriffen.

– Im äußeren lateralen Zwischenrippenraum auf den Flügeldecken stehen die Borsten bzw. Punkte in den 4 Reihen alle in ziemlich gleicher Entfernung voneinander. Flügeldecken nur einhalb bis einzweidrittel so lang wie zusammen breit, beim Männchen 2,5mal und beim Weibchen 2,6mal so lang wie der Halsschild. Dieser ist besonders beim Männchen deutlich (1,4mal) breiter als lang (Abb. 84 B). Beim Männchen reicht das Apodem des 9. Segments nur bis an das 2. Hinterleibssegment und das Akzessorische Sklerit hat nur eine einen eckigen Bogen bildende deutliche Spange (Abb. 85 D. Beim Weibchen ist die Spermatheka etwas spiralförmig aufgerollt (Abb. 85 D′). Gelbrot. Körperlänge 1,4–1,7 mm . . . . **Kleiner Leistenkopfplattkäfer**, *C. pusillus* (Schoenherr, 1817) (= *minutus* Olivier, 1791)

hauptsächlich in den feuchten Tropen verbreitet, in Getreide und besonders auch an Kakaobohnen häufig eingeschleppt.

10. Halsschild so lang wie breit (beim Weibchen), oder viel länger als breit (beim Männchen). Rostrot (Abb. 86 A). Körperlänge 2,5–3 mm . . . . *Cathartus quadricollis* (Guérin, 1829–40) (= *cassiae* Reiche, 1854)

aus den südlichen Vereinigten Staaten von Amerika, wo er als Getreideschädling auftritt, gelegentlich zu uns eingeschleppt.

– Halsschild breiter als lang, mit kleinen, spitzig nach außen vorspringenden Vorderecken (Abb. 86 B). Körperlänge 2–3 mm . . . . **Tropischer Schimmelplattkäfer**, *Ahasverus advena* (Waltl, 1832)

in schimmligen pflanzlichen Vorräten aus den Tropen, bei uns Massenentwicklung in Geflügelmastställen.

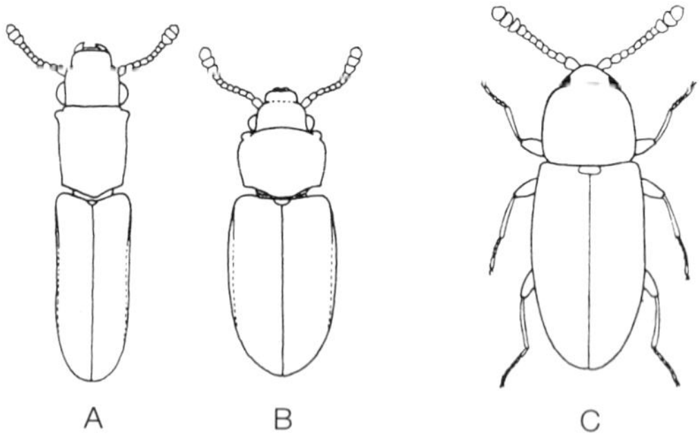

Abb. 86: Umrißzeichnungen von A *Cathartus*, B *Ahasverus*, C *Atomaria* (nach Lepesme, Freude, Harde & Lohse).

33 Schimmelkäfer, Cryptophagidae

umfassen kleine, selten über 3 mm, nie über 5,5 mm lange, oft einander sehr ähnliche Arten, die gewöhnlich hell- bis dunkelbraun und länglich oval bis gestreckt, selten rundlicher sind. Sie leben mit ihren Larven an modrigen Pflanzenteilen oder schimmeligen tierischen Substanzen, in Pilzen, unter der Rinde und in Höhlen. Viele Arten können gelegentlich in Häuser kommen, wenn dort durch entsprechende Feuchtigkeit (über 85 % rel. Luftf.) starke Schimmelbildung möglich ist. Meistens treten sie nur in geringer Zahl auf, oft auch mit Arten aus anderen Familien vergesellschaftet. Nur die regelmäßig in Häusern oder an Vorräten vorkommenden Arten können hier berücksichtigt werden. Für die genaue Artbestimmung ist die Benutzung spezieller Literatur oder Hinzuziehung eines Spezialisten nötig. Die hierher gehörenden Arten sind durch eine dreigliedrige Fühlerkeule und bei den Weibchen fünfgliedrigen Füßen an allen Beinen gekennzeichnet, während bei den Männchen die Hinterbeine viergliedrige Füße haben, nur bei *Pharaxonota* sind sie ebenfalls fünfgliedrig.

Vorderecken des Halsschildes verdickt oder napfförmig abgesetzt und seitlich hervorstehend. Seine Seitenränder mit einem Zähnchen (Abb. 73, 87). Sehr viele nur schwer zu unterscheidende Arten . . . . **Schimmelkäfer,** *Cryptophagus* HERBST, 1792 4

Literatur: BRUCE, N.: Monographie der europäischen Arten der Gattung *Cryptophagus* Herbst mit besonderer Berücksichtigung der Morphologie des männlichen Kopulationsorgans. Acta Zoll. Fenn. Bd. 20: 1–167, Helsingfors 1936. – COOMBS, C. W., WOODROFF, G. E.: A revision of the British species of *Cryptophagus* Herbst (Coleoptera: Cryptophagidae). Trans. R. ent. Soc. London Bd. 106: 237–282, London 1955.

– Vorderecken des Halsschildes nicht verdickt oder napfförmig abgesetzt und seitlich hervorstehend 2

2. Seiten des Halsschildes stark und kräftig sägeartig gezähnt, im hinteren Viertel am breitesten und dann scharf winklig verengt. Fühlerglieder 4 bis 8 deutlich länger als breit. Flügeldecken schwächer und feiner als der Halsschild punktiert. Hellrotbraun (Abb. 73 B). Körperlänge 1,7–2,2 mm . . . . *Henoticus californicus* (MANNERHEIM, 1843)

an schimmeligen Lebensmitteln aller Art, besonders an Trockenfrüchten, in feuchten Lagerräumen, Mühlen usw. kommt kaum im Freien vor, dort lebt aber in vermoderndem Laub, verpilztem Holz, Kompost usw. der etwa gleichgroße, hell- bis dunkelbraune, sehr ähnliche *H. serratus* (GYLLENHAI, 1808). Er unterscheidet sich durch seine größeren und gleichmäßig gerundet vorgewölbten Augen, gleichmäßig gerundete Seitenränder des Halsschildes, der sich hinten nicht so stark verengt und kaum oder nicht länger als breite Fühlerglieder 4 bis 8.

– Seiten des Halsschildes glatt 3

3. Halsschild mit starker Seitenrandkehle und vor dem verdickten Hinterrand jederseits mit einer innen von einem kurzen Längsstrich begrenzten Eindellung. Flügeldecken mit feinen Punktstreifen, parallelseitig und fast dreimal so lang wie der Halsschild. Glänzend kastanienbraun. Körperlänge 4,0–4,7 mm (Abb. 73 D) . . . . **Mexikanischer Getreidekäfer,** *Pharaxonotha kirschi* REITTER, 1875

(von HINTON in die Familie Erotylidae gestellt). In Getreide aus Amerika gelegentlich nach Europa eingeschleppt. In Versuchen sind aus den an nicht schimmeligen Bohnen, Weizen- und Maiskörnern abgelegten Eiern Larven geschlüpft, die eine Zeitlang von dem von den Käfern erzeugten Fraßmehl gefressen haben, dann aber abgestorben sind.

– Halsschild allmählich sich nach vorn verjüngend, mit glatten, gerundeten Seiten, in deren Rand oder unmittelbar daneben eine feine Seitenrandlinie. Körper wenig dicht behaart, etwas glänzend. Fühler zwischen den Augen am Vorderrand der Stirn eingelenkt, die einen von oben gesehen mehr oder weniger abgerundeten Vorsprung bildet, der nach vorn gegen die Oberlippe ziemlich steil abfällt. Körper entweder gestreckt parallelseitig, länglich oval (Abb. 86 C) oder kurzoval mit seitlich gerundeten Flügeldecken. Körperlänge 1–2,5 mm. Sehr viele, schwer zu unterscheidende Arten, aber ohne große Bedeutung, da sie meistens nicht sehr zahlreich sind . . . . *Atomaria* STEPHENS, 1830

an faulenden Pflanzenstoffen, vielfach in Stroh und auf Strohdächern. Zur Artbestimmung siehe FREUDE, H., HARDE, K. W., LOHSE, G. A.: Die Käfer Mitteleuropas, Bd. 7: 140–157, Krefeld 1967.

4. Flügeldecken mit anliegender oder schräg emporstehender, einfacher Behaarung. Dazwischen sind keine längeren abstehenden Haare eingemengt 5
– Flügeldecken mit anliegender, feiner Behaarung. Dazwischen stehen – manchmal reihenweise – schräg abstehende längere Haare 17
5. Die erweiterten Vorderecken des Halsschildes sind nach hinten hakenförmig oder in eine feine Spitze ausgezogen 6
– Die erweiterten Vorderecken des Halsschildes sind hinten abgestumpft oder bilden einen rechten Winkel, sie sind niemals nach hinten in eine Spitze ausgezogen 11
6. Das Seitenzähnchen des Halsschildes steht in der Mitte des Seitenrandes 7
– Das Seitenzähnchen des Halsschildes steht hinter der Mitte des Seitenrandes 9
7. Vorderecken des Halsschildes stark verdickt, hakenförmig nach hinten gebogen und gleichzeitig nach hinten zu breiter werdend 8
– Vorderecken des Halsschildes schwach verdickt, nur als schmales, hinten nicht breiter werdendes, sondern spitzig auslaufendes Leistchen gebildet. Oberseite ziemlich gewölbt. Körperlänge 1,6–2,2 mm . . . . *Cryptophagus distinguendus* Sturm, 1845
8. Augen sehr groß, grob gefeldert. Oberseite äußerst dicht und fein punktiert, hell behaart. Körperlänge 1,9–2,6 mm (Abb. 73 C und 87 E) . . . *C. acutangulus* Gyllenhal, 1828
– Augen kleiner, fein gefeldert. Halsschild quer, äußerst gedrängt und doppelt so stark punktiert wie die Flügeldecken. Körperlänge 2,2–2,9 mm . . . . *C. postpositus*, Sahlberg, 1903
9. Augen sehr groß, grob gefeldert (wie 8) . . . . *C. acutangulus* Gyllenhal, 1828
– Augen klein, fein gefeldert 10
10. Halsschild fast so lang wie breit, viel schmäler als die bauchig erweiterten Flügeldecken. Oberseite dicht punktiert, fein und kurz gelb behaart. Körperlänge 2,2–3 mm . . . . *C. fallax* Balfour-Brown, 1953
– Halsschild quer, so breit wie die Flügeldecken an ihrer Basis. Seine Oberseite gewölbt, ziemlich fein weitläufig punktiert; Oberseite hell gelbbraun oder rotbraun. Körperlänge 1,6–2,2 mm . . . . *C. distinguendus* Sturm, 1845
11. Das Seitenzähnchen befindet sich vor der Mitte des Seitenrandes 12
– Das Seitenzähnchen befindet sich in der Mitte des Seitenrandes 16
12. Halsschild nicht stärker und nur wenig dichter punktiert als die Flügeldecken, seine Vorderecken kaum verdickt (Abb. 87 D). Körperlänge 1,5–1,8 mm . . . . *C. scutellatus* Newman, 1834
– Halsschild viel stärker und dichter punktiert als die Flügeldecken 13

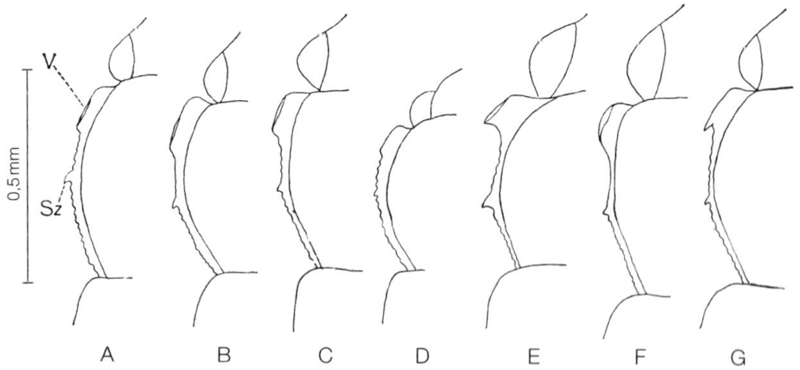

Abb. 87: Halsschild-Seitenrand verschiedener *Cryptophagus*-Arten: A *saginatus*, B *subfumatus*, C *dentatus*, D *scutellatus*, E *acutangulus*, F *cellaris*, G *pilosus* V Vorderecke des Halsschildes, *Sz* Seitenzähnchen (aus Klippel).

13. Halsschild sehr gedrängt, doppelt so dicht wie die Flügeldecken punktiert 14
– Halsschild nur wenig dichter punktiert als die Flügeldecken 15
14. Halsschild nicht schmäler als die Flügeldecken, etwas breiter als lang, die Flügeldecken ziemlich lang gestreckt, bis hinter der Mitte ziemlich parallel (Abb. 87 C). Körperlänge 1,9–2,9 mm . . . . *C. dentatus* (HERBST, 1793)
– Halsschild deutlich schmäler als die Flügeldecken, äußerst gedrängt und stärker punktiert als diese, Seitenzahn knapp vor der Mitte des Halsschildrandes. Körperlänge 2–2,7 mm . . . . *C. pseudodentatus* BRUCE, 1936
15. Vorderecken sehr schwach verdickt und kurz, nach vorn nicht vorragend, Vorderrand des Halsschildes gerade abgeschnitten. Halsschild fast dreimal so stark punktiert wie die Flügeldecken (Abb. 87 A). Körperlänge 1,8–2,7 mm . . . . . . *C. saginatus* STURM, 1845
– Vorderecken stärker verdickt und länger. Ein Viertel des Seitenrandes einnehmend, nach vorn deutlich vorragend, Vorderrand des Halsschildes dadurch scheinbar ausgeschnitten (Abb. 87 B). Körperlänge 2,1–3,2 mm . . . . *C. subfumatus* KRAATZ, 1856
16. Vorderecken deutlich nach vorn vorragend (siehe die vorhergehende Beschreibung) . . . . *C. subfumatus* KRAATZ, 1856
– Die stark verdickten Vorderecken nicht nach vorn vorragend. Flügeldecken feiner als das Halsschild punktiert, an den Seiten ziemlich gerundet. Körperlänge 1,5–2,8 mm . . . . *C. scanicus* (LINNAEUS, 1758)
17. Die seitliche Erweiterung der Vorderecken des Halsschildes nach hinten in ein spitzes Zähnchen auslaufend (Abb. 87 G). Körperlänge 2,3–3,2 mm . . . . *C. pilosus* GYLLENHAL, 1828
– Die seitliche Erweiterung der Vorderecken des Halsschildes nach hinten nicht in ein spitzes Zähnchen auslaufend, sondern rechteckig oder stumpf. Das Seitenzähnchen steht in der Mitte des Seitenrandes. Vorderecken stark leistenartig vortretend (Abb. 87 F). Körperlänge 2,2–2,8 mm . . . . *C. cellaris* (SCOPOLI, 1763)

34 Moderkäfer, Latridiidae und Merophysiidae

Sehr kleine Käferchen, die hauptsächlich von Schimmelpilzen leben und gemeinsam mit den Schimmelkäfern als Wohnungsplage auftreten. Es gibt zahlreiche Arten, die nur schwer voneinander zu unterscheiden sind.

Literatur: H. E. HINTON: The Lathridiidae of economic importance. Bull. ent. Res. Bd. 32 (1941). S. 191–247.

1. Kopf hinter den Augen nicht eingeschnürt. Fühler unter dem Seitenrand der Stirn eingefügt. Halsschild herzförmig. Flügeldecken eiförmig, rötlich-gelb glänzend (Abb. 88 A) . . . . Merophysiidae 2
– Kopf hinter den Augen halsartig eingeschnürt (der Halsteil ist kurz und in den Halsschild eingezogen). Fühler frei an den Vorderecken der Stirn eingefügt . . . . . Latridiidae 4
2. Fühler in beiden Geschlechtern 11gliedrig und mit einer 2gliedrigen Keule. Körperlänge 1–1,2 mm . . . . *Holoparamecus (Calytobium) caularum* (AUBÉ, 1843)
an Reisvorräten, in Mistbeeten und Komposthaufen.
– Fühler beim Männchen 9- und beim Weibchen 10gliedrig und mit einer 2gliedrigen Keule 3
3. Augen groß, ihre Entfernung von der Fühlerbasis gleich oder weniger wie ihr halber Durchmesser. Halsschild mit einer Eindellung in der Mitte und einem Längsstreifen auf jeder Seite (Abb. 88 A). Körperlänge 1–1,4 mm . . . . *Holoparamecus (Holoparamecus) depressus* CURTIS, 1833 (= *kunzei* AUBÉ, 1843)
in Schokolade, Reis, Mehl, Pilzen

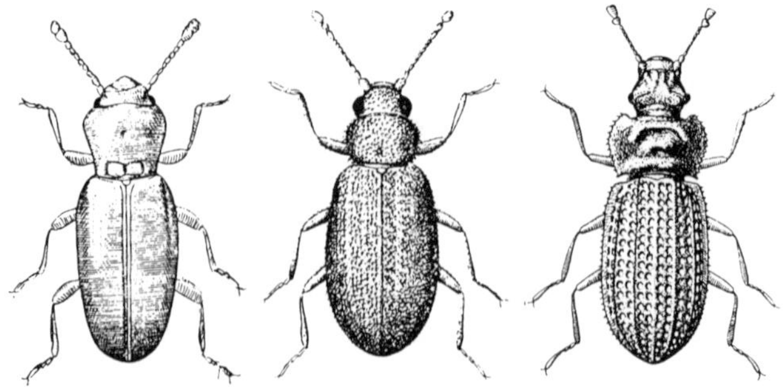

A B C

Abb. 88: Latridiidae: A *Holoparamecus depressus*, B *Corticaria pubescens*, C *Metophthalmus serripennis* (aus HINTON)

– Augen klein, ihre Entfernung von der Fühlerbasis so groß wie ihr Durchmesser. Halsschild ohne eine Eindellung in der Mitte und ohne Längsstreifen auf jeder Seite beim Hinterwinkel. Körperlänge 1–1,2 mm . . . . *Holoparamecus (Holoparamecus) singularis* (BECK, 1817)

in Reisvorräten und im Freien

4. Halsschildseiten (wenigstens zur Basis hin) gezähnelt oder mehr oder weniger stark gekerbt 5

– Halsschildseiten glatt 6

5. Fühler mit 3gliedriger Keule, Flügeldecken mit zahlreichen sehr feinen Punktstreifen, fein anliegend oder geneigt behaart. Halsschild breiter als lang mit einer medianen rundovalen bis runden Eindellung vor der Basis. Schildchen quer mit einem deutlichen Kiel vor der Spitze (Abb. 88 B). Meistens braungelbe bis rotbraune Arten mit einer Körpergröße zwischen 0,9 bis 2,5 mm . . . . *Corticaria* MARSHAM, 1802

oft massenhaft in Neubau-Wohnungen, Kellern, Scheunen und Lagerhäusern. Die zahlreichen Arten sind sehr schwer zu unterscheiden, mit Sicherheit nur am männlichen Kopulationsorgan. Bei Massenauftreten in Häusern sind hauptsächlich die mit 2,3 bis 3 mm Körperlänge größte aller Arten *C. pubescens* (GYLLENHAL, 1827) (Abb. 88 B und die viel kleinere (1,6–2,0 mm) Art *C. fulva* (COMOLLI, 1837) vertreten. Die genaue Artbestimmung muss ein Spezialist machen. – Ähnlich ist die mit Reis gelegentlich importierte *Migneauxia orientalis* REITTER, 1877, deren Fühler aber 10- (nicht 11-)gliedrig und deren 1. und 2. Tarsenglieder fast gleich lang sind (bei *Corticaria* ist das 1. immer deutlich länger als das 2.).

– Fühler mit 2gliedriger Keule, Flügeldecken unbehaart, glatt glänzend, mit je 6 groß und gleichmäßig tief punktierten Längsstreifen, von denen je 2 von rippenartigen Zwischenräumen getrennt werden. Seitenränder von Halsschild, Schultern und Flügeldecken mit Zähnchen bzw. mit einem Haar versehenen Tuberkeln besetzt. Beide Flügeldecken miteinander an der Nahr verwachsen, Hinterflügel rückgebildet. Rotbraun (Abb. 88 C). Körperlänge 1,1–1,4 mm . . . . *Metophthalmus serripennis* (BROUN, 1914)

Zuerst in Neuseeland entdeckt, 1928 erstmalig in England in einem Weinkeller gefunden, 1989 und 1990 auch in mehreren alten Gewölbekellern in Bautzen, hier hauptsächlich in Gesellschaft mit *Cryptophagus saginatus* (1992 Entomol. Nachr. Ber. **36**: 134–135).

6. Halsschild mit zwei erhabenen Längskielen, an seinen Seiten mitunter ein feiner farbloser durchsichtiger Wachssaum 7

– Halsschild ohne Längskiele oder höchstens mit zwei undeutlichen Längskielen auf dem basalen Drittel 11

7. Halsschild im hinteren Drittel sehr tief eingeschnürt. Das 1. und 2. Fußglied fast gleich lang (Abb. 88 C) 8

– Halsschild im hinteren Drittel nur mäßig eingebuchtet. Das 1. Fußglied deutlich kürzer als das 2. (Abb. 89 B) 9

oft häufig in feuchten Wohnungen, Kellern u. dgl.

8. Fühlerkeule 3gliedrig. Flügeldecken höckerig, mit 3 geschlängelten Rippen, die ungleich hoch, stellenweise gebuckelt sind, die 1. weit hinter der Mitte verstärkt und plötzlich verkürzt. Schwarzbraun bis schwarz. Körperlänge 1,5–2 mm . . . . *Aridius (= Conionomus) nodifer* (WESTWOOD, 1839)
– Fühlerkeule 2gliedrig. Flügeldecken ohne Höcker. Rostrot, braungelb oder rotbraun. Körperlänge 1,6–1,7 mm . . . *Cartodere (= Conionomus) constricta* (GYLLENHAL, 1827)
9. Flügeldecken hinten kahnförmig ausgezogen (Abb. 89 A) mit stark erhabener Schulterbeule. Bräunlichgelb. Körperlänge 2,3–2,8 mm . . . . *Latridius lardarius* (DE GEER, 1775)
– Flügeldecken hinten nicht kahnartig ausgezogen. Schultern nicht deutlich erhaben . . 10
10. Flügeldecken ziemlich glanzlos. Zwischen dem 7. kielförmigen Zwischenraum und dem Seitenrand vorn mit zwei und hinten mit vier Punktreihen. Halsschild nach hinten schwach herzförmig verengt. Rostrot (Abb. 89 B). Körperlänge 1,8–2,2 mm . . . . *Thes (= Latridius) bergrothi* REITTER, 1880
– Flügeldecken ziemlich glänzend zwischen dem 7. Zwischenraum und dem Seitenrand auf der ganzen Länge nur mit zwei Punktreihen. Halsschild mit fast parallelen und geraden Seiten. Rotbraun. Körperlänge 1,7–1,9 mm . . . *Latridius rugicollis* (OLIVIER, 1790)
11. Augen groß, ihre Entfernung vom Fühleransatz kleiner als ihr Durchmesser. Schildchen deutlich und horizontal. Halsschild herzförmig. Vorderecken lappig vorgezogen, sehr dicht gerunzelt. Flügeldecken an der Spitze breit gerundet, grob punktiert gestreift mit ziemlich schmalen Zwischenräumen. Sehr variabel, schwarz bis braun, Halsschild und Flügeldecken meist rostbraun (Abb. 89 C). Körperlänge 1,2–2,4 mm . . . . *Latridius (Enicmus) minutus* (LINNAEUS, 1767)
häufig an schimmelnden Pflanzenstoffen, auch in feuchten Häusern, oft zusammen mit anderen *Latridiidae*-Arten.
– Augen klein, ihre Entfernung vom Fühleransatz ein- bis zweimal so groß wie ihr Durchmesser. Schildchen von oben undeutlich zu sehen, gewöhnlich mehr oder weniger senkrecht 12
12. Vorderrand der Bauchplatte des 1. Hinterleibsringes in der Mitte mit dem Metasternum verschmolzen, Vorder- und Mittelhüften berühren sich in der Mitte. Augen gewöhnlich hell, selten schwarz, klein und fast rund. Vorderflügel fast viermal so lang wie der nach hinten stark verschmälerte Halsschild, ohne Schultern, nach hinten zu bis über die Mitte breiter werdend, mit 8 Punktreihen. Sehr lang gestreckt, schmal, hell braunrot bis rotbraun (Abb. 89 D). Körperlänge 1,2–1,7 mm . . . . . *Adistemia watsoni* (WOLLASTON, 1871)

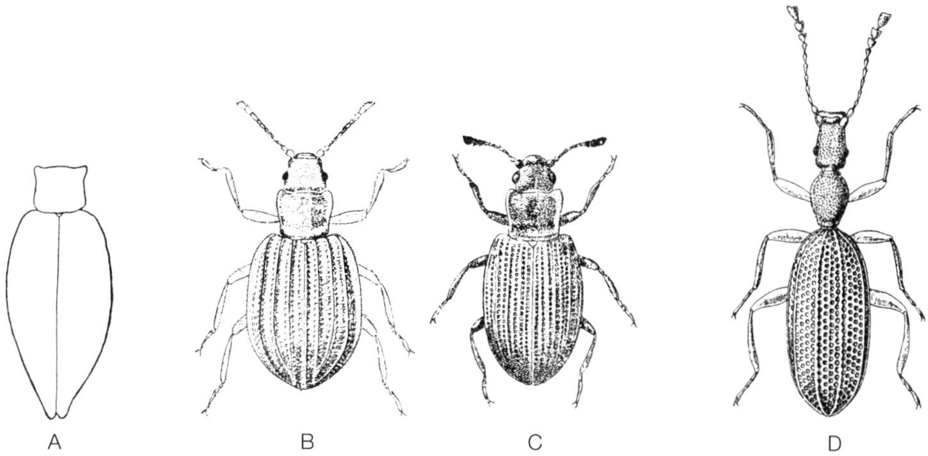

Abb. 89: Latridiidae: A *Latridius lardarius*, B *Thes bergrothi*, C *Enicmus (Latridius) minutus*, D *Adistemia watsoni* (aus HINTON, D Zeichnung von T. SCHLAACK).

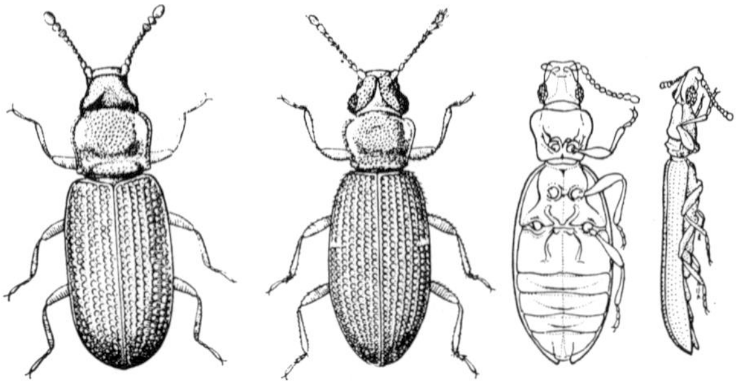

Abb. 90: Hefekäfer, A *Dienerella filiformis*, B–D *D. filum* (A, B nach HINTON, C, D nach DINGLER).

in Herbarien, Taubennestern, gebrauchten Säcken. Massenauftreten in einer Altbauwohnung nach einem Wasserschaden durch Leitungsbruch unter den nicht lang genug getrockneten Dielen mit Schimmelbelag 4 Monate nach Schadenseintritt (Ent. Nachr. Ber., 35: 61, Leipzig 1991).

– Vorderrand der Bauchplatte des 1. Hinterleibsringes mit dem Metasternum nicht verschmolzen, sondern durch eine deutliche Naht getrennt. Vorder- und Mittelhüften durch einen oft nur engen, aber deutlichen Zwischenraum voneinander getrennt. Flügeldecken mit Reihen großer flacher Punkte. Zwischen 2 oder mehr Punktreihen die Zwischenräume mit erhabenen Rippen (Abb. 90) . . *Dienerella* REITTER, 1882 (= *Cartodere auct.*) 13

13. Halsschild so breit oder fast so breit wie die Flügeldecken, quer herzförmig 14

– Halsschild viel schmäler als die Flügeldecken 17

14. Fühlerkeule 2gliedrig. Kopf mit einer tiefen, hinten weiter werdenden Mittelfurche. Halsschild mit einem ovalen Eindruck. Sehr lang gestreckt, rotgelb (Abb. 90 B–D). Körperlänge 1,3–1,4 mm . . . . **Hefekäfer,** *D. filum* (AUBÉ, 1850)

an schimmelnden Pflanzenstoffen, Grieß usw., häufig in Press- und Trockenhefe.

– Fühlerkeule 3gliedrig. Kopf ohne Mittelfurche, Halsschild ohne Eindellung 15

15. Augen sehr groß, den ganzen Hinterwinkel des Kopfes einnehmend, so dass keine Schläfen vorhanden sind. Körperänge 1,3–1,4 mm . . . . *D. argus* REITTER, 1882

– Augen klein, Kopf mit gut entwickelten Schläfen 16

16. Die ungeraden Zwischenräume der Flügeldecken fein kielförmig erhaben. Körperlänge 1,3 mm . . . . *D. costulata* REITTER, 1877

in Drogenhandlungen.

– Alle Zwischenräume auf den Flügeldecken gleichmäßig (Abb. 90 A). Körperlänge 1,2 bis 1,3 mm . . . . *D. filiformis* (GYLLENHAL, 1827)

sehr häufig.

17. Jede Flügeldecke mit 8 Punktreihen. Rostrot oder rostgelb. Körperlänge 1,2 mm . . . . *D. elegans* (AUBÉ, 1850)

– Jede Flügeldecke mit weniger Punktreihen 18

18. Jede Flügeldecke mit 6 Punktreihen. Rostrot oder gelbrot. Körperlänge 1,3–1,8 mm . . . . *D. elongata* (CURTIS, 1830)

– Jede Flügeldecke mit 7 Punktreihen, ohne deutlich ausgeprägte Rippen. Kopf und Halsschild rotgelb, Flügeldecken braun bis dunkelbraun. Körperlänge 1–1,2 mm . . . . *D. ruficollis* (MARSHAM, 1802)

35 Splintholzkäfer, Lyctidae

In Holz und Wurzeln sich entwickelnde Käfer, die besonders in den Tropen als Holzschädlinge eine Rolle spielen. Bei uns sind nur 2 Arten heimisch von verhältnismäßig geringer wirtschaftlicher Bedeutung. Mit Zunahme der Verwendung tropischer Hölzer werden die tropischen Arten immer häufiger eingeschleppt und auch bei uns schädlich.

Eine ausführliche Bearbeitung der eingeschleppten Arten bringt die Arbeit von S. Cymorek: Die in Mitteleuropa einheimischen und eingeschleppten Splintholzkäfer aus der Familie Lyctidae. – Ent. Blätter Bd. 57 (1961), S. 76–102, auf die in Zweifelsfällen zurückgegriffen werden muss.

1. Oberseite mit kurzen, dicken, gelblichweißen, gekeulten Borsten besetzt. Halsschild mit einem mehr oder weniger tiefen länglich-ovalen Eindruck auf der Mittellinie, der vom Hinterrand bis nicht ganz zum Vorderrand reicht (Abb. 91 B) . . . . **Beschuppter Splintholzkäfer,** *Minthea* Pascoe, 1866

Die am häufigsten eingeschleppte Art ist *M. rugicollis* (Walker, 1858) (Körperlänge 2–3,5 mm, rotbraun mit häufig etwas heller erscheinenden Flügeldecken, Endglied der Fühlerkeule fast quadratisch und etwa 1½ mal so lang wie das vorhergehende) in Holz, Bambus, Elfenbeinnüssen, Maniok- und Derriswurzeln aus allen Tropenländern, Heimat wahrscheinlich Südostasien. *M. obsita* Wollaston (2,5–3,2 mm, rotbraun, Endglied der Fühlerkeule konisch 3mal so lang wie das vorhergehende) kann in Maniokwurzeln aus dem tropischen Afrika und *M. squamigera* (Pascoe, 1866) (Körperlänge 2–3 mm, rotbraun, Endglied der Fühlerkeule parallelseitig, an der Spitze abgerundet, 2½ mal so lang wie das vorhergehende) aus dem tropischen Süd- und Mittelamerika eingeschleppt werden.

– Oberseite mit einfacher Behaarung 2

2. Flügeldecken mit durchlaufenden tief eingestochenen Punktreihen und ihnen folgender gereihter Behaarung . . . . *Lyctus* Fabricius, 1792 3

– Flügeldecken vollständig verworren punktiert oder nur mit undeutlichen, manchmal etwas in Reihen stehenden, nicht tief eingestochenen Punkten, Behaarung nicht gereiht . . . . *Trogoxylon* Le Conte, 1861

Geprägter Splintholzkäfer, *T. impressum* (Comolli, 1837) (Körperlänge 3–5,5 mm, braun bis hellbraun, oft mit etwas dunklerem Kopf und Halsschild. Kopf über den Augen mit einem kleinen Zahn, Halsschild fast quadratisch) in Laubholz und Lakritzenwurzeln; in den Ländern um das Mittelmeergebiet beheimatet. *T. parallelopipedum* (Melsheimer, 1846) (Körperlänge 2,5–4 mm, rotbraun bis dunkelkastanienbraun, manchmal schwärzlich. Kopf über den Augen ohne Zahn, Halsschild nach hinten konvergierend) in USA einer der häufigsten Laubholzschädlinge, wurde bisher noch nicht nach Mitteleuropa importiert.

3. Vorderschenkel etwas dicker als die Schenkel der Mittel- und Hinterbeine. Neben der Nahtreihe etwa ⅓ der Flügeldeckenbreite ohne Punktreihen, verworren punktiert . . 4

– Vorderschenkel nicht dicker als die Schenkel der Mittel- und Hinterbeine. Die ganzen Flügeldecken mit Punktreihen 5

4. Kopf mit jederseits 2 Höckern vor dem Auge und der Fühlereinlenkung, die vom Seitenrand des Kopfes und einer seitlichen Aufwölbung des Kopfschildes gebildet werden.

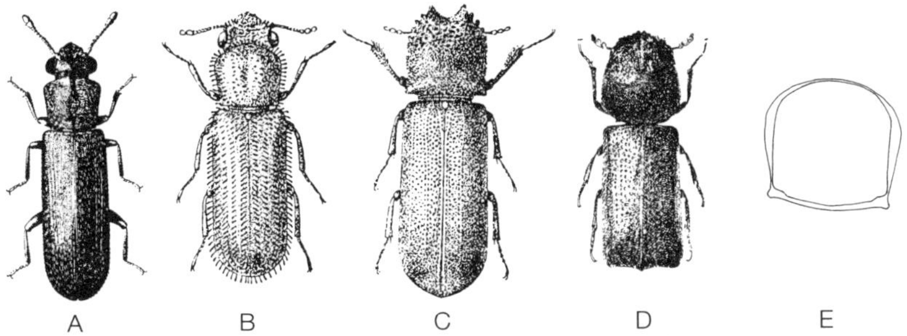

Abb. 91: Lyctidae und Bostrichidae: A *Lyctus brunneus*, B *Minthea rugicollis*, C *Heterobostrychus brunneus*, D *Prostephanus truncatus*, E Umriss vom Halsschild zweier Splintholzkäfer der Gattung *Lyctus* im Vergleich; außen *L. cavicollis*, innen *L. planicollis* (A–C aus Lesne).

Flügeldeckenlänge zur Gesamtlänge wie 6,7–6,9 : 10. Rotbraun bis (kleine Exemplare) braungelb (Abb. 91 A). Körperlänge 2,5–8 mm . . . . **Brauner Splintholzkäfer,** *Lyctus brunneus* (STEPHENS, 1830)

häufigster aus den Tropen eingeschleppter Splintholzkäfer, besonders in Limba- und Abachiholz, bei uns in Städten in Ausbreitung begriffen. Kann auch einheimische Laubhölzer befallen. Sein Schadbild sieht dem der Holzwürmer ähnlich. Er zerstört aber das Holz viel rascher und gründlicher.

– Kopf mit jederseits nur einem, von seinem Seitenrand gebildeten Höcker vor dem Auge und der Fühlereinlenkung. Flügeldeckenlänge zur Gesamtlänge wie 6,4 : 10. Rotbraun bis hellbraun. Körperlänge 1,8–4 mm . . . . **Afrikanischer Splintholzkäfer,** *Lyctus africanus* LESNE, 1907

viel seltener aus Afrika und Indien eingeschleppt, außer in verschiedenen Laubhölzern auch in Lakritz-, Eibisch- und Ingwerwurzeln.

5. Punktstreifen (Punkte fein länglich) auf den Flügeldecken vorwiegend doppelreihig . 6
– Punktstreifen (Punkte groß und rund) auf den Flüpgeldecken meist einreihig 7
6. Halsschild zwischen den runden Punkten glatt und stärker glänzend, Seiten des Halsschildes annähernd parallel, Hinterecken undeutlich gezipfelt (Abb. 91 E). Schwarzbraun bis (kleine Tiere) hellbraun. Körperlänge 2,5–5,5 mm . . . . **Nordamerikanischer Splintholzkäfer,** *Lyctus plynicollis* LE CONTE, 1858
– Halsschild zwischen den – etwas enger stehenden – runden Punkten mehr oder weniger matt, Seiten des Halsschildes nicht parallel, vorne breiter als hinten, Vorderwinkel breit verrundet, Hinterwinkel mit kleinen nach außen gerichteten Ecken (Abb. 91 E) . . . . . **Nordamerikanischer Grubenhalsiger Splintholzkäfer,** *Lyctus cavicollis* LE CONTE, 1805

Heimat Nordamerika, vermehrte Nachweise in Süddeutschland, seit 1993, auch in der Schweiz und im Elsass, entwickelt sich dort an Eiche u. Hainbuchen, in holzverarbeitenden Betrieben und Wohnungen an Abachi, Eiche, Nußbaum, Robinie, Esche. GEIS, K. U., 2002: Gebietsfremde Splintholz- und Bohrkäfer, nach Mitteleuropa mit Importholz und anderen Gütern eingeschleppt. Eine Bestandsaufnahme. – Mitt. Int. Entomol. Ver. Supplement X. häufiger Holzschädling in Laubholz in USA, von dort gelegentlich zu uns eingeschleppt.

– Punktstreifen auf den Flügeldecken einreihig.
7. Halsschild in der Mitte mit einem tiefen langovalen Eindruck, Seitenränder nach hinten nur schwach konvergierend. Meistens einfarbig, rotbraun bis schwarzbraun. Körperlänge 2,5–5 mm . . . . **Parkettkäfer,** *Lyctus linearis* (GOEZE, 1777)

wichtigste mitteleuropäische Art, besonders Schädling an Parkettstäben in Holzlagern und Wohnungen, auch an anderem Laubholz. Nach Nordamerika verschleppt.

– Halsschild in der Mitte mit einem seichten, rinnenförmigen Längseindruck, der oft vor der Basis in einem Pünktchen endet, gelegentlich auch durch eine glatte Längsleiste ausgezeichnet ist. Seitenränder nach hinten deutlich konvergierend. Halsschild und Kopf größtenteils schwarz bis pechbraun. Flügeldecken rotbraun bis schwarzbraun. Körperlänge 4–5,5 mm . . . **Weichhaariger Splintholzkäfer,** *Lyctus pubescens* PANZER, 1793

seltener als die vorige Art. Vorwiegend in Eichenholz.

36 Bohrkäfer, Bostrichidae

In den Tropen häufige Schädlinge in Bau- und Werkholz. Manche Arten werden oft in Kistenholz, Rohholz und völkerkundlichen Gegenständen aus Holz zu uns eingeschleppt. Andere Arten können an Getreide und anderen Vorräten schädlich werden. Hier können nur die am häufigsten eingeschleppten Arten berücksichtigt werden.

1. Käfer kleiner als 5 mm. Halsschild vorn kugelig rund und gekörnelt. Vordertarsen viel kürzer als die Schienen 2
– Käfer größer als 5 mm. Halsschild vorn grade abgeschnitten, gekerbt oder in zwei Hörner ausgezogen, mit kleinen Zähnchen besetzt 5

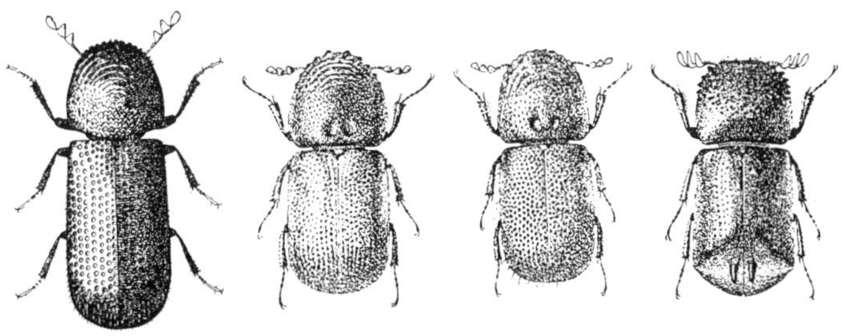

Abb. 92: Bostrichidae: A *Rhizopertha dominica*, B *Dinoderus minutus*, C *D. bifoveolatus*, D *Sinoxylon senegalense* (A aus HINTON & CRAMPTON, B–D LESNE).

2. Halsschild mit zwei flachen Gruben am Hinterrand . . *Dinoderus* STEPHENS, 1830 3

mehrere schwer zu unterscheidende Arten. Am häufigsten werden die folgenden beiden Arten mit Bambus, Wurzeln, Getreide usw. eingeschleppt.

– Halsschild ohne solche Gruben am Hinterrand 4

3. Halsschildvorderrand beiderseits der Mitte mit 3 bis 4 gut ausgebildeten, spitzen Zähnchen; die folgenden Zähnchenreihen sind u-förmig angeordnet. Flügeldecken vollständig struppig behaart. Körper schwarz mit braunen, am Seitenrand schwarzen Flügeldecken (Abb. 92 B). Körperlänge 2–3,7 mm . . . . . . *Dinoderus minutus* (FABRICIUS, 1775)

– Halsschildvorderrand beiderseits der Mitte mit 6 gut ausgebildeten, stumpfen Zähnchen; die folgenden Zähnchenreihen sind halbkreisförmig angeordnet. Flügeldecken oben in der vorderen Mitte kahl, borstige Behaarung nur auf ihrem hinteren Absturz und den dorsal und seitlich angrenzenden Stellen. Körper einfarbig braun (Abb. 92 C). Körperlänge 2–3,3 mm . . . . *Dinoderus bifoveolatus* WOLLASTON, 1858

4. Flügeldecken hinten abgerundet (Abb. 92 A). Halsschild vorn gröber als hinten gekörnt. Schwarzbraun, Körperlänge 2,5–3 mm . . . . **Getreidekapuziner,** *Rhizopertha (= Rhyzopertha) dominica* (FABRICIUS, 1792)

in den Tropen und Subtropen sehr schädlich an Getreide, auch an anderen pflanzlichen Vorräten, zu uns oft eingeschleppt.

– Flügeldecken hinten mit einem steilen Absturz, so dass sie von oben betrachtet waagerecht abgeschnitten erscheinen. Flügeldecken stark punktiert (Abb. 91 D). Braun mit roten Fühlern. Körperlänge 2,2–4,3 mm . . . . **Großer Kornbohrer,** *Prostephanus truncatus* HORN, 1878

Heimat im tropischen und subtropischen Amerika, seit Beginn der 70er Jahre mit Importmais nach West- und Ostafrika verschleppt, wo er sich rasch eingebürgert und weiter ausgebreitet hat, sehr stark an Mais schädlich. Zu uns selten verschleppt.

5. Halsschild an den Vorderenden in kräftige Hörner ausgezogen, die außen gezähnt sind. Dunkelbraun. Körperlänge 7–18 mm . . . . *Bostrychoplites* LESNE, 1899

mehrere in Afrika verbreitete Arten. Die Hörner sind bei den Weibchen in der Regel schwächer als bei den Männchen ausgebildet. In unseren Raum wurde mit völkerkundlichen Gegenständen (Schnitzereien, Trommeln aus Westafrika) schon öfter *B. cornutus* (OLIVIER, 1790) eingeschleppt.

– Halsschild vorn nicht in Hörner ausgezogen, sondern nur mit kräftigen Zähnen besetzt, die an kleine Hörner erinnern können oder gerade abgeschnitten 6

6. Flügeldeckenabsturz mit 2 Dornen. Halsschild vorn gerade abgeschnitten. Körper meistens sehr kurz und mit parallelen Seiten (Abb. 92 D). Körperlänge 3,5–9 mm . . . . *Sinoxylon* DUFTSCHMID, 1825

aus Afrika und Südasien in Holz gelegentlich eingeschleppt. Verbreitet mit vielen Arten in den Tropen der Alten Welt.

– Flügeldeckenabsturz ohne Dornen 7

7. Die beiden ersten Glieder der Fühlerkeule becherförmig 8
– Die beiden ersten Glieder der Fühlerkeule nach innen schuhförmig erweitert und sehr porös. Halsschild am Vorderrand geraspelt, beim Männchen an den Vorderecken ein aufgebogener scharfer Dorn, der beim Weibchen fehlt. Körperlänge 10–19 mm. Schwarz. . . . . *Apate monachus* Fabricius, 1775

aus Afrika und dem Mittelmeergebiet mehrfach im Holz von Kisten und Furnieren eingeschleppt.

8. Halsschild mit kräftigen Zähnen versehen (Abb. 91 C), die nur beim Männchen gut ausgebildet sind. Flügeldecken braun, Halsschild dunkelbraun. Körperlänge 5–11 mm. . . . . *Heterobostrychus brunneus* (Murray, 1867)

aus Afrika in Holz eingeschleppt, sehr ähnlich *H. aequalis* (Waterhouse, 1884), der gelegentlich aus Südasien kommt.

– Halsschild auch beim Männchen nicht mit kräftigen Zähnen, nur stark gekörnelt. In der Färbung sehr variabel. Halsschild schwarz, Flügeldecken orangerot bis ziegelrot, mitunter auch schwarz. Körperlänge 6–15 mm . . . . **Kapuzinerkäfer**, *Bostrichus (= Bostrychus) capucinus* (Linnaeus, 1758)

Schädling in Holzlagern an Eichensplintholz und Fassdauben, in wärmeren Gebieten auch im Freien in Obstbäumen. Selten.

37 Nagekäfer, Anobiidae

Fraßbilder der im verarbeiteten Holz schädlichen Arten siehe Tabelle 47.

1. Fühler innen gesägt oder mit langen astförmigen Fortsätzen (Abb. 94 D und 95 B) . . 2
– Fühler innen nicht gesägt, die drei letzten Glieder besonders lang 4
2. Fühler beim Männchen und Weibchen in gleicher Weise schwach gesägt 3
– Fühler beim Weibchen stark gesägt, beim Männchen mit astförmigen Fortsätzen versehen (Abb. 93 B, 94 D), Käfer walzenförmig, lang gestreckt, graubraun, seidenglänzend behaart, Körperlänge 3–5 mm . . . . **Kammhorn- oder Gekämmter Nagekäfer**, *Ptilinus pectinicornis* (Linnaeus, 1758)

in Laubholz, bisweilen auch in Nadelholz, besonders in feinporigem Kernholz

3. Käfer gedrungen, fast halbkugelig, rotbraun (Abb. 95 B), Körperlänge 2–4 mm . . . . **Tabakkäfer**, *Lasioderma serricorne* (Fabricius, 1792)

hauptsächlich in Tabakwaren, aber auch in allen anderen trockenen Pflanzenstoffen, besonders Drogen.

– Käfer zylindrisch, dunkelbraun, dicht behaart (Abb. 93 E), Körperlänge 3–5 mm . . . . **Schwammholz-Nagekäfer**, *Priobium (= Tripopitys) carpini* (Herbst, 1793)

in pilzbefallenem Nadelholz, besonders auf Dachböden.

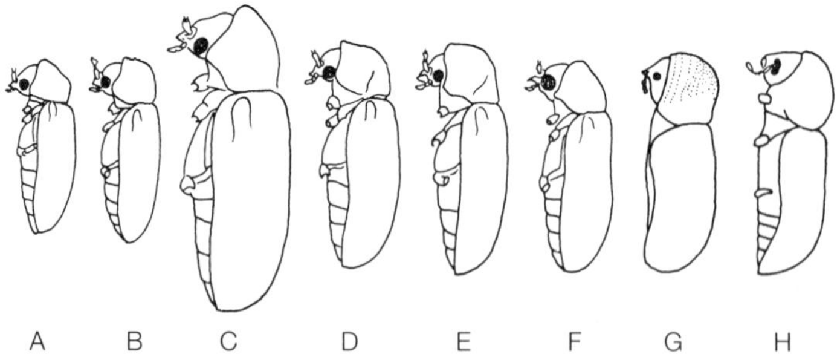

Abb. 93: Seitenansicht der Anobien: A *Anobium punctatum*, B *Ptilinus pectinicornis*, C *Xestobium rufovillosum*, D *Dendrobium pertinax*, E Priobium carpini, *F Ernobius mollis*, G eines Bostrichiden, H eines Scolytiden *(Xyloterus domesticus)* (nach Vité).

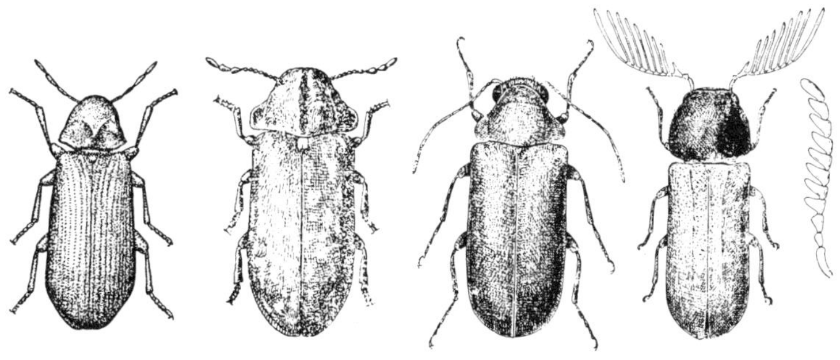

Abb. 94: Anobiidae: A *Anobium punctatum*, B *Xestobium rufovillosum*, C *Ernobius mollis*, D *Ptilinus pectinicornis* ♂, daneben Fühler des ♀ (A aus SCHMIDT, B Zeichnung von F. DIEHL aus WEIDNER, C, D aus LEPESME).

Abb. 95: A Brotkäfer, *Stegobium paniceum* von oben und von der Seite, B Tabakkäfer, *Lasioderma serricorne*, C Australischer Diebkäfer, *Ptinus tectus* (A Original, B nach RUNNER, C aus PAPP).

4. Flügeldecken mit Punktstreifen 5
– Flügeldecken ohne Punktstreifen 7
5. Halsschild ohne Höcker (Abb. 95 A) rostrot bis braun, Körperlänge 1¾–3¾ mm. . . . . **Brotkäfer,** *Stegobium paniceum* (LINNAEUS, 1761)
in allen möglichen trockenen Pflanzenstoffen, in Backwaren und anderen Mehlprodukten. Der häufigste Schädling im Haushalt, in Drogerien und Apotheken.
– Halsschild mit einem Höcker 6
6. Höcker des Halsschildes einfach, in der Mitte nicht eingedrückt (Abb. 93 A, 94 A), graubraun, Körperlänge 3–4 mm . . . . **Gewöhnlicher Nagekäfer, Holzwurm,** *Anobium punctatum* (DE GEER, 1774)
in Bauholz, Möbeln und Kunstgegenständen aus Laub- oder Nadelholz (Taf. IV, B).
– Höcker des Halsschildes durch ein Grübchen geteilt (Abb. 93 D), Hinterecken des Halsschildes mit gelben Haarflecken, braun, Körperlänge 4,4–5 mm . . . . **Trotzkopf,** *Dendrobium (= Coelostethus) pertinax* (LINNAEUS, 1758)
hauptsächlich in von Pilzen befallenem Nadelholz.

7. Oberseite einfach fein anliegend grau behaart, Schildchen (das kleine Dreieck zwischen dem Hinterrand des Halsschildes und den vorderen inneren Ecken der beiden Flügeldecken) mit weißer filzartiger Behaarung. Hinterecken des Halsschildes abgerundet (Abb. 93 F, 94 C), rostrot, Körperlänge 5 mm . . . . **Weicher Nagekäfer**, *Ernobius mollis* (LINNAEUS, 1758)

vorwiegend in berindetem Nadelholz, auch in Furnieren verarbeitet.

– Oberseite unregelmäßig graugelb behaart, Schildchen nicht anders behaart, Hinterecken des Halsschildes stark nach außen ausgezogen (Abb. 93 C, 94 B), fleckig graugelb und braun, Körperlänge 5–6 mm . . . . **Gescheckter Nagekäfer, Totenuhr**, *Xestobium rufovillosum* (DE GEER, 1774)

in Laubholz, besonders wenn es im Eichenkern Pilzbefall zeigt (Taf. IV, B).

38 Diebkäfer, Ptinidae

Larven und Käfer leben an verschiedenen pflanzlichen und tierischen Substanzen, besonders Samen, Wolle, toten Insekten usw. Manche sind bei Massenauftreten Hausplagen, besonders in alten Häusern.

HINTON, H. E.: The Ptinidae of economic importance. Bull. ent. Res. Bd. 31 (1941), S. 331–381. – PAPP, CH. S.: An illustrated and descriptive catalogue of the Ptinidae of North America. Deutsch. ent. Zeitschr. N. F. Bd. 9 (1962), S. 367–423.

1. Flügeldecken stark aufgetrieben und glänzend, etwa dreimal so breit wie die Bauchplatten des Hinterleibes 2
– Flügeldecken nicht stark aufgetrieben, behaart, weniger als zweimal so breit wie die Bauchplatten des Hinterleibes 4
2. Kopf, Halsschild und Flügeldecken unbehaart. Trochanter der Hinterbeine fast so lang wie der Schenkel. Flügeldecken glatt, ohne Punktreihen, glänzend braunrot. Fühler, Beine und Bauchseite dicht hellgelb behaart. Seiten des Kopfes unterhalb der kleinen Augen dicht der Länge nach bis unter den Vorderrand des Halsschildes gerieft (Abb. 96 A und 98 A). Körperlänge 2,1–3,2 mm . . . . **Kugel-** oder **Buckelkäfer**, *Gibbium psylloides* (CZENPINSKY, 1778)

weltweit verbreitet, kommt gelegentlich in Bäckereien, Fabrik- und Wohnräumen an allen möglichen Vorräten pflanzlicher und tierischer Herkunft vor. Neuerdings auch Massenauftreten in renovierten alten Wohnhäusern. Nach neueren Erkenntnissen von BELLÉS, X. & HALSTEAD, D. G. H. (J. stored Prod. Res., **21**: 151–155. Oxford, New York 1985) ist bei der Artbestimmung besonders eingeschleppter Exemplare zu beachten, dass in den Tropen und USA hauptsächlich *G. aequinoctiale* BOIELDIEU, 1854 vorkommt. Es unterscheidet sich von *G. psylloides* da-

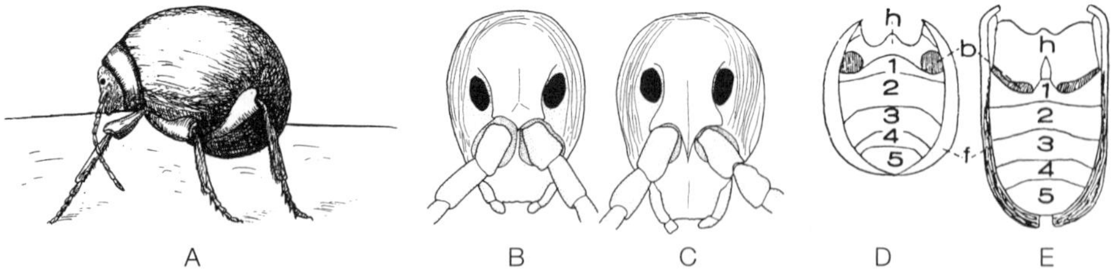

Abb. 96: Ptinidae. A *Gibbium psylloides* von der Seite gesehen, B und C Kopfkapsel von vorn, in Aufsicht auf den hinteren Rand der Fühlergruben von B *G. psylloides* und C von *G. aequinoctiale* (Skizzen nach rasterelektronenmikroskopischen Aufnahmen bei BELLÉS & HALSTEAD 1985). D Bauchseite von Brust und Hinterleib bei *Niptus* und E bei *Ptinus fur* (nach KUHNT). *b* Ansatzstelle der Hinterbeine, *f* Flügeldecken, *h* Hinterbrust (Metasternit), 1–5 Hinterleibsringe.

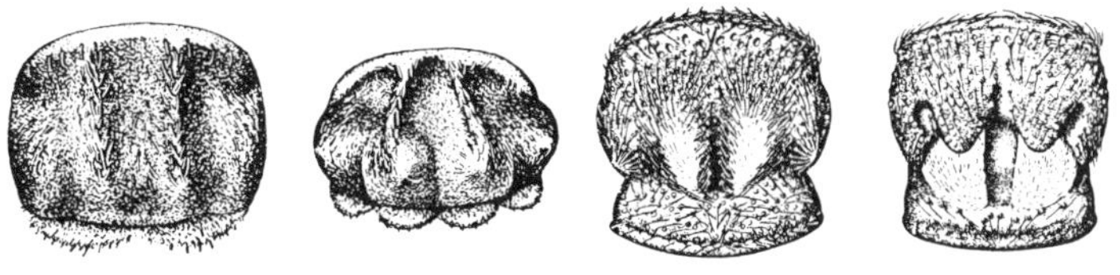

Abb. 97: Halsschild von A *Mezium affine*, B *M. americanum*, C *Ptinus fur*, D *P. raptor* (aus Hinton).

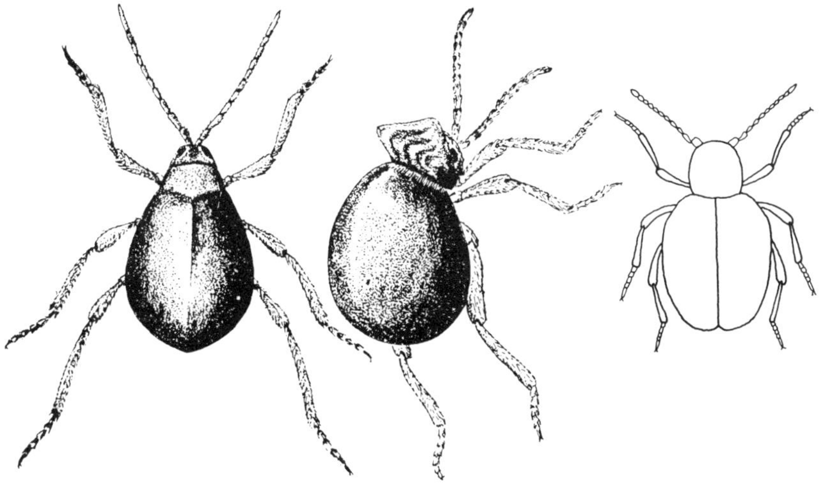

Abb. 98: A *Gibbium psylloides* von oben, B *Mezium affine* von der Seite, C *Sphaericus gibbioides* (aus Papp).

durch, dass bei ihm die Fühlergrubenränder beim Zusammenstoßen auf der Mittellinie des Kopfes einen rechten Winkel miteinander bilden (Abb. 96 B), während bei *G. psylloides* dieser Winkel sehr spitz ist (Abb. 96 C). *G. aequinoctiale* ist wärmebedürftiger als *G. psylloides*. Die von Howe, R. W. & Burges, H. D. 1952 (Bull. entomol. Res., 43: 153–186. London) ermittelten Temperaturwerte für *Gibbium* wurden an *aequinoctiale* ermittelt, nicht *psylloides*, wie die Autoren angeben! In Südeuropa, der südl. UdSSR, Iran bis zum Malaischen Archipel das etwas kleinere (1,9 bis 2,3 mm), dunklere bis fast schwarze *Gibbium boieldieu* Levrat, 1857, bei dem die Längsriefung des Kopfes nur schwach oder nicht ausgebildet ist.

– Kopf und Halsschild filzig behaart, Trochanter der Hinterbeine kürzer als ein Drittel des Schenkels 3

3. Behaarung des Halsschildes so angeordnet, dass eine breite, seichte Mittelfurche und jederseits ein schwacher Höcker entsteht. Der Filzkragen der Flügeldecken auf jeder Seite ganzrandig (Abb. 97 A, 98 B). Körperlänge 2,3–3,5 mm . . . . **Kapuzenkugelkäfer,** *Mezium affine* Boieldieu, 1856

selten eingeschleppter Drogenschädling.

– Behaarung des Halsschildes so angeordnet, dass eine breite, sehr tiefe, sich nach vorn verjüngende Mittelfurche und jederseits ein breiter, sehr ausgeprägter Höcker entsteht. Der Filzkragen der Flügeldecken auf jeder Seite einmal stark eingebuchtet (Abb. 97 B). Körperlänge 1,5–3,5 mm . . . . **Amerikanischer Kapuzenkugelkäfer,** *Mezium americanum* Laporte de Catelnau, 1840

Ihm sehr ähnlich, aber mit einem auf jeder Seite mehrmals eingebuchteten Filzkragen der Flügeldecken ist der 2,8–3,2 mm große **Gefurchte Kapuzenkugelkäfer,** *Mezium sulcatum* FABRICIUS, 1781.

Beide können gelegentlich eingeschleppt werden. Ersterer gilt als weltweit verbreitet, letzterer kommt in den Mittelmeerländern und auf den atlantischen Inseln Kanaren, Madeira und Azoren vor. Sie entwickelten sich in Tabaksaat, Paprika, Opium und Getreide.

4. Halsschild vor der Basis nicht ringförmig eingeschnürt, höchstens seitlich mehr oder weniger verjüngt 5
– Halsschild vor der Basis ringförmig eingeschnürt. Flügeldecken mit Punktstreifen. Bauchseite fast so breit wie die Flügeldecken 6
5. Flügeldecken rundoval, unregelmäßig punktiert, wie der Halsschild dicht mit anliegenden hellgraubraunen Schuppen und Haaren bedeckt. Bauchfläche nur wenig mehr als halb so breit wie die Flügeldecken (Abb. 98 C). Körperlänge 1,3–2,7 mm . . . . *Sphaericus gibbioides* BOIELDIEU, 1854

selten an Samen, Blattdrogen (Pfefferminz- und Fingerhutblättern), Paprika, Rosinen. Neuerdings mehrfach in Küchenschränken.

– Flügeldecken breitoval, mit Punktstreifen, die von den Schuppen verdeckt werden. Schuppen und Haare auf Kopf, Halsschild und Flügeldecken bräunlichgrau mit mehr oder weniger deutlichen schwarzen Flecken, von denen je einer nahe der Naht an der Basis der Flügeldecken charakteristisch ist. Die langen aufstehenden Haare sind graubraun und an der Schulter schwarz (Abb. 97 A). Körperlänge 2–3,9 mm . . . . **Chilenischer Diebkäfer,** *Trigonogenius globulus* SOLIER, 1849

in Lagerhäusern und Mühlen, an Getreide, Kakao und anderen Samen, auch schon massenhaft in Häusern und Apotheken aufgetreten.

6. Abstand der Einlenkungsstellen beider Fühler voneinander halb so groß oder größer als die Länge des 1. Fühlergliedes. Bauchseite des 3. Brustringes (Abb. 96 D, H) kürzer als die Bauchplatte des 2. Hinterleibsringes 7
– Abstand der Einlenkungsstellen beider Fühler voneinander weniger als ein Viertel der Länge des 1. Fühlergliedes. Bauchseite des 3. Brustringes (Abb. 96 E, H) gewöhnlich so lang oder länger als die Bauchplatte des 2. Hinterleibsringes 8
7. Flügeldecken mit tiefen Furchen und groben und deutlich sichtbaren, nicht von Haaren verdeckten Punktstreifen. Rost- oder gelbbraun, dicht fein und kurz behaart (Abb. 99 B). Körperlänge 1,5–2,5 mm . . . . *Tipnus unicolor* (PILLER, 1783)

gelegentlich in Getreidelagern, in finsteren Stallungen, Holzlagern usw.

– Flügeldecken ohne oder nur mit ganz flachen Furchen und feinen, ganz von den Haaren bedeckten Punktstreifen. Haare auf der Oberseite einheitlich messinggelb. Schenkel an der Spitze keulenförmig verdickt. Schildchen, groß, deutlich von oben zu sehen (Abb. 99 C). Körperlänge 2,6–4,6 mm . . . . . **Messingkäfer,** *Niptus hololeucus* (FABRICIUS, 1836)

Der in seiner Gestalt an eine Spinne erinnernde Käfer entwickelt sich an pflanzlichen Stoffen, besonders in Stroh, Spreu, getrockneten Pflanzen, im Füllmaterial von Zwischendecken. Die Käfer werden durch Massenauftreten in alten Häusern lästig, sie fressen an pflanzlichen und tierischen Stoffen, schädlich auch an Textilien, in denen sie sich aber nicht entwickeln.

8. Schildchen klein, fast senkrecht, undeutlich. Trochanter des Hinterbeins erreicht den Flügelrand. Halsschild mit großen, flachen, vielfach zusammenfließenden Punkten. Auf den Flügeldecken Punktstreifen mit großen, ziemlich tiefen Punkten, die ein Viertel bis ein Drittel so breit sind wie die Zwischenräume und in der Längsrichtung 2–3 Durchmesser voneinander entfernt sind. Dunkelrotbraun (Abb. 100 A). Körperlänge 1,9–2,8 mm . . . . **Japanischer Diebkäfer,** *Eurostus hilleri* (REITTER, 1877) (= *Pseudeurostus, Niptus hilleri*, oft auch fälschlich *helleri* geschrieben)

eine ostasiatische Art, die nach England und Nordamerika verschleppt zum Vorratsschädling wurde und auch schon auf einem Speicher in Hamburg vorkam. Sie könnte auch in Mitteleuropa schädlich werden.

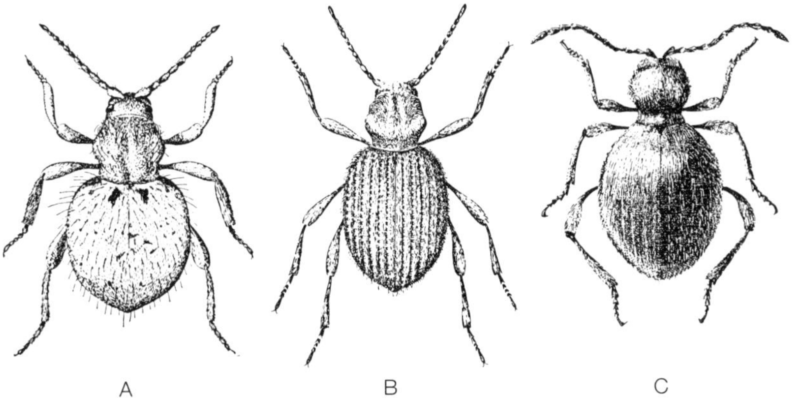

Abb. 99: Ptinidae: A *Trigonogenius globulus*, B *Tipnus unicolor*, C *Niptus hololeucus* (A, B aus HINTON, C aus GRASSÉ).

– Schildchen groß, sehr deutlich und in derselben Ebene wie die Flügeldecken liegend. Trochanter des Hinterbeins erreicht den Flügelrand nicht 9

9. Flügeldecken beim Männchen lang gestreckt, etwa doppelt so lang wie zusammen breit, fast parallelseitig, mit deutlich ausgeprägter Schulter (Abb. 100 B), beim Weibchen ohne Schulter, vom Schildchen an sind ihre Außenseite gleichmäßig in breitem Bogen gerundet (Abb. 100 C); Hinterflügel beim Männchen vorhanden, beim Weibchen verloren . . 11

– Flügeldecken bei Männchen und Weibchen gleich gestaltet, kurz oval, nicht doppelt so lang wie zusammen breit, aber trotzdem mit deutlicher Schulter (Abb. 95 C). Auch beim Weibchen sind die Hinterflügel vorhanden, wenn sie auch bei den einzelnen Individuen verschieden stark reduziert sein können 10

10. Hell- bis kastanienbraun mit dichter gelblichbrauner bis grauweißer Behaarung. Die Streifen zwischen den Punktreihen auf den Flügeldecken sind anliegend behaart und außerdem mit einer Reihe etwas schräg abstehender Borstenhaare besetzt. Halsschild mit 4 stumpfen, wenig vorstehenden Höckern. Der ganze Käfer ist einfarbig und besitzt keine hellen Binden oder Flecken (Abb. 95 C). Körperlänge 2,5 bis 4 mm . . . . **Australischer Diebkäfer,** *Ptinus (Gynopterus) tectus* BOIELDIEU, 1856

aus Australien, Tasmanien und Neuseeland stammend, etwa seit Anfang dieses Jahrhunderts durch den Handel über die gemäßigten und kalten Zonen der Erde verschleppt. Jetzt ist er in Europa in Häusern und an Vorräten die häufigste *Ptinus*-Art. Seine Larven leben an allen möglichen Stoffen pflanzlicher und tierischer Herkunft, die Käfer werden in Wohnungen oft durch Massenauftreten lästig. Sie sind sehr kältetolerant, kommen sogar in Kühlräumen vor und entwickeln sich auch in Vogelnestern.

– Dunkelbraun mit rotgoldner Behaarung, die in der Halsschildabschnürung und an der Flügeldeckenbasis verdichtet ist. Weiße Haare befinden sich auf dem Halsschild und den Flügeldecken, wo sie einen Schulterfleck und einige kleine runde Flecken hinter der Mitte bilden. Die Streifen zwischen den Punktreihen sind nicht anliegend behaart, sondern nur mit einer einzigen Reihe abstehender Haare versehen. Körperlänge 2,6 bis 3,1 mm . . . . *Ptinus (Gynopterus) exulans* ERICHSON, 1842

ist wahrscheinlich weit verbreitet und wird nach Mitteleuropa nur selten eingeschleppt, ohne sich hier eingebürgert zu haben.

11. Halsschild mit einem Paar auffallender Haarpolster auf seiner hinteren Hälfte . . . 12

– Halsschild ohne auffallende Haarpolster auf seiner hinteren Hälfte 13

12. Die goldgelben, bürstenförmig aufgerichteten Haarpolster sind groß und flächig, fast so breit wie lang. Sie liegen an der Basis der beiden Längswülste und werden von einer glatten Mittelfurche voneinander getrennt, die sich fast bis zum Halsschildvorderrand er-

streckt. Seitlich vor ihnen liegt je eine glatte Grube (Abb. 97 D). Die Flügeldecken sind beim Männchen ziemlich anliegend und beim Weibchen mäßig lang abstehend behaart. Sie haben an der Schulter und hinter der Mitte je einen quer gestellten Fleck aus lockeren hellen Schuppen. Körpergröße 2,5 bis 4 mm . . . . *Ptinus (Cyphoderes) raptor* Sturm, 1837

meistens in Häusern an Drogen, Getreide und Mehl, gelegentlich auch im Freien. Er entwickelt sich auch in Bienenwaben, wo sich seine Larven vom Larvenfutter der Bienen (Pollen) ernährt. Dadurch verhungert die Bienenmade. Die Käferlarven durchbohren auch die Wachswände, um an den Pollenvorrat der Nachbarzelle zu gelangen.

– Die nach hinten gerichteten hellen Haare der beiden Haarpolster auf dem Halsschild bilden auf den beiden Längswülsten je einen schmalen, nicht deutlich begrenzten Kamm, der viel länger als breit ist. Diese hellen Linien laufen nach hinten zusammen (Abb. 97 C). Beim Männchen sind die Flügeldecken rotbraun mit schräg gestellten Borsten in den Streifen zwischen den Punktreihen und mit verstreuten weißen Schuppenhaaren, die sich zu 2 schwachen hellen Querbinden verdichten können, die eine hinter der Schulter und die andere hinter der Mitte. Beim Weibchen sind die Flügeldecken dunkler, graubraun und die beiden Querbinden deutlicher ausgebildet. Die Querbinden sind in der Mitte um die Flügelnaht unterbrochen (Abb. 100 B und C). Körperlänge 2 bis 4,3 mm . . . . **Kräuterdieb,** *Ptinus (Ptinus) fur* Linnaeus, 1758

in Mitteleuropa früher die häufigste und schädlichste in Häusern vorkommende Art. Jetzt ist sie viel seltener und weniger schädlich als der Australische Diebkäfer. Sie entwickelt sich an vielen Vorräten pflanzlicher und tierischer Herkunft, auch in Vogelnestern.

13. Flügeldecken mit weißen Schuppenquerbinden 14
– Flügeldecken ohne helle Schuppenbinden 16
14. Mitte der 2. Hinterleibsbauchplatte mit runden oder schwach ovalen Punkten. Spitzensporn der Mittel- und Hinterschiene beim Männchen sehr lang und stark gekrümmt. Beim Männchen hat das Halsschild nur kleine Seitenwülste, die nicht über den Seitenrand hervortreten, beim Weibchen ist es ziemlich gerundet. Körper rostrot, dicht gelblich behaart, die Querbinden sind nur schwach entwickelt, unscharf umgrenzt und oft auch in Flecken aufgelöst. Körperlänge 1,8 bis 3 mm . . . . **Kleiner Diebkäfer,** *Ptinus (Ptinus) pusillus* Sturm, 1837

kommt oft mit dem Kräuterdieb zusammen vor, kaum schädlich.

– Mitte der 2. Hinterleibsbauchplatte mit ovalen bis lang gestreckten (oft 2- bis 3mal so lang wie breit) Punkten. 15
15. Die aufgerichteten Haare auf allen Streifen zwischen den Punktreihen der Flügeldecken gleich lang. Mittel- und Hinterschienen mit nur schwer sichtbarem, fast fehlendem End-

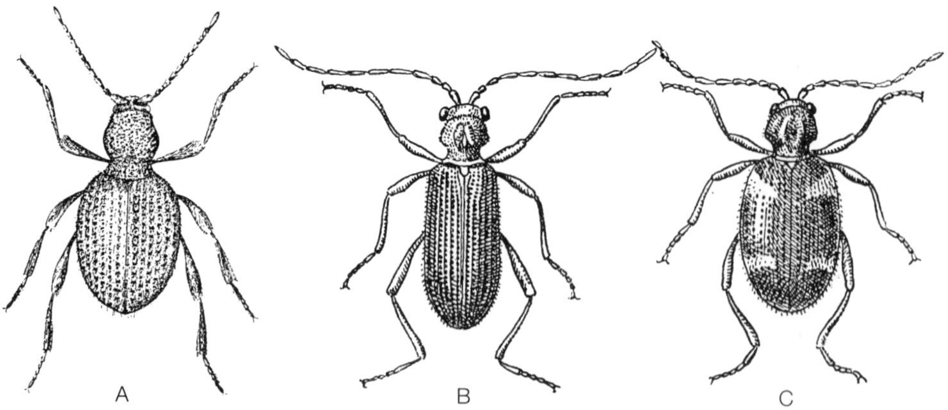

A B C

Abb. 100: Ptinidae: A *Eurostus hilleri*, B, C *Ptinus fur* ♂ und ♀ (A aus Papp, B, C aus Diehl & Weidner).

sporn. Die Schuppenflecken auf den Flügeldecken sind vorn gewöhnlich zu 3 und hinten zu 2 Längsflecken aufgelöst. Körper rotbraun, selten schwärzlich, die ganze Oberseite ist gelblich behaart. Körperlänge 2,2 bis 3,5 mm . . *Ptinus (Ptinus) bicinctus* STURM, 1837

kommt oft mit dem Kräuterdieb zusammen in Schuppen und Geflügelställen vor. Bisher ist er noch nicht schädlich geworden.

– Die aufgerichteten Haare in den Streifen 1, 3, 5 und 7 zwischen den Punktreihen der Flügeldecken sind zum großen Teil doppelt so lang wie in den anderen Streifen. Die Punktreihen sind vor allem auf den Flügeldecken des Weibchens nur halb bis zweidrittel so breit wie die dazwischenliegenden Streifen. Die hellen Querflecken sind beim Männchen wenig auffallend, beim Weibchen hinter den Schultern umfangreicher. Hellbraun, Weibchen oft dunkler. Körperlänge 2,2 bis 4 mm . . . . **Behaarter Diebkäfer**, *Ptinus (Ptinus) villiger* REITTER, 1884

ist bisher nur an vom Menschen stark beeinflussten Stellen gefunden worden, über Schädlichkeit ist nichts bekannt.

16\. Männchen und Weibchen vorhanden. Flügeldecken beim Weibchen mit kräftigen Punktreihen, die fast so breit sind wie die Streifen zwischen ihnen. Die aufstehenden Haare auf den Streifen verhältnismäßig lang und fein. Halsschild nicht warzig, netzförmig skulptuiert mit groben Punkten. Männchen hellbraun bis gelb, Weibchen hellbraun. Körperlänge 2,3 bis 3,2 mm . . . **Gelbbrauner Diebkäfer**, *Ptinus (Ptinus) clavipes* PANZER, 1792 (= *testaceus* OLIVIER, 1790, *brunneus* DUFTSCHMID, 1825, *hirtellus* STURM, 1837)

er lebt ähnlich wie der Kräuterdieb, mit dem er auch zusammen auftritt und schadet ebenso wie er an vielen Vorräten pflanzlicher und tierischer Herkunft. Er kommt auch im Freiland an Blüten und Laubbäumen vor.

– Männchen fehlt. Flügeldecken beim Weibchen mit sehr feinen Punktstreifen, die viel schmäler als die Streifen zwischen ihnen sind; die Streifen sind mit einer Reihe aufstehender Börstchen besetzt. Glänzend dunkelbraun. Körperlänge 3 bis 4,5 mm . . . . **Dunkelbrauner Diebkäfer**, *Ptinus (Ptinus) clavipes f. mobilis* MOORE, 1957 (= *latro* auct. nec FABRICIUS, 1775 – *latro* FABRICIUS = *fur* LINNAEUS).

Diese Weibchen sind triploid (mit 27 Chromosomen, während die normalen *clavipes*-Weibchen nur 18 haben) und gynogenetisch, d. h. die von ihnen parthenogenetisch (ohne Befruchtung) abgelegten Eier, entwickeln sich nur weiter, wenn die Weibchen vorher mit normalen Männchen von *clavipes* oder in geringerem Grad auch von *P. pusillus* kopuliert haben, aber ohne dass das Sperma die Eier befruchtet. Aus den so abgelegten Eiern entstehen nur *mobilis*-Weibchen.

39 Engdeckenkäfer, Oedemeridae

Fraßbilder im Holz siehe Tabelle 47: 14 und 15.

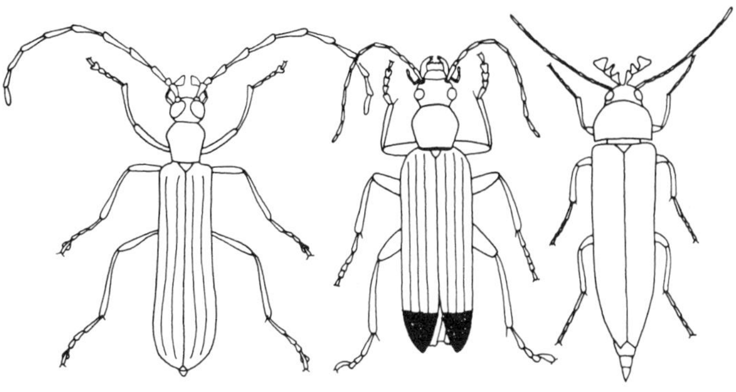

Abb. 101: Umrisszeichnungen von A *Calopus serraticornis*, B *Nacerda melanura*, C *Serropalpus barbatus*.

1. Käfer dunkelbraun, fein grau behaart, Flügeldecken lang mit parallelen Seiten. Fühler lang, Körperlänge 18–20 mm (Abb. 101 A) . . *Calopus serraticornis* (Linnaeus, 1758)
Larven leben in altem morschen Holz, in Dachbalken u. dgl.
– Käfer rotgelb mit schwarzer Flügeldeckenspitze, Unterseite zum größten Teil schwarz (Abb. 101 B). Körperlänge 9–13 mm . . . . **Scheinbock**, *Nacerda melanura* (Linnaeus, 1758)
Larven leben besonders in Holz, das periodisch von Meer- oder Flusswasser befeuchtet wird, in Hafenanlagen und Kähnen oder Schuten, daher besonders häufig.

40 Düsterkäfer, Serropalpidae

Fraßbilder im Holz siehe Tabelle 47:15.

– Käfer lang und schmal, braun, mit langen, fadenförmigen, die Mitte des Körpers erreichenden Fühlern. Die Kiefertaster sind dick und stark gesägt, ihr Endglied ist breit, fast messerförmig. Die langen, zur Spitze leicht verschmälerten Flügeldecken haben feine seichte Streifen bald mit, bald ohne deutliche Punktreihen (Abb. 101 C). Körperlänge 8–18 mm . . . . *Serropalpus barbatus* (Schaller, 1783)
in Nadelholzkonstruktionen von Neubauten.

41 Schwarzkäfer, Tenebrionidae

Meist schwarze oder braune Käfer. Die Ursprungsstelle ihrer Fühler wird von dem leistenartig verbreiterten Seitenrand ihres Kopfes verdeckt (Abb. 102 A). Vorder- und Mittelbeine mit 5, Hinterbeine mit 4 Fußgliedern. Sie führen eine nächtliche Lebensweise und halten sich tagsüber an dunklen Orten versteckt. Sie selbst und ihre Larven leben hauptsächlich von pflanzlichen Stoffen, besonders von Getreide und seinen Produkten, verschmähen aber auch tierische Stoffe nicht. Die meisten von ihnen dürften allerdings erst in bereits geschädigtem (feucht gewordenem oder von anderen Getreideschädlingen befallenem) Getreide auftreten.

1. Käfer 1 cm oder größer 2
– Käfer viel kleiner als 1 cm 7
2. Käfer auf der Rücken- und Bauchseite tiefschwarz, Flügeldecken miteinander verwachsen, hinten sehr stark zugespitzt (Abb. 102 B) . . **Totenkäfer**, *Blaps* Fabricius, 1775 3
in Kellern, Stallungen, Holzlagern und anderen finsteren Orten, Abfallfresser, in Wohnungen ekelerregend. Jetzt selten.
– Käfer auf der Rückseite braun bis braunschwarz, auf der Bauchseite rotbraun. Flügeldecken nicht miteinander verwachsen, hinten abgerundet (Abb. 102 C) . . . . **Mehlkäfer**, *Tenebrio* Linnaeus, 1758 6
3. Sehr große Tiere. Körperlänge 32–38 mm. Haftläppchen zwischen den Krallen dreieckig zugespitzt. Beim Männchen auf der Bauchseite zwischen den beiden ersten Hinterleibsringen mit einer goldgelb behaarten Grube (Bürstenfleck) . . . . **Riesentotenkäfer**, *Blaps gigas* (Linnaeus, 1767)
mediterrane, in unser Gebiet gelegentlich eingeschleppte Art.
– Kleinere Tiere. Körperlänge 20–31 mm. Haftläppchen zwischen den Krallen dreieckig bis halbkreisförmig abgerundet oder am Ende breit abgestutzt 4
4. Beim Männchen zwischen dem 1. und 2. Hinterleibsring auf der Bauchseite ein rostroter Bürstenfleck, Beine gedrungen. Schenkel an ihrem unteren Ende schwach keulenförmig verdickt 5

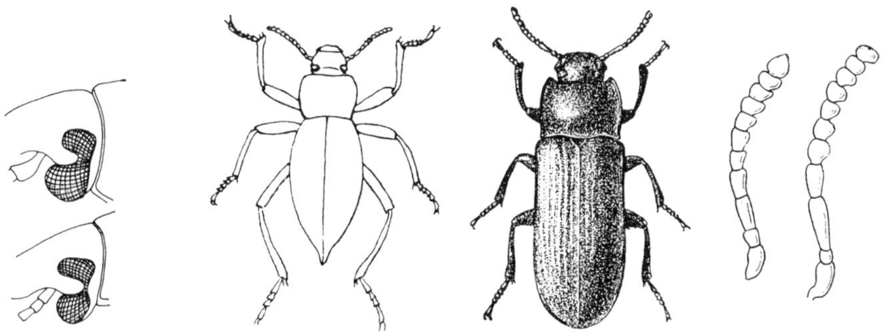

Abb. 102: A Kopf von *Alphitobius diaperinus* (oben) und *A. laevigatus* (unten) von der Seite gesehen, B *Blaps*, C *Tenebrio molitor*, D Fühler von *T. molitor* und E von *T. obscurus* (aus HINTON & CRAMPTON, SCHRÖDER, WEBER, LEPESME).

– Bauchseite des Hinterleibs ohne einen Bürstenfleck. Beine schlank und dünn, Schenkel etwa gleich dick bleibend, nur an ihrem oberen Ende etwas verjüngt. Körperlänge 20–24 mm . . . . **Gewölbter Totenkäfer**, *Blaps mucronata* LATREILLE, 1804

5. 4.–7. Fühlerglied nicht oder kaum länger als breit. Körper kurz und breit. Körperlänge 20–27 mm . . . . *Blaps lethifera* MARSHALL, 1802

kommt auch im Freien unter trockenwarmen Steinen vor.

– 4.–7. Fühlerglied beträchtlich länger als breit. Körper lang gestreckt, ziemlich schmal. Körperlänge 20–31 mm . . **Gemeiner Totenkäfer**, *Blaps mortisaga* (LINNAEUS, 1758)

6. Oberseite fettglänzend, letztes Fühlerglied so lang wie breit. Körperlänge 13–17 mm (Abb. 102 C, D) . . . . **Gemeiner Mehlkäfer**, *Tenebrio molitor* LINNAEUS, 1758

in Wohnungen, Mühlen, Mehlhandlungen, Bäckereien und Lagerräumen, auch in Taubennestern und morschen und von anderen Insekten befallenem Holz häufig. Schädlich an Getreide- und Getreideprodukten, allerdings auf den Getreidespeichern wegen seiner langen Entwicklungszeit (1–2 Jahre) nur von untergeordneter Bedeutung, auch an anderen trockenen Pflanzenstoffen (Tabak). Seine Larven leben auch räuberisch von anderen Insekten, z. B. Hausbocklarven, und von getrocknetem Fleisch der mumifizierten Leichen kleiner Wirbeltiere (Mäuse und Ratten nach Bekämpfungsmaßnahmen, Taubennestlinge), können deshalb auch zur Skelettierung kleiner Wirbeltiere benutzt werden. Als Futter für insektenfressende Vögel, Reptilien und Amphibien sind sie im Handel unter dem Namen **Mehlwürmer**.

– Oberseite matt, letztes Fühlerglied breiter als lang (Abb. 102 E). Körperlänge 14–18 mm . . . . **Dunkler Mehlkäfer**, *Tenebrio obscurus* FABRICIUS, 1792

bei uns mehr im Freien unter der Rinde morscher Baumstümpfe, auch in Stallungen und Kellern, in den Vereinigten Staaten von Amerika öfter als Lagerschädling festgestellt.

7. Käfer zweifarbig: Grundfarbe rostrot, Scheitel, Basis und zwei Querbinden der Flügeldecken schwarz. Fühler lang, zur Spitze leicht verdickt (Abb. 104 A). Körperlänge 2,2–2,5 mm . . . . **Zweibindiger Pilzschwarzkäfer**, *Alphitophagus bifasciatus* (SAY, 1823)

meist unter der Rinde verpilzter Holzstöcke, aber auch in dumpf gewordenen Getreideladungen, besonders auf Schiffen.

– Käfer einfarbig rotbraun bis schwarzbraun 8

8. Ecken des Vorderrandes des Kopfes stark vorgezogen, die Männchen besitzen in der Mitte der Stirn zwei am Ende gekrümmte Hörner, ihre Kiefer ragen vorne weit vor (Abb. 103 A und C) 9

– Kopf anders gestaltet 10

9. Seitenrand des Kopfes viel breiter als die Augen (Abb. 103 A, B) Körperlänge 3,5 bis 4,5 mm . . . **Vierhornkäfer**, *Gnatocerus (= Gnathocerus) cornutus* (FABRICIUS, 1798)

in Getreide und seinen Produkten.

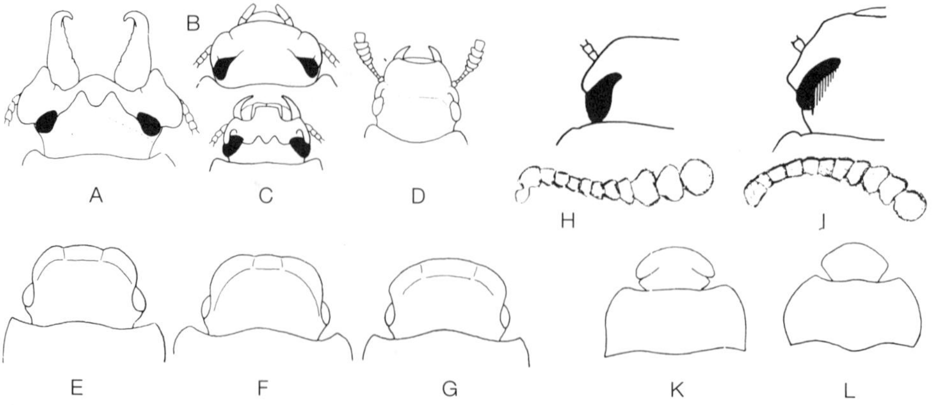

Abb. 103: Tenebrionidae. Kopf und Halsschild A von *Gnatocerus cornutus* Männchen, B Weibchen, C *Echocerus maxillosus* Männchen, D *Latheticus*, E *Palorus depressus*, F *P. subdepressus*, G *P. ratzeburgi*; H linke Kopfseite und darunter Fühler von *Tribolium castaneum*, I von *T. confusum* (Wulst über dem Auge schraffiert); Kopf und Halsschild von K *Alphitobius diaperinus* und L *A. laevigatus* (E–G nach LEPESME 1944).

– Seitenrand des Kopfes so breit oder etwas schmäler als die Augen (Abb. 103 C). Körperlänge 3,5–4,5 mm . . . . **Schmalhornkäfer,** *Echocerus maxillosus* (FABRICIUS, 1801)
nach Europa mit Getreide gelegentlich eingeschleppt, noch nicht eingebürgert.

10. Kopf sehr groß, fast so breit wie der Halsschild, am Vorderrand breit ausgebuchtet, Fühler mit deutlich abgesetzter 5gliedriger Keule. Halsschild fast so breit wie die Flügeldecken, wenig breiter als lang, am Vorderrand am breitesten. Flügeldecken parallel mit feinen Punktstreifen, über zweimal so lang wie zusammen breit (Abb. 103 D, 104 B). Körperlänge 2,5 mm . . . . **Rundköpfiger Reismehlkäfer,** *Latheticus oryzae* WATERHOUSE, 1880/82
mit Auslandsgetreide, besonders Reis, und Tapiokamehl gelegentlich eingeschleppt.

– Kopf deutlich schmäler als der Halsschild, am Vorderrand nicht ausgebuchtet . . . 11

11. Hinterfüße kurz, 1. (basales) Fußglied kaum länger als das 2.; das Klauenglied mindestens so lang wie die 3 vorhergehenden zusammen. Fühler kurz, zur Spitze unwesentlich verbreitet, Kopf am Vorderrand durch eine tiefe Querfurche zwischen den Fühlern wulstig aufgeworfen. Flügeldecken mit einfachen Punktstreifen (Abb. 104 C) . . . . **Kleinäugiger Reismehlkäfer,** *Palorus* MULSANT, 1854 12

– Hinterfüße lang, 1. Fußglied mindestens so lang wie die beiden folgenden zusammen; das Klauenglied kaum so lang wie die 3 vorhergehenden zusammen 14

12. Der wulstig aufgetriebene Seitenrand des Kopfschildes zieht halbkreisförmig zum Innenrand der Augen und erreicht nahezu die Mitte des Augenrandes, wo er mit diesem zu einer scharfen Kante verschmilzt (Abb. 103 F). Körperlänge 2–3 mm . . . . *Palorus subdepressus* (WOLLASTON, 1864)
in Auslandsgetreide.

– Der Seitenrand des Kopfschildes ist weniger scharf abgegrenzt und endet als stumpfes Höckerchen vor dem Innenrand der Augen 13

13. Halsschild stark und dicht punktiert, in der Mitte nicht schwächer als an den Seiten (Abb. 103 E). Körperlänge 3 mm . . . . *Palorus depressus* (FABRICIUS, 1790)
Nach GEBIEN kein Vorratsschädling, sondern nur im Freien.

– Halsschild weniger stark und dicht, an den Seiten viel dichter als in der Mitte punktiert (Abb. 103 G). Körperlänge 2,8–3 mm . . . . . . *Palorus ratzeburgi* (WISSMAN, 1848)

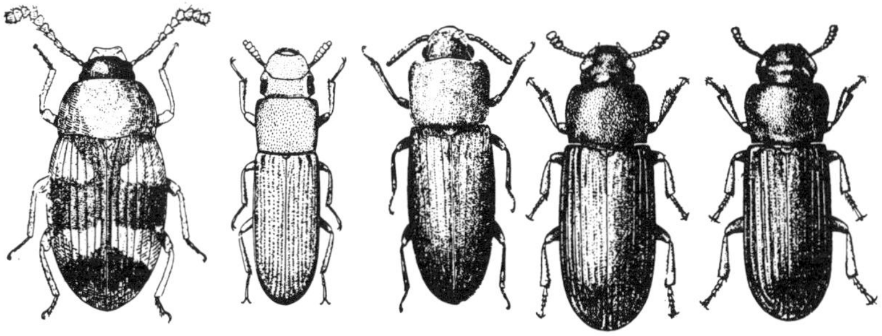

A B C D E

Abb. 104: A *Alphitophagus bifasciatus*, B *Latheticus oryzae*, C *Palorus depressus*, D *Tribolium castaneum*, E *T. confusum* (A aus Hinton & Crampton, B, C aus Lepesme, D, E aus Hinton).

14. Hinterrand des Halsschildes gerade oder kaum gebogen. Flügeldecken mit punktierten Längslinien, zwischen ihnen außen je ein feiner Kiel, der in den inneren Zwischenräumen fehlt. Körper schmal, zylindrisch . . . . **Reismehlkäfer,** *Tribolium* M'Leay, 1825 15
– Hinterrand des Halsschildes beiderseits tief ausgebuchtet. Flügeldecken mit einfachen punktierten Längslinien ohne Kielchen dazwischen. Körper flach und oval . . . . **Getreideschimmelkäfer,** *Alphitobius* Stephens, 1832 20
15. Hellrotbraun bis rotbraun, Körpergröße selten über 4 mm 16
– Dunkelbraun bis schwarz, Körpergröße in der Regel über 4, meistens 5 mm 17
16. Fühler mit deutlich abgesetzter dreigliedriger Keule, ohne lidartigen Wulst über den Augen (Abb. 103 H), Augen von der Kopfleiste so weit durchdrungen, dass zwischen ihrem Hinterende und dem Augenhinterrand die Breite von 3 Facetten bleibt (Abb. 102 A oben). Die Längskiele auf den Flügeldecken fehlen jederseits der 3 inneren Zwischenräume. Einfarbig hellrotbraun. Körperlänge 2,3–4,4 mm (Abb. 104 D) . . . . **Rotbrauner Reismehlkäfer,** *Tribolium castaneum* (Herbst, 1797)

in bereits beschädigtem Getreide und anderen pflanzlichen Vorräten aus den Tropen, besonders in Expellern, Erdnüssen, Kopra, Muskatnüssen usw., häufigster eingeschleppter Vorratsschädling.

– Fühler mit allmählich größer werdenden Endgliedern, die eine mehr oder weniger deutliche 5- bis 6gliedrige Keule bilden, über den Augen eine lidartige Verdickung der Kopfkapsel (Abb. 103 J, schraffiert), Augen von der Kopfleiste so weit durchdrungen, dass zwischen ihrem Hinterende und dem Augenhinterrand die Breite von nur einer Facette bleibt (Abb. 102 A unten). Die Längskiele auf den Flügeldecken fehlen jederseits nur dem ersten inneren Zwischenraum ganz, in den folgenden beiden Zwischenräumen sind sie nur hinten entwickelt. Hellrotbraun, Kopf und Halsschild vielfach dunkler bis pechbraun. Körperlänge 2,6–4,4 mm (Abb. 104 E) . . . . **Amerikanischer Reismehlkäfer,** *Tribolium confusum* Jacquelin du Val, 1868

in bereits beschädigtem Getreide, Getreideprodukten und anderen pflanzlichen Vorräten, besonders im Mehl als Mühlenschädling, auch in Mitteleuropa weit verbreitet.

17. Fühler mit deutlich abgesetzter dreigliedriger Keule (wie Abb. 103 H) 18
– Fühler mit allmählich größer werdenden Endgliedern, die eine mehr oder weniger deutliche 5- bis 6gliedrige Keule bilden (wie Abb. 103 J) 19
18. Länge der Flügeldecken zur Breite wie 1,7 bis 1,8 : 1. Halsschild 1,5mal so breit wie lang, Schildchen breit; mäßig glänzend dunkelbraun bis schwarz, Fühler dunkelbraun bis schwarz. Körperlänge 3,9–5 mm . . . . **Schwarzbrauner Reismehlkäfer,** *Tribolium madens* (*Charpentier*, 1825)

nur in Europa, hier hauptsächlich im Osten, z. B. als Mühlenschädling in Jugoslawien, aber auch häufig im Freiland.

- Länge der Flügeldecken zur Breite wie 1,8 bis 1,9 : 1. Halsschild schmäler und weniger gewölbt, Schildchen schmäler; dunkelbraun mit helleren Fühlern und Beinen. Körperlänge 4–5 mm . . . . *Tribolium audax* HALSTEAD, 1969

  nur in Nordamerika, Vorratsschädling, aber häufig im Freien unter der Rinde und in Brutzellen solitärer Bienen. Vor 1969 als *T. madens* bezeichnet.

19. Punkte auf der Kopfmitte zwischen den Augen kleiner als eine Augenfacette und meistens rund, selten etwas oval, sich nicht gegenseitig berührend. Augen von der Kopfleiste so weit durchdrungen, dass zwischen ihrem Hinterrand und dem Augenhinterrand die Breite von 2 oder 3 Facetten bleibt. Dunkelrot, Körperlänge 3,59–5,08 mm . . . . *Tribolium anaphe* HINTON, 1949

  an Erdnüssen, Kakaobohnen und anderen Vorräten, bisher nur aus Westafrika bekannt, auch schon mehrmals nach England verschleppt.

- Punkte auf der Kopfmitte zwischen den Augen so lang wie eine Augenfacette, oval, tendieren zum Zusammenfließen mit den dahinter stehenden Punkten, wodurch eine Art Strichelung entsteht. Augen von der Kopfleiste so weit durchdrungen, dass zwischen ihrem Hinterrand und dem Augenhinterrand die Breite von 1 oder 2 Facetten bleibt. Dunkelkastanienbraun, glänzend, Fühler, Mund und Beine rotbraun bis rot, Körperlänge 5–5,5 mm . . . . **Großer Reismehlkäfer,** *Tribolium destructor* UYTTENBOOGAART, 1934

  an Pflanzensamen und Getreideprodukten, in Skandinavien und in Ostdeutschland ein weit verbreiteter Lebensmittelschädling.

20. Glänzend schwarz bis braun. Halsschild hinten am breitesten mit basal ziemlich parallelen, weiter vorn etwas einwärts gebogenen Seiten (Abb. 103 K). Augen von der Kopfleiste so weit durchdrungen, dass zwischen deren Hinterende und dem Augenhinterrand noch eine Breite von 3 oder 4 Facetten bleibt (Abb. 102 A oben). Punktstreifen auf den Flügeldecken hinten furchenartig tief eingedrückt. Körperlänge 5–6 mm . . . . **Glänzender Getreideschimmelkäfer,** *Alphitobius diaperinus* (PANZER, 1797)

  in feucht und dumpfig gewordenem Getreide, oft massenhaft in den Ställen von Geflügelfarmen.

- Mattschwarz. Halsschild in der Mitte am breitesten, zur Spitze und zur Basis sich allmählich verengend, seine Seiten daher nach vorn und hinten etwas einwärts gebogen (Abb. 103 L). Augen von der Kopfleiste fast vollständig durchdrungen, so dass zwischen ihrem Hinterende und dem Augenhinterrand nur noch die Breite einer Facette bleibt (Abb. 102 A unten). Punktstreifen der Flügeldecken hinten nur seicht (nicht furchenartig) eingedrückt. Körperlänge 4,5–5 mm . . . . **Mattschwarzer Getreideschimmelkäfer,** *Alphitobius laevigatus* (FABRICIUS, 1781)

  seltener als die vorige Art mit schimmeligen Vorräten nach Europa aus den Tropen eingeschleppt.

42 Blatthornkäfer, Scarabaeidae

In dieser Familie gibt es keine eigentlichen Vorrats- oder Materialschädlinge und regelmäßige Hausbewohner. Doch können mit Blumenerde oder als Blumendünger verwendeten Hornspänen *Trox*-Arten, besonders *Trox scaber* (LINNAEUS, 1758). Körperlänge 5–8 mm, schwarz bis schwarzbraun, Fühler 10gliedrig mit 3gliedrigem Fächer, Flügeldecken mit 10 deutlich eingedrückten, groben Längsstreifen; die dazwischenliegenden Zwischenräume mit flachen länglichen und gereihten Borstenflecken oder mit sehr kleinen Borstentüpfelchen) in die Wohnungen eingeschleppt werden.
Von Ende Juni bis Anfang August können während der Abenddämmerung die **Brach-, Juni-** oder **Sonnwendkäfer,** *Amphimallon solstitiale* (LINNAEUS, 1758) (Körperlänge 14–18 mm, gelbbraun, Flügeldecken mit kräftigen glatten Rippen und Reihen großer langer Wimperborsten, Halsschild oft dunkler, beborstet. Fühler 9gliedrig mit 3gliedrigem Fächer) beleuchtete Balkone oder Zimmer oft in solcher Anzahl anfliegen, dass sie lästig werden. Betroffen wer-

den davon in der Regel Häuser in unmittelbarer Nähe von großen Rasenplätzen, da sich ihre Larven (Engerlinge) (Abb. 66) von Graswurzeln ernähren.
In Kompost und faulendem Holz, gelegentlich auch in verrottendem Sägemehl (in Tischlereien und Räuchereien) kann sich der **Nashornkäfer,** *Oryctes nasicornis* (LINNAEUS, 1758) entwickeln. Körperlänge 20–40 mm, dunkelkastanienbraun, glänzend, Kopf verhältnismäßig klein, mit einem beim Männchen großen, beim Weibchen kleinen Horn. Halsschild beim Männchen hinter der Mitte mit großer, leistenförmiger, höckeriger Erhebung, die dem Weibchen fehlt. Bei ihm ist der Halsschild vor der Mitte eingedrückt. Steht unter Naturschutz.

43 Bockkäfer, Cerambycidae

Meistens mittelgroße bis große, kräftige Tiere mit langen bis sehr langen, kräftigen, fadenförmigen, gegen die Spitze zu sich verjüngenden Fühlern und scheinbar 4gliedrigen Tarsen (in Wirklichkeit sind sie 5gliedrig, doch ist das 4. Glied so klein und zwischen den Lappen des 3. Gliedes verborgen, dass es nur als ein kleines gliedartiges Knötchen an der Basis des Klauengliedes bei genauer Untersuchung gefunden wird). Der Körper ist lang gestreckt, mehr oder weniger abgeflacht, bis walzenförmig. Die nachfolgend aufgeführten Käfer entwickeln sich alle im Holz, das in der Regel bereits außerhalb des Hauses befallen wurde. Als Hausinsekt im engeren Sinn, das sich ununterbrochen im Haus fortpflanzen kann, hat nur der Hausbockkäfer zu gelten. Die Flugzeit aller Käfer fällt in die Zeit von Ende Juni bis Mitte August, doch kommen im Haus durch Einwirkung des dort herrschenden künstlichen Klimas Abweichungen vor. Auffallend sind die großen Schwankungen in der Körperlänge, die von dem Nährwert des Holzes bestimmt werden, das der Larve als Nahrung zur Verfügung stand. In der Tabelle werden die bisher festgestellten Grenzwerte angegeben. Fraßbilder siehe in Tabelle 47!

Gute Bilder der meisten Arten finden sich in fast allen Büchern über Käfer und Forstinsekten, farbige besonders in VITE, J. P. 1953: Die holzzerstörenden Insekten Mitteleuropas. Tafelband. Musterschmidt, Göttingen.

1. Flügeldecken verkürzt, die häutigen Hinterflügel ragen unter ihnen vor 2
– Flügeldecken bedecken den Hinterleib und die häutigen Hinterflügel vollständig . . 3
2. Die Flügeldecken reichen beim ♂ etwa bis zur Mitte des Hinterleibs, beim ♀ etwas darüber hinaus. Fühler beim ♂ körperlang, beim ♀ etwas kürzer. Schenkel allmählich keulenförmig verdickt. Körperfarbe hell bis dunkel schwarzbraun. Fühler, Beine, Halsschild und Kopf mitunter heller braun oder rötlichgelb (Abb. 105 A). Körperlänge 3–6 mm . . . . *Nathrius (= Leptidea) brevipennis* (MULSANT, 1839)

schlüpft aus ungeschälten Weidenruten und daraus hergestellten Geflechten, wohl immer wieder aus dem Mittelmeergebiet eingeschleppt.

– Die Flügeldecken reichen nicht ganz bis zur Körpermitte, sind hinten abgerundet und klaffen etwas auseinander. Gewöhnlich haben sie eine helle, weißliche, schräg stehende, nach vorn auslaufende Längsrippe. Halsschild fast doppelt so lang wie breit, mit 2 Längsschwielen und einem flachen länglichen Höcker in der Mitte des hinteren Drittels. Schwarz bis braunrot. Körperlänge 6–16 mm . . . . **Kleiner Wespenbock,** *Molorchus (Caenoptera) minor* (LINNAEUS, 1758)

schlüpft aus berindeten Stämmen und Ästen von Kiefern und Fichten, die zu Pfählen oder Brennholz verarbeitet sind.

3. 3–8 mm große, hell- oder dunkelbraune, fein grauseidig behaarte Käfer mit einem sehr langen, schlanken Halsschild (Abb. 105 B) . . . . **Weidenböckchen,** *Gracilia minuta* (FABRICIUS, 1781)

schlüpfen aus berindeten Weidenruten und den davon hergestellten Korbgeflechten, können auch in Sammlungen von berindetem Holz Schaden tun. Entwicklungszeit 1–2 Jahre.

– Käfer größer als 10 mm 4
4. Fühler viel länger als der Körper. Kopf senkrecht abfallend. Letztes Glied des Kiefertasters zugespitzt 5

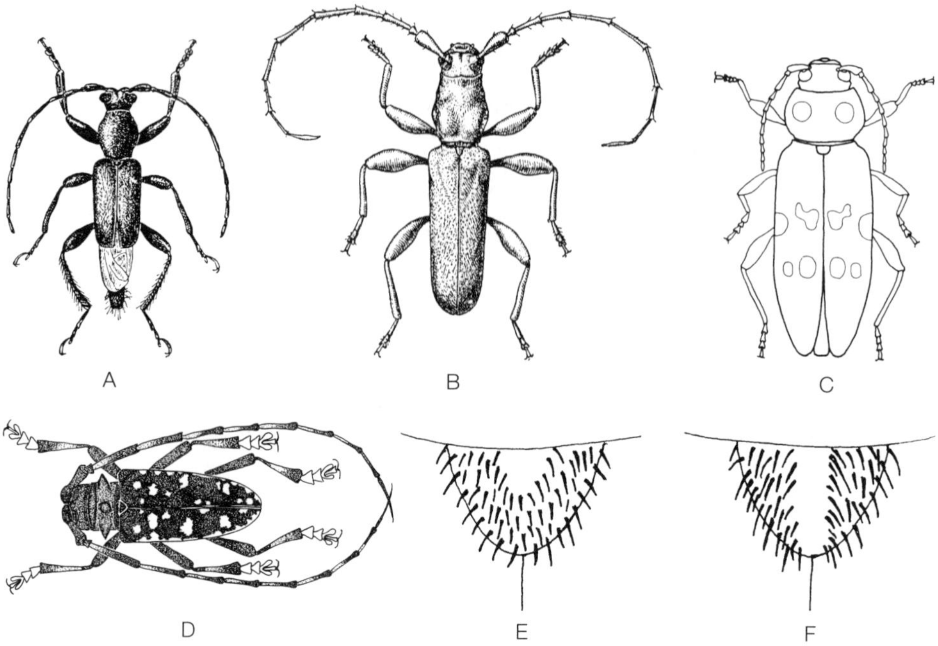

Abb. 105: A *Nathrius brevipennis*, B *Gracilia minuta*, C Hausbockkäfer, *Hylotrupes bajulus*, D Asiatischer Laubholz-Bockkäfer, *Anoplophora glabripennis*, Schildchen von E Schusterbock, *Monochamus sutor*, F Kiefernbock, *M. galloprovincialis* (A aus LEPESME, B Zeichnung von F. DIEHL).

– Fühler etwa körperlang oder kürzer. Kopf schräg geneigt. Letztes Glied des Kiefertasters abgestutzt 9

5. Fühler beim ♂ 5mal so lang wie der Körper, beim ♀ doppelt so lang. Letzteres mit einer langen zapfenförmigen Legeröhre. Braun, mit feiner hellbrauner oder graubrauner Behaarung. Auf den Flügeldecken 2 schräggestellte dunkle Querbindungen, von denen die hintere deutlicher ist als die vordere. Körperlänge 12–20 mm . . . . **Zimmermannsbock,** *Acanthocinus aedilis* (LINNAEUS, 1758)

entwickelt sich unter Kiefernrinde und schlüpft gelegentlich in Neubauten aus baumkantigem Holz, auch in Brennholz.

– Fühler beim ♂ mehr als doppelt so lang wie der Körper, einfarbig, beim ♀ etwas länger als der Körper, die einzelnen Glieder vom 3. ab hell geringelt. Flugloch und Larvengangquerschnitt siehe Schema 6 in Tabelle 47! 6

6. Körper pechschwarz glänzend, Flügeldecken mit etwa 20 weißen unregelmäßigen Flecken auf jeder Flügeldecke, Schildchen schwarz, Fühler helldunkel geringelt (Abb. 105 D), Körperlänge bis 3,5 cm, Breite bis 1,2 cm , Entwicklung im Laubholz . . . . **Asiatischer Laubholz-Bockkäfer,** *Anoplophora glabripennis* MOTSCHULSKI, 1853)

Heimat Korea und südliches China, Entwicklung in Laubholz (Ahorn, Buche, Esche, Ulme, Pappel,Weide u. Obstbäume), mit Stau- und Kistenholz verschleppt nach Nordamerika , auch in Deutschland (Hamburger Hafen) nachgewiesen. In Österreich soll der Käfer bereits zu den eingebürgerten Tieren gehören. Seit 1999 für den Bereich der EU als Quarantäneschädling eingestuft. Der Käfer befällt nicht nur geschwächte sondern auch ganze gesunde Bäume.

– Käfer anders, Entwicklung hauptsächlich in Nadelholz . . . . Langhornböcke *Monochamus* CURTIS, 1852 7

Einige dieser Arten stellen effektive Vektoren für den **Kiefernholznematoden** Bursaphelenchus xylophilus (STEINER & BUHRER,1934) NICKLE, 1970 (ebenfalls ein Quarantäneschädling) dar; die Verbreitung erfolgt mit dem Transport von befallenem Holz.

7. Schildchen dicht und gleichmäßig gelblichweiß behaart. Schwarz, beim ♂ auf den Flügeldecken mit undeutlichen, beim ♀ meist mit vielen weißlichen Haarflecken. Körperlänge 21–35 mm . . . . **Schneiderbock**, *Monochamus sartor* (FABRICIUS, 1787)

schlüpft in Neubauten aus Fichtenholz. Die Larve entwickelt sich zuerst unter der Rinde, dringt dann aber in das Splintholz ein. Entwicklung 1jährig.

– Schildchen nicht gleichmäßig behaart, sondern es bleibt eine Stelle unbehaart 8

8. Die unbehaarte Stelle des Schildchens ist der ganze Mittelstreifen. Schwarz. Behaarung der Flügeldecken beim ♀ weißgelbe Flecke, die vor allem beim ♂ oft fehlen. Körperlänge 15–24 mm (Abb. 105 F) . . . . . **Schusterbock**, *Monochamus sutor* (LINNAEUS, 1758)

Lebensweise wie bei der vorhergehenden Art, auch in Tanne.

– Die unbehaarte Stelle des Schildchens ist nur ein etwa halbkreisförmiger Fleck in der Mitte an der Basis. Behaarung der Flügeldecken in meistens ockergelben, aber auch weißgrau bis gelblichen Flecken. Körperlänge 12–25 mm (Abb. 105 E) . . . . **Kiefernbock**, *Monochamus galloprovincialis* (OLIVIER, 1795)

schlüpft aus Kiefernholz in Neubauten, Kisten und Grubenholz. Seine Larve entwickelt sich unter der Rinde, dringt dann ins Holz bis zum Kern vor. Beim Schlüpfen aus Kistenbrettern kann der Käfer auch den Inhalt der Kisten beschädigen, da er sich in ihn hineinfrisst, bis er stirbt. Entwicklung 1 bis seltener 2 Jahre.

9. Käfer 25–60 mm groß. Seitenrand des Halsschildes mit unregelmäßigen feinen Zähnchen besetzt, hinter der Mitte mit einem kräftigeren Zahn. Halsschild beim ♀ auf der ganzen Oberfläche stark und grob runzelig, beim ♂ ist es fein und dicht punktiert, matt mit Ausnahme von 2 größeren und einigen kleineren unregelmäßigen erhabenen glänzenden Stellen. Rot- bis pechbraun . . . . **Mulmbock**, *Ergates faber* (LINNAEUS, 1758)

lebt im Erdluft-Bereich von verbautem Nadelholz, an Fachwerkbauten, Pfählen, Telegraphenstangen usw. Entwicklung mehrjährig (Taf. II, E).

– Käfer gewöhnlich unter 25 mm 10

10. Kopf hinter den Augen halsförmig eingeschnürt. Halsschild am Vorderrand deutlich verengt, glockenförmig. Halsschild und Flügeldecken beim ♀ hellrot, beim ♂ Halsschild schwarz, Flügeldecken braungelb. Körperlänge 10–19 mm . . . . **Rothalsbock**, *Leptura rubra* (LINNAEUS, 1758)

häufiges Waldinsekt, kann sich aber auch in ständig feucht gehaltenem Bauholz entwickeln, das aus Nadelholz besteht, z. B. in Telegraphenstangen, in Fensterbrettern und Bodenschwellen von Häusern in Waldnähe.

– Kopf hinter den Augen nicht halsartig eingeschnürt. Seine Seiten verlaufen parallel . 11

11. 2. Fühlerglied fast halb so lang wie das 3., länger als breit, Fühler kurz, die Mitte der Flügeldecken nicht wesentlich überragend. Braun oder schwarz gefärbte Arten 12

– 2. Fühlerglied ringförmig, nicht halb so lang wie breit 14

12. Augen klein (mit bloßem Auge eben noch sichtbar), fein facettiert, Halsschild glatt, an den Seiten gerundet, einfarbig schwarz oder Flügeldecken ganz oder nur an den Seitenrändern braun. Körperlänge 8–23 mm . . . . **Düsterbock**, *Asemum striatum* (LINNAEUS, 1758)

in Nadel-, besonders Kiefernholz, mitunter in Neubauten aus dem Bauholz schlüpfend.

– Augen groß (mit bloßem Auge sehr gut sichtbar), grob facettiert, Halsschild mit je einer breiten, flachen Längsgrube auf jeder Seite der Mittelrinne, die oft undeutlich und nicht durchgehend ist 13

13. Augen mit einigen Härchen zwischen den Facetten, hell- bis dunkelbraun. Körperlänge 10–30 mm . . . . **Grubenhalsbock**, *Criocephalus rusticus* (LINNAEUS, 1758)

Larven vorwiegend in Kiefernholz, auch in verbautem Holz in Neubauten (Taf. III, A).

– Augen kahl, dunkelbraun bis schwarz. Körperlänge 13–25 mm . . . . *Criocephalus tristis* (FABRICIUS, 1787)

seltener als die vorgehende Art. Biologie ähnlich.

14. Flügeldecken mit andersfarbigen Querbinden 15

– Flügeldecken einfarbig, ohne Querbinden 17

15. Flügeldecken braun bis schwarz mit 2 mehr oder weniger deutlichen weiß behaarten Fleckenquerbinden, Hals schwarz glänzend, weiß behaart, mit 2 glänzenden Höckern. Auf der Bauchseite schiebt sich ein breiter Fortsatz der Vorderbrust zwischen die Hüften der Mittelbeine (Abb. 105 C). Körperlänge 7–25 mm, Männchen kleiner als Weibchen . . . . **Hausbockkäfer**, *Hylotrupes bajulus* (LINNAEUS, 1758)

auf Dachböden ist seine Larve der gefährlichste Zerstörer von verbautem Nadelholz, seltener in Möbeln, im Freien in Telegraphenmasten, Holzpfählen u. dgl. Entwicklung im verbauten Holz 3 bis 10 und mehr Jahre (Taf. II, A–D).

– Flügeldecken braunschwarz oder braun mit gelben Binden 16

16. Die Innenränder der Fühlereinlenkungsstellen sind ebenso weit voneinander entfernt wie die Innenränder der Augen. Schmächtige Käfer mit gelben Querbinden auf den Flügeln . . . . *Clytus* LAICHARTING, 1784

bei uns häufig *C. arietis* (LINNAEUS, 1758), der sich in verschiedenen Laubhölzern entwickelt und gelegentlich mit Brennholz in die Keller kommt.

– Die Innenränder der Fühlereinlenkungsstellen liegen näher aneinander als die Innenränder der Augen 17

17. Halsschild breiter als lang. Fühler dick und kräftig. die einzelnen Glieder an der Spitze etwas eckig erweitert. Halsschild am Vorderrand und in der Mitte mit manchmal unterbrochener Querbinde, Flügeldecken mit 5 gelben Querbinden, von denen die erste gewöhnlich in einen Fleck hinter dem Schildchen und je einem Fleck an den Seiten unter der Schulter aufgelöst ist. Körperlänge 9–20 mm . . . . **Gemeiner Eichenwidderbock**, *Plagionotus arcuatus* (LINNAEUS, 1758)

in Eichenholz, auch in Parkettstäben schädlich.

– Halsschild länger als breit, wie die Flügeldecken zum größten Teil gelb behaart, so dass die schwarze Grundfarbe nur als Zeichnung erscheint. Charakteristisch ist die an ein umgekehrtes Y erinnernde schwarze Zeichnung auf der Halsschildmitte. Die schwarze Zeichnung der Flügeldecken besteht aus einem mittleren, an einen zweiseitigen Haken erinnernden Teil, der seitlich von je einem nach außen offenen Bogen flankiert wird und einer nur an der Naht unterbrochenen schwarzen Querbinde vor der Spitze. Körperlänge 10–15 mm . . . . **Bambusbohrer**, *Chlorophorus annularis* (FABRICIUS, 1787)

mit Bambus häufig aus Ostasien eingeschleppt. Die Larven leben darin weiter und die Käfer schlüpfen noch nach der Verarbeitung.

18. Flügeldecken violett oder blau schillernd, metallglänzend 19

– Flügeldecken nicht metallglänzend und nicht violett oder blau gefärbt, höchstens braun mit einem violetten Schimmer 20

19. Halsschild ebenso blau gefärbt wie die Flügeldecken, runzelig, Flügeldecken grob punktiert. Körperlänge 10–15 mm . . **Blauer Scheibenbock**, *Callidium violaceum* (LINNAEUS, 1758)

Larve in Bauholzvorräten und Dachstühlen von Neubauten, wo sie unter der Rinde lebt und zur Verpuppung einen Hakengang im Holz anlegt. Nach Beseitigung der Rinde stirbt der Befall in der Regel aus.

– Halsschild ganz oder zum Teil rot. Körperlänge 8–14 mm . . . . **Veränderlicher Scheibenbock**, *Phymatodes testaceus* (LINNAEUS, 1758)

Larven in Vorratshölzern aus Eiche und unter der Rinde gefällter Eichen, bisweilen im Brennholz.

20. Flügeldecken und Halsschild leuchtend rot, fein behaart. Körperlänge 8–12 mm . . . . **Roter Scheibenbock**, *Pyrrhidium sanguineum* (LINNAEUS, 1758)

Larve in Laubholz unter der Rinde, Verpuppung im Holz. Gelegentlich in Drechsler- und Stellmacherwerkstätten. Kaum mehr zu erwarten, weil die Art, die vorwiegend lichte Alteichenbestände besiedelt, sehr selten geworden ist.

– Flügeldecken und Halsschild braun oder rotgelb 21

21. Flügeldecken rotgelb glänzend. Körperlänge 8–14 mm . . . . **Veränderlicher Scheibenbock**, *Phymatodes testaceus* (LINNAEUS, 1758) (siehe 18)

– Flügeldecken braun, bisweilen mit einem violetten Schimmer, Halsschild und Beine rotgelb. Körperlänge 7–11 mm . . **Brauner Scheibenbock**, *Phymatodes lividus* (ROSSI, 1794)

im südwestlichen Mitteleuropa und Frankreich Larven schädlich in den aus Edelkastanienruten hergestellten Weinfassreifen.

44 Samenkäfer, Bruchidae (= Lariidae)

Die wirtschaftlich wichtigen Samenkäfer leben als Freilandschädlinge in den Samen von Leguminosen. Die Weibchen kitten ihre Eier an die Samen an oder legen sie frei in den Hülsen ab. Die ausschlüpfenden Larven bohren sich in die noch nicht reifen Samen ein, die aber dadurch in ihrem Wachstum nicht gestört werden und reifen. Die erwachsenen Larven verpuppen sich bei den einen Arten außerhalb der Samen in der Hülse oder auch außerhalb von ihr in einem eiförmigen Kokon, bei anderen Arten aber in den reifen Samen, wobei sie bei der Anfertigung der Puppenwiege die Samenschale von innen her annagen und dabei ein kreisrundes durchscheinendes «Fenster» herstellen, das beim Schlüpfen der Käfer wie ein Deckel abgesprengt wird. Dadurch entsteht ein sehr charakteristisches Schadbild (Abb. 106 A). Das Schlüpfen der Käfer erfolgt meistens erst nach der Ernte auf dem Lager. Die meisten Arten müssen zur Fortpflanzung wieder auf das Feld. Nur wenige können auch an die lagernden Samen ihre Eier ablegen, wodurch während der Lagerzeit mehrere Käfergenerationen entstehen, wenn die Lagertemperatur entsprechend hoch ist. In Mitteleuropa wird sie allerdings für diese Arten, deren Heimat in wärmeren Ländern liegt, normalerweise nicht erreicht. Nur *Acanthoscelides obtectus* hat als Vorratsschädling bei uns eine größere Bedeutung erlangt. Zu diesen potenziellen Vorratsschädlingen gehören auch an Erdnüssen *Caryedon serratus*, an *Viciae*-Arten *Bruchidius incarnatus*, an *Phaseolus*-Arten *Zabrotes subfasciatus* und an *Viciae*- und *Phaseolae*-Arten die *Callosobruchus*-Arten. Wenn diese auch alle bisher in Mitteleuropa als Vorratsschädlinge noch keine Bedeutung erlangt haben, so sollen sie doch ebenso wie die in Mitteleuropa vorkommenden und häufigsten ausländischen Freilandschädlinge in der folgenden Bestimmungstabelle berücksichtigt werden, weil sie mit Hülsenfrüchten eingeschleppt werden können, die für die Ernährung der Menschen eine immer größere Bedeutung als Eiweißlieferanten erhalten und die gewohnte Nahrung für viele bei uns lebende Ausländer sind.

Übersicht über die Hülsenfrüchtler, in deren Samen sich die hier erwähnten Samenkäfer entwickeln, mit ihren wissenschaftlichen, deutschen, englischen und französischen Namen

Leguminosae (= Fabales), Hülsenfrüchtler, legumes, legumineuses
Papilionaceae (= Fabaceae), Schmetterlingsblütler

Viciae
Cicer arietinum, Kichererbse, chickpea, pois chiche
Lens culinaris (= *esculenta*), Linse, lentil, lentille
Pisum sativum, Erbse, garden pea, pois
Vicia faba, Puffbohne, (Pferde-, Sau-, Viehbohne, Große oder Breite Bohne), broad bean, fève

Phaseolae
Cajanus cajan (= *indicus*), Strauchbohne (Straucherbse), pigeon pea, pois du Congo
Glycine max (= *Soja hispida*), Sojabohne, soya, soya
Kersingiella geocarpa, Erdbohne
Lablab purpureus (= *vulgaris, Dolichos lablab*), Helmbohne, dolichos bean
Phaseolus coccineus (= *multiflorus*), Feuerbohne
Phaseolus lunatus, Mondbohne (Kaperbse), butter bean, lima bean
Phaseolus vulgaris, Garten-, Feldbohne (Gewöhnliche Bohne, Speisebohne), common bean, French bean, haricot
Vigna acutifolia, akonitblätterige Bohne, moth bean
Vigna angularis, adzuki bean
Vigna mungo, Mungobohne, black gram, haricot mungo
Vigna radiata (= *Phaseolus aureus*), green gram
Vigna (= Voandzeia) subterranea, Erderbse, bambara groundnut, pois de terre
Vigna unguiculata, Kuhbohne, cowpea, haricot dolique

Coronilleae
Arachis hypogaea, Erdnuss, ground nut, arachide

Die Samenkäfer sind meistens kleine, in den Tropen auch mittelgroße Käfer mit nach vorn schnauzenförmig verlängertem Kopf und meistens vorquellenden, anf ihrem Vorderrand mehr oder weniger stark ausgebuchteten Augen (Abb. 68 A). Die vor der Augenausbuchtung

sitzenden Fühler sind gewöhnlich mehr oder weniger stark gesägt, bei den Männchen ausgeprägter als bei den Weibchen (Abb. 106 E, F). Bei den Männchen mancher Arten sind die Fühler gekämmt, d. h. die Vorderecken mehrerer Fühlerglieder sind lamellenförmig verlängert (Abb. 106 P). Die Flügeldecken bedecken das Hinterleibsende (Pygidium) nicht vollständig (Abb. 68 A, P). Dieses ist durch seine Behaarung charakteristisch gefärbt und bisweilen auch gezeichnet. Die Hinterschenkel sind sehr stark oder nur etwas verbreitert, bei letzteren die Vorderseite (d. i. beim laufenden Käfer die Unterseite) oft gefurcht. Auf jeder Seite der Furche kann die Kante kurz vor der Schenkelspitze (also vor der Einlenkungsstelle der Schiene) zu einem mehr oder weniger deutlichen Zahn ausgezogen sein (Abb. 106 B, C, H), dessen Ausbildung zur Artbestimmung verwendet werden kann.
Die Larven der Samenkäfer besitzen nach dem Schlüpfen aus den Eiern sechs schwach entwickelte Brustbeine (Abb. 111 D), die sie in den folgenden im Innern der Samen lebenden Stadien verlieren (Abb. 111 C). Bei Arten, die sich außerhalb der Samen verpuppen, z. B. bei *Caryedon*, werden sie aber im letzten Larvenstadium wieder ausgebildet (Abb. 111 E).

Über die Lebensweise der wichtigsten Arten berichten sehr ausführlich A. Hoffmann, V. Labeyrie, A. S. Balachowsky in A. S. Balachowsky: Entomologie appliqueé à l'agriculture, Traité, T. 1 Coleoptères 1. Vol., Paris 1962, S. 434–494. Über neuere Forschungsergebnisse siehe auch: Singh, S. R., H. F. van Emden, T. A. Taylor (Edit.): Pest of grain legumes: ecology and control. 454 + XI Seiten, Academic Press Inc., London 1978. – Southgate, B. J.: Biology of the Bruchidae. Ann. Rev. Entomol. **24**: 449–473, 1979. – Labeyrie, V. (Edit.): The ecology of bruchids attacking legumes (pulses). Proc. int. Symp. Tours (Fr. nee), 16.–19. 4. 1980. Ser. Entomol. **19**, XIV + 233 Seiten, The Hague-Boston-London 1981.

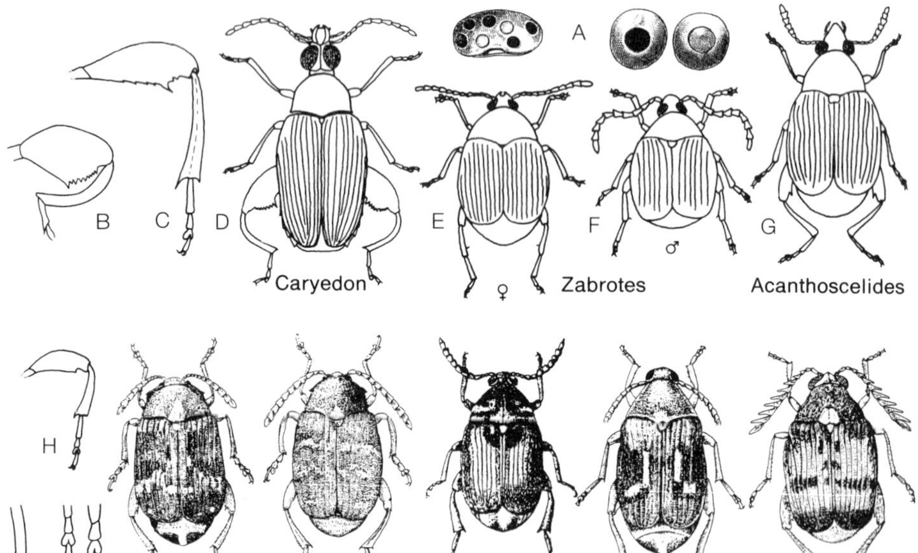

Abb. 106: Bruchidae: A Schadbilder durch Bruchidae links in Bohnensamen, rechts in Erbsen mit Schlupflöchern vor und nach Absprengen des von der Samenschale gebildeten «Fensters» oder Deckels. B Hinterschenkel und -schiene von *Caryedon*, C Hinterbein von *Acanthoscelides*. D–G Umrisszeichnungen von D *Caryedon serratus*, E ♀ und F ♂ von *Zabrotes subfasciatus*, G *Acanthoscelides obtectus*. H Hinterbein von *Bruchus*; J Mittelbein des ♂ von *B. signaticornis*, K Enden des Hinterfußes von *B. emarginatus* (links) und *B. pisorum* (rechts). L *Bruchus pisorum*, M *B. rufimanus*, N *Bruchidius incarnatus*, O *Callosobruchus maculatus*, P *C. chinensis* (A aus Diehl & Weidner; L, M, O, P aus Gołebiowska & Nawrot; N aus Varschalowitsch).

1. Hinterschienen stark gebogen, Hinterschenkel nicht ganz doppelt so lang wie breit, auf der Unterseite mit einem gezähnten Kiel (Abb. 106, B), Augen vorquellend und kaum ausgerandet . . . . **Pachymerinae** 2
– Hinterschienen ziemlich gerade, Hinterschenkel länger als ihre doppelte Breite (Abb. 106, C, H) 6
2. Seitenkiele des Halsschilds in seiner ganzen Länge deutlich ausgebildet. Körperlänge 9–19 mm 3
– Seitenkiele des Halsschilds unvollständig, nur hinten entwickelt. Hinterschenkel auf der Unterseite vor der Spitze mit einem Kamm, der aus einem langen Zahn und dahinter 8 bis 10 kleinen Zähnchen (Abb. 106 B) besteht. Körperlänge nicht mehr als 10 mm . . . 4
3. Hinterschienen am Ende mit zwei ungleich langen Sporen, Hinterschenkel mit einem Zahn vor der Mitte, Kante davor einfach, dahinter mit 12 bis 16 Zähnchen . . . . *Caryoborus* Schönherr, 1833

Die Arten dieser Gattung leben im tropischen Süd- und Zentralamerika in den Samen von Palmen. Mit Steinnüssen (Corozo-, Tumaco- odr Sabadillanüssen), die Samen von *Elephantusia (Phytelephas) macrocarpa*, die zur Herstellung von Knöpfen verwendet wurden, wurde in früheren Zeiten der **Steinnusskäfer**, *Caryoborus chiriquensis* Sharp, 1885 häufig eingeschleppt. Die Larven liegen in erbsen- bis bohnengroßen Höhlungen der Steinnüsse und verzehren sie trotz ihrer Härte völlig. Der Käfer wurde daher im Handel als «flying dust» bezeichnet. Er ist rötlich braun. Die Hinterschenkelkante trägt nur 12 Zähnchen, die Fühler sind bei Männchen und Weibchen gleich. Körperlänge 11 mm

– Hinterschienen ohne Sporne. Fühler vom 5. Glied an gesägt. Glieder 2 bis 4 mit einem Eindruck an ihrer Basis. Hinterschenkel mit einem großen Zahn nahe seiner Spitze, die Kante vor ihm ist nicht, dahinter stark erhaben und gezähnelt . . . . *Pachymerus* Thunberg, 1805

Die Arten dieser Gattung leben im tropischen Amerika in Samen von Palmen, nur *P. cardo* (Fåhraeus in Schönherr, 1839) hat sich auch in Westafrika (Nigeria) eingebürgert, wo er in den Samen der Ölpalme *(Elaeïs guineensis)* schädlich wird. *P. nucleorum* (Fabricius, 1767) wurde ins Rheinland mit einer Halskette aus Palmensamen eingeschleppt.

4. Rotbraun, gelblich behaart, mit verwaschenen schwarzen Flecken auf den Flügeldecken, die regelmäßig verteilt sind. Beine und Fühlerbasis rot, vom 5. Fühlerglied an gesägt und dunkelbraun bis ganz schwarz. Körperlänge 3–7 mm (Abb. 106 B, D) . . . . **Erdnusssamenkäfer**, *Caryedon serratus* (Olivier, 1790) (= *C. gonager*, Fabricius, 1798, *C. fuscus* auct. nec Goeze, 1777)

Erdnussschädling. Sowohl im Freiland als auch auf dem Lager an geschälten Erdnüssen und häufiger an Erdnüssen in der Schale, besonders in Nigeria und dem Sudan. Er wird damit auch nach Europa verschleppt, wo er sich aber auf dem Lager nicht dauernd halten kann. Verpuppung außerhalb der Samen, oft auch außerhalb der Hülsen, in einem rundovalen, seidenartigen Kokon, der in Jutesäcken leicht verschleppt werden kann. Er entwickelt sich auch in den Samen von Caesalpinoideae *(Tamarindus, Piliostigma, Bauhinia, Cassia)* sowie von Mimosoideae *(Acacia*-Arten, z. B. Gerberschoten «Bablah» von *A. arabica*) in allen Tropenländern. Bei der bisher nur aus Israel und dem Iran bekannt gewordenen *ssp. palaestinicus* Southgate, 1976, fehlen die Flecken auf den Flügeldecken oder häufen sich, wenn sie vorhanden sind, in ihrem Spitzenteil. Diese Unterart lebt offenbar nur in den Samen von *Acacia tortilis, A. spirocarpa* und *Prosopis farcata*, ist aber als potenzieller Erdnussschädling anzusehen.

– Braungelb, Flügeldecken einfarbig, ohne dunkle Flecken, Körperlänge 7–10 mm. An Sennesschoten *(Folliculi Sennae Alexandriae)* 5
5. Dunkel braungelb bis gelbrot mit heller goldener Behaarung, oberes Drittel oder obere Hälfte jeden Fühlergliedes etwas dunkler, Spitzen der Hinterschenkel pechschwarz. Schildchen fast quadratisch. Pygidium (Hinterleibsende) beim Männchen an der Spitze mit einem medianen Ausschnitt, beim Weibchen mit gerundeter Spitze, hellgolden behaart. Körperlänge 7–10 mm . . . . *Caryedon pallidus* (Olivier, 1790)

Nur in Westafrika (Nigeria, Senegal) verbreitet, hauptsächlich an *Cassia obtusifolia*, vielleicht kein Schädling an Sennesschoten, wie früher angenommen.

– Hell braungelb mit sehr heller goldener bis silberner Behaarung. Fühler und Beine ebenso gefärbt und einfarbig. Hinterschenkel manchmal etwas dunkler. Schildchen deutlich länger als breit. Pygidium beim Männchen mit gerundeter Spitze, beim Weibchen mit einem medianen Höcker nahe seiner Spitze. Seine Haut ist dunkel bis heller braungelb und dunkler gefleckt mit sehr langer, sehr heller goldner und silberner Behaarung. Körperlänge 8,5–9,5 mm . . . . *Caryedon sudanensis* SOUTHGATE, 1971

nur im Nilbecken des Sudan verbreitet, vorwiegend an *Cassia senna* (= *Cassia acutifolia* + *C. angustifolia*), der Schädling an *Folliculi Sennae*.

6. Hinterschienen mit 2 beweglichen langen, roten Enddornen. Hinterschenkel ohne Zähnchen. Augen quellen nur wenig aus dem Kopf vor, Kopf daher hinter ihnen nicht halsartig eingeschnürt. Männchen einfarbig grau oder braungelb oder schachbrettartig mit abwechselnd helleren und dunkleren, grauen und braunen Flecken. Weibchen oliv- bis dunkelbraun und schwarz mit mehr oder weniger breiter, oft in Flecken aufgelöster weißer Querbinde in der Mitte der Flügeldecken. Pygidium graugelb mit weißem Längsstrich. Körperlänge ♀ 1–2 mm, ♂ 1,6–3 mm (Abb. 106 E, F) . . **Brasilbohnenkäfer**, *Zabrotes (= Spermophagus) subfasciatus* (BOHEMAN, 1833) (Amblycerinae)

Vorwiegend an *Phaseolus vulgaris* und *Ph. lunatus*, aber auch an anderen Hülsenfrüchten wie *Vigna unguiculata* und *V. subterranea*. ZACHER hat im Laboratorium seine Entwicklung auch in Samen von *Viciae*-Gattungen erreicht, aber nur bei hoher Sterblichkeit im Larvenstadium (z. B. in Erbsen 43–77 %, in Sojabohnen 94,5 bis über 99,7 % und in Puffbohnen 96 bis fast 97 %), weshalb er für diese Wirtspflanzen kaum von Bedeutung sein dürfte. Beheimatet in Mittelamerika und dem nördlichen Südamerika, fast in allen tropischen Ländern eingebürgert. Er wird auch nach Europa häufig verschleppt, ist aber zu wärmebedürftig, um sich halten zu können.

– Hinterschienen ohne bewegliche Enddornen. Augen stark vorquellend, Kopf daher dahinter halsartig eingeschnürt . . . . **Bruchinae** 7

7. Der Seitenrand des Halsschildes ist glatt 15

– Der Seitenrand des Halsschildes etwa in der Mitte mit einem kleinen Zahn (Abb. 106 L, M). Hinterschenkel vor der Spitze meistens mit einem Zahn, dahinter ausgeschnitten (Abb. 106, H) . . . . *Bruchus* LINNAEUS, 1758

Hierher gehören zahlreiche Arten, die schwer zu unterscheiden sind, noch dazu, da oft tropische und subtropische Arten eingeschleppt werden. Auf dem Lager können sie sich alle nicht vermehren. Sie müssen zur Fortpflanzung die Leguminosen auf dem Feld befallen. Wenn sich auch die einzelnen Arten in den Samen verschiedener *Viciae*-Arten entwickeln können, so haben die meisten von ihnen doch einen Vorzugswirt, in dem sie gewöhnlich gefunden werden und wirtschaftliche Bedeutung erlangen. Es dürfte den praktischen Anforderungen genügen, wenn die Arten nach ihren Vorzugswirten, so weit diese der menschlichen Ernährung dienen, mit ihren charakteristischen Merkmalen vorgestellt werden. Eine Vollständigkeit der Arten, die möglicherweise eingeschleppt werden können, wurde nicht angestrebt, auch die Arten, die in Samen von Futterleguminosen auf den Speicher kommen können, wurden nicht berücksichtigt. Gegebenenfalls muss ihre Bestimmung durch einen Spezialisten erfolgen.

8. In Linsen, *Lens culinaris* 9

– In anderen *Viciae*-Arten 11

9. Pygidium ohne zwei scharf umrandete haarlose Flecken, Zeichnung nur durch hellere und dunklere graue Behaarung 10

– Pygidium mit zwei scharf umrandeten, haarlosen, kreisrunden dunklen Flecken. Letztes Fühlerglied (wenigstens unten) rot, beim Männchen die vorhergehenden Glieder gelb, beim Weibchen schwarz. Sicherstes Merkmal beim Männchen auf der Innenseite der Mittelschiene eine schwarze Lamelle vor dem langen Enddorn (Abb. 106 J). Außerdem sind die Vorderschienen stark verbreitert. Flügeldecken schwarz mit einer schräg gestellten hellen Fleckenbinde hinter der Mitte. Körperlänge 2,5–3,7 mm . . . . *Bruchus signaticornis* GYLLENHAL, 1833

Hauptschädling im mittleren und südlichen Frankreich, in Nordafrika auch an anderen Leguminosen.

10. Halsschild doppelt so breit wie lang. Mittelbeine von den Schenkeln bis zu den Fußgliedern ganz rotbraun. Vorderbeine ebenfalls ganz rotbraun. Fühler in beiden Geschlechtern schwarz mit roter Basis. Flügeldecken und Halsschild dicht graubraun behaart mit weißen Haaren durchsetzt, die bei Stücken mit gut erhaltener Behaarung eine Längsbinde entlang der Flügelnaht bis hinter die Mitte und dann eine schräg gestellte Querbinde bilden. Dazu kommt noch ein kleiner weißer Fleck vor ihr in der Mitte des 3. Zwischenraums. Körperlänge 3–3,8 mm . . . . *Bruchus ervi* FRÖLICH, 1799

Hauptschädling in Vorderasien und den Ländern um das östliche Mittelmeer. Kommt auch in Erbsen vor.

– Halsschild kaum breiter als lang. Mittelbeine mit schwarzen Schenkeln und rotbraunen Schienen und Fußgliedern. Vorderbeine ganz rotbraun. Fühler schwarz mit roter Basis. Halsschild und Flügeldecken dicht grau behaart mit zahlreichen länglichen weißgrauen Gitterflecken dazwischen, die in und hinter der Mitte je eine angedeutete Querbinde bilden können. Schulterbeule und ein Fleck in dem vorderen Flügeldeckendrittel auf dem 2. und 5. Zwischenraum sind schwarz. Körperlänge 2,5–3,5 mm . . . . **Linsenkäfer,** *Bruchus lentis* FRÖLICH, 1799

Hauptschädling im östlichen Europa, in den Mittelmeerländern und Kleinasien. Auch in Erbsen.

11. In Gartenerbsen, *Pisum sativum* 12
– In Dicken Bohnen, *Vicia faba* 14

12. Halsschild fast doppelt so breit wie lang 13
– Halsschild an seiner breitesten Stelle kaum breiter als lang, an seiner schmalsten Stelle so breit wie lang, sein Seitenzähnchen ist weit vor der Mitte gelegen und von vorn betrachtet kräftig. Die Fühlerbasis und der größte Teil der Vorderschenkel und Schiene rotbraun, Schenkelbasis, Schienenspitze und Fußglieder aber schwarz, Mittelbeine vollständig schwarz. Halsschild grau und gelblich behaart, Flügeldecken dicht grau behaart mit einem schwarzen Fleck im vorderen Drittel im 3. bis 5. Zwischenraum und einer dunklen, durch helle Behaarung mehrmals unterbrochenen Querbinde in der Mitte. Körperlänge 3–5 mm . . . . *Bruchus affinis* FRÖLICH, 1799

in Südeuropa und Südasien, auch in *Lathyrus-*, *Vicia-*, *Cajanus-* und *Lablab-*Arten.

13. Klauenglied der Hinterfüße doppelt so lang wie das zweilappige 3. Fußglied (Abb. 106 K rechts). Oberseite hellbraun behaart mit einem hellen Fleck auf dem Halsschild vor dem Schildchen, je einen vor der Mitte der Flügeldecken und dahinter seitlich eine schräg gestellte Querbinde. Das Pygidium ist weiß behaart und hat 2 tiefschwarze, große ovale Flecken vor der Spitze, wodurch die weiße Behaarung als eine gebogene Querbinde erscheint. Vorderbeine mit schwarzen Schenkeln, aber rotbraunen Schienen und Fußgliedern; Mittelbeine mit schwarzen Schenkeln und schwarzer Schienenbasis, aber rotbraunen Schienenspitzen und Fußgliedern. (Abb. 106 L). Körperlänge 4–5 mm) . . . . **Erbsenkäfer,** *Bruchus pisorum* (LINNAEUS, 1758)

Bedeutendster Erbsenschädling. Heimat wahrscheinlich Vorderasien, von da über fast alle erbsenanbauende Länder verschleppt. In Mitteleuropa im Freiland selten.

– Klauenglied der Hinterfüße dreimal so lang wie das zweilappige 3. Fußglied (Abb. 106 K links). Färbung und Zeichnung sehr ähnlich der von *B. pisorum*, aber die Vorderbeine, also auch ihre Schenkel, ganz rotgelb. Körperlänge 3–4 mm . . . . *Bruchus emarginatus* ALLARD, 1868

in Südeuropa, Nordafrika und Syrien, auch in Kichererbsen und wilden Wicken.

14. 3,5–5 mm großer Käfer. Unterseite stark gelblich braun behaart. Oberseite mit gelblicher und weißer fleckiger Behaarung, bisweilen auch gleichmäßig grau (häufig hinter dem Schildchen eine rötlichgelbe Längsmakel); Flügeldecken vor der Mitte deutlich quer eingedrückt; Mittelschienen beim Männchen dicker als beim Weibchen, gebogen und etwas gedreht, auf ihrer Hinterseite mit einer tiefen Längsfurche, innen an ihrer Spitze ein kurzer Endsporn (Abb. 106 M) . . . . **Pferdebohnenkäfer,** *Bruchus rufimanus* BOHEMAN, 1833

von Mitteleuropa und dem Mittelmeergebiet bis Ostsibirien und Japan verbreitet, nach Nordamerika und dem Kappland verschleppt; befällt auch noch Linsen, Erbsen und wilde *Vicia*-Arten.

– 2–3,5 mm großer Käfer. Unterseite kurz grau behaart. Oberseite mit einzelnen weißen Haarsprengeln, meistens nur ein Längsfleck hinter dem Schildchen, dazu an der Flügeldeckenbasis je ein kleines Fleckchen im 3. Zwischenraum und im 5. dahinter und außerdem vor und hinter der Mitte im 3. Zwischenraum. Auf dieser Höhe können auch 2 Querbinden aus helleren Fleckchen angedeutet sein. Mittelschienen beim Männchen innen

über dem Endsporn mit einem spitzen Zähnchen . . . .
. . . . **Saubohnenkäfer,** *Bruchus atomarius* (LINNAEUS, 1761)

in Europa, Sibirien und Persien. Auch an Erbsen, Linsen und wilden Wicken.

15. Hinterschenkel auf der Innenseite mit einem starken Zahn vor der Spitze, dazwischen noch 2 sehr kleine Zähnchen (Abb. 106 C). Halsschildhinterrand in der Mitte nur wenig vorgezogen und nicht anders gefärbt als der ganze Halsschild. Oberseite gelbgrün, Hinterleibsende (Pygidium) gelbrot behaart (Abb. 68 A, 106 G). Körperlänge 2–5 mm . . .
. . . . **Speisebohnenkäfer,** *Acanthoscelides obtectus* (SAY, 1831)

in Speisebohnen aus wärmeren Ländern in unser Gebiet eingeschleppt, wo er sich auch auf den Speichern fortpflanzen kann. Seit 1939 im Gefolge der kriegsbedingten Kleingärten in immer stärkerem Maß auch bei uns als Freilandschädling aufgetreten. Dann aber im Freiland wieder ganz verschwunden.

– Hinterschenkel ohne Zahn oder nur mit einem Zahn auf der Innen- und/oder Außenseite vor der Spitze, dazwischen aber kein weiterer Zahn (Abb. 106 H) 16

16. Der lappenförmig vorgezogene Halsschildhinterrand ist hinten abgerundet oder abgestutzt und ebenso wie der übrige Halsschild gefärbt (Abb. 106 N) . . . .
. . . . *Bruchidius* SCHILSKY, 1905

Die hierher gehörenden Arten sind Freilandschädlinge an den Samen von Leguminosen, besonders in wärmeren Ländern. Nur einige können sich auch auf dem Lager fortpflanzen, so z. B. *B. incarnatus* (BOHEMAN, 1833) in den Mittelmeerländern. Er wird auch gelegentlich mit Saubohnen, Erbsen, Linsen und Kichererbsen nach Mitteleuropa verschleppt. Normalerweise tritt hier ab Oktober Winterruhe ein, aber nicht, wenn die Bohnen infolge starken Befalls warm geworden sind. Die Flügeldecken des Käfers sind rötlich graubraun mit gelbgrauer Fleckenzeichnung, die Fühler schwach gesägt, schwarz, ihre letzten Glieder aber rotbraun. Körperlänge 3–3,8 mm.

– Der lappenförmig vorgezogene Hinterrand des Halsschildes ist aufgetrieben, längsgefurcht, hinten eingeschnitten und oft auffallend heller behaart als der übrige Halsschild (Abb. 106 O, P) . . . . *Callosobruchus* PIC, 1902

Die hierzu gehörenden Arten sind in den Tropen und Subtropen die größten Schädlinge an Hülsenfrüchten. Sie vermehren sich auf dem Lager stärker als im Freiland. Sie können auch nach Mitteleuropa verschleppt werden, wo sie aber auch auf dem Speicher keine geeigneten Klimabedingungen vorfinden. Ihr Entwicklungsoptimum liegt zwischen 28° und 32 °C bei 93 % relativer Luftfeuchte. In den Mittelmeerländern haben sich aber die folgenden beiden Arten eingebürgert. An ihrer Behaarung und die davon gebildete Zeichnung sind frisch geschlüpfte Individuen leicht zu bestimmen. In der Praxis werden aber meistens alte Exemplare vorgelegt, bei denen die Behaarung mehr oder weniger stark abgerieben ist, weshalb zur Bestimmung weniger auffällige morphologische Merkmale benutzt werden müssen.

17. Fühler beim Männchen gekämmt (vom 4. bis 10. Glied stark ausgezogen) und dunkel, beim Weibchen stark gesägt, ganz braungelb oder die Glieder 4 bis 11 dunkelbraun bis schwarz. Flügeldecken kaum länger als zusammen breit, rotbraun mit schwarzen und weißen Haarflecken. Die schwarzen bilden besonders auf den Schultern, etwa in der Mitte der Flügeldeckenlänge und an ihrer Spitze unterbrochene Querbinden, von denen die letzte den Hinterrand vollständig schwärzen kann, die weißen zwischen dem 2. und 3. Streifen je einen langgestreckten rechteckigen Fleck, der vorn und hinten von einem kürzeren schwarzen begrenzt wird, und vor und hinter der schwarzen Mittelbinde unterbrochene Querbinden, die bei älteren Tieren oft abgerieben sind. Halsschild rotbraun mit 2 dicht weißbehaarten, lang gestreckt dreieckigen Flecken auf dem aufgebeulten Hinterrandlappen. Auf dem Schildchen dahinter ein weißbehaarter viereckiger Fleck. Pygidium vorwiegend weiß und silbrig behaart (Abb. 106 P). Körperlänge 2,2–3,5 mm . . . .
. . **Kundekäfer, Chinesischer Bohnenkäfer,** *Callosobruchus chinensis* (LINNAEUS, 1758)

Hauptschädling an *Vigna unguiculata*, beheimatet in den Tropen und Subtropen Asiens, verschleppt in die meisten tropischen und subtropischen Länder einschließlich der Mittelmeerländer. Auch schädlich an *V. angularis, V. mungo, V. radiata, Cicer arietinum, Cajanus cajan, Pisum sativum, Lens culinaris*; kann sich aber nicht in *Phaseolus vulgaris* entwickeln.

– Fühler in beiden Geschlechtern nicht gesägt, an der Basis gelbbraun und vom 5. Glied an schwarz. Der Halsschild ist schwarz und spärlich golden behaart, die weiße Behaarung auf dem Hinterrandlappen ist klein und dreieckig. Die Flügeldecken sind deutlich länger als zusammen breit, braun und mit 4 mehr oder weniger großen Flecken an den Seiten und an der Spitze. Das Pygidium ist beim Männchen schwarz oder gelbbraun mit schwarzen Seiten und hell behaarter Mittellinie, beim Weibchen gelbbraun mit weiß behaarter Mittellinie, die sich weiter ausdehnen kann. Die Beine sind hellgelbbraun, doch kommt auch eine Form mit schwarzen vor. Bei der «typischen», flugträgen, aber sehr fruchtbaren Form ist der Halsschild 1,3mal so breit wie lang und seine Seiten gleichmäßig gerundet, bei frisch geschlüpften Männchen sind die Flügeldecken auf der Spitzenfläche wie auf ihrer übrigen Oberfläche mit hellbraunen Borsten besetzt, bei der «aktiven», flugtüchtigen, aber weniger fruchtbaren Form ist der Halsschild 1,5mal so breit wie lang; seine Seiten sind etwas konvex vorgewölbt und bei den frisch geschlüpften Männchen sind die Flügeldecken auf der Spitzenfläche mit Reihen abstehender weißer Borsten besetzt. Die Körpergröße beträgt bei der typischen Form ♂ 2,55 und ♀ 3,04, bei der aktiven Form ♂ 3,12 und ♀ 3,13 mm. Auch die Ausbildung der männlichen Kopulationsorgane ist bei beiden Formen verschieden (Abb. 106 O) . . . . **Vierfleckiger Bohnenkäfer,** *Callosobruchus maculatus* (Fabricius, 1775) [= *Pachymerus quadrimaculatus* (Fabricius, 1792)]

Hauptschädling an *Vigna unguiculata*; beheimatet in den Tropen und Subtropen der Alten Welt, verschleppt nach Amerika, Australien und in die Mittelmeerländer. Auch an *V. aconitifolia, V. angularis, V. mungo, V. radiata, V. subterranea, Cajanus cajan, Glycine max, Kersingiella geocarpa* und *Lablab purpureus, Lens culinaris, Cicer arietinum, Pisum sativum* ausnahmsweise.

45 Rüsselkäfer, Curculionidae

1. Fühler gekniet: Das 1. Fühlerglied, der «Schaft», ist bedeutend länger als jedes andere Fühlerglied, bisweilen fast so lang wie alle anderen Fühlerglieder zusammen. Von diesen werden die ersten 4 bis 7 dünneren als «Geißel» und die letzteren verdickten als «Keule» bezeichnet, die auch kompakt sein kann. Schaft und Geißel bilden einen Winkel miteinander (Abb. 68 D–G) 2

– Fühler nicht gekniet. Das 1. Fühlerglied ist kaum länger als die beiden folgenden zusammen. Der Rüssel ist spitz, gerade oder gebogen und bei den meisten Arten so lang wie der Kopf und der zylindrische bis konische Halsschild zusammen. Nur kleine Käfer mit einer Körperlänge zwischen 1,2–4,5 mm (Abb. 67 B, 68 C) . . . . **Spitzmäuschen,** *Apion* Herbst, 1797

Von den bisher über 1000 beschriebenen Arten kommen etwa 140 in Mitteleuropa vor. Sie alle sind Freilandtiere, die sich in verschiedenen Teilen lebender Pflanzen entwickeln. Einige zerstören auch die Samen von Schmetterlingsblütlern (*Papilionaceae* oder *Fabaceae*); handelt es sich dabei um angebaute Arten, können sie unter Umständen mit den Samen eingelagert werden. Andere können auch mit dem von ihnen befallenem Kleeheu als Larven oder Puppen in die Scheunen gebracht werden, wenn der Klee in voller Blüte gemäht wurde. Die ausgeschlüpften Käfer können einige Tage nach der Einlagerung in Massen an den Scheunenwänden gefunden werden, wo sie nach einem Ausweg ins Freie suchen. Die *Apion*-Arten sind Freilandschädlinge, als Vorratsschädlinge spielen sie keine Rolle. Zu ihrer Bestimmung benutze man die Tabellen von Dieckmann 1977 (Beitr. Entomol., 27:7–143. Berlin) und Freude, Harde, Lohse Bd. 10, 1981.

2. Rüssel dick, kurz und kaum länger als breit, an seinem Vorderrand in der Mitte dreieckig oder halbrund ausgeschnitten, an seiner Spitze durch seitliche lappenförmige Wülste verbreitert. Die Fühler sind nahe der Rüsselspitze eingelenkt. Ihr Schaft reicht nach rückwärts an den Kopf gelegt über die Augen hinaus. Die Fühlergruben sind von oben vollständig sichtbar. Die rundlichen Augen sind in Seitenansicht des Kopfes viel schmäler als der Rüssel hoch und stehen im oberen Teil des Kopfes (Abb. 68 D, H). Die Flügeldecken sind vorn gerundet (bilden also keine eckige Schulter), so dass sie zusammen die Gestalt eines vorn abgerundeten und hinten etwas zugespitzten Eies haben. Jede Flügeldecke besitzt zehn Längsfurchen 3

– Rüssel dünn, viel länger als breit, mehr oder weniger stark gebogen, gewöhnlich stielrund; wenn er gegen die Spitze zu etwas verbreitert ist (wie bei den *Cossoninae*), so erfolgt die Verbreiterung nicht durch Wülste, sondern ganz allmählich spatelförmig. Augen mehr elliptisch als rund und an ihrer breitesten Stelle fast so groß wie der Rüssel in Seitenansicht hoch (Abb. 68 E–G) 4

3. 9–10,5 mm lange, schwarze Käfer mit stark, fast runzelig punktiertem Rüssel, auf dessen Oberseite in der Mitte eine Furche mit vom Vorderrand nach hinten konvergierenden Seiten. Der zylinderförmige Halsschild ist grob gekörnt, wobei die einzelnen Körner wie Perlen ausgebildet sind, auch die Längsfurchen der Flügeldecken sind ebenso wie die erhabenen Zwischenräume stark gekörnt. Die Oberseite ist sehr fein und wenig dicht, auf den Flügeldecken etwas fleckig goldbraun behaart. Alle Schenkel haben auf dem Innenrand einen glatten Zahn (Abb. 68 H) Körperlänge 8–10 mm . . . .
. . . . **Gefurchter Lappenrüssler**, *Otiorhynchus (Dorymerus) sulcatus* Fabricius, 1775

Die flugunfähigen, nachtaktiven Käfer dringen gelegentlich massenhaft in Häuser ein, wo sie durch ihr Herumkrabbeln lästig erscheinen. Sie sind weder Gesundheits- noch Vorrats- oder Materialschädlinge, werden aber als ekelerregend empfunden. Sie kommen aus benachbarten Anpflanzungen von Ziersträuchern wie Azaleen, Rhododendron, Cotoneaster u. dgl., an deren Wurzeln ihre Larven fressen. Mit diesen Pflanzen werden sie auch in Vorgärten, Innenhöfe und Dachgärten verschleppt, wo ein oder zwei Jahre nach der Anpflanzung eine Massenvermehrung stattfinden kann, weil sich die Weibchen parthenogenetisch fortpflanzen und bis zu 1000 Eier legen. Die Käfer haben eine Lebensdauer bis zu 17 Monate, normalerweise überwintern die erwachsenen Larven.

– 4–6 mm lange, glänzend schwarze oder schwarzbraune Käfer mit braunroten Fühlern und Beinen. Rüssel oben ohne auffallende Furche. Halsschild grob gekörnt; die Körner sind in der Mitte zu mehreren, in der Anordnung variablen Längsschwielen zusammengeflossen. Die Flügeldecken mit je zehn Punktstreifen und runzeligen oder raspelartig gekörnten Zwischenstreifen. Alle Schenkel mit einem Dorn, dessen Innenrand am Vorderschenkel nicht glatt ist. Am Hinterschenkel ist er dornförmig spitzig. Die Oberseite des Käfers ist einfach, fein und sehr kurz behaart. Körperlänge 4–6 mm . . . .
. . . . **Erdbeerwurzelkäfer**, *Otiorhynchus (Tournieria) ovatus* (Linnaeus, 1758).

Diese Art wird im Stadtgebiet noch häufiger als die vorhergehende gefunden und hat ähnliche Lebensweise, bevorzugt aber auch Nadelholzarten. Die Käfer können vielleicht auch in Häuser eindringen, wie auch noch andere *Otiorhynchus-Arten*, die in Städte eingeschleppt wurden. Bestimmungstabellen dafür geben Dieckmann, 1980 (Beitr. Entomol. **30**: 145–310) und Freude, Harde, Lohse Bd. 10, 1981.

4. 7,5 bis 14 mm große, dunkelbraune bis fast schwarze Rüsselkäfer mit unregelmäßigen von ockergelben Schuppenhaaren gebildeten Flecken und Querbinden auf Halsschild und Flügeldecken und gelbfleckig behaartem Bauch; Rüssel etwa so lang wie der Halsschild, schwach gebogen, mit langer Fühlergrube und nahe der Spitze eingelenktem Fühler (Abb. 68 E). Die Käfer werden gelegentlich in Anzahl in Blockhäusern angetroffen. . .
. . . . **Großer Brauner Rüsselkäfer**, *Hylobius abietis* Linnaeus, 1758

Ein häufiger durch Fraß der Käfer an meist 3–6 Jahre alten Kiefern und Fichten, aber auch anderen Nadelbäumen und einigen Laubbaumarten sehr gefährlicher Schädling. Die Käfer werden besonders in frisch errichtete Blockhäuser wahrscheinlich durch den Holzgeruch gelockt, können aber dort keinen Schaden verursachen.

– Unter 6 mm große Rüsselkäfer 5

5. Flügeldecken kaum länger als der Halsschild. Fühler dicht vor dem Auge eingelenkt (Abb. 68 F). Rüssel beim Männchen kürzer als beim Weibchen. Kleine rot- bis schwarzbraun gefärbte Käfer mit tiefer grubenförmiger Punktierung auf dem Halsschild und kräftig gestreiften Flügeldecken. Vorratsschädlinge, vorwiegend an Getreide und Getreideprodukten 6

– Flügeldecken bedeutend länger als der Halsschild. Fühler weiter von den Augen entfernt eingelenkt. Larven entwickeln sich im Holz (Tabelle 47:23) . . . .
. . . . **Bohrrüssler**, Cossoninae 9

leben in abgestorbenem feuchtem, meist pilzbefallenem Nadel- und Laubholz im Freien in Baumstöcken, aber auch in anbrüchigen Teilen lebender Bäume, in Zaunpfählen und anderem technisch genutzten Holz, in Gebäuden besonders in feuchten Kellern, Erdgeschoßwohnungen, Fenster- und Türenumrahmungen, Fußbodendielen, Hafenkonstruktionen, die ständig befeuchtet werden, Abstützholz in Bergwerken usw. Sowohl Käfer als auch Larven zerfressen das Splintholz, wobei ihre Fraßgänge ineinander übergehen und ein unregelmäßiges, an Anobienfraß erinnerndes Bild geben. Die Käfer verlassen bei einigen Arten das Holz nicht, so lang es für die Fortpflanzung geeignet ist. Begattung und Eiablage erfolgen im Holz, dessen Oberfläche daher auch keine Fluglöcher aufweist. Die Fraßgänge sind unregelmäßig, mit oft geschlängelt angeordnetem Kot und Bohrmehl gefüllt. Die Schäden sind technischer Natur, aber meistens ohne wirtschaftliche Bedeutung, weil sich in dem für die Käfer geeigneten Holz fast immer gleichzeitig auch Pilze entwickeln, die bedeutend gefährlicher als die Käfer sind. In der Nomenklatur wird FOLWACZNY (1973: Entomol. Bätter, **69**: 65–180) gefolgt, die im angewandten Schrifttum gewöhnlich gebrauchten Synonyme werden in Klammern beigefügt. Es muss damit gerechnet werden, dass auch andere Arten der Cossoninae in gleicher Weise wie die hier genannten in technisch genutztem Holz auftreten und schädlich werden.

6. Käfer einfarbig rotbraun bis fast schwarz, etwas glänzend (nach dem Schlüpfen aus den Körnern, in denen sie sich entwickelt haben, noch eine Zeitlang hellbraun) 7
– Käfer mit roten Flecken auf den Flügeldecken, und zwar auf jeder Flügeldecke ein Fleck hinter der Schulter und ein weiterer vor ihrer Spitze 8
7. Rüssel von oben gesehen auch beim Männchen länger als der halbe Halsschild, vor der Basis über der Einlenkungsstelle der Fühler deutlich verbreitert, Kopf hinter den Augen kurz. Halsschild mit scharf begrenzten, langgezogenen, tiefen Grubenpunkten. Flügeldecken mit kleineren, in Längsreihen angeordneten Grubenpunkten. Zwischenräume zwischen den Punktreihen sind glatt und fast ebenso breit wie diese. Nur der Raum zwischen dem ersten Punktstreifen und der Flügelnaht ist punktiert. Hinterflügel wird nicht ausgebildet. Körperlänge einschließlich des rüsselförmig ausgezogenen Kopfes 3,8–5,1, ohne ihn 2,7–3,7 mm (Abb. 107 A). . . . . . . **Kornkäfer,** *Sitophilus (= Calandra) granarius* (LINNAEUS, 1758)

Die Körpergröße ist außer von Temperatur und Feuchtigkeit auch von der Größe der Nahrung abhängig, in der sich die Larve entwickelt hat. Der Käfer kann sich in Körnern von Weizen, Roggen, Hafer, Gerste, Mais, geschältem Reis, Teigwaren, in Eicheln und Buchweizen ernähren und fortpflanzen, jedoch in Mehl, Kleie und Schrot davon nur ernähren; an Erbsen, Bohnen, Lupinen, Süßlupinen, Mandeln, Erdnüssen und Sojabohnen kann er etwas fressen, stirbt dann aber gewöhnlich bald, Kakaobohnen, ungebrannte Kaffeebohnen und ungeschälten Reis befrisst er nicht.

– Rüssel von oben gesehen auch beim Weibchen nur halb so lang wie der Halsschild, verbreitert sich zur Basis hin allmählich ohne besondere Erweiterung über der Fühlereinlenkungsstelle (Abb. 107 D). Halsschild sehr dicht fein punktiert gleichmäßig, Flügeldecken mit je 14 gleichartig punktierten, dicht gestellten Punktreihen, ohne breite Zwischenräume. Rotbraun, nur manchmal die Scheibe des Halsschildes und die Flügeldecken an Naht und Rändern etwas verdunkelt. Körperlänge ohne Rüssel 2,5–3,5 mm . . . . **Tamarindenfruchtrüssler,** *Sitophilus linearis* (HERBST, 1795)

Vorratsschädling an Tamarindenfrüchten, Batate und frischem (und getrocknetem?) Obst in den Tropen, gelegentlich nach Mitteleuropa eingeschleppt.

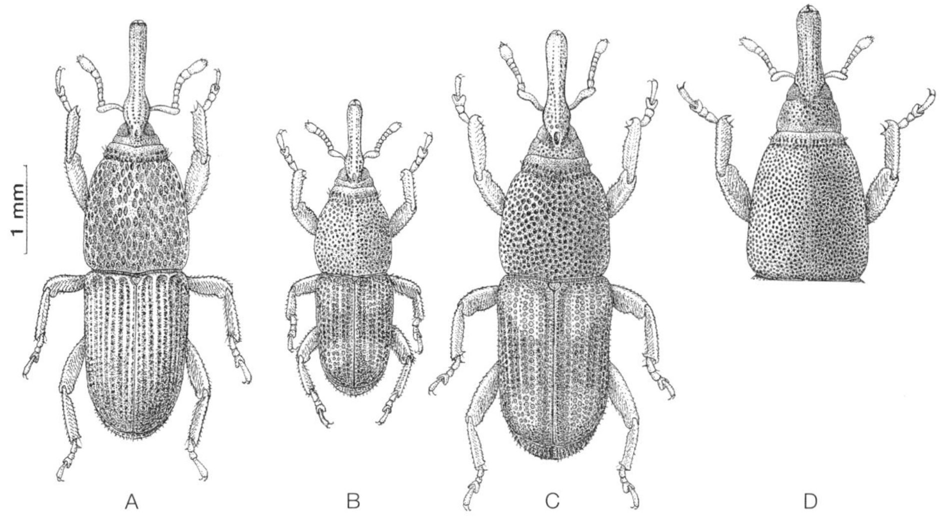

Abb. 107: *Sitophilus*-Arten: A Kornkäfer, *S. granarius*, B Reiskäfer, *S. oryzae*, C Maiskäfer, *S. zeamais*, D Tamarindenfruchtrüßler, *Sitophilus linearis*, Kopf- und Halsschild (Zeichnungen von U. FRERICHS).

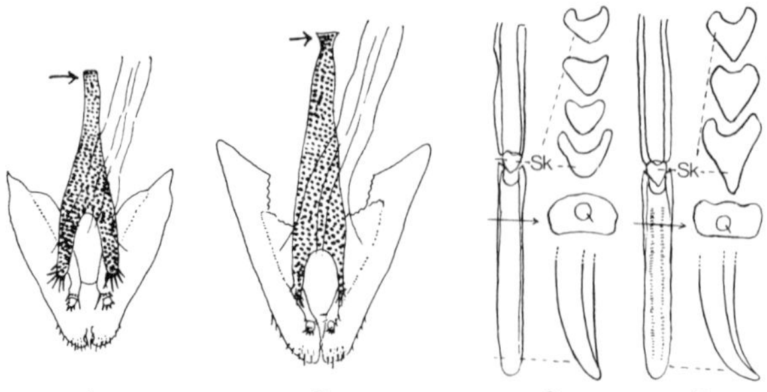

Abb. 108: A y-förmiger 8. Sternit (punktiert) des Weibchens von *Sitophilus oryzae* und B von *S. zeamais*, C männliches Kopulationsorgan von *Sitophilus oryzae* und D von *S. zeamais*, jeweils links Aedeagus von oben gesehen, rechts unten seine Spitze von der Seite, darüber Q = Querschnitt durch ihn, darüber Sk = 4 bzw. 3 verschiedene Umrisse des herzförmigen Sklerits zur Darstellung seiner Variabilität. (Nach Floyd & Newsom 1959, Frey 1962, Halstead 1964)[6].

8. Körperlänge ohne Rüssel in der Regel unter 3 mm, maximale Halsschildbreite unter 1 mm. Eingestochene Punkte auf dem Halsschild länglich elliptisch, zwischen ihnen eine deutliche mediane punktfreie Zone. Zahl dieser Punkte in der Mittellinie vom Vorder- bis Hinterrand weniger als 20. Flügeldecken mattbraun; die roten Flecken oft undeutlich (Abb. 107 B). Zuverlässigste Kennzeichen beim Männchen die glatte, einfach konvexe Oberseite des Aedeagus (Begattungsorgans) seine gerade Spitze (Abb. 108 C) und eine gerundete Spitze des herzförmigen Sklerit, das ihn mit dem Apodem verbindet, und beim Weibchen sind die Gabelspitzen des y-förmigen 8. Sternit breit gerundet (Abb. 108 A)[6].
. . . . **Reiskäfer**, *Sitophilus oryzae* (Linnaeus, 1763)

Flugfähige Rassen können in warmen Ländern das Getreide bereits auf dem Feld befallen. In Mitteleuropa häufig eingeschleppt, wenigstens in der ehemaligen DDR inzwischen heimisch und häufiger als der Kornkäfer.

– Körperlänge ohne Rüssel über 3 mm, maximale Halsschildbreite über 1 mm. Eingestochene Punkte auf dem Halsschild ziemlich kreisrund, ohne punktfreie Zone in der Medianen. Anzahl der Punkte in der Mittellinie vom Vorder- bis zum Hinterrand mehr als 20. Flügeldecken glänzend braun, die roten Flecken meistens deutlich begrenzt (Abb. 107 C). Zuverlässigste Kennzeichen beim Männchen die gefurchte Oberseite des Aedeagus, seine hakenförmige Spitze (Abb. 108 D) und eine spitzwinklige Spitze des lang gestreckten herzförmigen Sklerit. Beim Weibchen sind die Gabelspitzen des y-förmigen Sternit scharf zugespitzt (Abb. 108 B)[6] . . . .
. . . . **Maiskäfer**, *Sitophilus zeamais* Motschulsky, 1855

Flugfähig. Befällt in warmen Ländern das Getreide bereits auf dem Feld. Zu uns häufig eingeschleppt.

9. Rüssel an der Spitze (von der Einlenkungsstelle der Fühler an) schaufelförmig verbreitert, bei ♂ und ♀ nicht auffallend verschieden (Abb. 109 C); Körperlänge wenigstens 4 bis 6 mm 10

– Rüssel zylindrisch bis konisch, ziemlich gleichbreit oder zur Spitze zu etwas verbreitert, beim ♀ länger als beim ♂ 11

[6] Für die Präparation der Genitalorgane werden mit einer Präpariernadel die letzten Bauchplatten geöffnet und der ganze Genitalapparat herausgezogen. Am besten dafür eignen sich frisch abgetötete Tiere. Bereits trockene Käfer muss man vorher in Wasser (12–24 Stunden) oder auf feuchtem Quarzsand (24–48 Stunden) aufweichen. Die Präparation erfolgt auf einem Objektträger in einem Tropfen Wasser unter dem Binokular.

10. Halsschild mit Mittelkiel auf der basalen Hälfte, beiderseits davon mit kräftig punktiertem Eindruck. Scheibe fein punktiert, an den Seiten kräftiger. Zwischenräume der Punktstreifen auf den Flügeldecken nicht breiter als diese. Dunkelbraun bis schwarz. Körperlänge 4,5–5 mm . . . . *Cossonus linearis* (FABRICIUS, 1775)
in feuchtem Laubholz.

– Halsschild ohne deutlichen Mittelkiel, der Kielansatz setzt sich nur in einer punktfreien Fläche bis zur Halsschildmitte fort. Scheibe fein und weitläufig gleichmäßig punktiert. Zwischenräume der Punktstreifen auf den Flügeldecken breiter als diese. Schwarz oder dunkelbraun. Körperlänge 4,5–6 mm . . . *Cossonus parallelepipedus* (HERBST, 1795)
in feuchtem Holz, z. B. an unterirdisch verlegten hölzernen Wasserleitungsröhren.

11. Rüssel beim ♀ 3 ×, beim ♂ 2 × so lang wie breit 12
– Rüssel beim ♀ höchstens eineinhalbmal so lang wie breit, beim ♂ sogar kürzer als breit 13

12. Halsschild an den Seiten gerundet, am Vorderrand nur wenig schmäler als am Hinterrand, deutlich schmäler als beide Flügeldecken zusammen breit. Diese sind oval, hinten geschlossen, mit abgerundeten Schulterecken und deutlich vertieften Punktstreifen. Zwischenräume mit feiner Punkt- und deutlicher Haarreihe. Schildchen nicht sichtbar. Schwarzbraun, glänzend, Fühler und Tarsen heller rötlich braun (Abb. 109 A). Körperlänge 2,8–4 mm . . . . *Pselactus spadix* (HERBST, 1795)
neigt zur Rassenbildung. Schädlich in feuchtem verbautem Nadelholz in Gebäuden und Hafenanlagen.

– Halsschild konisch, am Vorderrand weniger als halb so breit wie am Hinterrand (Abb. 109 D) und so breit wie die beiden, vorn parallelseitigen Flügeldecken zusammen; diese verjüngen sich nach hinten und klaffen in der Mitte auseinander, mit kräftigen Längsstreifen. Schildchen sichtbar. Rot- bis dunkelbraun. Körperlänge 2,7–4 mm . . . . *Pentarthrum huttoni* WOLLASTON, 1873
besonders in feuchtem Laubholz, in Kellern, in nassfaulen Fußbodenbrettern, Scheffeln und Weinfässern.

13. Kopf hinter den seitenständigen, kräftig vorgewölbten Augen konisch verbreitert; Halsschild konisch, länger als breit; Rüssel kürzer oder so lang wie breit, so breit wie der Kopf zwischen den Augenvorderrändern, oberseits abgeflacht. Flügeldecken mit groben Punktstreifen. 3,5–5 mm große Arten, mit der Lupe betrachtet auf der Oberseite kahl erscheinend 14
– Kopf kugelig mit nicht oder kaum vorgewölbten, mehr nach vorn als nach der Seite gerichteten Augen; Halsschild im Umriss eiförmig, am Vorder- und Hinterrand schmäler als

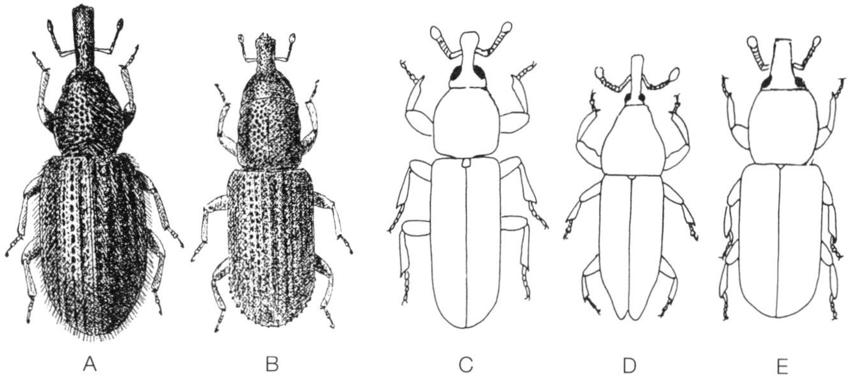

Abb. 109: Cossoninae: A *Pselactus spadix*, B *Hexarthrum exiguum*, C *Cossonus* sp., D *Pentarthrum huttoni*, E *Stereocorynes truncorum* (A, B aus VOSS, 1955 b, C–E in Anlehnung an FREUDE, HARDE, LOHSE 1983).

in der Mitte. Rüssel beim ♀ um die Hälfte oder ein Drittel länger als breit. Flügeldecken mit kräftigen Punktstreifen. 2,4–3,4 mm große Arten 15

14. Halsschild mit etwas länglichen, kräftigen Punkten, die an den Seiten dichter stehen, wodurch sie runzlig punktiert erscheinen. Flügeldecken mit stumpfen, kielförmig erhabenen Zwischenräumen mit jeweils feiner deutlicher Punktreihe; der 7. Zwischenraum ist hinten und der 9. vollständig stärker kielförmig erhaben und vor der Spitze miteinander verbunden. Pechschwarz, Beine heller. Körperlänge 4–5 mm . . . . *Rhyncolus (Eremotes) elongatus* (GYLLENHAL, 1827)

technischer Schädling von im Freien verwendetem Kiefern-, Fichten- und Lärchenholz, z. B. in Schindeln und Brettern auf einer Umfassungsmauer oder in Pfählen besonders im Erde-Luft-Bereich, auch in Laubholz in ähnlicher Beschaffenheit.

– Halsschild fein und dicht, gleichmäßig punktiert. Flügeldecken mit schwach gewölbten Zwischenräumen mit jeweils sehr feinen Punktreihen. Sie sind nicht schmäler als die groben Punktstreifen. Der 9. Zwischenraum ist zur Spitze etwas, der 7. überhaupt nicht kielförmig erhaben. Rotbraun bis pechschwarz. Körperlänge 3–4,5 mm . . . . *Rhyncolus (Eremotes) chloropus* LINNAEUS, 1758) (= *ater* LINNAEUS, 1758)

Lebensweise und Schädlichkeit wie die vorige Art, mit der sie auch vergesellschaftet auftritt. Häufiger als diese.

15. Zwischenräume zwischen den kräftigen Punktstreifen auf den Flügeldecken gegen die Seiten zu und hinten nach außen feinkielig und im hinteren Teil fein raspelartig mit spitzen Kerbzähnchen versehen. Halsschild kräftig und dicht punktiert, aber nicht oder nicht deutlich lederartig genarbt, daher glänzend; ziemlich parallelseitig. Fühlergeißel 6gliedrig. Einfarbig rotbraun (Abb. 109 B). Körperlänge 2,4–3,5 mm . . . . **Grubenholzkäfer,** *Hexarthrum (Rhyncolus) exiguum* (BOHEMAN, 1838) (= *culinaris* auct.)

in Grubenholz, feuchten Sperrholzverkleidungen, Fußbodenbrettern und Holzhäusern aus Laub- und Nadelholz.

– Zwischenräume zwischen den kräftigen Punktstreifen auf den Flügeldecken schmal und mit einer äußerst feinen Punktreihe, aber ohne Kerbzähnchen. Halsschild etwa so lang wie breit, nach vorn stärker verengt, am Hinterrand nicht ganz so breit wie die Flügeldecken zusammen, dicht und ziemlich fein punktiert. Fühlergeißel 7gliedrig. Dunkelbraun, Fühler und Tarsen heller (Abb. 109 E). Körperlänge 2,8–3 mm . . . . *Stereocorynes (Rhyncolus) truncorum* (GERMAR, 1824)

Schädlich in Gebäuden an feuchten Balken und Fußbodendielen.

46 Borkenkäfer, Scolytidae

Als Materialschädlinge kommen in Mitteleuropa nur 3 Arten der Gattung *Xyloterus* ERICHSON, 1863 *(= Trypodendron)* in Frage, die sich folgendermaßen unterscheiden.

1. Fühlerkeule am Ende zugespitzt (Abb. 70 A), Halsschild ganz schwarz oder zum Teil rotgelb, Flügeldecken rotgelb, an der Spitze beiderseits gefurcht. Körperlänge 3,5 mm . . . . **Buchennutzholzborkenkäfer,** *Xyloterus domesticus* (LINNAEUS, 1758)

– Fühlerkeule am Ende abgerundet 2

2. Flügeldecken an der Spitze nicht gefurcht, sondern grob punktiert, gestreift an den Seiten etwas ungeordnet. Körperlänge 3,5 mm . . . . **Eichennutzholzborkenkäfer,** *Xyloterus signatus* (FABRICIUS, 1787)

in harten Laubhölzern.

– Flügeldecken fein punktiert, auch an den Seiten regelmäßig. Gelbbraun mit dunklen Längsstreifen (Abb. 110 A). Körperlänge 3,5 mm . . . . **Gemeiner oder Linierter Nutzholzborkenkäfer,** *Xyloterus lineatus* (OLIVIER, 1795)

Brutgänge in Nadelhölzern (Abb. 110 B).

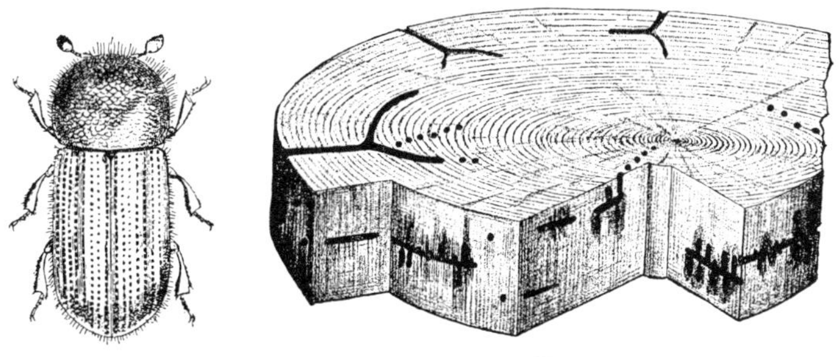

Abb. 110: Scolytidae: A Linierter Nutzholzborkenkäfer, *Xyloterus lineatus*, B seine Brutgänge im Nadelholz. Auf der Querschnittfläche drei Brutbilder mit je zwei Brutröhren, außerdem einige angeschnittene Leitersprossen, Bruthöhlen oder Larvengänge. Auf der längsgespaltenen Fläche sind teils radiäre Eingangsröhren und Leitergänge, teils in der Richtung der Jahresringe oder diese kreuzende Leitergänge zu erkennen (A aus Escherich, B aus Eckstein).

47 Übersicht über die wichtigsten Insektenschäden an Bau- und Werkholz nach den Fraßbildern (Tafel I bis IV)

Fraßschäden an Bau- und Werkholz werden hauptsächlich von Käferlarven, seltener auch von den Vollkerfen verursacht. Sie sind zum Teil so charakteristisch, dass man danach oft nicht nur die Gattung, sondern sogar die Art des Schädlings bestimmen kann. Die Fraßbilder im Holz sind beständig und daher auch dann noch vorhanden, wenn die Insekten das Holz bereits verlassen haben. Weil manche Insekten nur frisches Holz vor der Verarbeitung befallen, das ausgetrocknete verbaute Holz aber nicht mehr zur Fortpflanzung benutzen können, andere aber gerade im verbauten Holz weiterhin Generationen erzeugen können, ist es für die Praxis wichtig, schon am Fraßbild abschätzen zu können, ob es von bereits ausgestorbenem Befall herrührt und daher Bekämpfungsmaßnahmen nicht angebracht sind, oder ob es auf noch lebenden Befall hindeutet und weitere Untersuchungen nötig macht. Da die Fraßschäden auch von Ameisen und Holzwespen herrühren können, sind auch diese in der nachfolgenden Tabelle mit berücksichtigt. Mit Importhölzern können häufig faunenfremde Holzschädlinge eingeschleppt werden, so besonders Termiten (Tabelle 9), Splintholzkäfer (Tabelle 35), Bohrkäfer (Tabelle 36) und Bockkäfer, für deren genaue Bestimmung Spezialliteratur benutzt werden muss. Die häufigsten Schäden an Bauholz rühren bei uns von den in der folgenden Übersichtstabelle zusammengestellten drei Insektengruppen her, von denen der Hausbock und Arten der Nagekäfer sich in verarbeitetem Holz, ersterer nur von Nadelbäumen, letztere auch in dem von Laubbäumen, fortpflanzen können und daher die größte wirtschaftliche Bedeutung haben, während die Holzwespen und andere Bockkäfer nur in Neubauten auftreten, in die sie als Larven oder Puppen im Holz eingebaut wurden, nach dem Schlüpfen aber ins Freie streben, weil sie sich am verbauten Holz nicht weiter fortpflanzen können. Dasselbe gilt von den Borkenkäfern (Tabelle 46), Werftkäfern (Tabelle 28) und Düsterkäfern (Tabelle 40), während die Bohrrüssler (Tabelle 45:5, 9 ff.) sowie die Engdeckenkäfer (Tabelle 39) nur in feuchtem Holz leben und nur geringe wirtschaftliche Bedeutung haben, weil solche Hölzer gewöhnlich auch von Pilzen befallen sind, die viel schädlicher als die Käfer werden. In Importhölzern (Limba, Abachi) und Eiche erzeugen die Splintholzkäfer (Tabelle 35) ähnliche Fraßbilder wie der Gewöhnliche Nagekäfer, doch zerstören sie das Splintholz noch stärker, so dass von ihm nur eine pulverförmige Masse zurückbleibt.

Übersicht über die wichtigsten Bauholzschädlingsgruppen nach Fraßbild und Larvenformen

	Hausbockkäfer	Nagekäfer	Holzwespen
Beschaffenheit der Oberfläche des befallenen Holzes	unversehrt oder nur selten von ovalen Fluglöchern durchbrochen	von zahlreichen kleinen runden Fluglöchern durchbohrt	unversehrt oder nur selten von einem kreisrunden Flugloch durchbrochen
Die Fraßgänge verlaufen	dicht unter der Oberfläche, die meistens nur noch eine millimeterdicke Schicht ist	unregelmäßig verschlungen im Innern des Splintholzes	hauptsächlich in unregelmäßigen Spiralen um die Markröhren des Holzes ziehend.
Der Querschnitt der Fraßgänge ist	oval	rund	rund
Das Bohrmehl	füllt die Fraßgänge aus und rieselt nur aus Rissen im Holz heraus. Kot walzenförmig, an den Enden gerade abgeschnitten	wird aus den Bohrlöchern ausgeworfen; es ist weiß; mehlartig. Kot unregelmäßig walzenförmig, an den Enden zugespitzt, oder brotlaibförmig	wird in den Fraßgängen festgedrückt wie von den Bockkäfern; es ist hellgelblich, fein gekörnt
Gestalt der Larven	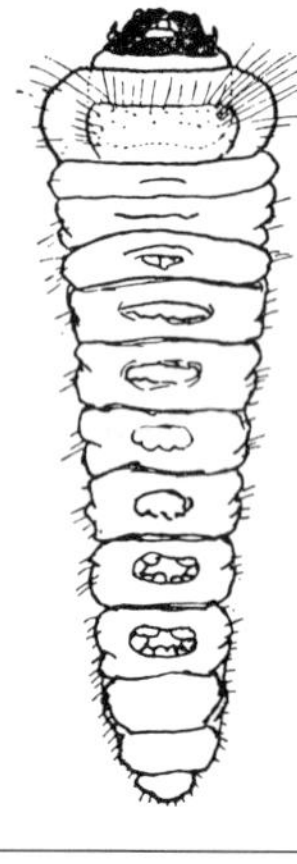	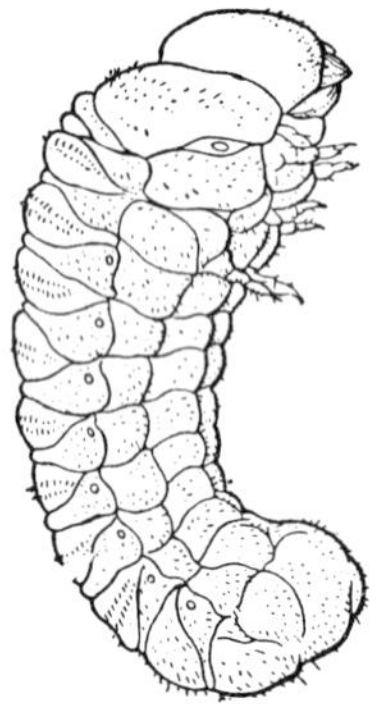	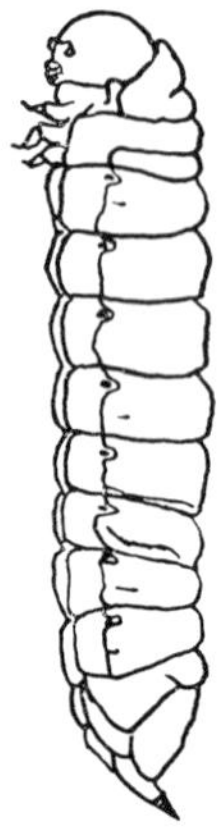

1. Das Holzinnere durchziehen große unregelmäßige Hohlräume ohne Fraßmehl. Besonders das Frühholz der Jahresringe ist entfernt, während das härtere Spätholz, wenn es nicht pilzgeschädigt ist und querlaufende Äste stehen geblieben sind 2
– Das Holz, besonders der Splint, wird von Fraßgängen mit rundem oder ovalem Querschnitt durchzogen 3
2. Starke Balken in Blockhäusern und Pfähle, die mit dem Erdboden in Verbindung stehen, sind ausgehöhlt, indem das weichere Frühholz als konzentrische Ringe von unten nach oben (u. U. bis in 10 m Höhe) vollständig entfernt ist, während die härteren Spätholzschichten (und querlaufende Äste) erhalten bleiben und konzentrisch ineinandersteckende Hohlzylinder bilden. Die Hohlräume sind Nestkammern eines Ameisennestes, besitzen aber in ihrer ganzen Länge keine Querwände, sind allerdings in ihrer durchgehenden Länge verschieden, indem die Zahl der Gänge von der Nestanlage nach oben hin abnimmt. Die Nestanlage bleibt in frischem, gesundem Holz auf das Kern- oder Reifholz beschränkt, das Splintholz wird nur selten ausgefressen. Die Hohlräume sind weder mit Fraßmehl noch

mit Kot gefüllt (Taf. III, B). Ist das Holz bereits von Pilzen befallen, z. B. von *Lenzites*, bleiben die Spätholzschichten nicht so verschont und die Gänge verlaufen unregelmäßiger. Der Eingang zum Nest liegt in Bodennähe und ist oft nur eine kleine Öffnung, durch die die Arbeiterinnen ein- und auslaufen und weiße Nagespäne aus dem Nest herausschaffen. In Häusern im Wald können durch die Ameisen Stützbalken bis zur Einsturzgefahr geschwächt werden. Es wird das Holz besonders von Nadelbäumen, insbesondere Fichte und Kiefer, selten von Laubbäumen befallen . . **Rossameisen**, *Camponotus* (Tabelle 22:16)

– Im Mauerwerk liegende Balkenköpfe bilden die Ausgangsstelle für die Zerstörung des gesamten Holzkörpers durch ähnliche, aber bedeutend kleinere Fraßgänge bis zur Baufälligkeit. Die Balken können, müssen aber nicht bereits von holzzerstörenden Pilzen befallen sein . . . . **Rotrückige Hausameise**, *Lasius brunneus* (Tabelle 22:21)

L. emarginatus nistet gern in von Pilzen oder Insekten geschädigtem Bauholz und wird dadurch zum Anzeiger von verborgenem Holzschädlingsbefall.

3. Die Wände der Fraßgänge sind durch abgestorbene Ambrosiapilze schwarz 4

– Die Wände der Fraßgänge sind von der Farbe des umgebenden Holzes 6

4. Einfache radial oder tangential verlaufende, meist geschlängelte, aber nie gegabelte oder mit Seitengängen bzw. -nischen versehene, vollkommen bohrmehlfreie Gänge mit einem runden Querschnitt von etwa 2 mm Durchmesser auf seiner ganzen Länge von etwa 20 cm in Laub (besonders Eichen- und Buchen-) und Nadel- (besonders Fichten- und Tannen-) holz. Befall kann so stark sein, dass das Holz zur Verwendung als Nutzholz nicht mehr geeignet ist (Taf. I, A). . . . . **Gewöhnlicher** oder **Sägehörniger Werftkäfer**, *Hylecoetus dermestoides* (Tabelle 28:2; 48:13)

Eiablage an stehende (kränkelnde) oder frisch gefällte Stämme, Larven bohren sich selbst ins Holz ein und schaffen das Bohrmehl rückwärts kriechend aus dem Einbohrloch heraus. Dazu wird der zuerst englumige Einbohrgang immer mehr erweitert, so dass schließlich der ganze Larvengang gleichweit ist. Die erwachsene überwinterte Larve schiebt sich im Larvengang rückwärts bis nahe an die Holzoberfläche und legt hier eine 15–20 mm lange und 4–5 mm hohe Puppenwiege an. Die Ausfluglöcher für den Käfer sind kreisrund und haben einen Durchmesser von 3–4 mm. Das von den Larven ausgeworfene Bohrmehl kann um das Auswurfloch ein trichterförmiges Häufchen auf der dem befallenen Holz anliegenden Innenseite der Borke oder auf der Schnittfläche gestapelter, befallener Bretter bilden (Taf. I, B).

– Radiär eindringende Gänge, meistens bald in zwei den Jahresringen folgende, in gleicher Ebene liegende Arme gegabelt, von denen nach oben und unten kurze zylindrische Gänge senkrecht abgehen (Leitergänge). Es sind von Käfern gebohrte Gangsysteme, die als Brutröhren dienen, die kurzen Gänge sind Larvengänge bzw. Puppenhöhlen. Sie sind deshalb nur kurz, weil sie nur Ruheplätze sind. Die Larven ernähren sich von den an den Gangwänden wachsenden Ambrosiapilzen 5

5. Brutgänge in Nadelholz; Einbohrloch 1–1,5 mm im Durchmesser (Abb. 110 B) . . . . **Gemeiner Nutzholzborkenkäfer**, *Xyloterus lineatus* (Tabelle 46)

– Brutgänge in Laubholz; Einbohrloch 1,5–2 mm im Durchmesser . . . . **Buchen-** und **Eichennutzholzborkenkäfer**, *Xyloterus domesticus* und *X. signatus* (Tabelle 46)

6. Gänge kurz, dringen fast senkrecht höchstens bis 20 mm in das Holz ein, Querschnitt rund, nicht mit Bohrmehl oder Kotballen gefüllt 7

– Gänge sind lang und mit Bohrmehl und Kot mehr oder weniger dicht ausgefüllt . . . 8

7. Gänge sehr kurz und dünn, stehen meistens zu mehreren dicht beieinander und werden zusammen auf der Oberfläche von einem dichten, filzartigen Gespinst bedeckt . . . . Puppenwiegen von *Nemapogon*-Arten (siehe Tabelle 59:11 ff.)

meistens in morschem Holz, als Holzschädlinge unbedeutend.

– Gänge mit einem Querschnitt von etwa 0,7 mm, im Holz gewöhnlich nur bis 20 mm, in weicheren Substanzen z. B. Kork, Textilien, Lederballen bis zu 50 mm lang . . . . von den erwachsenen Larven der **Speckkäfer** (*Dermestes*-Arten) angelegte Puppenwiegen. (Tabelle 29:2; 50:1 ff.)

besonders in Balken, Dielen und Stauholz in Lagerräumen für Häute und andere tierische Produkte. – Ähnliche, aber kleinere Gänge können gelegentlich auch in Kork oder weichem Holz von Diebkäfern, Ptinidae (Tabelle 38) angelegt werden.

A

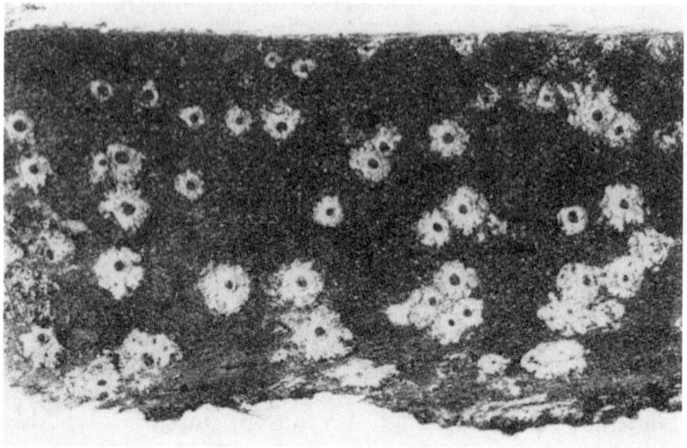

B

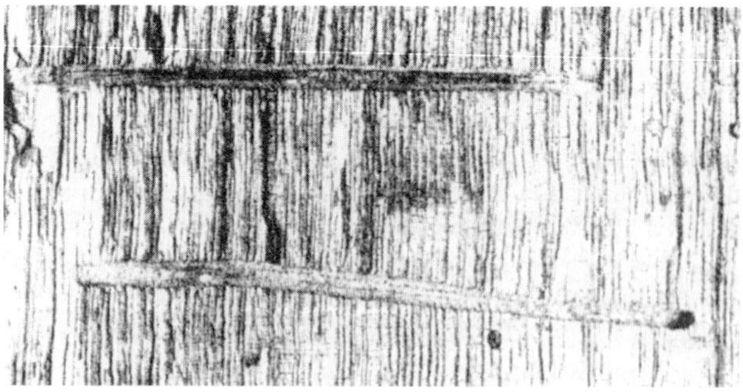

C

Tafel I: A, B *Hylecoetus dermestoides*: A Larvengänge in Fichtensplint (zum Teil nachgeschnitten), B Bohrmehlhäufchen um die Larvengänge an der Innenseite der Rinde. C *Lymexylon navale*: Larvengänge in Eichenholz. (A aus Koch, B und C aus Escherich).

Tafel II: A–D *Hylotrupes bajulus*: Käfer über Flugloch, B Bohrmehl mit Kotballen stark vergrößert, C Längsschnitt durch den Splintteil eines Balkens mit Larvengängen (a mit Bohrmehl, b mit rippelmarkenähnlichen Fraßspuren an den Wänden, o die vom Larvenfraß verschonte dünne Außenseite des Balkens), D Querschnitt durch einen befallenen Kiefernbalken. E *Ergates faber*: im Erd-Luft-Bereich von Larvengängen zerstörter Eichenpfahl, teilweise mit Fraßspänen gefüllt (sp), p Puppenwiege. A und C etwas natürliche Größe, D und E stark verkleinert. (Archiv Entomol. Abt. Zool. Mus. Univers. Hamburg)

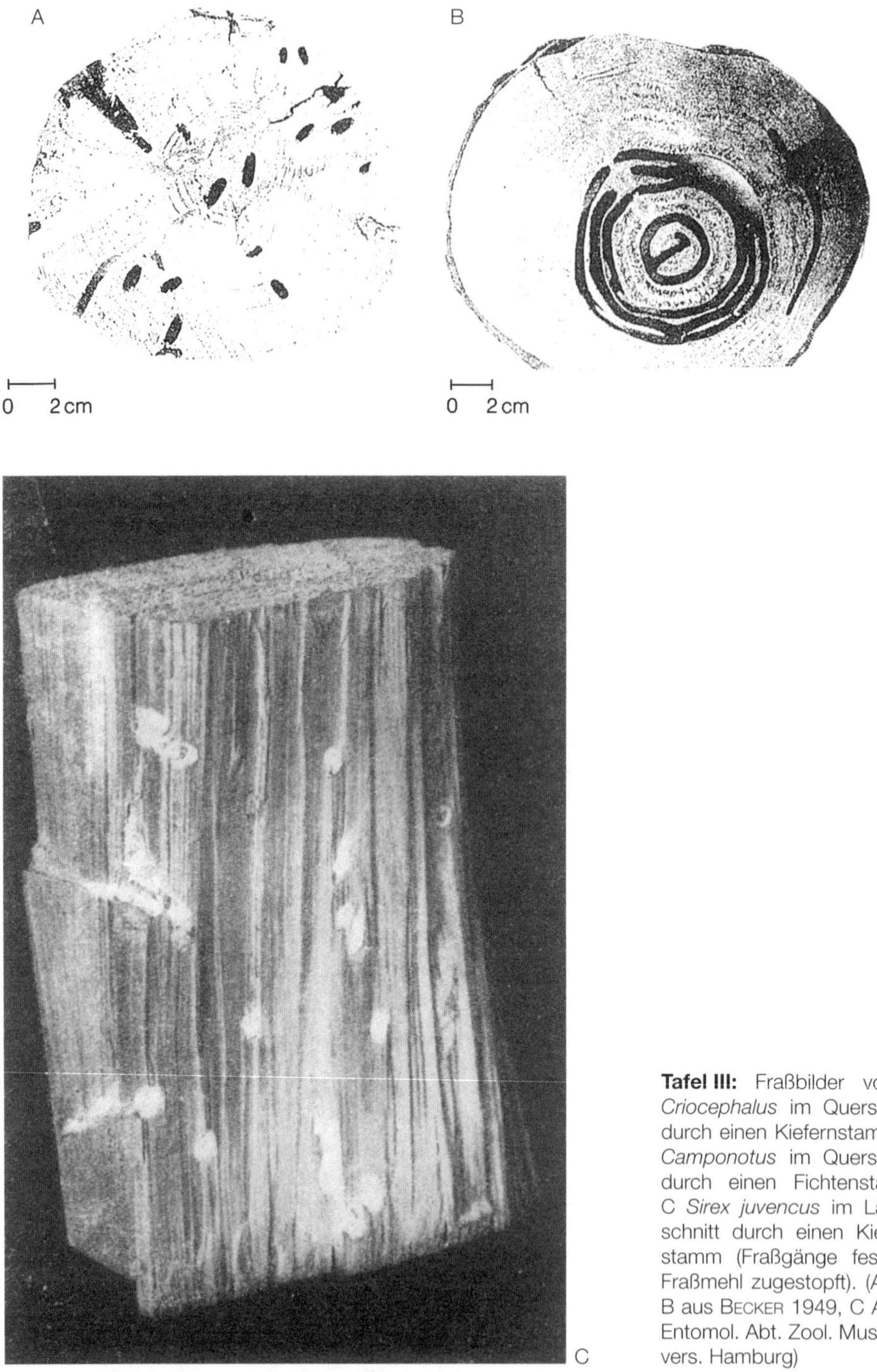

Tafel III: Fraßbilder von A *Criocephalus* im Querschnitt durch einen Kiefernstamm, B *Camponotus* im Querschnitt durch einen Fichtenstamm, C *Sirex juvencus* im Längsschnitt durch einen Kiefernstamm (Fraßgänge fest mit Fraßmehl zugestopft). (A und B aus Becker 1949, C Archiv Entomol. Abt. Zool. Mus. Univers. Hamburg)

A

B

Tafel IV: A *Anobium punctatum*: Befall des Fußes eines Möbelstücks von der Außenseite mit den runden Fluglöchern, im Längs- und Querschnitt. B *Xestobium rufovillosum*: Fraß in einem Eichenbalken. (Archiv Entomol. Abt. Zool. Mus. Hamburg).

8. Fluglöcher auf der Holzoberfläche länger als breit, etwa oval . . . . **Bockkäfer**, Cerambycidae (Tabelle 43 und 58) 9

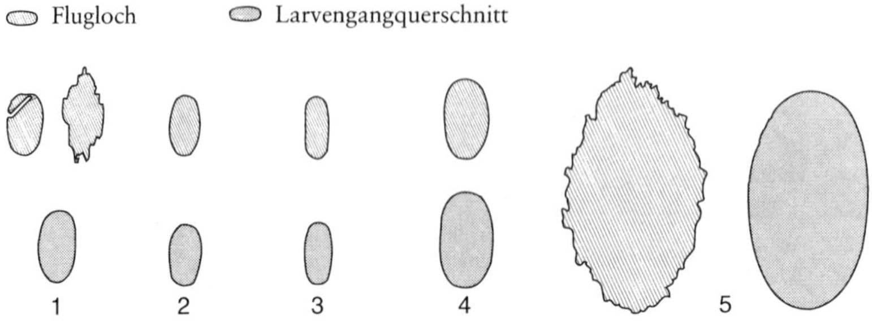

1 *Hylotrupes bajulus* (links mit glatten Rändern hauptsächlich in Freilandbauholz, rechts mit unregelmäßigen Rändern besonders in Holz unter Dach); 2 *Callidium violaceum, Phymatodes testaceus*; 3 *Callidium aeneum*; 4 *Criocephalus rusticus, C. tristis*; 5 *Ergates faber.*

– Fluglöcher auf der Holzoberfläche etwa kreisrund 12

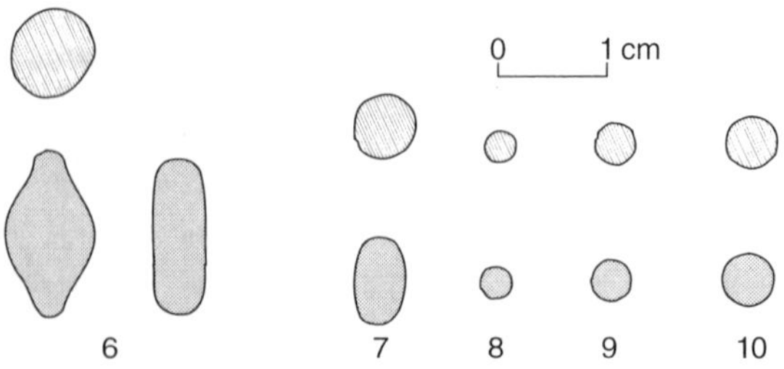

6 *Monochamus sartor, M. sutor, M. galloprovincialis* (bei letzterem meistens etwas kleiner); 7 *Leptura rubra*; 8 *Anobium punctatum* (größter Durchmesser, meist kleiner; oft finden sich zwischen den Fluglöchern noch viel kleinere, ebenfalls runde von *Spathius*) 9 *Calopus, Serropalpus, Dendrobium, Xestobium, Sirex*; 10 *Urocerus* (diese variieren wie die von *Sirex* in der Größe sehr stark).

Schemata der Flugloch- und Gangquerschnitte bei ausgewachsenen Larven häufiger holzzerstörender Insekten in natürlicher Größe zur Erleichterung der Bestimmung von Fraßbildern (nach Becker 1949).

9. Ränder des Flugloches gewöhnlich unregelmäßig gezackt, weil sich der schlüpfende Käfer durch die von der das Flugloch vorbereitenden Larve stehengelassene, papierdünne Holzhaut hindurchzwängt (Schema 1 und 5) 10
– Ränder des Flugloches sind glatt (Schema 2, 3, 4) 11
10. Größter Durchmesser des Flugloches 6–10 mm, nur in verbautem Nadelholz, vorwiegend im Holz der Dachkonstruktionen von Häusern, seltener in Zaunpfählen, Telegrafenstangen usw. Larvenfraß hauptsächlich in den rindennahen Holzbereichen, in Balken dicht unter der Oberfläche, die gewöhnlich nur noch als millimeterdicke Schicht stehen bleibt. In Kiefer- und Lärchenholz wird nur der Splint, der Kern aber kaum zerstört. Bei Fichte und Tanne wird auch das innere Reifholz zerfressen. Die Larvengänge haben einen querovalen Querschnitt, können aber in den eiweißreicheren äußeren Schichten platzförmig erweitert sein. Sie sind mit einem Gemisch von feinem staubförmigen Bohrmehl, einzelnen Spänen und holzfarbenen, walzenförmigen Kotballen von einem Durchmesser-Längenverhältnis von 1:2 bzw. 2,5 gefüllt. Die Fraßgangwände zeigen in trockenem Holz rip-

pelmarkenähnliches Muster. Befall von Möbeln und Baukonstruktionen im unteren Teil des Gebäudes sind seltener (Schema 1, Taf. II, A–D) . . . . **Hausbockkäfer**, *Hylotrupes bajulus*

– Größter Durchmesser des Flugloches 20–25 mm hauptsächlich im Erde-Luftbereich von Pfählen, Telegrafenmasten usw. und in Fachwerkholz in feuchtem Mauerwerk. Besonders in Kiefernholz durchziehen die sehr großen Fraßgänge mit ovalem Querschnitt von bis zu 25 × 15 mm dicht das Splintholz, die mit Spänen, Holzmehl und walzenförmigen Kotballen mit einem Durchmesser-Längenverhältnis von 1 : 2,5 gefüllt sind (Schema 5, Taf. II, E) . . . . **Mulmbock**, *Ergates faber*

11. Fraßgänge nur zwischen Rinde und Splint, der oberflächlich gefurcht wird. Nur die erwachsene Larve bohrt sich zur Verpuppung etwas tiefer in Form eines Hakenganges ins Holz ein. Fraßmehl besteht aus braunen und hellen Kotballen. Nur in Neubauten an baumkantigem Holz, gelegentlich auch mit Brennholz für offene Kamine in die Häuser eingeschleppt. Der Befall hat im Freien stattgefunden, an trockenes Holz werden keine Eier abgelegt. Flugloch Schema 2 und 3. . . . . **Blauer Scheibenbock**, *Callidium violaceum* und verwandte Arten.

– Fraßbild wie bei *Hylotrupes* (siehe oben unter 10), aber die Larvengänge durchziehen häufig das Kernholz (Taf. III, A), lebender Befall nur in frisch verbautem Holz. Darin können sich ältere Larven in 1 bis 2 Jahren zum Käfer entwickeln, auch wenn sein Wassergehalt unter 25 % sinkt. Eilarven können sich dann aber nicht mehr entwickeln, weshalb der Befall nach genügender Austrocknung in der Regel bald ausstirbt . . . . **Grubenhalsbock**, *Criocephalus rusticus*, *C. tristis*.

Die schlüpfenden Käfer verursachen oft sekundären Schaden durch Durchbohren von Fußbodenbelägen oder Kisteninhalt.

12. Durchmesser der Fluglöcher 4–7 mm, nur in Nadelholz 13

– Durchmesser der Fluglöcher kleiner als 4 mm, wenn sie 4 mm erreichen, dann linsenförmige Kotballen im Fraßmehl; auch in feuchtem Holz ohne Fluglöcher 16

13. Nur in ständig immer wieder befeuchtetem Holz wie z. B. in Holzbrückenkonstruktionen, Hafeneinbauten, Holzpfählen im Erd-Luft-Bereich, Bauholz, das durch einen Wasserablauf ständig befeuchtet wird u. dgl 14

– Nur in Neubauten im frischen Bauholz 15

14. Flugloch kreisrund mit einem Durchmesser von 5–7 mm, nur in Nadelholz, oft in Verbindung mit Pilzbefall *(Lenzites)*; die im Querschnitt ovalen Fraßgänge durchziehen das Holz nach allen Richtungen und sind mit verhältnismäßig viel feinem Nagemehl, Spänen und an beiden Enden gerundeten und dadurch fast kugelig erscheinenden Kotwalzen angefüllt. Dieser Inhalt ist in sich fest zusammengepresst, lässt sich allerdings leicht zerkrümeln und haftet den Gangwänden nur locker an. Nur in Häusern und Blockhütten in Waldgebieten gelegentlich schädlich (Schema 7) . . . . . **Rothalsbock**, *Leptura rubra*

Ähnliches Fraßbild zeigt der **Waldbock**, *Spondylis buprestoides* (Linnaeus, 1758), doch haben seine Fluglöcher einen Durchmesser von 6–9 mm. Er hat keine wirtschaftliche Bedeutung, zumal sich seine Larven am besten in pilzzerstörtem Holz entwickeln.

– Fluglöcher rundlich, etwas in die Länge gezogen, meistens in Nadelholz, gelegentlich auch in Laubholz, das periodisch befeuchtet wird, wie z. B. in Hafeneinbauten oder Holzbrücken durch die Gezeiten, in Lastkähnen der Flussschiffahrt, kaum in Häusern. Die großen Fraßgänge folgen den Frühholzschichten; sie sind angefüllt mit langen, groben, zu einem Knäuel verflochtenen Nagespänen und unregelmäßig rundlichen, scheiben- bis kegelförmigen Kotballen . . . **Scheinbock**, *Nacerda melanura* (Tabelle 39; Abb. 112 D)

15. Der Querschnitt der Fluglöcher variiert von 4–7 mm entsprechend der großen Variabilität der Imagines in ihrer vom Nahrungsangebot abhängigen Körpergröße. Larvengänge mit Bohrmehl so fest zugestopft, dass es auch aus angeschnittenen Gängen an Brettern nicht herausfällt und der Befall dadurch leicht übersehen wird (Schema 9 und 10, Taf. III, C) . . . . **Holzwespen**, Siricidae (Tabelle 18)

– Das Fraßbild ist von dem vorhergehend beschriebenen nicht zu unterscheiden, wird aber von Käferlarven hervorgerufen . . . . *Serropalpus barbatus* (Tabelle 40)
Ein ähnliches Fraßbild zeigt auch *Calopus serraticornis* (Tabelle 39), doch kommt er nur selten vor.

16. Fraßgänge fast nur auf die Rinde von Nadelholz beschränkt, Kot aus braunen oder holzfarbenen, linsenförmigen, bei kleineren Larven bisweilen eiförmigen bis kugeligen, dann aber immer braunen Ballen bestehend. Das Splintholz wird nur 1–3 mm tief angegriffen. Befall von baumkantigem Bauholz in Neubauten ist von geringer Bedeutung, da er von selbst aufhört, wenn die Rindenstücke abgefallen sind und der Käfer trockenes und unberindetes Holz nicht mit Eiern belegt. Unangenehme Schäden entstehen aber, wenn befallenes Holz mit lebenden Larven als Mittelschicht von Sperrholzplatten mit Deckfurnieren aus Edelhölzern verwendet und vor allem zu Möbeln verarbeitet wird. Die Käfer schlüpfen dann aus den «Edelholzplatten» aus, indem sie diese mit ihren 2–3 mm großen Fluglöchern durchbohren . . . . **Weicher Nagekäfer,** *Ernobius mollis.* (Tabelle 37:7).
– Fraßgänge nicht unter der Rinde, sondern im Innern des Holzes 17

17. Ein streckenweise vollständig gerade verlaufender Gang, der an der Oberfläche haarfein beginnt, dringt – allmählich eine Weite von 1,5–2 mm erreichend – in radialer Richtung in das Holz ein bis zur Stammitte in den Kern. Von ihm zweigen nach oben und unten im Frühholz verlaufende sekundäre Gänge ab von 1–6 cm Länge, die blind enden und dicht mit Bohrmehl vollgestopft sind, während in dem Hauptgang das Bohrmehl nur pfropfenartig auf mehrere Millimeter abgelagert ist. Die erwachsene Larve kehrt zum Ausgangspunkt ihres Fraßganges wieder zurück, wo sie sich dicht unter der Oberfläche verpuppt. Nur in Eichenholz. Fluglochdurchmesser 1,5–2,5 mm. Bis zum Schlüpfen der Käfer bleibt der Schaden verbogen (Taf. I, C) . . . . **Schiffswerftkäfer,** *Lymexylon navale* (Tabelle 28; Abb. 112 B)
– Die im Querschnitt ziemlich runden Larvengänge folgen den Frühholzschichten der Jahresringe; Kernholz bleibt in der Regel verschont 18

18. Die Larvengänge sind mit einem feinen pulverartigen Bohrmehl fast völlig ohne feste Partikel fest verstopft 19
– Die Larvengänge enthalten Bohrmehl und charakteristisch geformte Kotballen . . . 20

19. Nur in Laubholz, auch in ausländischem wie Abachi und Limba, in Schnitt- und Sperrholz auf Holzlagern und in Möbelstücken. Das ganze Splintholz kann in Bohrmehl verwandelt sein, aber eine papierdünne Oberflächenschicht bleibt vom Larvenfraß immer verschont. Sie wird oft von zahlreichen rundlichen (mit ausgefransten Rändern unregelmäßig erscheinenden) Fluglöchern mit einem Durchmesser um 1 mm durchbrochen . . . . **Splintholzkäfer,** *Lyctidae* (Tabelle 35).
– In hartem Laubholz und Tannenholz, in Tischlerholz, Furnieren, Geräten und Möbeln. Das feine Bohrmehl ist in den Larvengängen so fest zusammengepresst, dass es sich nur schwer entfernen lässt und daher bei der Holzverarbeitung leicht übersehen werden kann. Fluglöcher 1–1,5 mm im Durchmesser . . . . **Gekämmter Nagekäfer,** *Ptilinus pectinicornis* (Tabelle 37:2).

20. Fluglöcher 4 mm im Durchmesser in feuchtem, meist pilzbefallenen Laubholz, nur sehr selten in Nadelholz. Spielte als Bauholzzerstörer in früheren Zeiten, wo Eichenbalken für Fachwerkbauten verwendet wurde, eine bedeutend größere Rolle als jetzt. Kotballen flachlinsenförmig mit einem Durchmesser von fast 1 mm (Taf. IV, B) . . . . **Gescheckter Nagekäfer,** *Xestobium rufovillosum* (Tabelle 37:7 b).
– Fluglöcher kleiner als 4 mm im Durchmesser oder sehr selten bis ganz fehlend trotz eines starken inneren Befalls 22

21. In trockenem Bau- und Werkholz aller Art: in Möbeln, Treppen, Türen- und Fensterumrahmungen, Holzdielen, Holzverschlägen, Holzplastiken, Bauholz in Wohnhäusern und Wirtschaftsgebäuden, in feuchteren und kälteren Räumen lieber als in trocknen und wärmeren, selten auf dem Dachstuhl mit *Hylotrupes* zusammen, weil dessen optimale Entwicklungstemperatur von *Anobium* nicht mehr vertragen wird, in Laub- und Nadelholz.

Bei starker Zerstörung der Frühholzschichten in letzterem kann es zu einem Auseinanderfallen der Spätholzschichten kommen, die von Löchern durchbohrt sind. Das Bohrmehl besteht hauptsächlich aus eiförmigen, an beiden Enden zugespitzten Kotballen und nur wenig ungefressenem Holzmehl. Das Kernholz bleibt verschont. Die Holzoberfläche weist oft sehr viele Fluglöcher mit einem Durchmesser von 1–2,5 mm auf, dazwischen finden sich oft noch bedeutend kleinere Fluglöcher von Parasitoiden, vor allem von dem häufigen *Spathius exarator* (Tabelle 19:9). Bei Erschütterung fällt aus den Fluglöchern häufig Bohrmehl heraus, das sich auf dem Boden in kleinen Häufchen ansammelt und den Befall verrät; es wird nicht von den Larven ausgestoßen (Schema 8, Taf. IV, A). . . . . **Gewöhnlicher Nagekäfer**, *Anobium punctatum* (Tabelle 37:6).

– In feuchtem und meistens auch pilzbefallenem Bauholz 23

22. Fluglöcher 2–3 mm im Durchmesser. Kotballen länglich, vierkantig, an einem Ende schmäler, leicht zugespitzt. Sekundäre Schädlinge ohne große wirtschaftliche Bedeutung, weil sie nur so weit im Holz fressen, wie der Pilzbefall reicht, der schon allein die Holzfestigkeit vermindert hat (Schema 9) . . **Schwammholz-Nagekäfer**, *Priobium carpini* und **Trotzkopf**, *Dendrobium pertinax* (Artunterscheidung nur an den Käfern Tabelle 37).

– Fluglöcher sehr selten, trotz starken inneren Befalls, wenn vorhanden in geringer Zahl und kleiner als 2 mm. Die Holzoberfläche bleibt trotz starkem Befall unversehrt. Fraßbild wie bei Anobium, Kot eiförmig bis kugelig, charakteristisch ist, dass mehrere Kotballen perlschnurartig zusammenhängen und dass noch die glasigen eiförmigen Kotballen der Käfer dazukommen, die monatelang leben, das Holz fressen und nicht verlassen, solange es noch zur Fortpflanzung geeignet ist . . . . **Bohrrüssler**, Cossoninae (Tabelle 45:9 ff.)

48 Bestimmungstabellen für die Käferlarven

Die Bestimmung der Käferlarven ist nur unvollkommen möglich. Zum Teil sind sie noch nicht genügend bekannt, zum Teil sind die Unterschiede nur durch sehr genaue Untersuchungen festzustellen, die Präparate von den Mundwerkzeugen nötig machen. Die vorliegenden Tabellen beschränken sich daher nur auf die Larven der häufigsten Arten, so weit sie durch verhältnismäßig einfache Untersuchungen bestimmt werden können. Eine genauere Tabelle für alle als Vorratsschädlinge vorkommenden Käferfamilien findet sich in H. E. Hinton: A monograph of the beetles associated with stored products, Bd. 1, S. 12–16, London (British Museum) 1945. Weitere fortführende Literatur wird bei den einzelnen Familien angegeben.

1. Larven ohne Beine 2

– Larven mit Beinen 8

2. Larven lang gestreckt, weiß oder gelblich, mit braunen Mundwerkzeugen. Kopf in die Vorderbrust ziemlich weit eingezogen 3

– Larven nicht lang gestreckt, kurz und dick, mehr oder weniger bauchwärts gekrümmt, weiß, weichhäutig. Kopf wenigstens zum Teil braun 4

3. Mittel- und Hinterbrust viel schmäler als die stark erweiterte Vorderbrust. Hinterleibsringe sehr schlank (Abb. 112 A) . . . . **Prachtkäfer**, Buprestidae

unter der Rinde frisch gefällter und lebender Bäume. Keine eigentlichen Vorrats- und Materialschädlinge.

– Mittel- und Hinterbrust ebenso breit oder fast ebenso breit wie die Vorderbrust. Hinterleibsringe verjüngen sich ganz allmählich nach hinten etwas (Abb. 127). In Holz oder unter der Rinde . . . . **Bockkäfer**, Cerambycidae (siehe Tabelle 58)

4. Larven leben im Holz 5

– Larven leben in Pflanzensamen oder an Wurzeln 7

5. Nur in feuchtem Holz (hölzerne Wasserleitungsrohre, Grubenholz). Fraßbild ähnlich wie bei Pochkäferfraß . . . . **Rindenrüssler**, Cossonini (Curculionidae)

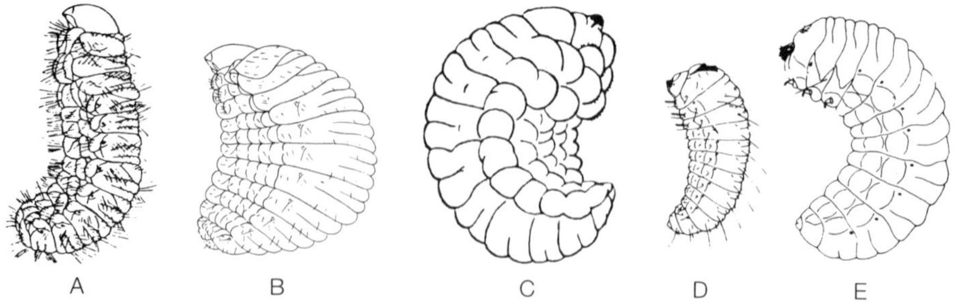

Abb. 111: Beinlose Käferlarven A von *Araecerus fasciculatus*, B *Sitophilus granarius* und C *Zabrotes subfasciatus*, D erstes und E letztes Larvenstadium von *Caryedon serratus* mit kurzen Beinen, die dazwischenliegenden Stadien dagegen sind wie C beinlos. (A und C nach ZACHER, B nach LEPESME, D und E nach PREVETT).

– Fraßbild ein typischer Leiterfraß (Abb. 110) . . . . **Borkenkäfer**, Scolytidae
6. Larven entwickeln sich in Pflanzensamen 7
– Larven im Erdreich an Wurzeln, mit deutlichen groben Haaren, ausgewachsen ca. 10–12 mm lang . . . . **Dickmaulrüssler**, *Otiorhynchus*-Arten

Der **Gefurchte Dickmaulrüssler** *Othiorhynchus sulcatus* (FABRICIUS,1775) ist die häufigste Art in Blumentöpfen und Pflanzcontainern, ein starker Fraß an den Wurzeln führt zu vorzeitiger Welke, beim Schälen des Wurzelhalses kommt es zum Totalausfall der Pflanze.

7. Larven mit langen, weichen Haaren (Abb. 111 A), in Kakao- und Kaffeebohnen, in Muskatnüssen und vielen anderen pflanzlichen Produkten aus feuchten Tropenländern . . . . **Kaffeebohnenkäfer**, *Araecerus fasciculatus* (DE GEER, 1775) (Anthribidae)
– Larven fast nackt, nur mit kurzen, oft schwer auffindbaren Borsten . . . . **Rüsselkäfer**, Curculionidae und **Samenkäfer**, Bruchidae

a) in Getreidekörnern und Teigwaren . . . . **Korn-, Reis- und Maiskäfer**, *Sitophilus*-Arten (Abb. 111 B).
b) in Haselnüssen und Maronen, oft nur in den frisch geernteten Früchten . . . . **Haselnussbohrer**, *Curculio. nucum* LINNAEUS, 1758
zum Überwintern im Erdreich verlassen die ausgewachsenen Larven die Früchte, an diesen sieht man dann nur noch die 2 mm großen Schlupflöcher.
c) in Hülsenfrüchten . . . . **Samenkäfer**, *Bruchidae* (Abb. 111 C). Die behaarten Eilarven besitzen 3 Paar Brustbeine und bei den Arten, die sich außerhalb der Samen verpuppen auch das letzte Larvenstadium (Abb. 111 D und E).

8. Larven lang gestreckt 9
– Larven mehr oder weniger bauchwärts zusammengekrümmt, oft sind auch die letzten Körperringe besonders dick, meistens weiß, mit braunem Kopf und spärlichen Haaren oder Dörnchen (Abb. 121) 25
9. Larven mit dunklen (schwarzen oder braunen), kräftigen, langen Haaren oder bunt mit behaarten Warzen und dornförmigen oft verzweigten Fortsätzen 10
– Larven mit dünner spärlicher Behaarung oder fast ganz unbehaart 11
10. Larven in Getreide oder an Getreidesäcken, braun behaart, auf den letzten Hinterleibsringen mit merkwürdigen Pfeilhaaren (Abb. 116 D) . . . . *Trogoderma*-Arten (siehe Tabelle 50)
– Larven leben an tierischen Substanzen (Haaren, Federn, Wolle und Wollstoffen, Därmen, Fellen, Leder usw.). Sie sind schwarz oder braun behaart (Abb. 114) . . . . **Speckkäfer**, Dermestidae (siehe Tabelle 50)
11. Vorderbrust am breitesten, die Larve verjüngt sich nach hinten zu allmählich (Abb. 112 B, C). Kopf in die Vorderbrust ziemlich weit eingezogen. Larven weiß oder gelblichweiß, Kopf ganz oder teilweise braun, wenig behaart. Im Holz 12

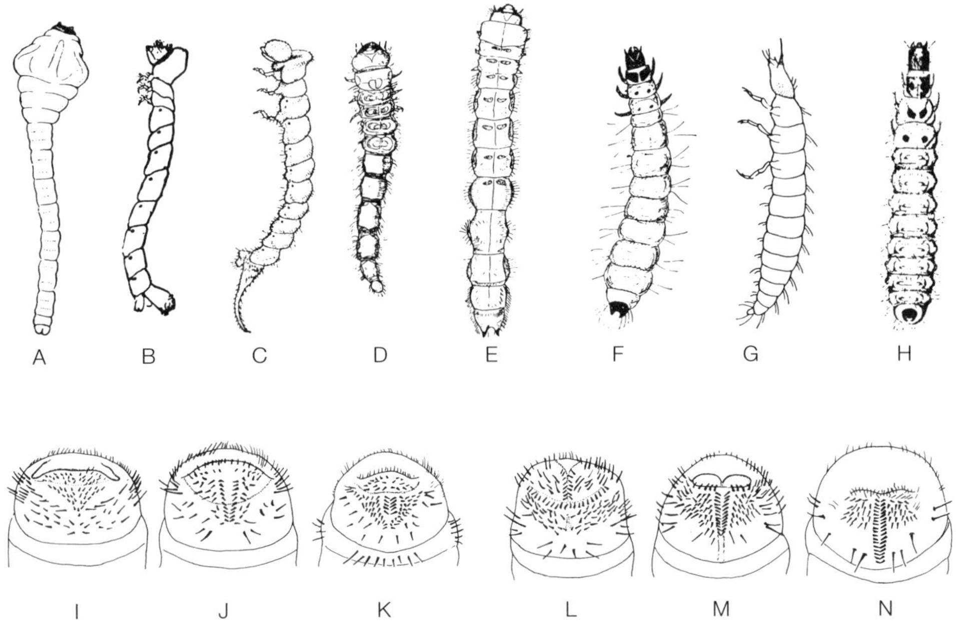

Abb. 112: Käferlarven: A Buprestide, B *Lymexylon*, C *Hylecoetus*, D *Nacerda*, E *Calopus*, F *Tenebroides*, G *Cartodere*, H *Thaneroclerus* (aus WEBER, ESCHERICH, WEIDNER, DINGLER). Hinterenden der Larven von Blatthornkäfern, I Maikäfer, *Melolontha* sp., J *Amphimallo solstitiale*, K *Serica brunnea*, L *Anomala dubia*, M *Phyllpertha horticola*, N Nashornkäfer, *Oryctes nasicornis*.

– Vorderbrust nicht breiter, bisweilen sogar schmäler als die übrigen Körperringe, Larven oft schwach gefärbt, mit feiner Behaarung oder fast unbehaart 16
12. Vorderbrust kapuzenartig (Abb. 112 B, C) 13
– Vorderbrust nicht kapuzenartig 14
13. Larven mit einem an der Spitze zweiteiligen und seitlich mit Zähnchen versehenem Schwanzfortsatz (Abb. 112 C). Bei jungen Larven ist das Hinterleibsende gerade abgestutzt und mit zwei langen Dornen bewaffnet . . . . . . *Hylecoetus* (Lymexylonidae)
– Larven mit einem zylindrischen, nach oben aufgetriebenen Hinterleibsfortsatz (Abb. 112 B) . . . . **Schiffswerftkäfer**, *Lymexylon* (Lymexylonidae)
14. 1. bis 7. Hinterleibsring mit Kriechwülsten auf dem Rücken (Abb. 127) . . . . **Bockkäfer**, Cerambycidae (siehe Tabelle 58)
– 6. und 7. Hinterleibsring ohne Kriechwülste auf dem Rücken 15
15. Hinterleibsende rund (Abb. 112 D). In von Wasser zeitweilig überflutetem Holz . . . . *Nacerda melanura* (LINNAEUS, 1758)
– Hinterleibsende mit zwei Hakenfortsätzen: in altem Holz von Hausdächern und Zaunpfählen (Abb. 112 E) . . . . *Calopus serraticornis* (LINNAEUS, 1758)
16. Vorderbrustring kapuzenartig (Abb. 112 B, C) 13
– Vorderbrustring nicht kapuzenartig 17
17. Hartschalige hell- bis dunkelbraune, wenig behaarte Larven 18
– Weichhäutige, weißliche oder zart gefärbte, dünn behaarte Larven 20
18. Larven, abgeplattet mit kräftigen langen Beinen, weit vorragenden Kiefern und langen Hinterleibsanhängen. Beine bestehen aus 6 Gliedern (Coxa, Trochanter, Femur, Tibia, Tarsus, Praetarsus) (Abb. 66). In Kellern und anderen Orten . . **Laufkäfer**, Carabidae

– Larven fast drehrund, mit kurzen, aus 5 Gliedern (Coxa, Trochanter, Femur, Tibiotarsus, Praetarsus) bestehenden Beinen und nicht hervorragenden Kiefern. Hinterleibsende ohne Anhänge, höchstens schwach gegabelt 19

19. Hinterleibsende in eine kräftige Spitze ausgezogen oder in zwei, von denen jede wieder mehr oder weniger stark gegabelt ist . . . . **Drahtwürmer** (= *Larven der Schnellkäfer),* Elateridae

in morschem Holz, bisweilen auch mit Feldfrüchten in die Keller eingeschleppt. Zu ihnen gehören verschiedene Pflanzenschädlinge.

– Hinterleibsende abgestumpft, mit 2 oder ohne Dornen . . . . **Schwarzkäfer**, Tenebrionidae (siehe Tabelle 57)

20. Hinterleibsende einfach abgerundet, ohne Dornen 21

– Hinterleibsende mit 2 oder 4 Dornen 22

21. Larven gelblichweiß mit bräunlichen Rückenplatten auf Brust- und Hinterleibsringen und auffallend großem, keulenförmigen 2. Fühlerglied, auf das nur ein sehr kleines, ringförmiges letztes Glied folgt (Abb. 118 B, b'). Sehr fein behaart. Hinterleibsende gerundet ohne auffallende Anhänge. Der ausstülpbare Enddarm dient als Nachschieber . . . . **Plattkäfer**, Silvanidae (siehe Tabelle 52)

– Larven ohne braune Rückenspangen (Abb. 112 G), in Hefe und schimmelnder oder modernen Substanzen . . . . **Moderkäfer**, Latridiidae (siehe Tabelle 54)

22. Larven mit 4 Hinterleibsdornen (Abb. 117). An Backobst, anderen Pflanzstoffen und Rauchfleisch . . . . **Glanzkäfer**, Nitidulidae (siehe Tabelle 51)

– Larven mit 2 Hinterleibsdornen 23

23. Kleine Larven, gewöhnlich unter 5 mm 25

– Große Larven, gewöhnlich über 5 mm, in Getreide, Kopra oder in allen Stoffen, die bereits von anderen Insekten befallen sind, auch in Häuten und Rauchfleisch 24

24. Larven schmutzigweiß mit schwarzem Kopf und je 2 schwarzen Punkten auf dem Rücken der Brustringe (Abb. 112 F). Bis 19 mm lang . . . . **Schwarzer Getreidenager**, *Tenebroides mauritanicus* (Linnaeus, 1758)

– Larven hellrot oder weißlich, einfarbig oder mit braunroten violetten Flecken oder vier roten Flecken auf jedem Körperring oder einfarbig, im Leben rot, in Alkohol weiß, mit je 2 dunkelbraunen Platten auf dem Rücken der Brustringe (Abb. 112 H) . . . . **Buntkäfer**, Cleridae (siehe Tabelle 49)

25. Nur an verschimmelten Vorräten oder in Räumen mit Schimmelrasen an den Wänden (Abb. 120 C) . . . . **Schimmelkäfer**, Cryptophagidae (siehe Tabelle 53)

– In Getreide und anderen Vorräten . . . . **Plattkäfer**, Cucujidae (siehe Tabelle 52)

26. Brustbeine 4gliedrig 27

– Brustbeine 3- oder 5gliedrig, Brustringe und Hiinterleibsringe annähernd gleich dick 28

27. Larven meist unter 10 mm; 1. Brustring stark aufgetrieben, Hinterleibsring viel dünner und eingekrümmt (Abb. 121 A) . . . . **Bohrkäfer**, Bostrichidae

– Larven meist größer, im Erdreich . . . . **Blatthornkäfer**, Scarabaeidae

Maikäferverwandte im weiteren Sinne, Larven bestimmbar am Dornenmuster am Hinterleibsende (Abb. 122 I–N). Viele Arten schädlich durch Fraß an Graswurzeln oder durch Wurzelfraß an anderen Pflanzen.

28. Larven im Holz 29

– Larven in anderen pflanzlichen und tierischen Substanzen (Abb. 121 C) . . . . **Brot-, Tabak-** und **Diebkäfer**, Anobiidae und Ptinidae (siehe Tabelle 56)

29. Brustbeine 3gliedrig. Atemloch des 8. Hinterleibsringes ist viel größer (etwa fünfmal so groß) als die Atemlöcher der vorhergehenden Hinterleibsringe (Abb. 121 B) . . . . **Splintholzkäfer,** *Lyctus* (Lyctidae)

– Brustbeine 5gliedrig. Atemlöcher aller Hinterleibsringe sind etwa gleich groß (Abb. 121 C) . . . . **Nagekäfer**, Anobiidae (siehe Tabelle 55)

49 Buntkäfer, Cleridae

1. Kopf mit einer hellen Y-Naht auf der Dorsalseite. Hinterende mit einer dunkelbraunen Chitinplatte mit 2 kleinen Höckern. Kopf und Halsschild dunkelbraun, auf dem Rücken von Meso- und Metathorax je 2 kleine dunkelbraune Platten, Körperfarbe rosenrot (bleicht in Alkohol rasch aus) (Abb. 112 H). Körperlänge der erwachsenen Larve 9,5–10,5 mm . . . . *Thaneroclerus buqueti* (LEFEBVRE, 1835)
– Kopf ohne Y-Naht auf der Dorsalseite. Hinterende mit 2 deutlichen Haken (Abb. 113) 2
2. Larven einfarbig, hellrot oder weißlich. Kopf dunkler 3
– Larven gefleckt von braunroten-violetten Flecken oder gelblichweiß mit vier roten Flecken auf jedem Segment 5
3. Hinterleibshaken von der Seite gesehen häkchenförmig nach oben gebogen, gleichmäßig nach hinten zugespitzt ohne Auswuchs (Abb. 113 D). 5 Augen auf jeder Seite in zwei schiefen Reihen mit drei vorderen und zwei in der hinteren. Farbe der erwachsenen Larven rot, der jüngeren weißlich. Körperlänge 16 mm und noch etwas größer . . . . *Thanasimus formicarius* (LINNAEUS, 1758)
– Hinterleibshaken von der Seite gesehen nach hinten gleich dick bleibend oder dicker werdend, an den Spitzen abgestumpft 4
4. Hinterleibshaken an der Spitze abgerundet (Abb. 113 C), auf der Oberseite mit einem unerheblichen Höcker. Weiß, 2 Augen auf jeder Seite, ein größeres vorderes und ein kleineres hinteres . . . . **Blauer Fellkäfer,** *Corynetes coeruleus* (DE GEER, 1775)
– Hinterleibshaken etwas abgerundet, nach oben-innen in eine Spitze auslaufend. 5 Augen auf jeder Seite in zwei Querreihen mit 3 in der vorderen und 2 in der hinteren. Gelbweiß oder grauweiß. (Die roten Flecken sind verwischt.) . . . . *Opilo mollis* (siehe auch 6)
5. Hinterleibshaken breit voneinander getrennt, an der Spitze aufwärts gebogen mit einem schief abstehenden Zapfen außen (Abb. 113 A). 3 Augen in einer Schrägreihe. Körper dünn behaart, beinahe nackt, mit zwei seitlichen braunroten Längsstrichen auf jedem Hinterleibssegment . . . . **Holzbuntkäfer,** *Tillus elongatus* (LINNAEUS, 1758)
– Hinterleibshaken außen ohne Seitenauswüchse. Körper mehr oder weniger stark behaart. 6
6. Hinterleibshaken nähern sich einander an der Basis und divergieren nach hinten. An der Spitze sind sie abgestoßen oder abgerundet mit einer ein- und aufwärts gerichteten Spitze. Alle Körperteile lang und dicht behaart 7

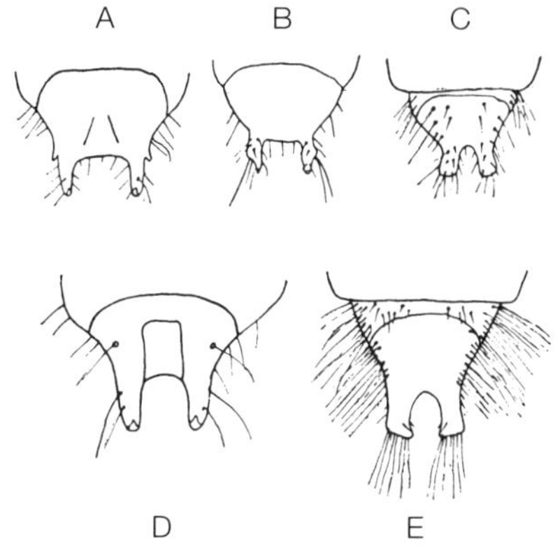

Abb. 113: Larven von Cleriden, Hinterleibsende A von *Tillus elongatus*, B *Necrobia violacea*. C *Corynetes coerulans*, D *Thanasimus formicarius*, E *Opilo domesticus* (nach KEMNER).

– Hinterleibshaken an der Basis weit voneinander getrennt (weiter als die Haken selbst lang sind), nach hinten zugespitzt, an der Mitte mit einer Ausbuchtung, die zwei längere Borsten trägt (Abb. 113 B). Körperlänge etwa 10 mm . . . . *Necrobia*-Arten
7. Rückenseite dicht gefleckt mit blauvioletten Flecken, jedes Segment mit vier roten Punkten in einer Querreihe. Bauchseite gelbweiß. Hinterleibshaken von der Seite gesehen schief abgeschnitten. (Aufsicht siehe Abb. 113 E) . . . . **Hausbuntkäfer**, *Opilo domesticus* (STURM, 1837)
– Hinterleib gelbweiß mit vier ausgebreiteten roten Flecken auf jedem Segment. Hinterleibshaken mehr gerundet . . . . *Opilo mollis* (LINNAEUS, 1758)

50 Speckkäfer, Dermestidae

1. Auf dem 9. Hinterleibsring 2 kräftige Analdornen (Urogomphi), die allerdings bei den Junglarven noch klein sind und auch noch nicht ihre charakteristische Form haben. Rücken- und Bauchplatten sind auf jedem Hinterleibssegment miteinander verschmolzen und bilden am 10. Hinterleibssegment einen einheitlichen dunklen Ring, an den anderen haben sie aber auf der Unterseite eine helle Mittellinie, die auf den einzelnen Ringen verschieden breit sein kann (Abb. 115 H, K). Auf der Rückenseite findet sich hinter dem Vorderrand der Hinterleibssegmente 3 bis 10 gewöhnlich eine Reihe charakteristischer runder, herz-, flaschen- oder kelchförmiger Chitinplättchen. Larven lang gestreckt, borstig und struppig behaart (Abb. 114 A). Für die Artbestimmung sind wenigstens 12 mm lange Larven nötig 2
– Auf dem 9. Hinterleibsring keine Analdornen 8
2. Analdornen mit ihrer Spitze nach hinten gerichtet, Spitze gerade oder nach unten gebogen (Abb. 114 G oben, 115 B, D, L). Bei den ersten Larvenstadien von *D. maculatus* sind die Dornen fast gerade und nach hinten gerichtet (Abb. 114 G Mitte). Erst bei seinen letzten Larvenstadien sind sie nach oben vorn gerichtet 3
– Analdornen mit ihrer Spitze nach oben und vorne gerichtet (Abb. 114 G unten) . . . 6
3. Die Rückenhaut der 4. bis 9. Hinterleibsringe bei den erwachsenen Larven mit einer Reihe kleiner rundlicher, herzförmiger oder dreieckiger zahnförmiger Chitinplättchen besetzt (Abb. 115 A, rt) 4
– Die Rückenhaut der 4. bis 9. Hinterleibsringe bei den erwachsenen Larven ohne solche Chitinplättchen (Abb. 115 N). Analdornen gerade nach hinten gerichtet (Abb. 114 G oben). Körperlänge 14–17 mm . . . . *Dermestes ater* DE GEER, 1774
4. Die Behaarung am Hinterrand der Hinterleibsringe besteht auf der Rückenseite aus dicht stehenden, etwa gleich langen Haaren (Abb. 115 A, pf), hinter den Plättchen am Vorderrand der Hinterleibsringe 3 bis 8 (am besten ausgebildet auf 5 bis 7) folgt eine Reihe kurzer Fiederhaare (Abb. 115 A, rs). Stirn ohne kleine Höcker auf jeder Seite. Rötlichbraun bis dunkelbraun mit bräunlicher Behaarung. Körperlänge 12–15 mm . . . . *Dermestes lardarius* LINNAEUS, 1758
– Die Behaarung am Hinterrand der Hinterleibsringe besteht auf der Rückenseite aus abwechselnd kurzen und langen Haaren (Abb. 115 G, J, gs), hinter den Plättchen am Vorderrand folgt keine Reihe kurzer Fiederhaare. Stirn mit einem kleinen Höcker auf jeder Seite (Abb. 115 F, T), der allerdings auch nur sehr wenig ausgebildet sein kann und dann nur durch einen dunkleren Fleck markiert wird 5
5. Analdornen an der Basis knotig verstärkt. Sie stehen enger aneinander als einer von ihnen an der Basis breit ist (Abb. 115 D und E). Die Plättchen am Vorderrand der Hinterleibsringe 3 bis 10 sind rundlich bis oval mit 2 kelchartig auseinander gehenden Lappen, zwischen denen häufig eine Borste steht (Abb. 115 D, E, G). Die helle Mittellinie auf der Bauchseite ist auf dem 6. Hinterleibsring nicht breiter als die Länge von einem Körper-

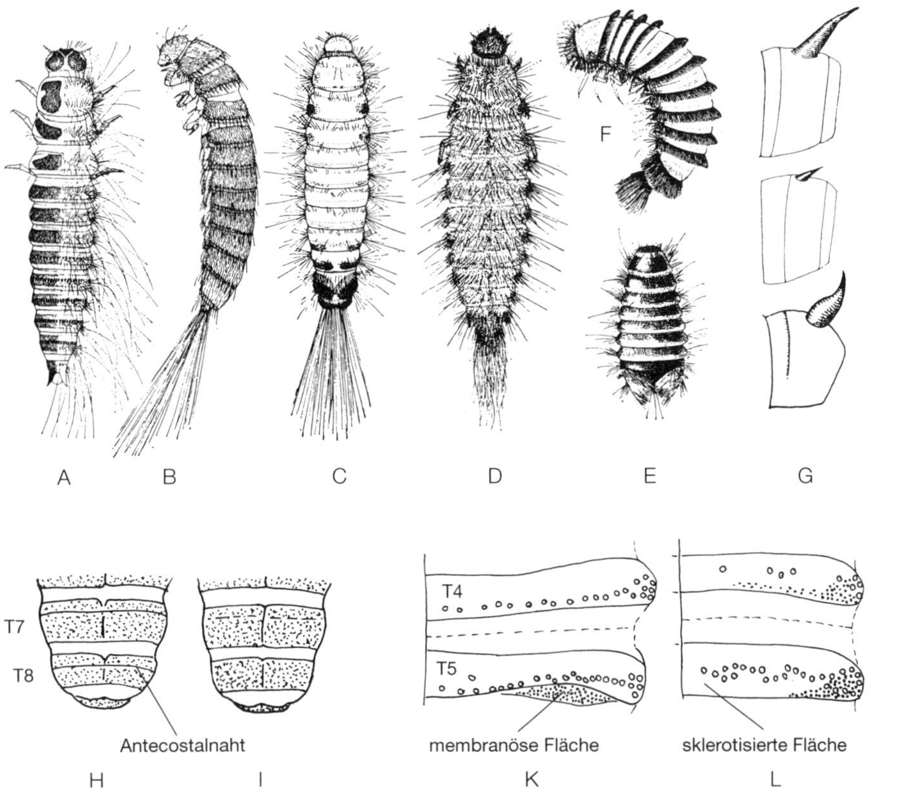

Abb. 114: Larven von Dermestiden: A *Dermestes maculatus*, mit nur auf der rechten Seite gezeichneter Behaarung, B *Attagenus pellio*, C *Trogoderma angustum*, D *Trogoderma granarium*, E *Anthrenus verbasci*, F *Thylodrias contractus*, G Analdornen in Seitenansicht der Larve von *Dermestes ater* (oben), einer jungen (Mitte) und einer alten Larve von *D. maculatus* (unten), H Tergit 8 mit Quernaht (= Antecostalnaht) z. B. bei *Trogoderma variabile*, I Tergit 8 ohne Quernaht, K Pfeilhaaransatz auf membranöser Fläche von Tergit 5, L Pfeilhaaransatz auf sklerotisierter Fläche von Tergit 5 (A–C, E–G aus Korschefsky, D aus Miles).

ring, auf den folgenden Hinterleibsringen 7 und 8 wird sie noch schmäler (Abb. 115 H). Die langen Haare auf der Bauchseite der letzten Hinterleibsringe sind meistens länger als 2 Körperringe. Dunkelbraun mit brauner Behaarung und hellen Häuten zwischen den Körperringen. Körperlänge 12–14 mm . . . *Dermestes haemorrhoidalis* Küster, 1852

– Analdornen von der Basis bis zur Spitze sich allmählich gleichmäßig verjüngend. Sie stehen etwa so weit auseinander wie einer von ihnen an der Basis breit ist (Abb. 115 L, M). Die Plättchen am Vorderrand der Hinterleibsringe klein, flaschenförmig (Abb. 115 J) und oft fehlend, besonders auf den Hinterleibsringen 9 und 10. Die helle Mittellinie auf der Bauchseite ist auf dem 6. Hinterleibsring bedeutend breiter als die Länge von einem Körperring, auf dem 7. etwa so breit und auf dem 8. nicht so breit wie die Länge des Körperrings (Abb. 115 K). Die langen Haare auf der Bauchseite der letzten Hinterleibsringe sind meistens so lang oder nicht viel länger als ein Körperring. Hellbraun, Körperlänge 14–17 mm . . . . *Dermestes peruvianus* la Porte de Castelnau, 1840

6. Die Rückenschilder der Brustsegmente an den Seiten mit einem breiten hellen Band über dem wenigstens am 1. Segment noch ein heller Fleck steht. Letzte Hinterleibsringe Abb. 115 O. Körperlänge 14–15 mm . . . . . *Dermestes carnivorus* Fabricius, 1775

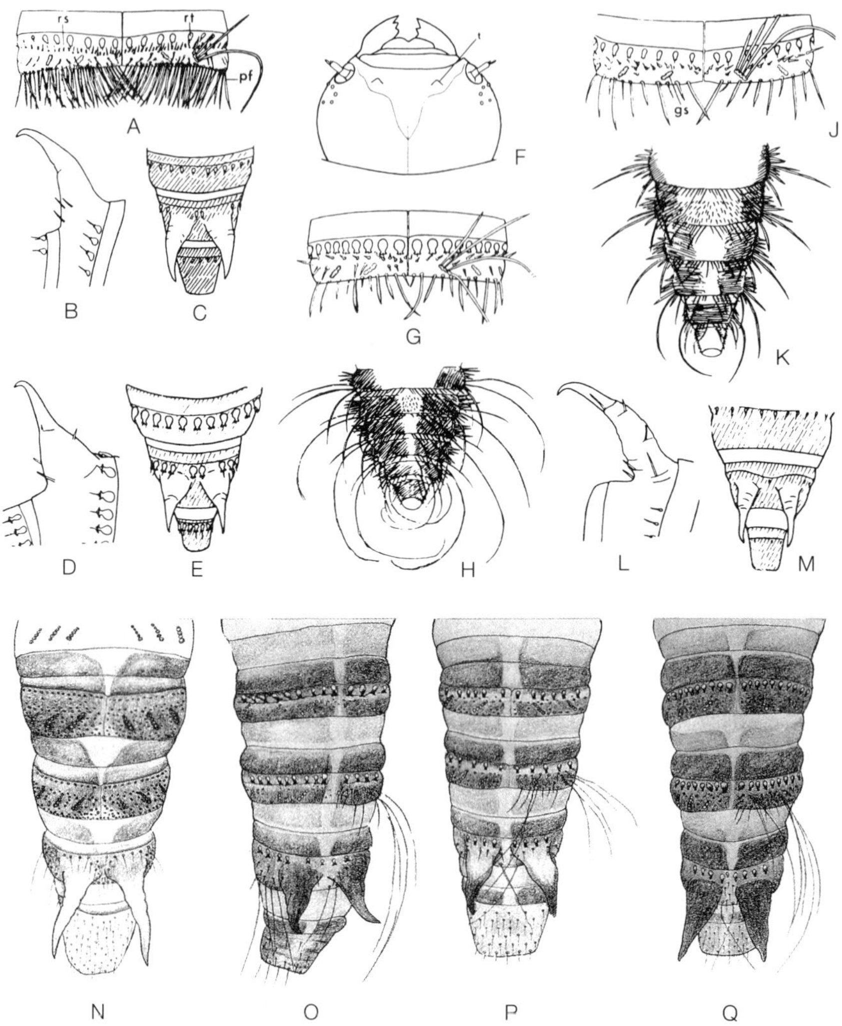

Abb. 115: Larven von Speckkäfern, *Dermestes* A–C *lardarius*, D–H *haemorrhoidalis*, I–M *peruvianus*. A, G, I Hinterleibsring in Rückenansicht, B, D L Enddorn des 9. Hinterleibsringes von der Seite, C, E, M 8.–10. Hinterleibsring in Rückenansicht, F Kopfkapsel von oben, H, L die letzten Hinterleibsringe von der Bauchseite (nach Peacock). N–Q Hinterleibsenden der Larven von *Dermestes* N ater, O *carnivorus*, P *frischi* und Q maculatus (nach Knoche). *gs. pf* = Hinterrandbehaarung, *rs* nur bei *D. lardarius* auftretende Reihe kurzer Fiederhaare, *rt* flaschen- oder herzförmige Plättchen am Segmentvorderrand

– Rückenschilder an den Seiten nur wenig aufgehellt, der helle Fleck über dem hellen Band fehlt 7

7. Die Analdornen an der Basis schwach knotig verdickt, auf halber Höhe mit einer leichten Einkerbung. Brustsegmente und Hinterleibsringe mit einem hellen, bis zum Hinterleibsende breit bleibenden Rückenstreifen (Abb. 115 P). Körperlänge bis 14–16 mm . . . . *Dermestes frischi* Kugelann, 1792

– Die Analdornen sind an der Basis nicht verdickt und verjüngen sich gleichmäßig, ohne Einkerbung (Abb. 114 A, G unten 115 Q). Brustsegmente und Hinterleibsringe mit einem hellen Rückenstreifen, der auf den hinteren Segmenten schmäler wird und sich schließlich in Flecke auflöst. Körperlänge der erwachsenen Larven bis 14–16 mm (über die ersten Larvenstadien siehe 2) . . . . *Dermestes maculatus* De Geer, 1774

8. Hinterleib mit Büscheln von Pfeilhaaren (Abb. 116 A–G) zwischen der normalen Behaarung 11
– Hinterleib ohne Pfeilhaare 9

9. Larvenkörper anliegend behaart, mit einem sehr langen Borstenschwanz, der etwa halb so lang wie der Körper ist. Lebhafte Larven, die sich bei Berühren totstellen. Erwachsen etwa 12 mm ohne Borstenschwanz lang (Abb. 114 B) 10
– Larvenkörper mit jeweils einem dichtgestellten und abstehenden Borstenkranz an den Hinterrändern aller Segmente. Sehr kleine (5–6 mm lange) braune Larven mit gelbbrauner Behaarung, die sich asselartig zusammenkrümmen können (Abb. 114 F) . . . . *Thylodrias contractus* Motschulsky, 1839
selten als Wohnungslästling.

10. Goldgelb bis hellbraun mit goldgelber Behaarung und ebensolchen Schuppen auf Brust- und Hinterleibssegmenten . . . . **Pelzkäfer,** *Attagenus pellio* (Linnaeus, 1758)
häufiger Schädling an Pelzen und Wolle.
– Braun bis dunkelbraun, ohne Schuppen auf Brust- und Hinterleibsringen . . . . **Dunkler Pelzkäfer,** *Attagenus unicolor* (Brahm, 1791) (= A. megatoma (Fabricius, 1798))
vor allem in Amerika Getreideschädling, bei uns ohne große Bedeutung.

11. Pfeilhaarpolster des Abdomens auf einer vollständig membranösen Partie in einem Ausschnitt des hinteren Seitenrandes der Tergite 5, 6 und 7 (Abb. 114 K). Tergit 8 ohne Pfeilhaarpolster, Körper gedrungen, von oben gesehen fast eiförmig, etwas abgeplattet und dort am breitesten, wo das letzte Körperdrittel beginnt (Abb. 114 E) 12
– Pfeilhaarbüschel des Abdomens auf deutlich sklerotisierter Partie des hinteren Seitenrandes der Tergite (Abb. 114 L). Sie sind vom 6. Segment an dicht und kräftig entwickelt. Tergit 8 mit Pfeilhaarpolster. Körper lang gestreckt, walzenförmig, mit einem kräftigen Borstenschwanz am Hinterende (Abb. 114 C und D) 17

12. Behaarung des ganzen Körpers schwarzbraun bis schwarz 13
– Behaarung auf der Oberseite braun, auf der Bauchseite gelblichweiß. Pfeilhaare siehe Abb. 116 E–G. Drei schwer zu unterscheidende Arten 15

13. Pfeilhaarspitze kurz, breit und schwärzlich (Abb. 116 C). Die graubraunen Segmente meist mit heller Mittellinie und schwarzbrauner Behaarung. Körperlänge bis zu 5 bis 6 mm . . . . *Anthrenus pimpinellae* Fabricius, 1775
– Pfeilhaarspitzen mit lang ausgezogener Spitze (Abb. 116 A und B) 14

14. Der untere verdickte Teil der Pfeilhaarspitze etwa ⅓ seiner Gesamtlänge (Abb. 116 A). Olivbraun mit schwarzbrauner Behaarung 2. Fühlerglied ungefähr 5mal so lang wie das 3 (Abb. 116 R). Erwachsen 5–6 mm lang . . . . *Anthrenus scrophulariae* (Linnaeus, 1758)
– Der untere verdickte Teil der Pfeilhaarspitze etwa die Hälfte seiner Gesamtlänge (Abb. 116 B). Dunkelbraun mit schwarzbrauner bis schwärzlicher Behaarung. Erwachsen 4–5 mm lang . . . . *Anthrenus fasciatus* Herbst, 1797

15. 2. Fühlerglied etwa 3mal so lang wie das 3. Pfeilhaare wie Abb. 116 F. Erwachsen 4–5 mm lang . . . . *Anthrenus museorum* (Linnaeus, 1758)
– 2. Fühlerglied etwa doppelt so lang wie das 3. 16

16. Behaarung rötlich braun, Kopf vorherrschend dicht anliegend behaart. Pfeilhaare wie Abb. 116 G. Vorwiegend im Freien. Erwachsen 3–4 mm lang . . . . *Anthrenus fuscus* Olivier, 1789
– Behaarung hellbraun, Kopf vorherrschend abstehend behaart. Pfeilhaare wie Abb. 116 E (Abb. 114 E). Erwachsen 4–5 mm lang. Häufigste Art in Wohnungen . . . . *Anthrenus verbasci* (Linnaeus, 1758)

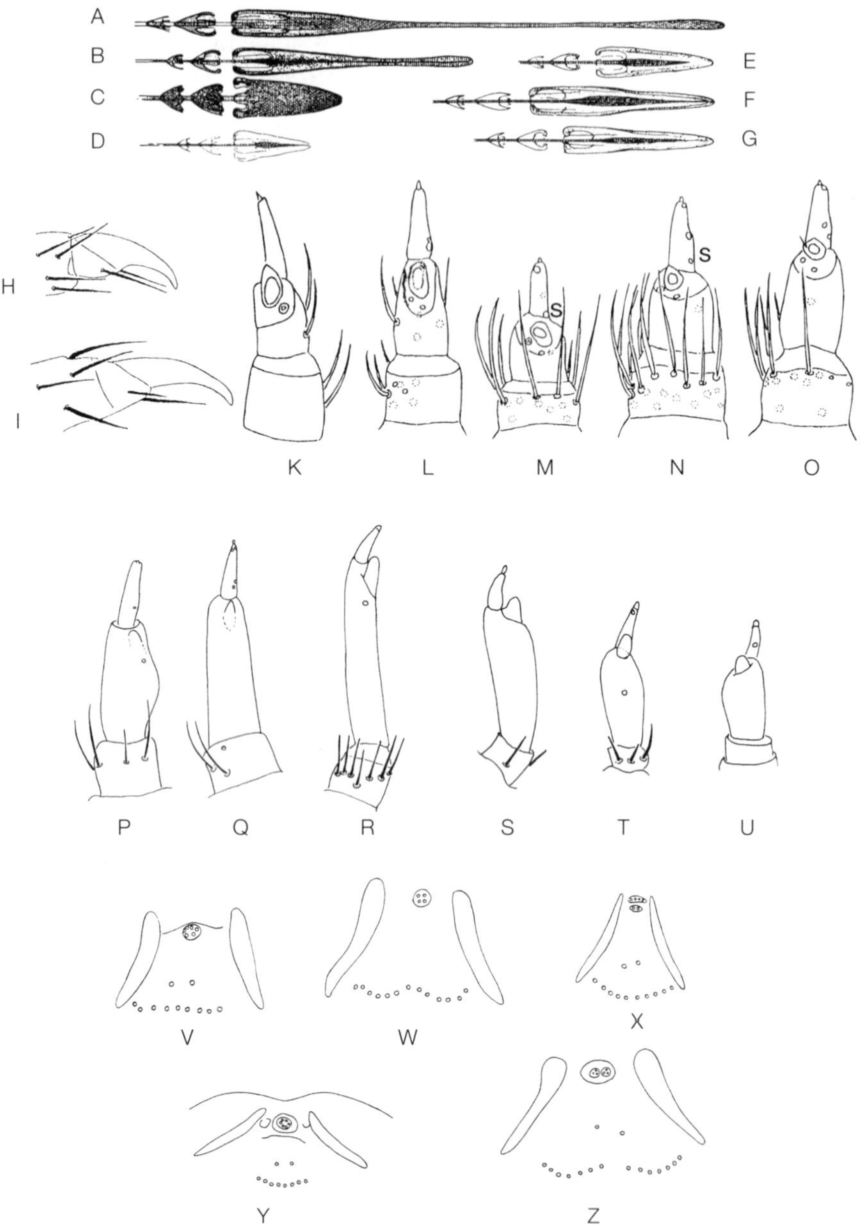

Abb. 116: Pfeilhaare der Larven von *Anthrenus* A *scrophulariae* (0,70 mm), B *fasciatus* (0,35 mm), C *pimpinellae* (0,15 mm), E *verbasci* (0,15 mm), F *museorum* (0,24 mm), G *fuscus* (0,20 mm) und D *Trogoderma angustum* (0,10 mm); letztes Fußglied mit Klaue von H *Reesa vespulae*, I von *Trogoderma granarium*; K linker Fühler der Larve von *R. vespulae* in Dorsalansicht; rechte Fühler in Dorsalansicht der Larven von *Trogoderma* L *angustum*, M *versicolor*, N *glabrum*, O *variabile*, Fühler von P *Megatoma undata*, Q *Anthrenocerus australis*, R *Anthrenus scrophulariae*, S *A. museorum*, T *A. fuscus*, U *A. verbasci*, Sinnesorgane auf dem Epipharynx, V *Trogoderma angustum*, W *T. granarium*, X *Anthrenocerus australis*, Y *Reesa vespulae*, Z *Trogoderma variabile* (A–D aus KORSCHEFSKY 1944, H–O aus SELLENSCHLO 1986). s = Sinnespore.

17. 2. Fühlerglied ungefähr 2mal so lang wie das 3. (Abb. 116 P, O) 23
– 2. Fühlerglied nicht mehr als halb so lang wie das 3. 18

18. Das letzte Fußglied (siehe Abb. 8 Praetarsus) trägt unter der Klaue 2 gleichlange Borsten, die fast bis zur Klauenspitze reichen (Abb. 116 H) 19
– Das letzte Fußglied trägt unter der Klaue nur eine lange und eine kurze, etwa halb so lange Borste (Abb. 116 I) 20

19. Die Borsten auf dem basalen Glied der 3gliedrigen Fühler sind kurz, nicht halb so lang wie das folgende Fühlerglied (Abb. 116 L). Die Spitzen der winzig kleinen (0,086–0,510 mm) Pfeilhaare sind kurze Kegel, etwa 3mal so lang wie an ihrer Basis breit (Abb. 116 D). Die großen Borsten, die mit zahlreichen spiralig umlaufenden spelzen- oder grannenartig ausgebildeten Schüppchen besetzt sind, sind auf den Rückenplatten der Hinterleibsringe 6 bis 8 in einer nicht ganz regelmäßigen Querreihe angeordnet. Die hinteren Sinnesorgane der weichhäutigen Oberlippenunterseite stehen auf einer geschwungenen Linie, die vorderen Sinnesorgane (meist 6) stehen innerhalb einer runden Begrenzung (Abb. 116 V). Die lang gestreckten Larven mit einem kräftigen Borstenschwanz am Hinterende erreichen erwachsen eine Körperlänge bis zu 7 mm, sie sind hellbraun mit gelbbrauner Behaarung (Abb. 114 C) . . . . . . *Trogoderma angustum* (SOLIER, 1849–51)
– Die Borsten auf dem basalen Glied der 3gliedrigen Fühler sind etwas länger als die Hälfte des folgenden Fühlerglieds (Abb. 116 K). Die Spitzen der winzig kleinen Pfeilhaare sind lang gestreckter, etwa 4mal so lang wie an ihrer Basis breit. Die großen Borsten auf den Rückenplatten der Hinterleibsringe 6 bis 8 sind in einer Querreihe ausgerichtet. Die Sinnesorgane der Oberlippenunterseite verteilen sich auf 3 Gruppen; vorne sind 6 Organe von zwei runden Strukturen umschlossen, weiter hinten folgen zwei nebeneinander liegende Organe und die letzten liegen auf einer geschwungenen Linie (Abb. 116 Y). Bei oberflächlicher Betrachtung sind die Larven im Habitus kaum von der vorhergehenden Art zu unterscheiden. Erwachsen erreichen sie höchstens 6 mm . . . . **Amerikanischer Wespenkäfer,** *Reesa vespulae* (MILLIRON, 1939)

20. Rückenplatte des 8. Hinterleibsringes mit einer Quernaht im vorderen Drittel (Abb. 114 H) 21
– Rückenplatte des 8. Hinterleibsringes ohne eine solche Quernaht. Mandibeln von der Seite gesehen mit einem Zahn unterhalb der Spitze. Larven gelb bis bräunlich, erwachsen 4–4,5 mm (Abb. 114 D) . . . . . **Khaprakäfer,** *Trogoderma granarium* EVERTS, 1898
fast ausschließlich in Erdnüssen, Expellern und seltener Getreide aus Übersee eingeschleppt. In der letzten Larvenhaut liegt die Puppe.

21. Die Borsten auf dem basalen Glied der 3gliedrigen Fühler sind ziemlich gleichmäßig rundherum auf dem ganzen Glied verteilt (Abb. 116 M, N) 22
– Die Borsten auf dem basalen Glied der 3gliedrigen Fühler stehen nur auf der zur Mittellinie hin gerichteten Seite des basalen Gliedes (Abb. 116 O). Die Sinnesorgane der Oberlippenunterseite verteilen sich auf 3 Gruppen; vorne sind 6 Organe, ringförmig angeordnet, von einem Ring umschlossen (oder seltener: 2 nebeneinander liegende Ringe umschließen jeweils drei Organe), weiter hinten folgen zwei nebeneinander liegende Organe und die letzten liegen auf zwei bogenförmigen Linien (Abb. 116 Z). Die erwachsenen Larven sind orange- bis rotbraun mit dunkelbraunen Rückenplatten der letzten Hinterleibsringe und erreichen eine Körperlänge von 5–7 mm ohne Borstenschwanz . . . . . *Trogoderma variabile* BALLION, 1878

22. Die 9–11 Borsten auf dem basalen Fühlerglied überragen das 2. Fühlerglied deutlich, die untere Sinnespore auf dem 3. Fühlerglied liegt direkt auf seinem unteren Rand (Abb. 116 M). Die gelben bis bräunlichen Larven erreichen eine Körperlänge von 5–6 mm ohne Borstenschwanz . . . . *Trogoderma versicolor* CREUTZER, 1799
heimische Art an trocknen tierischen und pflanzlichen Stoffen, vorwiegend im Freien, nur selten an Vorräten.
– Die 12 oder mehr Borsten auf dem basalen Fühlerglied ragen nicht über das 2. Fühlerglied hinaus, die untere Sinnespore auf dem 3. Fühlerglied liegt über seinem unteren Rand, etwa

im basalen Viertel oder Fünftel seiner Länge (Abb. 116 N). Der Vorderteil der Larven (Brust- und die ersten 5 Hinterleibsringe) dunkelgrau, bei manchen Tieren hellgelb mit grauen Seiten oder Flecken . . . . *Trogoderma glabrum* (Herbst, 1783)

23. 2. Fühlerglied verjüngt sich gleichmäßig zur Spitze hin und ist ungefähr 2,5mal so lang wie das 3. (Abb. 116 Q). . . . . **Australischer Teppichkäfer,** *Anthrenocerus australis* (Hope, 1843)
– 2. Fühlerglied in der Mitte ausgebeult und ist etwas weniger als 2mal so lang wie das 3. (Abb 116 P). . . . . *Megatoma undata* (Linnaeus, 1758)

51 Glanzkäfer, Nitidulidae

Der 9. Hinterleibsring (der letzte, der bei Ansicht vom Rücken zu sehen ist) ist in 2 Spitzen ausgezogen, vor denen 2 weitere spitze Dornen oder Höcker stehen.

Diese Merkmale hat auch die Larve des **Mexikanischen Getreidekäfers,** *Pharaxonotha kirschi* Reitter, 1875. Bei ihr sind die beiden Hinterleibsspitzen wie bei *Nitidula bipunctata* am Ende nach oben gebogen. Die erwachsene Larve ist etwa 8,5 mm lang und 1,4 mm breit, grau, jedes Segment mit einer dunkleren Querzone auf der Mitte des Rückens und mit deutlichen haartragenden Höckern an jeder Seite.

1. Die Spitzen des 9. Hinterleibsringes sind nach oben gerichtet (Abb. 117 C). Im 1. Larvenstadium, dessen Kopfkapsel, Rückenplatten und Stigmentspitzen grau bis graubraun gefärbt sind, tragen die beiden Enddornen je 3 mit einem Knopf abschließende Borsten, die bei der ersten Häutung verloren gehen. Beim 2. Stadium sind die Rückenplatten rotbraun gefärbt und im 3. (letzten) Stadium gelbweiß, weshalb sie sich kaum von der Körperfarbe abheben. Auf dem Halsschild sind 2 schwach rotbraune Flecken. Die Stigmen sind gestielt. Körperlänge der erwachsenen Larve 7–8 mm . . . . **Zweipunktiger Glanzkäfer,** *Nitidula bipunctata* (Linnaeus, 1758)
– Die Spitzen des 9. Hinterleibsringes sind nach hinten gerichtet 2
2. Die beiden hinteren Abdominaldornen verjüngen sich zur Spitze hin ziemlich gleichmäßig (Abb. 117 B oben und Mitte) 3

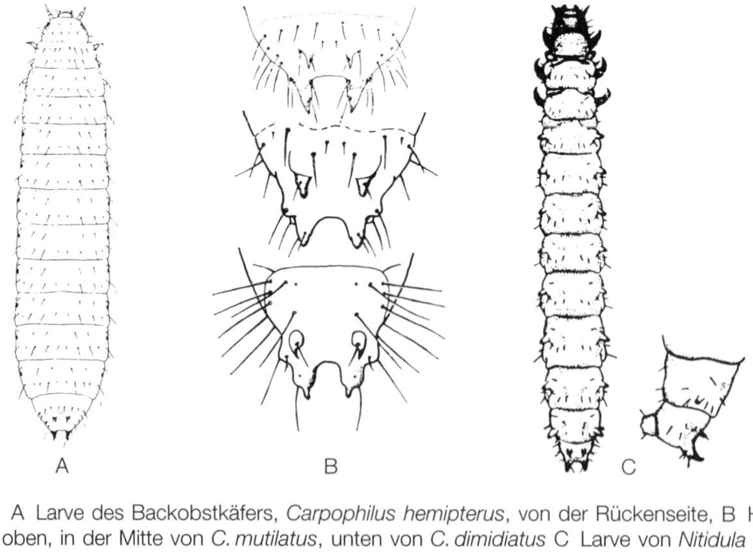

Abb. 117: A Larve des Backobstkäfers, *Carpophilus hemipterus*, von der Rückenseite, B Hinterleibsende von oben, in der Mitte von *C. mutilatus*, unten von *C. dimidiatus* C Larve von *Nitidula bipunctata* von oben und ihr Hinterende von der Seite (nach Kemper, Hinton, Sanders).

– Die beiden hinteren Abdominaldornen verjüngen sich plötzlich vor der Spitze (Abb. 117 B unten), Erwachsen 5–6 mm lang . . . . **Getreidesaftkäfer**, *Carpophilus dimidiatus* (FABRICIUS, 1792)

3. Der Zwischenraum zwischen den beiden hinteren Abdominaldornen weit und gerade abgeschnitten. Ihre Innenränder fast parallel (Abb. 117 B oben). Erwachsen 6–7 mm lang . . . . **Backobstkäfer**, *Carpophilus hemipterus* (LINNAEUS, 1758)

– Der Zwischenraum zwischen den beiden letzten Abdominaldornen gerundet, ihr Innenrand nach hinten stark divergierend (Abb. 117 B Mitte) . . . . *Carpophilus mutilatus* ERICHSON, 1843

52 Plattkäfer, Silvanidae und Cucujidae

1. Hinterleibsende abgerundet. An jedem Körpersegment mit Ausnahme der beiden letzten können neben einer spangenförmigen sklerotisierten Rückenplatte eine weniger stark sklerotisierte prae- und posttergale Zone unterschieden werden. Das 3. Fühlerglied ist bedeutend kleiner als das außerordentlich große keulenförmige 2. Glied (Abb. 118 B und B′) . . . . Silvanidae 2

– Hinterleibsende mit 2 Dornen endend, die eine Gabel bilden. Das 3. Fühlerglied ist schwächer, aber nicht bedeutend kürzer als das 2. Glied (Abb. 119) . . . Cucujidae 6

2. Die mit den jederseits 6 Punktaugen verbundenen Pigmentflecken sind deutlich in 2 Gruppen angeordnet, und zwar 4 oberhalb und 2 unterhalb der Einlenkungsstelle des Fühlers. Die gezähnte Spitze der Oberkiefer verjüngt sich von der Basis zur Spitze gleichmäßig (wenigstens bei *Ahasverus* und *Cathartus*), die Rückenplatten der Brustringe zeigen meistens keine dunkleren Flecken (Abb. 118 A) 3

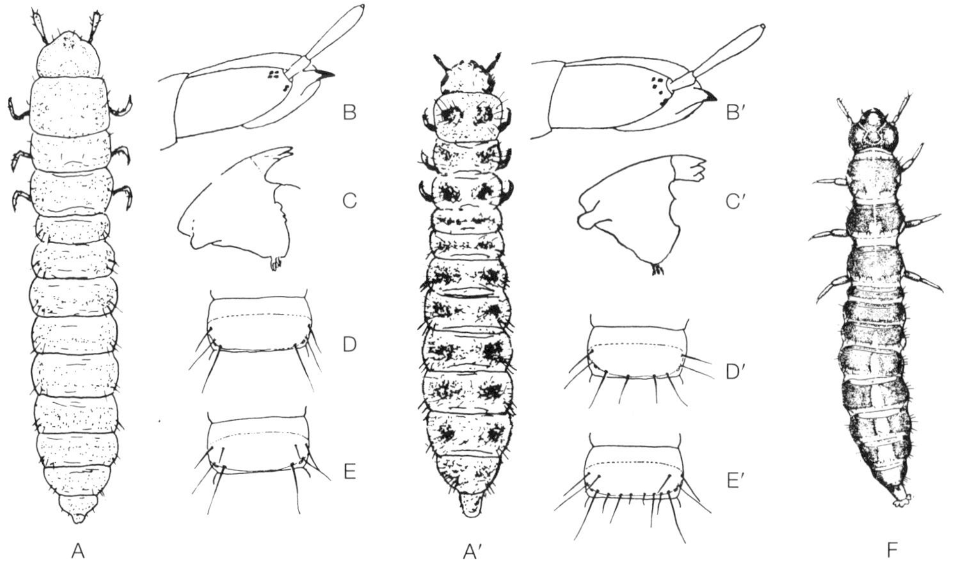

Abb. 118: Larven der Silvanidae. A–C, E *Ahasverus advena*, D *Cathartus quadricollis*, F *Nausibius clavicornis*; A′–D′ *Oryzaephilus surinamensis*, E′ *O. mercator*. – A, A′, F Habitusbilder von der Rückseite, B, B′ Kopf in Seitenansicht, C, C′ linke Mandibel, D, E, D′, E′ Rückenseite eines Hinterleibssegments. (A, A′ nach LEPESME, B–E′ nach CUTLER, F nach BREESE & WISE).

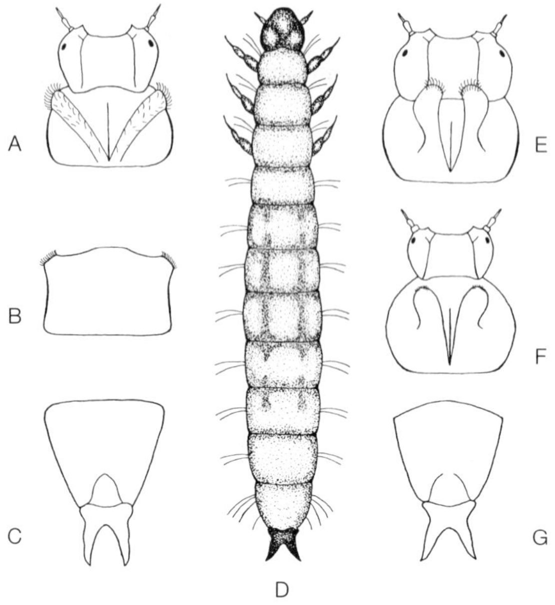

Abb. 119: Larven von *Cryptolestes* A–C *ferrugineus*, D, F, G *pusillus*, E *turcicus*; A, E, F Kopf und 1. Brustsegment von der Bauchseite, auf dem 1. Brustsegment die Ausführgänge der Seidendrüsen, B 1. Brustsegment in Rückenansicht, C und G letztes Körpersegment von der Bauchseite. (Nach Bishop und D nach Davis, Zeichnung A. Laborius).

– Die mit den jederseits 6 Punktaugen verbundenen Pigmentflecken sind nicht in Gruppen angeordnet, sondern stehen mehr oder weniger gleichweit voneinander entfernt (Abb. B′). Die gezähnte Spitze des Oberkiefers erscheint im Umriss viereckig (Abb. 118 C′), die Rückenplatten der Brustringe mit 2 hell- bis dunkelbraunen Flecken (Abb. 118 A′) und der Hinterrand der Hinterleibsringe 2 bis 7 mit wenigstens 2 Paar langen Haaren (Abb. 118 D′ und E′) 5

3. Die Rückenplatten der Hinterleibsringe 3 oder 5 bis 8 sind in der Mitte durch einen von vorn nach hinten an Größe zunehmenden hellen Fleck unterbrochen. Am Hinterrand der Rückenplatte des 9. Hinterleibsringes sitzt ein Paar kleiner Papillen, wovon jede 2. kurze Borsten trägt. Der Vorderrand der posttergalen Zone wird durch 6 in gleichem Abstand voneinander stehende, kurze Borsten gekennzeichnet. An den Seiten tragen die Brustringe 3 und die Hinterleibsringe 4 oder 5 mittellange aufgerichtete Borsten (Abb. 118 F). Körperlänge bis 5,5 mm . . . . *Nausibius clavicornis* (Kugelann, 1794)

– Die Rückenplatten der Hinterleibsringe 3 bis 8 sind nicht durch einen hellen Fleck unterteilt. Der Hinterrand der Rückenplatten der Hinterleibsringe 2 bis 7 trägt nur je eine Borste an seinen Ecken (Abb. 118 D und E) 4

4. Hinter dem Vorderrand der sklerotisierten Rückenplatte der Hinterleibsringe 2 bis 7 sitzt jederseits ein Paar lange Borsten, wovon die inneren kürzer als die äußeren sind (Abb. 118 E). Körperlänge bis 3 mm . . . . *Ahasverus advena* (Waltl, 1832)

– Hinter dem Vorderrand der sklerotisierten Rückenplatte der Hinterleibsringe 2 bis 7 sitzt jederseits nur eine (die äußere) lange Borste (Abb. 118 D). Körperlänge bis 3 mm . . . . *Cathartus quadricollis* (Guérin, 1829–1840)

5. Hinter dem Vorderrand der sklerotisierten Rückenplatte der Hinterleibsringe 2 bis 7 sitzt jederseits 1 Paar Borsten, wovon das innere kürzer als das äußere ist, am Hinterrand sind

8 lange Borsten verschiedener Größe, das äußerste Paar ist das längste und das innerste das kürzeste (Abb. 118 E′). Körperlänge 2,5 bis 2,8 mm . . . . **Erdnussplattkäfer,** *Oryzaephilus mercator* (FAUVEL, 1889)

– Hinter dem Vorderrand der sklerotisierten Rückenplatte der Hinterleibsringe 2 bis 7 sitzt jederseits nur eine Borste in der äußersten Ecke und am Hinterrand nur 4 große Borsten (Abb. 118 D′). Körperlänge 2,5–2,8 mm . . . . **Getreideplattkäfer,** *Oryzaephilus surinamensis* (LINNAEUS, 1758)

6. Analöffnung von einem nach vorn offenen Ring umgeben (Abb. 119 G). Abstand zwischen den Spitzen der Hinterleibsdornen gewöhnlich größer als die Länge eines Dornes. Die Öffnungen der Seidendrüsen auf der Unterseite des 1. Brustringes nach vorn außen gerichtet und von der Oberseite aus nicht zu sehen (Abb. 119 D, F) . . . . **Kleiner Leistenkopfplattkäfer,** *Cryptolestes pusillus* (SCHÖNHERR, 1817)

– Analöffnung von einem vollständig geschlossenen Ring umgeben (Abb. 119 C). Abstand zwischen den Spitzen der Hinterleibsdornen gewöhnlich geringer als die Länge eines Dornes 7

7. Der Mittelstrich auf der Bauchseite des 1. Brustringes ist dunkler gefärbt als die Kopfkapsel und fast so dunkel wie die beiden auf der Kopfunterseite sichtbaren Streifen. Die Spitzen der Seidendrüsen auf der Bauchseite des 1. Brustringes reichen mit ihrer Öffnung bis zu den Seitenrändern und sind in den Vorderecken des 1. Brustringes mit ihren Borsten deutlich vom Rücken her zu sehen (Abb. 119 A und B) . . . . **Rotbrauner Leistenkopfplattkäfer,** *Cryptolestes ferrugineus* (STEPHENS, 1831)

– Der Mittelstrich auf der Bauchseite des 1. Brustringes ist undeutlich, nur wenig dunkler als die Kopfkapsel und annähernd so dunkel wie die beiden Streifen auf der Kopfunterseite. Die freiliegende Spitze der Seidendrüsen ist nach vorn gerichtet und von der Rückenseite aus nicht sichtbar (Abb. 119 E) . . . . **Türkischer Leistenkopfplattkäfer,** *Cryptolestes turcicus* (GROUVELLE, 1876)

53 Schimmelkäfer, Cryptophagidae und ähnlich lebende Arten aus anderen Familien

1. Mit fächerförmigen Haaren, die an den Körperseiten der Larve gestielt sind (Abb. 120 D oben und Mitte). Sie sind auf den Hinterleibsringen 1–8 in 3 und auf dem 9. in 2 Querreihen angeordnet. Die Hinterleibsspitzen sind nur klein und schwer zu sehen (Abb. 120 B) . . . . *Mycetaea hirta* (MARSHAM, 1802) (Endomychidae)

– Mit einfachen Haaren (Abb. 120 C) 2

2. Lippentaster eingliedrig . . . . *Atomaria* sp. (Cryptophagidae)

– Lippentaster zweigliedrig 3

3. Kopf jederseits mit einem Punktauge. Kopf etwas dunkler als der gelblichweiße Körper, Mandibel und die gut ausgebildeten Hinterleibsspitzen dunkelbraun. Letztere sind am spitzen Ende etwas nach oben gebogen. Die Rückenplatten der Hinterleibsringe mit 3 Paar langen in einer Querreihe angeordneten Borsten. Hinter dem mittleren Borstenpaar steht ein Paar kurze Borsten. Erwachsen Larve etwa 5 mm lang und 1,04 mm breit . . . . *Anthicus floralis* (LINNAEUS, 1758) (Anthicidae)

– Kopf jederseits mit mehreren (bis 5) Punktaugen 4

4. Oberkiefer mit einer Prostheca (einem beweglichen Anhang unterhalb des Zahnteils) (Abb. 120 F oben und Mitte) 5

– Oberkiefer ohne Prostheca (Abb. 120 F unten). Weiß bis hellbraun, Hinterleibsspitzen immer dunkler. Kopf mit 5 Punktaugen, allerdings sind die dunklen Flecken, worauf sie liegen, oft miteinander verschmolzen. Mit langen Borsten besetzt. Erwachsen 4–4,5 mm

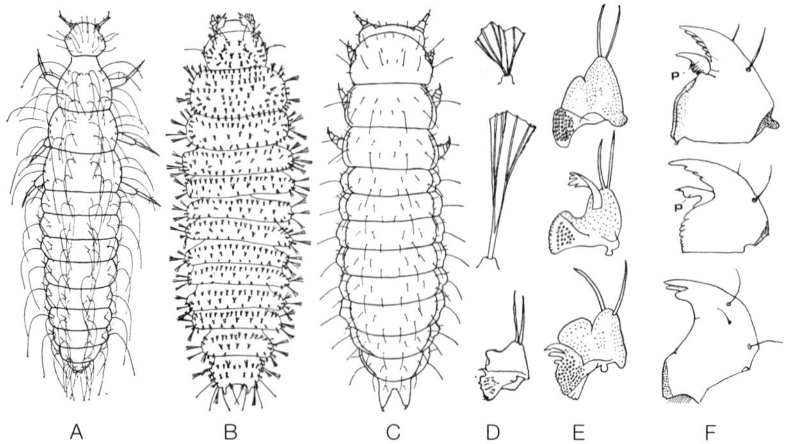

Abb. 120: Larven von A *Latridius*, B *Mycetaea*, C *Cryptophagus*. D oben zwei Fächerhaare von *Mycetaea*, unten Mandibel von *Corticaria fulva*, E (von oben nach unten) Mandibel von *Latridius minutus, Dienerella filum, Aridius nodifer*, F (von oben nach unten) rechter Oberkiefer von *Henoticus, Cryptophagus* und *Thyphaea* (nach KLIPPEL, HINTON), p Prostheka.

lang und 0,8 mm breit . . . .
Behaarter Baumschwammkäfer, *Typhaea stercorea* (LINNAEUS, 1758) (Mycetophagidae)

5. Prostheca auf der Unterseite in der basalen Hälfte mit spitzen Nadeln besetzt (Abb. 120 F oben). Ziemlich breite Larven, erwachsen 3 mm lang und 1,04 mm breit, mit schwach ovalem Umriss, bleichgelb bis ganz weiß, die Hinterleibsspitzen dunkelbraun. Kopf mit 4 Punktaugen auf jeder Seite. Die Borsten von verschiedener Länge sind auf den Brustringen in 3, auf den Hinterleibsringen in 2 Querreihen angeordnet . . . . *Henoticus californicus* (MANNERHEIM, 1843) (Cryptophagidae)

– Prostheca auf der Unterseite glatt (Abb. 120 F, Mitte). Hinterleibsspitzen mehr oder weniger senkrecht nach oben gebogen. Nicht ganz so breit wie die vorhergehende Art. Erwachsen etwa 2,8–3 mm lang bei einer Breite von 0,8–0,9 mm. Gelblichweiß mit braunen Hinterleibsspitzen. Behaarung verschieden lang auf den Körperringen in 2 Querreihen angeordnet (Abb. 120 C) . . . . **Schimmelkäfer,** *Cryptophagus* sp. (Cryptophagidae)

54 Moderkäfer, Latridiidae

1. Rückenseite mit oft sehr langen, schlanken, im Querschnitt runden Borsten 3

– Rückenseite mit zahlreichen kurzen, mehr oder weniger abgeflachten, schuppenartigen Fächerborsten (ähnlich Abb. 120 D) 2

2. Alle Haare der Brust und der ersten 8 Hinterleibsringe auf dem Rücken und an der Seite sind Fächerhaare; Oberkiefer siehe Abb. 120 D unten . . . . *Corticaria fulva* (COMOLLI, 1837)

– Einige Seitenhaare auf der Brust und den ersten 8 Hinterleibsringen sind lang und rund im Querschnitt, die übrigen sind Fächerhaare . . *Corticaria pubescens* (GYLLENHAL, 1827)

3. Eine lange Borste am oberen Drittel des 2. Fühlergliedes, Oberkiefer ohne Zähne am Spitzenteil, mit oder ohne Zähne am Basalteil (Abb. 120 E oben und unten) 5

– Ohne lange Borste an der Spitze des 2. Fühlergliedes, Oberkiefer mit Zähnen am Spitzenteil (Abb. 120 E Mitte) 4

4. Der Dorn des 2. Fühlergliedes entspringt auf seiner Spitze. Oberkiefer mit 4 großen und 2 kleineren Zähnen (Abb. 120 E Mitte) . . . . *Dienerella filum* (AUBÉ, 1850)
– Der Dorn des 2. Fühlergliedes entspringt etwa ⅕ vor seiner Spitze. Oberkiefer mit 5 großen Zähnen . . . . *Dienerella filiformis* (GYLLENHAL, 1827)
5. Borsten der Rückenseite sehr lang und stark gebogen, die der Hinterleibsringe häufig mehr als doppelt so lang wie die Ringe. Oberkiefer mit 3 Zähnen am basalen Teil (Abb. 120 E unten) . . . . *Aridius nodifer* (WESTWOOD, 1839)
– Borsten der Rückenseite nur mäßig lang und schwach gebogen, die der Hinterleibsringe nie doppelt so lang wie die Ringe. Oberkiefer ohne Zähne am basalen Teil (Abb. 120 E oben) . . . . *Latridius (Enicmus) minutus* (LINNAEUS, 1767)

55 Im Holz lebende Nagekäfer, Anobiidae

Die weißen Larven haben 3 Brust- und 10 Hinterleibsringe. Der 2. und 3. Brustring sowie die ersten 8 Hinterleibsringe sind auf der Rückenseite in 2 Falten geteilt. Jeweils die erste davon ist besonders mit zahlreichen Dörnchen besetzt (Abb. 121 C), außerdem finden sich noch vielfach solche Dörnchen auch an den Seiten und auf der Bauchseite der letzten beiden Ringe.

E. A. PARKIN: The larvae of some wood-boring Anobiidae (Coleoptera). – Bull. Ent. Res. Bd. 24 (1933), S. 33–68.

1. Außer den auf dem Rücken der ersten 8 Hinterleibsringe vorhandenen Dörnchen finden sich noch weitere auch an den Seiten der Hinterleibsringe (1) 2–6, und zwar auf einer Falte, die zwischen der Bauchplatte und den Rückenplatten liegt. Bis 7 mm Körperlänge. Im weichen Holz toter Laubbäume, Gartenpfählen, gelegentlich auch im Nadelholz . . . . **Kammhorn-** oder **Gekämmter Nagekäfer,** *Ptilinus pectinicornis* (LINNAEUS, 1758)

Fraßbild ähnlich dem von *Anobium punctatum*, doch haben die Kotballen meistens keine ausgezogenen Spitzen. Selten in Möbeln.

– Dörnchen nicht auf der Seite der Hinterleibsringe 2
2. 9. Hinterleibsring ohne Dörnchen. Körperlänge 5–7 mm. In Laub- und Nadelholz . . . . **Gewöhnlicher Nagekäfer, Holzwurm,** *Anobium punctatum* (DE GEER, 1774)

häufigster Schädling in Möbeln und Bauholz. Kotballen eiförmig, wobei das schlankere Ende oder beide Enden zu einer feinen Spitze ausgezogen sind. Fluglochdurchmesser etwa 2 mm.

– 9. Hinterleibsring mit Dörnchen 3
3. Dunkler gefärbte Partie der Stirn fast doppelt so breit wie lang, dreieckig oder halbkreisförmig. Körperlänge 8 mm. In der Rinde von Nadelhölzern . . . . **Weicher Nagekäfer,** *Ernobius mollis* (LINNAEUS, 1758)

nur in Neubauten an Holz, an dem die Rinde nicht entfernt wurde. Fraßgänge fast nur auf die Rinde beschränkt. Kot aus braunen oder holzfarbenen, linsenförmigen, bei kleineren Larven bisweilen eiförmigen bis kugeligen, dann aber immer braunen Ballen bestehend. Fluglochdurchmesser 2–3 mm. Technisch ohne Bedeutung, außer wenn in Furnieren verarbeitet.

– Dunkler gefärbte Partie der Stirn, nur auf die Mitte beschränkt 4

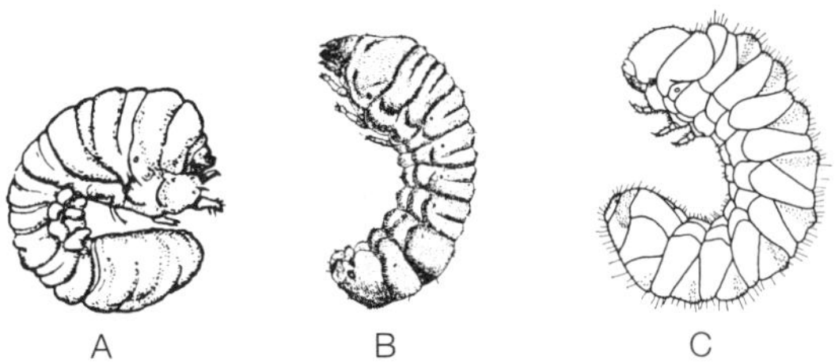

Abb. 121: Larven, A Bostrichidae, B Lyctidae, C Anobiidae (nach ZACHER, LEPESME, PARKIN).

4. 9. und 10. Hinterleibsring bis zu den Afterwülsten mit Dörnchen besetzt. In pilzbefallenem Laubholz, Flugloch 3–4 mm. Größte Anobienlarve bis zu 11 mm lang. . . . . **Totenuhr** oder **Gescheckter Nagekäfer**, *Xestobium rufovillosum* (DE GEER, 1774)

in feuchten Bauholz zusammen mit Pilzen oft sehr starke Zerstörungen hervorrufend. Kotballen brotlaibförmig.

– 10. Hinterleibsring ohne Dörnchen. Körperlänge 8 mm . . . . **Schwammholz-Nagekäfer**, *Priobium carpini* (HERBST, 1793)

in verbautem pilzbefallenen Nadelholz, seltener im Freiland in trocknen Laub- und Nadelholzstämmen. Kotballen in der Längsachse zusammengedrückt und gekrümmt, so dass sie eine konkave und eine konvexe Breitseite haben; sie sind am vorderen Ende deutlich dicker als am hinteren und andeutungsweise viergekantet. Fluglöcher 3 mm. – Ein ähnliches Fraßbild zeigt auch der **Trotzkopf** *Dendrobium pertinax* (LINNAEUS, 1758).

56 Diebkäfer und nicht im Holz lebende Nagekäfer, Ptinidae und Anobiidae

1. An der Afteröffnung befindet sich ein kleiner rotbrauner Fleck 2
– Afteröffnung ohne solchen Fleck 7
2. Der braune Fleck an der Afteröffnung ist lang gestreckt v-förmig (Abb. 122 A) . . . . . **Diebkäfer**, *Ptinus fur* (LINNAEUS, 1758) und andere in Mitteleuropa beheimatete Arten

Artunterscheidung durch sehr feine Merkmale besonders in der Beborstung möglich. Siehe MANTON, S. M.: Larvae of the Ptinidae associates with stored products. Bull. ent. Res. Bd. 35 (1945), S. 341–365 und HALL, D. W. & HOWE, R. W.: a revised key to the larvae of the Ptinidae associated with stored products. Bull. ent. Res. Bd. 44 (1953), S. 85–96.

– Der braune Fleck an der Afteröffnung ist kleiderbügelförmig (Abb. 122 B und C) . . 3
3. Klauen mit einem lappigen Fortsatz (Empodium) (Abb. 123 B, C) 4
– Klauen ohne solchen lappigen Fortsatz (Abb. 123 A). Afterfleck Abb. 122 B. Körperlänge bis 5–7 mm . . . . **Messingkäfer**, *Niptus hololeucus* (FALDERMANN, 1836)
4. Klauen außer der Borste auf der Vorderseite mit 2–3 weiteren Borsten auf der Rückseite . . . . *Trigonogenius globulus* SOLIER, 1849
– Klauen außer der Borste auf der Vorderseite ohne weitere Borsten 5
5. Vorderrand der Oberlippe leicht konkav (Abb. 123 D oben). Körperlänge bis durchschnittlich 3,5 (2,5–4,4) mm . . . **Kugelkäfer**, *Gibbium psylloides* (CZENPINSKI, 1778)
– Vorderrand der Oberlippe gerade oder konvex (Abb. 123 D unten) 6
6. In der Mitte des Vorderrandes der Unterlippe, zwischen den beiden Lippentastern nur 1 Paar kräftige Borsten (Abb. 123 E oben); der lappige Klauenfortsatz sehr klein . . . . *Tipnus unicolor* (PILLER, 1783)
– In der Mitte des Vorderrandes der Unterlippe, zwischen den beiden Lippentastern mit 4 Paar kräftigen Borsten (Abb. 122 E, unten). Afterfleck Abb. 122 C . . . . **Australischer Diebkäfer**, *Ptinus tectus* BOIELDIEU, 1856

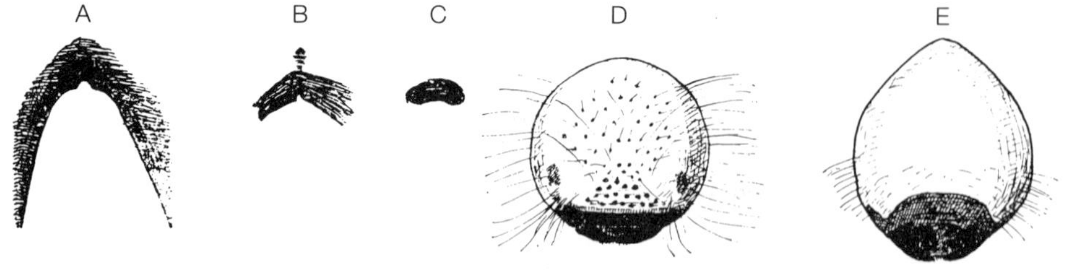

Abb. 122: Brauner Fleck vor der Afteröffnung der Larve von A *Ptinus fur*, B *Niptus hololeucus*, C *Ptinus tectus*, Kopf der Larve D des Tabakkäfers, *Lasioderma serricorne* und E des Brotkäfers, *Stegobium paniceum*.

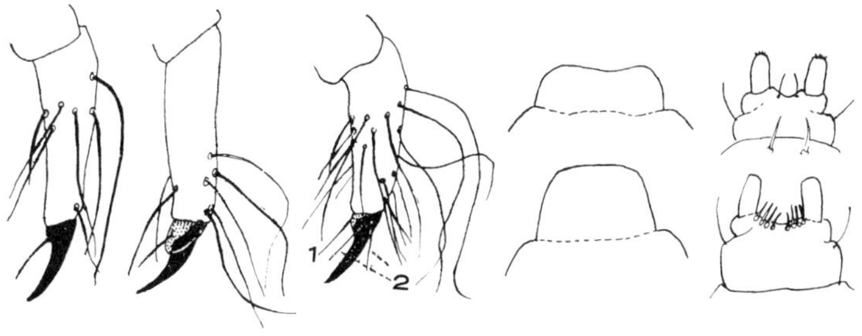

Abb. 123: Diebkäferlarven: A–C Fußglied von A *Niptus hololeucus*, B *Ptinus villiger*, C *Trigonogenius globulus*. Schwarz Klaue, punktiert Empodium, *1* vordere, *2* hintere Klauenborsten. – D Umriß der Oberlippe (ohne Beborstung) von *Gibbium psylloides* und darunter von *Tipnus unicolor*. – E Unterlippe von *Tipnus unicolor* und darunter von *Ptnius tectus* (nach MANTON).

7. Kopf von vorn gesehen rund, lang behaart, mit kleinen braunen Flecken und Wärzchen (Abb. 122 D). Körperlänge bis 4 mm . . . . **Tabakkäfer**, *Lasioderma serricorne* (FABRICIUS, 1792)
– Kopf von vorn gesehen oval, oben zugespitzt, kurz und wenig behaart, ohne braune Flecken und Wärzchen (Abb. 122 E). Körperlänge bis 5 mm . . . . **Brotkäfer**, *Stegobium paniceum* (LINNAEUS, 1761)

57 Schwarzkäfer, Tenebrionidae

Ausführliche Beschreibungen der Larven finden sich in KORSCHEFSKY, R.: Bestimmungstabellen der bekannten deutschen Tenebrioniden- und Alleculiden-Larven. Arb. physiol. angew. Ent. Bd. 10 (1943), S. 58–68 und VAN EMDEN, F. I.: Larvae of British beetles. VI. Tenebrionidae. – Entomol. monthly Mag. Bd. 83 (1947), S. 154–171 und Bd. 84 (1948), S. 10.

1. 1. Beinpaar größer als die beiden anderen (Abb. 124). Letzter Hinterleibsring breit abgerundet, mit einer Spitze versehen und auf dem ganzen Seitenrand mit kleinen Dörnchen, so dass er einen gezähnelten Eindruck macht (Abb. 125 A oben). Große dicke Larven. Erwachsen bis zu 35 mm lang . . . . **Totenkäfer**, *Blaps*-Arten
– 1. Beinpaar nicht größer als die beiden anderen 2
2. Bis 28 mm lange Larven. Letzter Hinterleibsring auf dem Rücken mit einer Reihe kurzer Borsten an seiner Basis und mit je 2 dornenförmigen Borsten an der Seite vor jedem der beiden nach oben gerichteten Dornen 3
– Bedeutend kleinere Larven. Letzter Hinterleibsring auf dem Rücken ohne dornförmige Borsten 4
3. Atemlöcher oval und der Seitenkante des Rückenschildes stark genähert. Letzter Hinterleibsring breiter als lang. 2. Fühlerglied 3mal so lang wie breit (Abb. 124, 125 A unten) . . . . **Mehlkäfer**, *Tenebrio molitor* LINNAEUS, 1758

Mehlwurm, wie er als Singvogelfutter käuflich ist, in Getreide und Getreideprodukten, aber auch in Holzmulm.

– Atemlöcher rundlich und weiter von der Seitenkante der Rückenschilder entfernt. Letzter Hinterleibsring nicht breiter als lang. 2. Fühlerglied 4mal so lang wie breit. Die Tergite, besonders die vorderen und hinteren, schwarzbraun . . . . *Tenebrio obscurus* FABRICIUS, 1792
4. Der letzte Hinterleibsring ist gegabelt. Die beiden Spitzen sind mehr oder weniger dornenartig ausgezogen 5

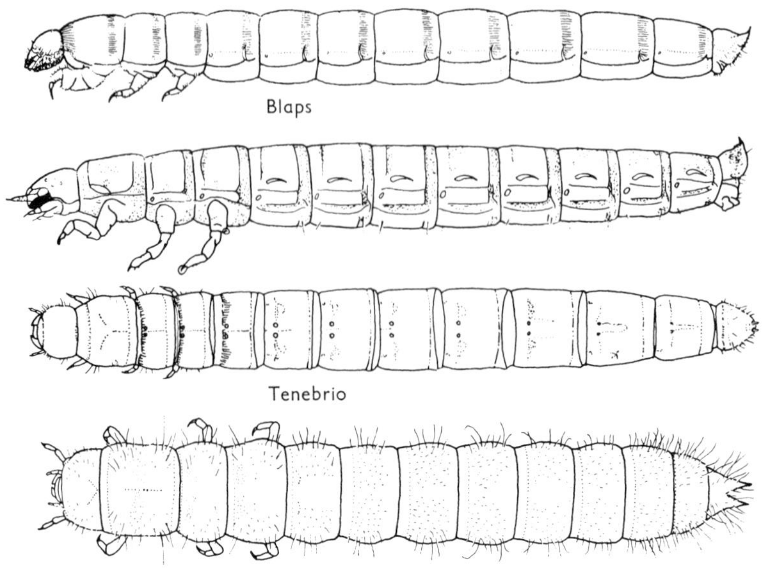

Abb. 124: Larven von *Blaps, Tenebrio* und *Tribolium* (nach KORSCHEFSKY).

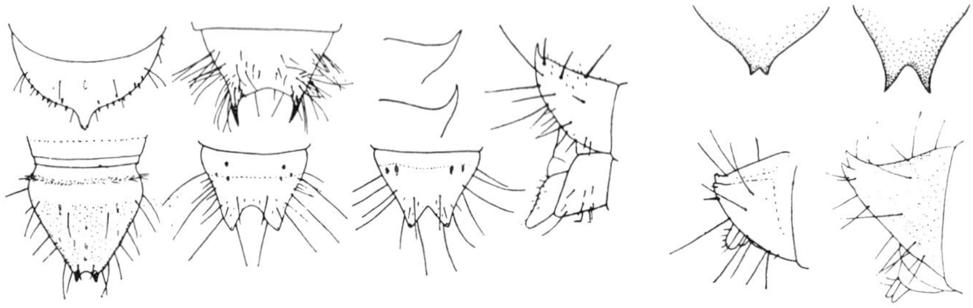

Abb. 125: Hinterleibsende der Larven von A *Blaps*, darunter *Tenebrio molitor*, B *Latheticus oryzae*, darunter *Tribolium madens*, C oben dasselbe von der Seite bei *T. madens* und *T. castaneum*, unten von oben von *T. castaneum*, D von der Seite von *Alphitophagus bifasciatus*, E *Palorus ratzeburgi* und F *Palorus subdepressus*, (oben) vom Rücken und (unten) von der Seite gesehen (nach VAN EMDEN, HALSTEAD).

– Der letzte Hinterleibsring ist in eine dornförmige Spitze ausgezogen, die aufwärts gebogen ist 11
5. Die Hinterleibsspitzen sind sehr groß, nicht viel kürzer als der übrige letzte Hinterleibsring. Die Basis einer Spitze nimmt etwa ⅓ der größten Breite des Ringes ein (Abb. 124 *Tribolium* und Abb. 125 B unten, C) 6
– Die Hinterleibsspitzen sind viel kürzer als der übrige letzte Hinterleibsring. Die Basis einer Spitze nimmt weniger als ⅓ der größten Breite des Ringes ein 9
6. Die beiden Spitzen des letzten Hinterleibsringes berühren sich fast oder ganz. Larven bis 8 mm lang (Abb. 125 C oben und unten) 7

– Die beiden Spitzen des letzten Hinterleibsringes stehen etwa um die Breite einer Spitze auseinander (Abb. 125 B unten und C Mitte). Larven bis 10 mm 8

7. Oberlippe seitlich am Vorderrand mit je 2 Borstenfeldern besetzt . . . . **Rotbrauner Reismehlkäfer,** *Tribolium castaneum* (HERBST, 1797)

– Oberlippe schwach und gleichmäßig beborstet . . . . **Amerikanischer Reismehlkäfer,** *Tribolium confusum* JACQUELIN DU VAL, 1868

8. 3. Fühlerglied kürzer als der Ausschnitt am Innenrand des 2. Fühlergliedes. 1. Fühlerglied fast drei Viertel so lang wie das 2. . . . . **Schwarzbrauner Reismehlkäfer,** *Tribolium madens* (CHARPENTIER, 1825)

– 3. Fühlerglied länger als der Ausschnitt am Innenrand des 2. Fühlergliedes. 1. Fühlerglied etwa halb so lang wie das 2. . . . . **Großer Reismehlkäfer,** *Tribolium destructor* UYTTENBOOGAARD, 1933

9. Bei Betrachtung des letzten Hinterleibsringes von oben lassen sich die Spitzen des gegabelten Hinterleibsendes im Umrissbild nicht oder kaum erkennen, nur in Seitenansicht erscheinen sie als kleine, nach oben gerichtete Spitzen (Abb. 125 E, F). Bis 6 mm lange Larven 10

– Bei Betrachtung des letzten Hinterleibsringes von oben sind die Hinterleibsspitzen im Umrissbild sehr auffallend (Abb. 125 B oben). Sie erscheinen als kräftige lange Dornen, 3- bis 4mal so lang wie an ihrer Basis breit. Während bei den erwachsenen Larven diese Spitzen weit auseinanderstehen, liegen sie bei jungen Larven dicht beieinander . . . . **Rundköpfiger Reismehlkäfer,** *Latheticus oryzae*, WATERHOUSE, 1880–1882

10. Die Seiten des 9. Hinterleibsringes sind in ihrem Verlauf von seinem Vorderrand bis zur Basis der kleinen, tuberkelförmigen, nach oben gebogenen Spitzen im Profil gesehen gerade oder schwach konvex (Abb. 125 E) . . . . . *Palorus ratzeburgi* (WISSMAN, 1848)

– Die Seiten des 9. Hinterleibsringes sind in ihrem Verlauf von seinem Vorderrand bis zur Basis der stumpfen, deutlicheren Spitzen im Profil gesehen konkav (Abb. 125 F) . . . . *Palorus subdepressus* (WOLLASTON, 1864)

11. Auf dem Rücken des letzten Hinterleibsringes stehen 3 Paar sehr lange kräftige Borsten (Abb. 125 D). Gelbe, bis 6–7 mm lange Larven . . . . **Zweibindiger Pilzschwarzkäfer,** *Alphitophagus bifasciatus* (SAY, 1823)

– Auf dem Rücken des letzten Hinterleibsringes stehen keine 3 Paar lange Borsten, dagegen sind an den Seiten mehrere kräftige Dornen vor der dornförmigen Spitze 12

12. An den Seiten des letzten Hinterleibsringes stehen nur 2 Paar Dornen (Abb. 126 B und E). Bleich rötlichgelbe, 9–10 mm lange Larven . . . . **Vierhornkäfer,** *Gnatocerus cornutus* (FABRICIUS, 1798)

– An den Seiten des letzten Hinterleibsringes stehen bedeutend mehr Dornen 13

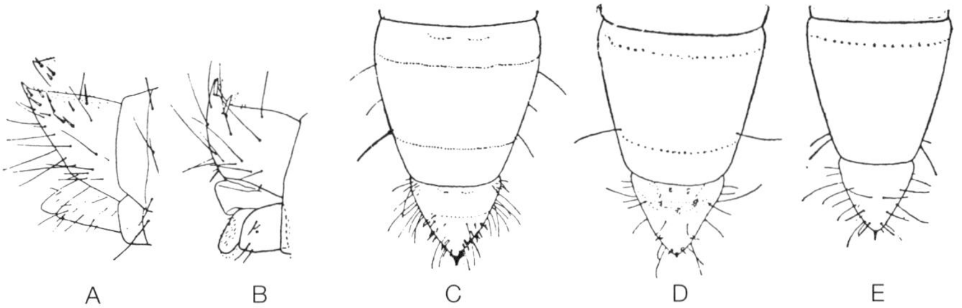

Abb. 126: Hinterleibsende der Larven von *A. Alphitobius diaperinus* von der Seite und C von oben, über A das von *A. laevigatus*, D dasselbe von oben, B von *Gnatocerus cornutus* von der Seite und E von oben (nach VAN EMDEN, KORSCHEFSKY).

13. Bauchseite der Körperringe am Seitenrand mit je 7–10 kräftigen, oft ungleich langen Borsten, auf der Rückenseite kräftig sklerotisiert und die Hinterleibsringe zweifarbig. Endstachel kräftig, von einem ausgedehnten Dornenfeld umgeben (Abb. 126 A und C). Larven bis 15 mm lang . . . .
. . . . . . **Glänzender Getreideschimmelkäfer,** *Alphitobius diaperinus* (PANZER, 1797)
– Bauchseite der Körperringe am Seitenrand mit je 2 Borsten. Auf der Rückenseite wenig stark sklerotisiert, kaum zweifarbig. Endstachel meist kürzer als die wenigen umgebenden Dornen (Abb. 126 über A; D). Larven bis 12 mm lang . . . .
. . . **Mattschwarzer Getreideschimmelkäfer,** *Alphitobius laevigatus* (FABRICIUS, 1781)

58 Bockkäfer, Cerambycidae (Abb. 127)

Ausführliche Beschreibungen der Larven und Puppen der europäischen und mit Nutzholz häufig eingeschleppten Bockkäferarten gibt E. J. DUFFY in «A monograph oft the immature stages of British and imported timber beetles (Cermabycidae),» (British Museum, Natural History, London 1953).
Zur Bestimmung muss die Kopfkapsel aus dem 1. Brustsegment herauspräpariert werden. Dazu muss der Muskel durchschnitten werden, der an der Vereinigung der Stirnnähte ansetzt.

1. Die Kopfkapsel ist breiter als lang (Abb. 128 A und C) oder ebenso lang wie breit (Abb. 128 B) 2
– Die Kopfkapsel ist viel länger als breit mit parallelen oder nach hinten konvergierenden Seiten (Abb. 128 D). Beine fehlen . . . . Lamiinae

Diese Unterfamilie der Bockkäfer enthält kaum bautechnisch wichtige Larven. Nur die Larven des **Zimmermannsbocks,** *Acanthocinus aedilis* (LINNAEUS, 1758) und der *Monochamus*-Arten können gelegentlich einmal in Bauholz vorkommen, wenn es frisch verarbeitet ist. Sie unterscheiden sich dadurch voneinander, dass die Kriechwülste auf den Abdominalringen bei *Monochamus* aus kleinen runden Warzen bestehen, während sie bei *Acanthocinus* von größeren Flächen zusammengesetzt werden.

2. Die Innenränder der Seitenteile der Kopfkapsel berühren sich nur in einem Punkt und divergieren dann sehr stark nach hinten (Abb. 128 A) . . . . Lepturinae

Die häufigsten Arten leben unter der Rinde von Laub- und Nadelbäumen und furchen das Splintholz nur oberflächlich, ohne zu schaden. Andere leben in Stöcken oder feuchtem Holz ohne bautechnische Bedeutung. Gelegentlich kommen nur die Larven des **Rothalsbocks,** *Leptura rubra* (LINNAEUS, 1758) in feuchtem, verbauten Holz

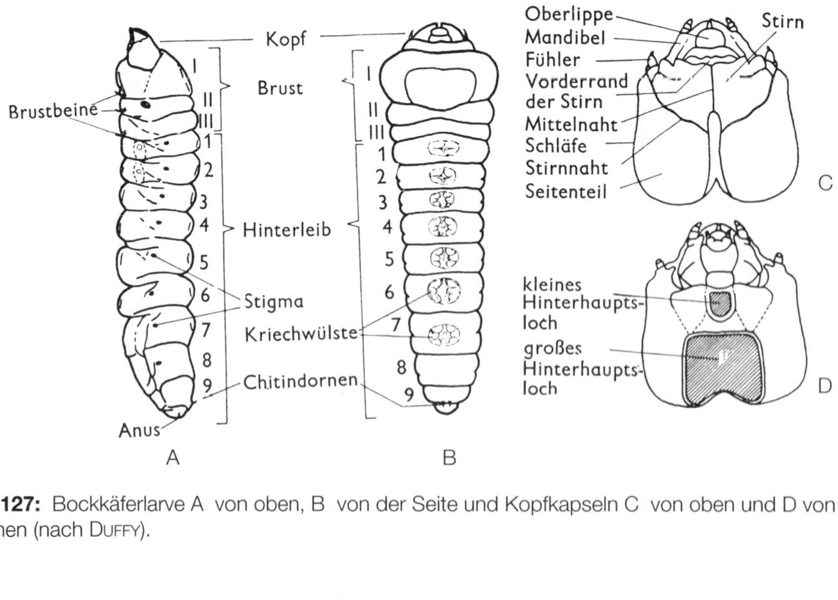

Abb. 127: Bockkäferlarve A von oben, B von der Seite und Kopfkapseln C von oben und D von unten gesehen (nach DUFFY).

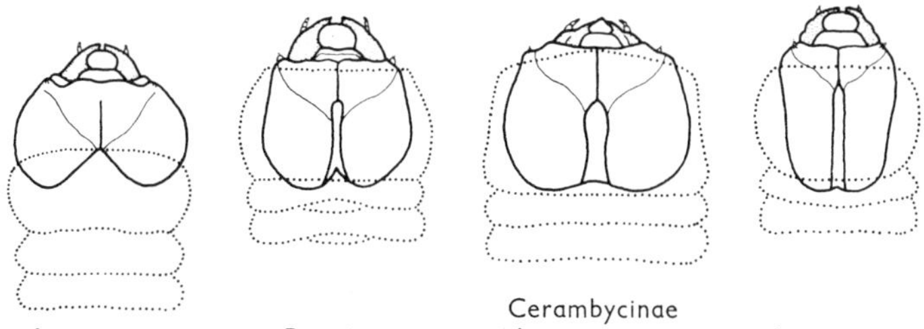

Abb. 128: Kopfkapseln der Unterfamilien der Bockkäfer.

(Fensterbrettern, Türschwellen im Freien, die durch tropfendes Regenwasser stark angefeuchtet werden, feuchtem Fachwerkholz, Telegrafenstangen, Zaunpfählen u. dgl.) in Waldnähe vor. Sie sind ausgezeichnet durch Warzenreihen auf den Kriechwülsten der Hinterleibsringe (Abb. 130 A). Sie besitzen keine Chitindornen auf dem 9. Hinterleibssegment. Körperlänge bis 33 mm (Tabelle 47: 14).

– Die Innenränder der Seitenteile der Kopfkapsel verlaufen fast in ihrer ganzen Länge parallel zueinander (Abb. 128 B und C) 3

3. Hinterhauptsloch zweigeteilt (Abb. 127 D) 5

– Hinterhauptsloch nicht zweigeteilt (Abb. 129 B) 4

4. Kriechwülste mit Wärzchen besetzt (Abb. 130 B), auf dem 9. Hinterleibssegment 2 nahe beieinanderstehende und divergierende Chitindornen . . . . **Düsterbock**, *Asemum striatum* (LINNAEUS, 1758)

in abgestorbenen Nadelhölzern, in Bauholz gelegentlich schädlich.

– Kriechwülste ohne Wärzchen, auf dem 9. Hinterleibssegment 2 kleine Chitindörnchen, die etwa dreimal so weit voneinander entfernt sind wie an ihrer Basis breit. Körperlänge bis 34 mm . . . . **Grubenhalsbock**, *Criocephalus rusticus* (LINNAEUS, 1758)

vorwiegend in frisch gefälltem Kiefernholz. Die Fraßgänge verlaufen zuerst unter der Borke, dringen dann aber tiefer ins Holz bis zum Kern ein. Das Bohrmehl, mit dem sie ausgefüllt werden, wird bei fortschreitender Austrocknung hart. Gelegentlich auch in Neubauten im verbauten Holz (Tabelle 47: 11; Taf. III, A).

5. Die Seitenteile der Kopfkapsel vorn in einem längeren Stück verwachsen und hinten stark divergierend, so dass der Hinterrand eingekerbt erscheint (Abb. 127 C, 128 B) . . Prioninae

Die hierher gehörenden Arten leben in altem, mulmigen Holz, in feuchten Fachwerken und in Pfählen an der Luft-Boden-Zone der **Mulmbock**, *Ergates faber* (LINNAEUS, 1758). Vorderrand des Kopfes gezähnelt mit 6 deutlichen zahnförmigen Zacken. Kriechwarzen auf der Dorsalseite mit je 2, auf der Ventralseite mit je 1 Querfurche. Körperlänge 60–65 mm.

– Die Seitenteile der Kopfkapsel in ganzer Länge verwachsen, hinten nicht divergierend, der Hinterrand daher gerade oder nur schwach bogenförmig (Abb. 128 C) . . . . Cerambycinae 6

6. Larven in ungeschälten Weidenruten 7

– Larven in Bau- und Werkholz 8

7. Larven ohne Beinstummel . . . . *Nathrius brevipennis* (MULSANT, 1839)

– Larven mit kleinen Beinen . . . **Weidenböckchen**, *Gracilia minuta* (FABRICIUS, 1781)

8. Larven in Nadelholz 9

– Larven in Laubholz 10

9. Fraßgänge nur zwischen Rinde und Splint mit Kot aus braunen und weißen Ballen gemischt. Zur Verpuppung wird ein Hakengang in das Splintholz gefressen. Gewöhnlich nur an baumkantigem Holz in Neubauten. Larve mit 1 Paar Punktaugen, die sehr schlecht zu erkennen sind. Körper fein rötlich gelb zerstreut beborstet. Körperlänge 10–18 mm . . . . **Blauer Scheibenbock**, *Callidium violaceum* (LINNAEUS, 1758)

gelegentlich auch *Phymatodes*-Arten, die aber Laubholz vorziehen (Tabelle 47: 11).

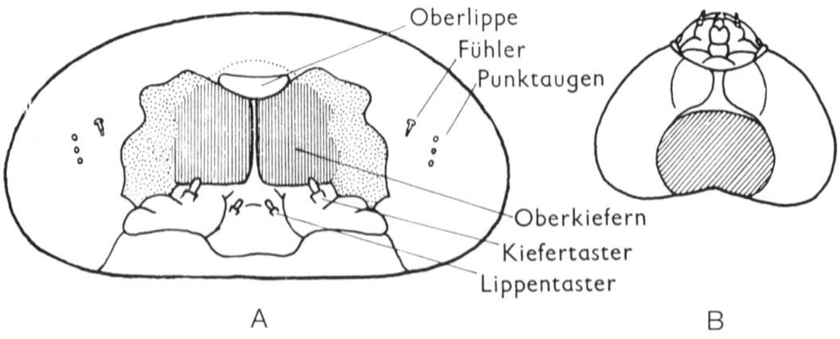

Abb. 129: A Kopf der Hausbockkäferlarve von vorn, B Kopfkapsel von *Asemum* von der Unterseite (nach DUFFY).

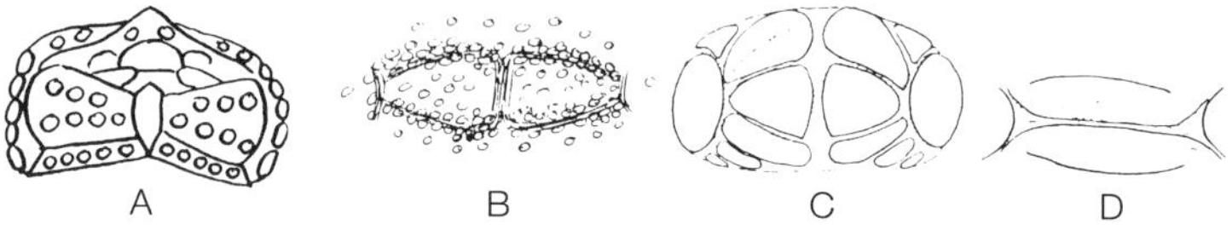

Abb. 130: Kriechwülste von Bockkäferlarven: A *Leptura rubra*, B *Asemum striatum*, C *Hylotrupes bajulus*, D *Plagionotus arcuatus* (aus WEIDNER).

– Fraßgänge ausschließlich im verbauten Holz, hauptsächlich im Dachstuhl, selten in unteren Stockwerken und Möbelstücken, dicht unter der Oberfläche unter Schonung einer nur millimeterdicken Außenschicht, die sich bisweilen durch das in die Gänge festgedrückte, aus zylindrischen Kotballen bestehende Bohrmehl etwas kissenförmig aufwölbt und bei kräftiger Berührung aufreißt, so dass das helle Bohrmehl herausrieselt. Fraßgänge vorwiegend im Splint, selten im Kernholz. Dort sind sie nur eng, im Splint oft weiter. Fluglöcher oval mit einem Längsdurchmesser von 0,5–1 cm und gewöhnlich unregelmäßig gefransten Rändern, Larve mit 3 Paar Punktaugen (Abb. 129 A), gefelderten Kriechwülsten (Abb. 130 C), ohne zerstreute goldbraune Beborstung. Körperlänge bis 24 mm . . . . **Hausbockkäfer,** *Hylotrupes bajulus* (LINNAEUS, 1758)

größter Schädling am Bauholz auch in alten Häusern, nur selten in Neubauten, gelegentlich auch in Telegrafenmasten und Zaunpfählen (Tabelle 47: 10; Taf. I, A–D).

10. Kopf mit 3 Paar Punktaugen. Kriechwülste mit einer tiefen Querfurche (Abb. 130 D). In Eichenholz, vor allem Parkettstäben . . . . **Gemeiner Eichenwidderbock,** *Plagionotus arcuatus* (LINNAEUS, 1758)

– Kopf mit einem Paar Punktaugen. In Eichenholz, Buchen- und anderem Laubholz. Fraßgänge meistens nur unter der Borke, selten in den Splint tiefer eindringend. Zur Verpuppung wird ein Hakengang in den Splint angelegt . . . . **Roter Scheibenbock,** *Pyrrhidium sanguineum* (LINNAEUS, 1758), **Veränderlicher Scheibenbock,** *Phymatodes testaceus* (LINNAEUS, 1758) und verwandte Arten, alle von geringer wirtschaftlicher Bedeutung.

59 Schmetterlinge, Lepidoptera

Die als Vorratsschädlinge auftretenden Schmetterlinge gehören (mit Ausnahme des Heuspanners, *Sterrha inquinata*) zu den sogenannten Kleinschmetterlingen, die in der Volkssprache gewöhnlich als «Motten» bezeichnet werden. Dieses ist ein Sammelname, der nichts über die Zugehörigkeit der Art zu einer bestimmten Schmetterlingsfamilie aussagt. Im fortpflanzungsfähigen Stadium (Falter) sind bei vielen Arten die feinen charakteristischen Flügelzeichnungen nur schwer zu erkennen, besonders bei älteren, schon «abgeflogenen» Exemplaren, wie man sie in der Praxis meistens zu sehen bekommt. Bei solchen wurde ein mehr oder weniger großer Teil der die Zeichnung bildenden, nur lose auf der Flügelfläche eingelenkten, kleinen, bunt gefärbten Schuppen durch die Bewegungen der Falter abgerieben. Das erfolgt auch, wenn man die Flügel mit dem Finger berührt, wodurch ein staubartiger Farbfleck auf dem Finger zurückbleibt. Zur Bestimmung der Falter ist daher neben der Untersuchung der Flügelform das artcharakteristische Flügelgeäder zu studieren (Abb. 132, 136, 137, 139, 140), wozu die Adern in ihrem ganzen Verlauf durch Abbürsten der Schuppen mit einem feinen Haarpinsel sichtbar gemacht werden müssen. Zur Artbestimmung müssen auch oft die Hinterleibsanhänge der Männchen herangezogen werden (Abb. 131 B, 134, 135 rechts, 141). Davon sind vor allem die großen plattenförmigen, unregelmäßig ovalen bis fast dreieckigen Valven von Bedeutung, zwischen denen die haken- oder spangenförmigen, charakteristisch geformten paarigen Skelettteile und der unpaare, röhrenförmige Aedeagus (sprachlich richtiger, aber nur selten gebraucht Aedoeagus) liegen. In letzterem ist der weichhäutige, handschuhfingerförmig ausstülpbare Penis enthalten, der die Fortsetzung des Ausführganges der Geschlechtsdrüsen darstellt. Durch ihn wird das Sperma in die Begattungsöffnung des Weibchens eingeführt. Die Valven und die übrigen paarigen Skelettstücke, von denen der Uncus die Afteröffnung oben und der Gnathos unten umgeben, sind Klammerorgane, mit denen sich das Männchen am Hinterleib des Weibchens während der Begattung festhält. Die Weibchen haben zwei Geschlechtsöffnungen, die eine am Ende der Legeröhre, die aus dem Hinterleibsende herausgestreckt werden kann, und eine zweite, das Ostium bursae auf der Bauchseite am oder hinter dem 8. Hinterleibsring, durch welches bei der Begattung der Penis eindringt und durch den Ductus bursae das in eine Sekrethülle eingepackte Sperma in die Begattungstasche (Bursa copulatrix) schiebt. Die Form und die oft mit Zähnchen oder Platten (Signum) versehene Auskleidung von Ductus und Bursa ermöglichen eine sichere Artbestimmung (Abb. 131 C, 135, 141). Da die Bursa im Hinterleib liegt, muss sie herauspräpariert werden. Zu diesem Zweck wird der Hinterleib abgebrochen und in 10 %iger Kalilauge aufgehellt (s. S. 4). Auch die Hinterleibsanhänge werden für die Untersuchung am besten ebenso vorbereitet, dann können die Valven ganz auseinandergelegt und der Aedeagus herausgenommen werden.

Ausführliche Bearbeitung der vorratsschädlichen Schmetterlinge bei CORBET, A. S. & TAMS, W. H. T.: Keys for the identification of the Lepidoptera infesting stored food products. Proc. Zool. Soc. London (B) Bd. 113 (1943, S. 55–148. – Siehe ferner für Tineidae: PETERSEN: Beitr. Ent. Bd. 19 (1969), S. 311–388 und für *Ephestia*: RICHARDS & THOMPSON: Trans. Ent. Soc. London, Bd. 80 (1932), S. 169–250 und HEINRICH, C.: American months of the subfamily Phycitinae. – U. S. Nat. Mus. Bull. 207 (1956), S. 1–581.

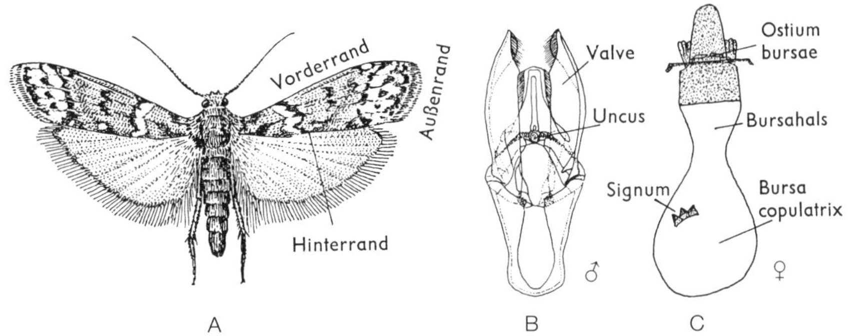

Abb. 131: A Mehlmotte, *Ephestia (Anagasta) kuehniella*, B männlicher und C weiblicher Begattungsapparat der Dörrobstmotte, *Plodia interpunctella* (A aus DIEHL-WEIDNER, B, C nach RICHARDS).

1. Hinterflügel lang gestreckt, zugespitzt oder lanzettförmig, so breit oder schmäler als die ebenfalls lanzettförmigen Vorderflügel. Durch lange Fransen am Flügelhinterrand wird bisweilen ein am Saum breiter Flügel vorgetäuscht. Die Fransen am Hinterflügel sind lang, etwa so lang wie die halbe Flügelbreite (Abb. 133 obere Reihe und *Nemapogon*, 136, 137) 2
– Hinterflügel breit, dreieckig, nicht lanzettförmig, Fransen kurz, bei weitem nicht so lang wie die halbe Flügelbreite (Abb. 131, 133: *Plodia* und *Ephestia*) 24
2. Kopf oben zwischen den Fühlern struppig behaart. Lippentaster kurz, ziemlich stumpf, gerade oder fast gerade, horizontal gerichtet oder nach unten hängend (Abb. 132) . . . . **Motten**, Tineidae 3
– Kopf oben zwischen den Fühlern glatt beschuppt (Abb. 136 *Endrosis*) 20
3. Basales Drittel des Vorderflügels schwarzbraun, der Rest des Vorderflügels dagegen scharf abgesetzt schmutzigweiß, an der Spitze etwas verdunkelt. Spannweite 12–24 mm (Abb. 133) . . . . **Tapetenmotte**, *Trichophaga tapetzella* (LINNAEUS, 1758)

Raupen in Pelzwerk, Wollstoffen, Federn und ähnlichen tierischen Produkten.

– Vorderflügel mehr einheitlich gefärbt, nicht in zwei stark verschieden gefärbte Zonen geteilt 4
4. Vorderflügel und Körper einfarbig strohgelb, fettig glänzend, Hinterflügel graugelb. Spannweite 12–16 mm (Abb. 133) . . . . **Kleidermotte**, *Tineola bisselliella* (HUMMEL, 1823)

Raupen an Pelzen, Wolltextilien und allen tierischen Produkten. Die herumfliegenden Falter sind meistens Männchen oder Weibchen nach der Eiablage. Ihr Wegfangen dämmt die Vermehrung der Motten nicht ein. Sie sind nur ein Zeichen für das verborgene Vorhandensein dieses Schädlings.

– Vorderflügel nicht einfarbig, mit verschiedenen gefärbten Schuppen, die eine deutliche Zeichnung bilden oder den ganzen Flügel gescheckt erscheinen lassen 5
5. Vorderflügel mit einem deutlich umrissenen durchscheinenden weißlichen Fleck in der Mitte 6
– Vorderflügel ohne einen solchen Fleck 9
6. Vorderflügel mit einem gelben Streifen längs des Innenrandes 7
– Vorderflügel ohne gelben Längsstreifen am Innenrand 8
7. Hinterflügel dunkelgrau, mit violettem oder kupferigem Schimmer. Grundfarbe der Vorderflügel dunkelpurpurbraun, sein Vorderrand ist über dem Glasfleck weißlich bestäubt und zeigt gegen die Spitze zu 4–5 weißliche Häkchen. Spannweite 11–14 mm . . . . *Monopis ferruginella* (HÜBNER, 1810–13)

entwickelt sich an Wollstoffen aller Art und auch an getrockneten Pflanzenstoffen, hauptsächlich im Freien oder an feuchten Örtlichkeiten.

– Hinterflügel weißlichgrau. Grundfarbe des Vorderflügels stark mit gelb untermischt (Flügelgeäder Abb. 132). Spannweite 14–16 mm . . . *Monopis crocicapitella* (CLEMENS, 1859)

entwickelt sich an Textilien, Sämereien und getrockneten Pflanzenstoffen in feuchter Umgebung.

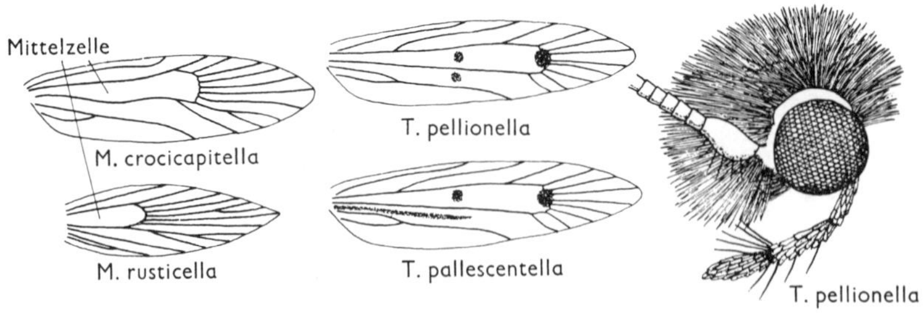

Abb. 132: Vorderflügel der *Monopis*- und *Tinea*-Arten, Aderung und bei *Tinea* Eintragung der dunklen Flecken, Kopf der Pelzmotte *Tinea pellionella*.

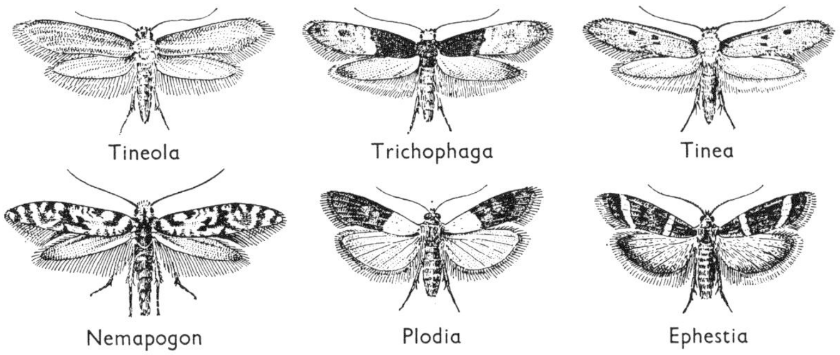

Abb. 133: Die wichtigsten Motten: Kleidermotte, *Tineola bisselliella*, Tapetenmotte, *Trichophaga tapetzella*, Pelzmotte, *Tinea pellionella*, Kornmotte, *Nemapogon granellus*, Dörrobstmotte, *Plodia interpunctella*, Speichermotte, *Ephestia elutella* (aus DIEHL-WEIDNER).

8. Die Mittelzelle reicht im Vorderflügel bis zur Flügelmitte (Abb. 132 wie bei *M. crocicapitella*). Der Vorderflügel ist ziemlich einfarbig braungrau, am Vorderrand fein gelb. Spannweite 12–16 mm . . . . *Monopis imella* (HÜBNER, 1810–13)
an tierischen und getrockneten pflanzlichen Stoffen in feuchter Umgebung, in Weinkellern.
– Die Mittelzelle endet im Vorderflügel weit vor der Mitte (Abb. 132). Der Vorderflügel ist violettschwärzlich, um den Glasfleck etwas gelblich aufgehellt. Spannweite 16 bis 20 mm . . . . **Fellmotte**, *Monopis rusticella* (HÜBNER, 1796)
an Wollsachen vorwiegend in Kellern, Schuppen und im Freien.
9. Vorderflügel weiß und braun bis schwarz gescheckt (Abb. 133). Spannweite 10 bis 14 mm 10
– Vorderflügel nur mit einem bis einigen wenigen schwarzen Punkten oder Längsstreifen auf gelbem bis grauem Untergrund 16
10. Männchen (Abb. 134)[7] 11
– Weibchen (Abb. 135)[7] 14
11. Valven hinten kräftig sklerotisiert und fast gerade abgeschnitten oder an den Ecken in kleine Spitzen vorgezogen. Innenschenkel des Gnathos plump und keulenförmig. Uncus ohne tiefen Einschnitt und ohne deutliche Vorwölbung. Aedeagus am Ende flossenartig verbreitert, mit zwei spitzen Zähnen . . . . **Kornmotte**, *Nemapogon granellus* (LINNAEUS, 1758)
entwickelt sich in Fruchtkörpern des Hausschwamms, in Getreide, getrockneten Speisepilzen, Äpfeln, Datteln usw., Samen von Forstbäumen, Flaschenkorken.
– Valven hinten zu einer Spitze ausgezogen 12
12. Innenschenkel des Gnathos an der Spitze gezähnt. Größe und Anzahl der Zähne ist individuell sehr verschieden. Valven am Hinterrand außen abgerundet, innen in ein stark sklerotisiertes, gebogenes, spitzes Horn ausgezogen. Uncus im flachen Bogen oder tief trapezförmig bis dreieckig ausgeschnitten. Aedeagus an der Spitze mit einem großen, ziemlich stumpfen Zahn . . . . **Roggenmotte**, *Nemapogon personellus* PIERCE & METCALFE, 1934 (= *Tinea secalella* ZACHER, 1938)
entwickelt sich in Getreide und trocknen Pilzen.
– Innenschenkel des Gnathos endet in einer einfachen Spitze, ist nicht gezähnt 13

[7] Bestimmungsschlüssel nach den Genitalien nach G. PETERSEN in Beiträge zur Entomologie, Berlin, Bd. 3 (1953), S. 577–600 und Bd. 7 (1957), S. 55–176.

Das Ende des Hinterleibs eines Männchens von *Nemapogon cloacellus* in Seitenansicht nach Entfernung von Haaren und Schuppen. Der Aedeagus ist nicht eingezeichnet. Für die Bestimmung ist die Form der Valva (senkrecht schraffiert) und des Gnathos (ganz schwarz) von Bedeutung. Darunter sind die Begattungsorgane der Männchen der vier Nemapogon-Arten ausgebreitet und vom Rücken her betrachtet.

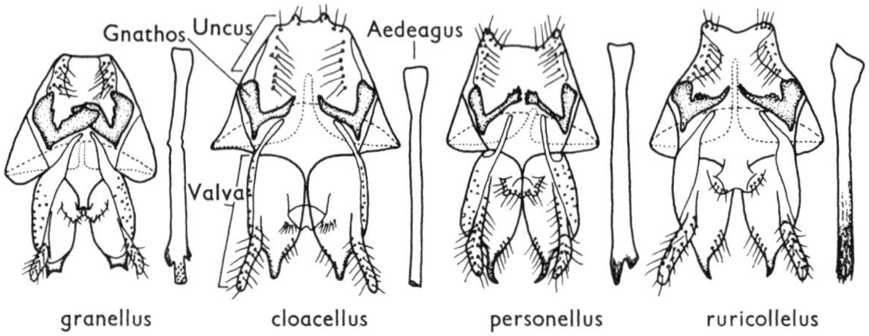

Abb. 134: Männlicher Begattungsapparat der *Nemapogon*-Arten (nach PETERSEN).

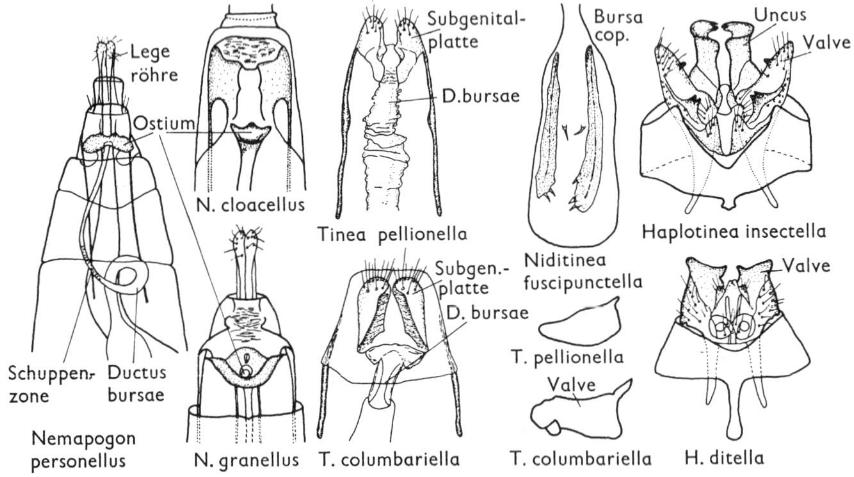

Abb. 135: Weibliche Begattungsorgane von *Nemapogon-*, *Tinea-*, *Niditinea-* und männliche Begattungsorgane von *Haplotinea*-Arten (nach PETERSEN).

13. Innenschenkel des Gnathos in der Mitte mit grobkörniger Aufwölbung. Valven hinten nahezu ein spitzwinkliges Dreieck bildend, dessen Spitze in ein stark sklerotisiertes gebogenes Hörnchen ausläuft. Uncus deutlich stumpfwinklig eingeschnitten. Aedeagus an der Mündung sehr klein raspelförmig gezähnt . . . . *Nemapogon ruricollelus* (STAINTON, 1849)
diese Art ist hier aufgenommen, weil sie wahrscheinlich oft mit anderen Arten, besonders *N. cloacellus*, verwechselt wird.

– Innenschenkel des Gnathos glatt. Valven hinten in einen schwach sklerotisierten, stumpfen Fortsatz ausgezogen. Uncus mit einem mehr oder weniger deutlichen Einschnitt zwischen zwei oft sehr deutlichen Vorwölbungen. Aedeagus einfach, röhrenförmig ohne Zahn . . . . **Schleusenmotte,** *Nemapogon cloacellus* (HAWORTH, 1828) (= *Tinea infimella* HERRICH-SCHÄFER, 1851)

nur in feuchtem Getreide, Pilzen, Flaschenkorken, in Weinkellern.

14. Der Ductus bursae bildet nach der mit kleinen Chitinplättchen ausgekleideten Schuppenzone eine ringförmige Schleife, bevor er in die Bursa copulatrix mündet. Das Ostium bursae ist brillenförmig mit zwei langen, nach hinten gerichteten Borsten . . . . *Nemapogon personellus* (PIERCE & METCALFE, 1934)
– Der Ductus bursae bildet keine ringförmige Schleife 15
15. Ostium bursae kräftig sklerotisiert, etwa sechsmal so breit wie der Ductus bursae, buchtig gebogen . . . . *Nemapogon granellus* (LINNAEUS, 1758)
– Ostium bursae schwach sklerotisiert, klein, becherförmig, kaum breiter als der Ductus bursae . . . . *Nemapogon cloacellus* (HAWORTH, 1838)
16. Vorderflügel mit einem schwarzen Punkt auf der Querader, einem von der Wurzel kommenden schwarzen Längsstreifen und einem weiteren schwarzen Punkt in der Flügelmitte über dem der Spitze zugekehrten Ende des Längsstreifens. Der Längsstreifen kann auch bis auf einen Punkt reduziert sein, der dann dem Punkt in der Flügelmitte gegenüberliegt. Es können aber auch der Längsstreifen und der Punkt in der Flügelmitte ganz fehlen . . 17
– Vorderflügel ungleichmäßig punktiert 19
17. Auf dem Vorderflügel ist der Längsstreifen ausgebildet (Abb. 132) 18
– Auf dem lehmgelben Vorderflügel ist der Längsstreifen zu einem Punkt reduziert oder fehlt ganz. Auch der Punkt über ihm kann fehlen, dagegen ist immer der Punkt auf der Querader sehr deutlich entwickelt (Abb. 132). Hinterflügel hellgrau gelblich schillernd (Abb. 133). Spannweite ♂ 9–13 mm. ♀ 11–17 mm . . . . **Pelzmotte,** *Tinea pellionella* LINNAEUS, 1758

sie entwickelt sich an tierischen und pflanzlichen Stoffen, vor allem an Wollstoffen, Pelzen und Federn. Die Raupen leben in Säcken, die sie auf ihren Wanderungen mit sich im Zimmer herumtragen. In ihrer Verbreitung ist sie auf gemäßigte und kühle mediterrane Gebiete beschränkt. Nach Nordamerika, Australien und Neuseeland wurde sie verschleppt. Es gibt noch andere sehr ähnliche Arten mit ähnlicher Lebensweise, die nur durch Untersuchung der Genitalien bestimmt werden können. Hier sind besonders zu nennen die hellere und auf ihren Vorderflügeln schärfer gezeichnete *T. flavescentella* HAWORTH, 1828, die besonders in Westeuropa verbreitet ist, die dunklere *T. dubiella* STAINTON, 1859, die in Europa weit verbreitet ist, aber auch nach Nordamerika und Australien verschleppt wurde, und die beiden äußerlich nicht zu unterscheidenden *T. translucens* MEYRICK, 1917 mit einem Verbreitungszentrum in den altweltlichen feuchten Tropen, aber in Häusern fast weltweit verschleppt, und *T. murariella* STAUDINGER, 1859 hauptsächlich im Mittelmeergebiet, nach Osten bis zum Sudan und nach Norden bis Rumänien und Südfrankreich vorgedrungen. Für die genaue Bestimmung dieser Arten wird auf die Arbeiten von PETERSEN: «Die Genitalien der paläarktischen Tineiden», Beitr. z. Ent. Bd. 7, 1957, S. 55–176 und besonders von G. S. ROBINSON: «Clothes-moths› of the *Tinea pellionella* complex: a revision of the world's species (Lepidoptera: Tineidae).» Bull. Brit. Mus. (Nat. Hist.) (Ent. s.) Bd. 38, 1979, S. 57–128 verwiesen. Dort finden sich auch Angaben über die Biologie dieser Motten, so weit sie bekannt ist. Wenn nur der Punkt auf der Querader vorhanden und nur schwach ausgebildet ist, kann die **Taubenmotte,** *T. columbariella* WOCKE, 1877 (Spannweite 8–15 mm) vorliegen. Die Weibchen unterscheiden sich durch ihre lyraförmige Subgenitalplatte und ihre Bursa, die kein Signum besitzt, von denen der Pelzmotte, bei denen die zweiteilige Genitalplatte nach hinten vorragt und innen je einen kleinen Vorsprung besitzt (Abb. 135), die Bursa copulatrix hat zwei Signa. Beim Männchen haben die Valven vor der Spitze an der Innenseite einen distal abgerundeten kleinen Anhang, der bei *T. pellionella* fehlt (Abb. 135). Sie kommt hauptsächich in Vogelnestern vor, wurde aber auch als Schädling an Bettfedern gemeldet. Daran soll aber *T. flavescentella* häufiger sein.

18. Vorderflügel über 8 mm lang, gelblichgrau mit scharf und deutlich hervortretendem Längsstreifen, da die schwärzliche Bestäubung am Vorder- und Hinterrand fehlt. Hinterflügel gelblichgrau. Spannweite 19–21 mm . . . *Tinea pallescentella* (STAINTON, 1851)

«The large pale clothes moth» der Engländer ist bei uns nur selten gefunden worden. Sie entwickelt sich in Wollstoffen, trocknen Häuten, ausgestopften Bälgen und anderen Keratinsubstanzen, aber auch in gelagertem Getreide. Wahrscheinlich ist sie keine europäische, sondern eine neotropische Art, die nach Europa in den letzten 140 Jahren mit gesalzenen Schaffellen aus Patagonien eingeschleppt wurde. Ihre Raupe spinnt sich einen Sack, worin sie aber nur während der Häutung bleibt. Nach Erhärten ihres Hautpanzers verlässt sie ihn wieder.

– Vorderflügel bis 8 mm lang, gelblichbraun, auch am Vorder- und Innenrand schwärzlich bestäubt, der dunkle Streifen daher undeutlich. Hinterflügel hellgrau, gelblich schimmernd, Spannweite 10–15 mm . . . . **Nestermotte**, *Niditinea fuscipunctella* (HAWORTH, 1828)

in Nestern von Tauben, trocknen Früchten, Erbsen, toten und verwesenden tierischen und pflanzlichen Stoffen. Bei uns häufig, in England «the brown-dotted clothes moth». Sie ist eindeutig an der Bursa copulatrix (Abb. 135) zu erkennen, die zwei lang gestreckte, nach dem Ende zu etwas verbreiterte Platten besitzt.

19. Vorderflügel dunkelbraun und bräunlichgelb, gemischt, mit einigen dunklen Punkten und gelben Häkchen am Vorderrand vor der Spitze. Hinterflügel dunkelgrau, stark violett schimmernd. ♀ viel dunkler als ♂. Spannweite 14–18 mm. Beim ♂ Valven ventral verwachsen und mit kräftigen Zahnbildungen versehen, Uncus aus zwei sehr dunkel pigmentierten Armen bestehend, die distal gewunden und gezähnt sind (Abb. 135). Beim ♀ Ostium bursae unter einer kräftigen, nach hinten buchtig vorgezogenen Subgenitalplatte . . . . *Haplotinea insectella* (FABRICIUS, 1794 (= *Tinea misella* ZELLER, 1839)

in Insektensammlungen, Getreide, Erbsen.

– Vorderflügel dunkelbraun, stark bestäubt mit dunkelbraunen Schuppen, so dass die Zeichnung nicht klar erscheint. Nur durch Genitaluntersuchung von der vorhergehenden Art zu unterscheiden. Beim ♂ Valven distal gerade abgeschnitten, innen mit einem Zahn. Besonders charakteristisch sind zwei sklerotisierte Stäbe mit einer ringförmigen Schleife. Der zweispitzige Uncus wird bei der Ventralansicht des Kopulationsapparates vollkommen von den Valven verdeckt (Abb. 135). Beim ♀ Ostium bursae einfach, von charakteristischen Chitinverdickungen umgeben. Anfang des Ductus bursae verdickt und wie mit kleinen Platten besetzt . . . . *Haplotinea ditella* (PIERCE & DIAKANOFF, 1938)

in Getreide, Kümmelsamen und anderen trocknen pflanzlichen Stoffen.

20. Lippentaster klein, nach unten gerichtet. Flügel sehr schmal, Vorderflügel braun mit gelber Zeichnung von der Form eines querliegenden V in der Mitte, dessen Spitze zur Flügelspitze hin gerichtet und vorgezogen ist, oft bis zu dem ebenfalls gelben, vor der Spitze liegenden Punkt (Abb. 136). Spannweite 10–12 mm . . . . **Weinkellermotte**, *Oinophila v-flavum* (HARWORTH, 1828) (Oinophilidae)

In Weinkellern häufig, wo die Raupe die Algen an den Weinfässern abweidet.

– Lippentaster kräftig, sichelförmig aufwärts gebogen und vorn zugespitzt (Abb. 136) 21

21. Hinterflügel hinter der Spitze eingezogen (Abb. 137: *Sitotroga)* 22

– Hinterflügel hinter der Spitze nicht eingezogen (Abb. 137) Oecophoridae . . . . **Palpenmotten**, Gelechiidae 23

22. Vorderflügel ohne Zeichnung, trüb lehmgelb, schwarz bestäubt, besonders um die Falte und an der Spitze. Hinterflügel grau (Abb. 137). Spannweite 10–19 mm . . . . **Getreidemotte**, *Sitotroga cerealella* (OLIVIER, 1789)

die Raupe entwickelt sich in einem Getreidekorn, vor allem Mais, Weizen, Sorghum, Gerste, ungeschältem Reis, kommt aber auch an Hülsenfrüchten, Kastanien und Sämereien vor.

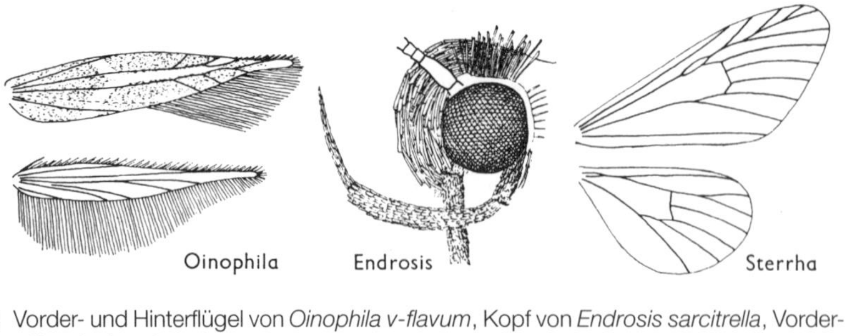

Abb. 136: Vorder- und Hinterflügel von *Oinophila v-flavum*, Kopf von *Endrosis sarcitrella*, Vorder- und Hinterflügel von *Sterrha inquinata*.

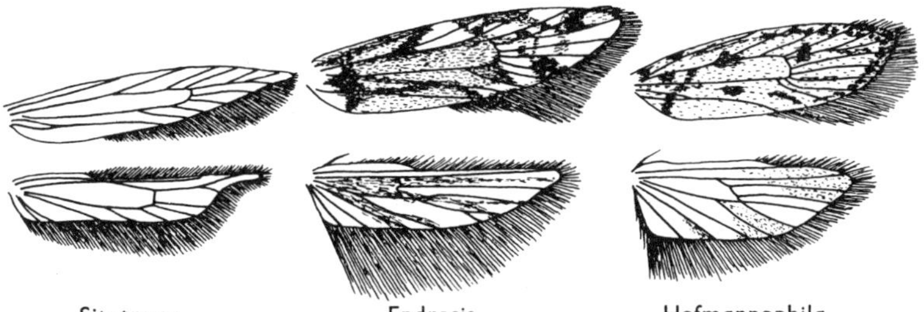

Abb. 137: Vorder- und Hinterflügel von *Sitotroga cerealella, Endrosis sarcitrella* und *Hofmannophila pseudospretella*.

– Vorderflügel staubig braungrau mit 4 schwärzlichen, durch helle Zwischenräume getrennten Längsstrichen in der Falte, vor der Spitze mit einem kurzen tiefschwarzen Querstrich und außerdem mit dunklen Schuppen an der Wurzel und Spitze. Spannweite 12–17 mm . . . . **Kartoffelmotte**, *Phthorimaea operculella* (ZELLER, 1873)

nur an importierten Kartoffeln.

23. Kopf und Brust kreideweiß beschuppt. Vorderflügel grau, dunkler gefleckt. Hinterflügel weißgrau (Abb. 137). Spannweite 15–19 mm . . . . **Kleistermotte**, *Endrosis sarcitrella* (LINNAEUS, 1758) (= *E. lacteella* SCHIFFERMÜLLER & DENIS, 1775)

in Wespen- und Vogelnestern, in Getreide aller Art, besonders, wenn die Lagerräume feucht sind.

– Kopf und Brust nicht weiß beschuppt. Vorderflügel bronzefarben mit drei schwarzen Flecken auf der Mitte und mehreren solchen Flecken am Saum. Spannweite 20 mm (Abb. 137) . . . . . . **Samenmotte**, *Hofmannophila pseudospretella* (STAINTON, 1849)

in Vogelnestern und feuchten Vorräten aller Art, in Polstermöbeln in feuchten Wohnungen.

24. Vorderflügel schmal, gewöhnlich mit einem konvexen, selten konkaven Außenrand. Hinterflügel breiter als die Vorderflügel (Abb. 131 A, 138 C, 139, 140) . . . . **Zünsler**, Pyraloidea 25

– Vorderflügel etwa so breit wie der Hinterflügel, letzterer gerundet (Abb. 136). Flügel ledergelb, braun bestäubt, mit schwärzlichen, am Vorderrand verdickten Querstreifen und meist sehr breitem, verwaschenem Mittelschatten. Die Wellenlinie ist vorn breit verwaschen, fleckartig begrenzt. Fransen gelblich, mit großen schwärzlichen Punkten auf den Aderenden, Vorderflügellänge 7–10 mm . . . . **Heuspanner**, *Sterrha inquinata* (SCOPOLI, 1763) [= *Acidalia herbariata* (FABRICIUS, 1798)] (**Spanner**, Geometridae)

an trocknen Pflanzen und Heu; Raupen schädlich an getrockneten Heilkräutern, Weizenkörnern und in Herbarien.

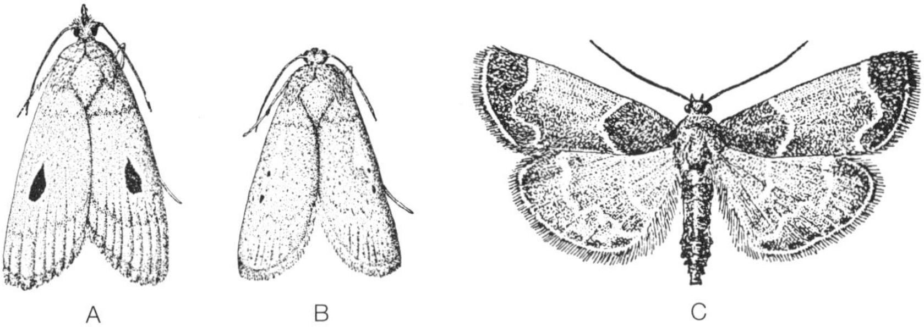

Abb. 138: *Aphomia gularis*, Samenzünsler, A Weibchen, B Männchen, C Mehlzünsler, *Pyralis farinalis* (aus LIEBERS und BOGDANOV-KATJKOV).

25. Grundfarbe des Vorderflügels aus wenigstens zwei verschiedenen Farbtönen bestehend 26
– Grundfarbe des Vorderflügels einheitlich ohne deutliche Zeichnung oder mit schmalen dunklen oder hellen, meistens gezackten Querbinden oder auffallenden Punktzeichnungen 27

26. Grundfarbe an der Flügelbasis und an der Flügelspitze braunviolett, in der Mitte des Flügels hell ockergelb. Zwei geschwungene weißliche Querlinien. Hinterflügel weißlich grau mit zwei weißen Querstreifen. Flügellänge 8–14 mm (Abb. 138 C) . . . . **Mehlzünsler**, *Pyralis farinalis* (Linnaeus, 1758)

entwickelt sich in Mühlen, Bäckereien, Getreidelagern, Speichern und Ställen an Getreide, Mehl, Stroh, Samen. In alten bäuerlichen Betrieben, jetzt nicht mehr von Bedeutung.

– Basishälfte des Vorderflügels hellgrau bis ockergelb, Spitzenhälfte rotbraun bis rot (mit blauen Querlinien, die bei abgeflogenen Tieren kaum zu sehen sind) (Abb. 133). Flügellänge 7–9 mm. Beim ♀ Ductus bursae sehr kurz, nur etwas länger als breit. Signum besteht aus 3–8 Zähnchen (Abb. 131 C), ♂ Kopulationsapparat siehe Abb. 131 B . . . . **Dörrobstmotte**, *Plodia interpunctella* (Hübner, 1813)

an Trockenobst, Nüssen, Mandeln, Erdnüssen, seltener Getreide.

27. Vorderflügel durch zwei scharf gezackte dunkle Querlinien in drei Felder geteilt, deren mittleres beim ♀ einen schwarzen und beim ♂ einen gelben Fleck oder eine starke Aufhellung zeigt 28
– Vorderflügel zeigt breite, verschieden gefärbte Querbinden oder mehrere zickzackförmige Linien, die sich vom Untergrund oft wenig deutlich abheben oder sind fast ohne Zeichnung 29

28. Vorderflügel graublau, graubraun bis ockerbraun mit einem großen schwarzen rundlichen oder ovalen Fleck in der Mitte, der mehr oder weniger hell gesäumt ist (♀) oder an seiner Stelle mit einem schmalen elfenbeinfarbigen Dreieck mit zwei kleinen schwarzen Flecken an seinem äußeren Rand (♂) (Abb. 138 A, B). Flügellänge 10–14 mm . . . . **Samenzünsler**, *Aphomia (= Paralispa) gularis* (Zeller, 1877)

an trocknen Pflanzensamen aller Art, besonders an Nüssen, Mandeln, Getreide, Erdnüssen, Pflaumen usw. Zu uns eingeschleppt aus Ostasien und den Mittelmeerländern.

– Vorderflügel rötlich braun mit weißlicher Wurzel, die sich bis zur Mitte, am Innenrand noch weiter zur Spitze hin erstreckt, Kopf und Prothorax weißlich (♂) oder Vorderflügel rotbraun mit einem schwarzen Punkt in der Mitte, oft noch ein gleichfarbiger Strich davor (♀). Hinterflügel hellgrau mit dunklerem Saum. Vorderflügellänge 8–20 mm (♀ größer als ♂) . . . . **Hummelmotte**, *Aphomia sociella* (Linnaeus, 1758)

Da die Raupen gesellig in Nestern von Hummeln und Wespen, mitunter auch von Vögeln leben und sich in großer Zahl in einem aus sehr zähem Gewebe bestehendem Gespinstballen verpuppen, kommen die Falter oft auch in größerer Zahl plötzlich in Häusern vor. Sie sind aber keine Schädlinge.

29. Vorder- und Hinterflügel violett mit gelben Fransen, Vorderflügel am Vorderrand mit zwei gelben Flecken, die sich in einer feinen Querbinde fortsetzen. Hinterflügel mit zwei gelben Querbinden. Flügellänge 9–10 mm . . . . **Heuzünsler**, *Hypsopygia costalis* (Fabricius, 1775)

an Heu, Raupen, besonders an Klee- und Luzerneheu schädlich.

– Falter anders gezeichnet und gefärbt 30

30. Im Vorderflügel fehlt der Radiusast R_5 (Abb. 139) 35
– Im Vorderflügel ist der Radiusast R_5 vorhanden (Abb. 140) 31

31. Im Hinterflügel trägt der Cubitusstamm oberseits eine Haarbürste. Im Vorderflügel ist die Axillaris (Abb. 140, Ax) an der Basis gegabelt. Labialpalpen beim ♂ klein und verborgen, beim ♀ bedeutend größer, vorgestreckt oder hängend 32
– Im Hinterflügel trägt der Cubitusstamm oberseits keine Haarbürste. Im Vorderflügel ist R_5 mit R_4 gestielt. Rüssel fehlt 34

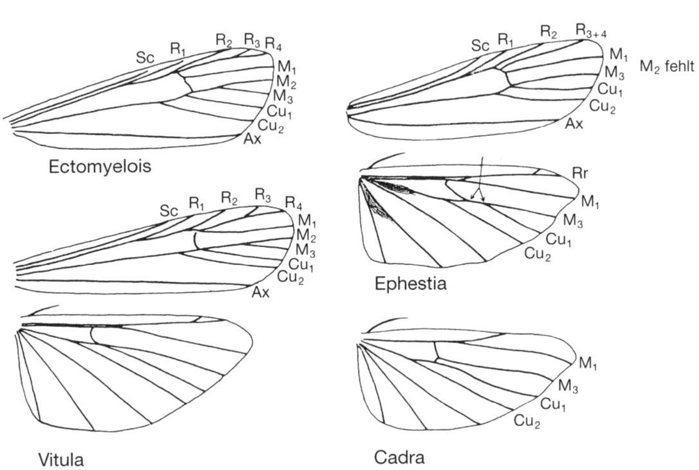

Abb. 139: Vorderflügel von *Ectomyelois ceratoniae*, Vorder- und Hinterflügel von *Vitula bombylicolella* und *Ephestia elutella* und Hinterflügel von *Ephestia (Cadra) cautella*.

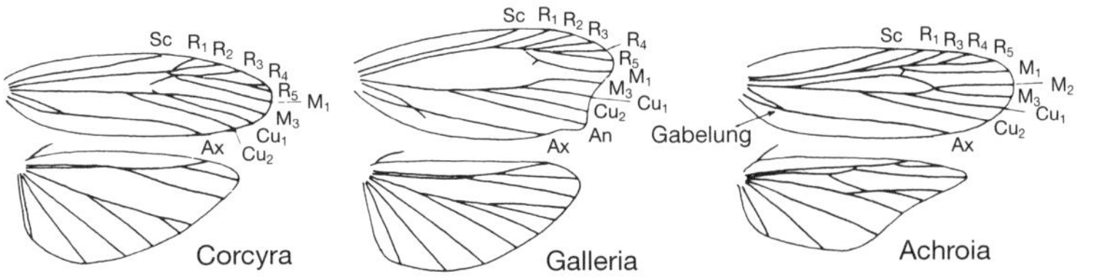

Abb. 140: Vorder- und Hinterflügel von *Corcyra cephalonica, Galleria mellonella, Achroia grisella* (fast alle Flügelgeäder-Zeichnungen nach CORBET & TAMS).

32. Außenrand des Vorderflügels konvex 33

– Außenrand des Vorderflügels konkav (Abb. 140), beim ♀ weniger als beim ♂, bisweilen fast gerade. Vorderflügel aschgrau, gegen den Vorderrand bräunlich verdunkelt, nur am Innenrand hellgelb, mit großen rotbraunen Flecken. Saumlinie dunkel, Fransen rotgrau. Hinterflügel beim ♂ grau mit schwarzbraunem Saum, beim ♀ gelblichweiß. Vorderflügellänge 10–15 mm . . . . . . **Große Wachsmotte**, *Galleria mellonella* (LINNAEUS, 1758)

Raupe in Bienenstöcken am Wachs schädlich.

33. Vorderflügel grau, entlang den Adern schwärzlich bestäubt. Innenrand oft heller. Hinterflügel hellgrau. Flügelspannweite 14–24 mm (♂ kleiner als ♀). Der Vorderflügel ist sehr stark zugespitzt, R_3, R_4 und R_5 sind gestielt, M_2 fehlt, M_3 und Cu_1 entspringen aus einem Punkt (Abb. 140) . . . . **Reismotte**, *Corcyra cephalonica* (STAINTON, 1866)

Besonders in den Tropen verbreitet, zu uns häufig eingeschleppt, an geschältem Reis, aber auch an anderem Getreide aller Art, Erdnüssen, Trockenobst, Zwieback usw.

– Vorderflügel einfarbig braungrau, Hinterflügel hellgrau mit geradem, beim ♀ bis etwas konkavem Außenrand. Alle Flügel glänzen fettig. Vorderflügellänge beim ♂ 7–9 mm, beim ♀ 9,5–12 mm. Im Vorderflügel fehlt R_2; M_2 und M_3 sind gestielt (Abb. 140) . . . . **Kleine Wachsmotte**, *Achroia grisella* (FABRICIUS, 1794)

schädigt hauptsächlich Bienenwaben, gelegentlich auch an Trockenfrüchten und toten Insekten.

34. Hinterflügel grau. Vorderflügel braungrau, mit gelblichen und dunkleren Zeichnungen und je einer zickzackförmig verlaufenden, dunkel eingefassten und oft sehr undeutlichen

Querbinde vor und hinter der Mitte. Flügellänge 14–16 mm . . . . **Fettzünsler,** *Aglossa pinguinalis* (LINNAEUS, 1758)

Raupen in Gespinströhren unter Abfällen von Holz, Streu, faulendem Stroh in Ställen, auch an toten Insekten und feuchtem Leder. Ihre Vorliebe für Fett ist wohl mehr Sage als Wirklichkeit.

– Hinterflügel weißlich gelb, Vorderflügel kupferrot und gelblich gemischt mit zwei gezähnten, undeutlich helleren, gelblichen Querbinden. In der Flügelmitte zwei undeutliche Makeln. Flügellänge 9–12 mm . . . . *Aglossa caprealis* (HÜBNER, 1800–1809) (= *cuprealis* auct.)

Raupe in Gespinströhren unter Holzabfällen, Heu, Stroh, Getreide, Pflanzensamen und anderen Pflanzenstoffen, auch an toten Insekten, immer an feuchten Stellen.

35. Im Vorderflügel ist die Media dreiästig (Abb. 139 links); m_2 und m_3 sind lang gestielt 36

– Im Vorderflügel ist die Media zweiästig (M_1 und M_3, M_2 fehlt) (Abb. 139 rechts). Die Unterscheidung der hierher gehörenden Arten erfolgt am besten an den Begattungsorganen (Abb. 141). Die Gattung *Ephestia* wurde 1956 in 3 Gattungen aufgeteilt: *Anagasta, Ephestia* und *Cadra.* Diese Gattungsnamen wurden auch in der Vorratsschutzliteratur immer mehr benutzt. Seit 1964 zeigt sich bei den Taxonomen immer mehr die Tendenz, diese Gattungsnamen doch nur als Bezeichnungen für Untergattungen von *Ephestia* zu benutzen, und in neuerer Zeit hat sich in der Vorratsschutzliteratur wieder allgemeiner *Ephestia* durchgesetzt 37

36. Kopf, Thorax und Vorderflügel blaugrau, Hinterflügel weißlich. Auf den Vorderflügeln zwei hellgrau, zickzackförmig verlaufende, braun begrenzte Querlinien. Im Saum eine Reihe dunkler Punkte. Flügelgeäder Abb. 139. Vorderflügellänge 8–10 mm. Beim ♀ Bursa copulatrix eiförmig mit einem langen und schmalen Ductus bursae und einem ovalen, mit feinen Zähnchen besetztem Signum . . . . **Johannisbrotmotte,** *Ectomyelois (= Spectrobates) ceratoniae* (ZELLER, 1839)

aus dem Mittelmeergebiet mit getrockneten Feigen, Datteln, Esskastanien, Johannisbrot usw. eingeschleppt. An Datteln und Johannisbrot sind die Raupen oft sehr schädlich, wenn sie reif noch am Baum hängen.

– Kopf, Thorax und Vorderflügel grau, eine schwarze, gezackte Querlinie kurz vor der Flügelmitte, eine zweite weniger deutlich vor dem Saum. Auf der Querader ein dunkler Strich. Hinterflügel hellgrau, mit dunkler Saumlinie. Flügelgeäder Abb. 139. Vorderflügellänge 8–11,5 mm. Beim ♀ Bursa copulatrix etwa halb so lang wie der Ductus bursae, Signum länglich oval, aus ein bis zwei kleinen Platten bestehend . . . . *Vitula bombylicolella* (AMSEL, 1955) (= *Vitula edmandsi serratilineella* auct.)

in Nordamerika ein Schädling an getrockneten Früchten wie Feigen, Rosinen, Pflaumen, Äpfeln usw. und in Bienenstöcken, nach Hamburg und Schleswig-Holstein verschleppt, hier auch in Nestern von Hummeln in der Stadt angetroffen, fliegend mehrfach an Schaufenstern.

37. Beim ♂ an der Wurzel des Vorderflügels ein unter dem umgeschlagenen Vorderrand verborgener Haarpinsel; beim ♀ Legeröhre kurz, nur wenig vorstreckbar. 8. Hinterleibsring breiter als lang 38

– Beim ♂ und ♀ Vorderflügel ohne solche Falte am Vorderrand. Legeröhre langgestreckt. 8. Hinterleibsring viel länger als breit. Im Vorderflügel ist von beiden Punkten am Zellenende, etwa in der Mitte des Flügels wenigstens der untere strichförmig (Abb. 131), beide sind oft durch eine feine Linie miteinander verbunden, wodurch eine halbmondartige Zeichnung entsteht. Grundfarbe des Vorderflügels immer mit blaugrauem oder rötlichgrauem Ton, die beiden Querlinien sind an den einander zugekehrten Seiten dunkel, an den abgekehrten oft heller, am Saum eine deutliche Reihe dunkler Punkte. Spannweite 20–22 mm. Beim ♀ Ductus bursae vor der Einmündung in die Bursa mit vielen kleinen plattenartigen Chitinzähnchen, die spiralig angeordnet erscheinen. Signum besteht aus 0–6 Höckern. Beim ♂ fingerförmiger Fortsatz der verstärkten Seite (Costa) der Valve schwach und unmittelbar vor ihrer Rundung (Abb. 141) . . . . **Mehlmotte,** *E. (Anagasta) kuehniella* (ZELLER, 1879)

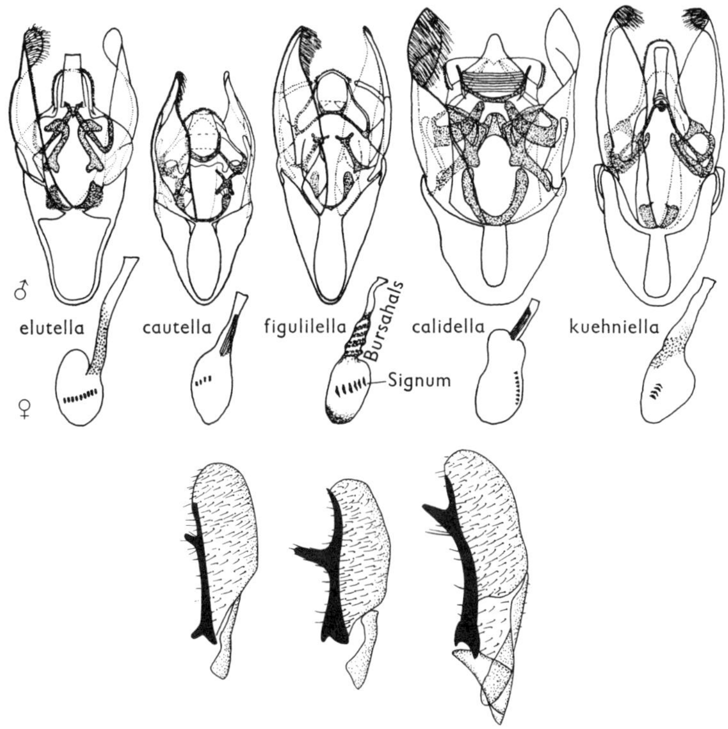

Abb. 141: Männliche und weibliche Begattungsorgane der *Ephestia*-Arten (siehe auch Abb. 131 B und C), untere Reihe Seitenansicht einer Valve mit der schwarz gezeichneten Costa von *E. cautella, E. figulilella* und *E. calidella* (nach Richards).

bei uns seit ihrer Einschleppung aus Nordamerika in den siebziger Jahren des vorigen Jahrhunderts eingebürgert. Die Raupen leben an Mehl, Kleie, Schrot, Getreide, Nüssen. In Mühlen besonders durch Zuspinnen der Mahlgänge schädlich. Heimat vielleicht das Mittelmeergebiet oder Zentralamerika (?).

38. Im Hinterflügel sind die Adern M_3 und Cu_1 kurz gestielt (Abb. 139 rechts). Beim ♂ mit je einem dichten und fast immer gelben Haarbusch auf der Basis der Anal- und Cubitalader des Hinterflügels. Vorderflügel braungrau oder blaugrau, etwas glänzend, helle Querstreifen dunkel gesäumt und kaum gezackt (Abb. 133). Spannweite 14–17 mm. Beim ♀ Ductus bursae von der Einmündung in die Bursa an zur Hälfte mit kräftigen Chitinzahnplättchen besetzt. Signum besteht aus 7–11 Zähnchen. Beim ♂ verstärkte Seite der Valve (Costa) ohne fingerförmigen Fortsatz (Abb. 141) . . . .
. . . **Speichermotte,** (= **Heu-** oder **Tabakmotte**), *E. (Ephestia elutella* (Hübner, 1796)

an trocknen pflanzlichen Stoffen, getrockneten Früchten, Nüssen, Mandeln, Trockengemüse, Drogen, Tabak, an Kakao nur in Schokoladefabriken, wo der Befall wohl durch Nüsse erfolgt oder auf Lagern in Europa, aber wahrscheinlich nie mit Kakao aus den Tropen importiert. Daher ist der Name «Kakaomotte» irreführend.

– Im Hinterflügel sind die Adern M_3 und Cu_1 nicht gestielt (Abb. 139). Beim ♂ nur ein dichter gelber Haarbusch auf dem Hinterflügel, und zwar auf der Basis der Analader . 39

39. Beim ♂ ist der Spitzenbüschel der Vorderrandfaltenbehaarung des Vorderflügels sehr lang. Beim ♀ ist die Rückenplatte des 8. Hinterleibssegments gleichmäßig sklerotisiert. Ein Fächer besonders gestalteter Schuppen entspringt von einer sklerotisierten Spange der Zwischenmembran zwischen dem 7. und 8. Hinterleibsring. Vorderflügel gelblich hellgrau mit sehr undeutlichen Querlinien, die vor der Flügelmitte zieht vom Vorderrand

schief zum Zellhinterrand und von dort senkrecht zum Innenrand. Hinterflügel weißlich. Vorderflügellänge 6–8,5 mm. Beim ♀ Bursahals mit einer aus vielen Chitinplättchen zusammengesetzten Spirale. Signum besteht aus 4–8 geflügelten Zähnchen. Am vorderen (oralen) Ende des ovalen Bursasackes ein Feld mit kräftigen Chitinplättchen. Beim ♂ ist der fingerförmige Fortsatz der Costa der Valve sehr lang und steht in der Mitte der Costa (Abb. 141) . . . . **Feigenmotte,** *E. (Cadra) figulilella* (GREGSON, 1871)

bei uns nur eingeschleppt an trocknen Feigen, Rosinen, Aprikosen, Datteln, Johannisbrot, Mandeln.

– Beim ♂ ist der Spitzenbüschel der Vorderrandfaltenbehaarung des Vorderflügels nicht sehr lang. Die Costa der Valve zeigt vor ihrem Ende einen kräftigen, kurzen konischen Fortsatz. Beim ♀ ist die Rückenplatte des 8. Hinterleibsringes membranös mit stärker sklerotisierten Seiten und Vorderrand. Ein Fächer besonders gestalteter Schuppen ist nur schwach entwickelt und sitzt besonders bei *E. cautella* sehr locker, weshalb er bei unvorsichtiger Präparation leicht verloren geht. Der Bursahals ist mit 3–6 Chitinlängsleisten versehen . . 40

40. Die dunkle Querlinie vor der Mitte des Vorderflügels ist, wenigstens stellenweise, gezähnt. Im Vorderflügel sind beide Punkte am Zellenende isoliert und punktförmig. Grundfarbe des Vorderflügels gelblich- bis bräunlichgrau. Hinterflügel weißlich mit helleren Adern und dunkleren Fransen. Vorderflügellänge 8–10 mm. Beim ♀ ist die Bursa copulatrix lang gestreckt, mit chitiniger Wandverstärkung in ihrer hinteren (analen) Hälfte. Signum besteht aus 6–12 Zähnchen (Abb. 141) . . **Rosinenmotte,** *E. (Cadra) calidella* (GUÉNEÉ, 1845)

bei uns nur eingeschleppt, besonders an Johannisbrot, Feigen, Rosinen und Datteln.

– Die dunkle Querlinie vor der Mitte des Vorderflügels ist gerade, also nicht gezähnt. Sie steht senkrecht auf dem Innenrand. Grundfarbe des Vorderflügels braungrau, Hinterflügel hellgrau. Vorderflügellänge 7–9 mm. Beim ♀ Bursa oval nur mit feinen Chitinzahnplättchen besetzt. Das Signum besteht aus 2–8 Zähnchen (Abb. 141) . . . . **Tropische Speichermotte, Dattelmotte,** *E. (Cadra) cautella* (WALKER, 1863)

besonders an öl- und fetthaltigen Pflanzenprodukten, wie Kopra, Kakaobohnen, Baumwollsamen, Erdnüssen usw., wird zu uns mit Rohkakao häufig eingeschleppt. Sie ist die eigentliche Kakaomotte.

60 Bestimmungsschlüssel für die Schmetterlingsraupen

(Abb. 142)

(Die Körperlängenangaben beziehen sich auf erwachsene Raupen)

1. Die Bauchfüße sind nur durch kleine Wärzchen, die Brustfüße durch kurze Häkchen angedeutet. Die Raupe ist zylindrisch, an den Enden kaum zugespitzt, ziemlich unbeholfen, ganz gelblichweiß mit rotbrauner Kopfkapsel, schwarzen Mundwerkzeugen, kurzen Fühlern und 6 Punktaugen auf jeder Seite. Körperlänge 4,8 bis 6 mm. Die erwachsenen Raupen der Männchen sind kleiner als die der Weibchen und an den als dunkelrote Flecke auf dem 4. und 5. Hinterleibsring durchschimmernden Hoden zu erkennen. Je eine Raupe ist in einem Getreidekorn eingeschlossen . . . **Getreidemotte,** *Sitotroga cerealella* (OLIVIER, 1789)

Nur die frisch geschlüpften 0,945 mm langen Raupen finden sich außerhalb der Getreidekörner. Sie haben normal entwickelte Brust- und Bauchfüße, sind orangerot mit etwas dunklerem Kopf und haben 4 sehr lange Borsten am letzten Hinterleibsring, die ihnen bei der Fortbewegung behilflich sind.

– Die Bauchfüße gut ausgebildet 2

2. Außer den Nachschiebern (Bauchfüße am letzten Hinterleibsring) befinden sich Bauchfüße auch noch am 3.–6. Hinterleibsring (Abb. 142) 3

– Außer den Nachschiebern befinden sich Bauchfüße nur noch am 6. Hinterleibsring. Die Fortbewegung der Raupe ist «spannend» (Abb. 143). Braune, 17–20 mm groß werdende Raupe mit schwarzer Rücken- und Seitenlinie an trockenen Pflanzen, Heu, Tee und Kräutern, in Herbarien . . . . **Heuspanner,** *Sterrha inquinata* (SCOPOLI, 1763)

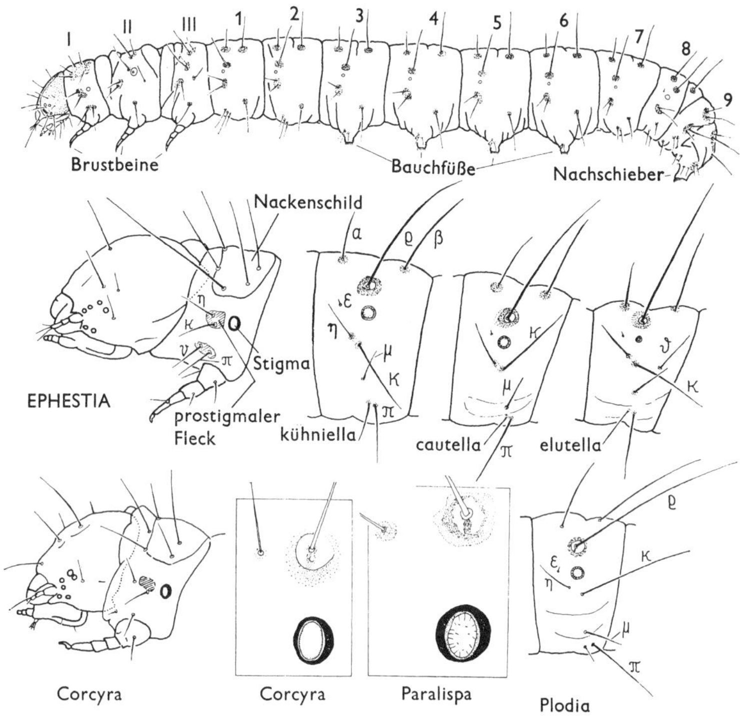

Abb. 142: Zünslerraupen. Oben: Habitusbild einer *Ephestia*. Darunter: Kopf mit 1. Brustring und 8. Hinterleibsring der *Ephestia*-Arten. Unten: Kopf und 1. Brustring von *Corcyra cephalonica*, Stigmen von *Corcyra cephalonica* und *Paralispa = Aphomia gularis*, 7. Hinterleibsring von *Plodia interpunctella* (hauptsächlich nach HINTON). I–III Brust- und 1–9 Hinterleibsringe, kleine griechische Buchstaben Bezeichnungen für die Körperborsten.

HINTON: The larvae of the Lepidoptera associated with stored products. Bull. ent. Res. Bd. 34 (1943), S. 163–212. – HINTON: The larvae of the species of Tineidae of economic importance. Bull. ent. Res., Bd. 47 (1956), S. 251–346. – AITKEN, A. D.: A key to the larvae of some species of Phycitinae (Lepdidoptera, Pyralidae) associated with stored products, and of some related species. Bull. ent. Res., Bd. 54 (1963), S. 175–188. – PETERSEN: Beiträge zur Insektenfauna der DDR: Lepidoptera – Tineidae. Beitr. ent. Bd. 19 (1969), S. 311–388.

3. Bauchfüße sind Klammerfüße (Abb. 144 C). Diese haben eine zweilappige bewegliche Sohle, die nur am äußeren Rand mit einwärts gebogenen Häkchen versehen sind. Meistens Raupen von mehreren cm Länge, bunt gefärbt, mit mehreren farbigen Längsstreifen 4

– Bauchfüße sind Kranzfüße (Abb. 144 B). Sie besitzen eine ungegliederte, kreisförmige Sohle, die von einem geschlossenen Kranz von oft ungleich langen Haken besetzt ist. Kleinere Raupen, einfarbig, meistens zart getönt (weißlich, gelblich oder rötlich) ohne Längsstreifen oder dunkelbraun mit einem einzigen Längsstreifen auf der Mitte des Rückens 5

4. Raupen braungrau, oben mit breiter, weißlicher Mittellinie und weißlichen feineren Nebenlinien. Jeder Körperring mit großen schwarzen Punktwarzen. Fußlinie weißlich, oben schwarz gesäumt. Atemlöcher schwarz. Nackenschild und Afterklappe schwarzbraun mit drei weißlichen Strichen. Kopf rotbraun. Körperlänge 4–5 cm . . . . **Quecken- oder Weizeneule,** *Apamea sordens* (HUFNAGEL, 1767) [= *Prastichtis* (= *Hadena*) *basilinea* (FABRICIUS)]

Raupen mit Getreide in die Speicher eingeschleppt, wo sie meistens bald absterben.

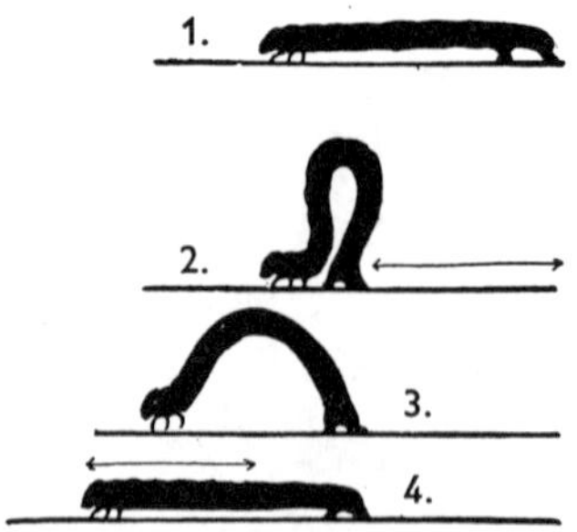

Abb. 143: Kriechbewegung einer Spannerraupe (nach WEBER). Der nur von den Bauchfüßen festgehaltene Körper wird lang vorgestreckt, bis die Brustbeine auf der Unterlage Halt gefunden haben. Nun lassen die Bauchfüße los und der Körper wird unter bogenförmiger Krümmung so nach vorn gezogen, dass die Bauchfüße ganz dicht hinter den Brustbeinen festfassen können, während der Körper einen hohen Bogen bildet. Jetzt lassen die Brustbeine wieder los, der Körper streckt sich nach vorn und dieselbe Bewegung beginnt von neuem.

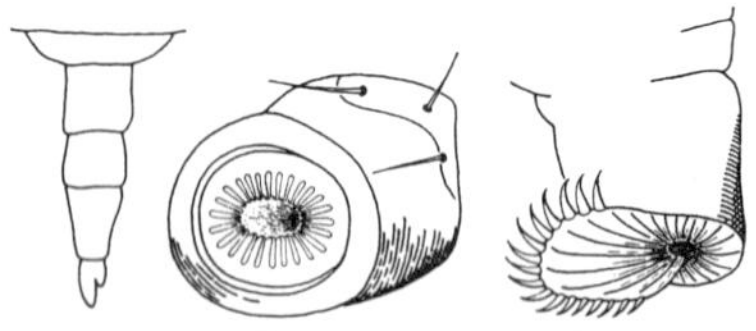

Abb. 144: A Brustbein, B Kranz- und C Klammerfuß von Schmetterlingsraupen (B, C nach SEIFERT).

– Raupen schwarzbraun bis schwarz mit schmutziggrüner Unterseite und gelben oder orangen Längslinien, über der seitlichen gelben Längslinie ist bei den erwachsenen Raupen auf jedem Körperring ein schwarzer Mondfleck zu sehen. Körperlänge 3–4 cm. Die Raupen werden mit Bananen und Tomaten zu uns eingeschleppt, in die sie große Löcher fressen . . . . **Ägyptische Baumwollraupe,** *Spodoptera (= Prodenia) litura* (FABRICIUS, 1775)

5. Raupen an Stoffen tierischer Herkunft 6

– Raupen an Stoffen pflanzlicher Herkunft 21

6. Raupen an Bienenwachs . . . . **Wachsmotten** 7

– Raupen an Haaren, Fellen, Pelzen, Federn, Wollstoffen, toten Insekten, Horn usw . . 8

7. Raupe spindelförmig, in der Mitte am breitesten. Kopf mit 4 Punktaugen auf jeder Seite. Die beiden Beine des 1. Brustringes sind dicht nebeneinander eingelenkt. Nackenschild braun. Haken der Bauchfüße verhalten sich zueinander wie 2:3 oder 4:5. Hell gelbbraun oder graubraun. 22–25 mm Körperlänge . . . . **Große Wachsmotte,** *Galleria mellonella* (LINNAEUS, 1758)

– Raupe zylindrisch, in der Mitte nicht am breitesten, Kopf ohne Punktaugen. Zwischen den Beinen des 1. Brustringes ein größerer Zwischenraum. Nackenschild schwarzbraun, in der Mitte fast schwarz, der Rand ist heller. Haken der Bauchfüße verhalten sich zueinander wie 1:3. Weiß oder hellgrauweiß. Körperlänge 16 mm . . . . **Kleine Wachsmotte,** *Achroia grisella* (FABRICIUS, 1794)

8. Kopf mit Punktaugen 10

– Kopf ohne Punktaugen 9

9. Raupe lebt in einer Röhre mit rauer und unregelmäßiger Oberfläche, die in oder auf dem Nährmaterial festgesponnen ist, das fast immer aus trocknem Material tierischer Herkunft

besteht (gelegentlich auch aus Sojabohnenmehl) (Abb. 145 A). Kopf gelbbraun mit meist deutlich dunklerem, manchmal fast schwarzem Hinterrand. Nackenschild hell- oder gelbbraun. Körperlänge 7–9 mm .... **Kleidermotte,** *Tineola bisselliella* (HUMMEL, 1823)

– Raupe in einem dorsoventral abgeplatteten, 6–9 mm langen, vorn und hinten offenen Köcher, den sie mit sich herumträgt (Abb. 145 B). Kopf dunkelbraun mit dunklerem Vorderrand; das zweiteilige Nackenschild und die Seitenplatten der Vorderbrust so dunkel wie der Kopf. Sehr ähnlich der Raupe der Pelzmotte, von der sie sich nur durch das Fehlen des jederseitigen Punktauges unterscheidet .... **Taubenmotte,** *Tinea columbariella* WOCKE, 1877

10. Kopf mit einem Punktauge auf jeder Seite 11

– Kopf mit mehreren Punktaugen auf jeder Seite 15

11. Borsten κ und η der ersten sieben Hinterleibssegmente in einer nahezu senkrechten Linie angeordnet; κ steht direkt hinter dem Stigma (Abb. 146 A) 12

– Borsten κ und η der ersten sieben Hinterleibssegmente in einer mehr oder weniger waagerechten Linie angeordnet; κ liegt beträchtlich unter dem Stigma (Abb. 146 B) 14

12. Grundglied des Fühlers wenigstens so lang wie das zweite Glied. Die beiden Borsten π entspringen auf den ersten 8 Hinterleibssegmenten immer auf getrennten Flecken. Kopf hell- bis leicht dunkelbraun mit dunkleren Flecken; Bauchfüße mit mehr als 25 (27–37) Haken. Körperlänge 9–11 mm .... **Tapetenmotte,** *Trichophaga tapetzella* (LINNAEUS, 1758)

– Grundglied des Fühlers kürzer als das zweite Glied. Die beiden Borsten π entspringen auf den ersten 7 Hinterleibssegmenten immer auf einem gemeinsamen Flecken (Abb. 146 A) 13

13. Auf dem 8. Hinterleibsring nur eine Borste π. Bauchfüße in der Regel mit 22–25 Haken. Kopf braun bis rötlich braun. Körperlänge 9–11 mm .... *Monopis rusticella* (HÜBNER, 1796)

in Wolltextilien Schädling, häufig in Vogelnestern.

– Auf dem 8. Hinterleibsring zwei Borsten π. Bauchfüße in der Regel mit 18–20 Haken. Kopf braun bis rötlich braun. Körperlänge 6–7,5 mm .... *Monopis ferruginella* (HÜBNER, 1810–1813)

kein eigentlicher Schädling, hauptsächlich in Vogelnestern und Taubenschlägen, zuweilen an Wolltextilien im Freien.

14. Borsten π auf den ersten 9 Hinterleibssegmenten lang. Haut zwischen den Flecken, auf denen die Borsten entspringen auf Thorax und Abdomen mit dicht stehenden kleinen zarten Härchen, ohne zahlreiche Tuberkeln. Kopf dunkelbraun mit einem fast schwarzen

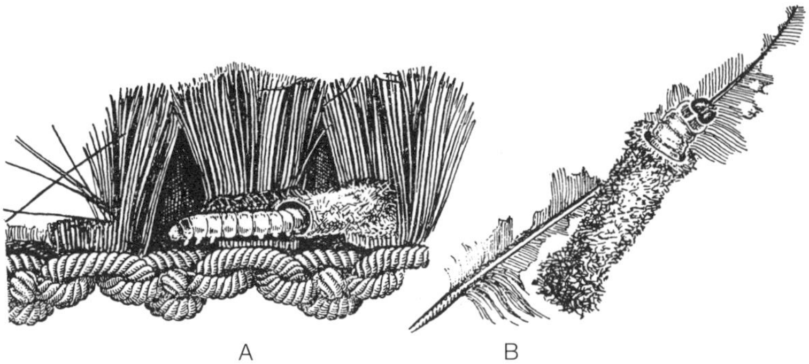

Abb. 145: Raupe von A *Tineola bisselliella* und B *Tinea pellionella* oder *columbariella* (aus DIEHL-WEIDNER).

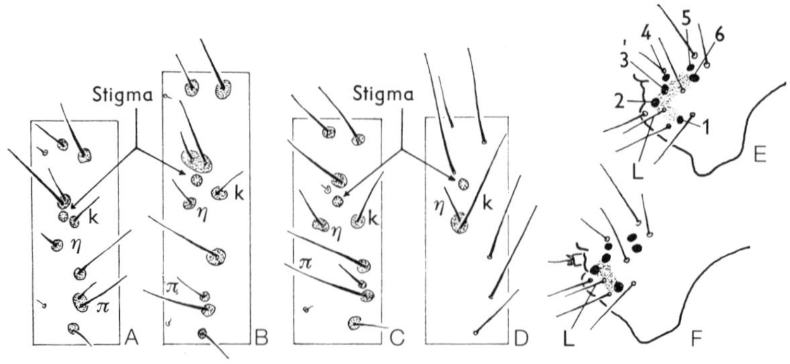

Abb. 146: Beborstungsschema des 7. Hinterleibsringes der Raupen von A *Monopis rusticella*, B *Tinea pellionella*, D *Endrosis sarcitrella* und C des 8. Hinterleibsringes von *Haplotinea diletella*, E Punktaugen an der Kopfkapsel von *Nemapogon cloacellus* und F *N. granellus* (nach PETERSEN, D nach HINTON). 1–6 Punktaugen, L Borsten hinter Punktauge 2.

Streifen in der Höhe des Punktauges. Bauchfüße mit 28–31 Haken. Körperlänge 7–12 mm . . . . **Nestermotte,** *Niditinea fuscipunctella* (HAWORTH, 1828)

– Borsten π auf den ersten 9 Hinterleibssegmenten sehr kurz. Haut zwischen den Flecken mit dicht stehenden, mikroskopisch kleinen Tuberkeln, ohne kleine Härchen. Kopf dunkelbraun. Bauchfüße mit 28–31 Haken. Körperlänge 6,5–8,5 mm (Abb. 145 B, 146 B) . . . . **Pelzmotte,** *Tinea pellionella* LINNAEUS, 1758

im Raupensack wie die Taubenmotte an Wolltextilien, Federn und Pelzen schädlich.

15. Kopf mit nur 2 deutlichen Punktaugen auf jeder Seite 16

– Kopf jederseits mit mehr als 2 Punktaugen 18

16. Borsten κ und η stehen auf den Hinterleibssegmenten weit auseinander in einer waagerechten Linie weit unterhalb des Stigmas (Abb. 146 C) 17

– Borsten κ und η stehen auf den Hinterleibssegmenten eng beieinander (Abb. 146 D), Raupe gelblichweiß, mit gelbbraunem Kopf. Körperlänge bis 12 mm . . . . **Kleistermotte,** *Endrosis sarcitrella* (LINNAEUS, 1758)

häufig in Vogelnestern, auch an Wollstoffen schädlich, aber nur in feuchter Umgebung, außerdem an pflanzlichen Vorräten.

17. Borsten π auf dem 8. Hinterleibsring auf getrennten Flecken entspringend (Abb. 146 C). Beide Punktaugen gleich gut entwickelt. Körperlänge 12–14 mm . . . . *Haplotinea ditella* (PIERCE & DIAKONOFF, 1938)

wohl nur noch an pflanzlichen Stoffen, kaum mehr an tierischen Stoffen, die wohl die ursprüngliche Nahrung waren.

– Borsten π auf dem 8. Hinterleibsring auf einem gemeinsamen Fleck entspringend. Das hintere Punktauge oft undeutlich oder sehr klein. Kopf hell- bis dunkelbraun. Haut des Hinterleibs mit dicht stehenden, kleinen Härchen. Körperlänge 12–14 mm . . . . *Haplotinea insectella* (FABRICIUS, 1794)

selten an tierischen Stoffen, in Insektensammlungen, meistens in pflanzlichen Stoffen, gelegentlich in Hühnerställen.

18. Kopf mit 4 (mitunter auch 5) Punktaugen auf jeder Seite. Nackenschild farblos. Kopf bräunlich. Raupe wachsartig weiß mit tiefen Ringeinschnitten, schwach behaart. Bis 16 mm lang . . . . . **Samenmotte,** *Hofmannophila pseudospretella* (STAINTON, 1849)

in einem Sack von weißem Gespinst, der mit Teilen der Nahrung beklebt ist, in trockenen Pflanzenstoffen und Getreide, aber auch an tierischen Produkten, z. B. dem Leder von alten Bucheinbänden, besonders häufig in Polstermöbeln in feuchten Wohnungen. In den Wintermonaten verlassen sie die Raupen, um Verstecke zur Verpuppung aufzusuchen.

– Kopf mit 6 Punktaugen auf jeder Seite 19

19. Raupen (erwachsen 22–27 mm lang) gelbbraun mit rotbraunem Kopf, braunem Nacken- und Afterschild und dunklen Warzen. Gesellig lebend, dichte Gespinste herstellend. Verpuppung in spindelförmigen Kokons, die dicht beieinander liegen. Gewöhnlich in Wespen- oder Hummelnestern, gelegentlich aber auch an anderen Stellen in alten Häusern . . . . **Hummelmotte**, *Aphomia sociella* (LINNAEUS, 1758)
– Raupen (erwachsen 20–35 mm lang) in der Färbung sehr variabel, dunkler, grau, braun bis fast schwarz. In Gespinströhren unter Abfällen an Holz, Streu usw., angeblich auch Käse, Talg, Speck und Schmalz 20
20. Oberkiefer ohne einen kleinen Zahn vor dem großen Spitzenzahn, Außenrand ausgebuchtet. Dunkelgrau, sehr variabel. Körperlänge 20–35 mm . . . . **Fettzünsler**, *Aglossa pinguinalis* (LINNAEUS, 1758)

in Gespinströhren unter Holzabfällen, Heu, Stroh, Getreide, Pflanzensamen usw., auch an toten Insekten und feuchtem Leder. Ihre Vorliebe für Fett ist wohl mehr Sage als Wirklichkeit.

– Oberkiefer mit einem kleinen Zahn vor dem großen Spitzenzahn. Außenrand gerundet. Hellbraun bis schwarz, oft mit einem Bronzeglanz. Körperlänge etwa 25 mm . . . . *Aglossa caprealis* (HÜBNER, 1800–1809)

Lebensweise wie die vorhergehende Art.

21. Raupen an frischen Pflanzenstoffen (lagernden Äpfeln oder Kartoffeln) 22
– Raupen an trockenen oder modernden Pflanzenstoffen 24
22. In Äpfeln 23
– In Kartoffeln: Graue Raupen mit rötlicher Brust. Erwachsen 14–16 mm groß, fressen Gänge und Plätze zwischen Schale und Fleisch der Kartoffelknollen, oft gehen sie auch tiefer ins Fleisch der Knolle hinein. Sie sind mit krümeligem Kot und faulenden Kartoffelteilchen angefüllt und scheinen schwärzlich durch die hellere Schale hindurch . . . . **Kartoffelmotte**, *Phthorimaea operculella* (ZELLER, 1873)

kommt in fast allen tropischen und subtropischen Ländern im Freien vor, kann sich aber auch in Kartoffellagern fortpflanzen, bei uns nur selten eingeschleppt.

23. Fleischrote Raupen mit schwarzem Kopf und vielen dunkelbraunen Punkten, auf denen je ein Härchen steht, erwachsen 7 mm lang (Abb. 147 D). Die befallenen Äpfel zeigen anfangs grünliche, später dunkler werdende Flecke mit einem kleinen Loch in der Mitte, um das sich durch Vertrocknen ausgetretenen Apfelsaftes ein weißlicher Niederschlag gebildet hat. Es führt in einen größeren Hohlraum unter der Schale. Viele unregelmäßige schmale Gänge durchziehen das Fruchtfleisch (Abb. 147 B). Die befallenen Äpfel haben einen bitteren Geschmack . . . . . **Apfelmotte**, *Argyresthia conjugella* ZELLER, 1839

frisst auch in lagernden Äpfeln weiter und verpuppt sich zwischen ihnen.

– Weißliche bis fleischrote Raupen, regelmäßig schwarz punktiert mit dunklen Rückenplatten, nach unten weißlich werdend. Kopf braun mit dunkleren Flecken. Nacken- und Afterschild heller. Erwachsen 15–20 mm lang (Abb. 147 C). Sie fressen breite Gänge in das Fruchtfleisch bis ins Kerngehäuse, die teilweise mit feuchtem krümeligen Kot gefüllt sind. Gewöhnlich nur ein ins Kerngehäuse hineinführender und ein zweiter aus diesem wieder herausführender Gang vorhanden (Abb. 147 A) . . . . **Apfelwickler** oder **Apfelmade**, *Laspeyresia (Cydia) pomonella* (LINNAEUS, 1758)

kommt mit befallenen Äpfeln oft in die Lagerräume, wo sie sich außerhalb der Äpfel in einem festen, schwer benetzbaren Kokon verpuppt, der durch Nagsel vom Holz der Gestelle oder Pappe der Kästen usw. verstärkt wird.

24. An Getreide, Mehl und anderen trockenen pflanzlichen Vorräten 25
– In Flaschenkorken oder in Weinkellern an Algen und Schimmelbelag 40
25. Kopf mit 5–6 Punktaugen auf jeder Seite 26
– Kopf mit weniger als 5 Punktaugen auf jeder Seite 38

Kopf ohne Punktaugen hat die Raupe der KLEIDERMOTTE *Tineola bisselliella* (siehe 9), die auch in Sojabohnenmehl und Brötchen ausnahmsweise gefunden wurde.

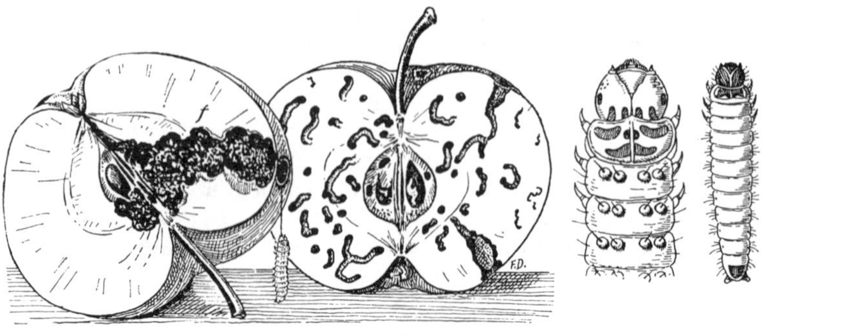

Abb. 147: Apfelmottenraupen und ihre Schäden an Äpfeln: A, C *Laspeyresia pomonella*, B, D *Argyresthia conjugella* (aus Diehl-Weidner).

26. Wenigstens die vorderen Punktaugen liegen auf einem dunklen Fleck 27
– Die Punktaugen liegen nicht auf einem dunklen Fleck 29
27. Der dunkle Augenfleck erstreckt sich über die ganze Zone der Punktaugen (Abb. 146 E). Körperlänge 7–10,3 mm . . **Schleusenmotte**, *Nemapogon cloacellus* (Haworth, 1828)
ursprünglich in Baumschwämmen, gelegentlich als Vorratsschädling an Getreide, Trockenobst, pflanzlichen Drogen bei feuchter Lagerung.
– Der dunkle Augenfleck erstreckt sich nicht über das 3. und 4. Punktauge hinaus (Abb. 146 F) 28
28. Die Borste hinter dem 2. Punktauge (Abb. 146 F, L) ist von ihm etwa so weit entfernt wie die Durchmesserlänge des Punktauges. Kopf dunkelbraun bis rötlich oder gelbbraun. Bauchfüße mit 19–21 Krallen. Körperlänge 7–10 mm . . . . **Kornmotte**, *Nemapogon granellus* (Linnaeus, 1758)
ursprünglich in Baumschwämmen, sekundär Vorratsschädling an Getreide, wo sie besonders auf bäuerlichen Speichern und bei feuchter Lagerung durch ihre starke Spinntätigkeit schadet und an anderen pflanzlichen Vorräten; in Häusern auch in den Fruchtkörpern des Hausschwammes.
– Die erste Borste hinter dem 2. Punktauge deutlich weiter entfernt als die Durchmesserlänge dieses Punktauges. Da auch dieses Merkmal sehr schwankt, weshalb es nicht immer ganz sicher ist, sind die Raupen von denen der vorhergehenden Art nicht immer zu unterscheiden. Körperlänge 7–10 mm . . . . **Roggenmotte**, *Nemapogon personellus* (Pierce & Metcalfe 1934)
Lebensweise wie bei der vorhergehenden Art, spielt, so weit bis jetzt ersichtlich, vorwiegend in Skandinavien eine größere Rolle als *N. granellus*.
29. Die beiden Borsten η und κ vor dem Atemloch des 1. Brustringes stehen bei Betrachtung der Raupe von der Seite nebeneinander oder etwas schräg zueinander (Abb. 142, *Corcyra*) 30
– Die beiden Borsten η und κ vor dem Atemloch des 1. Brustringes stehen bei Betrachtung der Raupe von der Seite senkrecht übereinander (Abb. 142, *Ephestia*) 31
30. Raupe gelblich-weiß oder grauweiß, Behaarung, Kopf und Nackenschild rotbraun. Umrandung der Stigmen auf den Körpersegmenten etwa gleich dick (Abb. 142, *Paralispa*). Rücken- und Seitenborsten der ersten 7 Hinterleibsringe mit Dörnchen. Körperlänge 25–30 mm . . . . **Samenzünsler**, *Aphomia (= Paralispa) gularis* (Zeller, 1877)
in trockenen pflanzlichen Vorräten, besonders in Nüssen und Mandeln. Verpuppung in einem sehr zähen und dicken Gespinst, in der Regel mehrere Raupen dicht beieinander.
– Raupe weiß, Behaarung, Kopf und Nackenschild rotbraun. Umrandung der Stigmen auf den Körpersegmenten am Hinterrand bedeutend dicker als am Vorderrand (Abb. 142

Corcyra). Rücken- und Seitenborsten der ersten 7 Segmente ohne deutliche Dörnchen. Erwachsen 15 mm . . . . **Reismotte,** *Corcyra cephalonica* (STAINTON, 1866)

31. Raupen hellbraun bis schwarz mit rotbraunem Kopf. Die Stirn ist ⅓ so lang wie die Entfernung ihres Vorderrandes vom Scheitel. Die Grenzen der Schläfen berühren die mittlere Kopfnaht in einem Punkt, der 3mal so weit vom Scheitel wie von der Stirn entfernt ist. Die Haken der Bauchfüße gehören zwei verschiedenen Größenordnungen an, und zwar sind die langen 4mal so lang wie die kurzen. Körperlänge 15–17 mm . . . . **Heuzünsler,** *Hypsopygia costalis* (FABRICIUS, 1775)
in Heu.

– Raupen weiß, gelblich- oder schmutzigweiß bisweilen mit grünlichem oder rötlichem Schimmer 32

32. Kopf ohne Scheitelnaht (Abb. 148 A). Das Stigma auf dem 8. Hinterleibsring ist etwa so groß wie die Fläche, die von dem Ring an der Basis der Borste ρ des gleichen Segments umschlossen wird. Die Borsten ρ auf den Hinterleibssegmenten 1–7 werden nicht von einem dunklen Ring oder Halbring umgeben. Körperfarbe rosenholzrot. Kopf und Nackenschild bräunlich, Afterschild hell. Körperlänge 13–16 mm . . . . **Johannisbrotmotte,** *Ectomyelois (= Spectrobates) ceratoniae* (ZELLER, 1839)

– Kopf mit Scheitelnaht (Abb. 148 B und C) 33

33. Rückenhaare (α und β) auf den Hinterleibsringen 1–8 ohne schwarze Punkte an ihrer Basis (Abb. 142 *Plodia*). Die Stirn ist etwa ⅔ so lang wie die Entfernung ihres Vorderrandes vom Scheitel (Abb. 148 C). Körper je nach Nahrung reinweiß, hellrosa, gelblich oder grünlich, der Kopf, der geteilte Nacken- und der Afterschild braun. Körperlänge 10–13 mm . . . . **Dörrobstmotte,** *Plodia interpunctella* (HÜBNER, 1813)

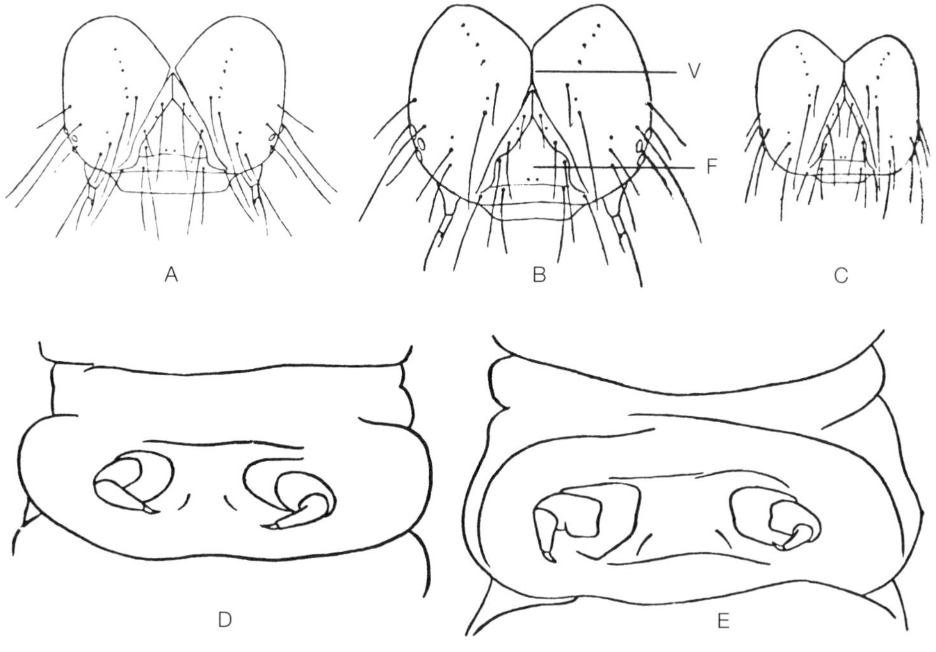

Abb. 148: Raupen von A *Ectomyelois ceratoniae*, B *Ephestia calidella*, C *Plodia interpunctella*, Kopf von oben, D 3. Brustring von *Ephestia figulilella* und E von *Ephestia calidella* von der Bauchseite mit den Borsten σ zwischen den Bauchbeinen. (Nach AITKEN), V Scheitelnaht, F Stirn.

– Rückenhaare (α und β) auf den Hinterleibsringen 1–8 mit schwarzen Punkten an ihrer Basis (Abb. 142 *Ephestia*). Die Stirn ist (außer bei *Anagasta*) nur ½ mal so lang wie die Entfernung ihres Vorderrandes vom Scheitel (Abb. 148 B) 34

34. Die Borste ε ist auf dem 8. Hinterleibssegment vom Stigma 2–3,5mal so weit entfernt wie der horizontale Durchmesser des Stigma (Abb. 142 *kühniella*) 35

– Die Borste ε ist auf dem 8. Hinterleibssegment vom Stigma etwa so weit entfernt wie der horizontale Durchmesser des Stigma (Abb. 142 *cautella*) 36

35. Das Stigma auf dem 8. Hinterleibssegment ist so groß oder etwas größer als die Fläche, die von dem Ring an der Basis der Borste ρ umschlossen wird (Abb. 142 *kühniella*). Die Borste ε entspringt oft auf einem dunkel pigmentierten Punkt. Raupen weiß, bisweilen rosa oder grünlich, mit braunem Kopf, Nacken- und Afterschild. Die Stirn ist fast so lang wie bei *Plodia*. Körperlänge 15–20 mm . . . . **Mehlmotte**, *Ephestia (Anagasta) kuehniella* (Zeller, 1879)

– Das Stigma auf dem 8. Hinterleibssegment ist deutlich kleiner, etwa ⅔ oder weniger so breit wie die Fläche, die von dem Ring an der Basis der Borste ρ umschlossen wird (Abb. 142 *elutella*). Die Borste ε steht nie auf einem dunkel pigmentierten Punkt . . . . **Speichermotte**, *Ephestia (Ephestia) elutella* (Hübner, 1796)

36. Die hinteren Rückenborsten (β) auf jedem Abdominalsegment sind nur 2–2,5mal so lang wie die vorderen (α) (Abb. 142 *cautella*). Das Stigma des 7. Hinterleibssegments ist etwa so groß wie das des 6. Frisch geschlüpfte Raupen sind manchmal blassrötlich, doch ohne dass diese Farbe in Streifen angeordnet ist. Nach dem Aufkochen erscheint die Haut in der Regel geschwärzt. Körperlänge 12–14 mm . . . . **Tropische Speichermotte**, *Ephestia (Cadra) cautella* (Walker, 1863)

– Die hinteren Rückenborsten (β) auf jedem Abdominalsegment 3–3,5mal so lang wie die vorderen (α). Die Stigmengröße des 7. Abdominalsegments liegt zwischen der des 6. und 8. Segments 37

37. Auf der Bauchseite des Metathorax ist die Entfernung der beiden zwischen den Hüften gelegenen Borsten σ voneinander 2mal oder weniger so breit als ihre jeweilige Entfernung von der Hüfte (Abb. 148 D). Frisch geschlüpfte Raupen mit blassroten Längsstreifen . . . . **Feigenmotte**, *Ephestia (Cadra) figulilella* (Gregson, 1871)

– Auf der Bauchseite des Metathorax ist die Entfernung der beiden zwischen den Hüften gelegenen Borsten σ voneinander in der Regel wenigstens 3 bis 5mal so weit wie bis zum Hüftenrand (Abb. 148 E). Frisch geschlüpfte Larven sind oft gleichmäßig rötlich gefärbt ohne Streifung . . . . **Rosinenmotte**, *Ephestia (Cadra) calidella* (Guénè, 1845)

38. Kopf mit 2 Punktaugen auf jeder Seite . . . . *Endrosis sarcitrella* (siehe 16)

– Kopf mit 4 Punktaugen auf jeder Seite 39

39. Vor dem Atemloch des 1. Brustringes 3 Borsten in einer waagerechten Linie angeordnet, wenn man die Raupe von der Seite betrachtet . . . . *Hofmannophila pseudospretella* (siehe 18)

– Vor dem Atemloch des 1. Brustringes 2 Borsten, von denen bei Betrachtung der Raupe von der Seite die zweite schräg unter der ersten steht. Raupen weißgrau mit rotbraunem Kopf. Körperlänge 20–25 mm . . . . **Mehlzünsler**, *Pyralis farinalis* (Linnaeus, 1758)

40. Nackenschild von gleicher Farbe wie der Kopf oder heller 41

– Nackenschild schwarzbraun, Kopf braun . . . . **Kellermotte**, *Dryadaula pactolia* Meyrick, 1902

41. Nackenschild heller als der Kopf 42

– Nackenschild an den dunkelsten Stellen genauso gefärbt wie der Kopf 43

42. Nackenschild im vorderen Drittel farblos, im folgenden Teil honiggelb, Kopf rotbraun, von oben gesehen quadratisch, Körperlänge 12 mm . . . . **Weinkellermotte**, *Oenophila v-flavum* (Haworth, 1828)

– Nackenschild farblos, schmutzigweiß, Kopf rotbraun . . . . *Hofmannophila pseudospretella* (siehe 18)

43. An den Bauchfüßen abwechselnd große und kleine Häkchen . . . . *Endrosis sarcitrella* (siehe 16)
– Häkchen an den Bauchfüßen gleich groß . . . . *Nemapogon* (siehe 27)

61 Zweiflügler, Diptera

Die Zweiflügler sind von allen anderen Insekten leicht dadurch zu unterscheiden, dass sie, bis auf einige flügellose Arten (*Pupipara*, Bienenlaus), nur 1 Paar Flügel haben. Das 2. (hintere) Flügelpaar ist zu 2 kleinen, löffel- oder trommelstockförmigen Schwingkölbchen (Schwinger oder Halteren) rückgebildet. Die Larven sind in der Regel fußlos, ein Teil der Larven (Ma-

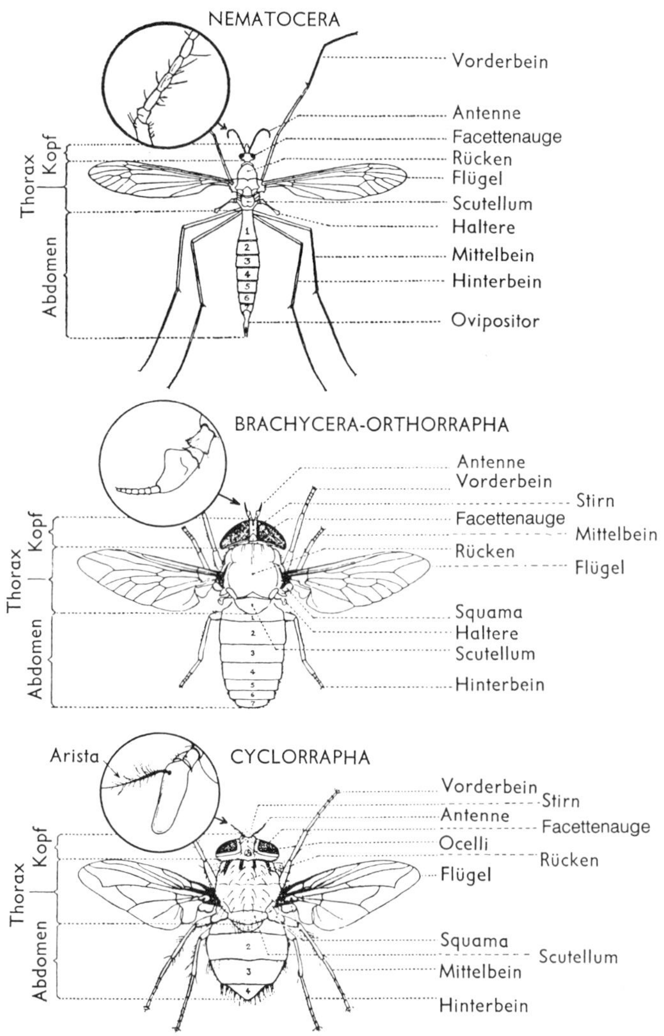

Abb. 149: Die Unterordnungen der Diptera (nach COLYER). Oben *Tipula*; Mitte *Tabanus*; unten *Calliphora*.

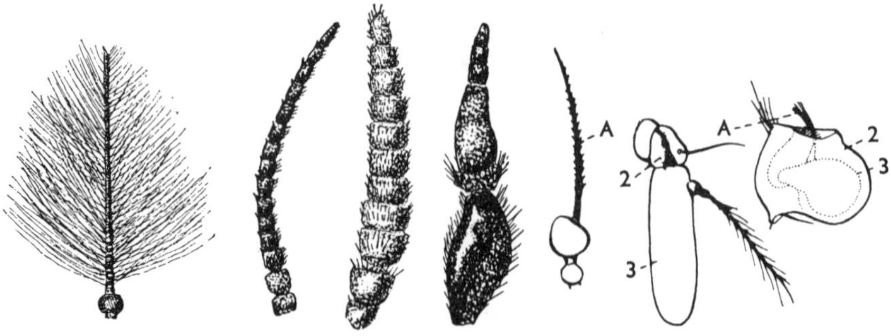

Abb. 150: Verschiedene Bautypen der Dipterenfühler: A–C Nematocera; A *Chironomus*-Männchen, B *Anisopus*, C *Simulium*, D *Brachycera Cyclorrhapha: Haematopota* E–G Orthorrphapha: E *Phora*, F *Calliphora*, G *Melophagus*, *2* und *3* = 2. und 3. Fühlerglied, A Arista (nach Martini und Weber).

den) besitzt auch keinen eigentlichen Kopf, sondern nur ein mit Mundhaken versehenes Vorderende. Die in Häusern vorkommenden Maden sind fast alle weißlich oder grau und leben in feuchter Umgebung oder im Wasser. Die meisten Larven der in Wohnungen auftretenden Mücken und Fliegen entwickeln sich außerhalb. Viele Arten zeigen eine starke Bindung an den Menschen und seine Wohnstätten, sie sind **synanthrop**. Als Vorratsschädlinge haben die Zweiflügler nur eine geringe Bedeutung, als hygienische Schädlinge sind sie sehr wichtig, in erster Linie als Überträger pathogener Organismen, wobei die Übertragung meistens mechanisch erfolgt. Nur sehr wenige Arten stellen in unserem Gebiet Zwischenwirte von Krankheitserregern dar. Manche werden auch durch Massenauftreten in Wohnungen äußerst lästig. Materialschädlinge gibt es unter den Zweiflüglern nicht. Es sind 2 Hauptgruppen zu unterscheiden:

1. Fühler meistens lang und schlank, mit 6–39 gleichgestalteten Gliedern, die nicht miteinander verschmolzen sind (Abb. 150 A–C). Lippentaster mit deutlich sichtbaren, nach unten hängenden Gliedern (Abb. 151 C und 152). Meistens schlanke, langbeinige Zweiflügler (Abb. 149) . . . . **Mücken**, Nematocera (Tabelle 62)
– Fühler gedrungen und meistens kurz, in der Regel mit 3 sehr verschieden gestalteten Gliedern, zu denen bei den *Orthorrhapha* noch einige weitere kleine, miteinander verschmolzene Endglieder dazukommen können (Abb. 150 D–G). Lippentaster gewöhnlich nur mit einem sichtbaren Glied (Abb. 149) . . . . . . **Fliegen**, Brachycera (Tabelle 63)

62 Mücken, Nematocera

1. Brustabschnitt auf dem Rücken mit einer v-förmigen Naht (Abb. 151 A) 2
– Brustabschnitt auf dem Rücken ohne v-förmige Naht (Abb. 151 B) 3
2. Kopf mit Punktaugen. Kleine langbeinige Mücken, Körperlänge 5–7 mm . . . . **Wintermücken**, *Trichoceridae*

Da ihre Larven an faulenden Pflanzenstoffen, z. B. Kartofffeln und Gemüse, leben, findet man die Mücken oft in größerer Zahl vom Oktober bis in den Frühling in Kellern. Sie tanzen an warmen Wintertagen in der Sonne.

– Kopf ohne Punktaugen und schnauzenförmig verlängert (Abb. 151 C). Sehr große (13 bis 30 mm), schlanke Mücken mit außerordentlichen langen Beinen, die leicht abbrechen (Abb. 149, *Nemotocera*) . . . . **Erdschnaken**, *Tipulidae*

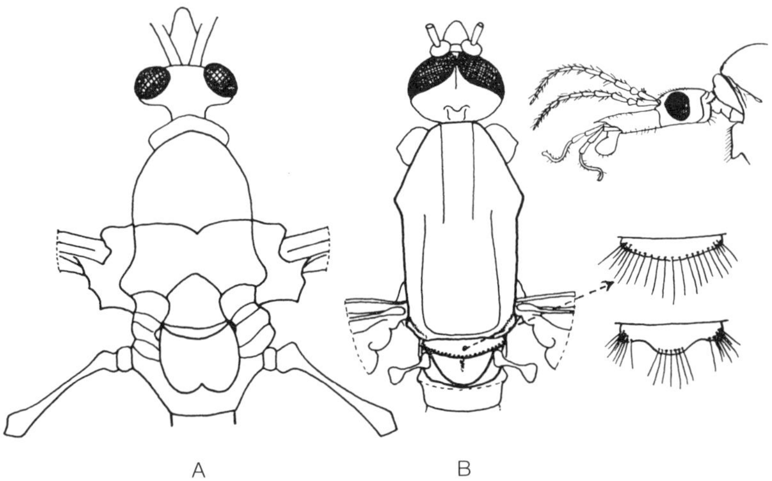

Abb. 151: Kopf und Brust von A *Tipula* und B *Anopheles*, C Kopf der *Tipula* von der Seite, D Schildchen von *Anopheles* und E von *Aëdes* (A nach Colyer, B, D, E nach Peus, C nach Lindner).

Die Larven leben im Erdboden von Gärten, Wiesen und Feldern oder in morschem Holz. Sie können sich auch in der Grasnarbe von Hausgärten in Massen entwickeln. Die Mücken findet man gelegentlich in Häusern, besonders in feuchten Kellerräumen.

3. Mücken mit gedrungenem, behaartem, fliegenähnlichem Körper, Fühler unter den Augen nahe der Mundöffnung eingelenkt, kurz, mit bis zu 11 gleichartigen Gliedern. Facettenaugen beim Männchen sehr groß, beim Weibchen bedeutend kleiner (Abb. 152 A, B). Männchen schwarz, Weibchen auch rotbraun. Körperlänge etwa 5–15 mm . . . . **Haarmücke,** Bibionidae

Bei der artenreicheren Gattung *Bibio* Geoffroy, 1762 ist die Spitze der Vorderschenkel krallen- oder schnabelförmig verlängert, während sie bei *Dilophus* Meigen, 1803 von einem Kranz kegelförmiger Dornen besetzt ist (Abb. 152 D und E). Außerdem besitzt *Dilophus* 2 Dornenreihen auf der Vorderseite des Thorax. Die Mücken, die beim Fliegen ihre Beine lang nach unten hängen lassen, entwickeln sich in Komposterde oder gedüngten Gartenbeeten und bilden oft im Frühjahr (z. B. die **Märzfliege,** *Bibio marci* (Linnaeus, 1758) oder andere Arten im Herbst bis in den Oktober hinein große Schwärme, die oft auch in der Stadt auffallen. Sie dringen dabei auch in die Häuser ein.

– Mücken mit gestrecktem und schmalem Körper, viel zierlicher oder viel kleiner als eine Stubenfliege 4

4. Fühler pfriemenförmig (Abb. 150 B). Flügel braungefleckt. Die Adern bilden in der Mitte der Flügelfläche eine allseits geschlossene Discoidalzelle (Abb. 153 A) 5

– Fühler mit mehreren Haaren versehen, Fühlerglieder voneinander deutlich abgesetzt. Flügel ohne Discoidalzelle 6

5. Die Ursprungsstellen der an der Discoidalzelle entspringenden Adernäste M_1 und M_2 sind etwas voneinander entfernt (Abb. 153 A). Flügellänge 5–7,5 mm . . . . **Fensterpfriemenmücke,** *Anisopus (= Rhyphus, Phryne) fenestralis* (Scopoli, 1763)

häufig an Fenstern, besonders in Kellern während der kälteren Jahreszeit. Larven in faulenden Pflanzenstoffen, z. B. angefaulten Kartoffeln, Steckrüben u. dgl., auch im Tropfkörper von Kläranlagen. Harmlos, bisweilen Massenvermehrung.

– Die Ursprungsstellen der an der Discoidalzelle entspringenden Adernäste M_1 und M_2 liegen dicht beieinander (Abb. 153 B). Flügellänge 4–6,5 mm . . . . *Anisopus punctatus* (Fabricius, 1787)

Lebensweise wie die vorige Art, aber seltener.

6. Punktaugen vorhanden (Abb. 152 C) 7

– Punktaugen fehlen 8

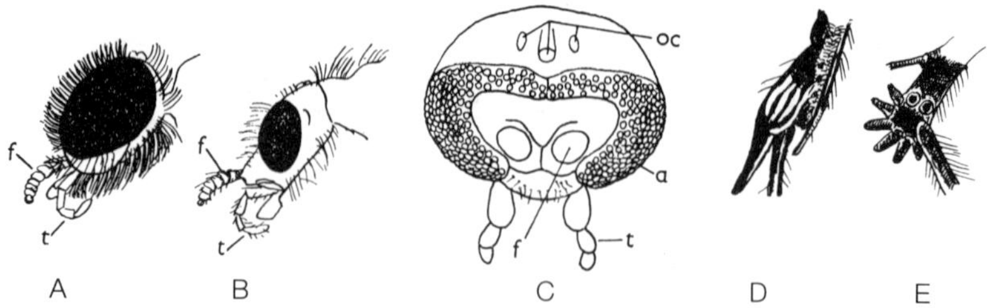

Abb. 152: Kopf von A dem Männchen, B dem Weibchen von *Bibio*, C von *Sciara; Spitze des Vorderschenkels mit Schienenbasis* D von *Bibio* und E *Dilophus*, *a* Facettenaugen, f Fühler bzw. in C Fühlereinlenkungsstelle, *oc* Punktaugen, *t* Taster (nach LINDNER, HENNIG und COLYER).

7. Körper breit, glänzend. Augen hinter der Fühlerbasis jochartig gekrümmt, ohne Verschmälerung zusammenstoßend. Fühler und Beine kurz und dick. Flügeladerung Abb. 153 C, D. Körperlänge 1,5–3 mm . . . . **Dungmücken**, Scatopsidae

entwickeln sich bisweilen in ungeheuren Mengen in Müllgruben, faulenden Kartoffeln, Rüben, Schweinefutter, in Aborten und an Fäkalien, oft auch in Blumentopferde in Zimmern, so besonders *Scatopse notata* (LINNAEUS, 1758). An faulenden Kartoffeln *Rhexoza zacheri* ENDERLEIN, 1936.

– Körper lang gestreckt, matt, dunkel gefärbt, meistens schwarz. Augenverbindung hinter der Fühlerbasis sehr schmal stegartig (Abb. 152 C). Fühler und Beine lang und zart. Körperlänge 1–8 mm . . . . **Trauermücken**, Sciaridae

Ihre Larven entwickeln sich an faulenden Pflanzenteilen und greifen von da aus auch lebendes Pflanzengewebe an. Sie leben in Blumentöpfen und können auch Kakteen schädlich werden. Auch in faulenden Kartoffeln, Zwiebeln u. dgl. und in Champignonzuchten. Artbestimmung noch unsicher.

8. Sehr kleine schmetterlingsartige Mücken mit meistens sehr breiten Flügeln, deren Spitze scharf gewinkelt ist (Abb. 154). Flügelqueradern finden sich nur dicht an der Flügelbasis (Abb. 155 A–C). Flügel und Fühler sind dicht behaart. Flügellänge 1,5–3,5 mm . . . . **Schmetterlingsmücken**, Psychodidae 9

– Mücken nicht schmetterlingsartig. Flügel an der Spitze nicht scharf gewinkelt, sondern abgerundet 11

9. Flügelader R_5 entspringt wenigstens ¼ der Flügellänge von der Flügelbasis entfernt. Der Stamm der radialen Gabel (R_{2+3}) entspringt aus R_4 weit distal der Mündung des sehr kurzen Cu (Abb. 155 A). Ein langer Stechrüssel ist vorhanden. Gelbgraue Mücken von 2–

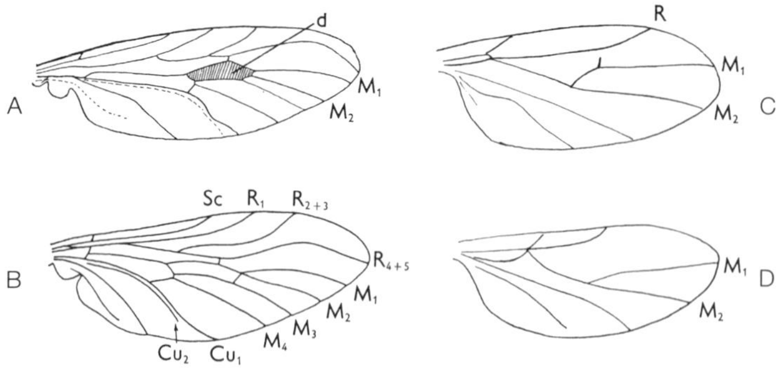

Abb. 153: Flügelgeäder von A *Anisopus fenestralis*, B *A. punctatus*, C *Scatopse notata*, D *S. fuscipes* MEIGEN, *d* = Discoidalzelle in A nur zur Kennzeichnung schraffiert, *Cu* Cubitus, *M* Media, *R* Radius, *Sc* Subcosta.

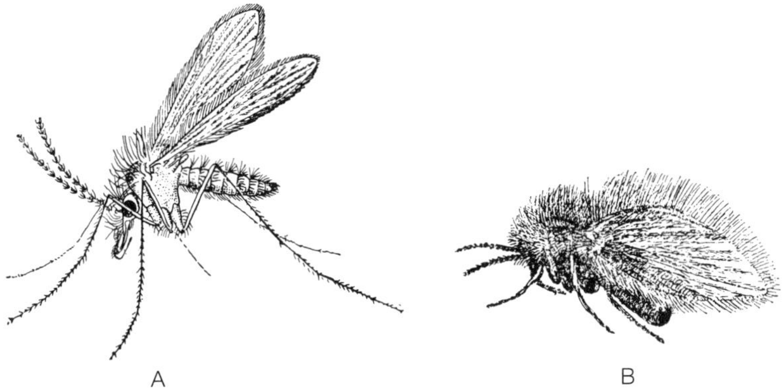

Abb. 154: A *Phlebotomus papatasii*, B *Psychoda* (nach LENGERSDORF und MANNHEIMS).

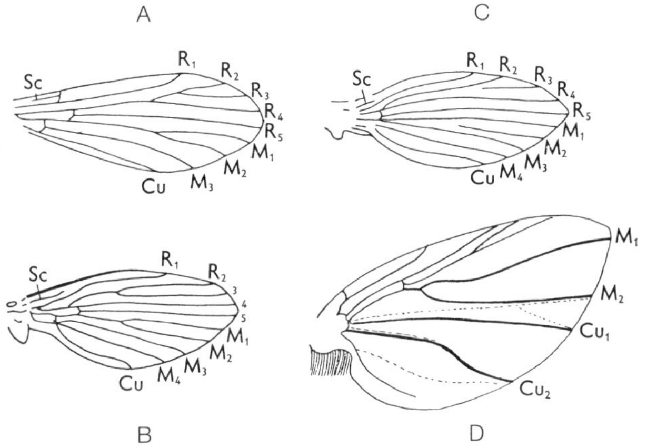

Abb. 155: Flügelgeäder von A *Phlebotomus*, B *Pericoma*, C *Psychoda*, D *Simulium*. Adern wie Abb. 153.

2,5 mm Länge. Die Flügel werden leicht gehoben («wie bei Engelchen») getragen (Abb. 154 A) . . . . **Pappatacimücke,** ***Phlebotomus papatasii*** (SCOPOLI, 1786)

Nur in Südeuropa, halten sich tagsüber in dunklen Winkeln der Wohnungen auf. Nachts stechen die Weibchen die Menschen und können dabei Krankheiten übertragen. Die Stiche sind sehr quälend. Die Larven leben in feuchten Steinplatten, Schutthaufen usw. von Insektenresten und vom Kot der Asseln, Insekten und Eidechsen.

– Flügelader R_5 entspringt nahe der Flügelbasis. Der Stamm der radialen Gabel (R_{2+3}) entspringt aus R_4 basalwärts der Mündung des langen Cu (Abb. 155 B, C) 10

10. Flügelader R_5 erreicht den Flügelrand etwas hinter der Flügelspitze (Abb. 155 B). Glieder der Fühlergeißel fassförmig mit fingerförmigen, eigentümlich durchsichtigen Sinnesorganen (Ascoiden). Flügelhaltung flach. Die Flügel erscheinen dem bloßen Auge hell und dunkel gefleckt. Flügellänge 2–3,5 mm . . . . *Pericoma* WALKER, 1856

an feuchten Orten, häufiger im Freien als in Häusern, dort in Badezimmern, Aborten und Kellern.

– Flügelader R_5 erreicht den Flügelrand genau in der Flügelspitze (Abb. 155 C). Wenigstens die ersten Glieder der Fühlergeißel basal verdickt zur Spitze zu halsförmig ausgezogen, mit dreiästigen durchsichtigen Sinnesorganen (Ascoiden). Flügelhaltung dachförmig

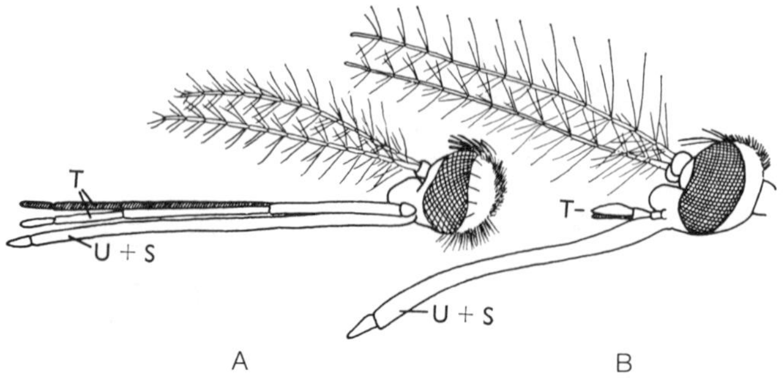

Abb. 156: Unterschiede zwischen *Anopheles* und *Culex*-Weibchen. A Kopf von *Anopheles*, B von *Culex*; *S* Stechborsten, *T* Kiefertaster, *U* Unterlippe (siehe auch Abb. 9) (nach GRÜNBERG).

(Abb. 154 B). Dem bloßen Auge einheitlich gefärbt erscheinende Mücken. Flügellänge 1,5–2,5 mm . . . . *Psychoda* LATREILLE, 1796

in Aborten und Badezimmern, an den Ausgüssen von Wasserleitungen häufig, da sich ihre Larven in faulenden und modernden Vegetabilien und Detritus entwickeln, auch an Tropfkörpern von Kläranlagen und im Kot von Rindern und Pferden auf Misthaufen. Bei Beunruhigung springen sie seitlich weg. Keine Krankheitsüberträger, da sie nicht stechen. Bestimmungstabelle für die Arten: H. F. JUNG: Deutsche Ent. Zeitschr., N. F., Bd. 3, S. 97–257, 1956.

11. Wenigstens 6 mm lange Mücken mit langem Rüssel von etwa ½ Körperlänge. Flügel beschuppt. Die Flügelrandader verläuft fast in gleicher Dicke um den ganzen Flügel. Die Ader M gabelt sich nahe der Flügelspitze (Abb. 157). Fühler beim Weibchen nur sehr fein und kurz behaart, beim Männchen kräftiger und quirlförmig behaart. Nur die Weibchen stechen, die Männchen lecken Pflanzensaft . . . . **Stechmücken**, Culicidae 12

– Kleine bis sehr kleine Mücken (weniger als 1–4 mm) mit stechenden Mundwerkzeugen im weiblichen Geschlecht oder fast stechmückengroße Mücken mit schlecht entwickelten, nicht stechenden Mundwerkzeugen. Flügel nicht beschuppt. Die Flügelrandader reicht nur bis zur Spitze, die Ader M ist bei den größeren Mücken nicht gegabelt, bei den kleinen bereits nahe der Basis gegabelt (Abb. 155 D, 159 A, B) 15

12. Hinterleib ohne Schuppen. Schildchen (Abb. 151 D) gleichmäßig gerundet, mit einer ununterbrochenen Reihe großer Borsten. Taster des Weibchens etwa so lang wie der Stechrüssel (Abb. 156 A). Sitzstellung mit von der Unterlage gerade abgestrecktem Hinterleib (Abb. 169 B). Körperlänge etwa 6 mm . . **Malariamücke**, *Anopheles* MEIGEN, 1818 13

– Hinterleib unten und oben beschuppt. Schildchen (Abb. 151 E) dreilappig mit drei gesonderten Gruppen von Borsten besetzt. Taster des Weibchens kürzer als der Stechrüssel (Abb. 156 B). Sitzstellung mit der Unterlage zugeneigtem Hinterleib (Abb. 169 A) . . 14

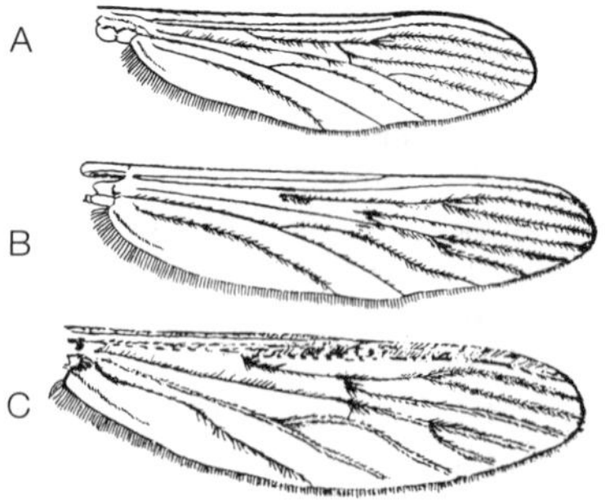

Abb. 157: Flügelgeäder von *A Culex pipiens*, B *Anopheles maculipennis* und C *Culiseta annulata*.

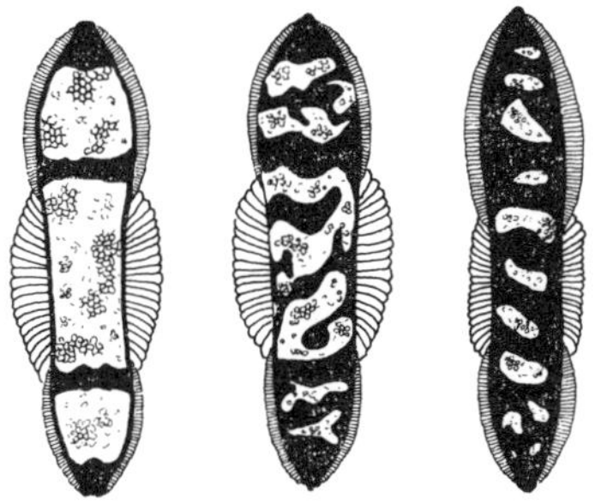

Abb. 158: Eier von *Anopheles maculipennis*-Rassen (nach PEUS).

13. An vier Stellen auf der Mitte der Flügelfläche stehen die Schuppen dichter, so dass hier vier dunkle Flecken entstehen, am dunklen Fransensaum ein ziemlich breiter cremefarbener Abschnitt (Abb. 157 B) . . . . *Anopheles maculipennis* (MEIGEN, 1818)

Die Weibchen fliegen in der Dämmerung oder nachts in die Gebäude, um am Vieh oder Menschen Blut zu saugen. Hier findet auch die Überwinterung statt. Brutplätze in stehenden Gewässern mit sauberem Wasser und reichem, lockeren Pflanzenbewuchs, unter Umständen kilometerweit von den Gebäuden entfernt. In Mitteleuropa kommen 3 Rassen vor, die sich nur anhand von Färbung und Struktur der Oberfläche der Eier unterscheiden lassen (Abb. 158). Es gehören Eier mit 2 schmalen, dunklen, ziemlich scharf begrenzten Querstreifen nahe den Eipolen zu *typicus* HACKETT & MISSIROLI, 1935, mit 2 dunklen Querstreifen in der Höhe der Schwimmkammerenden und dazwischen unregelmäßig verteilten dunklen Flecken und Streifen zu *messeae* FALLERONI, 1926, und mit regellos verteilten dunklen Streifen und Flecken zu *atroparvus* VAN THIEL, 1935. Zur Eiablage müssen die trächtigen Weibchen in kleinen, mit feuchtem Fließpapier ausgelegten Käfigen oder Glasröhrchen gehalten werden, bis sie abgelegt haben. Für die Übertragung der Malaria ist *atroparvus* am wichtigsten.

– Alle Flügeladern sind gleichmäßig mit dunklen Schuppen besetzt, so dass auf der Flügelfläche keine dunklen Flecken entstehen. Rücken des Brustabschnitts dunkel mit breitem, hellgrauen, in der Längsrichtung verlaufendem Mittelstreifen . . . . *Anopheles bifurcatus* (MEIGEN, 1818) [= *claviger*, (MEIGEN, 1804)]

das Weibchen sticht im Freien in schattigem Gelände auch am Tag Wild, Haustiere und Mensch. Selten kommt es in Häuser und Ställe. Brutstätten stehende und schwach fließende, kühle Gewässer. Die Bedeutung als Malariaüberträger nimmt in Südeuropa zu.

14. Flügel mit dunklen Flecken (Abb. 157 C). Beine weiß und dunkelbraun geringelt. Körper schwarzgrau mit weißen bis bräunlichen Querbinden. Der beim Flug entstehende Summton ungleichmäßig. Körpergröße 7 mm . . *Culiseta (= Theobaldia) annulata* (SCHRANK, 1776)

Quälgeist in den Wohnungen. Überwinterung in Kellern und ähnlichen Schlupfwinkeln. Brutstätten kleine Wasseransammlungen, wie Brunnen, Regentonnen, Wasserbecken usw. in Hausnähe.

– Flügel ohne dunkle Flecken (Abb. 157 A). Beine nicht geringelt. Körper bräunlichgrau mit helleren Bändern quer über den Hinterleib. Der beim Flug entstehende Summton gleichmäßig. Körperlänge 6 mm . . . **Gemeine Stechmücke**, *Culex pipiens* LINNAEUS, 1758

Lebensweise ähnlich wie bei der vorigen Art. Man kann 2 Rassen unterscheiden:

1. *C. pipiens* LINNAEUS, 1758: Die Querbinden des Abdomens sind beim Weibchen vom 4. Segment an an den Seiten und mitunter auch in der Mitte verschmälert. Die Sternite zeigen auffallende Anhäufung schwarzer Schuppen in der Mitte und an den Seiten. Am Knie und an der Tibiaspitze sind je ein deutlicher heller Fleck.
2. *C. pipiens molestus* FORSKÅL, 1775: Die Querbinden des Abdomens sind beim Weibchen immer gleich breit. Die Sternite sind einheitlich hell beschuppt. Die hellen Flecken an Knie und Tibiaspitze fehlen häufig.

Hierher gehören auch noch die Waldmücken *Aëdes* in mehreren (etwa 35) Arten und *Mansonia richardii* FICALBI, 1899, die reine Freilandmücken sind und dort oft recht unangenehme Mückenplagen verursachen können.

15. Plumpe Mücken, grau oder tiefschwarz, oft silbern oder golden behaart mit auffallenden breiten Flügeln und verdickten Beinen. Die Flügeladern Cu_1 und Cu_2 entspringen getrennt an der Flügelbasis (Abb. 155 D, 159 C). Körperlänge etwa 4 mm . . . . **Kriebelmücken**, Simuliidae

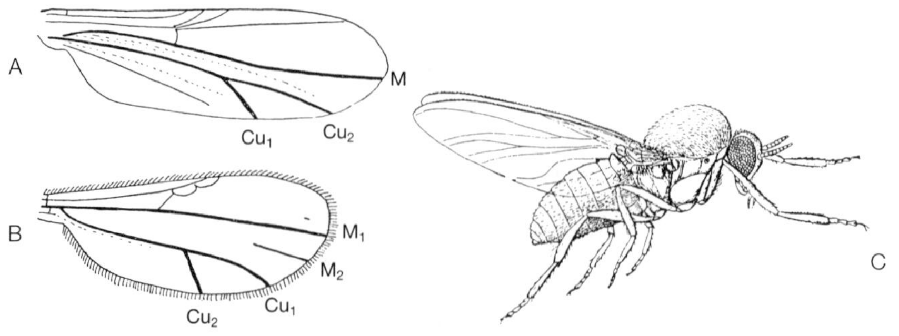

Abb. 159: Flügelgeäder von A *Chironomus*, B *Ceratopogon*, C Habitusbild von *Simulium* (in A und B sind die Adern, auf die es bei der Bestimmung ankommt, dick gezeichnet. Es entspricht daher die Aderdicke nicht den natürlichen Verhältnissen. C aus Friederichs). Nach internationalem Brauch werden jetzt die Flügellängsadern mit großen Buchstaben bezeichnet wie in Abb. 153, die Flügelqueradern aber mit kleinen, so in Abb. 159 rm und mcu.

nur die Weibchen stechen den Menschen, und zwar nur im Freien von den frühen Morgenstunden bis zum Sonnenuntergang. Nach dem Abfliegen der Mücke tritt aus der Stichwunde stets ein Bluttröpfchen aus. Die Stiche von *Boophthora erythrocephala* (De Geer, 1776) z. B. können bei Massenauftreten beim Zusammenwirken verschiedener Faktoren Todesfälle bei Rindern auf der Weide herbeiführen. Die einzelnen Arten sind sehr schwer zu unterscheiden. Eine Bestimmungstabelle gibt Friederichs in Zeitschr. angew. Entomol. Bd. 8, S. 31–92, 1921. Die Larven leben im fließenden Wasser.

– Schlanke Mücken mit schmalen Flügeln und schlanken Fühlern und Beinen. Die Flügeladern Cu_1 und Cu_2 gabeln sich erst kurz vor dem Flügelrand (Abb. 159) 16

16. Flügelader M_1 gabelt sich nicht, M_2 fehlt vollständig (Abb. 159 A). Mücken höchstens von der Größe einer Stechmücke oder kleiner. Fühler beim Weibchen mit wenigen abstehenden Haaren, beim Männchen büschelförmig behaart. Beim Sitzen werden ihre Vorderbeine, die nicht auf die Unterlage aufgesetzt werden, von jedem Luftzug bewegt, wodurch sie zu zucken scheinen . . . . **Zuckmücken**, Chironomidae

harmlose, den Menschen nicht stechende Mücken, die mit Stechmücken oft verwechselt werden. Die Männchen bilden Riesenschwärme besonders in Wassernähe, in dem sich ihre Larven entwickeln.

– Flügelader M gabelt sich in der Nähe des Flügelrandes oder M_2 steht nicht in Verbindung mit M_1 (Abb. 159 B). Sehr kleine Mücken, mitunter kleiner als 1 mm . . . . **Bartmücken**, Ceratopogonidae

Die Weibchen einiger Arten stechen in den Abend- und Nachtstunden sehr empfindlich, andere Arten saugen Insekten aus. Gelegentlich kann man sie an Fenstern finden, meistens sind sie im Freien anzutreffen. Ihre Larven leben im Wasser, die von einigen Arten auch in faulenden Vegatabilien, z. B. Steckrüben, so die von *Forcipomyia ciliata* Winnertz, 1852.

63 Fliegen, Brachycera

1. Letztes Fühlerglied mit einer auffallenden Arista (Fühlerborste), die glatt, gefiedert, verzweigt oder pinselförmig sein kann (Abb. 149 unten, 150 E–G) 3

– Letztes Fühlerglied ohne Arista; es lässt seine Zusammensetzung aus mehreren Geißelgliedern erkennen (Abb. 149 Mitte, 150 D) oder ist ganz einheitlich (Abb. 160 A) . . . . Orthorrhapha 2

2. Fliegen etwa 4,5–6,5 mm groß; mit 2 Haftläppchen (Abb. 8 Pulvillus) am letzten Tarsenglied jeden Beines; Kopf halbkugelig, beim Männchen mit sich auf dem Scheitel berührenden Augen, beim Weibchen mit getrennten Augen (Abb. 160 A). Zwischen ihnen die drei-

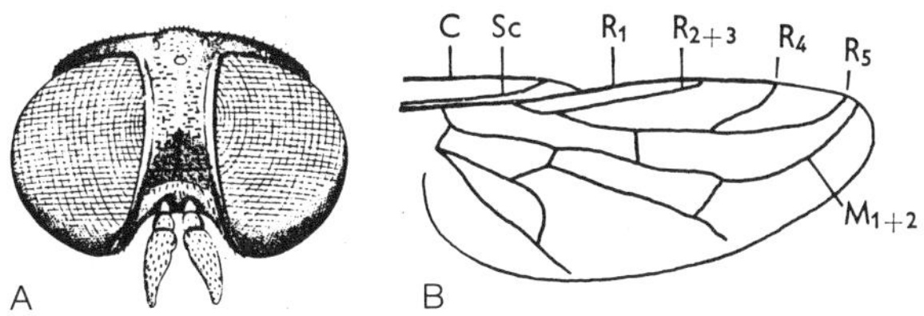

Abb. 160: *Scenopinus fenestralis*, A Kopf des Weibchens mit Fühlern, B Flügelgeäder (nach KRÖBER).

gliedrigen Fühler, deren letztes Glied sehr groß und einheitlich ist und seitlich einen ovalen Eindruck aufweist. Brustabschnitt schwarz bis braun, mit Bronzeton, ohne Borsten; Rücken (Mesonotum) zart graugelb behaart. Hinterleib schwarz. In der Ruhe werden die schwach rauchigen Flügel über dem Hinterleib parallel übereinandergelegt. Die schwarzbraune Aderung der Flügel zeigt Abb. 160 B . . . .
Fensterfliege, *Scenopinus* LATREILLE, 1802 (= *Omphrale* MEIGEN, 1800) (Scenopinidae)

Die häufigste Art *S. fenestralis* (LINNAEUS, 1761) kommt in Gebäuden an geschlossenen Fenstern vor. Ihre Larven leben räuberisch von Insektenlarven in Polstermöbeln, unter Teppichen und in Schmutzecken, auch in Vogelnestern. Im Freien werden die Fliegen kaum gefunden.

– Fliegen etwa 5–25 mm groß; mit 3 Haftläppchen (Abb. 8 Pulvillus + Arolium) am letzten Tarsenglied jeden Beines; die Augen berühren sich beim Männchen meistens auf dem Scheitel und nehmen dann den ganzen Kopf ein; bei den Weibchen sind sie stets weit voneinander getrennt. Das letzte Glied der dreigliedrigen Fühler lässt seine Zusammensetzung aus mehreren Gliedern noch erkennen; es ist an der Basis zu einem Höcker ausgezogen *(Tabanus)* (Abb. 149 Mitte) oder gleichmäßig gerundet (Abb. 150 D). Die Fliegen treten nur im Freien auf und stechen den Menschen empfindlich. Noch mehr quälen sie das Vieh auf der Weide, das manche Arten zur Blutaufnahme dem Menschen vorziehen. Nur die Weibchen saugen Blut, das zur Entwicklung ihrer Eier nötig ist. Aus der Wunde fließt meistens ein Bluttröpfchen aus. Die Männchen nehmen kein Blut, sondern Nektar aus Blüten als Nahrung auf . . . . **Bremsen,** *Tabanidae*

Am bekanntesten sind die **Regenbremsen** *Haematopota pluvialis* (LINNAEUS, 1761) und *H. italica* MEIGEN, 1803, graue bis schwarzgraue, 5–13 mm große Fliegen, die den Menschen an gewitterschwülen, regnerischen Tagen stechen, während die durch gelbgrün und rot schillernde Augen und durch schwarzbindige Flügel ausgezeichnete **Blindbremsen** *Chrysops* MEIGEN, 1803 und die größeren **Viehbremsen** wie z. B. *Tabanus* LINNAEUS, 1758 und *Hybomitra* ENDERLEIN 1922 im Sonnenschein aktiv sind. Sie sind gute Flieger, finden sich überall, wo Vieh auf der Weide gehalten oder getrieben wird, und folgen auch den Viehtransporten. Dadurch kommen sie auch in die Bahnhöfe und Veranden von Gasthöfen und selbst mitten in die Großstadt. So konnte *T. bovinus* LOEW, 1858 mitten in Hamburg am Bornplatz, in der Nähe des Schlacht- und Viehhofs gefangen werden. Die Bremsenlarven entwickeln sich in feuchter Erde unter Moos und anderem Pflanzenwuchs, die einiger Arten auch im Wasser, und ernähren sich wahrscheinlich hauptsächlich von Fliegenlarven, Würmern oder Schnecken. – Biologie siehe EICHLER, 1980.

3. Das letzte Fühlerglied wird von dem kapselartig gestalteten 2. Fühlerglied umschlossen, Arista pinselförmig (Abb. 150 G). Die kleinen Fühler liegen in Gruben der Kopfkapsel. Stark abgeflachte Fliegen. Wenn sie mit Blut vollgesogen sind, ist der Hinterleib stark aufgetrieben. Flügel oft mehr oder weniger stark rückgebildet oder später abfallend. Manche Arten ganz flügellos, erinnern dann in ihrem Aussehen an Spinnen, haben aber nur 6 Beine. Saugen auf Säugetieren und Vögeln Blut, gelegentlich auch am Menschen . . . . **Lausfliegen,** Pupipara (siehe Tabelle 64)

– Das letzte Fühlerglied wird nicht vom 2. Fühlerglied umschlossen, sondern ist bedeutend größer als dieses. Arista nicht pinselförmig (Abb. 149 unten, 150 E, F) . . . . **Tönnchenfliegen,** Cyclorrhapha 4

4. Große Fliegen (15 mm) von bienenartigem Aussehen mit schwarzem, an der Basis rotgelb gezeichneten Hinterleib. Mesonotum braun, mit graugelber Behaarung. Schildchen gelb-

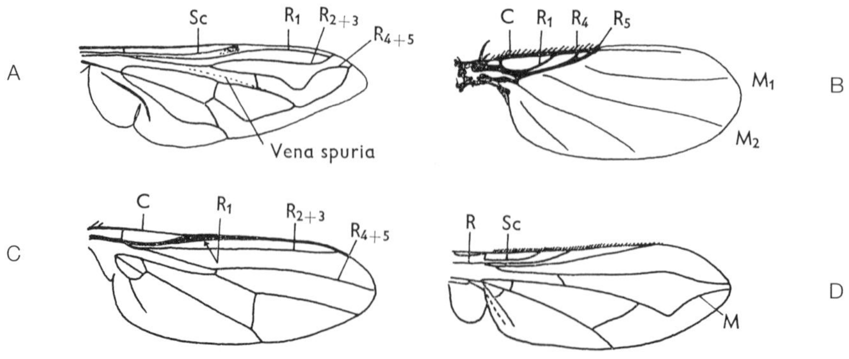

Abb. 161: Flügelgeäder von A *Eristalis tenax*, B *Megaselia*, C Piophila, D *Lucilia*. Adern wie Abb. 153.

lich. Fühlerborste nackt. Die 3. Flügellängsader (Abb. 161 A $R_4 + R_5$) mit einem vorn offenen, engen Bogen. Zwischen dieser Ader und der Media (M) eine unvollkommene Faltenlängsader, die vena spuria. Augen mit 2 parallelen Streifen . . . . **Schlammfliege** *Eristalis (= Eristalomyia) tenax* (LINNAEUS, 1758) (Syrphidae)

in Häusern gelegentlich an den Fenstern. Ihre Larven, die Rattenschwanzlarven, leben in Abwässern, Jauchegruben, Aborten u. dgl.

– Fliegen nicht von bienenartigem Aussehen, ohne Schwarz-Gelb-Zeichnung auf dem Hinterleib 5

5. Flügelgeäder charakterisiert durch das Fehlen aller Queradern mit Ausnahme der Wurzelquerader und eine sehr starke Verdickung der Vorderrandadern Costa, Subcosta und Radius an der Flügelbasis. Erstere mit kräftigen Borsten versehen (Abb. 161 B). Die 3 oder 4 Längsadern in der Flügelfläche sind sehr blass. Brust oben buckelartig hochgewölbt. Kleine bis sehr kleine grauschwarze, bräunliche bis gelbliche Fliegen, die sehr rasch und ruckweise herumlaufen . . . . **Buckelfliegen**, Phoridae

hierher gehören zahlreiche Gattungen und Arten, die an faulenden Stoffen leben, so in faulenden Kartoffeln und Gemüse im Keller, in Aborten, an Aas und Leichen, auch in Grüften, z. B. *Phora, Conicera, Aphiochaeta* und *Megaselia*.

– Flügelgeäder nicht mit außergewöhnlicher Verdickung von Costa, Subcosta und Radius 6

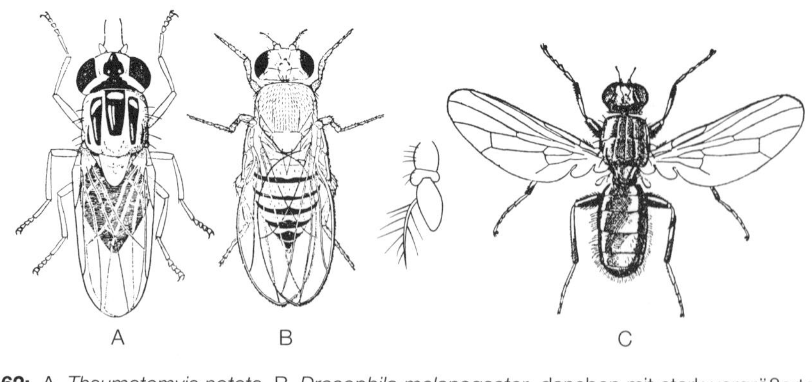

Abb. 162: A *Thaumatomyia notata*, B *Drosophila melanogaster*, daneben mit stark vergrößertem Fühler, C *Piophila casei* (A aus PEUS, B aus HESSE-DOFLEIN, C GRAHAM-SMITH in MARTINI).

6. Kleine (2 mm) gelbglänzende, fast nackte Fliegen mit 3 glänzenden schwarzen Längsstreifen auf dem Rücken (Abb. 162 A). Augen grün, im Tod dunkel . . . . **Halmfliege,** *Thaumatomyia notata* (MEIGEN, 1830)

tritt im Herbst und Frühjahr oft in ungeheuren Scharen in gewissen Häusern mitunter jahrelang immer wieder auf. Die Larven leben räuberisch von Wurzelläusen, den Virginogenien von Blasenläusen *(Pemphigidae)* im Erdboden, z. B. der Salatwurzellaus, *Pemphigus bursarius* (L). Im Erdboden verpuppen sie sich auch. Die Häuser dienen den Fliegen als Winterquartier. Sie suchen sie im Winter mit dicken Bäuchen auf und verlassen sie im Frühjahr mit eingefallenen. Ein Teil der Puppen überwintert im Boden und bildet eine 2. Generation im Frühjahr.

– Nicht so auffallend gefärbte Fliegen 8

8. Rücken des Brustabschnittes mit einer deutlichen vollständig durchgehenden Quernaht und deutlichen hinteren Seitenwülsten vor dem Schildchen. Flügelschüppchen sehr groß, die Halteren verdeckend (Abb. 163 B). 2. Fühlerglied mit einem Spalt (Abb. 150 F) . . . . **Calyptrata** 16

– Rücken des Brustabschnittes ohne durchgehende Quernaht (sie ist nur an den Seiten angedeutet) und ohne hintere Seitenwülste vor dem Schildchen. Flügelschüppchen verkümmert, die Halteren deshalb nicht verdeckt (Abb. 163 A). 2. Fühlerglied ohne Spalt . . . . **Acalyptrata** 9

9. Kleine (3,5–4,5 mm) glänzend schwarze Fliegen mit kugeligem Kopf und roten Augen. 3. Fühlerglied kurz und rund mit nackter Arista. Costa gebrochen nahe der Mündung der vollständig ausgebildeten Subcosta, die sehr dicht am 1. Radiusast liegt (Abb. 161 C). Thoraxrücken mit 3 Längsreihen, feiner Börstchen. Hinterleib lang gestreckt mit ziemlich parallelen Seiten (Abb. 162 C) **Käsefliege,** *Piophila casei* (LINNAEUS, 1758) (Piophilidae)

Larven springend an Käse, Schinken, Rauchfleisch usw.

– Kleine (2–3,5 mm), rötlichgelbe, gelbe bis graue Fliegen. 3. Fühlerglied kurz und rund mit gefiederter Arista, die an der Spitze gegabelt ist. Costa mit 2 Unterbrechungen, einmal in der Nähe der Humeralquerader und zum 2. Mal nahe an der Mündung des 1. Radiusastes. Die Subcosta ist nur in ihrem basalen Stück entwickelt. Hinterleib kurz und rundlich (Abb. 162 B) . . **Tau- und Essigfliegen,** *Drosophila* FALLÉN, 1823 (Drosophilidae) 10

oft sehr lästig in Konditoreien, Obstläden, an Obsttorten, Obstsäften, Essig, Wein u. dgl. Für die Artbestimmung siehe BURLA, H., 1951: Systematik, Verbreitung und Ökologie der *Drosophila*-Arten der Schweiz. – Revue Suisse, Zool., Bd. 58, S. 23–175.

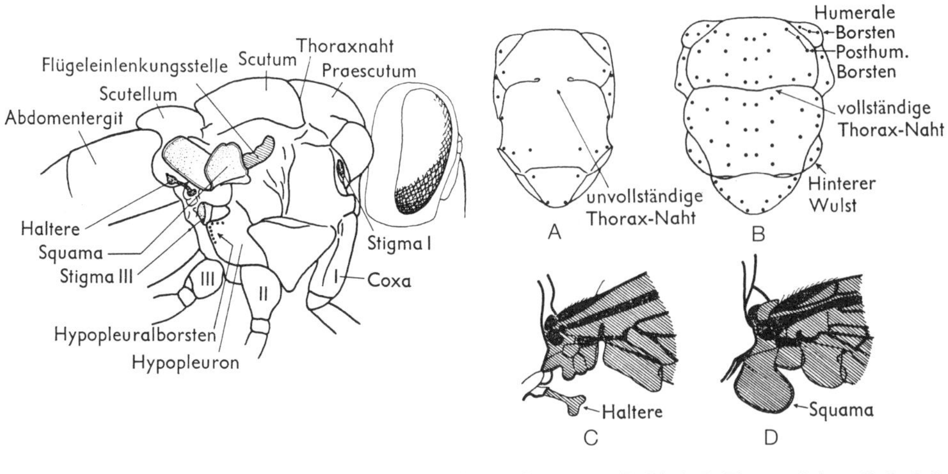

Abb. 163: Unterschiede zwischen Acalyptrata (A, C) und Calyptrata (B, D), A, B Thoraxrücken, C, D Seite des Thorax mit Flügelwurzel und Haltere, die in D von der Squama verdeckt wird. Daneben Thorax einer calyptraten Fliege in Seitenansicht. Eingezeichnet sind nur die Borsteneinlenkungsstellen, auf die in der Bestimmungstabelle hingewiesen wird (nach COLYER verändert).

10. Rücken des Brustabschnittes gelb, rötlichgelb oder gelbbraun 11
– Rücken des Brustabschnittes braun oder grau 13

11. Rücken des Brustabschnittes mit 3 schwarzen Längsstreifen, von denen der mittlere hinten gegabelt ist. Hinterleib gelb, mit schwarzen, in der Mitte unterbrochenen Hinterrandbinden. Körperlänge 2 mm . . . . *Drosophila busckii* COQUILLETT, 1901

besonders im Herbst in den Häusern, an Küchenabfällen, faulendem Obst usw., im Sommer häufiger an Waldrändern.

– Rücken des Brustabschnittes ohne schwarze Zeichnung. Hinterleibsringe mit in der Mitte nicht unterbrochenen Querbinden oder ganz schwarz oder gelb mit einer mittleren schwarzen Längsbinde 12

12. Der ganze Brustabschnitt und die Beine gelb. Hinterleib beim Männchen oben tiefschwarz, beim Weibchen gelb oder dunkelbraun mit schwarzen Querbinden, die auf den hinteren Ringen immer breiter werden, bisweilen auch mit schwarzer Längsbinde. Der 6. Ring meistens ganz schwarz. Mitunter kommen auch Weibchen mit ganz gelbem Hinterleib vor. Körperlänge 2 mm . . . . *Drosophila fenestrarum* FALLÉN, 1823

im Freiland und in Häusern.

– Der Rücken des Brustabschnittes glänzend rötlich gelb, seine Seiten und die Beine blassgelb. Hinterleib glänzend schwarz mit rötlichgelben Vorderrändern beim Männchen auf den ersten 3 und beim Weibchen auf den ersten 5 Ringen. Körperlänge 2 mm . . . . **Kleine Essigfliege,** *Drosophila melanogaster* MEIGEN, 1830 (= *fasciata* MEIGEN = *ampelophila* SCHINER)

in Häusern, an Obstabfällen und Komposthaufen, auch im Freien in Obstgärten.

13. Hinterleibsringe oben gelb mit einer in der Mitte breit unterbrochenen dunkelbraunen Hinterrandbinde. Rücken des Brustabschnittes graubraun, jede Borste mit einem dunkelbraunen Fleck an der Basis 14
– Hinterleibsringe einfarbig dunkelbraun oder glänzend schwarzbraun mit teilweise gelben Vorderrandbinden und schmaler gelber Mittellinie 15

14. Flügelgeäder braun, der 1. Abschnitt der Flügelrandader (Costa) nach der Spitze zu schwarz. Wangen in ihrer größten Breite gleich ¼ des größten Augendurchmessers. Körperlänge 2,9–3,4 mm . . . . *Drosophila repleta* WOLLASTON, 1858

in Küchen, Ställen und Kellern.

– Flügelgeäder gelblich, die ersten Abschnitte der Flügelrandader nach der Spitze zu hell. Wangen in ihrer größten Breite gleich ⅓ des größten Augendurchmessers. Körperlänge 3–3,4 mm . . . . *Drosophila hydei* STURTEVANT, 1921

in Häusern, mehr aber an Fallobst und im Freien an Ufern und am Waldrand.

15. Rücken des Brustabschnittes rötlich braun, wenig glänzend, mit dunklem, braunen Schildchen. Hinterleib des Männchens glänzend schwarzbraun, die ersten 4 Ringe oben mit gelben Vorderrandlinien, die in der Mitte am breitesten sind und die dunklen Hinterrandbinden dort mehr oder weniger vollständig unterbrechen. Beim Weibchen ist er oben gelb und jeder Ring hat eine breite, dunkelbraune Hinterrandbinde, die auf den ersten 4 Ringen in der Mitte schmal gelb unterbrochen ist. Körperlänge 3–4 mm . . . . **Große Essigfliege,** *Drosophila funebris* (FABRICIUS, 1778)

häufigste Art in Häusern, wo sie auch überwintert.

– Rücken des Brustabschnittes dunkel graubraun, mit gleichfarbigem Schildchen. Hinterleib oben dunkelbraun. Körperlänge 2–3 mm . . . *Drosophila ambigua* POMINI, 1940

in Weinkellern.

16. Vor dem Stigma des 3. Brustsegments sind auf dem Hypopleuron kräftige Borsten in einer bogenförmigen Reihe angeordnet. Die konvexe Seite dieses Bogens ist dem Stigma zugekehrt (Abb. 163, Hypopleuralborsten) . . . . **Schmeißfliegen,** Calliphoridae 17

– Vor dem Stigma des 3. Brustsegments befinden sich keine solche Borsten auf dem Hypopleuron, doch können auf ihm in mehr oder weniger regelmäßiger Anordnung kleine Haare vorhanden sein . . . . **Muscidae** 25

Hierher gehören viele, oft einander sehr ähnliche Arten, die nur bei eingehendem Studium der ganzen Familie auseinandergehalten werden können. Es muss auf die Spezialliteratur verwiesen werden, so KARL, O.: Zweiflügler oder Diptera. III. Muscidae. In DAHL, F.: Die Tierwelt Deutschlands, G. Fischer-Verlag, Jena 1928 und vor allem HENNIG, W.: Muscidae, in LINDNER, E.: Die Fliegen der paläarktischen Region Bd. 7, 1 u. 2. Hälfte, E. Schweizerbartsche Verlagsbuchhandlung, Stuttgart 1955–1964. Hier können nur die häufigsten und wichtigsten Arten berücksichtigt werden.

17. Die posthumeralen Borsten (Abb. 163 B) sind so lang oder länger als die vor der Thoraxnaht gelegenen praesuturalen Borsten. Die Fühlerborste an der Spitzenhälfte nackt, sonst kurz behaart (Abb. 164 A). Beine mit zerstreut stehenden Borsten. Stirn des Männchens immer schmäler als beim Weibchen. Große hellgraue Fliegen mit lang gestrecktem, hinten zugespitzten Hinterleib, der mit dunklen und hellschimmernden Schillerflecken besetzt ist; auf dem Rücken des Brustabschnitts schwarze Längsstriche, Augen im Leben ziegelrot. Körperlänge 8–16 mm . . . . **Fleischfliege,** *Sarcophaga* MEIGEN, 1826

etwa 40 Arten, die nur durch Untersuchung der männlichen Kopulationsorgane unterschieden werden können. Die Lebensweise der einzelnen Arten ist noch wenig geklärt. Ein Teil von ihnen lebt parasitisch in anderen Insekten, andere entwickeln sich in Kot und Leichen bzw. Fleisch. Die Fliegen suchen auch Fleisch bisweilen zum Saftlecken auf, aber auch menschliche Fäkalien und Wiederkäuerkot. *S. carnaria* (LINNAEUS, 1758) legt statt Eier bereits Larven ab. Sie und *S. haemorrhoidalis* (FALLÉN, 1816) kommen am häufigsten in die Häuser. Bestimmungsschlüssel siehe DAY, C. D.: British Tachinid flies. (Sonderdruck aus: The North Western Naturalist Bd. 21 und 22, 1946–1947) Arbroath 1948.

– Die posthumeralen Borsten sind kürzer als die praesuturalen Borsten. Fühlerborste bis an die Spitze lang gefiedert (Abb. 164 B). Hinterleib eiförmig, Beine verhältnismäßig kurz. Oft metallisch blaue oder grüne Fliegen 18

18. Färbung metallisch glänzend goldgrün oder blau ohne hellere Bestäubung. Radialstamm auf der Flügeloberseite nackt oder nur außerordentlich fein behaart. Körperlänge etwa 1 cm . . . . **Goldfliege,** *Lucilia* ROBINEAU-DESVOIDY, 1830 19

– Färbung schwarz oder schmutzig dunkelgrün oder schwarzblau 20

19. Subcostales Sklerit (eine Chitinplatte auf der Flügelunterseite an der Basis der Subcosta (Abb. 161 D, Sc) mit feiner anliegender Behaarung. Körperlänge 5–11 mm . . . . **Fischgoldfliege,** *Lucilia (Phaenicia) sericata* (MEIGEN, 1826)

vorwiegend in der Nähe des Menschen, besonders häufig auf Mülldeponien und Zeltplätzen, günstiger Überträger infektiöser Darmerkrankungen; kann beim Menschen eine Myiasis hervorrufen.

– Subcostales Sklerit mit einer oder mehreren hochstehenden Borsten . . . *Lucilia caesar* (LINNAEUS, 1758), *L. illustris* (MEIGEN, 1826) und *L. ampullacea* (VILLA, 1922)

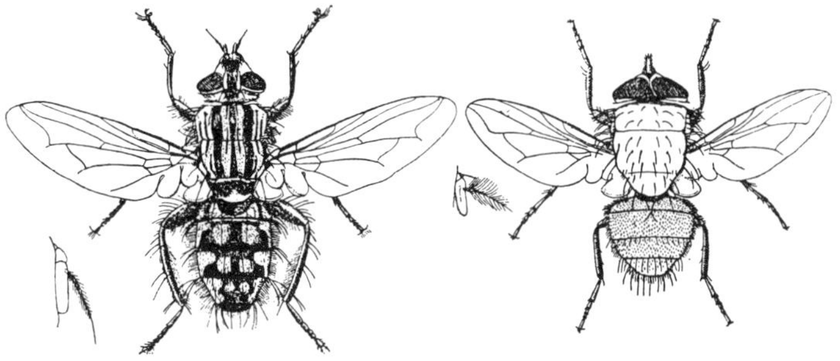

A B

Abb. 164: Fleischfliege, *Sarcophaga*, und Schmeißfliege, *Calliphora*, daneben jeweils der Fühler im Profil (nach GRAHAM-SMITH in MARTINI).

von diesen 3 Arten sind nur die Männchen durch Untersuchung der äußeren Geschlechtsorgane zu unterscheiden. Sie leben wohl mehr im Freien als in Hausnähe. Man verwechsle *Lucilia* nicht mit goldgrünen Musciden (siehe 29)! Unterschied allein die Hypopleuralborsten (siehe 16).

20. Rücken des Brustabschnittes außer der Beborstung mit deutlicher rostgelber, bisweilen silberiger, filzartiger Behaarung. Hinterleib aschgrau, schwarz gewürfelt. Körperlänge 8 mm . . . . *Pollenia rudis* (Fabricius, 1786)

sitzt besonders gern an sonnigen Mauern, kommt oft in großer Zahl zur Überwinterung in die Häuser.

– Rücken des Brustabschnittes außer der Beborstung fast nackt 21

21. 3 sehr deutliche schwarze Längsstreifen auf dem Rücken des Brustabschnittes, Färbung dunkelblauschwarz mit grünem oder purpurnem Schimmer. Stirn mit schwarzen Haaren, hintere Wangenteil mit gold-gelben Borsten. Körperlänge 8–10 mm. **Schraubenwurmfliege,** *Cochliomyia hominivorax* (Coquerel, 1858)

im tropischen und subtropischen Bereich von Amerika heimisch, in den USA hohe Ausfälle bei Rindern durch Tod nach Parasitierung; Verschleppung durch Rinderexporte aus Befallsgebieten, so starke Schäden auch in Nordafrika, in Deutschland noch nicht nachgewiesen.

– ohne schwarze Längsstreifen auf dem Rücken des Brustabschnittes 22

22. Brust matt, Hinterleib glänzend, blau mit weißlichen Schillerflecken. Körperlänge 9 bis 13 mm . . **Schmeißfliege, Blauer Brummer,** *Calliphora* Robineau-Desvoidy, 1830 23

– Brust und Hinterleib schwach glänzend, dunkelblau oder blaugrün. Radialstamm (Abb. 161 D, R) auf der Flügeloberseite mehr oder weniger kräftig, meist einreihig behaart oder beborstet 24

23. Hinterkopfbehaarung (Abb. 165 A, h), rot, Backen (b) schwarz, rot behaart . . . . *Calliphora vomitoria* (Linnaeus, 1758)

fliegt mit scharfem Summton, vom Frühjahr bis Spätherbst, kommt nur selten in die Häuser.

– Hinterkopfbehaarung schwarz, Backen rötlichgelb, schwarz behaart . . . . *Calliphora vicina* (Robineau-Desvoidy, 1830) (= *erythrocephala* Meigen, 1826)

findet sich gewöhnlich im Haus.

24. Hinterleib metallisch grün. Flügelschüppchen einschließlich Rand und Fransen weißlich. 1. Bruststigma hellbraun bis gelb. Körperlänge 7–9,5 mm . . . . **Glanzfliege,** *Phormia regina* (Meigen, 1826)

Aasfliege, kommt auch an Fleisch vor.

– Hinterleib metallisch blaugrün. Flügelschüppchen stark bräunlich angeraucht mit dunklem Rand und dunklen Fransen. 1. Bruststigma dunkelbraun bis schwarz. Körperlänge 7,5–11 mm . . . . *Protophormia terraenovae* (Robineau-Desvoidy, 1830)

Aasfliege, die häufig in die Wohnungen eindringt.

25. Kopf mit einem langen, dünnen, nach vorn getragenen Stechrüssel (Abb. 165 B, st) . 26

– Kopf mit einem dicken, kurzen, fleischigen, stempelförmigen Saugrüssel (Abb. 165 A, s) 28

26. Kiefertaster ganz kurz. Im Aussehen einer Stubenfliege sehr ähnlich. Körperlänge 6 bis 7 mm (Abb. 166 B) . . . . **Wadenstecher,** *Stomoxys calcitrans* (Linnaeus, 1758)

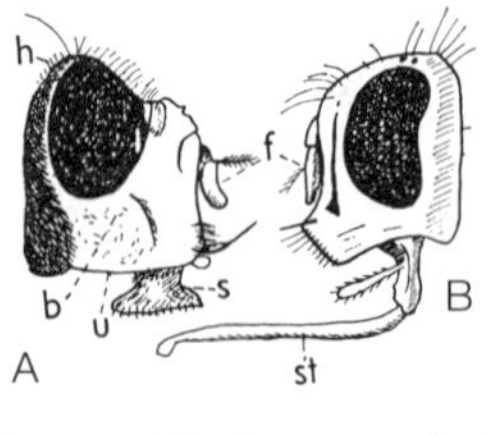

Abb. 165: Kopf im Profil von A *Calliphora* und B *Stomoxys*, *b* Backen, *f* Fühler, *h* Hinterkopf, *s* Saugrüssel, *st* Stechrüssel.

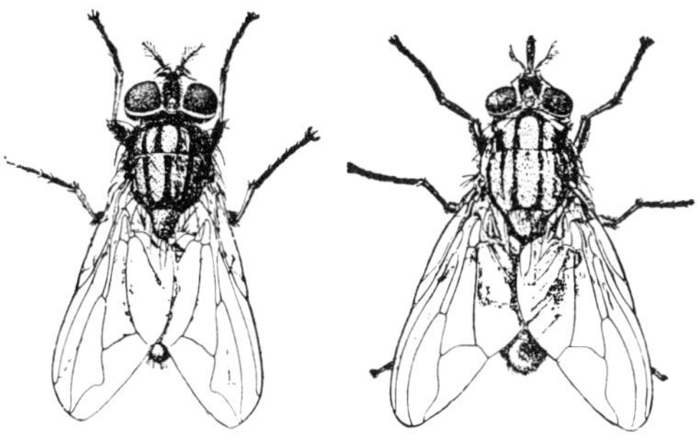

Abb. 166: A Stubenfliege, *Musca domestica*, B Wadenstecher, *Stomoxys calcitrans* (nach SCHLÜTER-MAAS).

sticht den Menschen, aber noch mehr das Vieh. Die Larven entwickeln sich in Pferdemist und Kuhdung. Vorkommen in Stallungen, sehr häufig auf dem Land, kaum mehr in der Stadt. Im Herbst besonders in Zimmern.

– Kiefertaster fast so lang wie der Rüssel. Körperlänge nur 3,5–4,5 mm 27

27. Kiefertaster gelb . . . . **Kleine Stechfliege,** *Haematobosca (= Haematobia) stimulans* (MEIGEN, 1824)

Lebensweise ähnlich wie bei *Stomoxyx calcitrans*

– Kiefertaster dunkelgrau . . . . **Kuhfliege,** *Haematobia (= Siphona, Lyperosia) irritans* (LINNAEUS, 1758)

sticht nur ausnahmsweise in der Nähe von Weidevieh den Menschen und kommt nicht in die Zimmer, sondern sammelt sich im Freien um die Köpfe des Viehs, besonders an der Hornbasis an (Hornfliege).

28. Fliege goldgrün 29

– Fliege anders gefärbt 30

29. Beugung der Media winklig . . . . *Orthellia caesarion* (MEIGEN, 1838)

Lebensweise ähnlich wie bei den *Lucilia*-Arten.

– Beugung der Media bogenförmig. Körperlänge 5–6 mm . . . . **Aasfliege,** *Pyrellia cadaverina* (LINNAEUS, 1758)

Lebensweise ähnlich wie bei den *Lucilia*-Arten.

30. Fliegen am ganzen Körper blauschwarz glänzend 31

– Fliegen anders gefärbt 32

31. Kiefertaster schwarz . . . . *Ophyra leucostoma* (WIEDMANN, 1817)

an Tierleichen, verdorbenen eiweißreichen Lebensmitteln, wie faulen Eiern, an Menschenkot. Larven leben räuberisch von mit ihnen vergesellschafteten anderen Fliegenlarven.

– Kiefertaster gelb, Körperlänge 6–6,5 mm . . . . **Deponiefliege,** *Ophyra aenescens* (WIEDEMANN, 1830)

Heimat Nordamerika, seit 1968 auch in Deutschland, wo sie sich schon weit verbreitet und eingebürgert hat, besonders auf Mülldeponien. Lebensweise wie die vorige Art. Da sich ihre Larven von anderen Fliegenlarven ernähren, können sie zur Vorbeuge von Fliegenplagen ausgesetzt werden.

32. Analader erreicht den Flügelrand 33

– Analader erreicht den Flügelrand nicht 34

33. Fliege kontrastreich grau-schwarz gezeichnet . . *Anthomyia pluvialis* (LINNAEUS, 1758)

auf Blüten häufig, saugt auch an Jauche, Schweiß und aus Wunden fließendem Blut.

– Fliegen nicht so gezeichnet, mehr oder weniger graubraun . . . . *Paregle radicum* (LINNAEUS, 1758)

lebt an keimhaltigen Substanzen, z. B. Menschenkot, und hat daher als Überträger von Krankheiten Bedeutung

34. Media mehr oder weniger aufgebogen 35

– Media nicht aufgebogen 40

35. Media winklig gebogen, Schildchen einfarbig grau, Beine schwarz 36
– Media bogenförmig, Schildchen an der Spitze rötlich. In Aussehen und Größe der Stubenfliege ähnlich 37

36. Die Augen berühren sich beim Männchen auf der Stirn, beim Weibchen ist die schwarze Stirnschwiele zwischen den Augen schmal und fast parallel und die Hinterleibsbasis nicht gelb. Körperlänge 4,5–7,5 mm . . . . . **Stallfliege,** *Musca autumnalis* DE GEER, 1776

häufig in Ställen

– Die Augen berühren sich beim Männchen nicht auf der Stirn, beim Weibchen ist die schwarze Stirnschwiele zwischen den Augen breit ausgebuchtet, fast die Augen berührend und die Hinterleibsbasis gelb (Abb. 166 A, 167 B). Körperlänge 7–8 mm . . . . **Große Stubenfliege,** *Musca domestica* LINNAEUS, 1758

findet sich viel häufiger auf faulendem Obst als auf Kot und Kadavern. Ihre Rolle als Krankheitsüberträger wird offenbar wenigstens bei uns etwas überschätzt.

37. Alle Schienen und die Endabschnitte der Mittel- und Hinterschenkel braungelb. Kiefertaster gelb; Körperlänge 8–9 mm . . . . *Muscina stabulans* (FALLÉN, 1816)

findet sich vorwiegend an sonnigen Mauern und Baumstämmen, ausgesprochen synanthrop, auch auf Märkten und in Lebensmittelhandlungen. Wichtigster Keimüberträger auf faulendem Obst.

– Alle Schienen und Schenkel schwarz 38

38. Kiefertaster schwarz . . . . *Muscina assimilis* (FALLÉN, 1823)
– Kiefertaster rotgelb 39

39. Untere Squama sehr breit, mit dem Innenrand dem Seitenrand des Cutellums dicht anliegend . . . . *Muscina pascuorum* (MEIGEN, 1826)
– Untere Squama zungenförmig am Ende abgerundet . . . . *Muscina pabulorum* (FALLÉN, 1817)

40. Analader kurz, leicht geschwungen und plötzlich abbrechend 41
– Analader länger gerade und allmählich auslaufend 43

41. Hinterleib mit Fleckenpaaren. 2–4 mm große graue Fliegen . . . . *Azelia*-Arten
– Hinterleib ohne Fleckenpaare. Mittelschiene auf der Innenseite zumindest in der Endhälfte mit dichter, kurzer, senkrecht abstehender, samtartiger Behaarung. Kopf halbkugelig, der von den Augen fast vollständig eingenommen wird. Hinterleib platt, grau wie eine Stubenfliege aussehend, nur kleiner und die Media ohne Ausbuchtung. Körperlänge 5–7 mm 42

42. Hinterleib an der Basis teilweise durchscheinend gelb (Abb. 167 A) . . . . **Kleine Stubenfliege,** *Fannia canicularis* (LINNAEUS, 1758)

in Zimmern wie die Stubenfliege.

– Hinterleib schwarz, graugelb gebändert . . . . **Latrinenfliege,** *Fannia scalaris* (FABRICIUS, 1794)

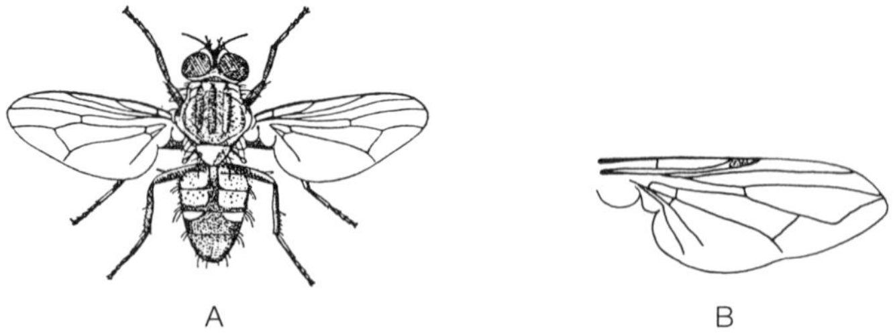

A B

Abb. 167: A Kleine Stubenfliege, *Fannia canicularis* (aus GRAHAM-SMITH in MARTINI), B Flügel der Stubenfliege, *Musca domestica*.

43. Hinterschiene mit einer Rückenborste. Von Stubenfliegengröße, aber ohne gelbe Hinterleibsfärbung. Männchen mit auffälliger Höckerung und Zähnelung auf den Vorderschienen . . . . *Hydrotaea dentipes* (FABRICIUS, 1805)

wahrscheinlich wichtiger Keimüberträger, da sehr häufig auf Kot vom Menschen, Schwein und Hund, auf toten Tieren, Innereien, faulenden Eiern, jauchigen Kartoffeln usw. Larven zoophag.

– Hinterschiene ohne Rückenborste . . . . *Mydaea*- und *Helina*-Arten

64 Lausfliegen, Pupipara

Flache, von oben nach unten zusammengedrückte Fliegen, die als blutsaugende Schmarotzer auf Vögeln und Säugetieren leben. Die Flügel werden vielfach rückgebildet oder nach der Begattung und Auffindung des Wirtes vom Weibchen abgeworfen. Ihre beiden Eierstöcke besitzen nur je eine Eiröhre, in denen abwechselnd immer nur ein Ei heranreift. Die ganze Larvenentwicklung erfolgt im Hinterleib des Weibchens, wobei das Nährmaterial von paarig verästelten Drüsen geliefert wird. Eine vollentwickelte Larve wird von der Fliege abgelegt. Bald verpuppt sie sich, ein fast kugeliges Tönnchen bildend. Aus Vogelnestern aber auch von Haustieren kommen die Lausfliegen in die Häuser, wo sie bisweilen auch die Menschen stechen. Die in der folgenden Tabelle genannten Arten gehören in die Brachyceren-Familie *Hippoboscidae*. Die Arten der verwandten *Nycteribiidae* leben ektoparasitisch nur an Fledermäusen. Sie sind flügellos, ihr Kopf ist auf den Rücken des Thorax gelegt und ihre langen Beine geben ihnen ein spinnenartiges Aussehen.

1. Flügel normal, Tiere flugfähig 2
– Flügel rückgebildet, ganz fehlend oder abgerissen, so dass nur noch die Stummel zu erkennen sind 4
2. Fügel mit 7 Längsadern (Abb. 168 C) 3
– Flügel nur mit 3 Längsadern außer der Flügelrandader. Körperlänge etwa 4 mm . . . . **Hirschlausfliege,** *Lipoptena cervi* (LINNAEUS, 1758)

Männchen oder junge Weibchen. Letztere werfen später die Flügel ab. Auf Reh und Hirsch. Beim Zerwirken dieses Wildes belästigen sie auch den Menschen. Im Wald setzen sie sich bisweilen im Haar des Menschen fest.

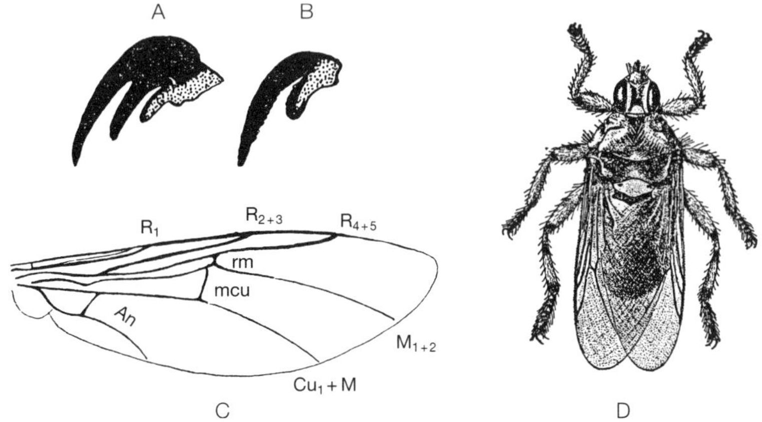

Abb. 168: A dreizähnige Kralle einer Vogellausfliege, B zweizähnige Kralle einer Säugetierlausfliege, C Flügelgeäder der Vogellausfliege, *Ornithomyia avicularia*, D Pferdelausfliege, *Hippobosca equina* (nach KEMPER, EICHLER und aus WEBER). Adern wie Abb. 159. Die 7 Längsadern sind: 1. die Ader am Vorderrand des Flügels (Flügelrandader), 2. R_1, 3. R_{2+3}, 4. R_{4+5}, 5. M_{1+2}, 6. $Cu_1 + M$, 7. An.

3. Füße mit zweizähnigen Klauen (Abb. 168 B), Punktaugen und im Flügel die Analader fehlen (Abb. 168 D). Körperlänge 7–9 mm . . . . **Pferdelausfliege,** *Hippobosca equina* LINNAEUS, 1758

auf Pferd und Rind, seltener auch auf Hund.

– Füße mit dreizähnigen Klauen (Abb. 168 A), Punktaugen und Analader (Abb. 168 C) vorhanden . . . . **Vogellausfliege,** *Ornithomyia* LATREILLE, 1802 7

4. Füße mit zweizähnigen Klauen (Abb. 168 B) 5

– Füße mit dreizähnigen Klauen (Abb. 168 A) 6

5. Flügel fehlen vollständig, auch die Schwingkölbchen fehlen. Körperlänge vollgesogener Männchen 4,9–6,8 mm und Weibchen 6,0–6,9 mm, hungernder Männchen 4,4 bis 6,1 mm und Weibchen 5,1–6,7 mm . . . . **Schaflausfliege,** *Melophagus ovinus* (LINNAEUS, 1758)

auf Schafen, die sie bei Massenauftreten erheblich schwächen und zum Abmagern bringen. Der von ihnen hervorgerufene Juckreiz veranlasst die Schafe, sich an Baumstämmen und Pfählen zu reiben, wodurch Hautwunden entstehen können und damit Eingangspforten für Infektionen. Ihre Stichstellen erscheinen auf gegerbtem Leder als helle Flecke und mindern seinen Wert. Tot in geschorener Wolle erschweren sie deren maschinelle Weiterverarbeitung.

– Schwingkölbchen vorhanden unregelmäßige Reste der abgerissenen Flügel vorhanden . . . . **Hirschlausfliege,** *Lipoptena cervi* (LINNAEUS, 1758)

siehe unter 2.

6. Flügel dreieckig, ungefähr so lang wie der Hinterleib, etwa dreimal so lang wie breit. Punktaugen fehlen. Körperlänge vollgesogener Männchen 7,4–9,1 mm und Weibchen 8,0–9,9 mm, stark hungernder Männchen 6,3–7,7 mm und Weibchen 6,9–8,1 mm . . . . **Mauerseglerlausfliege,** *Crataerina pallida* (LATREILLE, 1812)

nur auf Mauersegler, kommt öfter auch in die Wohnungen und sticht dort Menschen. Kann vom Laien leicht mit Wanzen verwechselt werden.

– Flügel schmal und zugespitzt, viel länger als der Hinterleib, etwa siebenmal so lang wie breit. Punktaugen vorhanden. Körperlänge 4–5 mm . . . . **Schwalbenlausfliege,** *Stenepteryx hirundinis* (LINNAEUS, 1758)

auf Mehlschwalben, gelegentlich auch auf Rauchschwalben.

7. Kleinere Arten, Körperlänge (ohne Flügel) etwa 4,5–5,5 mm 8

– Größere Art, Körperlänge etwa 6 mm, Flügellänge deutlich mehr als 5,5 mm, Flügelgeäder schwärzlich R_1, mündet in die Flügelrandader viel näher der Flügelbasis als rm von ihr liegt (Abb. 168 C) . . . . *O. avicularia* (LINNAEUS, 1758)

auf sehr vielen verschiedenen, meistens einzeln nistenden Vogelarten, kaum in Häusern anzutreffen.

8. Analader höchstens dreimal so lang wie die Radiomedialquerader (rm). Nur auf Schwalben . . . . *O. biloba* DUFOUR, 1827

– mcu viermal so lang wie rm. Auf verschiedenen Vogelarten . . . . *O. fringillina* CURTIS, 1836

65 Fliegen- und Mückenlarven

Ausführliche Beschreibung der Dipterenlarven gibt HENNIG, W.: Die Larvenform der Dipteren. 3 Teile. Berlin (Akademie Verlag) 1948–1952.

1. Kopf vollständig vorhanden oder sein hinterer Teil mit einem tiefen Längsschnitt. Die Kiefer bewegen sich horizontal (Abb. 170, 172, 173, 174) . . . . **Mückenlarven** 2

– Kopf fehlt, die Mundwerkzeuge, die sich parallel zueinander bewegen, sind haken- oder sichelförmig. Die meisten Larven sind kopfwärts zugespitzt (Abb. 175) . . . . **Fliegenlarven** 14

2. Larven leben im Wasser und schwimmen 3

– Larven leben an feuchten oder trockenen Orten, schwimmen nicht 5

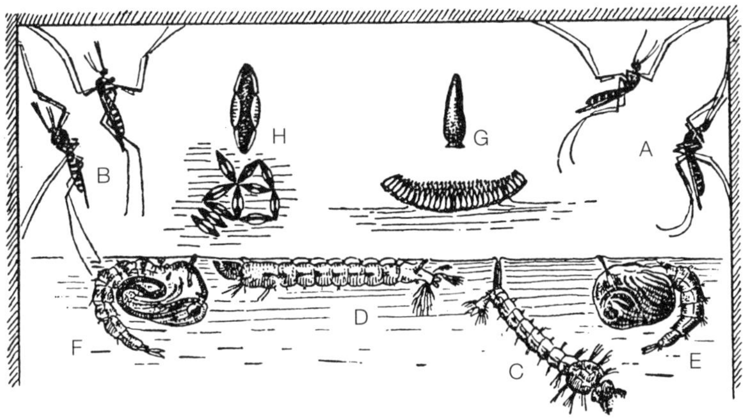

Abb. 169: Unterschiede zwischen der Gemeinen Stechmücke, *Culex pipiens* (A, C, E, G) und der Malariamücke, *Anopheles* (B, D, F, H) in A, B Sitzstellung der Imagines, C, D Larven, E, F Puppen und G, H Eiablagen (aus DIEHL-WEIDNER).

3. Die Larven leben in reinem oder schwach verunreinigtem Wasser mit Vegetation, also in verkrauteten Wassergräben, Tümpeln usw. . . . . **Stechmückenlarven** der Gattungen *Aëdes, Anopheles* und *Mansonia*

Die *Anopheles*-Larve hält sich im Gegensatz zu allen anderen Stechmückenlarven, waagerecht an der Wasseroberfläche (Abb. 169 D), die *Mansonia*-Larve bohrt mit ihrem Atemloch Wasserpflanzen an, um aus ihnen Atmungssauerstoff zu entnehmen. Die *Aëdes*-Larven hängen mit ihrem Atemrohr an der Wasseroberfläche wie die Larven der nächsten Gruppe.

– Die Larven leben in Wasser von Regenfässern, kleinen künstlichen Wasserstellen in der Nähe der Häuser, Brunnen, Abwassergräben und u. U. sogar Jauchegruben. Sie hängen von der Wasseroberfläche herab und besitzen ein wohlentwickeltes langes Atemrohr (Abb. 169 C) 4

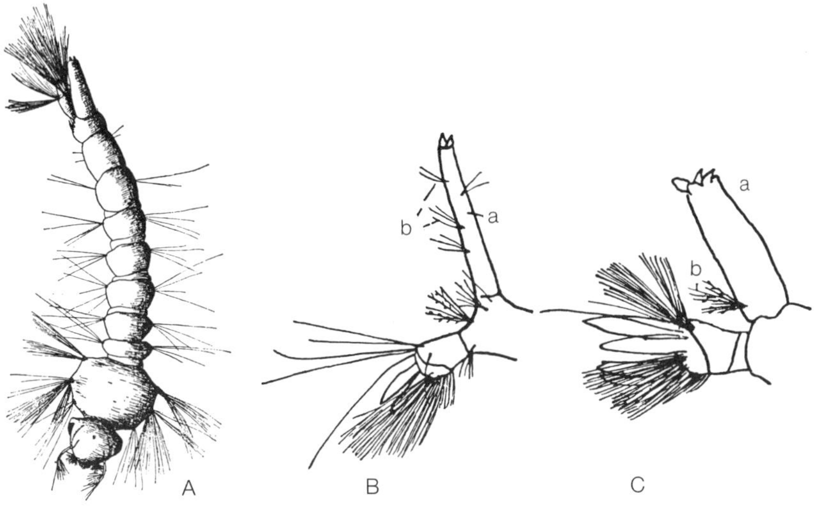

Abb. 170: A *Culex*-Larve. Hinterende der Larven von B *Culex*, C *Culiseta*, *a* Atemrohr, *b* Borstenbüschel der Bauchseite (A nach GRÜNBERG, B, C nach NATVIG).

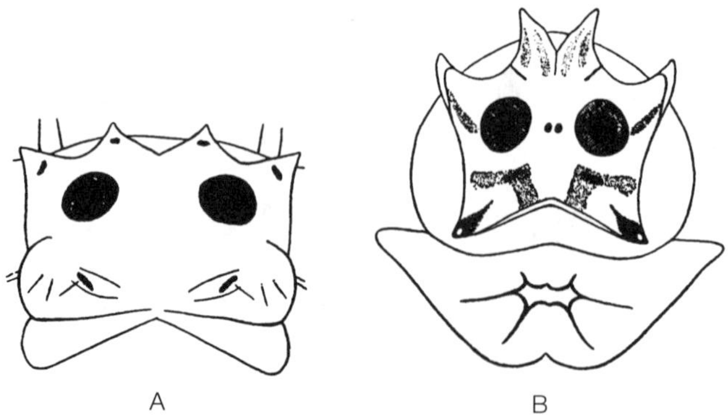

Abb. 171: Stigmenfeld der Larven von A *Tanyptera* und B *Tipula* (aus HENNIG).

4. Atemrohr auf der Bauchseite mit mehreren Haarbüscheln (Abb. 170 A und B) . . . . *Culex pipiens* LINNAEUS, 1758
– Atemrohr auf der Bauchseite nur mit einem Haarbüschel an oder nahe an seiner Basis (Abb. 170 C) . . . . *Culiseta annulata* (SCHRANK, 1776)
5. Larven 11- bis 12gliedrig mit derber brauner Haut, werden erwachsen 3–4 cm lang. Am Hinterende besitzen sie sechs merkwürdige gestaltete Randlappen (Abb. 171) . . . . **Erdschnaken**, Tipulidae 6
– Viel kleinere Larven, ohne solche Randlappen am Hinterende und mit zarter Haut . 7
6. Randlappen gut ausgebildet (Abb. 171 B). Larven leben in der Erde . . . *Tipula*-Arten
– Randlappen schwach ausgebildet (Abb. 171 A). Larven holzbohrend . . . . *Tanyptera atrata* (LINNAEUS, 1758)
7. Hinterende mit zwei Paar sehr langer Borsten (Abb. 172). Fühler keulenförmig . . . . *Phlebotomus papatasii* (SCOPOLI, 1786)
– Hinterende ohne lange Borsten 8
8. Ende des Hinterleibs mit einem deutlichen Atemrohr, auf dem die beiden Atemlöcher liegen, aber ohne Schwimmfächer wie bei den Culicidenlarven 9
– Ende des Hinterleibes ohne Atemrohr oder jedes Atemloch liegt auf einem eigenen stielartigen Fortsatz 10
9. Auf dem Rücken der Brust- und Hinterleibsringe befinden sich je 2–3 (insgesamt 26) in der Mitte geteilte Skleritplatten. Um die Atemlöcher am Hinterleibsende sind jederseits zwei sehr lang behaarte Skleritplatten vorhanden, so dass jederseits zwei fächerförmige Schwanzanhänge erscheinen. Körperborsten lang und kräftig. Braune bis schwärzliche Larven in faulenden Kartoffeln u. dgl . . . . *Pericoma* WALKER, 1856

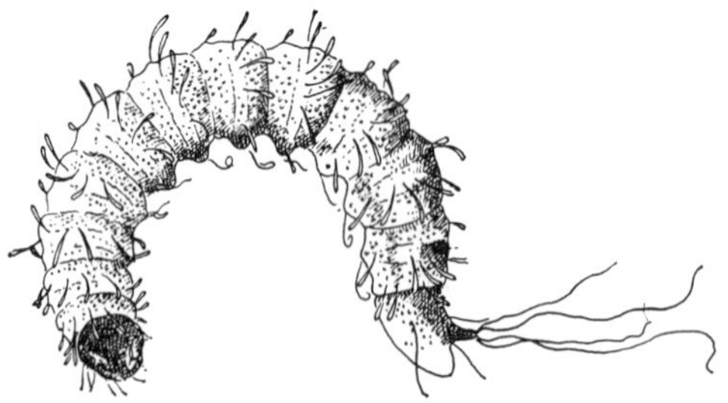

Abb. 172: Larve von *Phlebotomus papatasii* (nach NEWSTEAD).

– Skleritplatten nur auf dem Rücken der hinteren Körperringe (daher weniger als 26). Keine fächerförmigen Schwanzanhänge. Körperborsten spärlich, fein und kurz (Abb. 174 A). Grauweiße Larven in Ausgüssen, Aborten usw . . . . . . *Psychoda* LATREILLE, 1796

10. Jedes Atemloch des Hinterleibsendes befindet sich auf einem stielartigen Fortsatz des 8. Hinterleibsringes. Körper mit Borsten und Dornen besetzt (Abb. 173) . . . . **Dungmücken**, Scatopsidae

in faulenden Kartoffeln und Gemüse.

– Die hinteren Atemlöcher sind nicht merklich über die Oberfläche des hinteren Körperringes hervorgehoben 11

11. Die frisch geschlüpften Larven sind lang behaart (Abb. 173 B), die erwachsenen besitzen auf jedem Körperring 6 kleine, hörnchenförmige Fortsätze (Abb. 173 C) . . . . **Haarmücken**, Bibionidae

in Komposterde.

– Larven nur kurz und spärlich beborstet, ohne hörnchenförmige Fortsätze 12

12. Atemlöcher befinden sich nur auf dem 1. Brust- und dem 8. Hinterleibsring. Langgestreckt, wurmförmige Larven. Brust- und Hinterleibsringe mit einer Scheingliederung, indem sich zwischen je zwei aufeinanderfolgenden Ringen ein bedeutend schmälerer Ring einschiebt. Auf dem letzten Hinterleibsring eine große Skleritplatte, unter der eine Drüse liegt (Abb. 174 B) 13

– Atemlöcher befinden sich auf dem 1. Brust- und den ersten 7 Hinterleibsringen. Körper weiß mit schwarzem Kopf, dessen seitliche Abschnitte sich in zwei Punkten auf der Unterseite berühren (Abb. 173 D) . . . . **Trauermücken**, Sciaridae

in Blumentopferde.

13. Letzter Hinterleibsring in 5 Ringe aufgeteilt . . . . **Fensterpfriemenmücke**, *Anisopus fenestralis* (SCOPOLI, 1763)

– Letzter Hinterleibsring in 2 Ringe aufgeteilt (Abb. 174 B) . . . . *Anisopus punctatus* (FABRICIUS, 1787)

in faulenden Pflanzenstoffen.

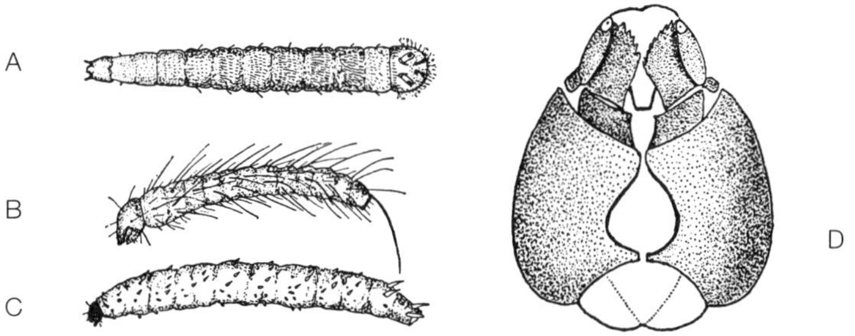

Abb. 173: Larven von A *Scatopse*, B, C von *Bibio* (B im ersten Stadium, C erwachsen), D Kopfkapsel von *Sciara* von unten (A–C nach LINDNER, D aus HENNIG).

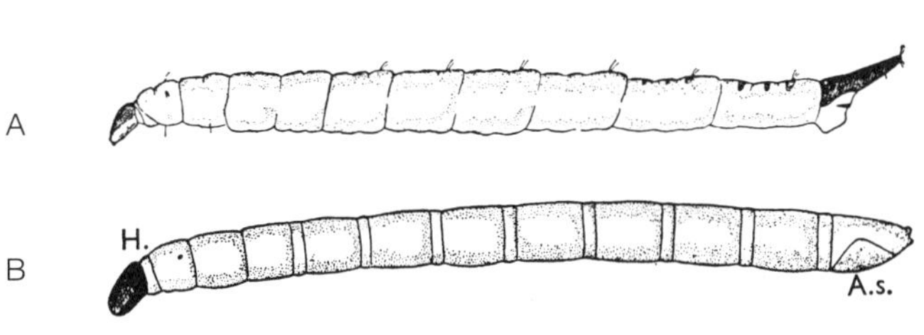

Abb. 174: Larven von A *Psychoda*, B *Anisopus punctatus A. s.* Afterschild, *H* Halsring (aus HENNIG).

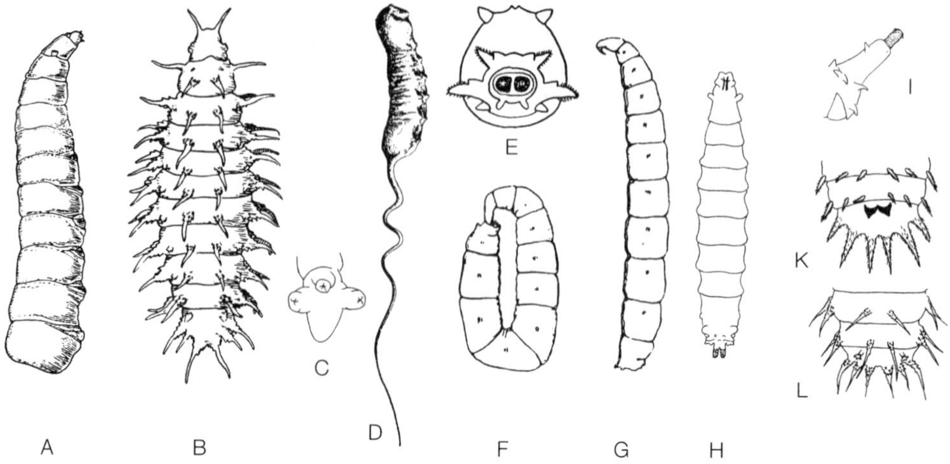

Abb. 175: Larven von A *Musca domestica*, B, C *Fannia*, B Larve, C hintere Atemöffnung, D *Eristalis tenax*, E Hinterende der Larve von *Drosophila*, F, G Larven von *Piophila casei*, F in Sprungstellung, G gestreckt, H, I *Drosophila*, H Larve, I Hinterleibsende in Seitenansicht, K Hinterende einer *Megaselia*-Larve, L Hinterende einer *Fannia*-Larve im Vergleich zu K (A, B aus MARTINI, D–G aus SCHRÖDER).

14. Larven schmutzig weiß, mehr oder weniger abgeflacht, mit langen seitlichen Fortsätzen, die verzweigt sein können (Abb. 175 B) 15
– Larven ohne solche Fortsätze 16
15. Hintere Atemöffnungen auf farblich nicht abgesetzten Stielchen, die am Ende 4 Lappen tragen auf denen sich 3 Schlitze befinden (Abb. 175 C, L) . . **Kleine Stubenfliege**, *Fannia*
– Hintere Atemöffnungen auf braunschwarzen, sklerotisierten nach hinten gerichteten Höckern (Abb. 175 K) . . . . **Buckelfliegen** (Phoridae), *Megaselia*
in fauligen Substanzen
16. Larven mit einem langen, schwanzartigen Fortsatz (Abb. 175 D) . . . . **Rattenschwanzlarven, Schlammfliegen,** *Eristalis tenax* (LINNAEUS, 1758)
in ländlichen Abortgruben, Misthaufen u. dgl. auch in kotreichen Gewässern.
– Larven ohne schwanzartigen Fortsatz 17
17. Larven bindfadenförmig, weiß, sehr beweglich . . . . **Fensterfliege**, *Scenopinus fenestralis* (LINNAEUS, 1761)
lebt an staubigen Orten in Wohnungen und Vogelnestern wahrscheinlich von anderen Insekten oder Milben.
– Larve gedrungen, hinten breiter als vorne. Das Hinterende ist eine schief oder senkrecht stehende Scheibe, auf der die (2) Atemlochplatten liegen (Abb. 175 A) 18
18. Die Atemlochplatten liegen auf der Oberfläche der die Scheibe überragenden Zapfen 19
– Die Atemlochplatten sind nicht erhöht 20
19. Larven schlank, ab Mitte nach Hinten leicht schmäler werdend. Die vorderen Atemöffnungen sind gestielt. Das Hinterende der Larve besitzt mehrere Fleischzapfen, die Atemlochplatten tragenden Fortsätze sind bei ausgewachsenen Larven bräunlich (Abb. 175 H, I). Larven an gärenden Früchten, Wein, Fruchtsäften u. dgl . . **Essigfliege**, *Drosophila*
– Das Hinterende hat nur zwei Zapfen, auf denen je eine Atemlochplatte liegt (Abb. 175 F, G). Die Larven können springen und leben in Käse, Schinken, Speck, Fisch usw. . . . . **Käsefliege**, *Piophila casei* (LINNAEUS, 1758)
20. Die drei schlitzförmigen Öffnungen einer Atemlochplatte sind gerade (Abb. 177 A, F) 21
– Die drei schlitzförmigen Öffnungen einer Atemlochplatte sind mehr oder weniger stark gewunden (Abb. 177 B–E), mindestens schwach sichelförmig gebogen (Abb. 177 G) 27

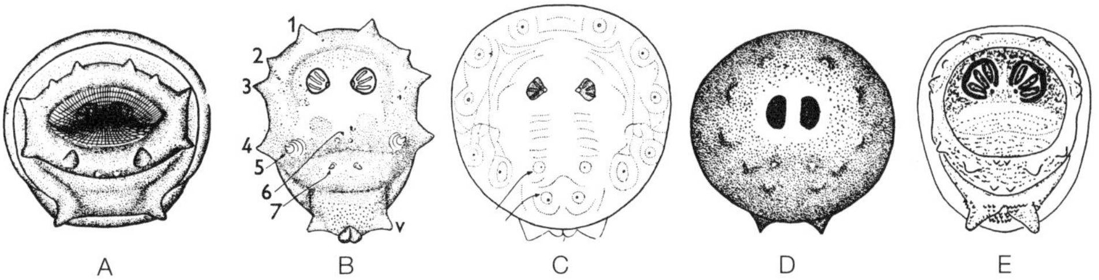

Abb. 176: Hinterenden der Larven von A *Sarcophaga*, B *Calliphora*, C *Pollenis rudis*, D *Musca autumnalis*, E *Cochliomyia hominivorax* (aus HENNIG).

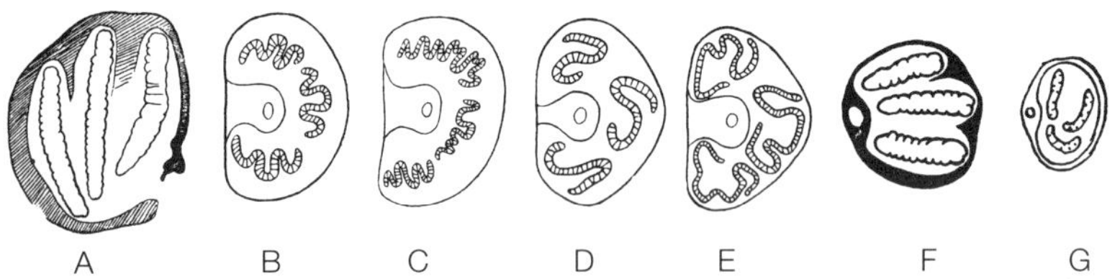

Abb. 177: Stigmenplatten von A *Sarcophaga*, B *Musca domestica*, C *M. autumnalis*, D *Stomoxys calcitrans*, E *Haematobia irritans*, F *Calliphora*, G *Muscina stabulans* (aus HENNIG).

21. Hintere Atemlochplatten in einer tiefen Grube. Der die Atemlochplatte umschließende Ring ist nicht ganz geschlossen (Abb. 176 A, 177 A) . . . . . **Fleischfliege,** *Sarcophaga*
– Hintere Atemlochplatten nicht in einer tiefen Grube 22
22. Der die Atemlochplatte umschließende Ring ist nicht ganz geschlossen wie auf Abb. 177 A 23
– Der die Atemlochplatte umschließende Ring ist vollständig geschlossen 24
23. Die von den hinteren Atemöffnungen nach vorne ziehenden Tracheenäste sind bis zum Hinterleibsring 9 oder 10 dunkel pigmentiert, Larvenhinterende auf der Bauchseite 2 größere Zapfen (Abb. 176 E), Färbung nach der Häutung weißlich, später rötlich, Länge der ausgewachsenen Larve 15–16 mm . . . . **Schraubenwurmfliege,** *Cochliomyia hominivorax* (COQUEREL, 1858)
– Tracheenäste unpigmentiert . . . . *Phormia*
24. Auf der inneren Seite des die Atemlochplatte umschließenden Ringes wird von ihm eine Narbe eingeschlossen (Abb. 177 F) 25
– Die Narbe wird nicht von dem Ring eingeschlossen, sondern sie liegt innerhalb der von ihm umschlossenen Platte genauso wie die schlitzförmigen Öffnungen . . . *Protocalliphora*
Larven saugen Blut an den Nestlingen in Schwalben- und Sperlingsnestern.
25. Papillen der Scheibe des Körperendes nach hinten gerichtet, weshalb die Scheibe, von hinten betrachtet, einen geraden Rand hat (Abb. 176 C) . . . . *Pollenia*
– Papillen der Scheibe teilweise auch nach außen gerichtet, den Rand der Scheibe überschneidend (Abb. 176 B) 26
26. Vor der Mundöffnung zwischen den Mundhaken ein zusätzliches nagelförmiges Skelettstück . . . . *Calliphora*
– Vor der Mundöffnung kein solches nagelförmiges Skelettstück . . . . *Lucilia*
27. Die schlitzförmigen Öffnungen sind nur schwach gebogen (Abb. 177 G) . . . *Muscina*
– Die schlitzförmigen Öffnungen sind stark gerundet . . . . *Stomoxys, Haematobia* und *Musca* (Unterscheidung nach Abb. 170 B–E)

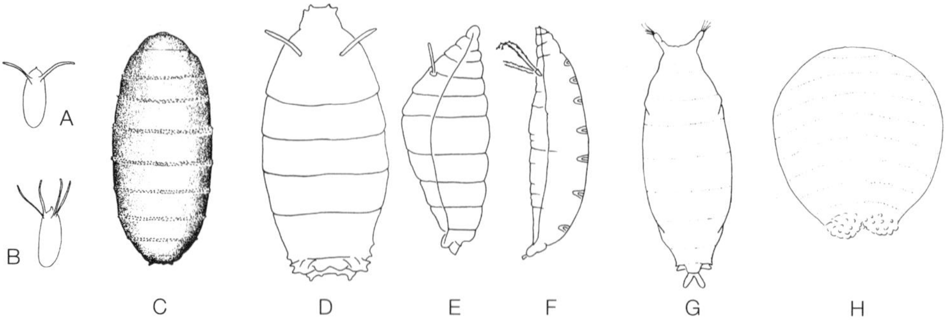

Abb. 177a: A, B *Drosophila*-Eier, A *D. melanogaster*, B *D. funebris*, C–H Fliegenpuppen, C Schmeißfliege, D–F Buckelfliegen, D in Rückenansicht, E pantoffelförmig, F kahnförmig, E, F in Seitenansicht, G Essigfliege, *Drosophila*, H Lausfliege.

Anhang

Im Lebensmittelbereich findet man neben den adulten Fliegen und den Larven so manch anderes charakteristisches Stadium. So z. B. die typischen mit Anhängen versehenen Eier von **Essigfliegen**, *Drosophila* (Abb. 177a A, B).
Die Verpuppung findet innerhalb der letzten Larvenhaut statt, die sich dann verhärtet und dunkelbraun wird. Tragen Larven Fortsätze auf der Oberfläche, so findet man diese Strukturen bei den Puppen wieder (so z. B. bei der **Kleinen Stubenfliege** oder bei *Megaselia*-Arten). Die braunen Fliegenpuppen vieler Arten haben eine tönnchenartige Form, sie ähneln einander sehr stark, man kann jedoch die Atemöffnungen auf der letzten Larvenhaut zur Bestimmung heranziehen. Abweichend von diesen «normalen» Fliegentönnchen sind die Puppen der **Essigfliegen**, sie tragen am Vorderteil zwei am Ende behaarte Anhänge (Abb. 177a G).
Bei den **Buckelfliegen** sind die Puparienformen sehr mannigfaltig. Häufig sind in fauligen Stoffen zwei Formen zu finden, die sich von oben betrachtet stark ähneln, aus der Seitenansicht jedoch unterschiedlich sind. Da gibt es die pantoffelförmigen und die kahnförmigen Puparien. Beiden gemeinsam sind die langen Prothoracalhörner vorne auf dem Rücken (Abb. 177a D–F). Fast kugelförmig sind die Tönnchen der **Lausfliegen**, die an einem Ende zwei rundliche Beulen tragen (Abb. 177a H).

66 Flöhe, Siphonaptera (= Aphaniptera)

Insekten mit seitlich zusammengedrücktem Körper (Abb. 178), von gelber, rotbrauner bis schwarzer Farbe, mit einem Stechrüssel und mit als Sprungbeine ausgebildeten Hinterbeinen. Die Männchen sind gewöhnlich kleiner als die Weibchen. Die Flöhe leben als Blutsauger auf Menschen, Säugetieren und Vögeln. Dabei sind nur wenige Arten auf das Blut einer einzigen Wirtsart angewiesen, um sich fortpflanzen zu können, wie dieses beim Kaninchenfloh der Fall ist, dessen Weibchen sogar nur nach Blutsaugen bei trächtigen Kaninchenweibchen fortpflanzungsfähig werden. Die meisten Flöhe haben einen Hauptwirt und mehrere verwandtschaftlich und biologisch mehr oder weniger nahestehende Nebenwirte; bei einigen Floharten erfahren mehrere Wirtsarten keine besondere Bevorzugung. Hungrige Flöhe saugen gelegentlich auch an anderen von ihnen sonst nicht beachteten Wirten Blut nur zur Stillung ihres Hungers, so z. B. Vogelflöhe an Säugetieren und Menschen. Sie können sich aber bei solcher Ernährung nicht vermehren. Alle Flöhe legen Eier, normalerweise nicht auf ihre Wir-

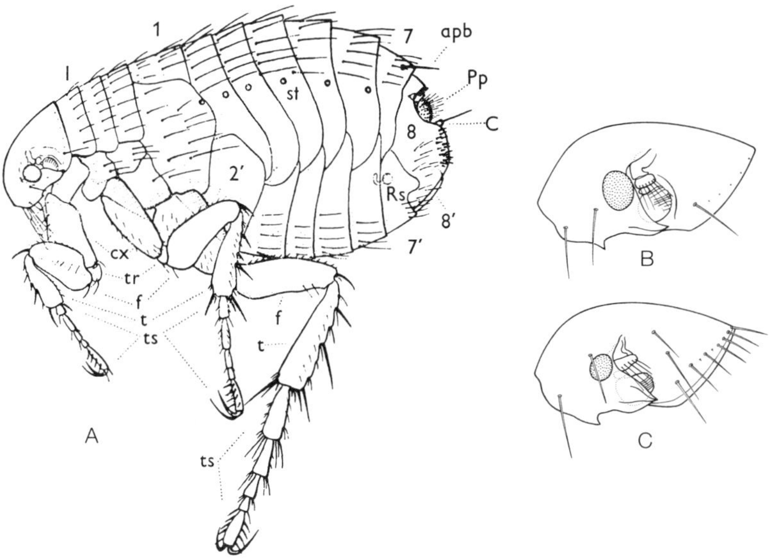

Abb. 178: A Weibchen des Menschenflohs, *Pulex irritans*, B sein Kopf stärker vergrößert, C Kopf des Pestflohs, *Xenopsylla cheopis* (nach PEUS 1938). *I* erstes Thorakalsegment, *1, 7, 8* erstes usw. Abdominaltergit, *2' 7'* u. *8'* zweites usw. Abdominalsternit, *apb* Antepygidialborste, *Pp* Pygidialplatte, C *Cercus* (paarig, nur einer eingezeichnet), *Rs* Receptaculum seminis, *st* Stigma (Atemöffnung) des 5. Tergits (die Stigmen des 2.–7. Tergits sind jeweils von der vorhergehenden Rückenplatte überdeckt), *cx* Hüfte, *tr* Schenkelring, *f* Schenkel, *t* Schiene, *ts* Tarsen.

te, sondern an den Aufenthaltsorten ihrer Wirte, an ihren Nist- und Schlafplätzen, die am Menschen saugenden Arten auch in Fußbodenritzen, unter Dielen, Matten, Teppichen, sowie in und unter Betten und Polstermöbeln und an anderen Stellen, wo sich leicht Schmutz ansammelt. Dort leben auch die madenförmigen Flohlarven (Abb. 181). Sie ernähren sich von trockenen organischen Stoffen, meistens tierischer Herkunft (Kotbröckchen der Imagines, von diesen während des Blutsaugens ausgeschiedene, noch nicht verdaute und später eingetrocknete Bluttröpfchen, Bröckchen von Hautexkreten und Exsudaten ihrer Wirte), aber auch von Schimmelpilzen. Die an den von den Larven bewohnten Stellen herrschenden ökologischen Bedingungen sind entscheidend für die Entstehung von Massenvermehrung und Flohplagen. Diese können in Häusern außer in Schlaf- und Wohnzimmern auch von Haustierställen, Schlafplätzen von Hunden, Katzen und Fledermäusen, im Haus überwinternden Igeln, von Tauben- und Schwalbennestern ihren Ausgang nehmen, im Freien von Vogelnistkästen, deren Nestinhalt bei der Reinigung im Frühjahr auf Komposthaufen geworfen wurde (Nistkastenreinigung im Herbst ist besser!). Sterben die Haustiere oder werden sie weggegeben, kann noch lange Zeit danach eine für den Menschen recht lästige Flohplage entstehen.

Literatur: PEUS, F., 1938: Die Flöhe. Bau, Kennzeichen und Lebensweise, hygienische Bedeutung und Bekämpfung der für den Menschen wichtigen Floh-Arten. – Hygienische Zoologie, Bd. 5, 106 S., 29 Abb. (PAUL SCHÖPS) Leipzig. – PEUS, F., 1967–1972: Zur Kenntnis der Flöhe Deutschlands I–IV. – Deutsche entomol. Z. (N. F.), **14**: 81–108; 1967; Zool. Jb. Syst., **95**: 571–633, 1968; **97**: 1–54, 1970; **99**: 408–504, 1972. – VATER, G. u. A., 1984–1985: Flöhe (Siphonaptera) beim Menschen. I und II. – Angew. Parasitol., **25**: 148–156, 1984; **26**: 27–38, 1985.

1. Flöhe mit Stachelkämmen am Hinterrand des 1. Brustringrückens und bei manchen Arten auch am Unterrand des Kopfes 3
– Flöhe ohne Stachelkämme (Abb. 178) 2

2. Von den beiden auf dem Vorderkopf vor dem Auge stehenden Borsten ist die hintere oben vor dem Auge eingesetzt (Abb. 178 C). Körperlänge ♂ 1,4–2 mm, ♀ 1,9–2,7 mm . . . . **Pestfloh,** *Xenopsylla cheopis* (ROTHSCHILD, 1903)

lebt auf Ratten in warmen Ländern und kann durch den Schiffsverkehr in Hafenstädte eingeschleppt werden. Im Hamburger Hafen wurde er z. B. von 1900–1941 auf 93,8 % von 148 469 Ratten und Mäusen auf 9624 Schiffen aus pestverdächtigen Ländern gefunden. Er ist der wichtigste Überträger der Beulenpest von Ratten auf die Menschen in den Tropen, die eigentlich eine Nagetierkrankheit ist und durch den Pestbazillus *(Yersinia pestis)* hervorgerufen wird.

– Von den beiden auf dem Vorderkopf vor dem Auge stehenden Borsten ist die hintere unter dem Auge eingesetzt (Abb. 178 B). Körperlänge sehr variierend 2–4 mm . . . . **Menschenfloh,** *Pulex irritans* LINNAEUS, 1758)

Hauptwirte in Europa neben dem Haushund auch Fuchs und Dachs, Nebenwirte Mensch, Hauskatze, Hausschwein, Schaf, Kaninchen, Igel und Marderarten. Er ist die einzige Flohart, die beim Menschen auch ohne Anwesenheit eines Hauptwirtes dauerhafte Populationen bilden kann. Nach neueren Anschauungen war er wahrscheinlich in früheren Jahrhunderten der Hauptüberträger der in manchen Jahren verheerend epidemisch auftretenden Beulenpest, durch die ganze Siedlungen entvölkert wurden. Wenn er jetzt auch bedeutend seltener geworden ist als zu Anfang des 20. Jahrhunderts, so ist er doch noch nicht ausgestorben, wie häufig behauptet wird. Massenauftreten ist außer in Wohnungen und Versammlungsräumen für viele Menschen (Kino, Theater, Kasernen, Barackenlager usw.) in neuerer Zeit auch in Schweine- und Schafställen besonders bei moderner Massenhaltung möglich. Unter Umständen kann er sich auch im Freien entwickeln auf Müllhalden, in Gärten bei Düngung mit Mist oder tierischen Abfällen.

3. Flöhe mit einem jederseits aus 2 bis 8 Stacheln gebildeten Kamm auf der Unterseite des Kopfes (Abb. 179 C, D) und einem Stachelkamm am Hinterrand des Rückens des 1. Brustringes (Abb. 179 A, B, F, G) 5

– Flöhe ohne Kopfkamm, nur mit einem Stachelkamm am Hinterrand des Rückens des 1. Brustringes (Abb. 179 E) 4

4. Der Kamm des Brustringes besteht aus insgesamt 18 (jederseits 9) Stacheln. Körperlänge 1,25–2 mm . . . . **Europäischer Rattenfloh,** *Nosopsyllus fasciatus* (BOSC, 1800)

Hauptwirte wahrscheinlich die beiden Rattenarten, aber ebenfalls häufig an Langschwanzmäusen und Wühlmäusen, wobei allerdings Meldungen von letzteren, besonders von der Feldmaus *(Microtus arvalis* L.) Verwechslungen mit *N. paganus* PEUS, 1940 sein können. Er gilt als potenzieller Pestüberträger im gemäßigten Klimagebiet, ist aber für den Menschen nicht sehr gefährlich, da er diesen nur selten sticht.

– Der Kamm des Brustringes besteht aus insgesamt 22 bis 32 (jederseits 11–16) Stacheln (Abb. 179 E) . . . . **Vogelflöhe,** *Ceratophyllus* CURTIS, 1832

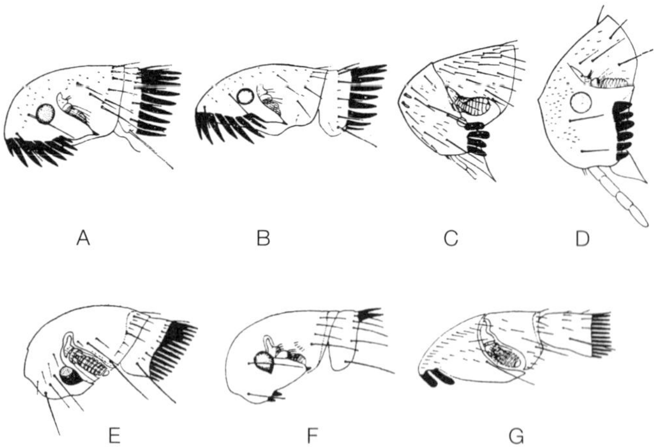

Abb. 179: Kopf und 1. Brustring von A *Ctenocephalides canis*, B *C. felis*, E *Ceratophyllus gallinae*, F *Archaeopsylla erinacei*, G *Ischnopsyllus hexactenus*, C Kopf von *Leptopsylla segnis* und D von *Spilopsyllus cuniculi* (A–D aus PEUS 1938, E–G aus PEUS 1953).

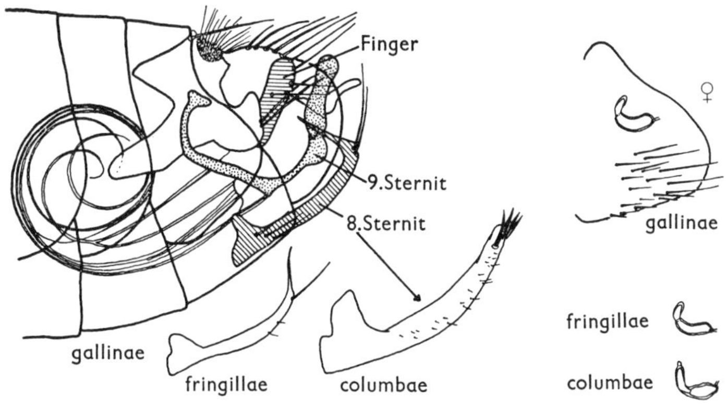

Abb. 180: Unterschiede der häufigsten im Haus vorkommenden Vogelflöhe nach den männlichen und weiblichen Genitalsegmenten. Beim Männchen ist es die Form des 9. Sternits, beim Weibchen die des im Hinterleib durchscheinenden Receptaculum seminis.

An oder in Häusern kommen mehrere nur schwer voneinander unterscheidbare Arten vor, von denen am häufigsten der sogenannte **Hühnerfloh** *C. gallinae* (SCHRANK, 1802) dem Menschen durch seine Stiche lästig wird. Er ist der verbreitetste Vogelfloh in Mitteleuropa und ursprünglich ein Waldtier, das die Nester kleiner Vögel (rund 75 Arten) besiedelt, die in Nischen, Halbhöhlen oder Höhlen nisten. Fast in allen Nistkästen kommt er vor, in besonders großer Zahl häufig bei Meisen (100 bis über 5000 Exemplare in einem Nest!). Wenn bei der Reinigung der Nistkästen im Frühjahr das Nistmaterial unbedacht im Garten weggeworfen, statt verbrannt wird, verlassen die schon fertig entwickelten Flöhe ihren Puppenkokon und springen vorübergehende Warmblütler, auch den Menschen zur Nahrungsaufnahme an. Werden Vogelnester im Sommer früh verlassen oder ziehen sich Wärmeperioden in den Herbst hinein, verlassen die Flöhe zwecks Blutaufnahme die Nester, springen unterschiedliche Warmblüter an und dringen dann gelegentlich aktiv auch in Wohnungen ein. Gleiches erfolgt, wenn im Frühjahr die alten Nester von den Vögeln nicht mehr aufgesucht werden. Es können so längere Zeit andauernde Flohplagen entstehen und den längeren Aufenthalt im Garten vergällen. Außerdem hat der Floh in Hühnerställen, besonders unter modernen Haltungsbedingungen eine optimale Entwicklungsstätte gefunden, wo er sich in großer Menge entwickeln und sehr lästig werden kann. Auch bei zahmen und verwilderten Haustauben kommt er vor, oft vergesellschaftet mit dem **Taubenfloh**, *C. columbae* (GERVAIS, 1844), der allerdings in seiner Entwicklung auf die Haustaubenniststätten beschränkt ist, aber auch den Menschen sehr stark stechen kann, besonders bei der Reinigung von den von verwilderten Haustauben besiedelten Dachböden. Auch in Haussperlingsnestern kann der Hühnerfloh vorkommen. In ihnen lebt aber vorwiegend der sogenannte **Finkenfloh**, *C. fringillae* WALKER, 1856, der fast nur beim Haussperling (und Star) vorkommt; auf anderen Kleinvögeln ist er nur Gelegenheitsparasit, mit Finken hat er aber trotz seines Namens nichts zu tun. Diese drei Floharten sind nur an der Form ihrer Genitalsegmente mit Sicherheit zu unterscheiden (Abb. 180). Die Zahl der Stacheln am Hinterrand des 1. Brustringes schwankt bei *C. columbae* jederseits von 11–12, bei *C. gallinae* von 13–15 und bei *C. fringillae* von 14–15; ihre Körperlänge beträgt entsprechend ♂ 2,5, ♀ 3,2, ♂ 3, ♀ 3,3 und ♂ 2,2, ♀ 3 mm.

Als sehr häufiger Bewohner der Mehlschwalbennester ist noch der **Mehlschwalbenfloh**, *C. hirundinis* (CURTIS, 1826) zu nennen, der nur selten in Rauchschwalbennestern und nie bei anderen Vögeln gefunden wird. Mit einer Körperlänge von 2,5 mm ist er kleiner als die anderen genannten Arten. Sein Rückenkamm hat jederseits 14–16 Stacheln. Schwalbennester als Befallsursache dürfen, so lange sich Brut in ihnen befindet, aus Naturschutzgründen nicht abgestoßen werden.

5. Der Stachelkamm auf der Kopfunterseite besteht nur aus 2 bis 3 Stacheln auf jeder Seite 6
– Der Stachelkamm auf der Kopfunterseite besteht jederseits aus wenigstens 4 bis maximal 8 Stacheln 7
6. Die Stacheln des Kopfkammes sind groß, lang gestreckte Platten mit abgerundeter Spitze. Kopf und Vorderbrust sehr lang gestreckt; Augen fehlen (Abb. 179 G). Der Brustabschnitt und der Hinterleib haben am Hinterrand von mindestens 5 Körperringen Stachelkämme. . . . . **Fledermausflöhe,** Ischnopsyllidae

auf Fledermausschlafplätze beschränkt, stechen nur sehr selten den Menschen. Ohne hygienische Bedeutung. Etwa 10 Arten.

– Die meistens 2, seltener 3 Stacheln des Kopfkammes sind nur kleine und konische Zähnchen, dazu kommt noch ein kleines Zähnchen am hinteren unteren Rand der Fühlergrube (Abb. 179 F); der Rückenkamm des Vorderbrustringes besteht aus 1 bis gewöhnlich 3 Stacheln auf jeder Seite. Körperlänge beim ♂ 2,5, beim ♀ 3 mm . . . . **Igelfloh**, *Archaeopsylla erinacei* (BOUCHÉ, 1835)

ist auf den Igel beschränkt, kommt nur selten auf anderen Tieren als Irrgast vor. Fast auf jedem Igel leben zahlreiche Flöhe, in Häusern übrwinternde Igel bringen auch die Flöhe mit, die allerdings den Menschen wenig belästigen.

7. Der Kopfkamm besteht nur aus 4–6 stumpfen Stacheln, die nach hinten gerichtet sind (Abb. 179 C und D) 8

– Der Kopfkamm besteht aus 7–9 spitzen Stacheln, die nach unten gerichtet sind und die ganze Wangenlänge einnehmen (Abb. 179 A und B) 9

8. Rückenkamm des 1. Brustringes mit 6–7 Stacheln auf jeder Seite, Augen gut entwickelt, Stirn mit einem kleinen Höcker, Kopf nur mit wenigen langen Haaren (Abb. 179 D). Körperlänge 1,4–2 mm . . . . **Kaninchenfloh**, *Spilopsyllus cuniculi* (DALE, 1878)

kommt nur auf Wildkaninchen vor, auf Hauskaninchen in gewöhnlicher Stallhaltung kann er nicht existieren, sie werden als vollwertiger Wirt nur dann angenommen, wenn sie in einem Freigehege mit Wildkaninchen zusammen gehalten werden und sie die von diesen gegrabene Nestbaue für ihren eigenen Wurf benutzen. Meldungen über Flöhe auf Hauskaninchen dürften andere Arten gewesen sein.

– Rückenkamm des 1. Brustringes mit 11 Stacheln auf jeder Seite, Augen rudimentär, fast farblos, Kopf dicht mit langen gelben Haaren besetzt (Abb. 179 C). Körperlänge 1,5–2,5 mm . . . . **Hausmausfloh**, *Leptopsylla segnis* (SCHÖNHERR, 1816)

in erster Linie Floh der Hausmaus und der Hausratte, wenn diese mit der Hausmaus zusammen vorkommt, seltener der Wanderratte. Er kann sich unter mitteleuropäischen Klimabedingungen nur innerhalb menschlicher Siedlungen halten, im wärmeren Mittelmeerklima dagegen kommt er auch weitab von menschlichen Siedlungen vor und dann auch auf Freilandmuriden. Er ist auch der Floh der weißen Laboratoriumsmäuse, in deren nicht oft genug gesäuberten Käfigen er zu Massenvermehrung neigt. Für den Menschen hat er kaum Bedeutung.

9. Der 1. Zahn des Kopfkammes ist nicht ganz halb so lang wie der 2. Der Kopf ist von der Seite gesehen nicht doppelt so lang wie hoch (Abb. 179 A). Körperlänge 1,5–3 mm . . . . **Hundefloh**, *Ctenocephalides canis* (CURTIS, 1826)

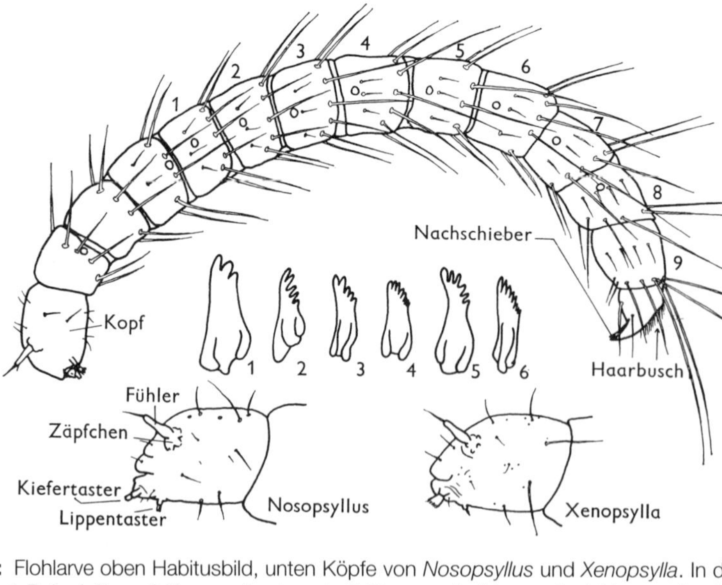

Abb. 181: Flohlarve oben Habitusbild, unten Köpfe von *Nosopsyllus* und *Xenopsylla*. In der Mitte: Mandibeln von 1 *Pulex irritans*, 2 *Xenopsylla cheopis*, 3 *Ctenocephalides canis*, 4 *Nosopsyllus fasciatus*, 5 *Ceratophyllus gallinae*, 6 *Leptopsylla segnis* (nach BACOT und RIDGEWOOD).

Hauptwirte sind der Haushund, Fuchs und Wolf, Nebenwirte u. a. auch Mensch, Hauskatze, Hauskaninchen; Erzeuger von Flohplagen in der ersten Hälfte des 20. Jahrhunderts, wo er häufiger als *P. irritans* wurde, während er nach 1960 allmählich als Flohplagenerreger immer seltener und vom Katzenfloh weit übertroffen wurde.

– Der 1. Zahn des Kopfkammes ist so lang wie der 2. Der Kopf ist von der Seite gesehen doppelt so lang wie hoch (Abb. 179 B). Körperlänge 1,5–3,2 mm. . . . . **Katzenfloh,** *Ctenocephalides felis* (BOUCHÉ, 1835)

Hauptwirt ist die Hauskatze, Nebenwirte Haushund, Mensch, Ratten und Langschwanzmäuse, Hauskaninchen. Immer häufiger Flohplagenerreger, stellt höhere Ansprüche an die Temperatur als der Hundefloh, daher in seiner Entwicklung in Mitteleuropa an die menschlichen Siedlungen gebunden. Bei Fehlen von Hauskatzen kann er sich am Menschen allein wahrscheinlich nicht dauerhaft halten.

67 Flohlarven (Abb. 181)

1. Kiefertaster (Abb. 181) vorne verbreitert, die 3 Zäpfchen am Grund des Fühlers warzenförmig, an ihrer Spitze abgestumpft 2
– Kiefertaster (Abb. 181) vorne verjüngt, die 3 Zäpfchen am Grund des Fühlers spitzig 4
2. Der 9. Hinterleibsring trägt 8 Paar lange Haare, von denen 4 Paar auf der Rückenplatte stehen; der Oberkiefer mit drei Zähnchen (Abb. 181) . . . . **Menschenfloh,** *Pulex irritans* LINNAEUS, 1758
– Der 9. Hinterleibsring trägt 7 Paar lange Haare, von denen 3 Paar auf der Rückenplatte stehen, der Oberkiefer mit 5–6 Zähnchen (Abb. 181) 3
3. Nachschieber an der Spitze ziemlich stumpf (Abb. 181) . . . . **Pestfloh,** *Xenopsylla cheopis* (ROTHSCHILD, 1903)
– Nachschieber an der Spitze spitzig und ziemlich klein . . . . **Hunde- und Katzenfloh,** *Ctenocephalis canis* (CURTIS, 1826) und *felis* (BOUCHÉ, 1835)
4. Oberkiefer mit 6 Zähnchen (Abb. 181), nur in Vogelnestern, Taubenschlägen und Hühnerställen . . . . **Vogelfloh,** *Ceratophyllus* spp.
– Oberkiefer mit 11 (gelegentlich 7) Zähnchen (Abb. 181, 4 und 6), nicht in Vogelnestern 5
5. Haarbusch (Abb. 181) über den Nachschiebern besteht aus 7 und 4 Paar Haaren . . . . **Europäischer Rattenfloh,** *Nosopsyllus fasciatus* (BOSC, 1800)
– Haarbusch über den Nachschiebern besteht aus 5–7 und 3–4 Paar Haaren . . . . **Hausmausfloh,** *Leptopsylla segnis* (SCHÖNHERR, 1816)

V Spinnentiere, Chelicerata (Arachnida) (Abb. 182)

In den menschlichen Wohnräumen und in Lagerräumen kommen bei uns folgende Ordnungen der Spinnentiere vor:

68 Bücherskorpione, Pseudoscorpiones

Diese sind durchweg kleine bis ½ cm große Tierchen mit 4 Paar Laufbeinen und einem Paar krebsartiger Scheren (Abb. 182). Sie leben einzeln und machen Jagd auf allerlei Insekten und Milben. Sie laufen mit großer Geschwindigkeit sowohl vorwärts als auch rückwärts und seitwärts. Im Freien leben sie in Moos und unter Baumrinde. Oft findet man sie auch an Stubenfliegen angeheftet.

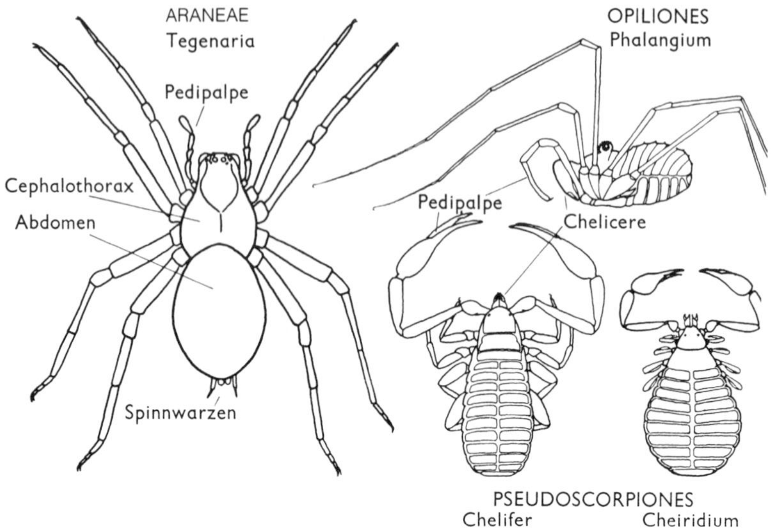

Abb. 182: Bautypen von Spinnen (Araneae), Weberknechten (Opiliones) und Bücherskorpionen (Pseudoscorpiones).

69 Weberknechte, Opiliones

(Abb. 182), kommen ebenfalls häufig an Mauerwänden, in Kellern und auf Speicherräumen vor. Sie haben aber keine wirtschaftliche oder hygienische Bedeutung. Hauptsächlich leben sie von toten Insekten.

70 Echte Spinnen, Araneae

leben häufig in den Wohnungen und sind nützlich, indem sie von Insekten aller Art, besonders aber auch von Stubenfliegen leben. Die **Mauerspinne,** *Dictyna civica* (Lucas, 1850) (Dictynidae), die ähnlich wie *Amaurobius* (C. L. Koch, 1837) (Amaurobiidae) flächenartige Netze an Mauern anlegt, von denen aus eine austapezierte Wohnröhre in Mauerrisse eindringt, wird durch den Bau dieser Wohnröhren bei Massenauftreten (Madel zählte an einer Fassade eines dreistöckigen Hauses 2500 Nester) durch Abbröckeln von Rauhputz schädlich. **Hauswinkelspinnen** oder **Trichternetzspinnen** Agelenidae sind große braungraue, haarige Spinnen, die trichternetzförmige Netze in Winkeln anlegen, in der röhrenartigen Verengung am Ende des Netzes lauert die Spinne auf Beute. **Zitterspinnen,** Pholcidae ähneln grob Weberknechten, sind aber aufgrund von Unterteilung des Körpers in Cephalothorax (Kopf und Brust sind verwachsen) und Abdomen echte Spinnen. Die **Große Zitterspinne** *Pholcus phalangioides* (Fuesslin, 1775) stammt ursprünglich aus dem Mittelmeerraum, wo sie in Höhlen lebt; in Mitteleuropa ausschließlich in Gebäuden, besonders in trockenen, warmen Kellerräumen, bisweilen auch in normalen Wohnungen. Die Ausbreitung dieser Tiere hat in letzter Zeit stark zugenommen. Ihre zarten, unregelmäßig gewebten, wirren Gespinste hängen von den Decken und sind oft hinter Schränken. Oft leben mehrere Spinnen dicht beieinander, die Netze sind nicht voneinander abgegrenzt. Untereinander verhalten sie sich friedlich, ganz im

Gegensatz gegenüber anderen Spinnenarten. So überwältigen sie auch andere Arten, die viel größer sind als sie. Bei Gefahr bringen die Spinnen ihre Netze in Schwingungen (daher der Name Zitterspinnen). Die in unseren Häusern lebenden Spinnen sind nicht giftig und werden daher unberechtigt gefürchtet. Durch ihre Spinntätigkeit machen sie sich unangenehm bemerkbar.

Zur Artbestimmung kann empfohlen werden HEIMER, ST., NENTWIG, W.: Spinnen Mitteleuropas. Ein Bestimmungsbuch. 543 S., 244 Taf. P. Parey, Hamburg u. Berlin 1991.

71 Milben, Acari

bearbeitet von GISELA RACK

Meist unter ½ mm große Tiere, die in Futter- und Nahrungsmitteln, Polstermöbeln und Wohnungen oft in großen Mengen auftreten und dann außerordentlich lästig fallen. Zecken und einige wenige andere Milbenarten stechen auch den Menschen; außerdem können verschiedene Arten Allergien hervorrufen. Die Möglichkeit, dass Nahrungsmittel, Wohnungen usw. vermilben, ist fast immer gegeben, da viele Milben sowohl Wanderstadien besitzen, die sich von Insekten transportieren lassen, als auch im Körperbau stark reduzierte Dauerformen, sogenannte Hypopen, ausbilden können, mit deren Hilfe sie ungünstige Lebensbedingungen, wie zum Beispiel große Trockenheit oft jahrelang überstehen (Abb. 184). Sind die Lebensbedingungen für sie günstig, kommt es meist zu einer starken Vermehrung, die besonders bei denjenigen Arten, die sich durch eine rasche Generationsfolge, hohe Nachkommenschaft oder Parthenogenese auszeichnen, zu einer für den Menschen recht unangenehmen Massenpopulation führen kann. Die meisten Milben legen Eier. Aus diesen schlüpft die sechsbeinige Larve, die sich dann zur achtbeinigen Nymphe häutet. Bis zum geschlechtsreifen Tier können bis zu drei nicht selten ganz verschieden aussehende Nymphenstadien durchlaufen werden. Männchen und Weibchen unterscheiden sich oft sehr; bei einigen Arten gibt es außerdem zwei bis drei verschieden aussehende Männchentypen.

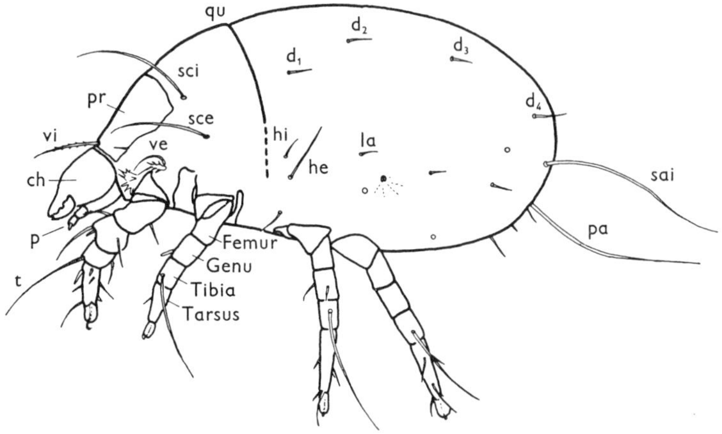

Abb. 183: Bautypus der Mehlmilbe, *Acarus siro*, Weibchen von der Seite gesehen. *ch* Kiefer, *p* Kiefertaster, *pr* Propodosomatalschild, *qu* Querfurche, *t* Tasthaar, *ve, vi* Vertikalborsten, alle übrigen Buchstaben bezeichnen Borsten, die in der Bestimmungstabelle genannt werden. Femur = Schenkel, Genu = Knie, Tarsus = Fuß, Tibia = Schiene (nach HUGHES, verändert).

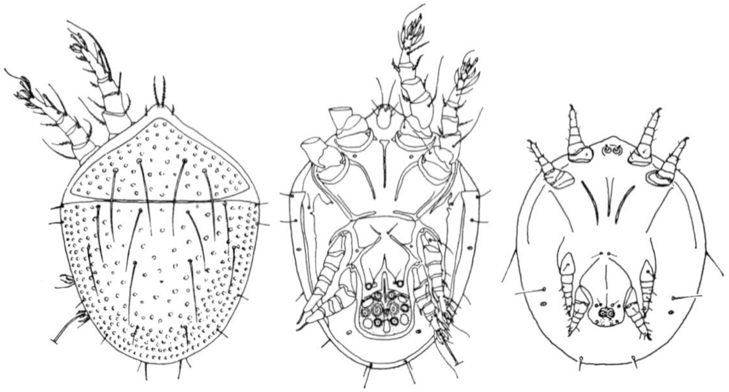

Abb. 184: Mehlmilbe, *Acarus siro*, Wandernymphe (Hypopus), A Rückenseite, B Bauchseite; C *Acarus immobilis*, Dauernymphe (Hypopus) Bauchseite (nach Griffiths, Hughes).

Das System der Milben musste aufgrund ständig neuer Erkenntnisse vielfach geändert werden, so wurde z. B. die Ordnung Acari zur Klasse, Unterordnungen zu Ordnungen erhoben, Namen mussten geändert werden usw. Bezugnehmend auf die allgemein bekannte Einteilung der Milben nach Kaestner sind es ausschließlich Vertreter der Unterordnungen Parasitiformes, Trombidiformes und Sarcoptiformes, die als Parasiten von Mensch und Haustieren, als Wohnungs- und Vorratsschädlinge sowie deren Feinde vorkommen. Zu den Parasitiformes gehören z. B. die Zecken *(Argas, Ixodes, Dermacentor, Rhipicephalus)*, die Vogel- und Rattenmilben *(Dermanyssus, Ornithonyssus)* und der Bienenparasit *Varroa*, sowie einige Räuber und Schimmelfresser *(Androlaelaps, Haemogamasus, Proctolaelaps, Lasioseius* und *Ameroseius)*. Die Trombidiformes sind mit den Gattungen *Neotrombicula, Acarapis, Cheyletiella, Pyemotes, Bryobia, Balaustium, Cheletomorpha, Acaropsellina* und *Cheyletus* vertreten. Fast alle reinen Vorratsschädlinge gehören zur Unterordnung Sarcoptiformes. Es sind die Gattungen *Gohieria, Chortoglyphus, Carpoglyphus, Glycyphagus, Lepidoglyphus, Histiogaster, Thyreophagus, Suidasia, Caloglyphus, Rhizoglyphus, Lardoglyphus, Acarus, Aleuroglyphus, Tyrolichus, Tyrophagus* und *Tyroborus*. Auch die Hausstaubmilben und die Horn- oder Moosmilben gehören zu den Sarcoptiformes.

Die Milben sind wegen ihrer Kleinheit und der Fülle schwer zu unterscheidender Arten nicht leicht zu bestimmen. Am besten stellt man mikroskopische Präparate in einem Spezialeinbettmittel, dem sogenannten Berlese-Gemisch, her (siehe S. 5). In wenigen Fällen genügt eine Schnelluntersuchung der Milben in 50 %iger Milchsäure, in der man die Tiere unter dem Deckglas auf dem Objektträger vorsichtig erhitzt hat. In den meisten Fällen wird man sich an einen Spezialisten wenden müssen. Ausführliche Bestimmungsschlüssel sind zu finden in Hughes, A. M.: The mites of stored food and houses. – Techn. Bull. Minist. Agric. Fish. Food, No. 9, S. 1–400, London 1976 für die an Vorräten schädlichen und in Wohnungen durch ihr Massenauftreten lästigen Milben und Babos, S.: Die Zeckenfauna Mitteleuropas. 410 S., Akadémiai Kiadó, Budapest 1964 oder Zumpt, F.: Zecken, Ixodoidea in Brohmer u. a. (Hrsg.): Die Tierwelt Mitteleuropas, Spinnentiere, 3, (4): 135–142. Quelle & Meyer, Leipzig 1960 für die Zecken.

72 Parasitisch lebende Milben

Es werden hier die **Krätzmilbe** des Menschen, *Sarcoptes scabiei* Linnaeus, die **Räudemilben** der Haustiere und die **Haarbalgmilben** des Menschen und der Haustiere nicht behandelt, weil sie Krankheitserreger und darum ausschließlich von human- und tiermedizinischer Bedeutung sind.

1. Sechsbeinige Larven 2
– Achtbeinige Nymphen und Erwachsene 4
2. Die Larven sind winzig klein, 0,2–0,3 mm lang, orangerot bis blassgelb mit kräftigen Mundwerkzeugen und gefiederten Körperhaaren. Auf dem Rücken des Körpers befindet sich vorn ein kleines, fast 5eckiges Schild mit abgerundeten Ecken. Es trägt 2 feine, lange

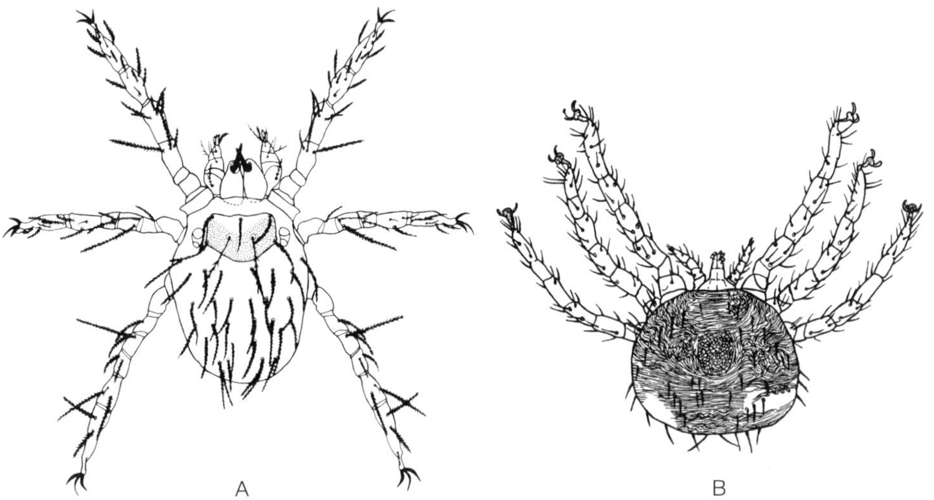

Abb. 185: A Herbstmilbe, *Neotrombicula autumnalis*, Larve Rückenseite, B Hühnerzecke, *Argas persicus*, Larve Rückenseite (nach KEPKA, SCHULZE).

Sinneshaare und 5 gefiederte, kurze Haare. Seitlich des Schildes sitzt auf einer Platte je 1 Augenpaar (Abb. 185 A) . . . .
. . . . **Herbst-** oder **Erntemilbe**, *Neotrombicula autumnalis* (SHAW, 1790)

kommt in mehreren Unterarten vor, die vor allem an der verschiedenen Anzahl der gefiederten Rückenhaare unterschieden werden. Am häufigsten tritt *N. autumnalis autumnalis* auf. Sie ist in ganz Europa verbreitet und kommt bevorzugt in Gärten, an Waldrändern, auf Kulturwiesen, Äckern, Badeplätzen usw. vor. In einigen Gegenden ist sie besonders häufig, jedoch immer lokal begrenzt (Trombidiose-Herde). In Deutschland waren solche Herde im Gegensatz zu Österreich und der Schweiz verhältnismäßig selten, sie befanden sich hauptsächlich in Süddeutschland; in der letzten Zeit haben sie offensichtlich zugenommen und sind auch aus Norddeutschland als Plageerreger bekanntgeworden.

Die Larven findet man von Frühling bis Herbst, besonders zahlreich in den Monaten August und September, vor allem nach einem trockenen, heißen Sommer. Sie halten sich auf dem Erdboden auf und klettern von da auf Gräser und niedrige Pflanzen, weniger auf hohes Gebüsch. Dort warten sie zusammengedrängt und reglos auf einen geeigneten Wirt, vorzugsweise Kleinsäuger und Vögel, werden sofort aktiv, sobald ein Wirt die Pflanze berührt und klettern an ihm hoch. Auch der Mensch wird im Freien befallen; er schleppt sie von da in die Wohnungen ein. Sie verursachen durch ihre Saugtätigkeit bei ihm nesselartige, ungemein juckende, papulöse Ausschläge, die besonders in der Bettwärme unerträglich sein können. Da der Mensch für die Herbstmilben Fehlwirt ist, lassen sie bald wieder los und können dann im Fußbodenstaub der Wohnungen festgestellt werden.

– Die Larven sind größer, wenigstens 0,6 mm lang und lassen bei Rückenansicht an ihrem Vorderende deutlich als «Köpfchen» abgegrenzte Mundwerkzeuge erkennen. Sie überfallen ihre Wirte (Hühner, Tauben, Hunde) nur in geschlossenen Räumen (Ställen, Dachboden, Wohnungen) 3

3. Die Larven sind schrotkugelähnlich rundlich mit einer sie charakterisierenden Dorsalplatte mitten auf dem Rücken (Abb. 185 B). Die Körperlänge beträgt 0,72–0,94 mm. Sie befallen Tauben oder Hühner, an denen sie mehrere Tage lang Blut saugen und halten sich in Verstecken auf . . . . *Argas* (siehe auch 7)

– Die Larven sind lang gestreckt, mit einem Schild auf dem vorderen Teil des Körpers, 0,8–1,0 mm Körperlänge. Leben in Hundeställen in Verstecken oder Lagerstätten von Hunden, an denen sie Blut saugen . . . .
. . . **Braune Hundezecke**, *Rhipicephalus sanguineus* (LATREILLE, 1804) (siehe auch 9–)

4. Nur an Honigbienen parasitierende Milben 5

– An Menschen, Haustieren, Hausgeflügel und Stubenvögeln blutsaugende Milben . . 6

5. Körper der braunen Milben ist breiter als lang (Weibchen 1,7 mm breit, 1,3 mm lang), Rücken vollständig mit einem Schild bedeckt, der wie auch große Teile der Unterseite dicht mit zahlreichen kurzen Borsten besetzt ist (Abb. 186 A, B). Männchen etwas rundlicher und kleiner (0,8 mm lang) . . . . *Varroa jacobsoni* OUDEMANS, 1904

Gefährlicher Ektoparasit der Honigbiene und ihrer Brut, der die Bienenvölker zum Aussterben bringen kann. Die Milbe stammt aus Ostasien und hat sich in den letzten Jahrzehnten rasch nach Westen ausgebreitet. Anfang 1977 wurde sie zum ersten Mal in Deutschland gefunden, jetzt ist sie fast überall vorhanden und kommt in oft großer Individuenzahl in vielen Bienenvölkern vor. – Die Milbe kann verwechselt werden mit der **Bienenlaus:**
Auf Honigbienen, insbesondere den Königinnen kann auch eine 1–1,5 mm große braune, abgeflachte, im Umriss etwa eiförmige Fliege vorkommen, die **Bienenlaus,** *Braula coeca* NITZSCH, 1818 (Braulidae) (Abb. 186 C). Mit ihren kammartigen Klammerorganen an den kräftigen Beinen kann sie gewandt in der pelzartigen Behaarung der Biene herumlaufen. Bei der Fütterung der Königin nimmt sie einen Teil von dem Futter für sich ab oder sie setzt sich auf den Kopfschild der Arbeiterinnen, kratzt mit den Vorderbeinen an deren Mundfeld, bis sie die Zunge herausstrecken und leckt dann den darauf haftenden Nahrungsbrei ab. Sie ist also kein echter Parasit, sondern ein Tischgenosse (Kommensale) oder Diebparasit. Sie legt ihre Eier an die Unterseite der Wabendeckel, von deren Wachs sich ihre 1–2 mm großen weißen Larven ernähren.

– Körper der vorwiegend weißlichen Milben ist länger als breit und mit nur wenigen, aber langen bis sehr langen Haaren (Schlepphaaren) versehen. Mit bloßem Auge nicht mehr erkennbare Milben von nur 0,1–0,18 mm Länge und breit-spindelförmiger Körpergestalt (Abb. 187). Sie saugen das Blut der Bienen, indem sie als im Pelz der Biene sitzende «Außenmilben» durch die Intersegmentalhäute oder als die Haupttracheenstämme der Brust bewohnende «Innenmilben» durch die Tracheenwand stechen . . . . **Tracheenmilbe, Bienenmilbe,** *Acarapis woodi* (RENNIE, 1921)

Die Innenmilben machen die Bienen durch Blutentzug flugunfähig, die Sammelbienen können darum keine Nahrung mehr eintragen, weshalb das Volk durch Verhungern ausstirbt. Die Außenmilben, die nicht gleichzeitig mit den Innenmilben auftreten, wurden als eigene biologische Art oder nur als besondere Form betrachtet.

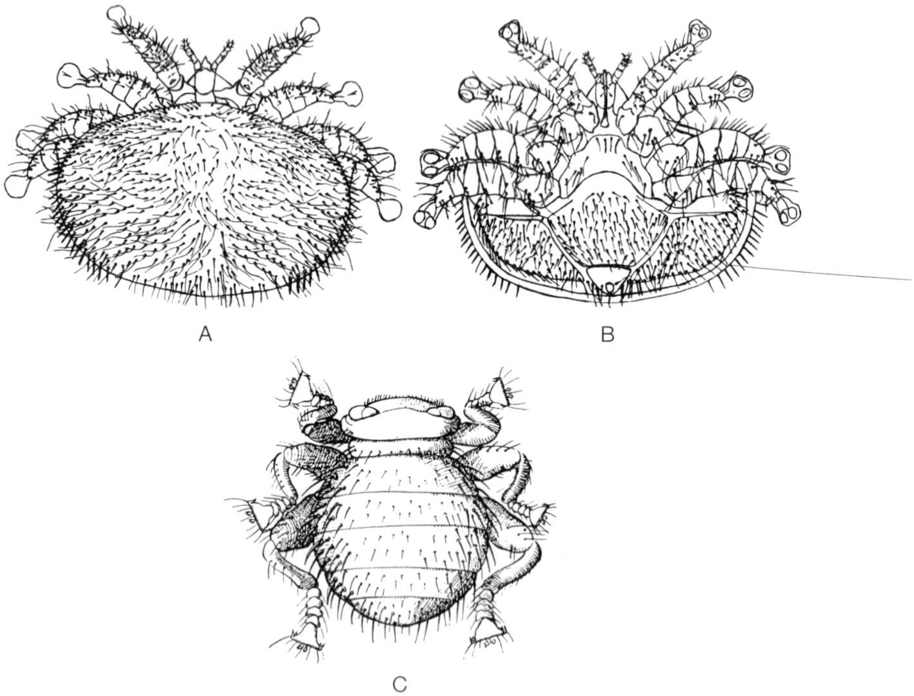

Abb. 186: *Varroa jacobsoni*, Weibchen, A Rückenseite, B Bauchseite (nach HARAGSIM & SAMŠIŇÁK), C Bienenlaus, *Braula coeca* (Diptera) in gleicher Vergrößerung wie A und B (Zeichnung B. MANNHEIMS).

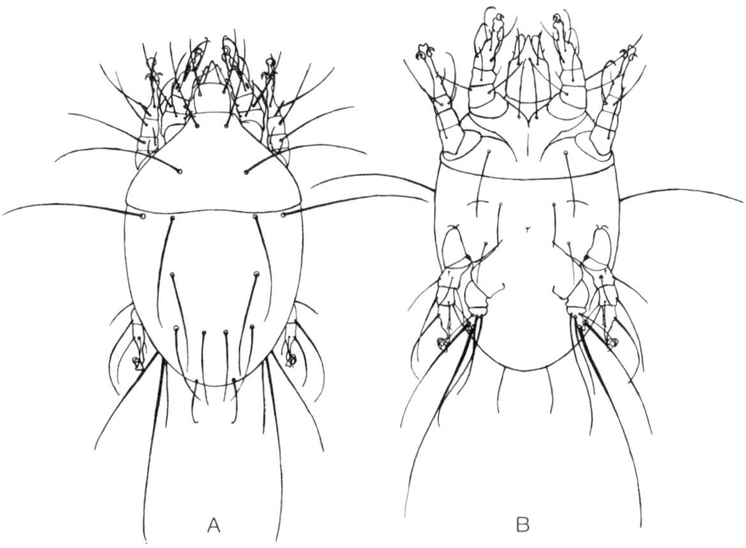

Abb. 187: Bienenmilbe, *Acarapis woodi*, Weibchen, A Rückenseite, B Bauchseite (aus SCHAARSCHMIDT).

Außer diesen Krankheiten erregende Milben können in den Bienenvölkern wenigstens 0,3 mm große, weißliche Milben mit langen Schlepphaaren auftreten, die nicht parasitisch auf den Bienen leben, sondern sich von Pollen und Honig oder Schimmelpilzen ernähren. Sie können nach Tabelle 73 bestimmt werden.

6. Über 2,5 mm große Milben mit einem mit Widerhaken besetzten Rüssel oder Saugrohr (Hypostom) zwischen den 4gliedrigen Tastern (Palpen) (Abb. 189 A, r) 7
– Höchstens bis 1,3 mm große, meistens viel kleinere Milben ohne mit Widerhaken besetztem Rüssel 10
7. Mundwerkzeuge liegen auf der Bauchseite, sind in Rückenansicht nicht zu sehen. Der im Umriss eiförmige, lederartige Körper besitzt kein Rückenschild, ist scheibenförmig abge-

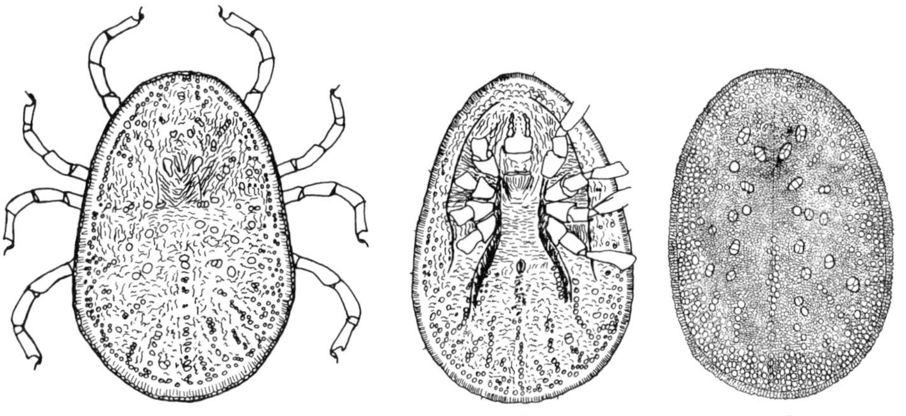

Abb. 188: Taubenzecke, *Argas reflexus*, A Weibchen Rückenseite, B Männchen Bauchseite; C Hühnerzecke, *Argas persicus* Weibchen Rückenseite (nach SCHULZE).

plattet und hat einen scharfkantigen Rand, der durch Querstriche in Zellen geteilt ist. Beim hungernden Tier ist er leicht hochgebogen, beim vollgesogenen etwas aufgewölbt . . . . **Lederzecken,** *Argasidae*

Häufigste Art ist die **Taubenzecke,** *Argas reflexus* (FABRICIUS, 1794) (Abb. 188 A, B), sie ist rotbraun, erwachsen 5,5 bis 11 m lang (die sechsbeinigen, rundlichen Larven mit vorn vorragenden Mundwerkzeugen sind nüchtern 0,72 bis 0,94 mm lang; siehe unter 3 und Abb. 185 B). Früher fand man die Taubenzecke in Deutschland vorwiegend nur in Ställen von Brieftauben, in den letzten Jahren wurden häufig Massenvermehrungen auf von Stadttauben besiedelten Dachböden mehrgeschössiger Mietshäuser beobachtet, von wo aus Erwachsene und ältere Nymphen nachts in die darunterliegenden Wohnungen eindringen, um an den Menschen Blut zu saugen. Die Stiche werden oft nicht sofort von den befallenen Menschen bemerkt, können aber heftige allergische Reaktionen hervorrufen. Taubenzecken werden in Wohnungen leicht für Bettwanzen gehalten.

Von der Taubenzecke ist nur an der etwas anderen Felderung des Randes der Rückenseite und oft ihrem unsymmetrischen Umriss die **Hühnerzecke,** *A. persicus* LATREILLE, 1796 (Abb. 188 C) zu unterscheiden, die nur im südlichen Mitteleuropa vereinzelt nachgewiesen ist. Sie lebt vorwiegend in Geflügelställen und saugt an Hühnern, Enten und Gänsen.

– Mundwerkzeuge liegen vorn am Körper, ein deutlich abgegrenztes «Köpfchen» (Capitulum) bildend, vom Rücken her gut sichtbar (Abb. 189). Rücken des Körpers mit einem Schild, der beim Männchen die ganze Rückenfläche bedeckt, bei Weibchen, Nymphe und Larve nur einen kleinen Abschnitt des Rückens hinter dem Köpfchen . . . . **Schildzecken,** Ixodidae 8

8. Rückenschild ohne Augen (Abb. 190 A), Hüften des 1. Beinpaares innen nach hinten in einen langen Dorn ausgezogen (Abb. 189 B, *hü* 1), beim Weibchen kein Außendorn, beim Männchen höchstens angedeutet, Hüften ohne Längseinschnitt. Je nach Entwicklungs- und Sättigungsgrad ca. 1,5 bis 14 mm groß, gelblichbraun, rotbraun oder graubraun . . . . **Holzbock,** *Ixodes ricinus* (LINNAEUS, 1758)

aber auch andere Arten der Gattung *Ixodes* treten als blutsaugende Außenparasiten an Wild, Haussäugetieren und am Menschen auf. Der Befall erfolgt meistens im Freien, wo die Zecken an Gräsern und niederem Gesträuch, bevorzugt in Sumpfwäldern, Moor- und Heidegegenden, hängen. Sie können Überträger von durch Arboviren (Flavi-Viren) hervorgerufene Erkrankungen des Zentralnervensystems, der sogenannten Frühsommer-Meningoenzephalitis (FSME) bei Tieren und auch dem Menschen sein, außerdem als Überträger von Bakterien, der *Borellia burgdorferi* (Spirochaeta) gefährlich werden, da die Bakterien Entzündungen von Hirnhaut, Herzmuskel und Gelenken, die sogenannte Lyme-Disease oder Zecken-Borelliose verursachen können. Die Zecken bleiben 3–5 Tage festgesaugt und lassen sich dann zu Boden fallen. Eine gute Übersicht über die von Zecken übertragenen Krankheiten vermittelt HORST, H. (Hrsg.): Einheimische Zeckenborreliose (Lyme-Krankheit) bei Mensch und Tier. 200 S. permed Fachbuch-Verl.-Ges. Erlangen 1991.

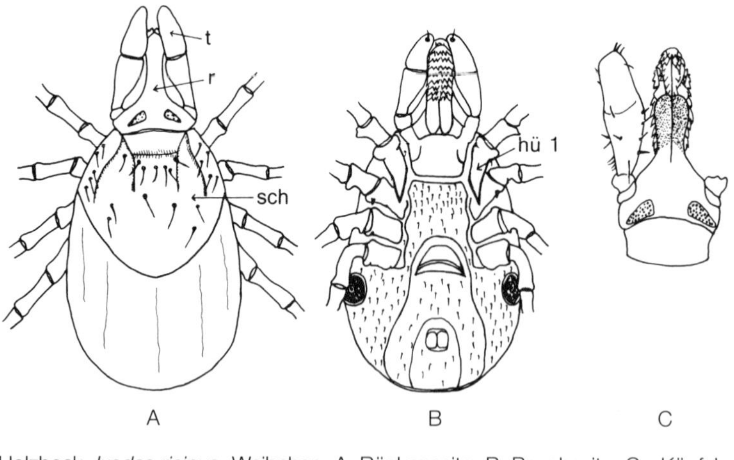

Abb. 189: Holzbock, *Ixodes ricinus*, Weibchen, A Rückenseite, B Bauchseite, C «Köpfchen» (Capitulum), *hü 1* Hüfte des 1. Beinpaares mit charakteristischem Dorn, *r* Saugrohr (Hypostom), *sch* Schild, *t* Taster (Palpus) (nach HOFFMANN, SCHULZE).

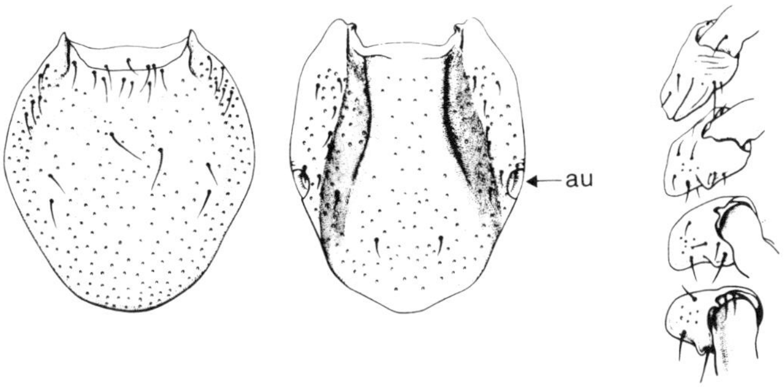

Abb. 190: *Ixodes ricinus*, A Schild des Weibchens; *Rhipicephalus sanguineus*, Weibchen, B Schild, C Hüften (Coxen), *au* Auge (aus BABOS).

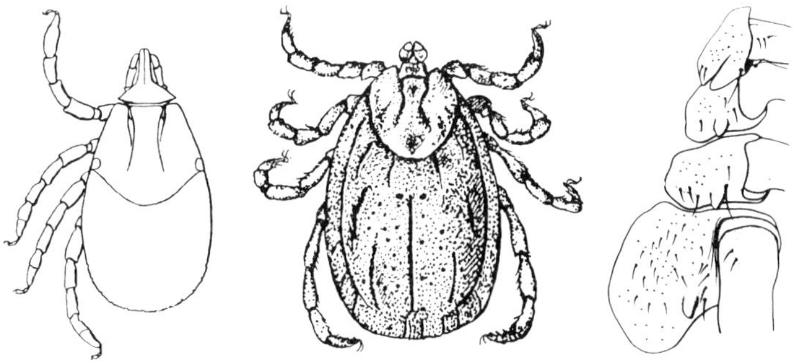

Abb. 191: Schafzecke, *Dermacentor marginatus*, A Nymphe, Rückenansicht (aus SCHULZE), B Weibchen, Rückenansicht (aus ZUMPT), C Hüften (Coxen) des Weibchens (aus BABOS).

– Rückenschild mit Augen (Abb. 190 B, *au*), Hüften des 1. Beinpaares innen nicht in einen auffällig langen Dorn ausgezogen, mit einem Längseinschnitt (Abb. 190 C, 191 C) . . 9

9. Schild mit weißem Pigment und dunklen Flecken verziert. Basis des Köpfchens (Capitulum) der erwachsenen Tiere viereckig (Abb. 192 C), der Larven und Nymphen an den Seiten spitz (Abb. 191 A) . . . . *Dermacentor*

In Mitteleuropa nur die **Schafzecke**, *D. marginatus* (SULZER, 1776) (Abb. 191) und die **Auzecke**, *D. reticulatus* (FABRICIUS, 1774). Vorkommen von *D. marginatus*, der häufigsten Art, meist herdartig, vornehmlich im Süden Mitteleuropas (bis zum Main und etwas weiter nördlich), in trockenrasigem Brachland, das als Schafweide genutzt wird. Wirte sind Wiederkäuer, insbesondere Schafe, aber auch andere Säugetiere. Der Mensch wird ebenfalls angegriffen. Gelegentlich durch Hunde, die in einem Herdgebiet herumgestreift waren, in Wohnungen eingeschleppt.

– Schild nicht mit weißem Pigment und dunklen Flecken verziert, Basis des Köpfchens der erwachsenen Tiere sechseckig (Abb. 192 B). Körperfarbe braun bis rotbraun. Das Weibchen kann eine Körperlänge von 11 mm und eine Körperbreite von 7 mm erreichen . . . . **Braune Hundezecke,** *Rhipicephalus sanguineus* (LATREILLE, 1804)

ist über alle warmen Länder der Erde verbreitet. Hauptwirt ist der Hund, relativ selten wird hauptsächlich von erwachsenen Tieren auch der Mensch befallen. Sie wird aus dem Mittelmeerraum nach Mittel-, West- und Nordeuropa eingeschleppt. Während sie in ihren warmen Ursprungsländern im Freiland lebt und sich vermehrt, kann sie in kältere Regionen verschleppt, im Freien nicht überleben. Seit über 30 Jahren wird immer öfter in Mittel-, West- und Nordeuropa, meist in größeren Städten beobachtet, dass sie sich in Wohnungen nicht nur längere Zeit

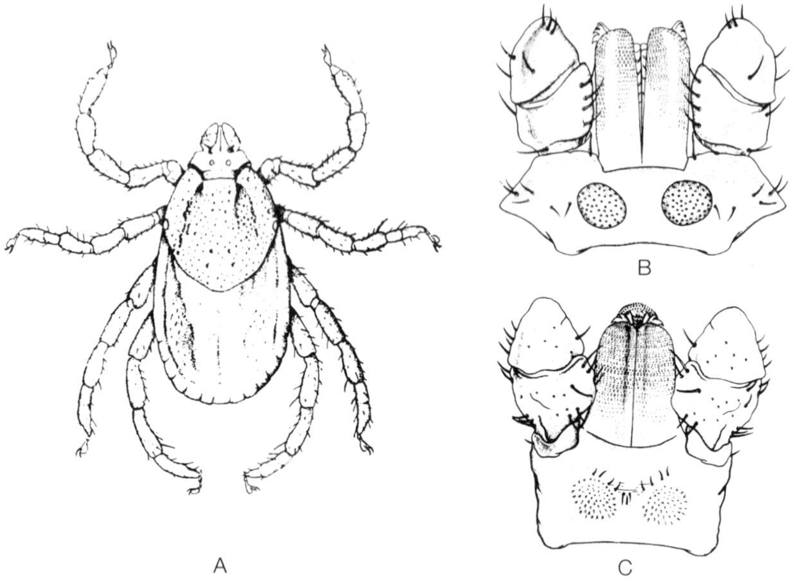

Abb. 192: A Braune Hundezecke, *Rhipicephalus sanguineus*, nüchternes Weibchen, Rückenansicht (aus POMERANCEV), B «Köpfchen» (Capitulum) des Weibchens, Rückenansicht; C Schafzecke, *Dermacentor marginatus*, «Köpfchen» des Weibchens, Rückenansicht (aus BABOS).

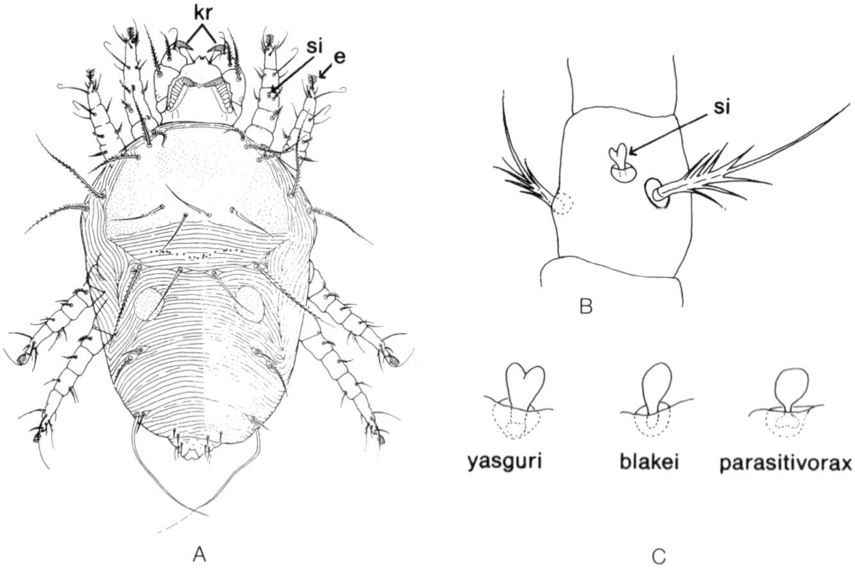

Abb. 193: Hundepelzmilbe, *Cheyletiella yasguri*, Weibchen, A Rückenansicht, *e* Empodium, *kr* Kralle des Kiefertasters (Palpus), *si* Sinnesorgan, B Knie vom 1. Bein mit Sinnesorgan vergrößert, C Sinnesorgan *si* von *Ch. yasguri*, *Ch. blakei* und *Ch. parasitivorax* (nach RACK, SMILEY).

halten, sondern auch vermehen kann. Sie ist die einzige Schildzecke, die sich dauerhaft in Wohnungen hält, da sie im Gegensatz zum **Holzbock** niedrige Luftfeuchten über längere Zeit tolerieren kann. Es muss somit als sicher angenommen werden, dass sich einzelne Stämme von *Rh. sanguineus* nach Einschleppung aus ihren ursprünglichen Verbreitungsgebieten in die kühleren Regionen an die Raumbedingungen in den Wohnungen anpassen und einen sogenannten Hausstamm darstellen können. Die weitere Verschleppung in Mitteleuropa erfolgt vor allem durch Hunde aus Tierheimen oder Tierpraxen.

10. Kiefertaster kräftig entwickelt, mit Kralle *(kr)*, alle Beine mit Empodium *(e)*, Rücken- und Bauchseite deutlich gerieft, alle Entwicklungsstadien farblos bis gelblich, Weibchen 0,54 mm lang und 0,3 mm breit . . . . **Pelzmilben,** *Cheyletiella* CANESTRINI, 1886 11

Parasiten von Hunden, vor allem Welpen, von Hauskatzen und Hauskaninchen. Stechen auch den Menschen und verursachen einen stark juckenden Hautausschlag, wenn befallene Haustiere länger auf dem Arm oder Schoß gehalten werden.

– Kiefertaster nicht auffällig gestaltet 13

11. Weibchen auf der Rückenseite mit 1 großen, trapezförmigen Schild und 2 kleinen, runden Schildern (Abb. 193 A). Sinnesorgan auf dem Knie (Tibia) des 1. und 2. Beinpaares herzförmig (Abb. 193 B, C, *si*) . . . . **Hundepelzmilbe,** *Cheyletiella yasguri* SMILEY, 1965

– Weibchen auf der Rückenseite nur mit 1 großen, trapezförmigen Schild. Sinnesorgan *si* nicht herzförmig (Abb. 193 C) 12

12. Sinnesorgan *si* meist konisch bis eiförmig (Abb. 193 C). . . . . **Katzenpelzmilbe,** *Cheyletiella blakei* SMILEY, 1965

– Sinnesorgan *si* mehr oder weniger kreisförmig (Abb. 193 C). . . . . **Kaninchenpelzmilbe,** *Cheyletiella parasitivorax* (MÉGNIN, 1878)

13. Kleine, nur 0,2 bis 0,3 mm lange, spindelförmige Milben, eigentliche Parasitoide von Holz oder Vorräte bewohnenden Insekten. Weibchen schwillt kugelförmig an (Abb. 194 C). . . . . *Pyemotes* AMERLING, 1862

mehrere Arten, leben an Insektenlarven, z. B. denen vorratsschädlicher Kleinschmetterlinge, vorratsschädlicher und holzzerstörender Käfer sowie einiger Hymenopterenarten. Beim Aussaugen des Wirtes schwillt der Hinterleib des Weibchens kugelförmig an und kann bis 2 mm groß werden. Die Männchen halten sich auf dem Hinterleib des trächtigen Weibchens auf (Abb. 194 C). Am bekanntesten sind die **Kugelbauchmilbe,** *P. ventricosus* (NEWPORT, 1850) und die **Getreidekrätzmilbe,** *P. tritici* (LA GRÈZE-FOSSAT & MONTANÉ, 1851). Sie greifen auch den Menschen an, wenn z. B. Lagerarbeiter mit befallenem Getreide hantieren oder wenn sich in Wohnräumen Trockenblumensträuße, Dekorationsgras etc. befinden. Vor allem letztere Art ist äußerst aggressiv und kann eine heftige Dermatitis mit starkem Juckreiz hervorrufen. Da der Mensch Fehlwirt ist, fallen die Milben bald wieder ab.

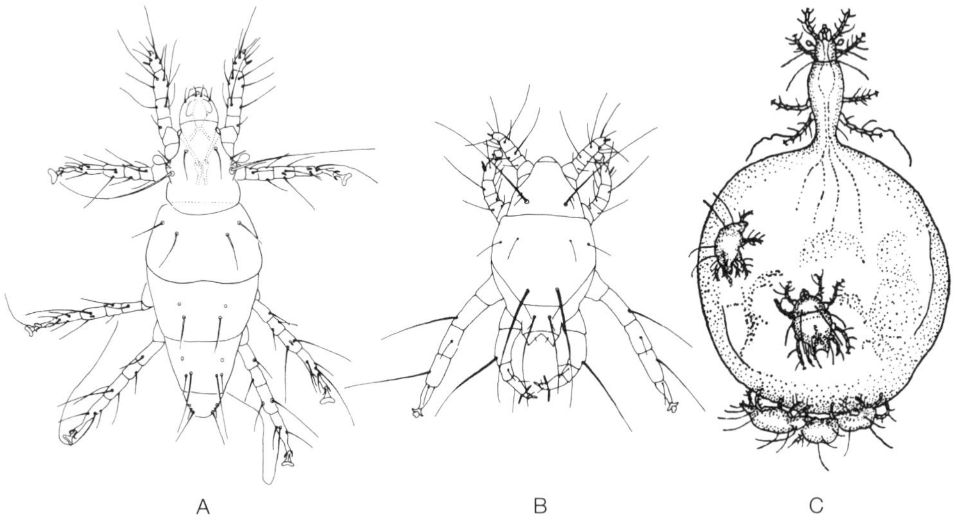

Abb. 194: Kugelbauchmilbe, *Pyemotes*, A Weibchen Rückenansicht, B Männchen Rückenansicht, C trächtiges Weibchen mit 5 Männchen, Rückenansicht (aus RACK, HERFS).

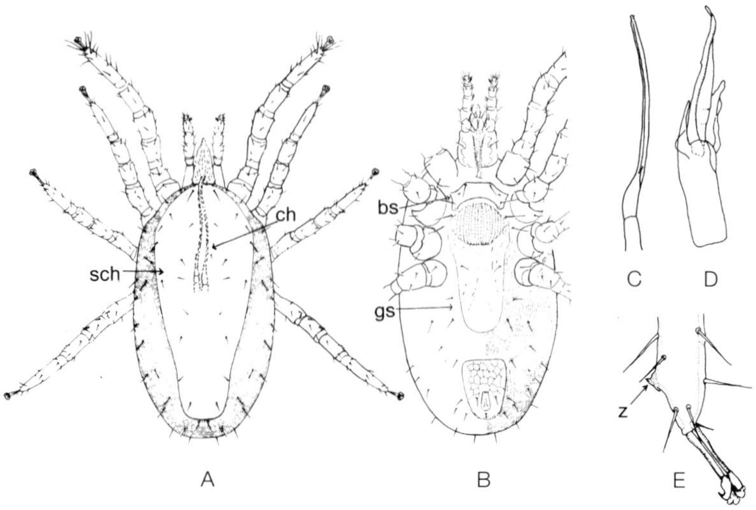

Abb. 195: Rote Vogelmilbe, *Dermanyssus gallinae*, Weibchen, A Rückenansicht, B Bauchseite, C Chelicere (Kiefer) vergrößert; D Männchen Chelicere, E Fußende vom 4. Bein, *bs* Brustschild, *gs* Genitalschild, *ch* Cheliceren, *sch* Rückenschild, *z* Zapfen (nach JOHNSTON, EVANS & TILL).

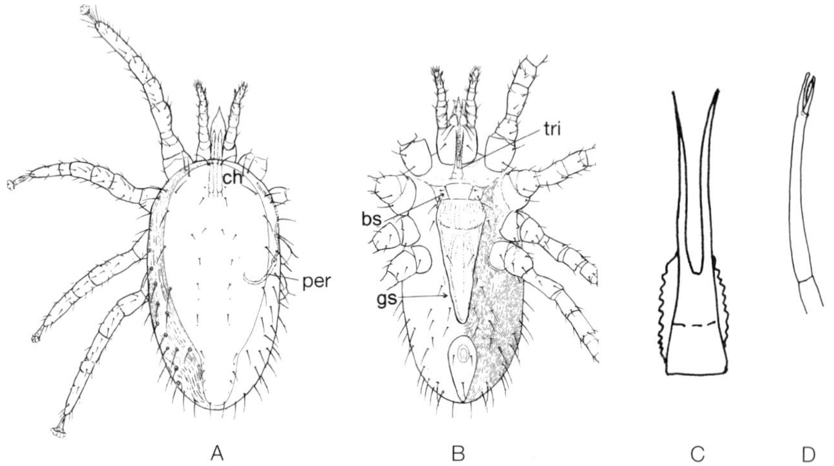

Abb. 196: Nordische Vogelmilbe, *Ornithonyssus sylviarum* Weibchen, A Rückenseite, B Bauchseite, C Tritosternum, D Rattenmilbe, *O. bacoti* Weibchen, Chelicere vergrößert, *bs* Brustschild, *ch* Cheliceren, *gs* Genitalschild, *per* Peritrema, *tri* Tritosternum (aus JOHNSTON, EVANS & TILL).

– Größer als 0,3 mm (0,6 bis 1 mm lang), nicht spindelförmig, Weibchen nicht kugelförmig angeschwollen, Körper eiförmig, mit fein gefältelter Haut und einem Schild auf dem Rücken, nüchtern weiß, vollgesogen dunkelrot, ursprünglich Vogel- und Rattenparasiten 14

14. Cheliceren beim Weibchen lang, stilettförmig (Abb. 195 C), beim Männchen kürzer, scherenförmig (Abb. 195 D), Weibchen mit 2 Paar Brust- (= Sternal-)borsten auf dem Brust- (= Sternal-)schild, Genitalschild am hinteren Rand breit abgerundet (Abb. 195 B, *bs, gs*),

Männchen an den Füßen des 3. und 4. Beinpaares mit einem zahnförmigen Fortsatz (Abb. 195 E, *z*) . . . . *Dermanyssus* DE GEER, 1778

insbesondere die **Rote Vogelmilbe,** *D. gallinae* (DE GEER, 1778) (Abb. 195), ein obligatorischer Blutparasit von Geflügel (Hühner, Gänse, Tauben), aber auch Zier- und Wildvögeln, der bei Nahrungsmangel auch Säugetiere und den Menschen befällt, dabei heftig juckende Stichstellen hinterlässt. Sie kommt vor allem in Großstädten nicht selten als unangenehmer Parasit in Dachwohnungen vor. Grund der Plagen sind meist auf dem Dachboden befindliche Nester von Amseln, Spatzen usw. Vor allem in Nestern von Stadttauben können die Milben in großen Individuenzahlen vorkommen. Werden es zu viele oder haben die natürlichen Wirte ihr Nest verlassen, wandern die Milben weg und suchen Menschen zum Blutsaugen auf, sie können so zwar ihren Hunger stillen, sich aber nicht fortpflanzen.

Ähnlich verhält sich auch die **Schwalbenmilbe,** *D. hirundinis* (HERMANN, 1804), sie ist als Plageerreger des Menschen bisher jedoch seltener beobachtet worden.

– Cheliceren beim Weibchen am Ende mit einer kleinen aber deutlichen Schere (Abb. 196 D), normalerweise mit 3 Paar, ausnahmsweise mit 2 Paar Brust- (= Sternal-)borsten auf dem Brust- (= Sternal-)schild, Genitalschild nach hinten zu sich deutlich verjüngend (Abb. 196 B, *gs*), Männchen an den Füßen des 3. und 4. Beinpaares ohne zahnförmigen Fortsatz . . . . *Ornithonyssus* SAMBON, 1928 15

15. Peritremata (= Atemrinnen) reichen vorn bis zum Hinterrand der Vorderhüfte (Coxa I), auf dem Vorderteil des Rückenschildes fehlt das 3. Haarpaar der innersten Borstenreihe 16

– Peritremata kürzer, reichen nach vorn nur bis zur 2. Hüfte, das 3. Haarpaar der innersten Borstenreihe ist vorhanden, dorsale Haare kurz bis mittellang, 1. Haar der innersten Borstenreihe ist nicht so lang wie der Abstand zum 2. Haarpaar . . . . *O. pipistrelli* OUDEMANS, 1903

auf Fledermäusen und in deren Umgebung, Ursachenbeseitigung nicht möglich, so lange die Tiere ihr Sommerquartier bewohnen.

16. Brustschild mit 3 Haarpaaren, dorsale Haare mittellang, 1. Haar der innersten Borstenreihe ist so lang wie der Abstand zum 2. Haarpaar der Reihe . . . . **Tropische Rattenmilbe,** *O. bacoti* (HIRST, 1913)

hauptsächlicher Parasit von Nagetieren, insbesondere Ratten, der ebenfalls den Menschen angreifen kann. Plagen können z. B. in Laboratorien, in denen Ratten gezüchtet werden, entstehen und unangenehm werden. In Berlin und Brandenburg in letzter Zeit häufiger in Wohnungen nachgewiesen.

– Brustschild mit nur 2 Haarpaaren, Tritosternum (Abb. 196C), dorsale Haare kurz, 1. Haar der innersten Borstenreihe ist nur ein Drittel so lang wie der Abstand zum 2. Haarpaar der Reihe. . . . . . . **Nordische Vogelmilbe,** *O. sylviarum* (CANESTRNI & FANZAGO, 1877)

häufiger Blutparasit von Hofgeflügel und Wildvögeln. Sie kann bei starkem Befall das Geflügel sehr schädigen und den Menschen beim Hantieren mit befallenen Vögeln ebenfalls stechen. Im Gegensatz zur Roten Vogelmilbe findet die Entwicklung der Nordischen Vogelmilbe vollständig auf dem Wirt statt. Bestimmung aller Arten von *Dermanyssus* und *Ornithonyssus* kann erfolgen nach EVANS, G. O., TILL, W. M.: Studies on the British Dermanyssidae (Acari: Mesostigmata). Part II. Classification. – Bull. Brit. Mus. (Nat. Hist.) (Zool.) **14** (5): 109–370. London 1966.

73 Durch Massenauftreten in Wohnungen und Vorräten lästige oder schädliche Milben, die keine Blutsauger sind, und ihre Feinde

Wenn Milben als Vorratsschädlinge im Allgemeinen nicht eine so große Rolle spielen wie z. B. die Insekten, so kann doch der Schaden, den sie in manchen Fällen verursachen, erheblich sein, die Herstellung und Lagerung mancher Produkte gefährden oder große Mengen von Produkten ungenießbar machen. Einige Milben treten wohl in fast allen Wohn- und Lagerräumen sowie in vielen Vorräten auf, werden aber wegen ihrer Kleinheit und oft unscheinbaren Färbung (meist schmutzig-weiß, schwach gelblich oder farblos) in der Regel nicht entdeckt, schaden auch weiter nicht, solange ihre Anzahl gering bleibt. Nicht selten treten sie jedoch bei einer Massenvermehrung in so ungeheuren Scharen auf, dass die befallenen Pro-

dukte zu «leben» scheinen oder dass die Gefäße, in denen sich die vermilbten Vorräte befinden, wie von einer sich bewegenden Staubschicht überzogen sind. Die befallenen Nahrungs-, Genuss-, Futtermittel und dergleichen werden durch Milbenkot, Häute und die vielen lebenden Milben stark verunreinigt, erfahren durch die Fraßtätigkeit hohe Gewichtsverluste, Samen verlieren ihre Keimfähigkeit, da die Keime z. B. von der Mehlmilbe bevorzugt angegriffen werden. Viele Produkte werden durch starken Milbenbefall unansehnlich und ungenießbar, so dass der wirtschaftliche Schaden oft erheblich ist. Etliche Produkte sind durch ihre normale Beschaffenheit schwer milbenfrei zu halten, z. B. Trockenobst wie Rosinen, Feigen, Datteln, Trockenpflaumen, Succade, Orangeat usw., auch bestimmte Futtermittel, die viel Feuchtigkeit enthalten. Der geringste Milbenbefall kann sich dort selbst in frischer Ware in kurzer Zeit verheerend auswirken. Er führt zu zahllosen Reklamationen der Händler und Käufer, macht Silo- und andere Lagerungen problematisch.
Zu den vorratsschädlichen Milben gesellen sich meist sehr bald räuberische Milben, die sich nun ihrerseits aufgrund der reichlich vorhandenen Beute sehr zahlreich entwickeln und ebenfalls zur Verunreinigung der Vorräte beitragen. Sie sind meist nicht in der Lage, die Massenpopulationen vorratsschädlicher Milben oder kleiner Insekten zu dezimieren. Einige der sogenannten Räuber können sich offensichtlich auch von den Vorräten ernähren.

Die Artenzahl der in Vorräten vorkommenden Milben, der Schädlinge sowie der Räuber ist im Verhältnis zu den parasitischen oder im Boden vorkommenden Milben nicht sehr groß, aber doch zu groß, um in Kürze alle erwähnen zu können. Es sollen darum hier nur die häufigsten genannt und dargestellt werden.

1. Auf der Oberseite der Schiene des 1. und 2. Beinpaares ein langes, peitschenförmiges Tasthaar, das fast immer die Fußspitze überragt (Abb. 183, *t*, 207 B *t*) 9
– Auf der Oberseite der Schiene des 1. und 2. Beinpaares kein langes, peitschenförmiges Tasthaar 2
2. Kiefertaster außerordentlich kräftig entwickelt, stark hervorragend, erinnern an Fangbeine (Abb. 197, 198) . . . . *Cheyletidae* 3
– Kiefertaster nicht auffällig gestaltet 7
3. Mit Augen, Vorderbeine sehr lang, an der Spitze ohne Krallen und ohne Empodium, Körperfarbe rötlich, Körperlänge 0,3–0,6 mm (Abb. 197 B) . . . . *Cheletomorpha lepidopterorum* (SHAW, 1794)

ursprünglich von SHAW an den Flügeln eines kleinen Schmetterlings, danach gelegentlich wieder an den Flügeln von Motten, z. B. der Samenmotte, *Hoffmannophila pseudospretella* (STAINTON) oder kleiner Eulenfalter, z. B. der Hausmutter, *Noctua pronuba* LINNAEUS festgeheftet gefunden, nicht selten in großer Individuenzahl (100 Exemplare und mehr). Tritt oft zusammen mit vorratsschädlichen Milben auf.

– Ohne Augen, Vorderbeine nicht abnorm lang, an der Spitze mit paarigen Krallen . . 4
4. Endglied des Kiefertasters mit 1 kammförmigen Borste (Abb. 198 B, *kb*). Körper orangerot, etwa 0,5–0,6 mm groß. Männchen oft mit stark verlängerten Kiefertastern (Abb. 198 C) . . . . *Acaropsellina docta* (BERLESE, 1886)

in Vorräten als Räuber kleiner Insekten und Milben sowie deren Eier.

– Endglied des Kiefertasters mit 2 kammförmigen Borsten (Abb. 199 A, *kb*) 5
5. Kralle des Kiefertasters am Grunde meist mit 3 Höckern (Abb. 199 C, *kr*), Sinneskolben am Endglied des 1. Beinpaares schmal, etwa nur halb so lang wie die dicht daneben stehende Borste (Abb. 199 F, *si*). Körper gelblich, 0,34–0,45 mm lang . . . . *Cheyletus trouessarti*, OUDEMANS, 1902

Lebensweise wie bei der vorher genannten Art.

– Kralle des Kiefertasters am Grunde mit 1 oder 2 Höckern 6
6. Kralle des Kiefertasters am Grunde meist mit 1 Höcker (Abb. 199 B), Sinneskolben am Endglied des 1. Beinpaares an der Basis deutlich verdickt (Abb. 199 E, *si*), Femur des 4. Beinpaares mit 1 Borste, Körper gelblich, 0,3–0,6 mm lang . . . . *Cheyletus malaccensis* OUDEMANS, 1903

Lebensweise wie bei der vorher genannten Art.

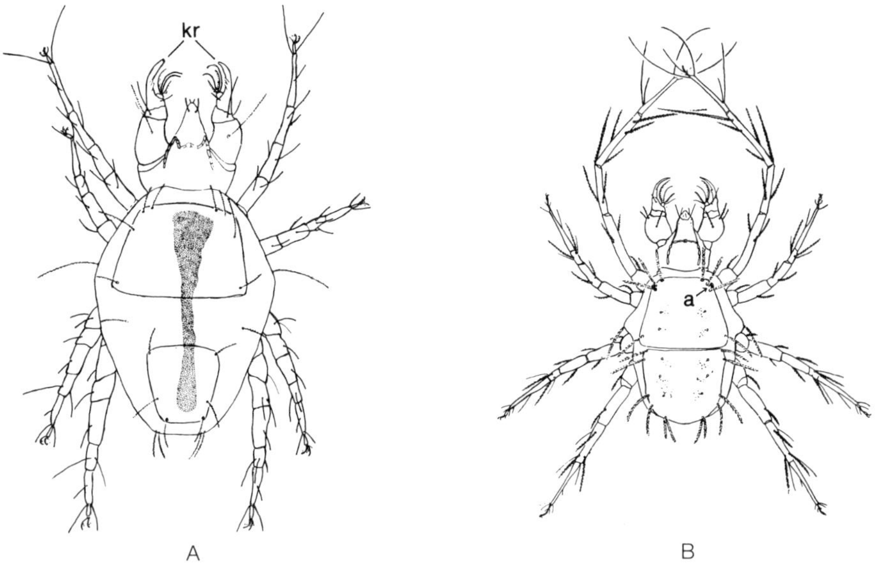

Abb. 197: A Getreideraubmilbe, *Cheyletus eruditus* Weibchen, Rückenseite, B *Cheletomorpha lepidopterorum* Weibchen, Rückenseite, *a* Auge, *kr* Krallen der Kiefertaster (aus RACK, VOLGIN).

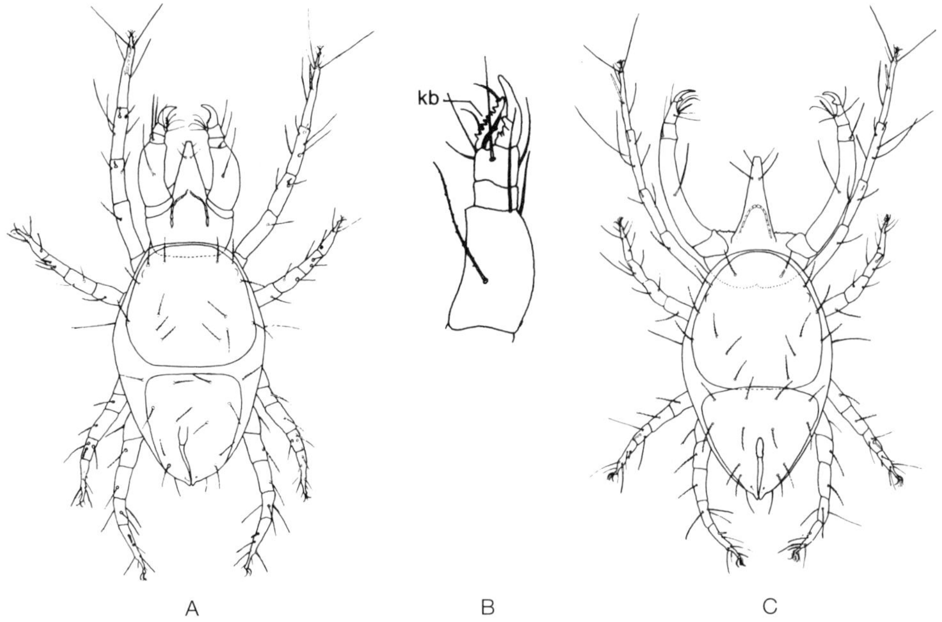

Abb. 198: A *Acaropsellina docta*, Männchen Rückenseite, B rechter Kiefertaster, C heteromorphes Männchen Rückenseite, *kb* kammförmige Borste (aus RACK, nach HUGHES).

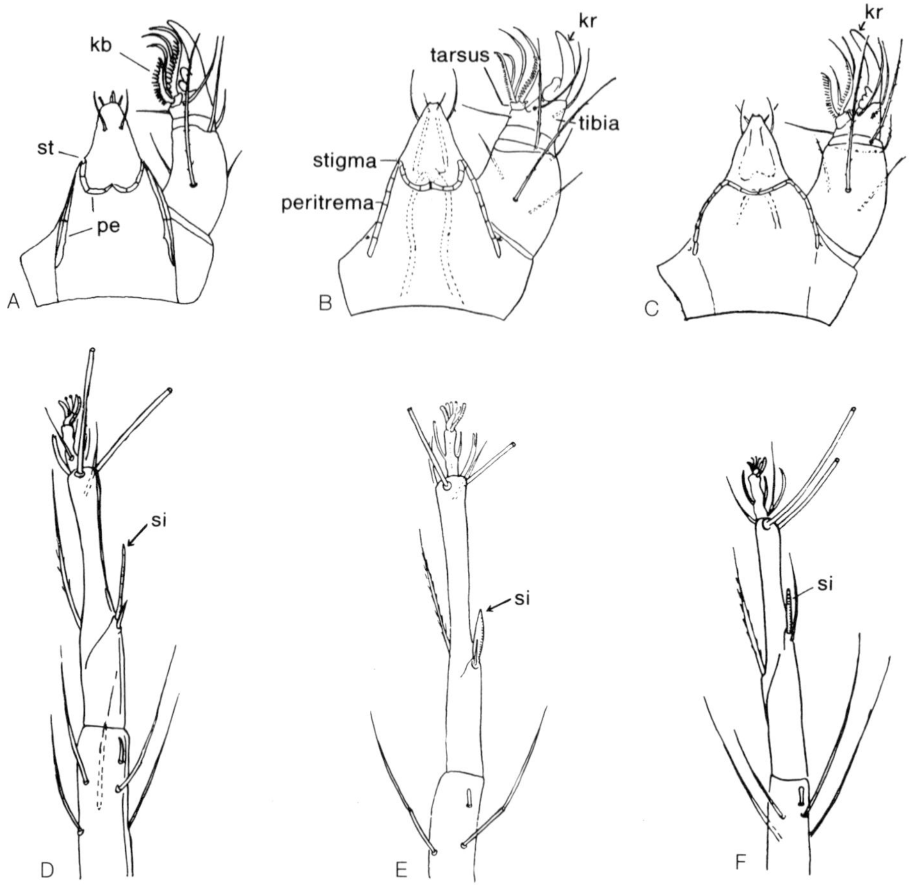

Abb. 199: A–C Gnathosoma mit jeweils rechtem Kiefertaster, D–F Füße der 1. Beine von: A, D *Cheyletus eruditus* Weibchen, B, E *Ch. malaccensis* Weibchen, C, F *Ch. trouessarti* Weibchen, *kb* kammförmige Borste, *st* Stigma (Atemöffnung), *pe* Peritrema (Atemröhre), *si* Sinneskolben (nach HUGHES).

– Kralle des Kiefertasters am Grunde meist mit 2 Höckern (Abb. 199 A), Sinneskolben am Endglied des 1. Beinpaares zylindrisch, schlank, etwa 3mal so lang wie die dicht daneben stehende Borste (Abb. 199 D, *si*). Femur des 4. Beinpaares mit 2 Borsten, Körper farblos, rautenförmig, 0,45–0,62 mm lang (Abb. 198 A) . . . . **Getreideraubmilbe**, *Cheyletus eruditus* (SCHRANK, 1781)

häufigste in Vorräten vorkommende Cheyletidenart, lebt hauptsächlich räuberisch von Modermilben und kleinen Insekten.

7. Ganz blutrote Milben oder wenigstens vorderer Teil des Körpers und Beine rot. Milben, die vom Freien in großen Massen in die Häuser eindringen 8

– Heller gefärbte Milben, weißlich, gelblich, zart rosabraun oder bräunlich, meist wird der ganze Körper von einem Rückenschild bedeckt, Haut glatt, Kiefer meist kurz scherenförmig (Abb. 200 A, *che*). Milben, die sich in Häusern in Massen entwickeln können . . . . freilebende *Gamasina*

Vertreter verschiedenster Familien und Gattungen, teils Räuber, teils Schimmelfresser. Letztere treten oft in ungeheuren Massen auf, bevorzugt in Häusern mit Heuböden oder Strohdächern und in Neubauten; sie fallen dann außerordentlich lästig. Hierzu gehören z. B.: *Androlaelaps casalis* (BERLESE, 1887) (= *Haemolaelaps molestus*

Oudemans, 1929), 0,5–0,74 mm, meist in ländlichen Häusern mit Strohdächern oder Wohnungen unter Heuböden (Abb. 200); *Haemogamasus pontiger* (Berlese, 1903), 0,7–1 mm und *Proctolaelaps hypudaei* (Oudemans, 1902), ca. 0,4 mm, beide besonders an Holzleisten und -rahmen in Neubauten, sowie *Lasioseius penicilliger* (Berlese, 1916), ca. 0,55 mm, außerdem *Ameroseius plumosus* (Oudemans, 1902), 0,35–0,45 mm und *A. plumigerus* (Oudemans, 1930) (Abb. 201 A), 0,35–0,40 mm, von denen letztere in noch feuchten Neubauten am häufigsten Wohnungsplagen hervorruft.

8. Vorderer Rückenrand in vier, je ein blattförmiges Haar tragende Lappen ausgezogen, Hautleisten stark ausgebildet, Körperseiten stark gekielt. Beine und vorderer Teil des Kör-

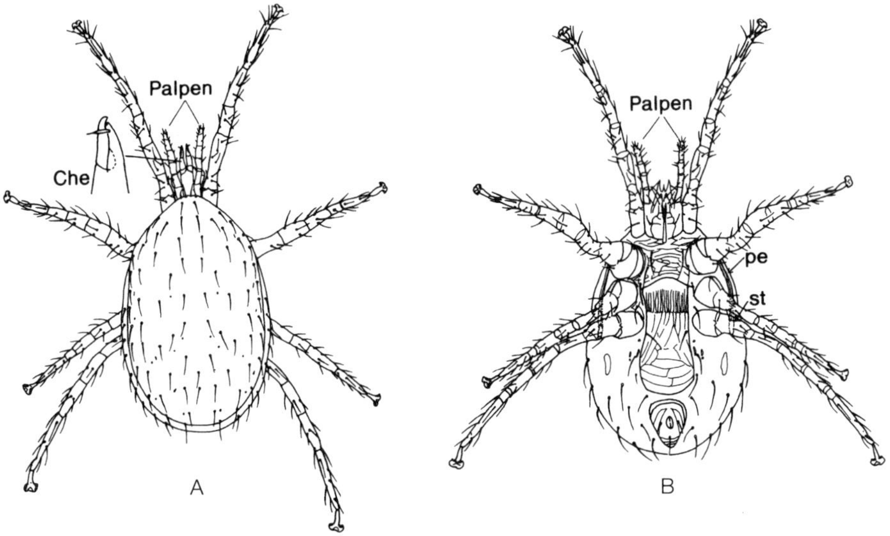

Abb. 200: *Androlaelaps casalis*, Weibchen, A Rückenansicht, B Bauchseite, *che* Chelicere, *pe* Peritrema (Atemröhre), *st* Stigma (Atemöffnung) (nach Hughes).

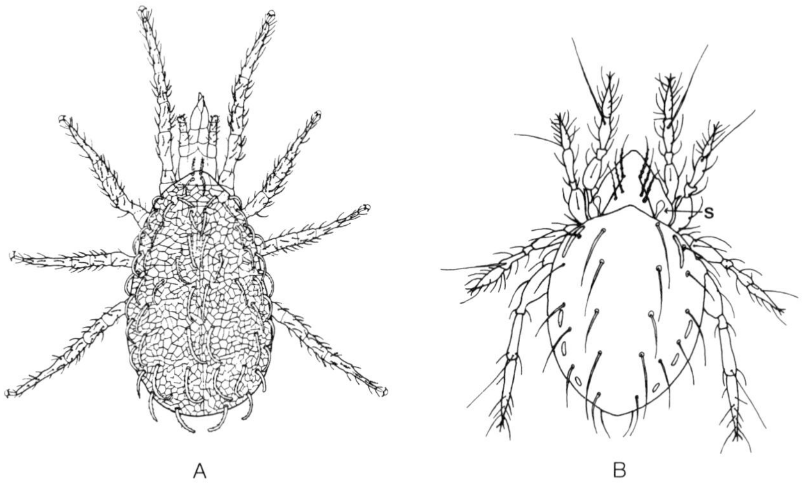

Abb. 201: A *Ameroseius plumigerus* Weibchen Rückenseite, B Hornmilbe, *Phauloppia lucorum* Weibchen Rückenseite, *s* kolbenförmiges Sinnesorgan (nach Rack, Hughes).

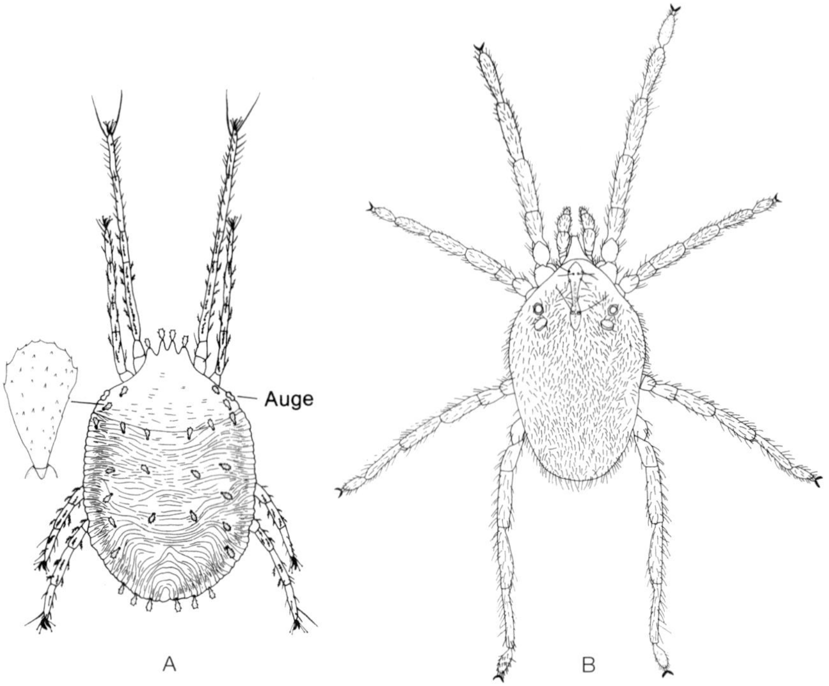

Abb. 202: A Grasmilbe, *Bryobia cristata* Weibchen Rückenseite, B Mauermilbe, *Balaustium murorum* Weibchen Rückenseite (A aus RACK, B Zeichnung SABINE TOUSSAINT).

pers rot, sonst hellbraun bis schmutzig braunrot, braungrün, selten grün, mit nur wenigen blattförmigen Haaren auf dem Rücken, 0,6–0,84 mm groß (Abb. 202 A) . . . . **Grasmilbe,** ***Bryobia cristata*** (DUGÈS, 1834)

Pflanzensaftsauger, Massenvermehrung auf jungem Zierrasen, der direkt bis an Hausfronten mit südlichen Lagen angelegt ist. Von da dringen sie zu Tausenden in die Wohnhäuser, nicht selten bis zum Dachgeschoß ein.

– Vorderer Rückenrand nicht in vier Lappen ausgezogen, Körper ohne Hautleisten, blutrot, dicht behaart, 0,8–0,9 mm groß (Abb. 202 B) . . . . **Mauermilbe,** ***Balaustium murorum*** (HERMANN, 1804)

kann im Sommer, hauptsächlich im Monat Juni, zu einer großen Plage werden. Die Milben dringen vor allem in Flachdachbauten gelegentlich in so großer Zahl in die Räume ein, dass die in ihnen wohnenden oder arbeitenden Menschen stark belästigt werden.

9. Körper mit einem harten Chitinpanzer oder mindestens gut sklerotisiert, braun oder bräunlich 10

– Körper ohne Chitinpanzer, schwach sklerotisiert, farblos bis leicht gelblich 11

10. Meist mit kräftigem, harten Chitinpanzer, daher mit wenigen Ausnahmen braun bis schwarz gefärbt, käferartig, auf der Rückenseite vorn zwei deutliche, meist kolbenförmige Sensillen (Abb. 201 B, *s*) . . . . **Horn-** oder **Moosmilben,** Oribatei

in Häusern, vor allem auf dem Dachboden, an den Dachsparren, aber auch auf Fensterbrettern kommt gelegentlich in ungeheurer Zahl, in dicken Schichten *Phauloppia lucorum* (C. L. KOCH, 1840) (Abb. 201 B) vor, wenn die Entwicklungsbedingungen für die Milbe günstig sind. Sie ist häufig zu finden in Moosen und Flechten an Mauern, auf Dächern und in Dachrinnen sowie an mit Flechten und Moosen bewachsener Baumrinde. Größe etwa 0,6–0,8 mm. Gelegentlich rufen auch andere Moosmilbenarten Plagen in Häusern hervor, oder sie werden gemeinsam mit *Ph. lucorum* lästig, sind dann aber meist zahlenmäßig unterlegen. Zu nennen wären insbesondere *Trichoribates trimaculatus* (C. L. KOCH, 1836) und *Humerobates fungorum* (LINNAEUS, 1758).

– Körper gut sklerotisiert, daher rosabraun, Haut der Ober- und Unterseite grubig, Basis der Beinglieder mit deutlichen Längsrippen (Abb. 203), Körpergröße etwa 0,4 mm. . . . . *Gohieria fusca* (OUDEMANS, 1902)

häufig in großer Zahl in Mehl, Reis, Kleie und Getreidevorräten.

11. Körperhaut meist glatt, höchstens fein genoppt oder gefeldert, Vorderende des Rückens wenigstens mit 1 Paar Vertikalborsten (vergl. Abb. 183, *ve, vi*) 13

– Körperober- und unterseite deutlich gerieft, Vorderende des Rückens ohne Vertikalborsten . . . . **Hausstaubmilben**, Pyroglyphidae 12

verschiedene Gattungen und Arten, die alle mit Vögeln und Säugetieren, einschließlich Mensch, vergesellschaftet sind oder in Futtervorräten vorkommen. In Häusern findet man sie im Staub der Fußböden, Teppichböden, Teppichen, Polstermöbel, Matratzen, Bettwäsche usw. Reichliches Nahrungsangebot, günstige Temperatur- und Feuchtigkeitsverhältnisse in den Wohnungen begünstigen nicht nur ihre starke Entwicklung, sondern auch bestimmter Schimmelpilzarten, mit denen sie in wechselseitiger Beziehung stehen. Als Nahrung dienen Hautschuppen von Mensch und Tier. Im Bett, auf Polstermöbeln und auf dem Fußboden finden die Milben Schuppen in reichlicher Menge, denn der Mensch verliert pro Tag 0,7–1,4 Gramm Hautschuppen. Die Schuppen können aber so, wie sie vom Menschen abgegeben werden, von den Milben nicht verdaut werden, der Fettanteil ist für sie sogar giftig. Die Milben sind darum auf Mikroorganismen angewiesen, die die Schuppen vorverdauen. Es sind einige Schimmelpilzarten, die das tun und die immer zusammen mit ihnen vorkommen. Die vorverdaute, halbflüssige Masse sammelt sich außerhalb der Pilzhyphen an und wird von den Milben aufgenommen. Die Milben können Allergien hervorrufen. Das Allergen stammt offensichtlich von den Schimmelpilzen, wird von den Milben mit der Nahrung aufgenommen, im Darm gespeichert und mit dem Kot ausgeschieden. Durch Einatmen des Kotes – vor allem beim Bettenmachen – kann es zu Hausstauballergien in Form von Bronchialasthma, Rhinitis und auch Hautrötungen kommen. In Mitteleuropa sind es hauptsächlich zwei Arten der Gattung *Dermatophagoides* BOGDANOV, 1864, die im Hausstaub fast jeder Wohnung leben.

12. Rückenhaut des Weibchens zwischen den Borsten d_2 und d_3 längsgestreift (Abb. 204 B), Receptaculum seminis blumenähnlich (Abb. 204 C), Körperlänge des Weibchens 0,28–0,35 mm (Abb. 204 A) . . . . . *Dermatophagoides pteronyssinus* (TROUESSART, 1897)

in Mitteleuropa häufigste Art im Haus- und Bettenstaub.

– Rückenhaut des Weibchens zwischen den Borsten d_2 und d_3 quergestreift (Abb. 204 D), Receptaculum seminis schüssel- bis krugähnlich (Abb. 204 E), Körperlänge des Weibchens 0,26–0,40 mm . . . . *Dermatophagoides farinae* HUGHES, 1961

in Futtermitteln und Hausstaub, in letzterem in Mitteleuropa jedoch seltener als vorher genannte Art.

13. Auf dem Rücken befindet sich zwischen dem 2. und 3. Beinpaar eine Querfurche (siehe Abb. 183, *qu*), Männchen mit Tarsal- und meistens auch Analsaugnäpfen (Abb. 217 B, C, *ts, as*) 17

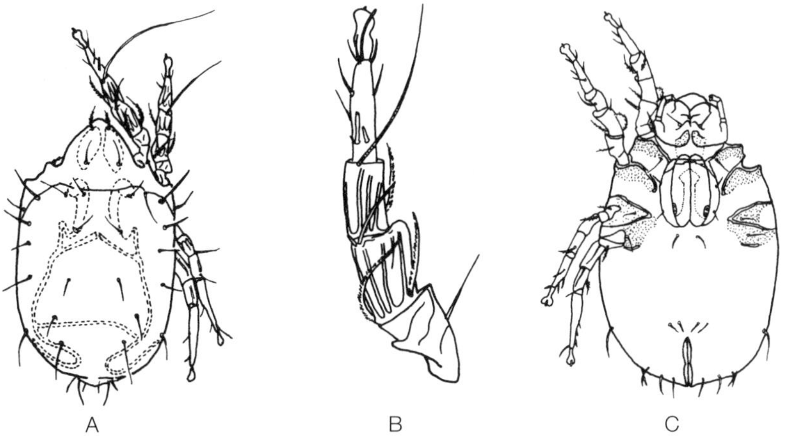

Abb. 203: *Gohieria fusca*, Weibchen, A Rückenansicht, B 1. Bein Rückenansicht, C Bauchansicht (nach HUGHES).

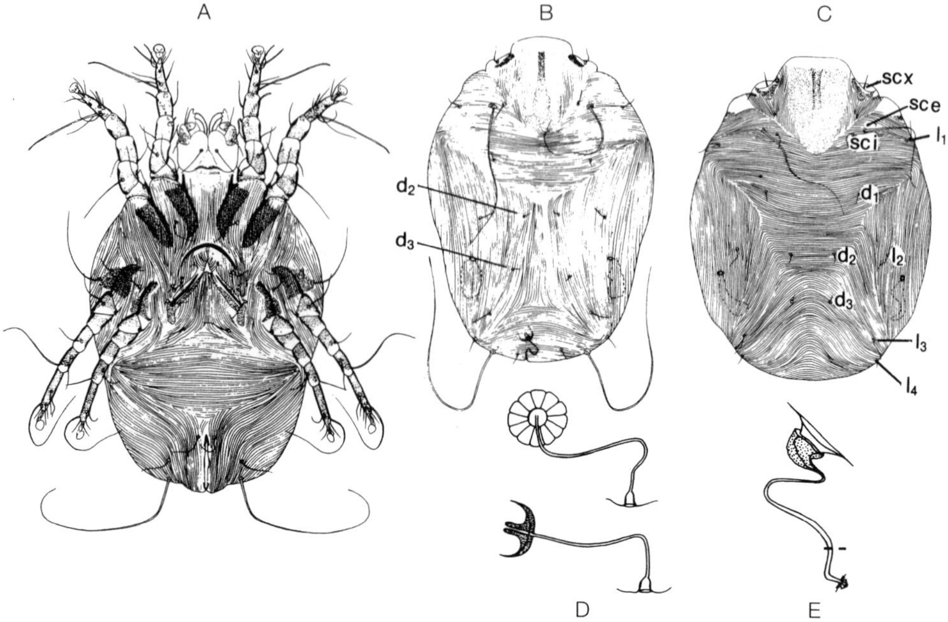

Abb. 204: Hausstaubmilben, *Dermatophagoides pteronyssinus* Weibchen, A Bauchseite, B Rücken, C Receptaculum seminis; *D. farinae* Weibchen, D Rücken, E Receptaculum seminis (aus Fain, Hughes).

– Auf dem Rücken befindet sich zwischen dem 2. und 3. Beinpaar keine Querfurche, Männchen meistens ohne Tarsal- und Analsaugnäpfe 14

14. Körperborsten lang, deutlich gefiedert, Körperoberfläche von winzigen Papillen bedeckt, daher matt, nicht glänzend, Weibchen am Hinterende mit einem zapfenförmigen Anhang (Kopulationsröhre) (Abb. 207 A, *ko*), Männchen stets ohne Anal- und Tarsalsaugnäpfe 16

– Die meisten Körperborsten kurz, glatt, Körperoberfläche nicht von winzigen Papillen bedeckt, Weibchen am Hinterende ohne zapfenförmigen Anhang 15

15. Alle Körperborsten kurz, Kiefer groß und kräftig, Genitalregion der Weibchen ungewöhnlich breit (Abb. 205 B, *gö*), auf dem Vorderkörper keine augenähnlichen Gebilde, Körperfarbe rosa, Männchen mit Anal- und Tarsalsaugnäpfen, Körpergröße Männchen 0,25–0,3 mm, Weibchen 0,35–0,4 mm (Abb. 205) . . . . . *Chortoglyphus arcuatus* (Troupeau, 1879)

schädlich in den verschiedensten gespeicherten Produkten pflanzlicher Herkunft wie Weizen, Roggen, Hafer, Gras- und Rotkleesaat, Hühnerfutter, Mohnsamen, Sojaabfällen, Mehlrückständen, Streu und Häcksel.

– 4 Borsten am Körperhinterende sehr lang, Genitalregion der Weibchen normal, alle Entwicklungsstadien haben am Körpervorderende jederseits ein augenähnliches Gebilde (Abb. 206 A, *a*), Männchen (Abb. 206 B) ohne Anal- und Tarsalsaugnäpfe, Körper farblos, glasig, Körpergröße Weibchen 0,38–0,42 mm, Männchen 0,38–0,4 mm . . . . **Backobstmilbe**, *Carpoglyphus lactis* (Linnaeus, 1758)

die unter dem englischen Namen dried fruit mite bekannte und gefürchtete Milbe ist ein weltweit verbreiteter und großer Schädling an Trockenfrüchten wie Pflaumen, Rosinen, Pfirsichen, Aprikosen, Feigen, Bananen, Datteln und anderen Früchten, auch in Pflaumen- und Tomatenmus, Honig, Honigwaben usw. Die Vermilbung von Trockenpflaumen hat in den letzten Jahrzehnten offensichtlich zugenommen und ist zu einem Problem für Importeure und Pflaumenmus herstellende Industrie geworden. Wandernymphen treten nur sehr selten auf.

16. Endglied der Beine ohne lange, dichtbehaarte Schuppe (Abb. 207 B), Mitte des Vorderrückens mit einer Längsleiste (Crista metopica) (Abb. 207 A), Körperfarbe weißlich, Kör-

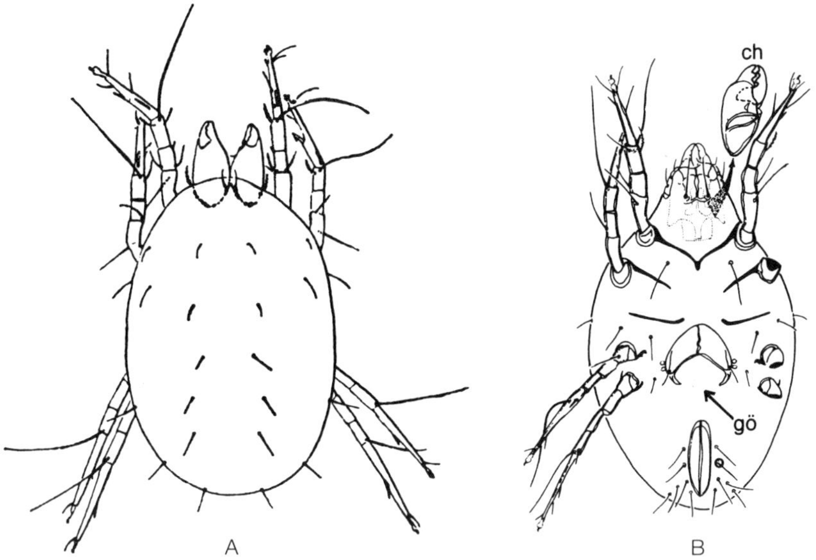

Abb. 205: *Chortoglyphus arcuatus*, Weibchen, A Rückenseite, B Bauchseite, *gö* Geschlechtsöffnung, *ch* Chelicere vergrößert (nach HUGHES, KRANTZ).

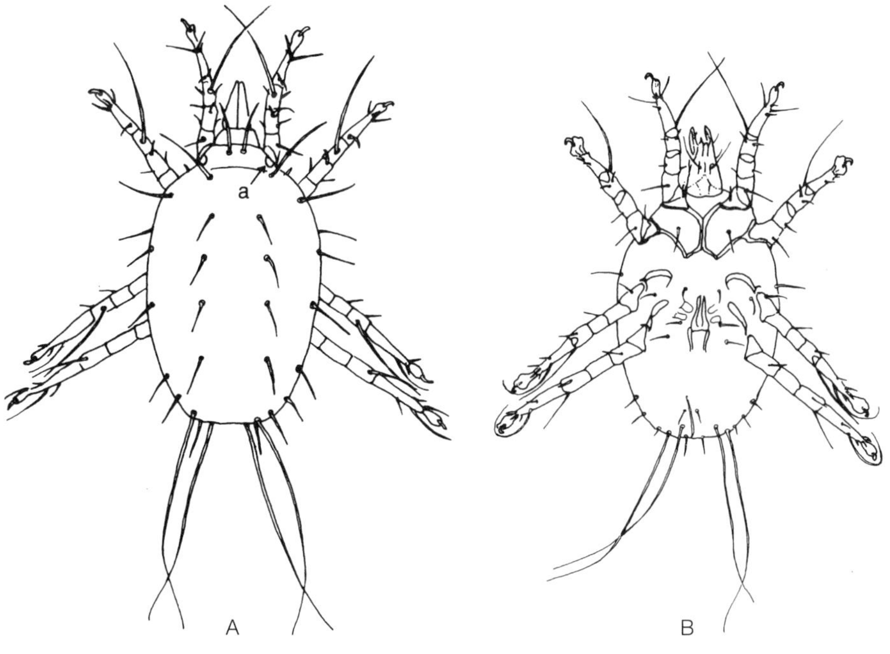

Abb. 206: Backobstmilbe, *Carpoglyphus lactis*, A Weibchen, Rückenseite, B Männchen, Bauchseite, *a* augenähnliches Gebilde (nach HUGHES).

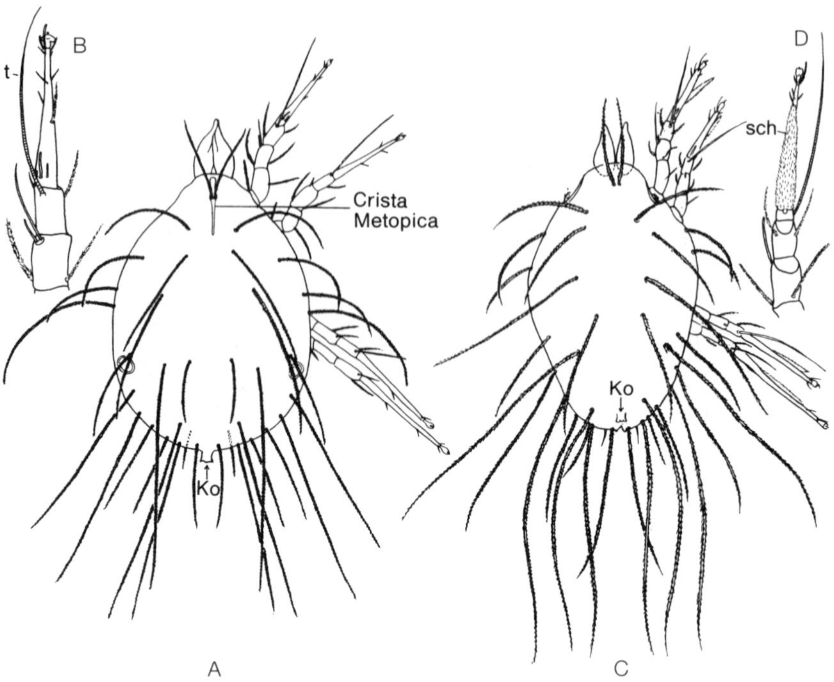

Abb. 207: A Hausmilbe, *Glycyphagus domesticus*, Weibchen, Rückenseite, B rechtes 1. Bein Rückenansicht; C Pflaumenmilbe, *Lepidoglyphus destructor*, Weibchen, Rückenseite, D rechtes 1. Bein Bauchansicht, *ko* Kopulationsröhre, *sch* Schuppe, *t* Tasthaar (nach HUGHES).

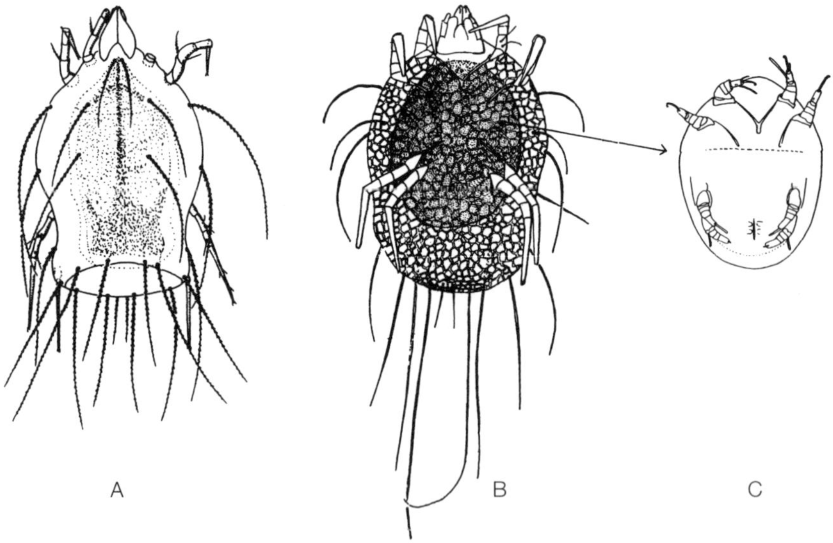

Abb. 208: A *Glycyphagus domesticus*, Protonymphenhaut Rückenansicht mit Dauernymphe (Hypopus) im Innern; B *Lepidoglyphus destructor*, Protonymphenhaut Bauchseite mit Dauernymphe (Hypopus) im Innern, C Dauernymphe frei (nach HUGHES).

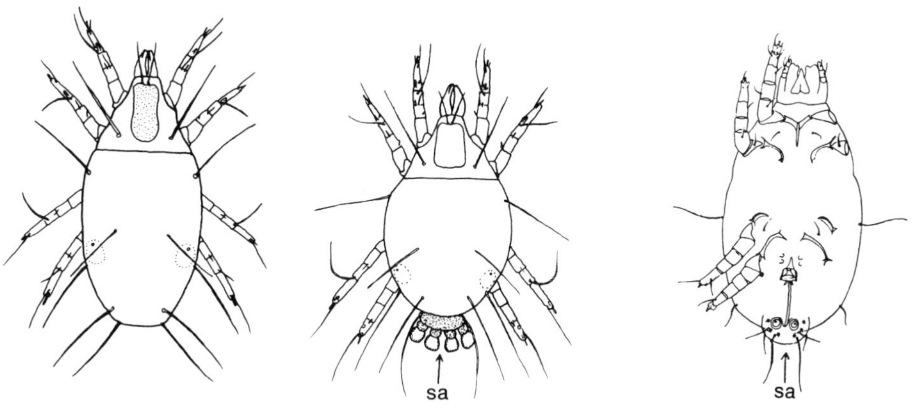

Abb. 209: Essig- oder Karpfenschwanzmilbe, *Histiogaster carpio*, A Weibchen, B Männchen Rückenansicht; C *Thyreophagus entomophagus*, Männchen, Bauchseite, *sa* Schwanzanhang (nach TÜRK & TÜRK, HUGHES).

pergröße Weibchen 0,4–0,75 mm, Männchen 0,32–0,4 mm, Protonymphenhaut mit Dauernymphe (Hypopus) im Innern ist mehr oder weniger glatt (Abb. 208 A) . . . . **Hausmilbe,** *Glycyphagus domesticus* (DE GEER, 1778)

in Vorratslagern sowie in Heu, Stroh, Vogelnestern und Wohnungen. Sie lebt und entwickelt sich in allen möglichen trockenen pflanzlichen und tierischen Stoffen, in Heuabfällen, Honigwaben, trockenen Früchten usw., vor allem wenn die Produkte modrig geworden sind. Bei viel Feuchtigkeit und Vorhandensein einiger bestimmter Schimmelpilzarten kann es in Wohnungen auf Matratzen, Polstermöbeln und an den Wänden zu einer Massenentwicklung und großen Plage kommen. Bei empfindlichen Personen können die Milben Allergien hervorrufen. Dauernymphen treten häufig auf.

– Endglied der Beine mit langer, dichtbehaarter Schuppe (Abb. 207 D, *sch*), Mitte des Vorderrückens ohne Längsleiste (Crista metopica) (Abb. 207 C), Körper weißlich, Körperlänge des Weibchens 0,4–0,56 mm, des Männchens 0,35–0,5 mm, Protonymphenhaut mit Dauernymphe deutlich gefeldert (Abb. 208 B) . . . . **Pflaumenmilbe,** *Lepidoglyphus destructor* (SCHRANK, 1781)

eine der häufigsten vorratsschädlichen Milben, die oft vergesellschaftet mit *Acarus siro, Cheyletus eruditus* und *Ch. malaccensis* vorkommt. Man findet sie in modrig gewordenen pflanzlichen und tierischen Produkten wie Hafer, Roggen, Weizen, Gerste, in Leinsamen, Reis, Trockenfrüchten, Heu, Stroh, getrockneten Tierhäuten, in Nestern von Hummeln, Nagetieren usw. Auch sie ist wie die Hausmilbe auf das Vorhandensein von viel Feuchtigkeit und Schimmelpilzen angewiesen, kann sich jedoch von einer größeren Anzahl verschiedener Schimmelpilzarten ernähren, was ihr eine größere Verbreitung ermöglicht. Dauernymphen treten häufig auf.

17. Hinterende des Männchens mit einem deutlich sklerotisierten, plattenförmigen oder vierteiligen Anhang (Abb. 209 B, C), beim Männchen und Weibchen ist die Rückenbeborstung unvollständig, es fehlen die Borsten *sci, hi,* d_1, d_2 *und la* (vgl. Abb. 183) . . . 18
– Hinterende des Männchens ohne Schwanzanhang, beim Männchen und Weibchen ist die Rückenbeborstung vollständig 19
18. Anhang des Männchens am Hinterende rund, glatt (Abb. 209 C, *sa*), Körper milchig-weiß bis gelblich gefärbt, länglich oval, bis 0,6 mm lang und 0,27 mm breit . . . . *Thyreophagus entomophagus* (LABOULBÈNE, 1852)

an Getreide und Getreideprodukten, an getrockneten Pflanzen für medizinische Zwecke etc.

– Anhang am Hinterende des Männchens vierteilig, fächerförmig (Abb. 209 B, *sa*), farblos, Körpergröße 0,45–0,52 mm . . . . **Essig-** oder **Karpfenschwanzmilbe,** *Histiogaster carpio* (KRAMER, 1881) früher oft in großen Mengen an den zur Essigbereitung benutzten Eichenhobelspänen. Gelegentlich in großer Zahl an bereits verschimmelten Nüssen.

19. Das Borstenpaar *ve* gut ausgebildet, es inseriert nahe der vorderen Ecke des Propodosomatalschildes (vgl. Abb. 183, *pr*), ungefähr in gleicher Höhe wie die Borsten *vi* (Abb. 219 C, *ve, vi*), Männchen stets mit Anal- und Tarsalsaugnäpfen (Abb. 217 B, C, *as, ts*) . . . 24
– Das Borstenpaar *ve* rudimentär oder fehlend, wenn vorhanden, dann inseriert es am Propodosomatalschild fast in der Mitte der Seitenränder, deutlich hinter den Borsten vi (Abb. 211 D, *ve, vi*), Analsaugnäpfe können beim Männchen fehlen 20
20. Körperoberfläche mit feinem Schuppenmuster oder längsgestreifter Felderung (Abb. 210), zwei auffällig lange Borsten am Körperhinterende, Analsaugnäpfe können beim Männchen fehlen 21
– Körperoberfläche meist glatt und glänzend, am Körperhinterende mindestens 4 sehr lange Borsten oder es sind nur kurze Borsten vorhanden, Männchen stets mit Anal- und Tarsalsaugnäpfen 22
21. Körperoberfläche fein längsgestreift und gleichzeitig gefeldert (Abb. 210 B), Männchen ohne Analsaugnäpfe, Körpergröße des Weibchens, 0,27–0,34 mm (Abb. 210 A) . . . . *Suidasia nesbitti* HUGHES, 1948

in Weizenkleie und verschiedenen anderen Kleien und an Reis.

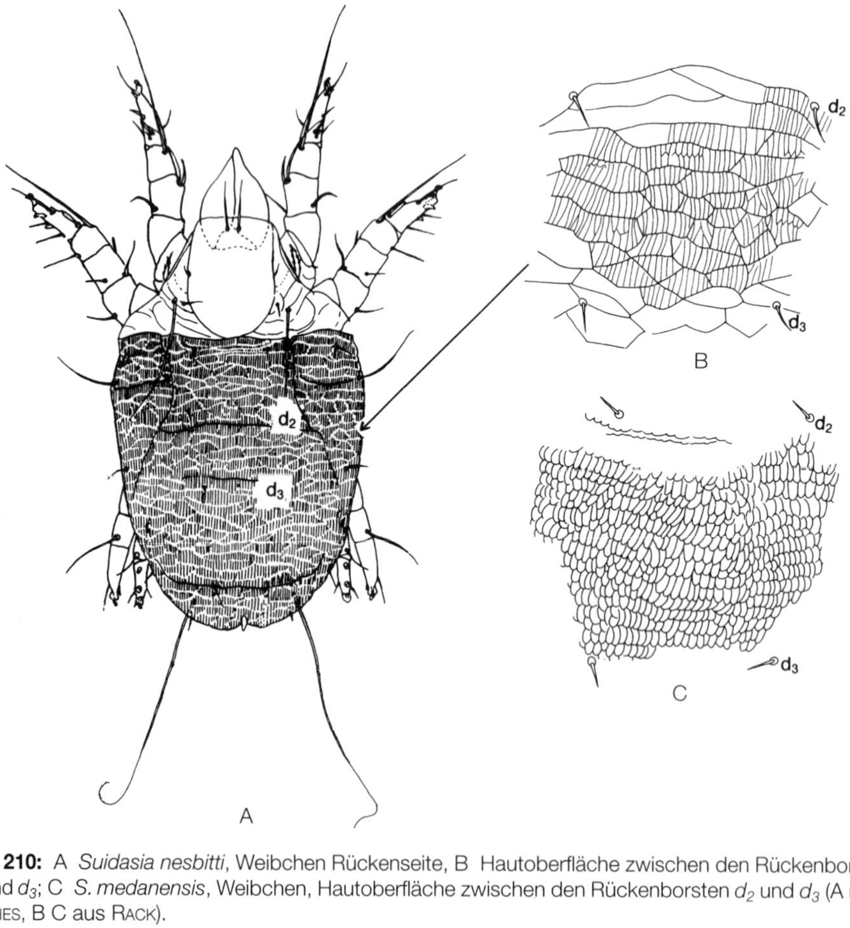

Abb. 210: A *Suidasia nesbitti*, Weibchen Rückenseite, B Hautoberfläche zwischen den Rückenborsten d_2 und d_3; C *S. medanensis*, Weibchen, Hautoberfläche zwischen den Rückenborsten d_2 und d_3 (A nach HUGHES, B C aus RACK).

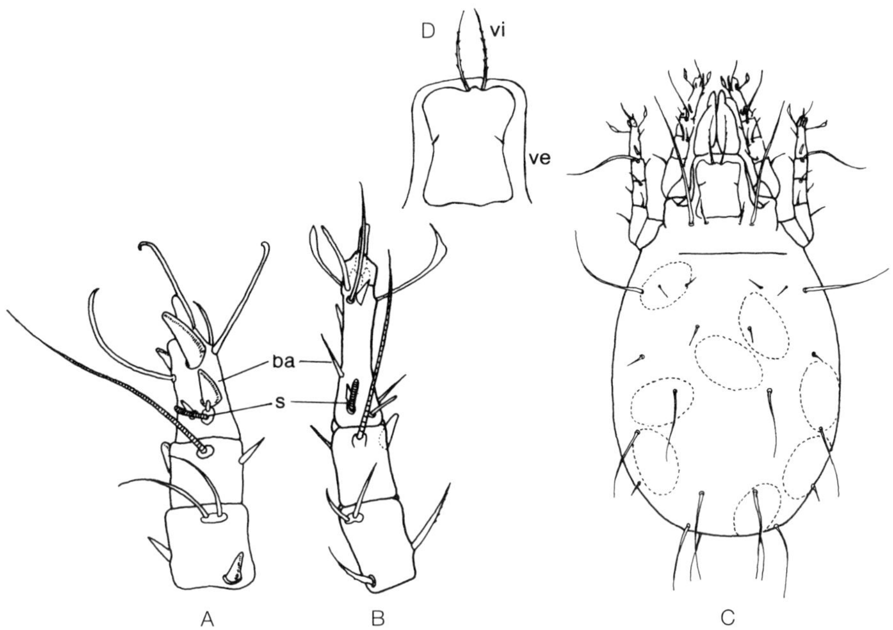

Abb. 211: A *Rhizoglyphus robini*, Männchen, rechtes 1. Bein Rückenansicht; *Caloglyphus mycophagus*, B Männchen, rechtes 1. Bein Rückenansicht, C Weibchen mit Eiern, Rückenansicht, D Schild des Vorderkörpers vergrößert, *vi* und *ve* innere und äußere Vertikalborsten, *s* Sinneskolben, *ba* Borste am Fuß des 1. Beines (nach HUGHES).

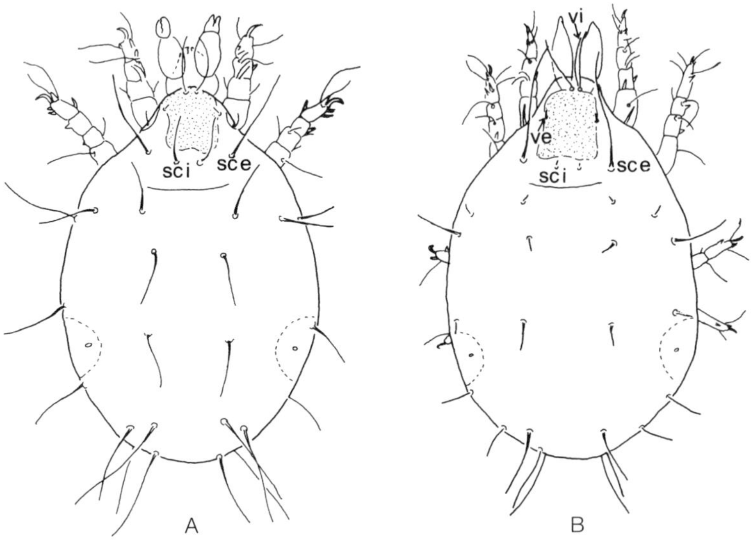

Abb. 212: Wurzelmilben, Weibchen, Rückenansichten von A *Rhizoglyphus echinopus*, B *Rh. robini*, *sci* und *sce* innere und äußere Scapularborsten, *vi* und *ve* innere und äußere Vertikalborsten (nach MANSON).

– Körperoberfläche ohne Längsstreifung, die Haut ist mehr rund-schuppenförmig gefältelt (Abb. 210 C), Männchen mit 2 großen, flachen Analsaugnäpfen, Körpergröße des Weibchens 0,29–0,36 mm . . . . *Suidasia medanensis* OUDEMANS, 1924
in Reiskleie, Erdnüssen, Erbsen etc.

22. Beine sehr kurz und dick, mit mehreren breiten Dornen versehen, Borste *ba* am Fuß des 1. Beinpaares in einen Dorn umgewandelt (Abb. 211 A, *ba*) . . . . **Wurzelmilben**, *Rhizoglyphus* 23
– Beine länger und nicht so dick, Dornen länglicher und schmäler, Borste *ba* am Fuß des 1. Beinpaares nicht in einen Dorn umgewandelt (Abb. 211 B, *ba*) . . . . Arten der Gattungen *Cosmoglyphus* und *Caloglyphus*, z. B. *Caloglyphus mycophagus* (MÉGNIN, 1874) (Abb. 211 C).
ungefähr 0,4–0,7 mm große, farblose Milben. Verschiedene, schwer voneinander zu unterscheidende Arten, die in modrigem Getreide, Kopra, Erdnüssen, Paranüssen, Kleie usw. vorkommen können.

23. Rückenborsten *sci* winzig, weniger als 1/10 der Länge der Borsten *sce* (Abb. 212 B), Körper gedrungen, glatt, glänzend, farblos, Beine rötlich braun, Körperlänge 0,45–1 mm . . . . **Kartoffelwurzelmilbe**, *Rhizoglyphus robini* (CLAPARÈDE, 1869) (= *Rh. solani* OUDEMANS, 1924)
an verrottenden Pflanzen, insbesondere Kartoffeln, Speisezwiebeln und den verschiedensten Blumenzwiebeln. Wandernymphen und heteromorphe Männchen treten häufig auf.
– Rückenborsten *sci* länger, etwa 1/3 der Länge der Borsten *sce* (Abb. 212 A), Körper glänzend, farblos, Beine rötlich braun, Körperlänge 0,65–0,75 mm . . . . *Rhizoglyphus echinopus* (FUMOUZE & ROBIN, 1868) (= *Rh. callae* OUDEMANS, 1924 sensu HUGHES)
an Zwiebeln von Narzissen, Freesien, Tulpen, Hyazinthen, Knollen von Gladiolen usw. Wandernymphen und heteromorphe Männchen treten auf.

24. Alle Beine der Weibchen mit je 2 Krallen, bei den Männchen endet das 3. Beinpaar nicht in 2 Krallen, sondern in 2 großen Dornen (Abb. 213 D) . . . . *Lardoglyphus* 25
– Alle Beine der Weibchen nur mit 1 Kralle, bei den Männchen ist das 3. Beinpaar wie bei den Weibchen ausgestaltet 26

25. Rückenborstenpaar d_4 dreimal so lang wie d_3, 1. und 2. Beinpaar des Männchens mit 2 Krallen (Abb. 213 B), Körper glatt, cremefarben, etwa 0,4–0,6 mm lang, Borsten auf dem Rückenschild der Wandernymphe einfach (Abb. 214 A) . . . . *Lardoglyphus zacheri* OUDEMANS, 1927
vor allem in eiweißhaltigen, tierischen Produkten wie Knochen, Häuten, Fellen, Schlachterabfällen, Fischmehl, Trockenfisch, getrockneten Wasserinsekten, sogenannten Muscas, die als Fischfutter gehandelt werden etc.
– Rückenborsten d_4 und d_3 ungefähr gleich lang, 1. und 2. Beinpaar des Männchens mit 1 Kralle (Abb. 215 A), in Färbung und Größe der vorher genannten Art ähnlich, Körper nur etwas rundlicher, Borsten auf dem Rückenschild der Wandernymphe deutlich verdickt (Abb. 216 A) . . . . *Lardoglyphus konoi* (SASA & ASANUMA, 1951)
Vorkommen wie vorher genannte Art.

26. Hinterende der Weibchen und Männchen mit 4 langen Schlepphaaren (Abb. 183 und 217 B, *pa, sai*), beim erwachsenen Männchen Schenkel des 1. Beinpaares auf der Unterseite mit einem auffälligen, starken Fortsatz (Abb. 217 A, *f*) 27
– Hinterende der Weibchen und Männchen mit mehr als 4 langen Schlepphaaren (Abb. 219, 220), beim erwachsenen Männchen Schenkel des 1. Beinpaares ohne auffälligen, starken Fortsatz 28

27. Ventraler Dorn *s* an den Fußspitzen der 1. und 2. Beine des Weibchens etwa so lang wie die Krallen, deutlich dick und nach außen gekrümmt (Abb. 218 A), Rückenborsten der Wandernymphe lang (Abb. 184 A), Körpergröße der erwachsenen Milben: Männchen 0,32–0,46 mm, Weibchen 0,35–0,65 mm . . **Mehlmilbe**, *Acarus siro* LINNAEUS, 1758 [= *Tyroglyphus* oder *Aleurobius farinae* (LINNAEUS, 1758)]

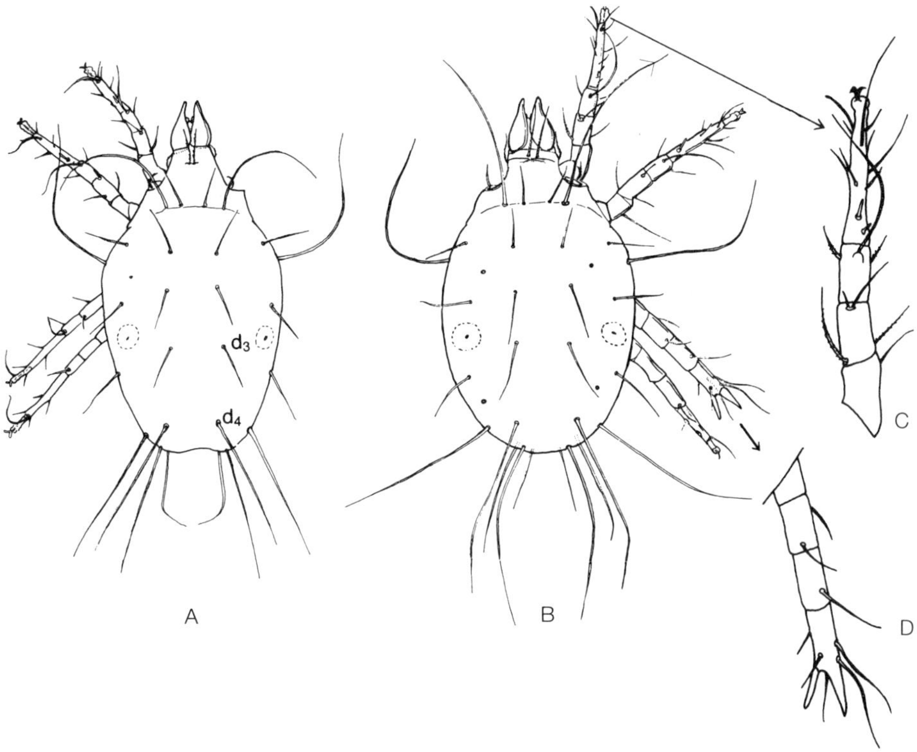

Abb. 213: *Lardoglyphus zacheri*, Rückenansichten von A Weibchen, B Männchen, C Männchen rechtes 1. Bein, D rechtes 3. Bein, d_3 und d_4 3. und 4. Rückenborstenpaar (nach HUGHES).

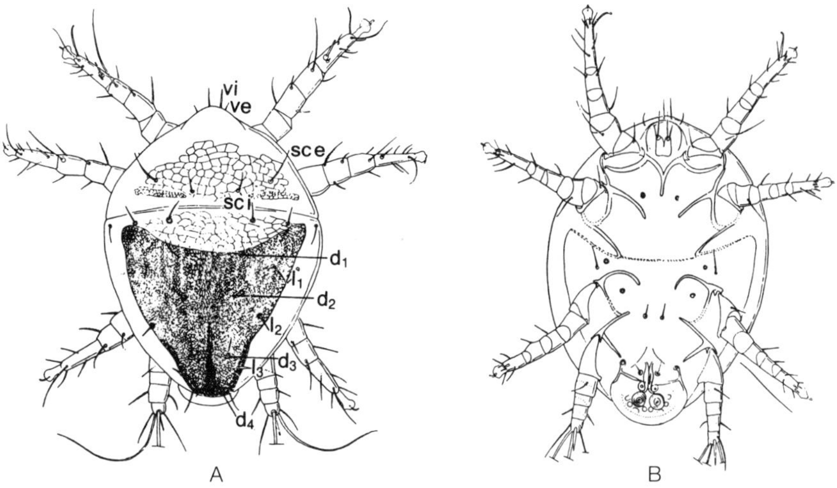

Abb. 214: *Lardoglyphus zacheri*, Wandernymphe (Hypopus), A Rückenansicht, B Bauchansicht (aus HUGHES).

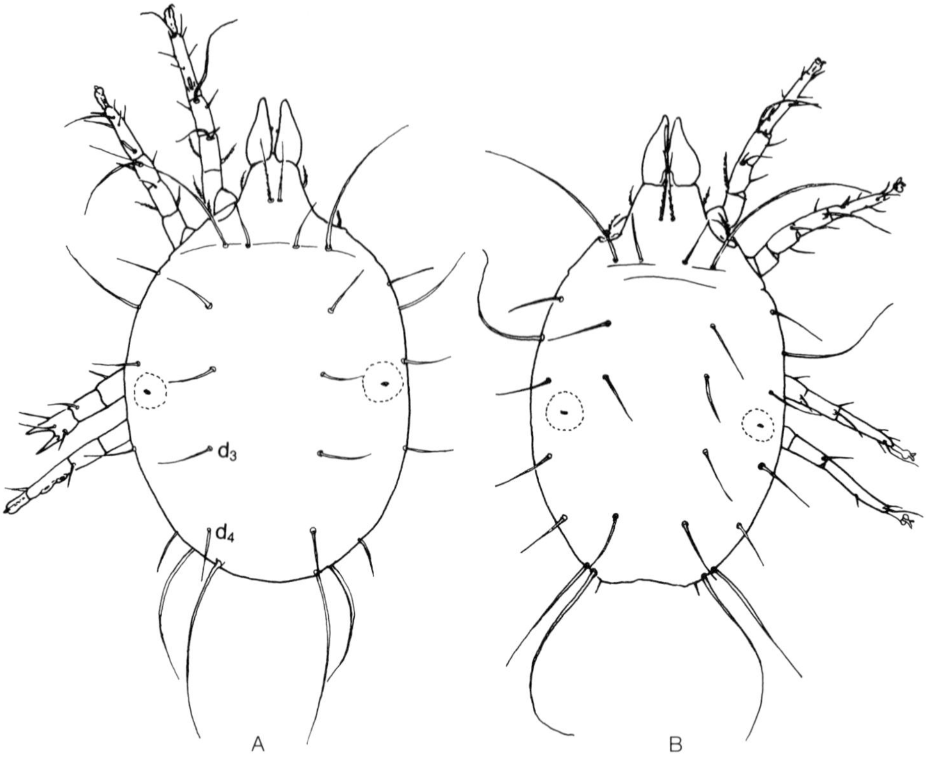

Abb. 215: *Lardoglyphus konoi*, A Männchen, B Weibchen, Rückenansichten, d_3 und d_4 3. und 4. Rückenborstenpaar (nach HUGHES).

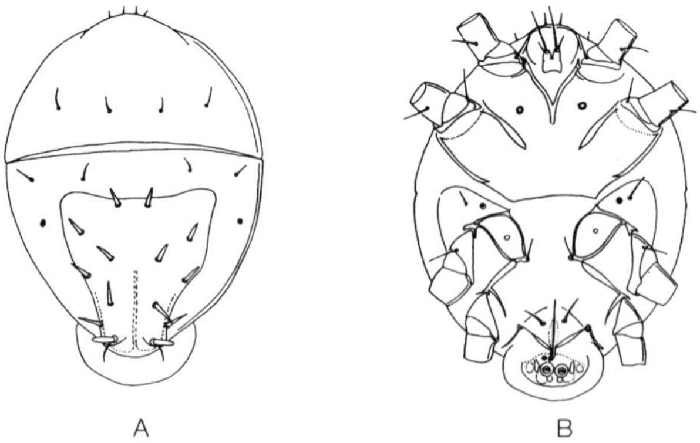

Abb. 216: *Lardoglyphus konoi*, Wandernymphe (Hypopus), A Rücken-, B Bauchansicht (aus HUGHES).

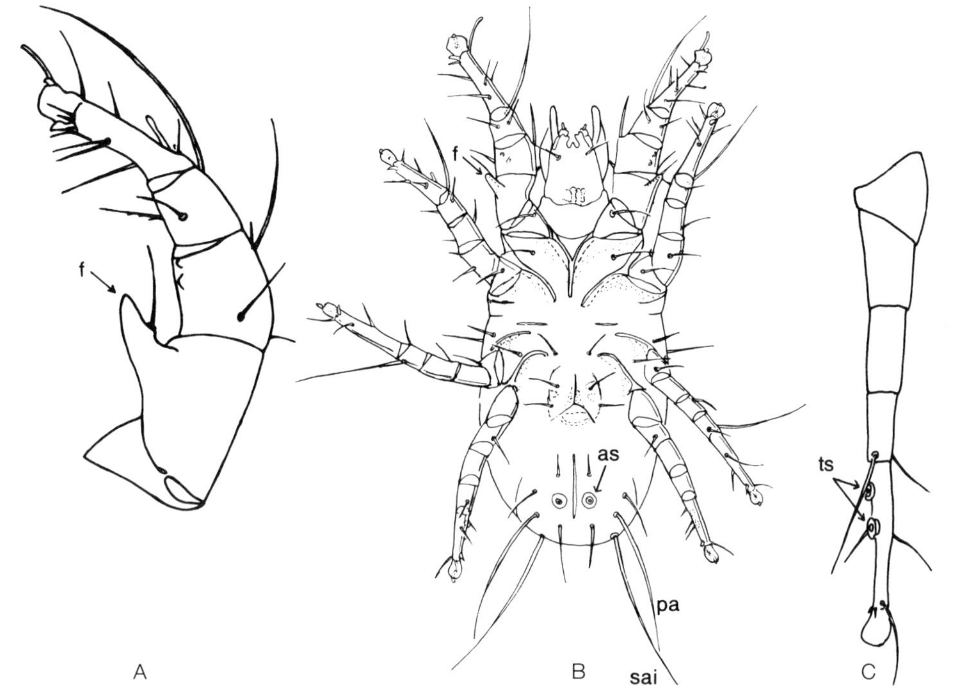

Abb. 217: Mehlmilbe, *Acarus siro*, Männchen, A rechtes 1. Bein vergrößert, B Bauchansicht, C linkes 4. Bein Seitenansicht, *f* Fortsatz, *as* Analsaugnäpfe, *ts* Tarsalsaugnäpfe, *pa* Postanalborsten, *sai* innere Sacralborsten (aus Hughes).

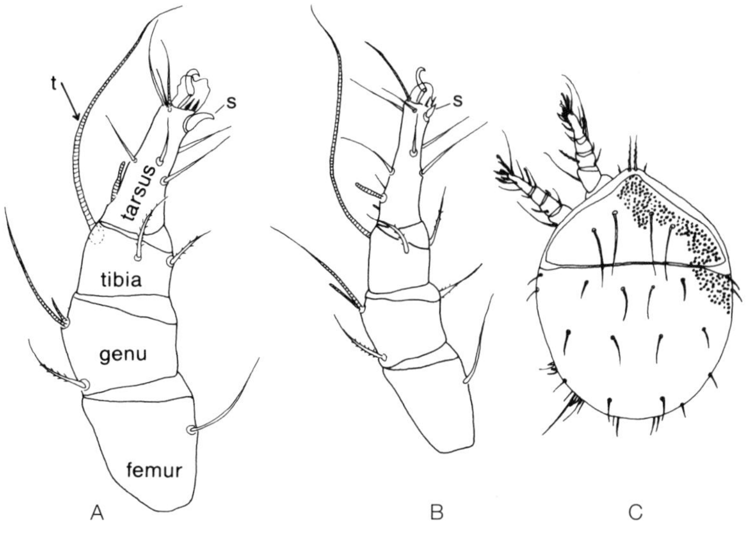

Abb. 218: Mehlmilbe, *Acarus siro*, A Weibchen 1. Bein; *Acarus farris*, B Weibchen 1. Bein, C Wandernymphe (Hypopus) Rückenansicht, *s* dornförmige Borste am Fußende, *t* Tasthaar (nach Griffiths, Hughes).

ein reiner Vorratsschädling, der in den verschiedensten Getreidesorten und -produkten, aber auch an anderen stärkehaltigen Vorräten, ferner an Heu, Käse usw. sehr häufig vorkommt und vor allem als Getreideschädling gefürchtet ist; denn im Gegensatz zu anderen in Getreide und Getreideprodukten lebenden Milben schädigt die Mehlmilbe nicht nur das fertige Mehl, zerbrochene oder bereits geschädigte Getreidekörner, sondern sie greift auch reife, gesunde Weizenkörner an, bohrt sich an der Stelle, an der der Embryo liegt, in das Korn ein, frisst zuerst den Embryo, dann auch den ganzen Inhalt des Korns, bis nur noch die Samenschale übrigbleibt. Vorkommen und Massenentwicklung der Mehlmilbe in Getreide sind nicht nur von der relativen Luftfeuchte streng abhängig, sondern vor allem auch von dem Wassergehalt der Körner. Stark vermilbte Lebensmittel können gesundheitliche Schäden bei Mensch und Tier hervorrufen und sind daher als Lebens- und Futtermittel ungeeignet.

– Ventraler Dorn *s* an den Fußspitzen der 1. und 2. Beine des Weibchens kleiner, nur etwa ½ so lang wie die Krallen (Abb. 218 B), Rückenborsten der Wandernymphe kurz (Abb. 218 C), Körpergröße der erwachsenen Milben: Männchen 0,36 mm, Weibchen 0,5 mm . . . . *Acarus farris* (Oudemans, 1905)

ist sozusagen die «Wildform» von *A. siro*, die auch im Freien zu finden ist, außerdem in Neubauten, auf Heuböden, aber nur sehr selten in Getreide und Getreideprodukten. Ähnlich leben noch andere Arten z. B. *A. immobilis* Griffiths, 1964, eine Art, die eine unbewegliche Dauernymphe (Abb. 184 C) ausbilden kann, die ihr das Überstehen ungünstiger Umweltbedingungen (Trockenheit, Begasung) ermöglicht.

28. Die inneren Rückenborsten *sci* sind kürzer als die äußeren Rückenborsten *sce*, Beine und Mundwerkzeuge rötlich braun, Körper weiß, Körperlänge: Männchen 0,48–0,55 mm, Weibchen 0,58–0,67 mm (Abb. 219 A) . . . *Aleuroglyphus ovatus* (Troupeau, 1878)

oft in großen Mengen in Kleie, Mehl, Hühnerfutter, getrockneten Fischprodukten usw., außerdem nachgewiesen in Mäuse- und Maulwurfnestern.

– Die inneren Rückenborsten *sci* sind länger als die äußeren Rückenborsten *sce*, Beine und Mundwerkzeuge meist wie der Körper farblos 29

29. Die Rückenborste *la* ist mehr als doppelt so lang wie die Rückenborste d_1 (Abb. 220 A), Körper farblos, Beine und Mundwerkzeuge bräunlich, Körpergröße: Männchen 0,45–0,55 mm, Weibchen 0,50–0,70 mm . . **Käsemilbe**, *Tyrolichus casei* Oudemans, 1910

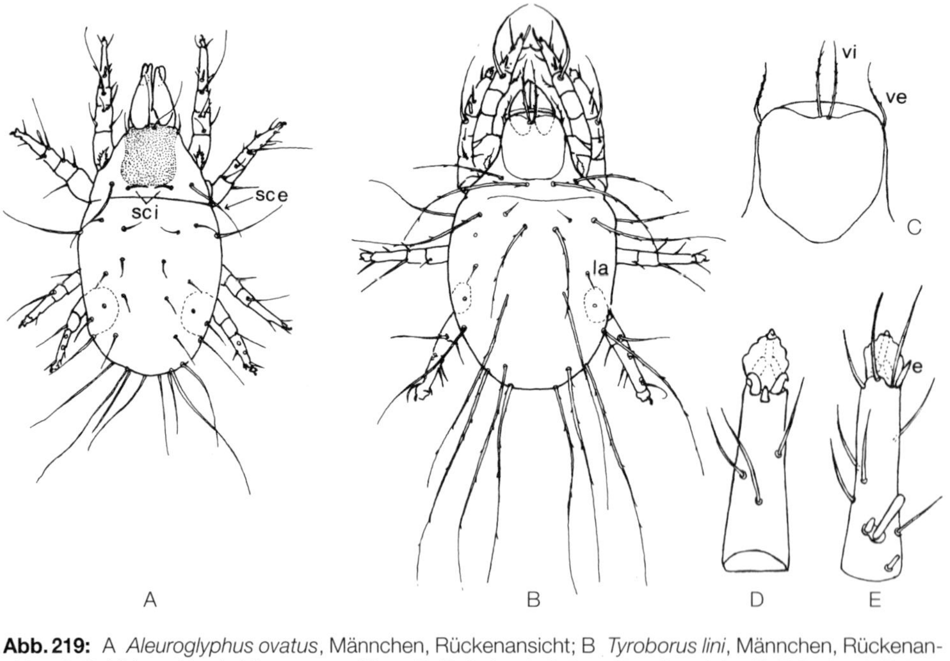

Abb. 219: A *Aleuroglyphus ovatus*, Männchen, Rückenansicht; B *Tyroborus lini*, Männchen, Rückenansicht, C Schild am Vorderkörper, vergrößert, D Fuß des 1. Beines Bauchansicht, E Fuß des 1. Beines Rückenansicht, *e* dornförmige Borste an der Fußspitze, *la, sci, sce, vi* und *ve* Borstenbezeichnungen (vgl. Abb. 183) (nach Hughes).

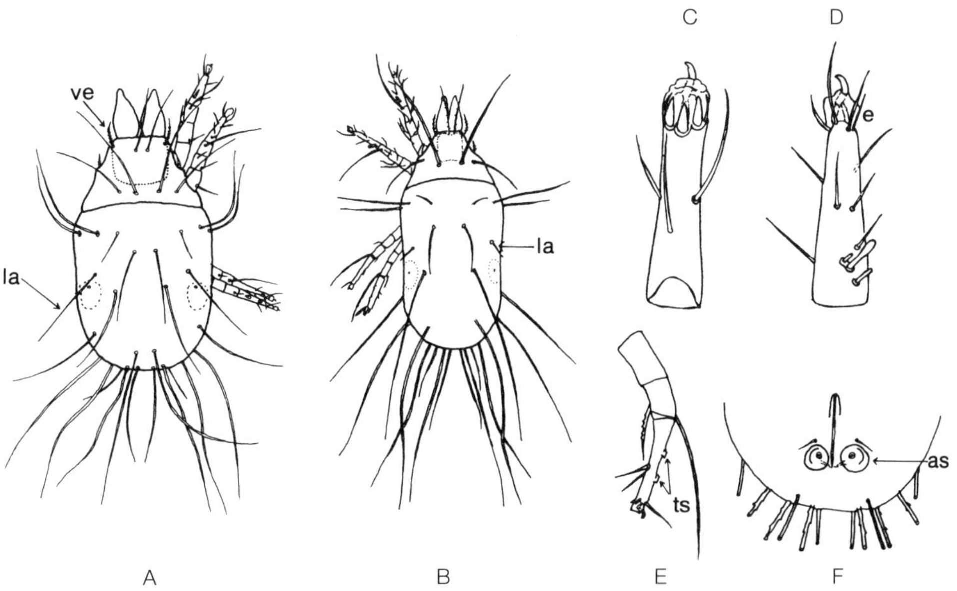

Abb. 220: A Käsemilbe, *Tyrolichus casei*, Weibchen, Rückenseite; B Modermilbe, *Tyrophagus putrescentiae*, Weibchen, Rückenseite, C und D Fuß des 1. Beines in Bauch- und Rückenansicht, E Männchen, 4. Bein, F Männchen Körperhinterende, Bauchseite, *as* Analsaugnäpfe, *ts* Tarsalsaugnäpfe, *e, la, ve* Borstenbezeichnungen (vgl. Abb. 183 und Text) (nach HUGHES).

auf Käse, in Getreide, feuchtem Mehl, Früchtebrot usw. Wurde in den Gegenden um Altenburg zur Käsebereitung gezüchtet.

– Die Rückenborste *la* etwa genauso lang wie die Rückenborste d_1 (Abb. 220 B) . . . 30

30. Borste *e* auf der Rückenseite der Fußspitzen des 1. Beinpaares nadelförmig, auf der Bauchseite der Fußspitzen 5 Dornen, von denen die 3 mittleren verdickt sind (Abb. 220 C, D) . . . . **Modermilben**, *Tyrophagus*

viele verschiedene, schwer voneinander zu unterscheidende Arten. Häufigste Art in Vorräten ist *Tyrophagus putrescentiae* (SCHRANK, 1781), deren Männchen 0,28–0,35 mm und deren Weibchen 0,32–0,45 mm lang sind. Die Milbe ist meist farblos, seltener leicht bräunlich. Sie ist weltweit verbreitet, kommt in Mitteleuropa jedoch nicht im Freien vor. Man kann sie insbesondere in Leinsamen, getrocknetem Ei, in Erdnüssen, Käse, Schinken, Heringsmehl, Kopra, ferner in getrockneten Bananen, Weizen, Hafer, Gerste und Mehl finden. Auch Kürbiskerne, Salami-Würste, getrocknete Aprikosen, getrocknete Pilze, Reis, Cayennepfeffer, Weizenkleie und vieles andere können stark von ihr befallen und ungenießbar gemacht werden. Sie tritt öfters in Laboratorien, in denen parasitische Pilze, z. B. Fußpilze, auf Agar-Agar-Böden gezüchtet werden, als unangenehmer Schädling auf und kann gelegentlich in noch sehr feuchten Neubauten zur Plage werden. Auch in Insektenzuchten und Bienenstöcken ist sie oft in großer Zahl zu finden, in letzteren nicht selten einen Befall der Bienen mit der **Tracheenmilbe** *Acarapis woodi* vortäuschend, da die **Modermilben** bis ins Innere von toten Bienen eindringen. Wander- oder Dauernymphen sind bisher nicht beobachtet worden.

– Borste *e* auf der Rückenseite der Fußspitzen des 1. Beinpaares dornförmig, auf der Bauchseite 3 Dornen (Abb. 219 D, E), Körper farblos, Körpergröße: Männchen 0,35–0,47 mm, Weibchen 0,40–0,65 mm (Abb. 219 B) . . . . *Tyroborus lini* OUDEMANS, 1924

hauptsächlich in Leinsamen, aber auch in altem Mehl, Weizen, in Vogel- und Hühnerfutter.

Anhang

Sachregister der charakteristischen Aufenthaltsorte der Schädlinge und der von ihnen befallenen Objekte und Lebewesen sowie der verursachten Schäden

Im Rahmen dieses Buches, das der Bestimmung der im Haus vorkommenden schädlichen Tiere dient, ist es nicht möglich, auf die Vielfalt ihres Vorkommens bis in alle Einzelheiten einzugehen. Viele von ihnen können auch nicht überall und nicht immer im Haus gefunden werden, sondern zeigen charakteristische ökologische Ansprüche, auf die in diesem Sachverzeichnis hingewiesen werden soll. Die unter einem Stichwort gegebenen Seitenzahlen weisen auf Arten hin, die an gleichen Stellen im Haus vorkommen und unter Umständen auch miteinander eine Lebensgemeinschaft bilden können oder auch die gleiche Nahrung haben. Durch diese Hinweise soll in Ergänzung zu den Bestimmungstabellen die richtige Unterscheidung ähnlich lebender Arten erleichtert werden. Dabei konnte allerdings keine Vollständigkeit der Möglichkeiten angestrebt werden, sondern es wurden nur die erfahrungsgemäß häufigen berücksichtigt.

Aas 122, 230, 234
Abachiholz 136, 167, 176
Abfälle 41 f
Abfallfresser 146
Aborte 224, 226, 230
Abortgruben 242
Abstützholz in Bergwerken 162
Abwässer 230
Abwassergräben 239
Acacia
  -Arten 157
  spirocarpa 157
  tortilis 157
Achroea 86
Äcker 253
Affenhaus 41
Agar-Agar-Böden 279
Agaven 77 f
Ahorn 152
akonitblätterige Bohnen 155
Algen 217
Allergien 267, 271
allergische Reaktionen 256
Aloe 77
Altbauwohnungen 134
Amaryllidaceae 68
Ambrosiapilze 169
Amseln 261
Angoraziegen 55
Anobien 114
Anobiidae 87
Äpfel 203, 210, 217
  lagernde 217
Apfelsamen 88
Apotheken 139, 142
Aprikosen 212, 268
  getrocknete 122, 279
  Kerne 89
Araceae 64
Arachis hypogaea 155
Arctium 73
Aronstabgewächse 64
Asparagus sprengeri 73, 78
Azaleen 162

Bäckereien 38 f, 42, 95, 140, 147, 208
Backobst 180
Backstuben 41
Backwaren 139
Badeanstalten 95
Badeplätze 253
Badezimmer 225 f
Bakterien, Verschleppung 95
Bälge, ausgestopfte 205
Balken 83, 102, 169
  feuchte 166
Balkenköpfe 99
Bambus 135, 137, 154
Bananen 46, 268
  getrocknete 124, 279
Batate 163

Bauernhäuser, strohgedeckte 111
Bauhinia 157
Bauholz 136, 139, 167, 175 f, 198–200
  baumkantiges 176
  feuchtes 194
  feuchtgehaltenes 153
  frisches 175
  pilzbefallenes 177
Bäume 94, 99
  hohle 17, 101
  Stämme lichtstehender 37
Baumrinden 22 f, 122, 249
Baumschwämme 218
Baumstämme 36
  frisch gefällte 169
  hohle 98
Baumstrünke 98
Baumwollballen 115
Baumwollsamen 212
Beta-Rüben 70
Betten 245, 267
  Ritzen 81
Bettwäsche 267
Beulenpest 246
Bienenstöcke 209 f, 279
Bienenvölker 254 f
Bienenwaben 144
Bienenwachs 214
Bilder 81
Birken 81
Birnensamen 88
Blattdrogen 142
Blattläuse 41
Blockhütten 175
Blumenkästen 41, 92
Blumentöpfe 32, 36, 38, 41, 64, 178
Blumentopferde 224, 241
Blumenzwiebeln 19, 274
Blut 228 f, 235, 243, 245, 247, 256, 261
Bodenräume 14
Bodenschwellen 153
Bohnen 155, 159, 163
Borellia
  burgdorferi 256
  recurrentis 63
Brachland, trockenrasiges 257
Bohlen Breite 155
Brennholz 23, 34, 151, 154, 175
Bretter 83, 166
Brieftauben 256
Bromeliaceen 75, 78
Bronchialasthma 267
Brot 39
Brötchen 217
Brunnen 227, 239
Brutstätten 227
Bucheinbände 216
Buchen 152, 169

Buchenholz 200
Buchweizen 163

Caesalpinoideae, Samen 157
Cajanus
  -Arten 159
  cajan (*indicus*) 155, 160 f
Camellia japonica 77
Capnodium-Arten 64
Capsella 73
Cassia 157
  acutifolia 158
  angustifolia 158
  obtusifolia 157
  senna 158
Cayennepfeffer 279
Chamaerops 78
Champignonkulturen 36, 38, 224
Cicer
  arietinum 155, 160 f
  -Bäumchen 78
Citruspflanzen 77
Clivia 75
Coronilleae 155
Corozonüsse 157
Cotoneaster 162
Cryptocoryne-Arten 64

Dachbalken 146
Dachbereich 16
Dachböden 12, 14, 101, 138, 247, 253, 266
Dachgärten 162
Dachkonstruktionen 174
Dachränder 17
Dachse 246
Dachsparren 17, 266
Dahlien 41
Dahlienknollen 25
Därme 115, 178
Datteln 121, 203, 210, 212, 268
Deckennetzspinnen 92
Derriswurzeln 135
Detritus 226
Dicke Bohnen 159
Dielen 169, 245
Dolichos lablab 155
Doppelwände 98
Drechslerwerkstätten 154
Drogen 107, 122, 138, 141, 144, 211
  pflanzliche 218
Drogenhandlungen 134
Drogerien 139
Dünger 109

Edelkastanienruten 154
Efeu 75
Eibischwurzeln 136

Eicheln 163
Eichen 136, 140, 154, 167, 169
Eichenbalken 176
Eichenhobelspäne 272
Eichenholz 114, 154, 176, 200
Eidechsen 225
Eier
  faule 235
  faulende 237
Eingangshallen 67
Elaeis guineensis 157
Elfenbeinnüsse 135
Enten 53, 56, 58 f, 256
Entzündungen
  von Gelenken 256
  von Herzmuskel 256
  von Hirnhaut 256
  von Zecken-Borelliose 256
Erbsen 155, 158–160, 163, 206, 274
Erdbeeren 25, 70
Erdboden 223, 231
Erdbohnen 155
Erde 32, 38, 99, 240
Erde-Luftbereich 175
Erderbsen 155
Erdgeschosswohnungen 162
Erdnüsse 41, 111, 121 f, 124 f, 149 f, 155, 157, 163, 187, 208 f, 212, 274, 279
Erdreich 180
Erica-Arten 72
Ericaphis gracilis 72
Eschen 136, 152
Essig 231
Essigbereitung 272
Esskastanien 210
Europäisches Rückfallfieber, Erreger 63
Exkremente 25
Expeller 121, 149, 187

Fabaceae 161
Fabrikräume 140
Fachwerkbauten 153
Fachwerkholz 175
  feuchtes 199
Fäkalien 224
  menschliche 233
Fallobst 232
Farne 68
faulende Stoffe 230
faulige Substanzen 242
Federn 32, 117, 178, 202, 205, 214, 216
Feigen 124, 268
  getrocknete 122 f, 210, 212
Feldbohnen 155
Felder 15
Feldfrüchte 20, 70
Feldmäuse 246
Felle 114 f, 178, 214, 274
Felsritzen 95
Felsspalten 99
Fenchel, Samen 89
Fensterbretter 153, 199, 266
Fensterumrahmungen 162, 176
Fensterverblendungen 16
Feuchtigkeit 271
Feuerbohnen 155
Fichten 83 f, 151, 162, 169, 174
Fichtenholz 153, 166
Ficus elastica 78
Fingerhutblätter 142
Fisch 242
  getrockneter 46
Fischfutter 274
Fischmehl 274
Fischprodukte, getrocknete 278
Flachdachbauten 266
Flachdächer 34
Flaschenkorken 203, 217
Flechten 37
Fleckfieber, klassisches 63
Fledermäuse 32, 81, 245, 261
  Schlafplätze 81, 247
Fleisch 34, 233 f
  getrocknetes 46
Fleischwaren 113
Fliegenmaden 86, 106
Fliegenpuparien 90
Flure 67
Folliculi Sennae 158
  Folliculi Sennae Alexandriae 157
Frauenhaarfarn 71
Früchte
  gärende 242
  getrocknete 125, 206, 210 f, 271
Früchtebrot 279
Fruchtsäfte 242
FSME 256
Füchse 246, 249
Fugen 99
Füllmaterial 142
Furniere 140, 176
Fußböden 267
Fußbodenbretter 166
  nassfaule 165
Fußbodendielen 162, 166
Fußbodenleisten 81
Fußbodenritzen 31, 245
Futtermittel 251, 267
Futtermittelbetriebe 126
Futterrüben 70
Futtervorräte 267

Galläpfel 110
Gänse 53, 56, 58 f, 256, 261
Gärkammern 39
Gärten 15, 19, 253

Gartenbohnen 155
Gartenerbsen 159
Gartenpflanzen 38
Gärtner 70
Gärtnereien 71–73
Gastwirtschaften 95
Gebäude 15, 17, 99, 101 f, 111, 162, 165, 229, 250
  leerstehende 13
  mit Schimmel 37
Geflügel 261
Geflügelcholera 56, 58
Geflügelfarmen 150
Geflügelmastställe, Massenentwicklung 128
Geflügelparasiten 50
Geflügelställe 117, 145, 256
Gemüse 19 f, 22–24, 34, 37, 45, 72, 222, 241
Geräte 176
Gerberschoten 157
Gerste 163, 206, 271, 279
Gesträuch, niederes 256
gesundheitliche Schäden 278
Getreide 29, 110, 121, 123–126, 128 f, 137, 142, 144, 147 f, 164, 187, 195, 203, 205–209, 211–213, 216–218, 271, 278 f
  befallenes 259
  beschädigtes 149
  feuchtes 48, 150
  modriges 274
Getreidekörner 16, 122, 178, 278
Getreideladungen 147
Getreidelager 49, 127, 142, 208
Getreideprodukte 125, 147, 149 f, 195, 271
Getreideproduktion 278
Getreideschädlinge 16, 185
Getreidespeicher, Massenauftreten 37
Getreidevorräte 267
getrocknetes Ei 279
Gewächshäuser 19, 21, 43, 46, 64, 67–73, 75, 77, 95–97
  tropische 97
Gewächshauspflanzen 75
Gewässer
  kotreiche 242
  stehende 227
  stehende und schwach fließende, kühle 227
Gewöhnliche Bohnen 155
Glycine max 155, 161
Gräben 14
Gräser 29
Grassaat 268
Grieß 134
Große Bohnen 155
Großküchen 42
Grubenholz 153, 166, 177
Grüfte 230
Grünlilie (*Chlorophytum comosum*) 77
Gummibaum 75
Gurken 19
Gurkenkernbandwurm 55
Gurkenreibereien 73

Haare 32, 178, 214
Häcksel 268
Hafenanlagen 146, 165
Hafeneinbauten 175
Hafenkonstruktionen 162
Hafer 163, 268, 271, 279
Hainbuchen 136
Haselnüsse 178
Hausbockkäfer, Parasitoide 93
Hausdächer 179
Häuser 21, 23, 37, 39 f, 48, 50, 80, 97 f, 142–144, 162, 175, 223, 232, 234, 247
  feuchte 22, 133
  Hohlräume 103
  Hohlräume von Holz 103
  Massenauftreten 41
  Masseneinwanderung 25
  Massenvermehrung 34
  mit Heuböden 264
  strohgedeckte 23
  Überwinterung 12, 29, 234
  zentralbeheizte 119
Hausgeflügel 50, 253
Haushalt 139
Haushunde 246, 249
Hauskaninchen 62, 249, 259
Hauskatzen 246, 249, 259
Hauskeller 13, 112
Hausmäuse 53, 62, 248
Hausmütter 262
Hausratten 248
Haussäugetiere 256
Hausschwämme, Fruchtkörper 203, 218
Hausschweine 61, 246
Haussperlingsnester 247
Hausstauballergien 267
Haustauben, zahme und verwilderte 247
Haustaubenniststätten 247
Hausterrassen 99
Haustiere 227, 253
  Gefieder oder Fell 32
Haustierställe 245
Hauswände 81
  sonnenbeschienene 80
Hautausschläge 259
Häute 114 f, 274
  trockene 205
Hautrötungen 267
Hautschuppen 267
Hefen 180
Heidegegenden 256
Heilkräuter, getrocknete 207
Heizungskeller 41 f
Helmbohnen 155

Herbarien 134, 207, 212
Heringsmehl 279
Heu 110 f, 207 f, 212, 219, 271, 278
Heuabfälle 271
Heuböden 111, 265
Hibiscus roseosinensis 77
Hirsche 237
Hofgeflügel 261
Höhlen 13, 18
Hohlräume 101 f
Holz 32, 92, 135, 137, 178, 193
  altes 48, 179
  altes mulmiges 199
  baumkantiges 175, 199
  faules 122
  feuchtes 175, 177, 198
  feuchtes verbautes 198
  frisch verbautes 175
  morsches 98, 102, 121, 146 f, 169, 180
  pilzzerstörtes 175
  tropisches 124
  verbautes 98, 167, 199
  verpilztes 129
  von Insekten befallenes 147
  von Schiffsaufbauten 47
  weiches 115
Holzbrückenkonstruktionen 175
Holzdielen 176
Holzhaufen, aufgeschichtete 14
Holzhäuser 166
Holzkonstruktionen 98
Holzlager 136, 142, 146, 176
Holzmulm 195
Holzpfähle 154, 175
Holzplastiken 176
Holzschädlinge 113 f, 135
Holzverschläge 176
Holzwespen 86
Holzwolle 50
Holzwürmer 87
Honig 268
Honigbienen 253 f
Honigtau 64, 77
Honigtauerzeuger 64
Honigwaben 268, 271
Horn 214
Hotels 42
Hotelzimmer 81
Huftiere 53
Hühner 53, 56, 59, 81, 253, 256, 261
Hühnerfutter 268, 278 f
Hühnerställe 31, 81, 216, 247
Hülsenfrüchte 160, 178, 206
Hülsenfrüchtler 155
Hummelnester 210, 217
Hunde 50, 62, 238, 245, 253, 257, 259
  Lagerstätten 253
  verwahrloste 55
Hundehütten 31
Hundeställe 253
Hymenopteren 259

Igel 246, 248
im Freien 18 f, 46, 48, 50, 102, 111, 119, 132, 148, 150, 166
im Freiland 77, 145
Ingwerwurzeln 136
Innenhöfe 162
Innenräume 68, 78
Innereien 237
Insekten 225, 262
  Bauten 121
  tote 115, 120, 209 f, 214, 217, 250
Insektenansammlungen 121
Insektenlarven 259
Insektenreste 225
Insektensammlungen 206, 216
Insektenzuchten 279
Isoliermaterial
  aus Haaren 119
  aus Wolle 119

Jauche 235
Jauchegruben 230, 239
Johannisbrot 210, 212

Kadaver 236
Käfer, holzzerstörende 259
Kaffeebohnen 107, 178
  ungebrannte 163
Kähne 146
Kakao 142, 211
Kakaobohnen 107, 115, 128, 150, 163, 178, 212
Kakteen 75, 78, 224
Kaltluftsysteme 34
Kaninchen 50, 246
Kaperbsen 155
Kapoksamen 111
Kartoffellager 38, 217
Kartoffeln 19 f, 22, 25, 34, 70, 207, 217, 222, 274
  angefaulte 223
  faulende 32, 36, 224, 230, 240 f
  jauchige 237
Käse 113, 231, 242, 278 f
Kastanien 206
Katzen 50, 245
keimhaltige Substanzen 235
Keimkasten 36
Keimüberträger 237
Keller 12, 14, 19, 21, 23 f, 32, 34, 38, 69 f, 72, 96, 106, 109, 111, 132, 146 f, 165, 179 f, 203, 222, 225, 230, 232, 250
  feuchte 36, 162
  trockene warme 250

Kellerräume 22, 112
  feuchte 223
Keratinsubstanzen 205
Kernholz 175
Kersingiella geocarpa 155, 161
Kichererbsen 155, 159 f
Kiefern 84, 151, 162
Kiefernholz 83, 153, 166, 174 f
  frisch gefälltes 199
Kisten 153
Kistenholz 84, 152
Kläranlagen 223, 226
Klee 208
  Samen 89
Kleie 163, 211, 267, 274, 278
Kleinschmetterlinge, vorratsschädliche 259
Knicks 14
Knochen 122, 274
Kohl 19, 70
Kohlrüben 19
Kompost 129
Komposterde 241
Komposthaufen 41, 131, 232
Konditoreien 42, 231
Kopra 113–115, 124 f, 149, 212, 274, 279, 41
Korbgeflechte 151
Koriander, Samen 89
Korinthen 123
Kork 94, 169
Korken 115
Kot 226, 233, 236 f
  der Asseln 225
Kotbröckchen 245
Krankenhäuser 42, 95
Krankheitsüberträger 236
Kräuter 212
Kübelpflanzen 64, 75, 78
Küchen 41, 232
Küchenabfälle 232
Küchenschränke 142
Kuhbohnen 155
Kuhdung 235
Kühe 55
Kühlhäuser 15
Kühlräume 143
Kulturland 24
Kulturpflanzen 74, 77
Kulturwiesen 253
Kümmelsamen 206
Kunstgegenstände 139
Kunstseide 39
Kürbis 19
Kürbiskerne 279

Lablab
  -Arten 159
  purpureus (*vulgaris*) 155, 161
Laboratoriumsmäuse 81
  weiße 248
Laboratoriumsratten 81
Lagerhäuser 42, 69 f, 132, 142
Lagerräume 80, 106, 147
  feuchte 129, 207
Lakritzenwurzeln 135 f
Langschwanzmäuse 246, 249
Lärchen 84
Lärchenholz 166, 174
Larven, holzbohrende 240
Lastkähne 175
Lathyrus-Arten 159
Laub 22
  vermoderndes 129
Laubbaumarten 162
Laubbäume 169, 198
Laubholz 115, 135 f, 138–140, 152, 154, 166, 176, 199 f
  feuchtes 165
  hartes 166
  pilzbefallenes 176
Laubholzschädlinge 135
Laurus 78
Lebensmittel 41 f
  eiweißreiche 235
  schimmelige 129
Lebensmittelhandlungen 236
Lebensmittelvorräte, schimmelige 111
Leder 178, 216
  feuchtes 210, 217
Lederballen 115, 169
Leguminosae (Fabales) 155
Leguminosen 158
  Samen 155, 160
Lehmwände 103
Leichen 122, 230, 233
Leinsamen 271, 279
Lens culinaris (*esculenta*) 155, 158, 160 f
Lenzites 169, 175
Leuchtreklamen 16
Lichtschächte 13
Limbaholz 136, 167, 176
Linden 80
Linsen 155, 158–160
Lorbeer 75, 77
Lorbeerarten 78
Luft-Boden-Zone 199
Luftfracht 45
Lüftungsschlitze 16
Lupinen 163
Luzerne 208
Lyme-Krankheit 256

Magazine 13, 39
Mais 107, 137, 163, 206
Malz 121

Mandeln 163, 208, 211 f, 218
Kerne 89
Maniokwurzeln 135
Marantaceen 78
Marderarten 246
Margarinefabrik 41
Märkte 236
Maronen 178
Massenauftreten 38
Massenvermehrung 25
Matratzen 267, 271
Matten 245
Mauerlöcher 16 f
Mauern 103, 250
Mauerrisse 250
Mauersegler 238
Mauerspalten 12 f, 95, 99
Mauerwände 250
Mauerwerk 98
Maulwurfnester 278
Mäuse 246
Mäusenester 278
Mauskatnüsse 149
Mehl 39, 122, 131, 144, 149, 163, 208, 211, 217, 267, 278 f
altes 279
feuchtes 279
Mehlhandlungen 147
Mehlläger 19
Mehlprodukte 139
Mehlrückstände 268
Mehlschwalben 238
Mehlschwalbennester 247
Mehlwurm 195
Menschen 53, 60, 62 f, 229, 235, 238, 244, 246, 249, 253, 256, 259
Blut saugen 227
Kleider und Haare 32
Krankheiten übertragen 225
Menschenkot 235
Milben 262
Mimosaceen 78
Mimosoideae 157
Mistbeete 131
Misthaufen 226, 242
Möbel 139, 154, 175, 193
Möbelstücke 176
Moder 180
Mohnsamen 268
Möhren 19, 70
Mondbohnen 155
Moorgegenden 256
Moose 38, 249
Mörtel zwischen den Ziegeln 103
Motten, vorratsschädliche Raupen 86
Mühlen 19, 38, 40, 49, 123, 126 f, 129, 142, 147, 208, 211
Mühlenschädlinge 149
Mülldeponien 44, 233, 235
Müllgruben 224
Müllplätze 40
Massenauftreten 41
Mungobohnen 155
Musaceen 78
Muscas 274
Museen 37
naturwissenschaftliche 121
Muskatnüsse 107, 124 f, 178
Myiasis 233

Nadelbäume 162, 169, 198
Nadelholz 98, 115, 139, 166, 175 f, 199
abgestorbenes 199
berindetes 140
feuchtes verbautes 165
pilzbefallenes 138
totes 98
verbautes 153 f
verbautes pilzbefallenes 194
Nadelholzarten 162
Nadelholzkonstruktionen 146
Nadelholzsamen 88
Nagetiere 261
Nahrungsmittel 251
Nerium oleander 78
Nester 121
verwilderter Haustauben 37
von Hummeln und Wespen 208
Neubauten 48 f, 84, 86 f, 146, 153, 175 f, 193, 199, 264
Dachstühle 154
feuchte 34, 48, 265, 279
Neubau-Wohnungen 132
Nistkästen 247
Nussbäume 136
Nüsse 136, 208, 211, 218
verschimmelte 272
Nutzholz 47
Nutzpflanzen 77

Obst 19 f, 45, 163
faulendes 25, 232, 236
getrocknetes 122
importiertes 77
trockenem 107
Obstabfälle 232
Obstbäume 152
Obstgärten 14
Obstläden 231
Obstsäfte 231
Obsttorten 231
Oleander 75, 77 f
Ölpalmen, Samen 157
Ölsamen 41

Opium 142
Orchideen 41, 77
organische Stoffe 245

Packmaterial 47
Palmen 78
  Samen 157
Palmkerne 124
Papier 50
  geleimtes 39
Papilionaceae (Fabaceae) 155, 161
Pappeln 152
Paprika 142
Paranüsse 124, 274
Parkett 154
Parks 14
Pelze 119, 185, 205, 214, 216
Pelzwerk 202
Pestüberträger 246
Petersilie 70
Pfähle 102, 151, 153, 166, 175, 199
Pfefferminzblätter 142
Pferde 50, 55, 238
Pferdebohnen 155
Pferdemist 235
Pfirsiche 268
Pflanzcontainer 178
Pflanzen 41
  angetrocknete 271
  getrocknete 142
  trockene 207, 212
  verrottende 274
Pflanzenbewuchs, lockerer 227
Pflanzenkrankheiten, Übertragung 70
Pflanzenprodukte, öl- und fetthaltige 212
Pflanzensaftsauger 266
Pflanzensamen 150
  fetthaltige 125
  trockene 208
Pflanzenstoffe
  faulende 129, 222 f, 226, 228, 241
  faulende und schimmelnde 109
  fetthaltige 115
  frische 217
  getrocknete 202
  schimmelnde 133 f
  trockene 138 f, 216
  trockene und modernde 217
Pflanzenteile, faulende 224
pflanzliche Abfallstoffe 36
pflanzliche Produkte 268
pflanzliche Stoffe 142 f, 205 f, 214, 216
  getrocknete 203
  trockene 120, 206, 211
pflanzliche und tierische Produkte, modrige 271
pflanzliche und tierische Stoffe, trockene 271
Pflastersteine 99
Pflaumen 73, 208, 210, 268
  getrocknete 122
  Kerne 89
Pflaumenmus 268
Phaseolus
  -Arten 155
  aureus 155
  coccineus (*multiflorus*) 155
  lunatus 155, 158
  vulgaris 155, 158, 160
Phoenix 78
Phytelephas macrocarpa (*Elephantusia*), Samen 157
Piliostigma 157
Pilzbefall 175
Pilze 19, 131, 194
  getrocknete 279
Pilzrasen 48
Pisum sativum 155, 159–161
Plodia 86 f
Polstermöbel 50, 117, 207, 216, 229, 245, 251, 267, 271
Porree 70
Presshefe 134
Prosopis farcata 157
Proteaceen 78
Puffbohnen 155, 158

Ratten 53, 62, 246, 249, 261
Rattenparasiten 260
Raubtiere 53
Räucherkamine 122
Rauchfleisch 115, 122, 180, 231
Rauchschwalben 238
Räume 253
  mit Schimmelrasen 180
Regenfässer 239
Regentonnen 227
Rehe 32, 237
Reis 110 f, 122 f, 148, 267, 271 f, 279
  geschälter 163, 209
  ungeschälter 163, 206
Reiskleie 274
Reisvorräte 131 f
Restaurationen 42
Rhamnus cathartica 73
Rhinitis 267
Rhizopertha 89, 91
Rhododendron 162
Rickettsia prowazekii 63
Rinde 147, 150, 177, 198
  untere 37
Rinder 50, 55, 61 f, 228, 234, 238
Risse 99
Robinien 136
Rochalimaea quintana 63
Roggen 163, 268, 271
Rohkakao 212
Rosinen 142, 210, 212, 268

Rotkleesaat 268
Rüben 19, 25, 224
Ruinen 12
Rußtaupilze 64, 69, 74, 77

Sabadillanüsse 157
Säcke, gebrauchte 134
Salami-Würste 279
Salat 19, 70
Samen 142, 208
 von Forstbäumen 203
Samenlager 121
Samenmotten 262
Samenvorräte 39
Sämereien 202, 206
Sarcophagidae 88
Särgen 122
Saubohnen 155, 160
Säugetiere 244, 261
Schaben
 amerikanische 85
 orientalische 85
Schädlingsvertilger 13
Schafe 32, 50, 55, 238, 246, 257
Schafställe 246
Schafweiden 257
Schalenpflanzen 64
Schallisolierwände 99
Scheffel 165
Scheunen 13, 80, 132
Schiffe 42
Schimmel 180
Schimmelbelag 217
Schimmelpilze 245, 267, 271
Schindel 166
Schinken 122, 231, 242, 279
Schlachterabfälle 274
Schlafplätze 12, 245
Schlafzimmer 245
Schlehen 73
Schmetterlinge, Eier 89
Schmetterlingsblütler 155
 Samen 161
Schmutzecken 229
Schnittlauch (*Allium schoenoprasum*) 70
Schnitzereien 137
Schokolade 115, 131
Schokoladefabriken 211
Schrot 163, 211
Schuppen 102, 145, 203
Schuten 146
Schutthaufen 225
Schwalbennester 81, 243, 245
Schweine 50
Schweinefutter 224
Schweineställe 246
Schweiß 235
Sellerie 70
Senecio 73
Senneschoten 157
Siele 14
Sijaabfälle 268
Soja hispida 155
Sojabohnen 155, 158, 163
Sojabohnenmehl 217
Sorghum 206
Spatzen 261
Speck 242
Speicher 14, 208, 213, 218
Speicherräume 250
Speisebohnen 155
Speisekammern, ländliche 122
Speisepilze, getrocknete 203
Speisezwiebeln 274
Sperlingsnester 243
Sperrholzplatten 176
Sperrholzverkleidungen, feuchte 166
Spinnennetze 121
Splintholz 175 f, 198
Spreu 142
Stadttauben 256, 261
Ställe 13 f, 17, 48, 150, 208, 232, 236, 253
Stallungen 142, 146 f, 235
Stärke, Gardinen 39
Staub 267
Stauholz 152, 169
Steckrüben 223, 228
Steine 23, 37 f, 95
 unter 22, 24
Steinnüsse 41, 157
Steinplatten, feuchte 225
Stellmacherwerkstätten 154
Stöcke 198
Stollen 12
Strauchbohnen 155
Straucherbsen 155
Strelitzia 78
Streu 268
Stroh 110 f, 129, 142, 208, 271
Strohdächer 129, 264 f
Stubenfliege 86
Stubenvögel 253
Sumpfwälder 256
Süßlupinen 163

Tabak 147, 211
Tabaksaat 142
Tabakwaren 138
Tamarindenfrüchte 163
Tamarindus 157
Tannen 83 f, 153, 169, 174
Tannenholz 176
Tapeten 48 f, 81
Tapiokamehl 148
Tauben 53, 56, 58 f, 81, 253, 261
Taubennester 134, 147, 206, 245

Taubenschläge 117, 215
Taubenställe 31
Tee 212
Teigwaren 163, 178
Telegrafenmasten/ -stangen 153 f, 174 f, 199 f
Teppichböden 267
Teppiche 117, 119, 245, 267
Textilien 41, 142, 169, 202
Textilschädlinge 118
Tiere, tote 237
Tierhäuser 42 f
Tierhäute, getrocknete 271
tierische Produkte 115, 117, 202, 216
tierische Stoffe 143, 178, 203 f, 206, 214, 216, 245
  trockene 120
tierische und pflanzliche Vorräte 119
Tierleichen 25, 235
Tischlerholz 176
Tomatenmus 268
Topfpflanzen 64
tote Stoffe 206
Totholz 94
Treibhäuser 19, 36
Treppen 98, 176
Treppenhäuser 67
Trockeneigelb 115
Trockenfisch 115, 274
Trockenfrüchte 129, 268, 271
Trockengemüse 211
Trockenhefe 134
Trockenobst 122, 208 f, 218
Trommeln 137
Tropfkörper 223, 226
Tumaconüsse 157
Tümpel 239
Türme 12
Türschwellen 199
Türumrahmungen 162, 176

Überseeschiffen 14
Überträger
  der Beulenpest 246
  der infektiösen Anämie der Pferde 55
  von Arboviren 256
  infektiöser Darmerkrankungen 233
  von Bakterien 256
  von Geflügelvirosen 58
  von Krankheiten 235
  von Krankheitserregern 69
Übertragung der Malaria 227
Ulmen 152

vegetabilische Stoffe 39
Vektoren 152
Veranden 98
verwesende Stoffe 206
Vicia
  -Arten 159
  faba 155, 159
  Samen 158
Vieh 229, 235
  Blut saugen 227
Viehbohnen 155
Vigna
  aconitifolia 161
  acutifolia 155
  angularis 155, 160 f
  mungo 155, 160 f
  radiata 155, 160 f
  subterranea 158, 161
  unguiculata 155, 158, 160 f
  (*Voandzeia*) *subterranea* 155
Viren 69
Vögel 238, 247
Vogelfutter 111, 279
Vogelnester 31, 49 f, 81, 118, 143 f, 207, 215, 229, 242, 261, 271
Vogelnistkästen 17, 102, 245
Vogelparasiten 260
völkerkundliche Gegenstände 137
Vorgärten 162
Vorräte 37, 143, 150
  feuchte 207
  pflanzliche 120 f, 137, 140, 149, 216, 218
  pflanzlicher und tierischer Herkunft 144 f
  schimmelige 150
  schimmelige pflanzliche 111, 128
  tierische 120 f, 140
  trockene pflanzliche 124
  verschimmelte 180
Vorratskammern 14
Vorratsschädlinge 259
  Eier 89
  Larven 106
  Räuber 112

Wachs 209
Wälder 15, 237
Waldränder 15, 253
Wände, schimmelnde 109
warme Plätze 41
warme Räume 39
Warmhäuser 47
Wasser 31, 228, 239
  fließendes 228
  mit Vegetation 239
  sauberes 227
Wasseransammlungen 227
Wasserbecken 227
Wassergräben, verkrautete 239
Wasserinsekten, getrocknete 274
Wasserkelchpflanzen 64
Wasserleitungsrohre, hölzerne 177
Wassernähe 228

Wasserstellen, künstliche 239
Weiden 152
Weidenruten, ungeschälte 151, 199
Weidevieh 235
Wein 231, 242
Weinbeeren 123
Weinberge 23
Weinfässer 122, 165, 206
Weinkeller 132, 203, 206, 217, 232
Weizen 111, 163, 206, 268, 271, 279
Weizenkleie 272, 279
Weizenkörner 207
  gesunde 278
Welpen 259
Werkholz 136, 167, 176, 199
Wespennester 207, 217
Wicken, wilde 159 f
Wiederkäuer 257
Wiederkäuerkot 233
Wiesen 14, 36
Wild 227, 256
Wildkaninchen 248
Wildvögel 261
Winterquartiere 12 f
Wohnhäuser, alte, Massenauftreten 140
Wohnräume 140
Wohnungen 21, 38, 50, 71–73, 75, 81, 136, 143, 147, 227, 234, 253, 257, 259, 271
  feuchte 49, 80, 132, 216
  zentralbeheizte 95
Wohnungslästlinge 185
Wohnzimmer 245
Wölfe 249
wolhynisches Fieber 63
Wolle 119, 178, 185
Wollsachen 203
Wollschädlinge 120
Wollstoffe 178, 202, 205, 214
Wolltextilien 202, 215 f
Wollwaren 117
Wühlmäuse 246
Wurstwaren 34, 113, 122
Wurzeln 98, 137, 178

Yersinia pestis 246

Zaunpfähle 162, 174, 179, 199 f
  ausgenagte 98
Zeltplätze 233
zerfallende Pflanzenstoffe 25
Ziegen 32, 50, 55, 62
Zierpflanzen 74
Zierrasen 266
Zierspargel (*Asparagus sprengeri*) 77
Ziervögel 261
Zigarettenfabrik, Dampfraum 49
Zimmer-Aralie (*Fatsia japonica*) 77
Zimmerfarne 77
Zimmerpalmen 75, 77 f
Zimmerpflanzen 29–31, 63 f, 68, 70, 74 f, 77 f
  Alpenveilchen 68, 70, 72
  Amaranthus 68
  Anthurium 67, 70
  Anthurium acaule 68
  Asparagus sprengeri 70
  Aspidistra elatior 68
  Aulacorthum geranii 72
  Azalea indica 67
  Azalee (*Azalea indica*) 65, 71
  Begonien 67 f, 70, 72 f
  Blausternchen (*Ageratum houstonianum*) 65
  Calla (*Zantedeschia aethiopica*) 67
  Croton (*Codiaeum variegatum*) 67
  Drachenlilie (*Dracaena*) 67
  Dreimasterblume (*Tradescantia*) 67
  Efeu 70
  Euphorbien 70
  Fleißiges Lieschen 70
  Flügelfarn 71
  Frauenhaarfarn (*Adiantum*) 65, 71
  Fuchsien (*Fuchsia*) 65, 70, 72 f
  Gloxinien 70, 72 f
  Goldtüpfelfarn 71
  Großblütige Edelpelargonie (*Pelargonium grandiflorum*) 65
  Gummibaum (*Ficus elastica*) 67, 74
  Heliotrop (*Heliotropium peruvianum, Heliotropium corymbifolium*) 65
  Howeia 67
  Kalla 70, 72
  Mexikanischer Leberbalsam 65
  Myrte 73
  Oleander 74
  Orchideen 65, 68
  Palmen (*Kentia, Pandanus, Phoenix*) 67
  Pantoffelblumen (*Calceolaria*) 69, 72
  Pelargonien 70, 72 f
  Pelargonium grandifolium 72
  Pelargonium peltatum 72
  Pelargonium zonale 72
  Primeln 70, 72 f
  Rosenfarbiges Sinn- oder Immergrün 70, 72
  Schwertfarn (*Nephrolepis exaltata, Nephrolepis cordifolia*) 65, 71
  Streifenfarn 71
  Streptocarpus 70, 72 f
  Tradescantia 68
  Wunderstrauch 67
  Zierspargel (*Asparagus sprengeri*) 69, 72 f
  Zimmer-Aralie (*Fatsia japonica*) 67
  Zimmerfarne 71
  Zimmerpalmen 74
  Zinerarien (*Senecio hybridus*) 69 f, 72 f
zoologische Sammlungen 117 f
Zucker 39, 125

Zuckerrüben 70
Zwieback 209
Zwiebeln 70, 124, 224
  von Freesien 274
  von Gladiolen 274
  von Hyazinthen 274
  von Narzissen 274
  von Tulpen 274

Verzeichnis der wissenschaftlichen Namen für die Schädlinge und ihre Feinde

Letztere, die unter Umständen zur biologischen Regelung von Vorratsschädlingen und Hausungeziefer eingesetzt werden können, sind hinter ihrem Namen durch ein [P] als Parasitoide und durch ein [R] als Räuber gekennzeichnet. Die Bezeichnungen für Gattungen und Arten sind mit kursiver und für höhere Taxa mit normaler Schrift gedruckt. Seitenzahlen mit einem * verweisen auf eine Abbildung auf dieser Seite, eingeklammerte Zahlen hinter den Seitenzahlen auf die Ordnungszahlen im 4. Verzeichnis (S. 314 ff.), worunter der dazugehörende englische (bzw. amerikanische) oder französische Vulgärname (common name) zu finden ist. Die französischen Namen werden von den englischen durch einen Schrägstrich getrennt, ist nur ein französischer im Verzeichnis 4 aufgeführt, so steht vor dem Schrägstrich ein Gedankenstrich.

Acalyptrata 231*
Acanthocinus 198
  aedilis 198
Acanthoscelides obtectus 108*, 155, 156*, 160
Acarapis 252
  woodi 254, 255*, 279
Acari 251
Acaropsellina 252
  docta 262[R], 263*
Acarus 252
  farris 277*, 278
  immobilis 252*, 278
  siro 251 f*, 271, 274, 277*
Acheta domesticus 32, 41, 42*
Achroia grisella 209, 209*, 214
Acidalia herbariata 207
Acrididae 41
Aculeata 82, 91
Adalia bipunctata 109*
Adephaga 104, 105*
Adistemia watsoni 133*
Aëdes 223*, 227, 239
Agelenidae 92, 250
Aglossa
  caprealis 210, 217
  cuprealis 210
  pinguinalis 210, 217
Ahasverus 93, 128*, 189
  advena 93, 128, 189*, 190
Aleochara 106[R][P]
Aleurobius farinae 274
Aleuroglyphus 252
Aleyrodina 31, 65, 69, 74, 76*
Allajulus londinensis 25
Alphitobius 149
  diaperinus 147 f*, 150, 197*, 198
  laevigatus 147 f*, 150, 197*, 198
Alphitophagus bifasciatus 147, 149*, 196*, 197
Amaurobiidae 250
Amblycerinae 158
Ameroseius 252
  plumigerus 265, 265*
  plumosus 265
Amphimallon solstitiale 150, 179*
Anacridium aegyptium 41, 42*
Anagasta 210
Anaticola
  anseris 56*, 59
  crassicornis 59
Anatoecus 58
  adustus 58
  cognatus 58
  dentatus 58
  discludus 58
  icterodes 56*, 58
Androlaelaps 252
  casalis 264, 265*
Anisochrysa
  (Chrysopa) carnea 30
  (Chrysoperla) 30
  (Chrysoperla) carnea 30*
Anisolabis 40 f
  maritima 41
Anisopteromalus 90*
  calandrae 91[P]
Anisopus 222*
  fenestralis 224*, 241
  punctatus 223, 224*, 241*
  (Rhyphus, Phryne) fenetralis 223
Annelida 64
Anobiidae 108 f, 138, 139*, 180, 193 f, 193*
Anobium 176
  punctatum 87, 138 f*, 173 f*, 177, 193
Anomala dubia 179*
Anopheles 223*, 226, 226*, 239, 239*
  atroparvus 227
  bifurcatus 227
  claviger 227
  maculipennis 226 f*[P]
  messeae 227
  typicus 227
Anoplophora glabripennis 152*
Anoplura 53, 60
Anthicidae 111, 191
Anthicus floralis 111, 111*, 191
Anthocoridae 80

Anthomyia pluvialis 235
Anthrenocerus australis 118*, 120, 186*, 188
Anthrenus 117
(Anthrenus) fasciatus 118
(Anthrenus) pimpinellae 118
(Anthrenus) scrophulariae 117
fasciatus 185, 186*
(Florilinus) museorum 117
fuscus 117, 118*, 185, 186*
(Helocerus) fuscus 118
(Helocerus) polonicus 118
museorum 185, 186*
pimpinellae 118*, 185, 186*
scrophulariae 118*, 185, 186*
verbasci 118, 118*, 183*, 185, 186*
Anthribidae 107, 178
Aonidia 75
lauri 78
Apamea sordens 213
Apate monachus 138
Aphaniptera 244
Aphididae 30, 32, 64, 69
Aphidina 64 f, 69
Aphidula [Aphis] nasturtii 73
Aphis nasturtii 71*
Aphomia
gularis 207*
(Paralispa) gularis *208*, 218
sociella 208, 217
Apidae 91, 102
Apiochaeta 230
Apion 106*, 108*, 161
Apis
mellifera 104
mellifica 104
Apocrita 82*
Apodidae 17
Apodiformes 17
Apus apus 17
Arachnida 249
Araecerus fasciculatus 106*, 107, 108*, 178, 178*
Araneae 250
Araneae 250*
Archaeopsylla erinacei 246*, 248
Arctosiphon malvae 72
Argas 252 f
persicus 253*, 255*, 256
reflexus 16, 255*, 256
Argasidae 256
Argyresthia conjugella 217, 218*
Aridius
(Conionomus) nodifer 133
nodifer 192*, 193
Arion
lusitanicus 18
rufus 18
Arionidae 18
Arrhopalites caecus 38
Arthropleona 35
Arthropoda 19
Aseminae 199*
Asemum 200*
striatum 153, 199, 200*
Aspidiotus
hederae 78
hederae unisexualis 78
Atomaria 128*, 129, 191
Attagenus 118
fasciatus 119
gloriosae 119
megatoma 119, 185
pellio 116*, 119, 183*, 185
piceus 119
schaefferi 119, 120*
smirnovi 119
unicolor 119, 120*, 185
woodroffei 119
Aulacorthum
(Neomyzus) circumflexus 71 f
pelargonii 72
solani 72
Auplopus carbonaria 92[P]
Aves 16
Azelia 236

Balaustium 252
murorum 266*
Bethylidae 33, 91 f
Bibio 223, 224*, 241*
marci 223
Bibionidae 223, 241
Blaniulidae 24 f
Blaniulus 24*
guttulatus 25
Blaps 105*, 146, 147*, 196*
-Arten 195
gigas 146
lethifera 147
mortisaga 147
mucronata 147
Blatta orientalis 43*, 45*
Blattariae 31 f, 42
Blattella
asahinai 45
germanica 44 f*, 45
Boophthoram erythrocephala 228
Bostrichidae 107 f, 135*, 136, 137*, 180, 193*
Bostrichiden 138*
Bostrichus (Bostrychus) capucinus 138
Bostrychiformia 115
Bostrychoplites 137
cornutus 137
Bourletiella 35, 38
signata 38

Bovicola
bovis 54*, 55
caprae 53 f*, 55
limbatus 53*, 55
Bovicolidae 53, 54*
Brachycaudus
cardui 73
helichrysi 73
lateralis cardui 73
Brachycera 221*, 222*, 228, 222
Brachydesmus superus 24
Brachymeria
fonscolombei 88
minuta 88, 88*
podagrica 88
Brachymeria 88[P]
Brachypeplus 124
rubidus 124
Bracon
hebetor 87*
(Microbracon) hebetor 87[P]
Braconidae 86, 87*
Braconinae 87
Bruchidae 91, 107, 155, 156*, 178
Bruchidius 160
incarnatus 155, 156*, 160
Bruchinae 158
Bruchobius 90*
laticeps 91[P]
Bruchophagus gibbus 89
Bruchus 158
affinis 159
atomarius 160
emarginatus 156*, 159
ervi 158
lentis 159
pisorum 156*, 159
rufimanus 156*, 159
signaticornis 156*, 158
Bryobia 252
cristata 266*
Buprestidae 177, 179*
Bursaphelenchus xylophilus 152

Cadra 210
Callidium
aeneum 174*
violaceum 154, 174*, 175, 199
Callimomidae 88
Calliphora 221 f*, 233 f*, 243, 243*
erythrocephala 234
vicina 86, 106, 234
vomitoria 234
Calliphoridae 90, 232
Callosobruchus 155, 160
chinensis 156*, 160
maculatus 156*, 161
Caloglyphus 252, 274
mycophagus 273*, 274
Calopus 174*, 179*
serraticornis 145*, 176, 179
Calyptrata 231*
Campanulodes bidentatus compar 58, 59*
Camponotidae 97
Camponotus 96*, 98, 169, 172*
fallax 98
herculeanus 98
ligniperda 98
Carabidae 104, 112, 179
Carabiden 113*
Carabus 112
cancellatus 113*
Carcinophoridae 40
Carnivora 13
Carpoglyphus 252
lactis 268, 269*
Carpophilinae 122
Carpophilus 91
bipustulatus 122
decipiens 123
dimidiatus 123*, 124, 188*, 189
freemani 124
hemipterus 109*, 122, 123*, 188*, 189
humeralis 124
ligneus 123*
marginellus 123*
mutilatus 123*, 124, 188*, 189
nitidus 124
obsoletus 123*, 124
quadrisignatus 122
Cartodere 179*
auct 134
(Conionomus) constricta 133
Caryedon 156
fuscus 157
gonager 157
palaestinicus 157
pallidus 157
serratus 155, 156*, 178*, 157
sudanensis 158
Caryoborus 157
chiriquensis 157
Cathartus 128*, 189
cassiae 128
quadricollis 128, 189*, 190
Cephalonomia 93*
tarsalis 93[P]
waterstoni 93
Cerambycidae 32, 106 f, 109, 151, 174, 177, 179, 198
Cerambycinae 199*
Cerataphis orchidearum 65
Ceratophyllus 246, 249
columbae 247*
fringillae 247*

gallinae 246–248*
hirundinis 247*
Ceratopogonidae 228
Ceratopogon 228*
Cerobasis guestfalicus 52
Cerosipha [Aphis] gossypii 73
Cerylonidae 110
Chaetanaphothrips orchidii 66*, 68
Chaetospila 87*, 90*
elegans 89[P]
Chalcididae 88
Chalcidoidea 85
Chalcidoma muraria 103
Cheletomorpha 252
lepidopterorum 262, 263*
Chelicerata 240
Cheyletidae 262
Cheyletiella 252, 259
blakei 258*, 259
parasitivorax 258*, 259
yasguri 258*, 259
Cheyletus 252
eruditus 263 f*, 271
malaccensis 262[R], 264*, 271
trouessarti 262[R], 264*
Chilopoda 22 f
Chironomidae 228
Chironomus 222*, 228*
Chiroptera 12
Chlorophorus annularis 154
Chloropulvinaria floccifera 75
Chloropulvinaria cestri 75
Chortoglyphus 252
arcuatus 268, 269*
Chrysididae 92[P]
Chrysis 92
Chrysomphalus dictyospermi 78
Chrysops 229[P]
Cimex
columbarius 16, 79*, 81
hemipterus 79*, 81
lectularius 27*, 79*, 81
pipistrelli 79*, 81
rotundatus 81
Cleridae 107, 110, 113, 180 f
Cleriden 111*
Larven 181*
Clethrionomys glareolus 14
Clytus 154
arietis 154
Coccina 65, 69, 74, 76*
Coccinea 31
Coccinella septumpunctata 109
Coccinellidae 109
Coccus hesperidum 76*, 77
Cochliomyia hominivorax 234[P], 243, 243*
Coleoptera 30–32, 104
Collembola 32 f
Colletes daviesanus 103
Coloceras damicornis fahrenholzi 59*
Columba livia domestica 16
Columbicola 53
columbae 59, 59*
Conicera 230
Corcyra 87, 218
cephalonica 94, 209, 209*, 213*, 219
Corrodentia 50
Corticaria 132
fulva 132, 192
pubescens 132, 132*, 192
Corylophidae 109
Corynetes 110, 114*
coerulans 181, 181*
(Korynetes) coeruleus 114[R], 181
Cosmoglyphus 174
Cossoninae 162 f, 165*, 177
Cossonini 177
*Cossonus** 108*, 165*
linearis 165
parallelepipedus 165
Cothonaspis boulardi 86
Crabro 92
(Crabro) quadricinctus 92
(Solenius) vagus 92
Crabronidae 92
Crataerina pallida 238[P]
Cremastogaster scutellaris 94
Creophilus maxillosus 106[R]
Criocephalus 172*
rusticus 153, 174*, 175, 199
tristis 153, 174*, 175
Crocidura 12
leucodon 12
russula 12
suaveolens 12
Cryptolestes 125
capensis 126 f*
ferrugineus 93, 126 f*, 190*, 191
Larven 93, 190*
minutus 128
pusilloides 127*, 128
pusillus 93, 127*, 128, 190*, 191
turcicus 93, 126 f*, 190*, 191
ugandae 127*
Cryptophagidae 112, 129, 180, 191 f
Cryptophagus 129, 192, 192*
acutangulus 112*, 130, 130*
cellaris 131
dentatus 130*, 131
distinguendus 130
fallax 130
pilosus 131
postpositus 130
pseudodentatus 131
saginatus 130*, 131 f
scanicus 131

scutellatus 130*
subfumatus 130*, 131
Cryptotermes 48*
brevis 47
Ctenolepisma lineatum 40
Ctenophalides
canis 246*, 248, 248*
felis 246*, 249
Ctenophalides canis 249
Cuclotogaster
(Gallipeurus) heterographus 59
heterographus 57*
Cucujidae 109, 112, 124 f, 180, 189
*Culex** 27*, 226*, 239*
pipiens 226*, 227, 239*, 240
pipiens molestus 227
Culicidae 226
Culiseta 239*
annulata 226*, 240
(Theobaldia) annulata 227
Curculio nuceum 178
Curculionidae 107, 161, 177 f
Cyclorrapha 221 f*, 229
Cylindroiulus teutonicus 25
Cynipidae 86
Cynipiodea 85

Damalinia 52, 55
Delichon urbica 17
Dendrobium 174*
(Coelostethus) pertinax 139
pertinax 138*, 177, 194
Dermacentor 252, 257
marginatus 257 f*
reticulatus 257
Dermanyssus 252, 261
gallinae 16, 260*, 261
hirundinis 261
Dermaptera 31 f, 40
Dermatophagoides
farinae 267, 268*
pteronyssinus 267, 268*
Dermestes 109*, 115
-Arten, Puppenwiegen 169
ater 116*, 117, 182, 184*
bicolor 117
cadaverinus 116*, 117
carnivorus 116*, 183, 184*
doemmlingi 116*
frischi 116*, 184, 184*
frischi var sibiricus 116*
haemorrhoidalis 116*, 117, 183, 184*
lardarius 115, 116*, 182, 184*
maculatus 116*, 182, 183 f*, 185
peruvianus 116*, 117, 183, 184*
vulpinus 116
Dermestidae 33, 110, 115, 178, 182
Dermestiden, Larven 183*
Deroceras
agreste 18*, 19
reticulatum 19
Diaspididae 65, 75, 76*
Diaspis 78
boisduvali boisduvali 78
boisduvali coccois 78
bromeliae 78
echinocacti 78
Dictyna civica 250
Dictynidae 250
Dicyrtoma 35
fusca 38
Dicyrtomidae 38
Dienerella 134
argus 134
costulata 134
elegans 134
elongata 134
filiformis 134, 134*, 193
filum 134, 134*, 192*, 193
ruficollis 134
Dilophus 223, 224*
Dinoderus 137
bifoveolatus 137, 137*
minutus 137, 137*
Diplylidium caninum 63
Diplopoda 22, 24*
Diptera 30, 221
Dolichoderidae 97
Dolichovespula
media 102
norwegica 100
saxonica 101*, 102
slyvestris 101*, 102
Dolopteryx
domestica 50, 51*
(Dorypteryx) pallida 50
Dorypteryx 29
Drosophila 231, 242, 242*, 244, 244*
ambigua 232
ampelophila 232
busckii 232
fasciata 232
fenestrarum 232
funebris 232, 244*
hydei 232
melanogaster 86, 230*, 232, 244*
repleta 232
Drosophilidae 231
Dryadaula pactolia 220
Dysaulacorthum vincae (solani) 71*, 72

Echocerus maxillosus 148, 148*
Ectobius 46
lapponicus 46
panzeri 46
silvestris 46

Ectomyelois
ceratoniae 209*, 219*
(Spectrobates) ceratoniae 210, 219
Elateridae 180
Eliomys quercinus 14*
Empicoris 80 f
culiciformis 79*, 80
vagabunda 80
Endomychidae 111, 191
Endrosis
lacteella 207
sarcitrella 206 f*, 207, 216, 216*, 220 f
Entomobrya 33*, 35
marginata 37
nivalis 37
dorsalis 37
immaculata 37
maculata 37
Entomobryidae 36
Entomobryomorpha 35
Eomenacanthus
(Menacanthus) stramineus 58
stramineus 57*
Ephestia 86 f, 89, 93 f, 202, 210 f, 213*
(Anagasta) kuehniella 201*, 210, 220
(Cadra) calidella 212, 220
(Cadra) cautella 209*, 212, 220
(Cadra) figulilella 212, 220
calidella 211*, 219*
cautella 211*, 213*
elutella 203*, 209*, 211, 211*, 213*
(Ephestia) elutella 220
figulilella 211*, 219*
kuehniella 211*, 213*
Ergates faber 153, 171*, 174*, 175, 199
Ericaphis ericae 72
Erinaceus europaeus 13
roumannicus 13
Eristalis tenax 230*, 242, 242*
Ernobius mollis 138 f*, 140, 176, 193
Ersitalomyia tenax 230
Euborellia 40 f
annulipes 40
peregrina 41
Eucoilinae 86
Eurostus hilleri 142, 144*
Eurytoma 89
amygdali 89
Eurytomidae 89
Evania appendigaster 85*

Fannia 90, 242*
canicularis 236*
scalaris 236
Felicola subrostratus 54*, 55
Figites 86*
anthomyiarum 86[P]
scutellaris 86[P]
striolatus 86[P]
Figitidae 86
Folsomia 35 f
fimetaria 36
Forcipomyia ciliata 228
Forficula auricularia 40*, 41
Forficulidae 41
Formicidae 97
Formicoidea 33, 91, 94

Gallacanthus
cornutus 57*
(Menacanthus) cornutus 58
Galleria mellonella 86, 89, 209, 209*, 214
Gamasina 264[R]
Ganaspis subnuda 86
Gastropoda 18
Gelechiidae 206
Geometridae 207
Geophilidae 22
Geophilus 23*
carpophagus 22
Gibbium
aequinoctiale 140 f
boieldieu 141
psylloides 140 f, 141*, 194, 195*
Gliridae 13
Glis glis 14*
Glomeridae 23
Glomeris 24*
Glycyphagus 252
domesticus 270*, 271
Gnatocerus
cornutus 148*, 197, 197*
(Gnathocerus) cornustus 147
Gohieria 252
fusca 267*
Goniocotes
gallinae 57*, 58
hologaster 58
Gracilia minuta 151, 152*, 199
Gymnaspis 75
aechmeae 78

Haematobia 243
irritans 243*
(Siphona, Lyperosia) irritans 235
Haematobosca (Haematobia) stimulans 235[P]
Haematopinus
asini 62*
asini asini 61
asini macrocephalus 61
eurysternus 61*
suis 61 f*
Haematopota 222*
italica 229[P]
pluvialis 229[P]
Haemodipsus ventricosus 61*, 62

Haemogamasus 252
pontiger 265
Haemolaelaps molestus 264
Haplotinea 204*
ditella 204*, 206, 216, 216*
insectella 204*, 206, 216
Harpalus
aeneus 113
(Pseudophonus) rufipes 113
rufipes 112, 113*
Hedychrum 92
Helina 237
Heliothrips haemorrhoidalis 66*, 67
Hemiptera 68
Hemipteroidea 68
Henoticus 192*
californicus 112*, 129, 192
serratus 129
Hercinothrips
bicinctus 66*, 68
femoralis 66*, 68
Heterobostrychus
aequalis 138
brunneus 135*, 138
Heteroptera 30, 32, 68, 79
Hexapoda 25
Hexarthrum
culinaris 166
exiguum 165*
(Rhyncolus) exiguum 166
Hippobosca equina 237*, 238[P]
Hippoboscidae 237
Hirundinidae 17
Hirundo rustica 17
Histiogaster 252
carpio 271*
Hofmannophila pseudospretella 207*, 216, 220, 262
Hoborstiella lata 58, 59*
Holakartikos crassipes 55
Holepyris hawaiiensis 93*, 94[P]
Holoparamecus
(Calytobium) caularum 131
depressus 132*
(Holoparamecus) depressus 131
(Holoparamecus) singularis 132
kunzei 131
Homoptera 68
Humerobates fungorum 266
Hybomitra 229[P]
Hydrotaea dentipes 237
Hylecoetus 179*
dermestoides 115, 115*, 169, 170*
flabellicornis 115, 115*
Hylobius 108*
abietis 162
Hylotrupes 176
bajulus 152*, 154, 171*, 174*, 175, 200*
Hymenoptera 30, 33, 82*
Hypogastrura 33*, 34
(Ceratophysella) armata 36
(Hypogastrura) manubrialis 36
(Hypogastrura) purpurescens 36
(Hypogastrura) ripperi 36
Hypogastruridae 36
Hypoponera punctatissima 96
Hypsopygia costalis 208, 219

Ibalia leucospoides 86, 86*
Ichneumonidae 86, 87*
Idiopterus nephrolepidis 71
Insectivora 12 f
Iridomyrmex humalis 96*, 97
Ischnopsyllidae 247
Ischnopsyllus hexactenus 246*
Isopoda 20
Isoptera 29, 33, 47
Isotoma 35 f
notabilis 36
Isotomidae 36
Isotomurus 35 f
palustris 36
Iulidae 24 f
Iuloidea 23, 24*
Ixodes 252
ricinus 256 f*
Ixodidae 256

Kalotermes 48*, 49
falvicollis 47
Kalotermitidae 47 f
Keidotoma marshalli 86
Kleidocerys resedae 80

Labia minor 41
Labiidae 41
Lachesilla 50
pedicularia 50
quercus 50
Lamiinae 198, 199*
Lardoglyphus 252, 274
konoi 274, 276*
zacheri 274, 275*
Lariidae 155
Lariophagus distinguendus 90*, 91[P]
Lasioderma 91, 108
serricorne 138, 139*, 194*, 195
Lasioseius 252
penicilliger 265
Lasius 96*, 98
alienus 99
brunneus 169
(Chthonolasius) umbratus 98
(Dendrolasius) fuliginosus 98
fuliginosus 94
(Lasius) brunneus 99

(Lasius) emarginatus 99
(Lasius) niger 99
Laspeyresia
(Cydia) pomonella 217
pomonella 218*
Latheticus 148*
oryzae 148, 149*, 196*, 197
Latridiidae 110, 131, 132 f*, 180, 192
Latridius 192*
(Enicmus) minutus 133*, 193
lardarius 133*
minutus 192*
Lecaniidae 75
Lepidocyrtus 35
curvicollis 38
cyaneus 38
lanuginosus 38
Lepidoglyphus 252
destructor 270*, 271
Lepidoptera 29, 32, 200
Lepikentron
(Bovicola) ovis 55
ovis 54*
Lepinotus
inquilinus 50, 51*, 52
patruelis 52
reticulatus 50, 51*, 52
Lepisma 39
saccharina 38, 39*
Lepismatidae 32
Lepismodes inquilinus 39
Leptopsylla segnis 246*, 248*, 248 f
Leptura rubra 153, 174*, 175, 198, 200*
Lepturinae 198, 199*
Leucophaea maderae 43*, 46
Leucothrips nigripennis 66*, 68
Licilia (Phaenicia) dericata 233
Limacidae 18
Limax
falvus 19
maximus 18*, 19
Limothrips
cerealium 29*
denticornis 29
Linepithema 96*
(Iridomyrmex) humilis 97
Linognathus
ovillus 62, 63*
setosus 61*, 62
stenopsis 62, 63*
vituli 61*, 62, 63*
Lipeurus caponis 57*, 59
Lipoptena cervi 237, 238[P]
Liposcelis 51
arenicolus 51
bostrychophilus 51
corrodens 51
divinatorius 51
entomophilus 51
kidderi 51
liparus 51
mendax 51
obscurus 51
paetulus 51
paetus 51
pubescens 51
simulans 51
subfuscus 51
terricolis 51
Lithobiidae 22
Lithobius 23*
forficatus 22
melanops 22
Lophocateres pusillus 112*, 122
Lucilia 230*, 233, 235, 243
ampullacea 233
caesar 106, 233
illustris 233
sericata 106, 233
Lumbricus 64
Lyctidae 110, 135, 135*, 176, 193*
Lyctocoris campestris 79*, 80 f
Lyctus 135, 180
africanus 136
brunneus 135*, 136
cavicollis 135 f
linearis 136
planicollis 135 f, 136*
pubescens 136
Lygaeidae 80
Lymexylon 170, 179*
navale 114, 115*, 170*, 176
Lymexylonidae 104, 114, 179

Macrosiphon
solani 70, 72
solani (solanifolii) 71*
Mallophaga 53
Mammalia 11
Mansonia 239
richardii 227
Marava
arachidis 40*
(Prolabia) arachidis 41
Martes foina 13
Masonaphis (Illinoia) azalee 71
Megachile 103*
centuncularis 103
Megalothorax minimus 38
Megarhyssa leucographa 87[P]
Megaselia 230, 230*, 242*, 244
Megastigmus 88
Megatoma undata 121, 186*, 188
Megatominae 119
Mellinus arvensis 92

Melolontha 179*
Melophagus 222*
ovinus 238[P]
Menopon galiinae 56, 57*
Menoponidae 55
Merophysiidae 131
Messor structor 95, 100*
Metophthalmus serripennis 132*
Mezium
affine 141
americanum 141*
sulcatum 142
Microbracon 87[P], 87*
Microtus arvalis 246
Migneauxia orientalis 132
Minthea 135
obsita 135
rugicollis 135, 135*
squamigera 135
Molorchus (Caenoptera) minor 151
Monochamus 152, 198
galloprovincialis 152*, 153, 174*
sartor * 153*, 174*
sutor 152*, 153, 174*
Monomorium 96*
floricola 95
minimum 95
pharaonis 95, 96*, 97
Monopis
crocicapitella 202, 202*
ferruginella 202, 215
imella 203
pallescentella 202*
pellionella 202*
rusticella 202*, 203, 215, 216*
Muridae 11
Murmidius ovalis 110*
Mus musculus
domesticus 15*
musculus 15
spicilegus 15
Musca 243
autumnalis 236, 243*
domestica 90, 106, 235 f*, 242 f*
Muscidae 90, 233
Muscidifurax raptor 91[P]
Muscina 243
assimilis 236
pabulorum 236
pascuorum 236
stabulans 90, 236
Mustela (Putorius) putorius 13
Mustelidae 13
Mycetaea 192*
hirta 110*, 111, 191
Mycetophagidae 111, 192
Mycetophagus quadriguttatus 111*
Mydaea 237
Myopsocnema 50
annulata 52
Myriapoda 21
Myrmicidae 94
Myzodes
[Myzus] persicae 70
persicae 71*
Myzus
ornatus 73
persicae 70
protulacae 73

Nacerda 179*
melanura 145*, 146, 175, 179
Nasonia vitripennis 90
Nathrius
brevipennis 152*, 199
(Leptidea) brevipennis 151
Nausibius clavicornis 125*, 189*, 190
Necrobia 110, 114*
-Arten 182
ruficollis 114
rufipes 114[R]
violacea 114, 114*, 181*
Neelidae 38
Neelus (Megalothorax) minimus 38
Nemapogon 86, 202, 204*, 221
-Arten, Puppenwiegen 169, 204
cloacellus 204*, 205, 216*, 218
granellus 203, 203 f*, 205, 216*, 218
personellus 203, 204*, 205, 218
ruricollelus 204, 204*
Nematocera 221 f*, 222
Nemeritis
canescens 87*
(Idechthis = Devorgilla = Venturia) canescens 86
Neocolpocephalum (Colpocephalum) turbinatum 56
Neotrombicula 252
autumnalis 253*
autumnalis autumnalis 253
Niditinea 204*
fuscipunctella 204*, 206, 216
Niptus 140*
hilleri 142
hololeucus 142, 143*, 194 f*
Nitidula 121*
bipunctata 122, 188, 188*
Nitidulidae 105, 122, 180, 188
Noctua pronuba 262
Nosopsyllus 248*
fasciatus 246, 248*, 249
paganus 246
Nycteribiidae 237

Oeciacus hirundinis 81
Oecophoridae 206

Oedemeridae 106, 145
Oinophila v-flavum 206, 220
Oinophilidae 206
Omphrale 229
Oniscoidea 20
Oniscus asellus 20*, 21
Onychiuridae 36
Onychiurus 33*, 35
Ophioninae 86
Ophonus obscurus 113
Ophyra
aenescens 90, 235[R]
leucostoma 86, 235[R]
Opiliones 250, 250*
Opilo 107
domesticus 114, 114*, 181*, 182
mollis 114, 181 f
Orchesella 35
cincta 36
Organothrips bianchii 64
Oribatei 266
Ornithomyia
avicularia 237*, 238[P]
biloba 238[P]
fringillina 238[P]
Ornithomyia 238[P]
Ornithonyssus 252, 261
bacoti 260*, 261
sylviarum 260*, 261
Orthellia caesarion 235
Orthoperidae 109
Orthorrhapha 221 f*, 228
Oryctes nasicormis 151, 179*
Oryzaephilus
mercator 189*, 191
surinamensis 93, 125*, 189*, 191
Oscines 17
Osmia 103
bicornis 103
rufa 103
Ostomidae 107, 111
Otiorhynchus 64, 108*
-Arten 178
(Dorymerus) sulcatus 162, 178
(Tournieria) ovatus 162
Oulocrepis
dissimilis 57*
(Goniodes) dissimilis 58
Oxychilus cellarius 18*

Pachymerinae 157
Pachymerus 157
nucleorum 157
quadrimaculatus 161
Palorus 148
depressus 148, 148 f*
ratzeburgi 148, 148*, 196*, 197
subdepressus 148, 148*, 196*, 197
Panchlora 46
exoleta 46
nivea 46
viridis 46
Paralispa (Aphomia) gularis 213*
Paratrechina 97
longicornis 97, 100*
vividula 97
Paravespula
germanica 101*, 102
rufa 100
vulgaris 101*, 102
Paregle radicum 235
Parthenothrips dracaenae 66*, 67
Passer
domesticus 16 f
montanus 17
Pecophoridae 206
Pediculus
capitis 62
humanus 60*, 63
Pemphigidae 231
Pemphigus bursarius 231
Pentarthrum huttoni 165, 165*
Pericoma 225*, 240
Periplaneta
americana 43, 44 f*
americana, Larve 46
australasiae 43, 44 f*
australasiae, Larve 46
Peripsocinae 50
Pharaxonotha kirschi 112*, 129, 188
Phauloppia locurum 265*, 266
Pheidole 95, 100*
pallida 95
Philopteridae 55
Phlebotomus papatasii 225*, 225[P], 240*
Pholcidae 250
Pholcus phalangioides 250
Phora 222*, 230
Phoridae 230, 242
Phormia 243
regina 234
Phthiraptera 32, 52
Phthorimaea operculella 207, 217
Phyllpertha horticola 179*
Phymatodes
-Arten 199
lividus 154
testaceus 154, 174*, 200
Pimplinae 87
Piophila 230*
casei 106, 230*, 231, 242, 242*
Piophilidae 231
Plagiolepis 97
Plagionotus arcuatus 154, 200, 200*
Planipennia 30
Planococcus citri 74, 76*

Plastonoxus
munroi 93[P]
westwoodi 93*
Plodia 202
interpunctella 201*, 203*, 208, 213*, 219, 219*
Ploiariola 80
Podura 33
Poduramorpha 35
Polistes 100
gallicus 100
nimpha 100
Pollenia 243
rudis 234, 243*
Polydesmoidea 23 f
Polydesmus 24*
coriaceus 24
denticulatus 24
inconstans 24
(Nomarchus) coriaceus 24
Polypax
serrata 62
spinulosa 62
Polyphaga 104, 105*
Polyxenus lagurus 23, 24*
Pompilidae 92
Ponera
coarctata 96*, 97
punctatissima 96*
Poneridae 95
Porcellio 20, 20*
dilatatus 20*, 21
laevis 20*, 21
scaber 21
Prastichtis (Hadena) basilinea 213
Priobium
carpini 177, 194
(= Tripopitys) carpini 138*
Prioninae 199*
Pristonychus terricola 113
Proctolaelaps 252
hypudaei 265
Procyon lotor 13
Procyonidae 13
Proisotoma 35 f
minuta 36
Prostephanus truncatus 135, 137
Protocalliphora 243[P]
Protophormia terraenovae 90, 234
Pselactus spadix 165, 165*
Pselaphognatha 23
Pseudeurostus hilleri 142
Pseudococcidae 74, 76*
Pseudococcus 74
adonidum 74, 76*
gahani 75
maritimus 75
Pseudoscorpiones 249, 250*
Pseudovespula omissa 102
Psocidae 50
Psocoptera 29 f, 33, 49
Psoquilla marginepunctata 50
Psoquilla 50*
Psychoda 225*, 226, 241*
Psychodidae 224
Psyllipsocus ramburi 50 f, 51*
Pteromalidae 87, 90
Pterostichus vulgaris 113
Pteroxanium 50
kelloggi 50
Pthirus pubis 60*
Ptilinus 108
pectinicornis 138 f*, 176, 193
Ptinidae 108, 140, 143 f*, 169, 180, 194
Ptinus
(Cyphoderes) raptor 144
fur 140 f*, 145, 194*
(Gynopterus) exulans 143
(Gynopterus) tectus 143
latro 145
(Ptinus) bicinctus 145
(Ptinus) clavipes 145
(Ptinus) clavipes f. mobilis 145
(Ptinus) fur 144*
(Ptinus) pusillus 144
(Ptinus) villiger 145
pusillus 145
raptor 141*
tectus 139*, 194 f*
villiger 195*
Pulex
irritans 245*, 246, 248*, 249
Pupipara 32, 221, 229, 237
Pycnoscelus surinamensis 44*, 46
Pyemotes 252, 259
tritici 259
ventricosus 259
Pyralis farinalis 207*, 208, 220
Pyraloidea 207
Pyrellia cadaverina 235
Pyroglyphidae 267
Pyrrhidium sanguineum 154, 200
Pyrrhocoris apterus 79*, 80

Raglius vulgaris 80
Rattus
intermedius 14
norvegicus 14
rattus 14
rattus alexandrinus 14
rattus ater 14
Reduvius personatus 79*, 80 f
Reesa vespulae 121, 186*, 187
Reticulitermes 47 f*, 49
flavipes 47
lucifugus 47
santonensis 47

Rhabdepyris zeae 93*, 94[P]
Rhaphigaster nebulosa 79*, 80
Rhexoza zacheri 224
Rhinotermitidae 47 f
Rhipicephalus 252
sanguineus 253, 257 f*, 259
Rhizoglyphus 252, 274
callae 274
echinopus 273*, 274
robini 273*, 274
solani 274
Rhizopertha (Rhyzopertha) dominica 137
Rhizophagidae 105, 122
Rhizophagus 121*, 122
parallelocollis 122
Rhopalomyzus
ascalonicus 71*
[Myzus (Nectarosiphon)] ascalonicus 70
Rhopalosiphoninus latysiphon 70
Rhycolus ater 166
Rhynchota 68
Rhyncolus
(Eremotes) chloropus 166
(Eremotes) elongatus 166
Rhyssa persuasoria 87[P]
Rodentia 12

Saissetia 77
coffeae 77
hemisphaerica 77
oleae 76*, 77
palmae 77
Saltatoria 31, 41
Sarcophaga 233*, 243*
carnaria 233
haemorrhoidalis 233
Sarcophagidae 88
Sarcoptes scabiei 252
Scarabaeidae 105*, 106, 150, 180
Scatopse 241*
fuscipes 224*
notata 224, 224*
Scatopsidae 224, 241
Scenopinidae 229
Scenopinus fenestralis 229, 229*, 242
Schizophyllum 24*
(Ommatoiulus) sabulosum 25
Sciara 224*, 241*
Sciaridae 224, 241
Scirtothrips longipennis 66*, 68
Sciuridae 13
Sciurus vulgaris 13
Scleroderma domesticum 93*
Scolytidae 108, 138*, 166, 167*, 178
Scutigera 23*
coleoptrata 21
Scutigeridae 22
Seira 35
domestica 37
Serica brunnea 179*
Serropalpidae 106 f, 146
Serropalpus 174*
barbatus 106, 145*, 146, 176
Silvanidae 112, 124 f, 180, 189
Larven 189*
Simuliidae 227
Simulium 222*, 225*, 228*
Sinella 33*, 35
coeca 36
Sinoxylon 137
senegalense 137*
Siphonaptera 32, 244
Siphona irritans 243
Siphonophora solanifolii 70
Sirex 83, 86 f, 174*
cyaneus 83 f
juvencus 83 f, 172*
nictilio 83 f
Siricidae 32, 82, 83*, 175
Sitophilus 89, 91, 108*
-Arten 163*, 178
(Calandra) granarius 163
granarius 163*, 178*
linearis 163*
oryzae 93, 163 f*
zeamais 163 f*
Sitotroga cerealella 89, 206, 207*, 212
Sminthurinae 38
Sminthurinus 35, 38
niger 38
Solenopotes capillatus 61*, 62
Somotrichus unifasciatus 105*, 112, 112[R], 113*
Soricidae 12
Spalangia 90*, 90[P]
cameroni 90
nigroaenea 90
Spalangiidae 89 f
Spathiinae 87
Spathius exarator 87[P], 177
Sphaericus gibbioides 141*, 142
Sphecidae 92
Sphodrus leucophthalmus 112
Spillopsyllus cuniculi 246*, 248
Spodoptera (Prodenia) litura 214
Spondylis buprestoides 175
Staphylinidae 106
Staphylinus ater 106
Stegobium 91
paniceum 139*, 194*, 195
Stenepteryx hirundinis 238[P]
Stenocrotaphus
gigas 57*
(= Goniodes) gigas 58
Stenomalina muscarum 88*, 90[P]

Stereocorynes
(Rhyncolus) truncorum 166
truncorum 165*
Sternorrhyncha 64, 69
Sterrha inquinata 200, 206*, 207, 212
Stomoxys 234*, 243
calcitrans 90, 234, 235*, 243*
Strongylosoma pallipes 25
Strongylosomidae 25
Suidasia 252
medanensis 272*, 274
nesbitti 272*
Supella
longipalpa 44 f*
longipalpa, Larve 46
supellectilium 45
Sylvaemus 11*
(Apodemus) agrarius 15
(Apodemus) flavicollis 15
(Apodemus) sylvaticus 15
Symphypleona 35
Symphyta 82*
Syntomaspis druparum 88, 88*
Syrphidae 230
Systole
coriandri 89
foeniculi 89

Tabanidae 229
Tabanus 221*, 229[P]
*bovinus*229[P]
Tanyptera 240*
atrata 240
Tapinoma 97
melanocephalum 97, 100*
sessile 97
Tegenaria 250
Temnochila coerulea 121
Tenebrio 146, 196*
molitor 147*, 195, 196*
obscurus 147, 147*, 195
Tenebrionidae 105*, 107, 109, 146, 148*, 180, 195
Tenebroides 121*, 179*
mauritanicus 111*, 122, 180
Terebrantes 33, 67, 82, 85
Tetramorium caespitum 94
Tetranychidae 65
Thanasimus formicarius 114, 181, 181*
Thaneroclerus 179*
buqueti 113, 114*, 181
Thaumatomyia notata 230*, 231
Theocolax formiciformis 87[P], 88*
Thermobia domestica 39
Thes (Latridius) bergrothi 133*
Thorictidae 111
Thorictodes heydeni 110*, 111
Thripidae 67
Thylodrias contractus 33, 104, 115, 116*, 183*, 185
Thylodriidae 115
Thylodrioidea 115
Thyphaea 192*
stercorea 192
Thyreophagus 252
entomophagus 271, 271*
Thysanoptera 29, 64, 67
Tillus elongatus 114, 181, 181*
Tinea 204*
columbariella 204*, 205, 215*
dubiella 205
flavescentella 205
infimella 205
misella 206
murariella 205
pallescentella 205
pellionella 202, 203 f*, 205, 215 f*, 216
secalella 203
translucens 205
Tineidae 202
Tineola bisselliella 202, 203*, 215*, 217
Tipnus unicolor 142, 143*, 194, 195*
Tipula 221*, 223*, 240*
Tipulidae 222, 240
Torymidae 88
Trialeurodes vaporariorum 65, 76*
Tribolium 196*
anaphe 150
audax 150
castaneum 93, 148 f*, 149, 196*, 197
confusum 94, 148 f*, 149, 197
destructor 150, 197
madens 149, 196*, 197
Trichiphaga tapetzella 215
Trichoceridae 222
Trichodectes 54*
canis 55
Trichodectidae 53, 54*
Trichodectoidea 53
Trichogramma 89[P]
evanescens 88*, 89
minutum 89
Trichogrammatidae 89
Trichophaga tapetzella 202, 203*
Trichoribates trimaculatus 266
Trigonogenius globulus 142, 143*, 194, 195*
Trinoton 53, 56
anserinum 56*
querquedulae 56
Trobiloum 149
Trogium pulsatorium 51, 51*
Trogoderma 91, 119
angustum 120*, 121, 183*, 186*, 187
-Arten 178
glabrum 120*, 188

granarium 120*, 121, 183*, 186*, 187
parabile 120*
variabile 120, 183*, 186*, 187
versicolor 120*, 186*, 187
Trogoxylon 135
impressum 135
parallelopipedum 135
Trox 64
scaber 150
Trypodendron 166
Typhaea stercorea 110*, 111
Tyrobius lini 278*, 279
Tyroborus 252
Tyroglyphus farinae 274
Tyrolichus 252
casei 278, 279*
Tyrophagus 252, 279
putrescentiae 279

Uchida
(Menacanthus) pallidulus 56
pallidulus 57*, 58
Urocerus 83 f, 86 f, 174*
augur 83 f
fantoma 83 f
gigas 83 f
gigas taiganus 84
taiganus 83*
tardigradus 84

Varroa 252
jacobsoni 254*

Vespa crabro 101*
crabro 101
germana 101
Vespidae 91, 100
Vitula
bombylicolella 209*, 210
edmandsi serratilineella 210

Werneckiella
(Bovicola) equi 55
equi 54*
Willowsia 35
buski 37
nigromaculata 37

Xenopsylla cheopis 245*, 246, 248*, 249
Xeris sepctrum 83
Xestobium 174*
rufovillosum 138 f*, 140, 173, 176, 194
Xylocopa violacea 102
Xylocoris
(Arrostellus) flavipes 80
falvipes 79*
Xyloterus
domesticus 109*, 138*, 166, 169
lineatus 166, 167*, 169
signatus 166, 169

Zabrotes
(Spermophagus) subfasciatus 158
subfasciatus 155, 156*, 178*
Zonitidae 18
Zygentoma 39

Verzeichnis der deutschen Tiernamen

Zahlen mit * verweisen auf eine Abbildung auf der Seite

Aas-Dornspeckkäfer 117
Aasfliege 235
Ackerschnecke
  Genetzte 19
  Graue 19
Ährenmaus 15
Ameise 33, 91, 94
  Argentinische 97
  Verrückte 97, 100*
Ameisenlarve 31
Ameisenwespchen 33, 92, 93*
Apfelmade 217
Apfelmotte 217
Apfelmottenraupen 218*
Apfelwickler 217
Assel 20
Auzecke 257
Azaleenblattlaus 71

Backobstkäfer 109*, 122, 189
  Larve 188
Backobstmilbe 269*, 268
Bambusbohrer 154
Bananenschabe 46
Bandfüßer 23
Bartmücke 228
Baumschwammkäfer, Behaarter 111, 192
Baumwollraupe, Ägyptische 214
Begonienthrips 68
Bettwanze 81
  Geflügelte 79*
  Geflügelte, Larven 81
Tropische 81
Bettwanze 27 f*
Bienen 91, 102
Bienenlaus 221, 254*
Bienenmilbe 254*, 255
Bilche 13
Birkenwanze 80
Blasenfüßer 67
Blatthornkäfer 106, 150, 179*, 180
Blattlaus 64 f, 69
Blattschneiderbiene 103*
Blindbremse 229[P]
Blindspringer 36
Blumenwanze 80
Blütenameise, Braunrote 95
Blütenkäfer 117
Bockkäfer 106 f, 109, 151, 167, 174, 177, 179, 198, 198 f*
  Larven 32
Bodentermite 47*

Bohnenkäfer
  Chinesischer 160
  Vierfleckiger 161
Bohrkäfer 107 f, 136, 167, 180
Bohrrüssler 162, 167, 177
Borkenkäfer 108, 109*, 166, 178
  Buchennutzholz- 166, 169
Brackwespe 86
Brandmaus 15
Brasilbohnenkäfer 158
Braunbandschabe 43, 44*, 45
Breitmaulrüssler 106*, 107, 108*
Bremse 229
Brotkäfer 139*, 180, 194*, 195
Brummer, Blauer 234
Buchennutzholzborkenkäfer 166, 169
Bücherlaus 49, 51
Bücherskorpion 249, 250*
Buckelfliege 230, 242*, 244*
Buckelkäfer 140
Buntkäfer 107, 110, 113, 180 f

Charlottenlaus 70
Chrysanthementhrips 68

Dachratte 14
Dattelmotte 212
Deckelschildlaus 65, 75, 76*
Deponiefliege 235[R]
Dickkopfameisen 95
Dickmaulrüssler 178
  Gefurchter 178
Diebkäfer 108, 140, 169, 180, 194, 194 f*
  Australischer 139*, 143, 194*
  Behaarter 145
  Chilenischer 142
  Dunkelbrauner 145
  Gelbbrauner 145
  Japanischer 142
  Kleiner 144
Doppelfüßer 22
Dornspeckkäfer 116
Dörrobstmotte 201*, 203*, 208, 219
Drahtwurm 180
Drazänenthrips 67
Drüsenameise 96*, 97
Dungmücke 64, 224, 241
Dunkelkäfer 113
Düsterbock 153, 199
Düsterkäfer 106 f, 146, 167

Egelschnecke 18
Große 19
Eichennutzholzborkenkäfer 166, 169
Eichenwidderbock, Gemeiner 154, 200
Eichhörnchen 13
Engdeckenkäfer 106, 145
Erbsenkäfer 159
Erdbeerlaufkäfer 113
Erdbeerwurzelkäfer 162
Erdläufer 22
Erdnussohrwurm 41
Erdnussplattkäfer 125, 191
Erdnusssamenkäfer 157
Erdschnake 222, 240
Erdwanze 80
Ernteameise 95, 100*
Erntemilbe 253
Erzwespe 85, 88*, 90*
Esellaus 61
Essigfliege 231, 242*, 244*
Große 232
Kleine 232
Essigmilbe 271*

Faltenwespe 91, 100
Farnblattlaus 71
Farnthrips 68
Faulholzkäfer 109
Federling 32, 53
Feigenmotte 212, 220
Feldheuschrecke 41
Feldsperling 17
Feldspitzmaus 12
Feldwanze
Graue 79*
Große 80
Feldwespe 100
Fellkäfer
Blauer 114[R], 181
Fellmotte 203
Fensterfliege 229*, 242
Fensterpfriemenmücke 223, 241
Fettzünsler 210, 217
Feuerwanze 79*, 80
Fichtenholzwespe
Blaue 84
Gelbe 84
Schwarze 83
Filzlaus 60, 60*
Finkenfloh 247*
Fischgoldfliege 233
Flachkäfer 107, 111
Siamesischer 122
Flaumlaus 57*, 58
Fledermauswanzen 12
Fledermaus 12
Fledermausfloh 247[P]
Fledermauswanze 81
Fleischfliege 233*, 243*
Fliege 222, 228
Schwarze 67
Weiße 65
Larve 31, 238
Floh 32, 244
Larve 31, 249[P]
Florfliege 30, 30*
Flügellaus 57*, 59
Fransenflügler 29*, 64, 66*

Gallwespe 85, 86*
Gänsefederling 56*
Gartenschläfer 14*
Gartenspitzmaus 12
Gelbfußtermite 47
Gelbhalsmaus 15*
Gelbhalstermite 47
Getreidekäfer, Mexikanischer 129, 188
Getreidekapuziner 137
Getreidekrätzmilbe 259
Getreidemotte 206, 212
Getreidenager
Blauer 121
Schwarzer 122, 180
Getreideplattkäfer 125, 191
Getreideraubmilbe 263*, 264[R]
Getreidesaftkäfer 124, 189
Getreideschimmelkäfer 149
Glänzender 150, 198
Mattschwarzer 150, 198
Gewächshauslaus
Gefleckte 71 f
Gepunktete 73
Gewächshausschabe 46
Gewächshausschmierlaus 74
Gewächshausthrips
Brauner 68
Gebänderter 67
Kurzbinden- 68
Langbinden- 68
Schwarzer 67
Gewitterfliege 29
Gierkäfer 112
Glanzfliege 234
Glanzkäfer 105, 180, 188
Zweipunktiger 122, 188
Glattwespe 92
Gleichringler 36
Gliederfüßer 19
Goldfliege 233
Goldwespe 92[P]
Grabwespe 92
Grasmilbe 266*
Grille 31, 41
Larven 32
Großkopfameise 100*
Grubenhalsbock 153, 175, 199

Grubenholzkäfer 166
Gurkenblattlaus 73

Haarbalgmilbe 252[P]
Haarling 32, 53
Haarmücke 64, 223, 241
Halmfliege 231
Haselnussbohrer 178
Hausameise
  Rotrückige 99, 169
  Wohlriechende 97
Hausbockkäfer 151, 152*, 154, 168, 175, 200*
Hausbuntkäfer 114*, 182
Hausmarder 13
Hausmaus 15*
Hausmausfloh 248 f[P]
Hausmilbe 270*, 271
Hausratte 14, 15*
Hausschabe 45
Haussperling 16
Hausspitzmaus 12
Hausspringschwanz 37
Hausstaubmilbe 252, 268*
Haustaube, verwilderte 16
Haustierlaus 61*
Hauswinkelspinne 250
Hautflügler 30, 82*
Hefekäfer 134, 134*
Heimchen 32, 41, 42*
Herbstmilbe 253, 253*
Heumotte 211
Heuschrecke 31, 41
  Ägyptische 41, 42*
Heuspanner 200, 207, 212
Heuzünsler 208, 219
Hirschlausfliege 237, 238[P]
Holzameise 98
  Glänzend schwarze 98
Holzbiene 102
Holzbock 256*, 259
Holzbuntkäfer 114, 181
Holzlaus 49
Holzwespe 82, 83*, 167 f, 175
  Larven 32
Holzwurm 139, 193
Honigbiene 103*, 104
Hornfliege 235
Hornisse 101*
Hornmilbe 252, 266
Hühnerfloh 247*
Hühner-Kopflaus 59
Hühnerlaus
  Braune 57*, 58
  Große 57*, 58
Hühnerzecke 253*, 255*, 256
Hummelmotte 208, 217
Hundefloh 248 f[P]
Hundehaarling 54*, 55
Hundelaus 61*, 62
Hundepelzmilbe 258*, 259
Hundertfüßer 22
Hundezecke
  Braune 253, 257 f*
Hungerwespe 85*

Igel 13
Igelfloh 248[P]
Iltis 13
Insekten 25
Insektenfresser 12

Johannisbrotmotte 210, 219

Kabinettkäfer 117
Käfer 30 f, 104
  Larven 32, 177, 178*, 179*
Kaffeebohnenkäfer 106*, 107, 178
Kakaomotte 212
Kaninchenfloh 248[P]
Kaninchenlaus 61*, 62
Kanninchenpelzmilbe 259
Kapuzenkugelkäfer 141*
  Amerikanischer 141*
  Gefurchter 142
Kapuzinerkäfer 138
Karpfenschwanzmilbe 271*
Kartoffellaus, Gestreifte 70, 71*, 72
Kartoffelmotte 207, 217
Kartoffelwurzelmilbe 174
Käsefliege 231, 242*
Käsemilbe 278, 279*
Katzenfloh 249[P]
Katzenhaarling 54*, 55
Katzenpelzmilbe 259
Kellerassel 21
Keller-Glanzschnecke 18*
Kellerlaus 70
Kellermotte 220
Kellerschnecke 19
Khaprakäfer 121, 187
Kieferlaus 53
Kiefernbock 152*, 153
Kiefernholzwespe, Blaue 84
Kleiderlaus 60*, 63
Kleidermotte 202, 203*, 215*, 217
Kleistermotte 207, 216
Knotenameise 94, 96*
Kopflaus 57*, 62 f
Koprakäfer 114[R]
Kornbohrer, Großer 137
Kornkäfer 163, 163*, 178
Kornmotte 203, 203*, 218
Körperlaus 57*, 58
Kotwanze 79*, 80
  Larve 81
Krätzmilbe 252[P]

Kräuterdieb 144 f
Kreuzdornblattlaus 71*, 73
Kriebelmücke 227
Küchenschabe 42, 43*
Kugelbauchmilbe 259*
Kugelkäfer 140, 194
Kugelspringer 38
Kuhfliege 235
Kundekäfer 160
Kurzdeckenkäfer 106
Kurzspringer 32*, 36

Landassel 20, 20*
Langhornbock 152
Lappenrüssler, Gefurchter 162
Lapplandschabe 46
Latrinenfliege 236
Laubholz-Bockkäfer, Asiatischer 152*
Laufkäfer 104, 112, 179
Laufspringer 36
Laus 32
  Echte 53, 60
Lausfliege 32, 229, 237, 244*
Lauskerfe 52
Lederzecke 256
Leistenkopfplattkäfer 125
  Kleiner 128, 191
  Rotbrauner 126, 191
  Türkischer 127, 191
Linsenkäfer 159
Lorbeerschildlaus 78

Madeiraschabe 46
Maiskäfer 163 f*, 178
Malariamücke 226, 239*
Marienkäferchen 109, 109*
Märzfliege 223
Mauerassel 21
Mauerbiene 103
Mauermilbe 266*
Mauersegler 16 f
Mauerseglerlausfliege 238[P]
Mauerspinne 250
Mäuse, Echte 12
Mehlkäfer 146, 195
  Dunkler 147
  Gemeiner 147
Mehlmilbe 251 f*, 274, 277*
Mehlmotte 201*, 210, 220
Mehlschwalbe 16 f
Mehlschwalbenfloh 247[P]
Mehlzünsler 207*, 208, 220
Menschenfloh 245*, 246[P], 249[P]
Menschenlaus 60*
Messingkäfer 142, 194*
Milben 251
Moderkäfer 110, 131, 180, 192
Modermilbe 279

Moosmilbe 252, 266
Mörtelbiene 103
Motten 202
Mottenschildlaus 31, 65, 69, 74, 76*
Mücken 222
  Larven 31, 238
Mückenwanze 79*, 80
  Larven 81
Mulmbock 153, 175, 199
Museumskäfer 117

Nagekäfer 108 f, 138, 168, 180, 193 f
  Gekämmter 138, 176, 193
  Gescheckter 140, 176, 194
  Gewöhnlicher 139, 167, 177, 193
  Kammhorn- 138, 193 f
  Schwammholz- 138, 177
  Weicher 140, 176, 193
Nagetiere 11 f
Napfschildlaus 75, 76*
Nashornkäfer 151, 179*
Nestermotte 206, 216
Netzflügler 30
Nutzholzborkenkäfer
  Gemeiner 166, 169
  Linierter 166, 167*

Ofenfischchen 39
Ohrwurm 31 f, 40
  Gemeiner 41
Oleanderschildlaus 78
Orchideenthrips 68

Palmenthrips 67
Palpenmotte 206
Pappatacimücke 225[P]
Parkettkäfer 136
Pelargonienlaus 72
Pelzkäfer 119, 185
  Dunkler 119, 185
  Tropischer 119
Pelzmilbe 259
Pelzmotte 202 f*, 205, 216
Pestfloh 245*, 246[P], 249[P]
Pferdebohnenkäfer 159
Pferdehaarling 55
Pferdelaus 61, 62*
Pferdelausfliege 237*, 238[P]
Pfirsichblattlaus
  Grüne 70, 71*
Pflanzensauger 64, 68
Pflaumenlaus, Kleine 73
Pflaumenmilbe 270*, 271
Pharaoameise 95, 96*, 97
Pilzschwarzkäfer, Zweibindiger 147, 197
Pinselfüßer 23
Plattkäfer 109, 112, 124, 180, 189
Prachtkäfer 177

Queckeneule 213

Rasenameise 94
Rattenfloh, Europäischer 246[P], 249[P]
Rattenmilbe 252, 260*
Tropische 261
Rattenschwanzlarve 230, 242
Rauchschwalbe 16 f
Räudemilbe 252[P]
Regenbremse 229[P]
Regenwurm 64
Reiskäfer 163 f*, 178
Reismehlkäfer 149
Amerikanischer 149, 197
Großer 150, 197
Kleinäugiger 148
Rotbrauner 149, 197
Rundköpfiger 148, 197
Schwarzbrauner 149, 197
Reismotte 209, 219
Riesenholzwespe 84
Riesentotenkäfer 146
Rindenrüssler 177
Rinderhaarling 54*, 55
Rinderlaus 61*
Borstige 61*, 62
Kurzköpfige 61*
Langköpfige 61*, 62
Ringelwurm 64
Roggenmotte 203, 218
Röhrenblattlaus 71*
Röhrenlaus 30, 32, 64, 69
Rosinenmotte 212, 220
Rossameise 98, 169
Rötelmaus 14
Rothalsbock 153, 175, 198
Rotkopfameise 94
Rüsselkäfer 106*, 107, 108*, 161, 178
Großer Brauner 162

Saftkugler 23
Salatwurzellaus 231
Samenkäfer 107, 108*, 155, 178
Samenlaufkäfer, Behaarter 113
Samenmotte 207, 216
Samenzünsler 207*, 208, 218
Sandlaus 55
Sandschnurläufer 25
Saubohnenkäfer 160
Säugetiere 11
Schabe 27*, 31 f
Amerikanische 42 f, 44*
Asiatische 45
Australische 43, 44*
Deutsche 42, 44*, 45
Lappländische 44*
Orientalische 43*
Surinamensische 44*
Schaflaus 62
Schaflausfliege 238[P]
Schaftlaus 56, 57*
Schafzecke 257 f*
Scheibenbock
Blauer 154, 175, 199
Brauner 154
Roter 154, 200
Veränderlicher 154, 200
Scheinbock 146, 175
Schiffswerftkäfer 114, 115*, 176, 179
Schildlaus 31, 65, 69, 74, 76*
Schildzecke 256
Schimmelkäfer 112, 129, 180, 191 f
Schimmelplattkäfer, Tropischer 128
Schinkenkäfer 110
Blauer 114, 114*
Rotbeiniger 114[R]
Rothalsiger 114
Schlammfliege 230*, 242
Schleusenmotte 205, 218
Schlupfwespe, Echte 86
Schmalhornkäfer 148
Schmeißfliege 232, 233*, 234, 244*
Schmetterlinge 29, 200
Raupen 32, 212
Schmetterlingsmücke 224
Schmierlaus 31, 74, 78
Schnabelkerfe 68
Schnecken 18
Schneiderbock 153
Schnellkäfer, Larven 180
Schnellläufer 113
Schnurfüßer 23
Schraubenwurmfliege 234, 243
Schuppenameise 96*, 97
Schusterbock 152*, 153
Schwalben 17
Schwalbenlausfliege 238[P]
Schwalbenmilbe 261
Schwalbenwanze 81
Schwarze Ameise, Kleine 95
Schwarzkäfer 107, 109, 146, 180, 195
Schwarzkopfameise 97, 100*
Schweinelaus 61 f*
Seidenbiene 103
Siebenschläfer 14*
Silberfischchen 39*
Silbermundwespe 92
Soldatenameise, Bleiche 95
Sonnwendkäfer 150
Spanner 207, 214*
Speckkäfer 109*, 110, 115, 169, 178, 182
Dornloser 116
Gemeiner 115
Gesteifter 117
Larven 184
Peruvianischer 117

Weißbauchiger 116
Zweifarbig behaarter 117
Speichermotte 211, 220
Tropische 212, 220
Speisebohnenkäfer 160
Spinne 250*
Echte 250
Rote 65
Spinnenassel 23
Spinnenläufer 22
Spinnenspringer 38
Spinnentiere 249
Spinnmilben 65
Spitzmaus 11*, 11 f
Spitzmäuschen 106*, 161
Splintholzkäfer 110, 135, 167, 176, 180
Afrikanischer 136
Beschuppter 135
Brauner 136
Geprägter 135
Nordamerikanischer 136
Nordamerikansicher Grubenhalsiger 136
Weichhaariger 136
Springschwanz 32–35, 33*, 64
Stachelameise 95
Stallfliege 236
Staublaus 29 f, 33, 49, 51*, 64
Stechfliege, Kleine 235[P]
Stechimmen 82, 91
Stechlaus 53, 60
Stechmücke 226
Gemeine 27*, 227, 239*
Larven 31, 239
Steinkriecher, Gemeine (Braune) 22
Steinläufer 22
Steinmarder 13
Steinnusskäfer 157
Straßentaube 16
Stubenfliege 235*
Große 236*
Kleine 236*, 242*, 244
Surinamschabe 46

Tabakkäfer 138, 139*, 180, 194*, 195
Tabakmotte 211
Tamarindenfruchtrüssler 163*
Tannenholzwespe 83
Tapetenmotte 202, 203*, 215
Tarothrips 64
Taubeneckkopf
Großer 59*
Kleiner 58, 59*
Taubenfederling 59*
Taubenfloh 247*
Taubenlaus 53
Große 58
Kleine 56
Taubenmotte 205, 215*
Taubenwanze 16, 81
Taubenzecke 16, 255*, 256
Taufliege 231
Tausendfuß, Getüpfelter 25
Tausendfüßer 21
Teppichkäfer 117, 118*, 188
Australischer 118*, 120
Termiten 29, 33, 47, 167
Tönnchenfliegen 229
Totenkäfer 146, 195
Gemeiner 147
Gewölbter 147
Totenuhr 140, 194
Tracheenmilbe 254, 279
Trauermücke 64, 224, 241
Trichternetzspinnen 250
Trockenholztermite 47, 48*
Trotzkopf 139, 177, 194

Viehbremse 229[P]
Vierhornkäfer 147, 197
Vögel 16
Vogelfloh 246[P], 247*, 249[P]
Vogellausfliege 237*, 238[P]
Vogelmilbe 16, 252
Nordische 260*, 261
Rote 260*, 261

Wachsmotte
Große 209, 214
Kleine 209, 214
Wadenstecher 234, 235*
Waldbock 175
Waldmaus 15
Waldschabe 46
Waldwespe 102
Wanderratte 14, 15*
Wanzen 30, 68, 71*, 79
Larven 32
Waschbär, Nordamerikanischer 13
Weberknecht 250, 250*
Wegameise, Schwarzgraue 99
Wegschnecke 18
Große 18
Spanische 18
Wegwespe 92
Weidenböckchen 151, 199
Weinkellermotte 206*, 220
Weißzahnspitzmaus 12
Weizeneule 213
Werftkäfer 114
Gewöhnlicher 115, 169
Sägehörniger 115, 169
Wespe
Deutsche 102

Gemeine 102
Mittlere 102
parasitische 82, 85
Sächsische 102
Wespenbock, Kleiner 151
Wespenkäfer, Amerikanischer 121, 187
Wimperspitzmaus 12
Wintermücke 222
Wohnungsfischchen 32, 38
Wollkrautblütenkäfer 118*
Wolllaus 74
Wurzelmilbe 273*, 274
Zecken 251 f
Ziegenhaarling 54*, 55
Ziegenlaus 62
Zimmermannsbock 152, 198
Zitrusschmierlaus 74
Zitterspinne 250
Große 250
Zuckmücke 228
Zünsler 207, 213*
Zweiflügler 30, 221
Zwergspringer 38
Zwiebellaus 70, 71*

Verzeichnis der wichtigsten englischen und französischen Vulgärnamen (common names)

Die zu einem wissenschaftlichen Namen gehörenden Vulgärnamen findet man durch Aufsuchen der Ordnungszahlen dieses Verzeichnisses im Verzeichnis der wissenschaftlichen Namen (S. 293 ff.), wo sie hinter den Seitenzahlen eingeklammert angegeben sind.

1. abeille *Apis mellifera*
2. acarien de la fièvre prurigineuse *Pyemotes*
3. acarien du pruneau *Carpoglyphus lactis*
4. acariens de poussière de maison *Proglyphidae*
5. almond moth *Ephestia cautella*
6. alucite des céreáles *Sitotroga cerealella*
7. American black flour beetle *Tribolium audax*
8. American cockroach *Periplaneta americana*
9. American seed beetle *Acanthoscelides obtectus*
10. amourette *Anthrenus verbasci*
11. Angoumois grain moth *Sitotroga cerealella*
12. anthréne a bandes *Anthrenus verbasci*
13. anthréne du buillon blanc *Anthrenus verbasci*
14. août, aoûtat *Trombiculidae*
15. apple fruit moth *Argyresthia conjugella*
16. apple seed chalcid *Syntomaspis druparum*
17. areca nut weevil *Araecerus fasciculatus*
18. Argentine ant *Iridiomyrmex humilis*
19. armored scales *Diaspididae*
20. aspidistra scale *Pinnaspis aspidistrae*
21. atropos de livres *Liposcelis*
22. attagéne de peaux *Attagenus pellio*
23. attagéne foncé des fourrures *Attagenus unicolor*
24. attagéne noire *Attagenus unicolor*
25. attagéne pelletier *Attagenus pellio*
26. Australian cockroach *Periplaneta australasiae*
27. Australian spider beetle *Ptinus tectus*

28. bacon beetle *Dermestes lardarius*
29. bamboo powder-post beetle *Dinoderus minutus*
30. banana rust thrips *Chaetanaphothrips orchidii*
31. banana (silvering) thrips *Hercinothrips bicinctus*
32. banded greenhouse thrips *Hercinothrips femoralis*
33. bean weevil *Acanthoscelides obtectus, Callosobruchus chinensis*
34. bed bug *Cimex lectularius*
35. bee moth *Galleria mellonella*
36. begonia thrips *Scirtothrips longipennis*
37. bird mite *Dermanyssus gallinae*
38. biscuit beetle *Cryptolestes pusillus, Stegobium paniceum*
39. biting house fly *Stomoxys calcitrans*
40. biting lice *Mallophaga*
41. black blow fly *Phormia regina*
42. black borer *Apate monachus*
43. black carpet beetle *Attagenus unicolor*
44. black flies *Simuliidae*
45. black floor beetle *Tribolium madens*
46. black fungus beetle *Alphitobius laevigatus*
47. black ratt *Rattus rattus*
48. black tea thrips *Heliothrips haemorrhoidalis*
49. black weevil *Sitophilus granarius*
50. blatte américaine *Periplaneta americana*
51. blatte de Madère *Leucophaea maderae*
52. blatte des meubles *Supella longipalpa*
53. blatte de Surinam *Pycnoscelis surinamensis*
54. blatte germanique *Blattella germanica*
55. blatte orientale *Blatta orientalis*
56. blow bottles *Calliphoridae*
57. blow flies *Calliphoridae, Lucilia caesar*
58. blunt-winged knot-horn *Ectomyelois ceratoniae*
59. body louse *Pediculus humanus*
60. bolting cloth beetle *Tenebroides mauritanicus*
61. book louse *Liposcelis sp., Trogium pulsatorium*
62. bookscorpions *Pseudoscorpiones*
63. bowl beetle *Gibbium psylloides*
64. boxwood borer *Heterobostrychus brunneus*
65. bran bug *Mehlkäfer* (keine spezielle Art)
66. bread beetle *Stegobium paniceum, Tenebroides mauritanicus*
67. bristletail *Lepisma saccharina*
68. broad been weevil *Bruchus rufimanus*
69. broad-horned flour beetle *Gnatocerus cornutus*
70. brown-banded cockroach *Supella longipalpa*
71. brown chicken louse *Goniodes dissimilis*
72. brown dog tick *Rhipicephalus sanguineus*
73. brown-dotted clothes moth *Niditinea fuscipunctella*
74. brown house moth *Hofmannophila pseudospretella*
75. brown powder post beetle *Lyctus brunneus*

76. brown spider beetle *Ptinus clavipes*
77. bruche a quatre taches *Callosobruchus maculatus*
78. bruche brésilienne *Zabrotes subfasciatus*
79. bruche couverte *Acanthoscelides obtectus*
80. bruche de Chine (= chinoise) *Callosobruchus chinensis*
81. bruche de grains de café *Aracerus fasciculatus*
82. bruche des arachnides *Caryedon serratus*
83. bruche des féves (= de la féve) *Bruchus rufimanus*
84. bruche des haricots *Acanthoscelides obtectus*
85. bruche des lentilles *Bruchus lentis*
86. bruche du haricot *Acanthoscelides obtectus*
87. bruche du pois *Bruchus pisorum*
88. buckthorn aphid *Aphidula nasturtii*
89. buffalo carpet beetle *Anthrenus verbasci*
90. buffalo louse *Solenopotes capillatus*
91. bulb and potato aphid *Rhopalosiphoninus latysiphon*
92. bulb mite *Rhizoglyphus echinopus*

93. cabinet beetle *Attagenus pellio*
94. cacao(-bean) moth *Ephestia elutella*
95. cadelle *Tenebroides mauritanicus*
96. calabrone *Vespa crabro*
97. calandre du blé *Sitophilus granarius*
98. calandre du mais *Sitophilus zeamais*
99. calandre du riz *Sitophilus oryzae*
100. camellia scale *Chloropulvinaria floccifera*
101. capricorne de maisons (= domstique) *Hylotrupes bajulus*
102. capucin des grains *Rhizopertha dominica*
103. carpenter ant *Camponotus*
104. carpet bee *Xylocopa violacea*
105. carpet beetle *Anthrenus scrophulariae*
106. carpet moth *Trichophaga tapetzella*
107. carpocapse *Laspeyresia pomonella*
108. carpophile des grains *Carpophilus dimidiatus*
109. case-bearing (= making) clothes moth *Tinea pellionella*
110. castor-bean tick *Ixodes ricinus*
111. cat flea *Ctenocephalides felis*
112. cat louse *Felicola subrostrata*
113. cattle-biting louse *Bovicola bovis*
114. cellar rat *Rattus norvegicus*
115. cellar slug *Limax maximus*
116. cellar snail *Oxychilus cellarius*
117. cereal psocis *Liposcelis divinatorius*
118. charançon africain du lard *Dermestes haemorrhoidalis*
119. charançon cornu de cereáles *Gnatocerus cornutus*
120. charançon de la fourrure *Attagenus pellio*
121. charançon de la levure *Dienerella filiformis*
122. charançon des graniers *Sitophilus granarius*
123. charançon des magasins *Carpophilus hemipterus*
124. charançon du blé *Sitophilus granarius*
125. charançon du lard *Dermestes lardarius*
126. charançon du mais *Sitophilus zeamais*
127. charançon du riz *Sitophilus oryzae*
128. charançon foncé de la fourrure *Attagenus unicolor*
129. charançon foncé des magasins *Carpophilus dimidiatus*
130. charançon tropical de la fourrure *Attagenus fasciatus*
131. checked beetles *Cleridae*
132. cheese mite *Tyrolichus casei*
133. cheese skipper *Piophila casei*
134. chicken body louse *Menacanthus stramineus*
135. chicken head louse *Gallipeurus heterographus*
136. chicken mite *Dermanyssus gallinae*
137. chigger *Trombiculidae*
138. chocolate moth *Ephestia cautella, E. elutella*
139. churchyard beetle *Blaps mucronata*
140. cigarette beetle *Lasioderma serricorne*
141. ciron de fromage *Tyrolichus casei*
142. citrophilous mealybug *Pseudococcus gahani*
143. citrus black scale *Saissetia oleae*
144. citrus mealybug *Planococcus citri*
145. cloporte des murs *Porcellio scaber*
146. clover mite *Bryobia cristata*
147. cochenille des cacteés *Diaspis echinocacti*
148. cochenille du larier *Aonidia lauri*
149. cochenille du lierre *Aspidiotus hederae*
150. cochenille farineuse de l'orange *Planococcus citri*
151. cochenille flocconeuse *Chloropulvinaria floccifera*
152. codling moth *Laspeyresia pomonella*
153. coffee-bean weevil *Araecerus fasciculatus*
154. coleóptère des cigarettes *Lasioderma serricorne*
155. coleóptère des drogueries *Stegobium paniceum*
156. common bean weevil *Acanthoscelides obtectus*
157. common clothes moth *Tineola bisselliella*
158. common furniture beetle *Anobium punctatum*
159. common mealybug *Planococcus citri*
160. common powder-post beetle *Lyctus brunneus*
161. common spider beetle *Ptinus fur*
162. confused flour beetle *Tribolium confusum*
163. cook louse *Liposcelis*
164. copra beetle *Necrobia rufipes*
165. copra mite *Tyrophagus putrescentiae*
166. coquerelle des caves *Periplaneta americana*
167. cork moth *Nemapogon cloacellus*
168. corn billbugs *Sitophilus*

169. corn sap-beetle *Carpophilus dimidiatus*
170. cowpea weevil *Callosobruchus chinensis*
171. crab louse *P(h)thirus pubis*
172. crane fly *Tipula*
173. croton bug *Blattella germanica*
174. cucarachas *Blattariae*
175. cucujide de grains *Ahasverus advena*
176. cucujide roux *Cryptolestes*
177. currant moth *Ephestia elutella*
178–180 entfallen.

181. dark mealworm *Tenebrio obscurus*
182. death watch beetle *Xestobium rufovillosum*
183. death watches *Anobiidae*
184. deer fly oder deer kad *Lipoptena cervi*
185. demoiselle argenteé *Lepisma saccharina*
186. depressed flour beetle *Palorus subdepressus*
187. dermeste africain du lard *Dermestes haemorrhoidalis*
188. dermeste bicolore *Dermestes bicolor*
189. dermeste des peaux *Dermestes maculatus*
190. dermeste destructeur du cuir *Dermestes frischi*
191. dermeste du chène *Lymexylon navale*
192. dermeste de lard *Dermestes lardarius*
193. dermeste peruvien *Dermestes peruvianus*
194. dermeste renard *Dermestes maculatus*
195. destructeur de jambon et viande *Necrobia rufipes*
196. destructeur du cuir *Dermestes maculatus, D. frischi*
197. dog-biting louse *Trichodectes canis*
198. dog flea *Ctenocephalides canis*
199. dog-sucking louse *Linognathus setosus*
200. dooryard soubug *Oniscus asellus*
201. dracaena thrips *Parthenothrips draceanae*
202. dried fig moth *Ephestia cautella*
203. dried currant moth *Ephestia cautella*
204. dried fruit beetle *Carpophilus hemipterus*
205. dried fruit mite *Carpoglyphus lactis*
206. drone fly *Eristalis tenax*
207. drug store beetle *Stegobium paniceum*
208. drug store weevil *Stegobium paniceum*

209. earwig *Forficula auricularia*
210. English sparrow *Passer domesticus*
211. European chicken flea *Ceratophyllus gallinae*
212. European furniture beetle *Anobium punctatum*
213. European giant garden slug *Limax maximus*
214. European grain moth *Nemapogon granellus*
215. European malaria mosquito *Anopheles maculipennis*
216. European rat flea *Nosopsyllus fasciatus*

217. false scorpions *Pseudoscorpiones*
218. false slater *Glomeris*
219. false stable fly *Muscina stabulans*
220. ferment flies *Drosophila*
221. fern aphid *Idiopterus nephrolepidis*
222. fern scale *Pinnaspis aspidistrae*
223. fern thrips *Leucothrips nigripennis*
224. field slug *Deroceras reticulatum, D. agreste*
225. firebrat *Lepismodes inquilinus*
226. flat grain beetle *Cryptolestes pusillus*
227. flour beetles *Tribolium*
228. flour mite *Acarus siro*
229. fluff louse *Goniocotes hologaster*
230. forage mite *Acarus siro*
231. forbicine *Lepisma saccharina*
232. foreign grain beetle *Ahasverus advena*
233. forest fly *Hippobosca equina*
234. fouine *Martes foina*
235. fourmis *Formicoidea*
236. four-spotted bean weevil *Callosobruchus maculatus*
237. fowl louse *Menopon gallinae*
238. fowl tick *Argas reflexus*
239. frelon *Paravespula vulgaris*
240. fruit fly *Drosophila*
241. furniture beetles *Anobiidae*
242. furniture carpet beetle *Anthrenus fasciatus*
243. furniture mite *Glycyphagus domesticus*

244. gale de céreáles *Pyemotidae*
245. gale des épicier *Glycyphagus domesticus*
246. garden ant *Lasius niger*
247. garden slug *Limax maximus*
248. geranium aphid *Aulacorthum pelargonii*
249. German cockroach *Blattella germanica*
250. giant garden slug *Limax maximus*
251. giant hornet *Vespa crabro*
252. giant horntail *Sirex juvencus*
253. glashouse thrips *Heliothrips haemorrhoidalis*
254. goat-biting louse *Bovicola caprae*
255. goat-sucking louse *Linognathus stenopsis*
256. golden spider beetle (oder mite) *Niptus hololeucus*
257. golden fringe *Hypsopygia costalis*
258. grain mite *Acarus siro*
259. grain mold beetle *Alphitobius laevigatus*
260. grain weevil *Sitophilus granarius*
261. granary weevil *Sitophilus granarius*
262. grande limace cendree (= grise) *Limax maximus*
263. grande limace jaune *Limax flavus*
264. grand tribolium de la farine *Tribolium destructor*
265. grape fruit fly *Drosophila melanogaster*
266. grape mealybug *Pseudococcus maritimus*
267. grass stemfly *Thaumatomyia notata*
268. great grey (house) slug (of Europe) *Limax maximus*
269. greedy scale *Hemiberlesia rapax*

270. green banana roach *Panchlora*
271. green bottle *Lucilia*
272. greenhouse thrips *Heliothrips haemorrhoidalis*
273. greenhouse white fly *Trialaurodes vaporariorum*
274. grey field slug *Deroceras agreste, D. reticulatum*
275. grey flesh fly *Sarcophaga*
276. grillon domestique *Acheta domesticus*
277. groundnut seedbeetle *Caryedon serratus*

278. hairy cellar beetle *Mycetaea hirta*
279. hairy fungus beetle *Typhaea stercorea*
280. hairy spider beetle *Ptinus villiger*
281. ham beetle *Dermestes lardarius*
282. hard ticks *Ixodidae*
283. harvest bug oder mite *Trombicula autumnalis*
284. harvestman, pl. harvestmen *Opilio, Opiliones*
285. head louse *Pediculus capitis*
286. hedgelog *Erinaceus europaeus*
287. hélice des celliers *Oxychilus cellarius*
288. hemisphaerical scale *Saissetia palmae*
289. hérrison *Erinaceus europaeus*
290. hide beetle *Dermestes maculatus*
291. hog louse *Haematopinus suis*
292. honey bee *Apis mellifera*
293. hood spider beetle *Mezium americanum*
294. horse-biting louse *Werneckiella equi*
295. horse louse fly *Hippobosca equina*
296. horse-sucking fly *Haematopinus asini*
297. house cricket *Acheta domesticus*
298. house dust mites *Pyroglyphidae*
299. house fly *Musca domestica*
300. house longhorn beetle *Hylotrupes bajulus*
301. house mouse *Mus musculus*
302. house rat *Rattus rattus*
303. human flea *Pulex irritans*
304. hump beetle *Gibbium psylloides*

305. Indian mealmoth *Plodia interpunctella*

306. Japanese grain moth *Aphomia gularis*

307. khapra beetle *Trogoderma granarium*

308. la roche *Deroceras agreste, D. reticulatum*
309. larder beetle *Dermestes lardarius*
310. large brown Egyptian grasshopper *Anacridium aegyptium*
311. large chicken louse *Goniodes gigas*
312. large duck louse *Trinotum querquedulae*
313. large grey slug *Limax maximus*
314. large pale clothes moth *Tinea pallescentella*
315. larger grain borer *Prostephanus truncatus*
316. larger wax moth *Galleria melionella*
317. lasioderme du tabac *Lasioderma serricorne*
318. latrine fly *Fannia scalaris*
319. leaf curling plum aphid *Brachycaudus helichrysi*
320. leather beetle *Dermestes frischi, D. maculatus*
321. lentil weevil *Bruchus lentis*
322. lesser grain borer *Rhizopertha dominica*
323. lesser house fly *Fannia canicularis*
324. lesser meal worm *Alphitobius diasperinus*
325. lesser wax moth *Achroia grisella*
326. lily aphid *Neomyzus circumflexums*
327. limace agreste *Deroceras agreste*
328. limace cendreé *Limax maximus*
329. limace des camps *Deroceras reticulatum*
330. limace des caves *Limax flavus*
331. limace grise *Deroceras reticulatum*
332. limace grise commune *Deroceras agreste*
333. little house fly *Fannia canicularis*
334. little red ant *Monomorium pharaonis*
335. long-headed flour beetle *Latheticus oryzae*
336. longicorne bleu-violet *Callidium violaceum*
337. longicorne variable *Phymatodes testaceus*
338. long-nosed cattle louse *Linognathus vituli*
339. long winged thrips *Scirtothrips longipennis*
340. louse flies *Pupipara*

341. Madera roach *Leucophaea maderae*
342. maize weevil *Sitophilus zeamais*
343. malaria mosquito *Anopheles maculipennis*
344. meal moth *Pyralis farinalis*
345. mealworm *Tenebrio molitor*
346. mealy bugs *Pseudococcidae*
347. meat skipper *Piophila casei*
348. mediterranean flour moth *Ephestia kuehniella*
349. melon aphid *Cerosipha gossypii*
350. merchant grain beetle *Oryzaephilus mercator*
351. Mexican bean weevil *Zabrotes subfasciatus*
352. Mexican grain beetle *Paraxonotha kirschi*
353. miana bug *Argas reflexus*
354. minute beetle *Murmidius ovalis*
355. mite Milbe, Larve, Raupe
356. mite angumoise du grain *Sitotroga cerealella*
357. mite beetle *Gibbium psylloides*
358. mite de la farine *Ephestia kuehniella, Pyralis farinalis*
359. mite des fruits secs *Carpoglyphus lactis*
360. mite des tapid (= tapisseries) *Trichophaga tapetzella*
361. mite des vestements *Tineola bisselliella*
362. mite du fromage *Tyrolichus casei*
363. mite du sucre *Lepidoglyphus destructor*
364. mite du trèfle *Bryobia cristata*
365. mite japonoise du grain *Aphomia gularis*
366. mites noires *Hypogastrura* (an Championzuchten)

367. moldlice *Psocoptera*
368. mosquitoes *Culicidae*
369. mottled Arum aphid *Neomyzus circumflexus*
370. mottles grain moth *Nemapogon granellus*
371. mouche bleue de la viande *Calliphora*
372. mouche des étables *Stomoxys calcitrans*
373. mouche des latrines *Fannia scalaris*
374. mouche des maisons *Musca domestica*
375. mouche du fromage *Piophila casei*
376. moucheron *Lasioderma serricorne*
377. murky meal moth *Aglossa caprealis*
378. museum beetle *Anthrenus museorum*
379. mycétophage des céreáles *Typhaea stercorea*

380. nécrobie à col rouge *Necrobia ruficollis*
381. nécrobie à pattes rouges *Necrobia rufipes*
382. nécrobie bleue *Necrobia violacea*
383. netted tick *Dermacentor reticulatus*
384. northern fowl mite *Ornithonyssus sylviarum*
385. northern house mosquito *Culex pipiens*
386. Norvegian rat *Rattus norvegicus*

387. oleander scale *Aspidiotus hederae*
388. orchid thrips *Chaetanaphothrips* sp.
389. oriental cockroach *Blatta orientalis*
390. ornate aphid *Myzus portulacae*
391. ouvrier fogeron *Ergates faber*

392. palm thrips *Parthenothrips dracaenae*
393. pavement ant *Tetramorium caespitum*
394. peach-potato aphid *Myzodes persicae*
395. pea weevil *Bruchus pisorum*
396. pelargonium aphis *Aulacorthum pelargonii*
397. perce-oreile *Forficula auricularia*
398. petite limace grise *Deroceras agreste, D. reticulatum*
399. petite teigne des ruches *Aphomia gularis*
400. petit tenebrion brillant *Alphitobius diaperinus*
401. petit tenebrion mat *Alphitobius laevigatus*
402. petit ver de la farine *Tribolium*
403. Pharaoh's ant *Monomorium pharaonis*
404. pigeon bug *Cimex columbarius*
405. pig louse *Haematopinus suis*
406. pine apple scale *Diaspis bromeliae*
407. pine marten *Martes martes*
408. pine wood wasp *Urocerus gigas*
409. pique *Trombiculidae*
410. pitchy carpet beetle *Attagenus unicolor*
411. poisson d'argent *Lepisma saccharina*
412. pole cat *Putorius putorius*
413. pomace fly *Drosophila*
414. porte-aiguillon *Aculeata*
415. potato aphid *Macrosiphon solani*
416. potato root mite *Rhizoglyphus echinopus*
417. potato tuber worm *Phthorimaea operculella*
418. poultry mite *Dermanyssus gallinae*
419. poultry shaft louse *Menopon gallinae*
420. pou rouge des orangers *Chrysomphalus dictyospermi*
421. powder-post beetle *Lyctidae*
422. predaceous mites *Pyemotidae*
423. présages de mort *Blaps*
424. prickly pear scale *Diaspis echinocacti*
425. ptine affiné *Mezium affine*
426. ptine australien (= d'Australie) *Ptinus tectus*
427. ptine des herbes *Ptinus fur*
428. ptine doré *Niptus hololeucus*
429. ptine globuleux *Trigonogenius globulus*
430. ptine sphérique *Gibbium psylloides*
431. ptine vêtu *Prinus tectus*
432. ptine voleur *Ptinus fur*
433. puce de l'homme *Pulex irritans*
434. puceron de la pomme de terre *Macrosiphon solani*
435. puceron des serres *Neomyzus circumflexus*
436. puceron du chardon *Brachycaudus cardui*
437. puceron du lis *Neomyzus circumflexus*
438. puceron du melon *Cerosipha gossypii*
439. puceron du nerprun *Aphidula masturtii*
440. pulse beetles *Bruchidae*
441. punaise des lits *Cimex lectularius*
442. putoi *Putorius putorius*
443. pyrale de la farine *Ephestia kuehniella*
444. pyrale de la figure *Ephestia figulilella*
445. pyrale des amandes *Ephestia cautella*
446. pyrale des figues *Ephestia figulilella*
447. pyrale des figues et des caroubes *Ectomyelois ceratoniae*
448. pyrale des fruits secs *Plodia interpunctella*
449. pyrale des noix *Aphomia gularis*
450. pyrale des raisins secs *Ephestia calidella*
451. pyrale du cacao *Ephestia elutella*
452. pyrale du riz *Corcyra cephalonica*

453. rabbit louse *Haemodipsus ventricosus*
454. rain breeze fly *Haematopota pluvialis*
455. raisin moth *Ephestia figulilella*
456. rat *Rattus*
457. rat flea *Nosophyllus fasciatus*
458. rat-tail maggot *Eristalis* (Larve)
459. red bugs *Trombiculidae*
460. red carpenter ant *Camponotus herculaneus*
461. red flour beetle *Tribolium castaneum*
462. red Egyptian ant *Monomorium pharaonis*
463. red-legged ham beetle *Necrobia rufipes*
464. red-shouldered ham beetle *Necrobia ruficollis*
465. rellmouse *Glis glis*
466. rice moth *Corcyra cephalonica*
467. rice weevil *Sitophilus oryzae*
468. robine bulb mite *Rhizoglyphus robini*
469. rock dove *Columba livia*
470. rongeur des tapis *Anthrenus scrophulariae*
471. root borer *Dinoderus bifoveolatus*
472. rouget *Trombiculidae*

473. rust-red flour beetle *Tribolium castaneum*
474. rust-red (= rusty) grain bettle *Cryptolestes ferrugineus*

475. saw-toothed grain beetle *Oryzaephilus surinamensis*
476. scaby slatter *Porcellio scaber*
477. scale insects *Coccina*
478. seed moth *Hofmannophila pseudospretella*
479. shallot aphid *Rhopalomyzus ascalonicus*
480. sheep blow fly *Lucilia sericata*
481. sheep body louse *Bovicola ovis*
482. sheep face louse *Linognathus ovillus*
483. sheep ked *Melophagus ovinus*
484. sheep tick *Ixodes ricinus*
485. shiny spider beetle *Gibbium psylloides*
486. short-nosed cattle louse *Haematopinus eurysternus*
487. Siamese grain beetle *Lophocateres pusillus*
488. silvain denté des arachides *Oryzaephilus mercator*
489. silvain denté des grains *Oryzaephilus surinamensis*
490. silverfish *Lepisma saccharina*
491. sirex commune *Sirex juvencus*
492. sirex geánt *Urocerus gigas*
493. sleeper *Glis, Eliomys*
494. slender duck louse *Anaticola crassicornis*
495. slender-headed (= slender-horned) flour beetle *Echocerus maxillosus*
496. slender pigeon louse *Columbicola columbae*
497. slicker *Lepisma saccharina*
498. slugs *Limacidae*
499. small eyed flour beetle *Palorus ratzeburgi*
500. small fruit flies *Drosophilidae*
501. small pigeon louse *Campanulotus bidentatus compar*
502. smaller bamboo shot-hole borer *Dinoderus minutus*
503. smilax thrips *Hercinothrips bicinctus*
504. snails *Gehäuseschnecken*
505. snouth moth *Pyralis farinalis*
506. soft furniture beetle *Ernobius mollis*
507. soft (brown) scale *Coccus hesperidum*
508. soft ticks *Argasidae*
509. spiders *Araneae*
510. spotted garden slug *Limax maximus*
511. spotted snake millipede *Blaniulus guttulatus*
512. springtails *Collembola*
513. square-necked grain beetle *Cathartus quadricollis*
514. stable fly *Stomoxys calcitrans*
515. St.-Mark's fly *Bibio marci*
516. strawberry ground beetle *Pterostichus vulgaris*
517. strawberry seed beetle *Harpalus rufipes*
518. straw itch mite *Pyemotes tritici*
519. subterranean termite *Reticulitermes*
520. sucking goat louse *Linognathus stenopsis*
521. sucking horse louse *Haematopinus asini*
522. sugarbeet thrips *Hercinothrips femoralis*
523. sugar mite *Lepidoglyphus destructor*
524. surface beetles *Tenebrionidae*

525. tallow dermestid *Dermestes maculatus*
526. tapestry moth *Trichophaga tapetzella*
527. tauny garden slug *Limax flavus*
528. teigne de la pomme de terre *Phthorimaea operculella*
529. teigne des draps *Tinea pellionella*
530. teigne des fourrures et de la laine *Tineola bisselliella*
531. teigne des grains *Nemapogon granellus*
532. teigne des nids *Niditinea fuscipunctella*
533. teigne des ruches *Galleria mellonella*
534. teigne des semences *Hofmannophila pseudospretella*
535. ténébrion des poulaillers *Alphitobius diaperinus*
536. ténébrion meumier *Tenebrio*
537. termite flavicolle *Kalotermes flavicollis*
538. thermobie *Lepismodes inquilinus*
539. thistle aphid *Brachycaudus cardui*
540. tick-flies *Pupipara*
541. ticks, tiques *Ixodidae* (Ixodés) und Argasidae (Argasidés)
542. tobacco aphid *Myzodes persicae*
543. tobacco beetle *Lasioderma serricorne*
544. tobacco moth *Ephestia elutella*
545. tribolium américain de la farine *Tribolium confusum*
546. tribolium à tête bordeé *Cryptolestes ferrugineus*
547. tribolium de la farine *Tribolium confusum*
548. tribolium grand de la farine *Tribolium destructor*
549. tribolium noir de la farine *Tribolium madens*
550. tribolium rouge de la farine *Tribolium castaneum*
551. tribolium turc à tête bordeé *Cryptolestes turcicus*
552. trogoderme du grains *Trogoderma granarium*
553. tropical rat flea *Xenopsylla cheopis*
554. tropical rat mite *Ornithonyssus bacoti*
555. two-banded fungus beetle *Alphitophagus bifasciatus*
556. true sheep tick *Ixodes ricinus*

557. variegated (= varied) carpet beetle *Anthrenus verbasci*
558. ver *Käferlarven*
559. ver denté des arachides *Oryzaephilus mercator*
560. ver denté des grains *Oryzaephilus surinamensis*

561. ver de la farine *Tenebrio molitor*
562. ver des fruits secs *Nausibius clavicornis*
563. ver des grains *Rhizopertha dominica*
564. ver des tropics *Ahasverus advena*
565. ver du pruneau *Carpophilus*
566. ver du riz *Laemotmetus ferrugineus*
567. vespa commune *Paravespula germanica*
568. vinegar flies *Drosophilidae*
569. violet aphid *Myzus portulacea*
570. vrillette brune du bois *Lyctus brunneus*
571. vrillette des racines *Dinoderus bifoveolatus*
572. vrillette domestique *Anobium punctatum*
573. vrillette du bambon *Dinoderus minutus*
574. vrillette du pain *Stegobium paniceum*
575. vrillette molle *Ernobius mollis*
576. vrillettes *Anobiidae*

577. wax moth *Galleria mellonella*
578. weavers *Opiliones*
579. webbing clothes moth *Tineola bisselliella*
580. wharf borer *Nacerda melanura*
581. wheat beetle *Tenebroides mauritanicus*
582. white ants *Isoptera*
583. white flies *Aleyrodina*
584. white marked spider beetle *Ptinus fur*
585. white-shouldered house moth *Endrosis sarcitrella*
586. white-tip clothes moth *Trichophaga tapetzella*
587. winter gnats *Trichoceridae*
588. wolf moth *Nemapogon granellus*
589. wood borers *Bostrichidae*
590. wood mouse *Sylvaemus sylvaticus*
591. wood wasp **Sirex, Urocerus**
592. wooly bear *Anthrenus fasciatus*

593. yellow mealworm *Tenebrio molitor*
594. yellow slug *Limax flavus*
595. yellow spider beetle *Niptus hololeucus*

596. zonite des caves *Oxychilus cellarius*

Spektrum Fach- & Lehrbücher zur

Entomologie

Holger H. Dathe (Hrsg.)

■ Kaestner – Lehrbuch der Speziellen Zoologie Band I: Wirbellose Tiere 5. Teil: Insecta

Der „KAESTNER" ist nach wie vor konkurrenzlos als Hochschullehrbuch mit der Qualität eines Nachschlagewerks für das Gesamtgebiet der systematischen Zoologie. Seit der 1. Auflage hat es besonders in der Phylogenetischen Systematik der Insekten wesentliche Fortschritte gegeben. Die 2. Auflage dieses KAESTNER-Bandes ist deshalb eine völlige Neubearbeitung, wobei das erfolgreiche Konzept eines kombinierten Studien- und Nachschlagewerkes von genau angepasster Ausführlichkeit bewahrt wurde. Nach wie vor ist die morphologische und bionomische Charakterisierung der einzelnen Insektentaxa unverzichtbar, aber im Lichte einer phylogenetisch-systematischen Bewertung ihrer Merkmale haben sich ganz neue Einsichten ergeben.

Der Neubearbeitung hat folgende Prämissen:

- Die Vielfalt der Organismen (Biodiversität) ist in den letzten Jahren als wesentliche und bestimmende Eigenheit der Biosphäre erkannt worden, deren Bewahrung Grundbedingung für den Schutz genetischer Ressourcen und die gezielte Beeinflussung von Umweltprozessen ist.
- Die Methodik der Speziellen Zoologie hat sich deutlich gewandelt und erhebliche Kenntnisfortschritte erbracht. Insbesondere haben molekulargenetische Analysen zu wesentlich veränderten Vorstellungen über die hohen systematischen Kategorien („Großsystematik") geführt.
- Aus diesen Gründen gibt es kaum moderne Übersichten im Zusammenhang, schon gar nicht als Lehrbuch. Diese Situation steht in deutlichem Kontrast zu den Erfordernissen der Aus- und Weiterbildung von Fachbiologen, wie sie für die zahlreichen internationalen Programme gebraucht werden.

Hier konnte das Problem durch die Mitarbeit führender Spezialisten aus mehreren Ländern gelöst werden.

2. Aufl. 2003, 961 S., 550 Abb., geb.
ISBN 3-8274-0930-6

Konrad Dettner / Werner Peters (Hrsg.)

■ Lehrbuch der Entomologie

In diesem weitgefassten Lehrbuch tragen Beiträge von 18 ausgewiesenen Fachwissenschaftlern dazu bei, dass Studenten, Entomologen und Insektenliebhaber alles über die neusten Forschungsergebnisse zu folgenden Themen erfahren können:

- Integument und Bau des Insektenkörpers
- Ernährung, Stoffwechsel-, Bewegungs- und Sinnesphysiologie, Endokrinologie
- Fortpflanzung und Entwicklung der Insekten
- Ökologie: Wechselbeziehungen der Insekten untereinander, mit Pflanzen oder Mikroorganismen. Insekten als Beute. Soziale Insekten
- Medizinische Entomologie, Methoden der Schädlingsbekämpfung, Pflanzenschutz
- Stammesgeschichte und Zoogeographie der Insekten
- Übersicht über die Vielfalt der Insekten

»Mit dem 'Lehrbuch der Entomologie' wird im deutschen Sprachraum sicher eine große Lücke im Bereich der biologischen Lehrbüchern geschlossen. (...) Schon jetzt kann man dem Buch eine weite Verbreitung und den entsprechenden Eingang in die einschlägigen Lehrveranstaltungen wünschen. Für Studenten der Biologie wird es zum unentbehrlichen Nachschlagewerk werden.« Entomofauna

1999, 952 S., 622 Abb., geb.
ISBN 3-8274-0801-6

Bernhard Klausnitzer

■ Wunderwelt der Käfer

Die völlig überarbeitete Neuauflage dieses opulenten Bildbandes enthält neben biologischen Angaben zur Systematik, Morphologie und zum Verhalten der Käfer vor allem eine Fülle von kulturhistorischen Fakten – ausgehend von der Bedeutung der Käfer in der Religion über die Darlegung ihres Vorkommens in der Literatur bis hin zur Ernährung. Eine Fundgrube für alle, die sich von dieser bizarren Wunderwelt faszinieren lassen möchten.

2. Aufl. 2002, 238 S., 289 Abb., geb.
ISBN 3-8274-1104-1

▸▸ mehr Information unter www.spektrum-verlag.de

Spektrum AKADEMISCHER VERLAG

Spektrum Fach- & Lehrbücher zur

Entomologie

Stresemann

■ Exkursionsfauna von Deutschland - Bd. 2: Wirbellose: Insekten

Das seit Jahren hervorragend eingeführte und erprobte bisher zweiteilige Bestimmungswerk wird mit der 9. Auflage erstmals als gemeinsamer, inhaltlich stark verbesserter Band vorgelegt. Alle in Deutschland und angrenzenden Regionen vorkommenden Insekten können fast immer bis zur Familie, oft bis zur Gattung, bei vielen Gruppen bis zur Art bestimmt werden.

Für die Neuauflage haben die Autoren Texte und Abbildungen grundlegend überarbeitet und auf den aktuellen Stand der Wissenschaft gebracht:

- Neu aufgenommen wurden Bestimmungsschlüssel zu den Larven der Odonata, Ensifera, Caelifera, Coleoptera, Symphyta und Diptera.
- Zu jeder einzelnen Insektenordnung werden Verweise zur weiterführenden Literatur gegeben.
- Generell wurde auf Bestimmungsmerkmale verzichtet, die eine Zerlegung der Objekte oder eine spezielle Präparation voraussetzen.
- Der gestiegenen Bedeutung des Naturschutzes wird durch ein eigenes Kapitel entsprochen.

Dieses Insektenbestimmungswerk ist unentbehrlich für Studierende der Biologie und verwandter Disziplinen an Hoch- und Fachschulen, Biologielehrer, Entomologen, Faunisten, Ökologen, Phytopathologen, Naturschutzfachleute, Landschaftsplaner und Gutachter, Forst- und Landwirte.

9. Aufl. 2000, 960 S., 2.500 Abb., geb.
ISBN 3-8274-0922-5

Die weiteren Bände:

Bd. 1: Wirbellose, (ohne Insekten)
8. Aufl. 1994, 637 S., 1.350 Abb., geb.
ISBN 3-8274-0652-8

Bd. 3: Wirbeltiere
12. Aufl. 1995, 481 S., 295 Abb., geb.
ISBN 3-8274-0661-7

3 Bände im Paket:
ISBN 3-8274-0654-4

Heinz Mehlhorn / Gerhard Piekarski

■ Grundriß der Parasitenkunde

Konzept dieses nun in sechster Auflage erschienenen Kurzlehrbuchs und Nachschlagewerks ist es, die Entwicklungszyklen der wichtigsten Tier- und Humanparasiten vergleichend darzustellen sowie ihre Übertragungswege und Überlebensstrategien im Wirt aufzuzeigen. Zudem werden die Morphologie und die biologischen Daten der wichtigsten Parasiten in für Studenten erlernbarer Weise aufbereitet und in über 700 Abbildungen und 20 Tabellen dargestellt.

6. Aufl., 2002, 516 S., 184 Abb., br.
ISBN 3-8274-1158-0

May R. Berenbaum

■ Blutsauger, Staatsgründer, Seidenfabrikanten

Die verblüffenden Fähigkeiten und Eigenheiten der Gliederfüßer wie auch ihre vielfältige Bedeutung für den Menschen und seine Geschichte stehen im Mittelpunkt dieses außergewöhnlichen und interdisziplinären Insektenbuches. Ganz nebenbei vermittelt es die Grundlagen der klassischen Insektenkunde (wie Sinnesphysiologie, Systematik, Verhalten) und kann fast schon als entomologisches Nachschlagewerk dienen. Unterhaltsam und lehrreich zugleich verdeutlicht das eloquente, kenntnisreiche Buch die zentrale Rolle, die Insekten im Getriebe der Natur spielen. Es erläutert ihre große Bedeutung innerhalb der Ökosysteme und vor allem ihre ambivalente Beziehung zum Menschen, der sie gleichermaßen verabscheut, mystifiziert und wirtschaftlich ausbeutet.

1997, 526 S., 60 Abb., geb.
ISBN 3-8274-0078-3

▸▸ mehr Information unter www.spektrum-verlag.de

Spektrum AKADEMISCHER VERLAG